Technisches Zeichnen

Grundlagen, Normen, Beispiele

Darstellende Geometrie

Ein Lehr-, Übungs- und Nachschlagebuch
für
Schule, Umschulung, Studium und Praxis

von
Hans Hoischen

23., überarbeitete Auflage
mit über 1000 Zeichnungen und Tabellen

Cornelsen
GIRARDET

Dieses Lehr- und Nachschlagebuch gibt u. a. einen Überblick über die Normen, die für das normgerechte Zeichnen und Konstruieren im Maschinenbau unentbehrlich sind. Hierbei wurde dieser Neuauflage der jeweilige Normenstand weitgehend zugrunde gelegt.

In den entsprechenden Tabellen wurden stets nur die wichtigsten Größen und Abmessungen ausgewählt. Der Hinweis auf die einzelnen Normen soll es dem Leser ermöglichen, alle Einzelheiten in den entsprechenden Normblättern nachschlagen zu können.

Normenauszüge werden mit Erlaubnis des DIN Deutsches Institut für Normung e. V. wiedergegeben. Maßgebend für das Anwenden der Normen ist deren Fassung mit dem neuesten Ausgabedatum, die bei der Beuth Verlag GmbH, Burggrafenstraße 6, 1000 Berlin 30, erhältlich sind.

Bitte beachten:

Aus drucktechnischen Gründen mußten Zeichnungen verkleinert werden, so daß diese sowie Linien, Maßzahlen, Oberflächensymbole usw. nicht immer den angegebenen Maßstäben und Normgrößen entsprechen.

Aufgrund der Neufassung von DIN 820 T27 wurden zur Vereinheitlichung nur noch die neuen Norm-Bezeichnungen verwendet, s. Seite 281, die bei älteren DIN-Normen erst bei deren Überarbeitung geändert werden.

Nach DIN ISO 1302 Bbl 1 dürfen bei Oberflächenangaben von R_z-Werten die Klammern und Gleichheitszeichen im Hinblick auf die Zeichnungsvereinfachung entfallen.

Zum besseren Verständnis der Begriffsänderungen bei Toleranzen und Passungen durch DIN ISO 286 zeigt die Beilage einen Vergleich der wichtigsten neuen und bisherigen Grundbegriffe.

Zur Vereinheitlichung der Schrift wurde nach DIN 6774 bei Normteilen auch für Maßbuchstaben die senkrechte Schrift angewendet und nicht die Formelschreibweise nach DIN 1338.

Für den Gebrauch an Schulen

Bestellnummer 480038
23. Auflage 1990

Vertrieb: Cornelsen Verlagsgesellschaft, Bielefeld
Satz: Satz-Zentrum West GmbH & Co., Dortmund
Druck: Druckhaus Langenscheidt, Berlin
Bindearbeiten: Lüderitz & Bauer, Berlin

ISBN 3 464 48003 8

Beilage zu „Technisches Zeichnen" – 23. Auflage

Vergleich bisheriger und neuer Grundbegriffe
Toleranzen und Passungen (Auswahl)

bisher[1])	neu[2])
Nennmaß N	Nennmaß
Istmaß I	Istmaß
Hilfsmaß	Hilfsmaß
toleriertes Maß M	toleriertes Maß
Paßmaß M_p	Paßmaß
Grenzmaß G	Grenzmaß
Höchstmaß G_o	Höchstmaß
Mindestmaß G_u	Mindestmaß
Maximummaterial-Maß	Maximum-Material-Grenze
Minimummaterial-Maß	Minimum-Material-Grenze
Abmaß A	Abmaß
Grenzabmaß	Grenzabmaß
oberes Grenzabmaß A_o	oberes Abmaß
unteres Grenzabmaß A_u	unteres Abmaß
Istabmaß I	Istabmaß
Nullinie	Nullinie
Maßtoleranz T	Maßtoleranz
Toleranzfeld	Toleranzfeld
Formtoleranz T_F	Formtoleranz
Lagetoleranz T_L	Lagetoleranz
Allgemeintoleranz	Allgemeintoleranz
Toleranzklasse	Genauigkeitsgrad
Paßfläche	Paßfläche
Innenpaßteil	Innenpaßteil, Bohrung
Außenpaßteil	Außenpaßteil, Welle

[1]) DIN 7182 von 1986; [2]) demnächst DIN ISO 286 T1 u. T2

Vergleich bisheriger und neuer Grundbegriffe Toleranzen und Passungen (Auswahl)	
bisher[1])	neu[2])
Passung P (Oberbegriff für Spiel und Übermaß)	Passung (Beziehung, die sich aus der Maßdifferenz von Paßteilen ergibt)
Spiel P_S	Spiel
Übermaß $P_Ü$	Übermaß
positive Passung	Spiel
negative Passung	Übermaß
Grenzpassung	–
Höchstpassung P_o	Höchstspiel oder Mindestübermaß
Mindestpassung P_u	Mindestspiel oder Höchstübermaß
Istpassung	Istspiel oder Istübermaß
Paßtoleranz P_T	Paßtoleranz
Paßtoleranzfeld	Paßtoleranzfeld
Spieltoleranzfeld	Spielpassung
Übergangstoleranzfeld	Übergangspassung
Übermaßtoleranzfeld	Übermaßpassung
Auswahl von Paßtoleranzfeldern	Passungsauswahl
–	Toleranzklasse z. B. H7 als Kombination von Grundabmaß und Toleranzgrad
ISO-Grundabmaß A_g	Grundabmaß
ISO-Grundtoleranz T_g	ISO-Grundtoleranz
ISO-Toleranzfeld	Toleranzfeld
ISO-Toleranzfaktor i	Toleranzeinheit i
ISO-Toleranzklasse (Qualitäten)	Toleranzgrad
ISO-Toleranzkurzzeichen	Toleranzkurzzeichen
ISO-Toleranzreihe IT	ISO-Grundtoleranzreihe
ISO-Toleranzsystem	ISO-System für Grenzmaße und Passungen
ISO-Paßsystem der Einheitsbohrung	ISO-Paßsystem Einheitsbohrung
ISO-Paßsystem der Einheitswelle	ISO-Paßsystem Einheitswelle

1) DIN 7182 von 1986; 2) demnächst DIN ISO 286 T1 u. T2

Grenzmaße und Passungen nach DIN ISO 286 (Überblick)

Das ISO-System für Grenzmaße und Passungen nach DIN ISO 286 T1 u. T2 gilt für Nennmaße von 1 ... 500 mm mit 20 Grundtoleranzgraden (IT 01 ... 18) und für Nennmaße von 500 ... 3150 mm mit 18 Grundtoleranzgraden (IT 1 ... 18). Die Nennmaße sind festgelegten Bereichen zugeordnet.

Nach diesem System besteht ein toleriertes Maß aus dem Nennmaß und einem Kurzzeichen für die entsprechende Toleranzklasse, z. B. 40 H7 (Bohrung) oder 40 f7 (Welle).

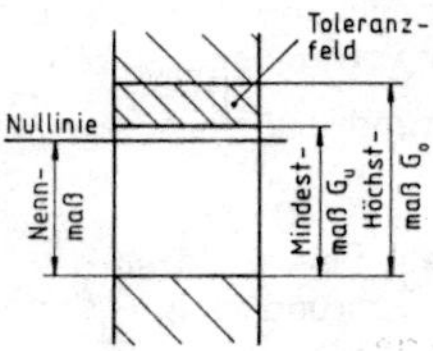

1 Darstellung eines Toleranzfeldes mit Grenzmaßen.

Die Toleranzklasse besteht aus einem Buchstaben für das Grundabmaß (Toleranzfeldlage) und einer Zahl des Grundtoleranzgrades, z. B. 7 (IT 7) für die Grundtoleranz (Maßtoleranz).

Ein Toleranzfeld ist die Darstellung einer Toleranzklasse für ein Nennmaß. Das Toleranzfeld liegt zwischen den Grenzmaßen, dem Höchstmaß und dem Mindestmaß bzw. zwischen den Grenzabmaßen, dem oberen und dem unteren zugelassenen Abmaß, Bilder 1 u. 2. Bild 2 zeigt die übliche Darstellung von Toleranzfeldern.

In Tabellen, z. B. DIN 7157 sind für ausgewählte Toleranzklassen das obere und untere Abmaß für die verschiedenen Nennmaßbereiche festgelegt, s. S. 164.

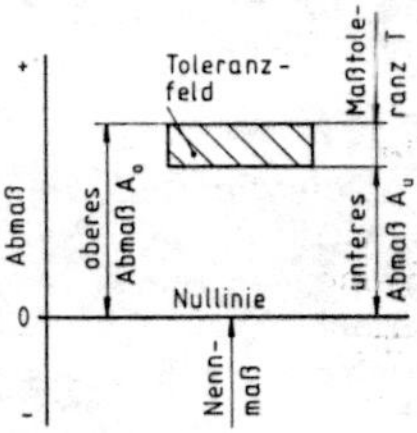

2 Darstellung eines Toleranzfeldes mit Grenzabmaßen[1])

Toleranzfelder von Bohrungen werden durch Großbuchstaben A ... Z und Toleranzfelder von Wellen durch Kleinbuchstaben a ... z gekennzeichnet ohne die Buchstaben I, L, O, Q, W bzw. i, l, o, q, w, S. 162.

Ein Passung bilden die für eine Paarung bestimmten Paßteile, z. B. Welle und Lager, Paßfeder und Nut. Es gibt Rund- und Flachpassungen.

Unter einer Passung versteht man die Beziehung, die sich aus der Differenz zwischen den Maßen der Bohrung und Welle vor dem Fügen ergibt, Bilder 3 u. 4.

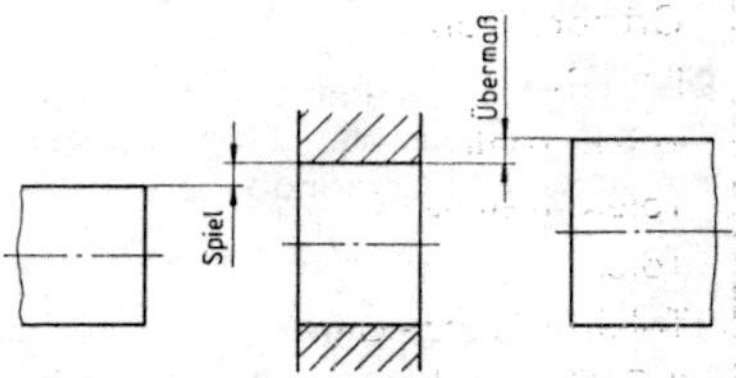

3 Spiel und Übermaß

Beim Fügen von Paßteilen weisen die Maße von Bohrung und Welle zugelassene Toleranzen auf, so daß folgende Arten von Passungen entstehen können, Bild 5:

Spielpassungen liegen vor, wenn beim Fügen von Bohrung und Welle immer Spiel entsteht.

Das Mindestmaß der Bohrung ist größer oder gleich dem Höchstmaß der Welle.

Übermaßpassungen liegen vor, wenn beim Fügen von Bohrung und Welle immer Übermaß entsteht.

Das Höchstmaß der Bohrung ist kleiner oder gleich dem Mindestmaß der Welle.

[1]) Kurzzeichen für Grundabmaße nach DIN ISO 286:
Bohrung:
oberes Abmaß ES, unteres Abmaß EI.
Welle:
oberes Abmaß es, unteres Abmaß ei.

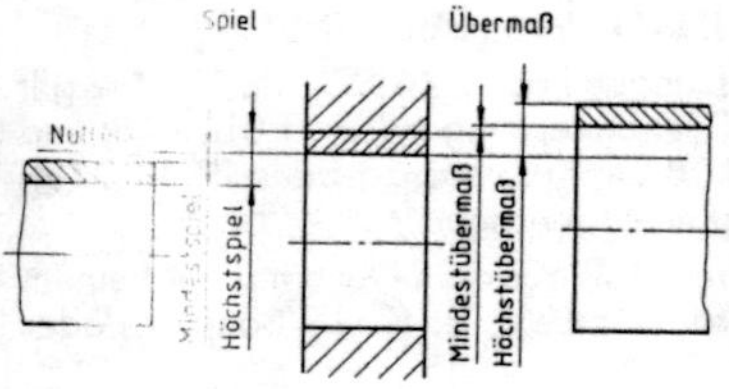

4 Mindest- und Höchstwerte für Spiel und Übermaß

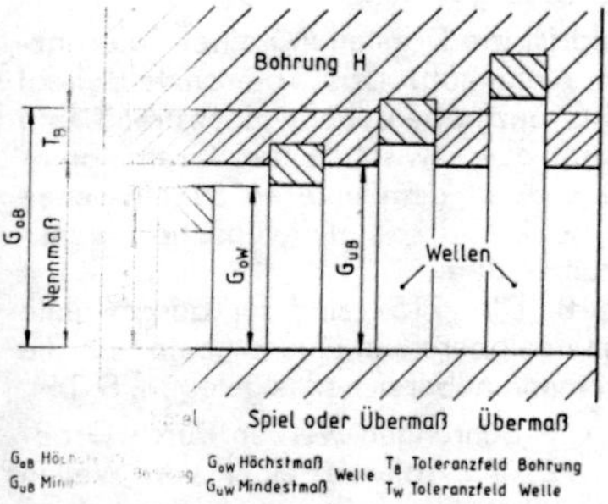

5 Zuordnung von Toleranzklassen (Toleranzfeldern) von Bohrung und Wellen

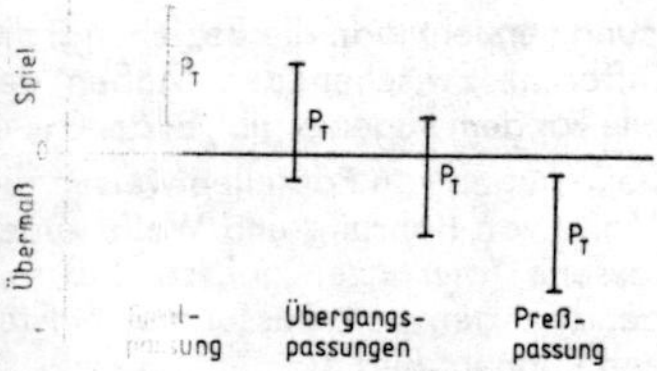

6 Lage von Paßtoleranzfeldern

Übergangspassungen liegen vor, wenn beim Fügen von Bohrung und Welle entweder ein Spiel oder ein Übermaß entsteht. Die Toleranzfelder überdecken sich ganz oder teilweise.

Beim Fügen von Paßteilen wählt man die Toleranzklassen für Bohrung und Welle im Hinblick auf die geforderte Funktion, ob nach dem Fügen Spiel oder Übermaß vorhanden sein soll.

Eine Spielpassung erfordert folgende Angaben.

Nennmaß, z. B. 40
Kurzzeichen für die Toleranzklasse der Bohrung, z. B. H7
Kurzzeichen für die Toleranzklasse der Welle, z. B. f7

Die Paßtoleranz bei zwei zu fügenden Teilen ist die Summe der beiden Grundtoleranzen (Maßtoleranzen). Sie besitzt kein Vorzeichen.

$$P_T = T_B + T_W$$

Die Lage des Paßtoleranzfeldes zur Nullinie (Spiel 0) läßt die Art der zugehörigen Passung erkennen, Bild 6.
Diese ergibt sich bei

Spielpassungen aus Höchst- und Mindestspiel,
Übermaßpassungen aus Höchst- und Mindestübermaß,
Übergangspassungen aus Höchstspiel und Höchstübermaß.

Die Lage der Paßtoleranzfelder kann daher aus den Grenzwerten von Spiel und Übermaß berechnet werden.[1])

Paßsysteme der Einheitsbohrung und Einheitswelle

Im Paßsystem der Einheitsbohrung werden Spiele und Übermaße dadurch erreicht, daß den Wellen mit verschiedenen Toleranzklassen Bohrungen mit einer Toleranzklasse zugeordnet werden, s. S. 166.

Im Paßsystem der Einheitswelle werden Spiele und Übermaße dadurch erreicht, daß den Bohrungen mit verschiedenen Toleranzklassen Wellen mit einer Toleranzklasse zugeordnet werden, s. S. 166.

Die Passungsauswahl nach DIN 7157 hat sich in der Praxis als ausreichend erwiesen, s. S. 167.

[1]) Der Begriff Grenzpassung soll künftig nicht mehr verwendet werden.

GELEITWORT

Das fortschrittliche Lehr-, Lern-, Übungs- und Nachschlagebuch „Technisches Zeichnen – Grundlagen, Normen, Beispiele, Darstellende Geometrie" hat sich infolge der umfassenden Darstellung des technischen Zeichnens von heute bei der Aus- und Weiterbildung der technischen Nachwuchskräfte von Jahr zu Jahr in Neuauflagen immer wieder bewährt.

Den Besuchern der Zeichnerklassen, der Berufsaufbau- und Fachoberschulen, der Fach- und Fachhochschulen, der Technischen Universitäten wie auch den Teilnehmern von Lehrgängen, Meister- und Umschulungskursen vermittelt es die unerläßlichen neuesten Zeichen- und Normenkenntnisse sowie praktischen Gestaltungsrichtlinien anhand instruktiver, praxisnaher Beispiele und fertigungsreifer Konstruktionen aus den verschiedenen Bereichen des Maschinenbaus.

Auch den in der Praxis Tätigen bietet „Technisches Zeichnen" als griffbereiter Informationsspeicher eine schnelle und zuverlässige Auskunft über eine Vielzahl behandelter einschlägiger Normen, über zahlreiche gängige Normteile mit Normabmessungen und Tabellenwerten.

Dieses anerkannte Fachschulbuch ist dadurch eine unentbehrliche Hilfe für das normgerechte, funktions- und fertigungsgerechte Zeichnen und Bemaßen, das praxisnahe Teilkonstruieren sowie das konstruktive Gestalten, das zum ingenieurmäßigen Denken anregt.

Im Anhang werden u. a. Testaufgaben mit Lösungen dargeboten. Diese wie auch die Hinweise auf die jeweiligen Informationen an entsprechender Stelle im Text zeigen dem Leser die Vielfalt der in Zwischen- und Abschlußprüfungen gestellten Anforderungen, so daß er sich rationell und erfolgreich darauf vorbereiten kann. So besteht die Möglichkeit, die erworbenen Kenntnisse, Fähigkeiten und Fertigkeiten durch Teilerfolgs- und Gesamterfolgskontrollen selbst zu testen.

In der 23., überarbeiteten Auflage wurden neue Normen weitgehend berücksichtigt.

Ferner wird ein Einblick in das rechnergestützte Konstruieren und Zeichnen (CAD) gegeben, das sich immer mehr zum Werkzeug des Konstrukteurs entwickelt.

In demselben Verlag ist in 9., überarbeiteter Auflage „Praxis des Technischen Zeichnens – Metall – Erklärungen, Übungen, Tests" erschienen mit ausgewählten und gestuften Übungsaufgaben, darunter einer Reihe von Baueinheiten.

Diese beiden neuzeitlich, methodisch-didaktisch gestalteten Bücher ermöglichen durch Inhalt, Aufbau und Darstellung einen vielseitigen Einsatz für ein modernes, rationelles und effektives Lehren, Lernen, Üben und Testen.

Allen Freunden und Firmen, die zur Förderung dieses Buches beigetragen haben, danke ich sehr.

Anregungen und Verbesserungsvorschläge wurden in der 23. Auflage berücksichtigt und werden auch weiterhin dankbar begrüßt.

Düsseldorf, Frühjahr 1990 *Dr.-Ing. Hans Hoischen*

Ratschläge und Hinweise für die erfolgreiche Benutzung dieses Buches

1

Lesen Sie sich beim selbständigen Erarbeiten und Aneignen der Kenntnisse und Fertigkeiten des technischen Zeichnens sowie bei der Unterrichtsvor- und -nachbereitung die neuen Lehr- und Lernstoffe wiederholt satz- und abschnittweise durch.

Überprüfen Sie nach der Erarbeitung jedes Lehr- und Lernstoffes Ihren Wissensstand durch die meist folgenden Erfolgskontrollen. Können Sie die dort gestellten Fragen nicht beantworten, so erarbeiten Sie erneut den Lehrstoff.

Versuchen Sie stets, die Musterzeichnungen anhand der Symbole, Kurzzeichen und Maße zu lesen und eindeutig zu verstehen. Dabei stellen Sie sich anhand der zweidimensionalen Darstellung in der technischen Zeichnung die Werkstücke räumlich vor.

Das systematische Zeichnungslesen einer Teilzeichnung führen Sie, wie S. 70 am Beispiel Kugelgelenkbolzen zeigt, nach bestimmten Gesichtspunkten durch.

Das entsprechende Lesen einer Gruppenzeichnung zeigen S. 96. . .101.

Gewöhnen Sie sich von Anfang an an eine systematische Reihenfolge beim Zeichnen nach Zeichenschritten, bei der Maßeintragung und Normenkontrolle, dann gelingt Ihnen die Arbeit immer leichter, schneller und sicherer.

Das fertigungsgerechte Bemaßen wird erleichtert durch gedankliches Nachvollziehen der Fertigungsfolge, wie S. 47, 70 und 100 zeigen.

Beim normgerechten Zeichnen von Teil- und Gruppenzeichnungen beachten Sie alle zu berücksichtigenden Normen, wie Beispiel S. 100 zeigt. Suchen Sie alle zu berücksichtigenden Normen anhand der Inhaltsübersicht, dem Normenverzeichnis und dem Sachwortverzeichnis in diesem Buch heraus.

Beachten Sie die in diesem Taschenbuch enthaltenen zahlreichen Anleitungen, Zeichen- und Normenregeln, Hinweise und Richtlinien verschiedener Art, Übungsaufforderungen, Erfolgskontrollen und Testaufgaben.

Wichtige Hinweise bei der Gestaltung von Werkstücken, z. B. Guß-, Schmiedestücken, Biege- und Ziehteilen sowie geschweißten Bauteilen können dem Abschnitt „Konstruktives Zeichnen" entnommen werden.

Erst wenn der Lehr- und Lernstoff, den „Technisches Zeichnen" bringt, beherrscht und gekonnt ist, sind die Voraussetzungen gegeben, die vielseitigen Testaufgaben im Anhang und die programmierten Prüfungsaufgaben sicher und schnell zu lösen.

Versuchen Sie stets, in der Darstellenden Geometrie die Gesetzmäßigkeiten der technischen Kurven und ihre Anwendung in der Technik sowie das Gemeinsame der Grundkonstruktionen der Darstellenden Geometrie zu erkennen.

TZ ist ein bewährtes Nachschlagewerk sowohl beim manuellen als auch beim rechnergestützten Konstruieren und Zeichnen. Als Datenbank ermöglicht es einen schnellen Zugriff auf Regeln, Normen und Beispiele, die für das technische Zeichnen unentbehrlich sind.

1.1 Bedeutung der technischen Zeichnung und der Zeichnungsnormen

Bei der konventionellen Auftragsabwicklung ist die technische Zeichnung als Informationsträger das Verständigungsmittel zwischen den einzelnen Abteilungen eines Werkes, z. B. dem Konstruktionsbüro, der Arbeitsvorbereitung, der Fertigung und dem Zusammenbau.
In der technischen Zeichnung ist das räumliche Werkstück durch senkrechte Parallelprojektion in den notwendigen Ansichten dargestellt. Die Bemaßung legt dabei die Form und Abmessungen des Werkstückes eindeutig fest. Ferner enthält die technische Zeichnung alle notwendigen Angaben über Maßtoleranzen, Oberflächengüten, Werkstoffe und Wärmebehandlungen, so daß das Werkstück ohne Rückfragen gefertigt werden kann.
Der Konstrukteur entwirft und zeichnet ein Werkstück als Einzelteil einer Maschine oder eines Gerätes nach den Gesichtspunkten der Funktion, Beanspruchung und günstigsten Herstellung.
Danach wird in der Arbeitsvorbereitung anhand der technischen Zeichnung ein Fertigungsplan erstellt, der die nacheinanderfolgenden Arbeitsgänge enthält. Die Arbeitsvorbereitung erstellt auch alle weiteren Arbeitsunterlagen, z. B. die Programme für die Bearbeitung auf numerisch gesteuerten Werkzeugmaschinen.
Anschließend wird die technische Zeichnung mit den notwendigen Arbeitsunterlagen und dem bereitgestellten Werkstoff dem Facharbeiter an der Werkzeugmaschine zugeleitet. Dieser muß die Zeichnung einwandfrei lesen und die Form des Werkstückes klar erkennen, um Ausschuß zu vermeiden.

Die moderne Fertigung ist heute gekennzeichnet durch die Anwendung der elektronischen Datenverarbeitung (EDV) in den technischen Bereichen. Der Konstrukteur entwirft und zeichnet ein Werkstück mit Hilfe eines CAD-Systems auf dem Bildschirm. Dabei werden Zeichnungsdaten rechnerintern als Geometriemodell des Werkstückes abgespeichert. Mit Hilfe der EDV werden dann in der Arbeitsvorbereitung anhand der Geometrie- und Werkzeugdaten die Werkzeugverfahrwege festgelegt und das NC-Programm unter Berücksichtigung von Technologiedaten erstellt.
Sowohl beim manuellen als auch beim rechnergestützten Konstruieren und Zeichnen müssen die Regeln und Normen des technischen Zeichnens zugrunde gelegt werden, damit keine Unklarheiten oder Fehlinterpretationen bei technischen Zeichnungen auftreten können.

Die vom Deutschen Institut für Normung (DIN) herausgegebenen Zeichnungsnormen berücksichtigen weitgehend die Normen und Empfehlungen der Internationalen Normenorganisation ISO. Die wichtigsten Zeichnungsnormen, die mit dem Namen DIN oder DIN ISO gekennzeichnet sind, enthalten z. B.:

DIN 6	Ansichten und Schnitte
DIN 15	Linien in Zeichnungen
DIN 30	Vereinfachte Darstellung in Zeichnungen
DIN 406	Maßeintragung in Zeichnungen, Regeln
DIN 6771 T6	Blattgrößen
DIN 6776	ISO — Normschrift
DIN ISO 1302	Angabe der Oberflächenbeschaffenheit in Zeichnungen
DIN ISO 5455	Maßstäbe für technische Zeichnungen
DIN ISO 2162	Darstellungen von Federn
DIN ISO 6410	Darstellen von Gewinden

1.2 Zeichengeräte

1

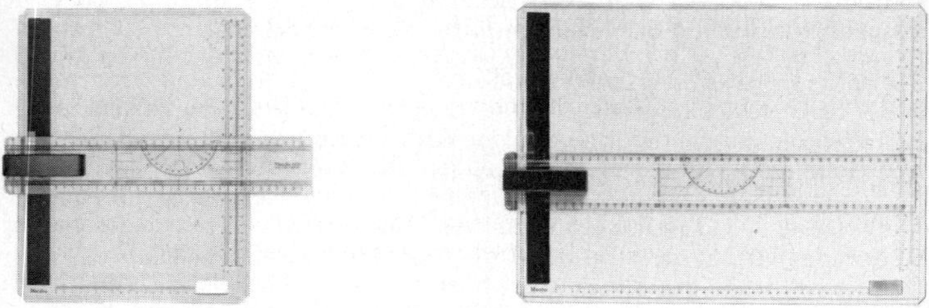

Zeichenplatten A 4 und A 3 für das exakte technische Zeichnen in Schule, Büro und Werkstatt

Nachfüllbarer Feinminenhalter

Röhrchen-Tuschefüller zum normgerechten Zeichnen und Beschriften mit Tusche

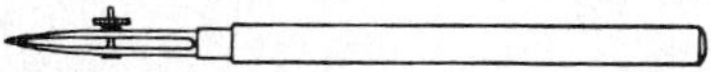

Ziehfeder für das Ausziehen mit Tusche

Einsatzzirkel. Auf die richtige schräge Anspitzung und die gleichlange Einstellung der beiden Spitzen ist zu achten

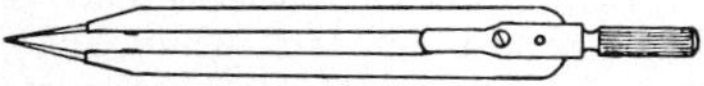

Stechzirkel dienen zum Abgreifen, Übertragen und Nachprüfen von Maßen

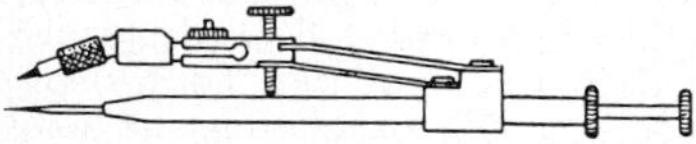

Nullenzirkel für kleinste Kreise

Kurvenlineale dienen zum Zeichnen von Krümmungen

Buchstaben kennzeichnen die Härtegrade von Minen:

B = schwarz (weich)
H = hart
HB = hart, schwarz (mittelhart)
F = fest

Ziffern verweisen auf feinere Abstufungen, B1 . . . 4 und H1 . . . 6

Der Zirkel wird nur in einer Drehrichtung geführt, wobei der Zirkelgriff nur mit Daumen und Zeigefinger anzufassen ist.

Die parallele Stellung der gelenkartigen Zirkelenden

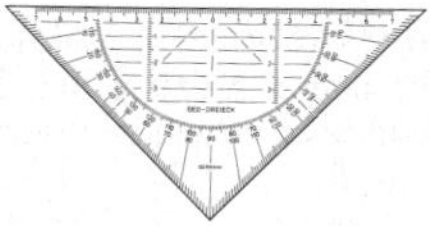

Geometrie-Dreieck

Maßstab

für Verkleinerungen und Vergrößerungen

Normgerechte Tuschefüller und Schriftschablonen

Röhrchen-Tuschefüller und Schriftschablonen, die der Prüfnorm DIN 6775 entsprechen, sind mit dem Zeichen m̅ (micronorm) gekennzeichnet.

1

Bewährte Röhrchen-Tuschefüller mit dem Zeichen m̅ dienen für das normgerechte Zeichnen und Beschriften nach DIN 15 Teil 1 u. 2 und DIN 6776.

Die Zuordnung von Tuschefüllern und Schriftschablonen ist zumeist durch die gleiche Farbkennzeichnung gegeben.

Arbeitssätze von Tuschefüllern werden zweckmäßigerweise in Kassetten mit eingebauten Feuchthalteelementen schreibbereit aufbewahrt.

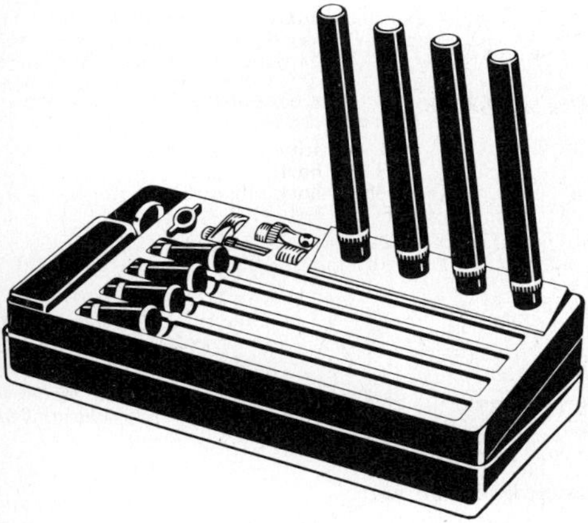

7.1

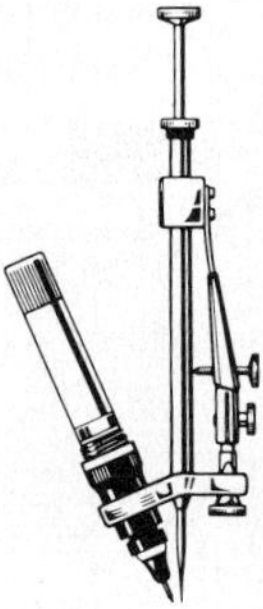

7.2

Durch ein Gelenkstück erfolgt ein schneller Wechsel vom Zeichnen zum Beschriften. Mit Hilfe eines Zirkelansatzes oder mit Schnellverstell- und Fallnullenzirkel lassen sich Kreislinien schnell und sicher zeichnen.

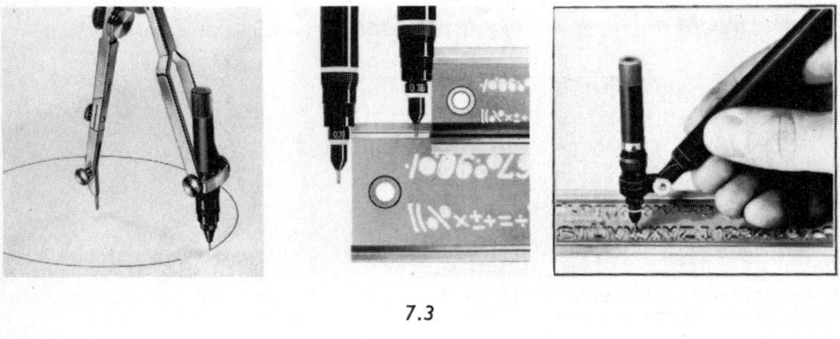

7.3

Bewährte Zeichenhilfsmittel

Schablonen erleichtern und rationalisieren technisches Zeichnen.

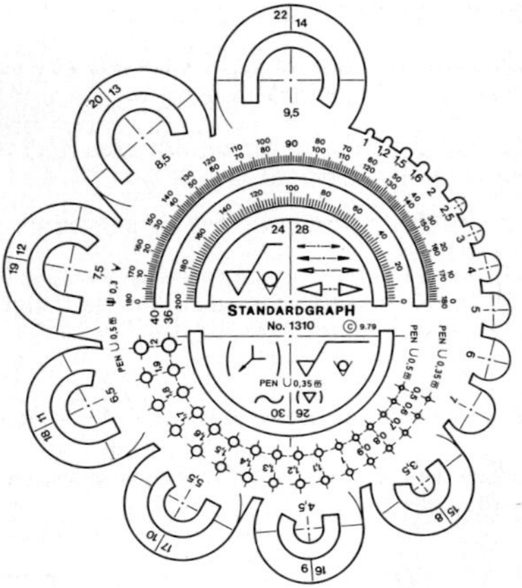

8.1
Radien- und Kreisschablone mit einseitigen Kreistangenten für Übergänge von Rundung in Gerade mit Winkelmesser und Oberflächenangaben

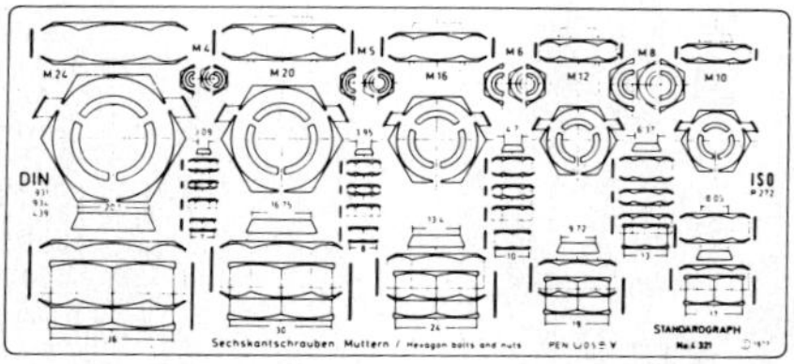

8.2
Sechskantschrauben- und Mutternschablone für Schraubengrößen M4 bis M24

8.3
Oberflächenangabenschablone nach DIN ISO 1302 mit zusätzlichen Symbolergänzungen für Werkstückkanten

8.4
Form- und Lagetoleranzenschablone, wobei durch Parallelverschieben und Wenden Symbole aneinandergereiht werden können

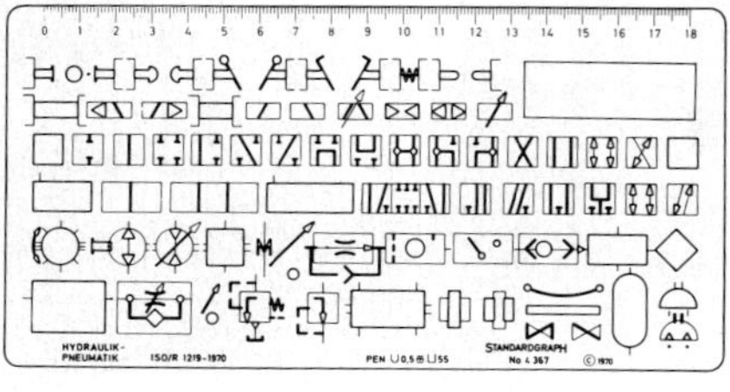

8.5
Sinnbilder-Schablone für Ölhydraulik und Pneumatik nach DIN 24300 für die Erstellung von Schaltplänen hydraulischer und pneumatischer Systeme

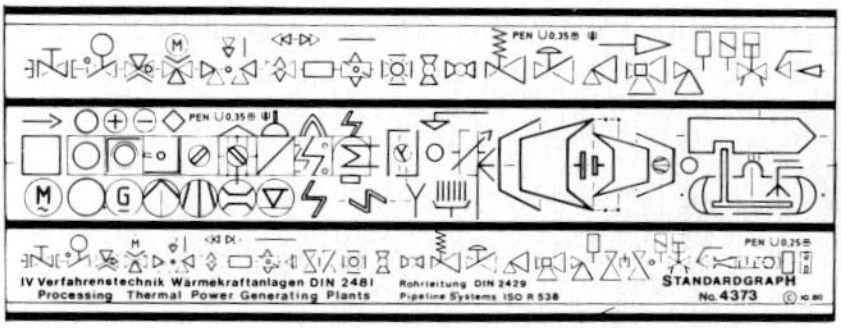

9.1
Schablonen für Verfahrenstechnik z. B. für Wärmekraftanlagen nach DIN 2481 und Rohrleitungen nach DIN 2429

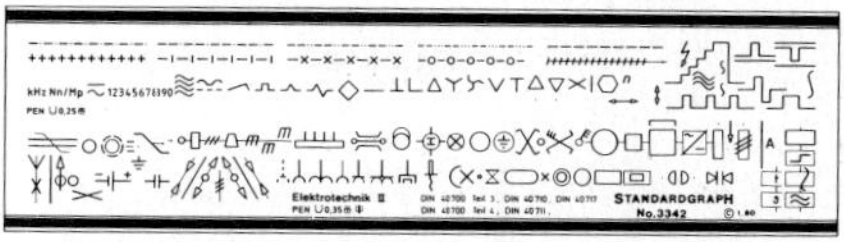

9.2
Schaltzeichen-Schablone für Elektrotechnik nach DIN 40900 für Leitungen, Schaltarten, Installation

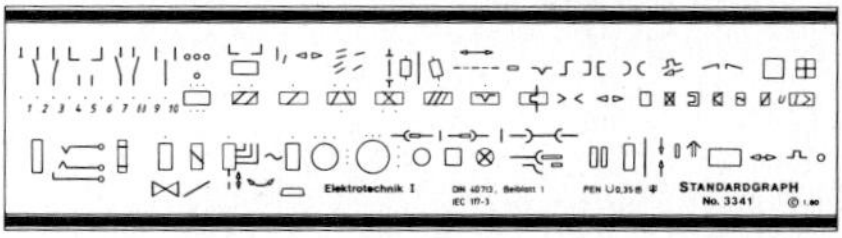

9.3
Schaltzeichen-Schablone für Elektro-Schaltzeichen nach DIN 40900 für Schaltgeräte, Antriebe, Relais und Auslöser

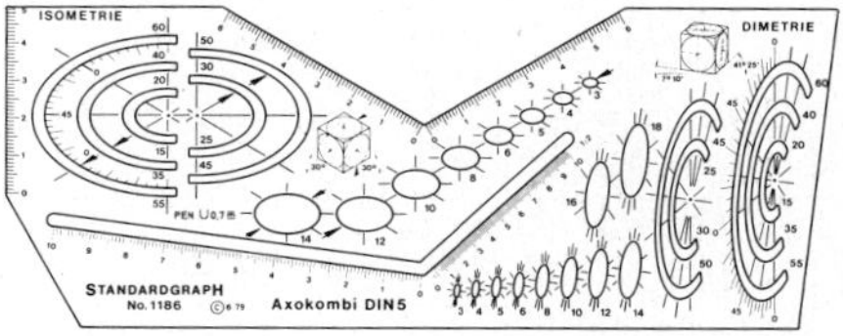

9.4
Axokombi-Schablone für isometrische und dimetrische Darstellungen nach DIN 5

Anreibefolien ersetzen das zeitraubende Zeichnen von häufig wiederkehrenden Symbolen, Sinnbildern, Schaltzeichen u. a. m.

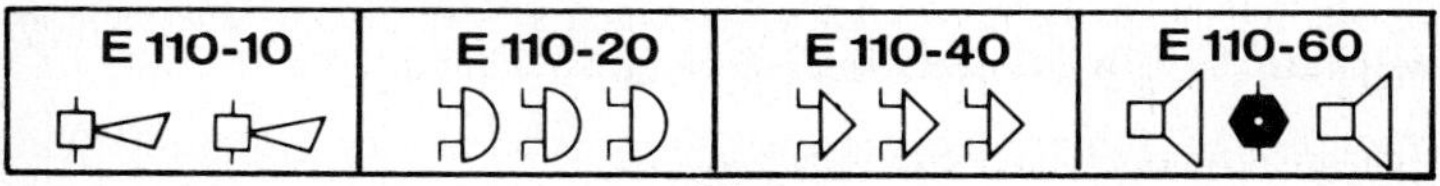

9.5

Der NC-scriber ist ein programmgesteuertes Beschriftungs- und Zeichengerät. Er besteht aus der Funktionseinheit mit Eingabetastatur und Tuschefüllerschreibarm sowie der Steuereinheit, bei der durch Einschub von Kassetten Schriftart und Symbole verändert werden können.

9.6
NC-scriber

Zeichen- und Lichtpausmaschinen

1

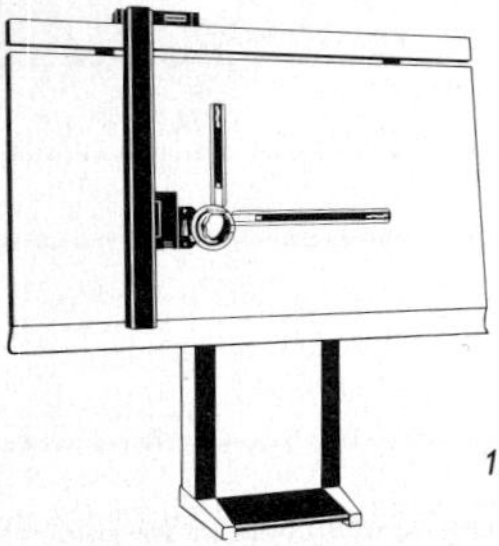

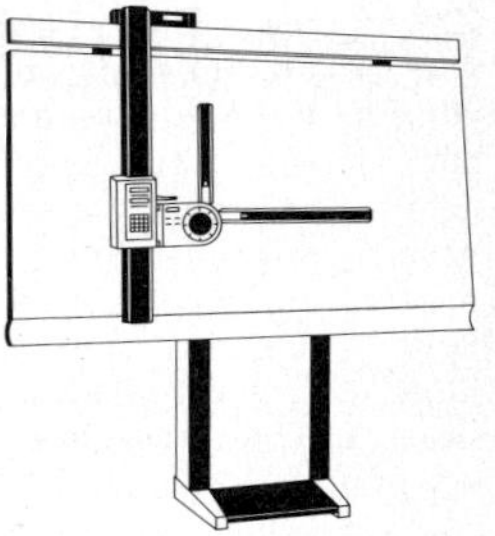

10.1 u. 2 Zeichenmaschinen mit Laufwagen

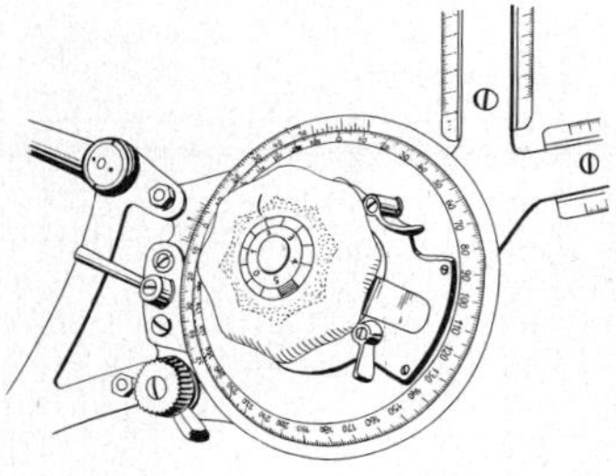

10.3 Zeichenkopf mit Feineinstellung und Nullpunktverstellung

Moderne Zeichenmaschinen 10.1 und 10.2 erleichtern das Zeichnen durch Höhen- und Neigungsverstellung des Zeichenbrettes. Schnelles, genaues Zeichnen wird durch einen präzise parallelgeführten und drehbaren, mit Maßstäben ausgerüsteten Zeichenkopf 10.3 ermöglicht. 10.2 zeigt eine Zeichenmaschine mit digitaler Wegstrecken- und Winkelanzeige, die sich u. a. besonders für eine NC-gerechte Zeichnungsbemaßung eignet.

Moderne regulierbare Lichtpausmaschinen gestatten, von Stammzeichnungen oder von Mutterpausen (2. Originale) in einem Arbeitsgang durch Belichten und anschließendes Entwickeln Lichtpausen herzustellen. Näheres über Lichtpausmaterialien enthält DIN 840.

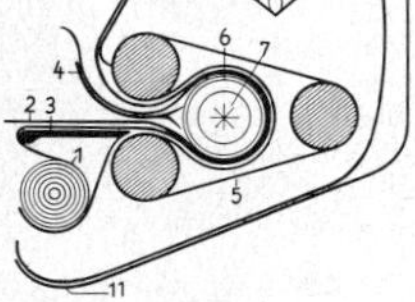

10.4 Schematische Darstellung der Belichtung und Entwicklung

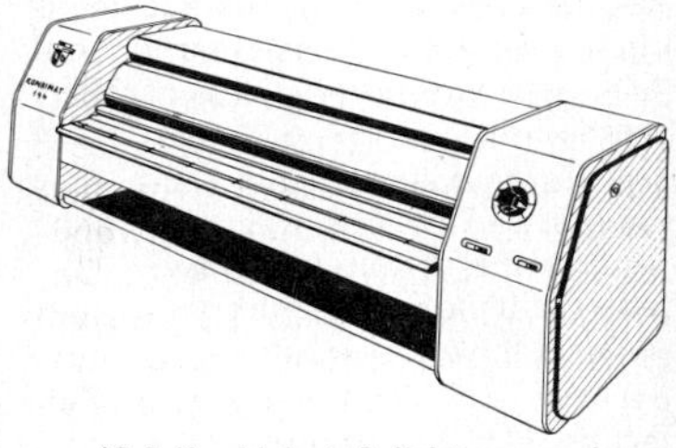

10.5 Kombinierte Belichtungs- und Entwicklungsmaschine

Zeichnungsverfilmung durch Mikrofilmtechnik

Der Mikrofilm ist ein idealer Informationsspeicher für technische Zeichnungen. Die Mikroverfilmung von Zeichnungen wird zur Archivierung und in zunehmendem Maße zum inner- und zwischenbetrieblichen Informationsaustausch eingesetzt. Mikrofilme für Sicherheitsarchive werden zweckmäßig in Rollen abgelegt, während Mikrofilme für den Einsatz im technischen Büro in Einzelablage aufbewahrt werden.

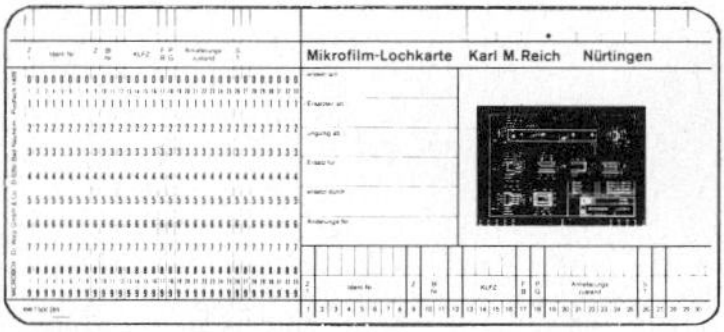

11.1 Filmlochkarte für die Einzelablage von Mikrofilmen

Der Mikrofilm bietet viele Möglichkeiten zur Rationalisierung der Arbeit im Konstruktionsbüro. Der Konstrukteur muß beim Konstruieren an bereits vorhandene Konstruktionen anschließen und daher vorhandene Zeichnungen, Stücklisten und Normblätter berücksichtigen. Diese Unterlagen stehen ihm durch die Mikrofilmtechnik schnell zur Verfügung. Durch Aufbewahrung der einzelnen Mikrofilme, z. B. auf einer abgelochten Filmlochkarte, Bild 11.1, können diese automatisch gesucht und aussortiert werden.

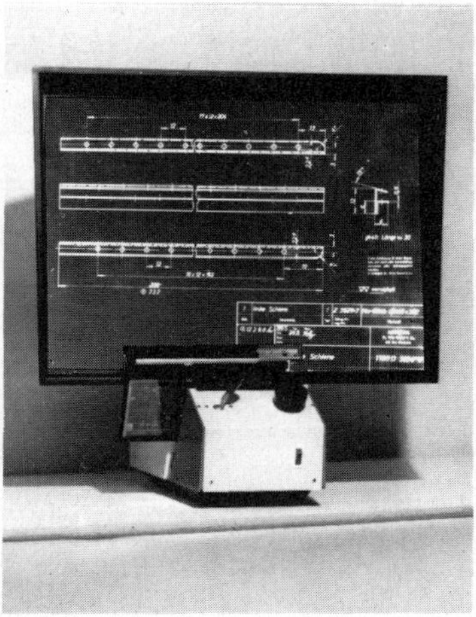

11.2 MICROBOX Lesegerät MLK 2

Mit Hilfe von Lesegeräten, Bild 11.2, können die Zeichnungen auf den Mikrofilmen auf einem Bildschirm vergrößert dargestellt werden, um ihnen Informationen entnehmen zu können, ohne daß Lichtpausen angefertigt werden müssen.

Mit Rückvergrößerungsgeräten können Mikrofilme mit unterschiedlichen Vergrößerungsfaktoren auf A4-...A1-Formate rückvergrößert werden.

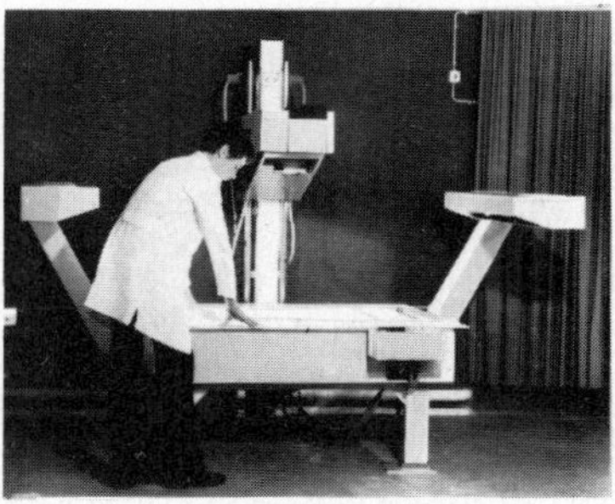

11.3 MICROBOX MBK Aufnahmegerät mit Filmlochkartenkamera

Mit speziellen Aufnahmegeräten werden von Zeichnungen einwandfreie Mikrofilme hergestellt. Das Aufnahmegerät, Bild 11.3, ist mit einer Filmlochkartenkamera ausgerüstet und liefert in kürzester Zeit fertige Filmlochkarten.

Zeichnungsverfilmung s. DIN 19052 Teil 1...5

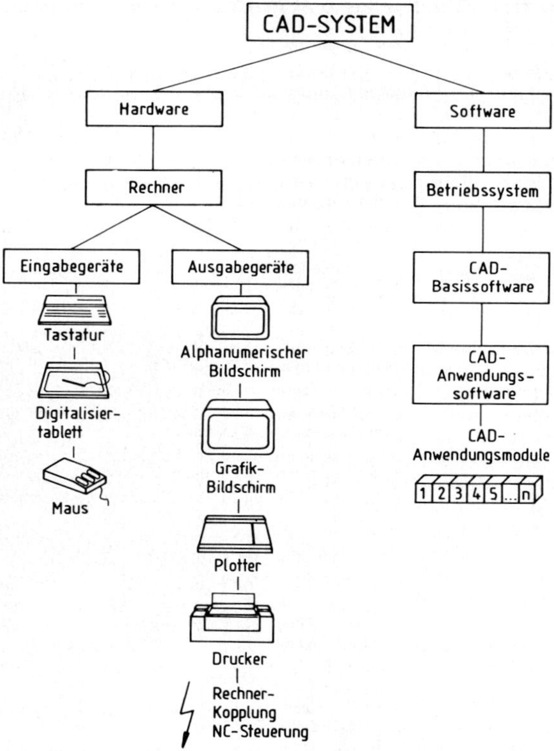

12.1 Wesentliche Bestandteile eines CAD-Systems

Das rechnergestützte Konstruieren und Zeichnen, auch CAD (Computer Aided Design) genannt, findet immer mehr Anwendung. Bild 12.1 zeigt die wesentlichen Bestandteile eines CAD-Systems, das man in Hardware (Geräte) und Software (Rechenprogramme) unterteilt.

Beim rechnergestützten Konstruieren werden die Geometriedaten im Rechner abgespeichert und die Zeichnung auf dem graphischen Bildschirm dargestellt oder von einem Plotter ausgegeben. CAD-Programme ermöglichen mit Hilfe der Menütechnik (Digitalisiertablett) eine schnelle Anfertigung von Konstruktionszeichnungen. Die Variantentechnik erlaubt ferner eine schnelle Erstellung geometrisch ähnlicher Konstruktionen.

Die Werkstück-Geometriedaten lassen sich durch Koppeln des CAD-Systems mit einem NC-Teileprogrammiersystem für die Erstellung von NC-Programmen für die Bearbeitungsmaschinen verwenden. Dazu sind zusätzlich die Technologiedaten (Drehzahlen, Vorschübe usw.) und die maschinenspezifischen Steuerbefehle zu verwenden.

1.3 Begriffe im Zeichnungs- und Stücklistenwesen, Zeichnungen nach DIN 199 T1 (Auswahl)

1

Diese Norm bringt in alphabetischer Reihenfolge die wichtigsten Zeichnungsbegriffe und dient der Vereinheitlichung der Terminologie für Zeichnungen.

Anordnungs-Plan	stellt die räumliche Lage von Gegenständen zueinander dar.
Diagramm	zeigt Zahlenwerte oder funktionale Zusammenhänge in einem Koordinatensystem.
Einzelteil-Zeichnung	enthält ein Einzelteil ohne die räumliche Zuordnung zu anderen Teilen.
Entwurf-Zeichnung	bringt eine Darstellung, über deren endgültige Ausführung noch nicht entschieden wurde.
Fertigungs-Zeichnung	enthält die Darstellung eines Teiles mit weiteren Angaben für die Fertigung.
Ergänzungs-Zeichnung	zeigt Einzelheiten von Gegenständen, auf die in anderen Zeichnungen Bezug genommen wird.
Foto-Zeichnung	hat als wesentlichen Bestandteil fotografische Abbildungen.
Gesamt-Zeichnung	enthält eine Maschine, eine Anlage oder ein Gerät im zusammengebauten Zustand.
Gruppen-Zeichnung	zeigt maßstabsgetreu die räumliche Lage und die Form der zu einer Gruppe zusammengefaßten Teile.
Konstruktions-Zeichnung	stellt einen Gegenstand in seinem vorgesehenen Endzustand dar.
Maßbild	enthält für ein Teil nur die für den jeweiligen Anwendungsfall wesentlichen Maße und Informationen.
Original-Zeichnung	zeigt eine für weitere Arbeitsschritte verbindliche Fassung.
Patent-Zeichnung	entspricht in ihrem formalen Aufbau und in ihrer zeichnerischen Darstellung den Vorschriften der „Verordnung über die Anmeldung von Patenten".
-Plan	stellt z. B. Funktionszusammenhänge durch Symbole dar. Beispiele: Rohrleitungsplan, Stromlaufplan.
Skizze	ist eine nicht unbedingt maßstäbliche, vorwiegend freihändig erstellte Zeichnung.
Standard-Zeichnung	muß durch Hinzufügen oder Verändern bestimmter vorgesehener Daten dem jeweiligen Anwendungsfall angepaßt werden.
Technische Unterlage	dient durch ihren Informationsinhalt technischen Zwecken.
Technische Zeichnung	ist eine Zeichnung in der für technische Zwecke erforderlichen Art und Vollständigkeit, z. B. durch Einhalten von Darstellungsregeln und Maßeintragung.
Teil-Zeichnung	zeigt ein Teil ohne räumliche Zuordnung zu anderen Teilen.
Varianten-Zeichnung	ist z. B. eine Zeichnung von Gegenständen, die von einem anderen Gegenstand in bestimmten Maßen abweicht.
Vordruck-Zeichnung	ist eine reproduzierte Standard-Zeichnung.
Zeichnung	enthält eine aus Linien bestehende bildliche Darstellung.
Zeichnungssatz	ist die Gesamtheit aller Zeichnungen, die zur vollständigen Darstellung eines Gegenstandes erforderlich sind.
Zusammenbau-Zeichnung	dient zur Erläuterung von Zusammenbauvorgängen.

DIN 199 T2 u. T3 Begriffe im Zeichnungs- und Stücklistenwesen, Stücklisten, Stücklistenverarbeitung

1.4 Papier-Endformate nach DIN 476

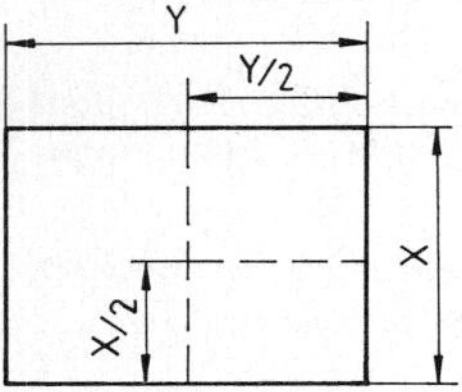

14.1

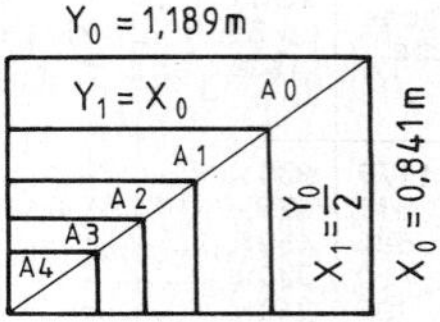

14.2

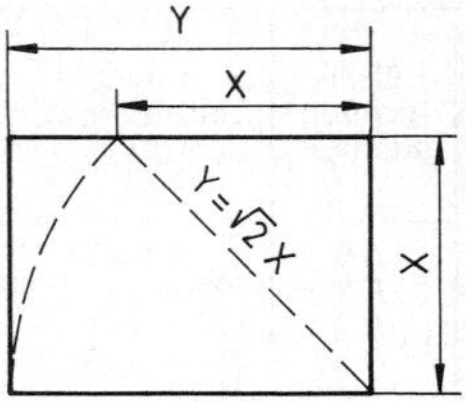

14.3

Das DIN-Formatsystem ist nach drei Grundsätzen aufgebaut:

1. Metrische Formatordnung
   Die Formate basieren auf dem metrischen Maßsystem. Die Fläche des Ausgangsformates ist gleich der metrischen Flächeneinheit, d. h. $A = x \cdot y = 1\ m^2$.
2. Formatentwicklung durch Hälften
   Die Formate lassen sich durch fortgesetztes Hälften des Ausgangsformates entwickeln, 14.1. Die Flächen zweier aufeinanderfolgender Formate verhalten sich wie 2 : 1.
3. Ähnlichkeit der Formate
   Die Seiten x und y der Formate verhalten sich zueinander wie die Seite eines Quadrates zu dessen Diagonale, 14.3. Für die Seiten eines Formates gilt die Gleichung $x : y = 1 : \sqrt{2}$.

Die beiden Bestimmungsgleichungen $x_0 \cdot y_0 = 1$ und $x_0 : y_0 = 1 : \sqrt{2}$ ergeben als Lösungen die Seitenlängen des Ausgangsformates A 0: $x_0 = 0{,}841$ m und $y_0 = 1{,}189$ m.

Die A-Reihe erhält man durch abwechselndes Halbieren der beiden Seitenlängen des Ausgangsformates A 0.

Die Zusatzreihe B ergibt sich als geometrischer Mittelwert zwischen den Formaten der A-Reihe.

Die C-Reihe wird als geometrischer Mittelwert zwischen den Formaten der A- und B-Reihe gebildet.

Blattgrößen nach DIN 6771 T6[1])

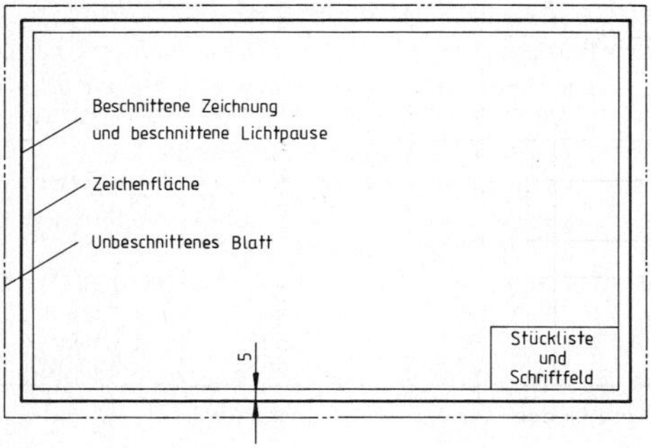

Alle Zeichenblattgrößen können in der Hoch- oder Querlage verwendet werden. Schriftfeld und Stückliste stehen in der unteren rechten Ecke. Der Schriftfeldabstand vom Blattrand beträgt bei allen Blattgrößen 5 mm. Bei A4-Format wird die Hochlage bevorzugt.

[1]) bisher DIN 823

14.4

Alle Maße in mm

Blattgrößen Reihe A	Beschnittene Zeichnung (Fertigblatt)	Zeichenfläche	Unbeschnittenes Blatt (Kleinstmaß)	günstige Rollenbreite	Zusatzreihe B	Seitenlängen
A 0	841 × 1189	831 × 1179	880 × 1230	900	B 0	1000 × 1414
A 1	594 × 841	584 × 831	625 × 880	900 660	B 1	707 × 1000
A 2	420 × 594	410 × 584	450 × 625	900 660	B 2	500 × 707
A 3	297 × 420	287 × 410	330 × 450	660 900	B 3	353 × 500
A 4	210 × 297	200 × 287	240 × 330	660	B 4	250 × 353
A 5	148 × 210	138 × 200	165 × 240	660	B 5	176 × 250
A 6	105 × 148	95 × 138	120 × 165	660	B 6	125 × 176

Streifenformate sollen vermieden werden. Diese entstehen, wenn die kurze Seite eines A-Formates (A2 und A3) mit der langen Seite eines größeren A-Formates kombiniert wird.

Maßstäbe für technische Zeichnungen nach DIN ISO 5455

Diese Norm gilt für Maßstäbe und deren Angabe in technischen Zeichnungen für alle Gebiete der Technik.

Es gibt folgende Maßstäbe:

Natürlicher Maßstab mit dem Verhältnis 1 : 1
Vergrößerungsmaßstab mit dem Verhältnis größer als 1 : 1
Verkleinerungsmaßstab mit dem Verhältnis kleiner als 1 : 1

Zeichnungsangabe

Die vollständige Angabe eines Maßstabes besteht aus dem Wort „SCALE", in der Bundesrepublik Deutschland aus dem Wort „Maßstab" sowie aus dem Maßstabsverhältnis:

Maßstab 1 : 1 für den natürlichen Maßstab
Maßstab X : 1 für den Vergrößerungsmaßstab
Maßstab 1 : X für den Verkleinerungsmaßstab

Eintragung

Der in der Zeichnung angewendete Maßstab ist in das Schriftfeld der Zeichnung einzutragen.
Wenn mehr als ein Maßstab in einer Zeichnung benötigt wird, soll der Hauptmaßstab in das Schriftfeld und alle anderen Maßstäbe in der Nähe der Positionsnummern oder der Kennbuchstaben der Einzelheit, z. B. X 10 : 1, und/oder Schnitte, z. B. A–B 5 : 1, geschrieben werden. Es entfällt das bisher übliche Wort Maßstab (M).

Festgelegte Maßstäbe

Kategorie	Empfohlene Maßstäbe		
Vergrößerungsmaßstäbe	50 : 1 5 : 1	20 : 1 2 : 1	10 : 1
Natürlicher Maßstab			1 : 1
Verkleinerungsmaßstäbe	1 : 2 1 : 20 1 : 200 1 : 2000	1 : 5 1 : 50 1 : 500 1 : 5000	1 : 10 1 : 100 1 : 1000 1 : 10 000

In der Bundesrepublik Deutschland ist der Maßstab 1 : 2,5 noch üblich.

Faltung auf Ablageformate nach DIN 824

Diese Norm gilt für das Falten von Vervielfältigungen technischer Zeichnungen, um das Ablegen des Faltgutes in Schriftgutbehälter nach DIN 821 Teil 1 wie Aktendeckel, Hefter und Mappen sicherzustellen.

Für das Ablageformat gelten die Maße und zulässigen Abweichungen nach den Bildern 16.1...3.

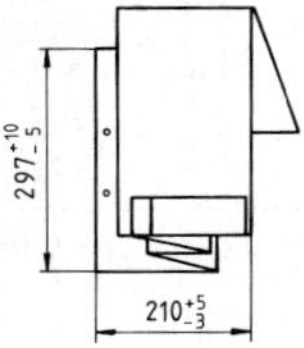

16.1 Form A
Faltung DIN 824-A

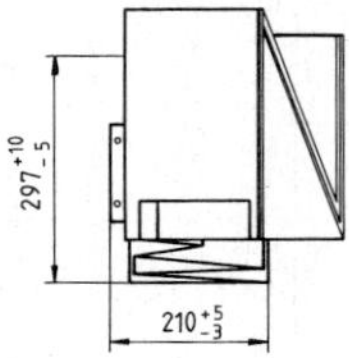

16.2 Form B
Faltung DIN 824-B

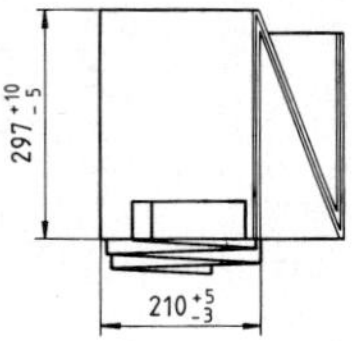

16.3 Form C
Faltung DIN 824-C

Handfaltung entsprechend Form A für Ablage mit gelochtem Heftrand

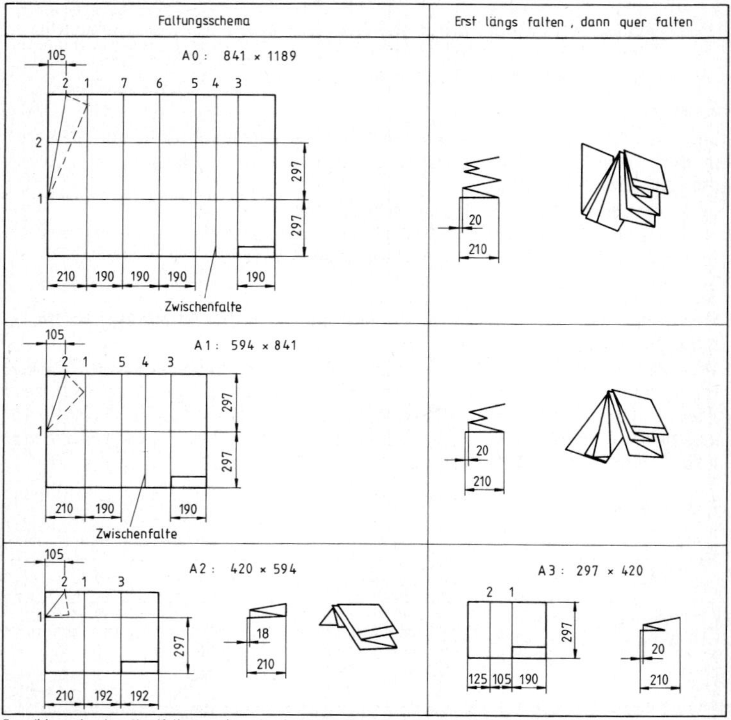

Es gibt auch eine Handfaltung entsprechend Form C für Ablage ohne Heftung.

16.4

1.5 Linien in technischen Zeichnungen nach DIN 15 Teil 1 und 2
Linienarten und ihre Anwendung

Linienarten	Linienbreiten					Anwendung (z. T. Auswahl)
A Vollinie, breit	0,25	0,35	0,5	0,7	1	1. sichtbare Kanten 2. sichtbare Umrisse 3. Gewindespitzen 4. nutzbare Gewindelänge 5. Hauptdarstellungen in Diagr. 6. Systemlinien (Metallbau)
B Vollinie, schmal						1. Lichtkanten 2. Maßlinien 3. Maßhilfslinien 4. Hinweislinien 5. Schraffuren 6. Umrisse eingeklappter Querschnitte 7. kurze Mittellinien 8. Gewindegrund 9. Maßlinienbegrenzungen 10. Diagonalkreuz (ebene Flächen) 11. Biegelinien 13. Fußkreise bei Verzahnungen
C Freihandlinie [1] D Zickzacklinie [1]	0,13	0,18	0,25	0,35	0,5	1. Begrenzung von abgebrochen oder unterbrochen dargestellten Ansichten und Schnitten, wenn die Begrenzung keine Mittellinie ist.
F Strichlinie, schmal						1. verdeckte Kanten 2. verdeckte Umrisse
Strichpunktlinie, schmal						1. Mittellinien 2. Symmetrielinien 3. Trajektorien (Übertragungslinien) 4. Teilkreise von Verzahnungen 5. Lochkreise 6. Teilungsebenen (Formteilung)
J Strichpunktlinie, breit	0,25	0,35	0,5	0,7	1	1. Kennzeichnung geforderter Behandlungen, z. B. Wärmebehandlung 2. Kennzeichnung der Schnittebene
K Strich-Zweipunktlinie, schmal	0,13	0,18	0,25	0,35	0,5	1. Umrisse angrenzender Teile 2. Grenzstellungen von Teilen 3. Schwerlinien (Metallbau) 4. Umrisse vor der Verformung 5. Teile vor der Schnittebene 6. Umrisse wahlweiser Ausführungen 7. Fertigformen in Rohteilen 8. Umrahmungen besonderer Felder

Anstelle der in obiger Tabelle nicht aufgeführten Linienart E (Strichlinie, breit) soll für verdeckte Kanten und Umrisse nur die Linienart F angewendet werden. Linienart E ist nur für eine mögliche Kennzeichnung zulässiger Oberflächenbehandlungen vorgesehen. Als Beispiel für Linienart E zeigt 18.1 den zulässigen Bereich einer Härtezone. Anstelle der auch nicht aufgeführten Linienart H (Strichpunktlinie, schmal jedoch mit breiten Enden und Richtungsänderungen) soll nur die Linienart G verwendet werden.

[1]) In Zeichnungen soll nur eine dieser Linienarten angewendet werden.

Abmessungen der Zickzacklinie

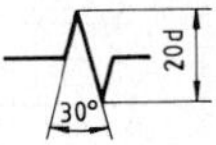

Linienbreiten und Liniengruppen

Die Linienbreiten sind mit dem Stufensprung $\sqrt{2}$ gestuft, der auch für Blattgrößen von technischen Zeichnungen nach DIN 823 und DIN 476 gilt. Damit ist gewährleistet, daß beim Mikroverfilmen von Zeichnungen und anschließendem Rückvergrößern auf andere Formate als Ausgangsformate genormte Linienbreiten und Schrifthöhen sichergestellt sind.

Genormte Linienbreiten d (mm) sind: 0,13; 0,18; 0,25; 0,35; 0,5; 0,7; 1

Diese werden sowohl für Darstellungen als auch für Beschriftung verwendet.

In technischen Zeichnungen werden für die Darstellung der Werkstücke im allgemeinen nur zwei Linienbreiten verwendet, deren Verhältnis zueinander 2 : 1 beträgt.

Bei Beschriftung nach DIN 6776 Teil 1, Schriftform B, ist für Maß- und Textangaben sowie für Darstellung und Beschriftung von graphischen Symbolen eine dritte Linienbreite zwischen der breiten und der schmalen Linie (Stufensprung $\sqrt{2}$) erforderlich.

Für die zeichnerische Darstellung und Beschriftung ist vorzugsweise die Liniengruppe 0,5 und für die größeren Formate A1 und A0 die Liniengruppe 0,7 anzuwenden.

Liniengruppe 0,5 mit den Linienbreiten
0,5; 0,35 (Schrift, graph. Symbole) und 0,25

Liniengruppe 0,7 mit den Linienbreiten
0,7; 0,5 (Schrift, graph. Symbole) und 0,35

In einer technischen Zeichnung sollen möglichst nur Linienbreiten einer Liniengruppe verwendet werden.

Norm-Bezeichnung:
einer Linie (Linienart F, Linienbreite 0,25 mm): Linie DIN 15 – F 0,25
einer Liniengruppe, z. B. 0,5: Liniengruppe DIN 15 – 0,5

Beim Überdecken von Linien in technischen Zeichnungen gilt folgende Rangfolge:

a) sichtbare Kanten und Umrisse (A)
b) verdeckte Kanten und Umrisse (F)
c) Schnittebene (J)
d) Mittellinien (G)
e) Schwerlinien (K)
f) Maßhilfslinien (B)

Anwendungsbeispiele

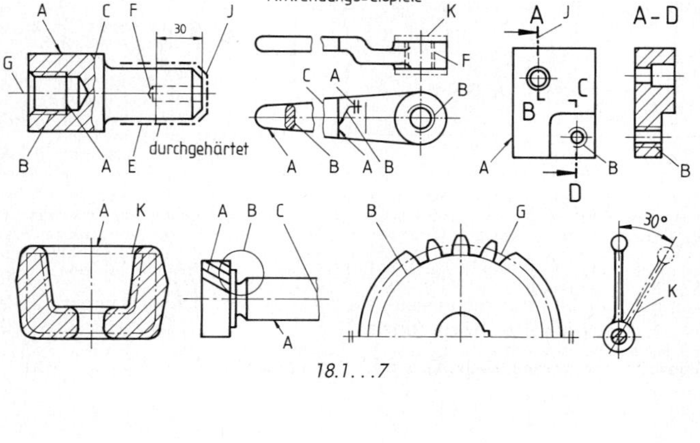

18.1...7

1.6 ISO-Normschrift für Zeichnungen nach DIN 6776 Teil 1[1])

Als wesentliche Merkmale für die Beschriftung technischer Zeichnungen gelten Lesbarkeit, Einheitlichkeit und Eignung für die Mikroverfilmung und sonstige fotografische Reproduktionsverfahren. Um diese Anforderungen zu erreichen, sind folgende Regeln zu beachten:

Die Zeichen sollen sich klar voneinander abheben, um Verwechselungen zu vermeiden.

Für die Mikroverfilmung ist es erforderlich, daß der Abstand zwischen zwei benachbarten Linien oder der Zwischenraum zwischen Buchstaben und Ziffern mindestens das Zweifache der Linienbreite beträgt.

Für Klein- und Großbuchstaben wird die gleiche Linienbreite angewandt.

Die Nenngröße der Schriftzeichen ist die Höhe h der Großbuchstaben.

Die Nenngrößenreihe der Schrifthöhe h hat die Stufung $\sqrt{2}$ wie die Normreihe der Zeichnungsformate nach DIN 823 und lautet:

2,5; 3,5; 5; 7; 10; 14 und 20 mm.[2])

Die Höhe h der Großbuchstaben und die Höhe c der Kleinbuchstaben sollen mindestens 2,5 mm betragen. Bei gleichzeitiger Verwendung von Groß- und Kleinbuchstaben soll mindestens c = 2,5 und h = 3,5 mm sein.

Die beiden Normverhältnisse von Linienbreite/Schriftzeichenhöhe $d/h = {}^1/_{14}$ bzw. $d/h = {}^1/_{10}$ bedingen ein Minimum an Linienbreiten.

Die Schriftform A mit d = h/14 und die Schriftform B mit d = h/10 können unter einem Winkel von 15° nach rechts geneigt, kursiv, oder vertikal geschrieben werden.

Vorwiegend wird die Schriftform B angewendet, während die Schriftform A nur bei Mikroverfilmung zu bevorzugen ist.

Die Verhältnisse für die Höhe der Kleinbuchstaben, für den Mindestabstand zwischen den Zeichen, den Grundlinien und zwischen den Wörtern enthält die Tabelle 20.1.

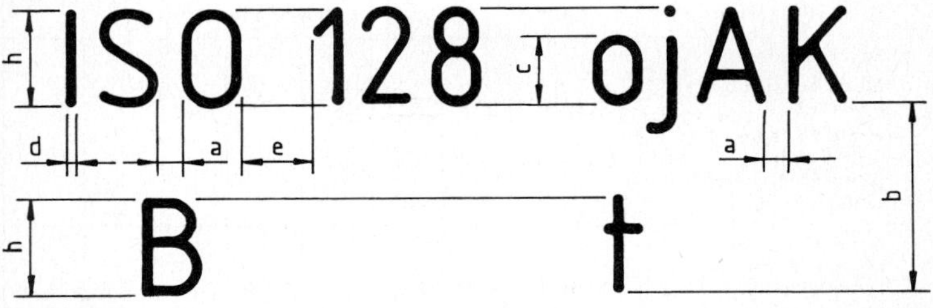

19.1

[1]) ISO 3098

Für das freihändige Üben der Normschrift ist in Schulen DIN 6776 B kursiv und für das Beschriften technischer Zeichnungen mit Schablonen in der Praxis DIN 6776 B vertikal zu bevorzugen.

[2]) Zusätzlich wird noch die Schriftgröße 1,8 angewendet.

Schriftform B, vertikal

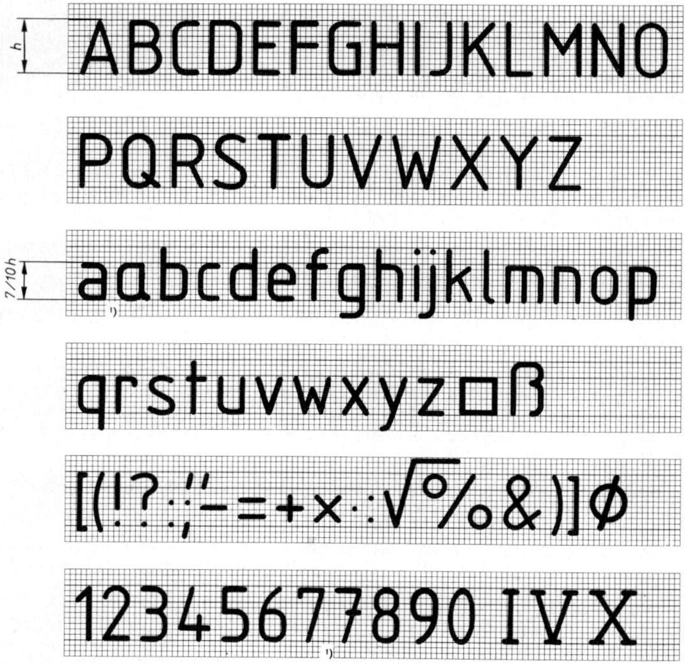

[1]) Beide Schriftformen sind zugelassen, wobei a und 7 in Deutschland zu bevorzugen sind.

Tabelle 1 Schriftform B (d = h/10)

Beschriftungsmerkmal		Verhältnis	Maße in mm						
Schriftgröße									
Höhe der Großbuchstaben	h	(10/10) h	2,5	3,5	5	7	10	14	20
Höhe der Kleinbuchstaben (ohne Ober- oder Unterlängen)	c	(7/10) h	—	2,5	3,5	5	7	10	14
Mindestabstand zwischen Schriftzeichen	a	(2/10) h	0,5	0,7	1	1,4	2	2,8	4
Mindestabstand zwischen Grundlinien	b	(14/10) h	3,5	5	7	10	14	20	28
Mindestabstand zwischen Wörtern	e	(6/10) h	1,5	2,1	3	4,2	6	8,4	12
Linienbreite	d	(1/10) h	0,25	0,35	0,5	0,7	1	1,4	2

Schriftform B, kursiv

[1]) Beide Schriftformen sind zugelassen, wobei a und 7 in Deutschland zu bevorzugen sind.

Oberflächensymbole nach DIN ISO 1302, Symbole für Schweißen und Löten nach DIN 1912, Symbole für Löcher, Schrauben und Nieten im Metallbau nach DIN ISO 5261, Kurzzeichen für Profile nach DIN 1353 u. a. Symbole sollen der gewählten Schriftgröße angepaßt sein.

Indizes, Ziffern, Buchstaben, Striche, z. B. B_3, M_1, A′, Exponenten, z. B. 10^2, a^n, ISO-Toleranzkurzzeichen in Zeichnungen, z. B. 50^{H7}, 50_{n6} und Grenzabmaße $\pm 0{,}1$ werden um eine Schriftgröße kleiner geschrieben als die gewählte Schriftgröße, jedoch nicht kleiner als 2,5 mm.

Bei Benutzung der kleinsten Schriftgröße sind Indizes, Exponenten usw. mit der gleichen Schriftgröße zu schreiben.

Bei tolerierten Maßen können Toleranzangaben auch in der gleichen Schriftgröße wie das Nennmaß geschrieben werden, s. Beilage.

Zu DIN 6776 T1 gibt es die Beiblätter 1 und 2 mit Hilfsnetzen für die verschiedenen Schriftgrößen der vertikalen und kursiven Schriftformen A und B. Durch Unterlegen der Hilfsnetze wird das freihändige Beschriften von Zeichnungen auf Transparentpapier oder Zeichenfolie sowie das Üben der ISO-Normschrift erleichtert.

Schräge und senkrechte griechische Schrift nach DIN 1453

Die Buchstaben der schrägen griechischen Schrift haben eine Neigung von 75° zur Waagerechten.

α	β	γ	δ	ε	ζ	η	ϑ θ	ι	κ	λ	μ
Alpha	*Beta*	*Gamma*	*Delta*	*Epsilon*	*Zeta*	*Eta*	*Theta*	*Jota*	*Kappa*	*Lambda*	*My*
ν	ξ	ο	π	ρ	σ ς	τ	υ	φ	χ	ψ	ω
Ny	*Ksi*	*Omikron*	*Pi*	*Rho*	*Sigma*	*Tau*	*Ypsilon*	*Phi*	*Chi*	*Psi*	*Omega*

Α	Β	Γ	Δ	Ε	Ζ	Η	Θ	Ι	Κ	Λ	Μ
Alpha	*Beta*	*Gamma*	*Delta*	*Epsilon*	*Zeta*	*Eta*	*Theta*	*Jota*	*Kappa*	*Lambda*	*My*
Ν	Ξ	Ο	Π	Ρ	Σ	Τ	Υ	Φ	Χ	Ψ	Ω (h)
Ny	*Ksi*	*Omikron*	*Pi*	*Rho*	*Sigma*	*Tau*	*Ypsilon*	*Phi*	*Chi*	*Psi*	*Omega*

Die Schriftgrößen der schrägen und senkrechten griechischen Schrift entsprechen denen in DIN 6776, s. S. 20.

1.7 Ausführungsregeln technischer Zeichnungen nach DIN 6774 Teil 1

Zweck

Diese Norm gilt für die Anfertigung von Zeichnungsoriginalen nach DIN 199. Sie soll eine ausreichende Qualität der Zeichnung sicherstellen, die zu befriedigenden Kopien und Mikrofilmen führt.

Anforderungen

Das Zeichnungsoriginal muß gleichmäßig gute Kontraste, günstige mechanische Eigenschaften und eine zweckentsprechende Haltbarkeit aufweisen.

Gleichmäßige Kontraste erhält man, wenn die Zeichnungen entweder in Tusche oder in Blei ausgeführt werden, keinesfalls aber als Kombination von Bleistift und Tusche. Den besten Kontrast gibt ein schwarzer Tuschestrich auf weißem Karton. Bei Minenzeichnungen soll eine harte Mine genommen werden. Sichtbare Körperkanten sollen mit 2H, Maßlinien und Maßhilfslinien mit 3H oder 4H gezeichnet werden.

Zeichnungsformate

Ausgangsformate sollen DIN 476, Zeichnungsvordrucke DIN 6771 T1 und T6 entsprechen. Bevorzugt sind die Formate A4 bis A0 zu verwenden.

Muß eine Zeichnung in mehrere Blätter (Folgeblätter) aufgeteilt werden, so sind möglichst gleiche Formate zu verwenden.

Zeichnungsausführung
Darstellungen, Maßeintragungen, Anwendung von Wortangaben und graphische Symbole sind nach den entsprechenden Normen vorzunehmen.
Für die zeichnerische Darstellung ist vorzugsweise die Liniengruppe 0,5 nach DIN 15 Teil 1 u. 2 anzuwenden, und zwar die Linienbreiten 0,5 und 0,25 sowie für die Beschriftung 0,35. Für Formate A1 und A0 ist entsprechend die Liniengruppe 0,7 zu wählen.

1

Bei der zeichnerischen Darstellung ist der Abstand zwischen zwei Linien so zu wählen, daß der kleinste Zwischenraum dem zweifachen der Linienbreite der schmaleren Linie entspricht. Dabei soll ein Zwischenraum von 0,5 mm nicht unterschritten werden. Dies gilt auch für Lücken in unterbrochenen Linien (Strichlinie, Strichpunktlinie).

Beschriftung
Die Schriftzeichen zur Beschriftung technischer Zeichnungen sind in DIN 6776 Teil 1 festgelegt. Dort nicht enthaltene Schriftzeichen, z. B. griechische und mathematische Zeichen, sind vor ihrer Anwendung auf ihre Eignung zur Vervielfältigung zu prüfen.

Für die Beschriftung technischer Zeichnungen sind im allgemeinen drei Schriftgrößen vorgesehen, und zwar:

die mittlere	für Maßangaben, Maßstab und Beschriftung 3,5 mm bzw. 5 mm
die kleine	für Toleranzen, Indizes und Exponenten 2,5 mm bzw. 3,5 mm
die große	für Schnittkennzeichnung und Positionsnummern 5 mm bzw. 7 mm

Erfolgskontrolle:

1. Welche Gesetzmäßigkeiten bestehen für den Aufbau der DIN-Formate nach DIN 476? (S. 14)
2. Wie erhält man aus einer DIN-Blattgröße die nächst kleinere Blattgröße? (S. 14)
3. Wie groß ist nach DIN 6771 T6 bei allen DIN-Formaten der Schriftfeldabstand vom Blattrand? (S. 14)
4. Welche Maßstäbe sind für technische Zeichnungen nach DIN ISO 5455 festgelegt? (S. 15)
5. Wie faltet man DIN-Formate auf die Größe A 4 für Ordner nach DIN 824? (S. 16)
6. Welche Liniengruppen und Linienarten sind nach DIN 15 festgelegt? (S. 16 und 17)
7. Wie sind die Linienbreiten nach DIN 15 gestuft? (S. 18)
8. Wie lautet die Nenngrößenreihe für die Schrifthöhen nach DIN 6776? (S. 19 und 20)
9. Wie ist für die Schriftformen A und B nach DIN 6776 das Verhältnis Schriftgröße/Linienbreite festgelegt? (S. 19)
10. Welches ist die kleinste Schrifthöhe, und wie groß werden Indizes, Exponenten usw. geschrieben? (S. 20 und 21)

1.8 Geometrische Grundkonstruktionen

1.8.1 Strecken, Winkel, Dreiecke und Kreise

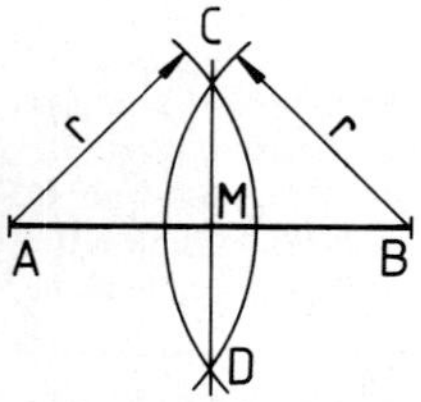

24.1 Strecke AB halbiert und Mittelsenkrechte errichtet

a) Strecke AB halbieren

b) Mittelsenkrechte errichten

Um A und B wird ein Kreisbogen mit beliebigem Radius r geschlagen und die Schnittpunkte C und D miteinander verbunden.

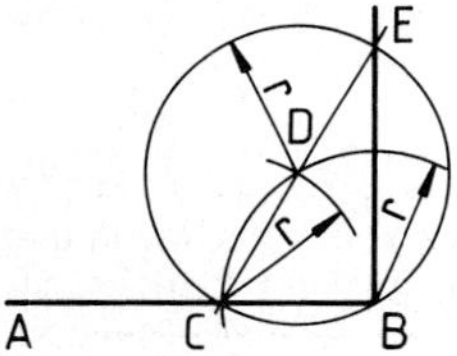

24.2 Senkrechte im Endpunkt errichtet

Senkrechte im Endpunkt errichten

Um den Endpunkt B wird ein Kreisbogen mit dem Radius r geschlagen, und der gleiche Bogen um C und D. Dann ist durch die Schnittpunkte C und D über D hinaus eine Gerade bis zum Kreisschnittpunkt E zu ziehen. Die Verbindungslinie EB steht senkrecht auf AB in B.

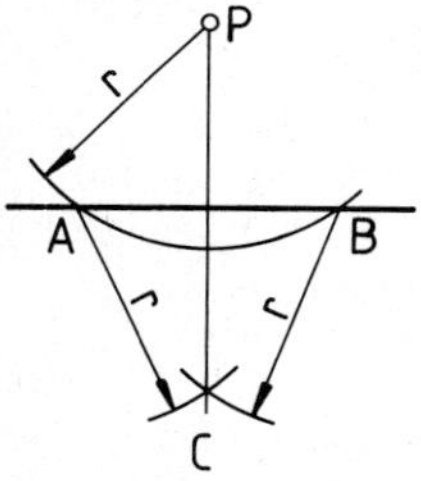

24.3 Lot gefällt

Vom Punkt P das Lot auf eine Gerade fällen

Um P wird ein beliebiger Kreis mit dem Radius r geschlagen. Dieser schneidet die Gerade in den Punkten A und B. Dann sind um A und B Kreisbögen mit r zu schlagen, die sich im Punkt C schneiden. Die Verbindung von P und C stellt das gefällte Lot dar.

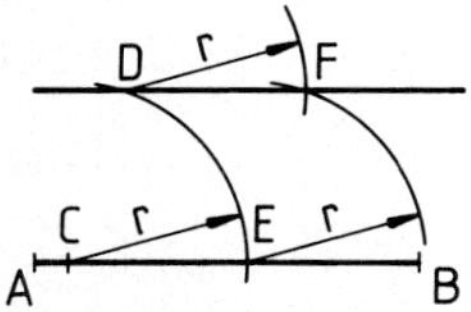

24.4 Parallele gezogen

Parallele zu AB durch den gegebenen Punkt D ziehen

Um einen beliebigen Punkt, z. B. C auf AB, wird ein Kreisbogen mit dem Radius CD = r geschlagen, dann der gleiche um D und um den Schnittpunkt E. Die Verbindungslinie DF verläuft parallel zu AB.

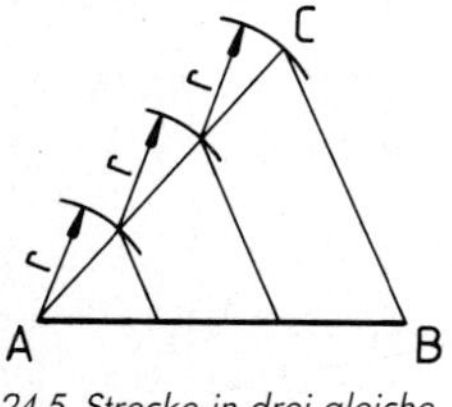

24.5 Strecke in drei gleiche Teile geteilt

Strecke AB in z. B. drei gleiche Teile teilen

Zu der Strecke AB wird durch den Punkt A unter beliebigem Winkel eine Gerade gezogen. Hierauf sind drei beliebige, aber gleich lange Teilstrecken abzutragen. Dann wird der Endpunkt C mit B verbunden und die Parallelen hierzu durch die Teilpunkte auf AC gezogen.

Goldener Schnitt

Die Strecke AB wird halbiert und in B eine Senkrechte errichtet. Dann ist um B mit $BC = \frac{a}{2}$ ein Kreisbogen zu schlagen und D mit A zu verbinden. Um D wird mit DB ein Kreisbogen geschlagen, der auf AD den Schnittpunkt E ergibt. Mit der neuen Strecke AE ist um A ein Kreisbogen zu schlagen, der AB im Punkt F schneidet. Es verhalten sich die Strecken AB : AF = AF : FB oder a : b = b : c.

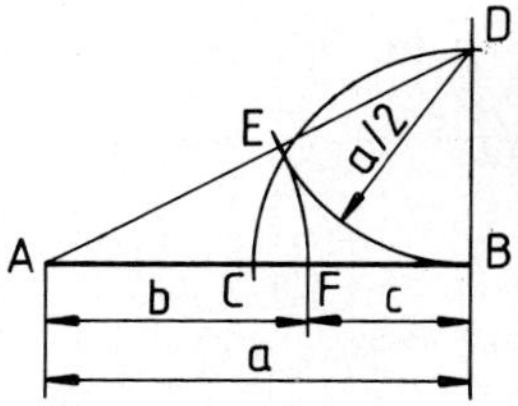

25.1 Goldener Schnitt

Winkel CAB halbieren

Um A wird ein Kreisbogen mit beliebigem Radius r geschlagen, der die Schenkel des Winkels CAB in C und B schneidet. Dann sind mit gleichem Radius r um B und C Kreisbögen zu schlagen. Die Verbindungslinie AD halbiert den Winkel CAB.

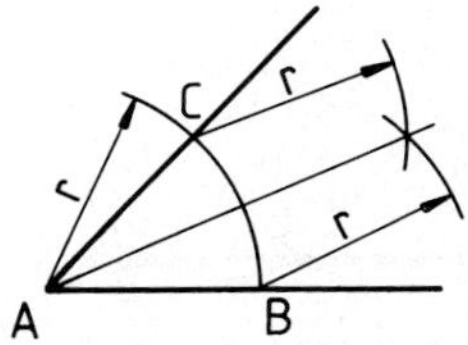

25.2 Winkel halbiert

Winkel von 90° in drei gleich große Winkel teilen

Um A wird ein beliebiger Kreisbogen und mit der gleichen Zirkelöffnung je ein Bogen um B und C geschlagen. Die Verbindungslinien von A durch die neuen Schnittpunkte D und E dritteln den rechten Winkel.

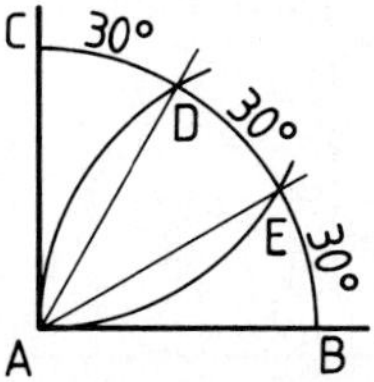

25.3 Winkel von 90° in drei gleich große Winkel geteilt

Winkel CAB von Aufgabe 2 an eine Gerade im Punkt A antragen

Um Punkt A ist ein Kreisbogen mit dem gleichen Radius r wie in Aufgabe 2 zu schlagen. Dann wird die Schenkelneigung BC mit dem Zirkel abgegriffen und von B aus auf den Kreisbogen um A übertragen. Der Schnittpunkt C ist mit A zu verbinden.

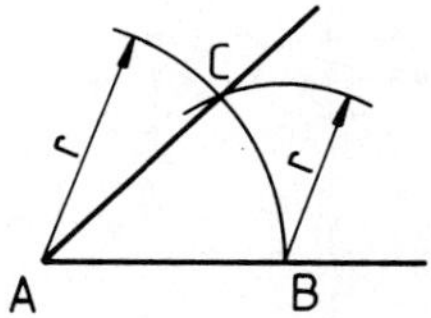

25.4 Winkel angetragen

Gleichseitiges Dreieck konstruieren

Mit der Strecke AB = r werden um A und B Kreisbögen geschlagen. Dann ist der Schnittpunkt C mit A und B zu verbinden.

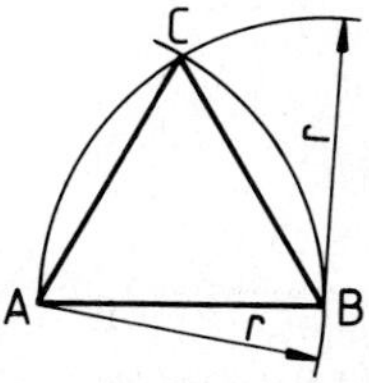

25.5 Gleichseitiges Dreieck

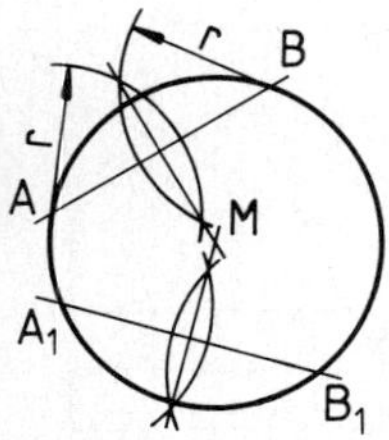

26.1 Kreismittelpunkt gesucht

Mittelpunkt eines Kreises suchen

Es werden zwei nicht parallele Sehnen durch den Kreis gezogen und auf diesen die Mittelsenkrechten errichtet. Ihr Schnittpunkt ist der Kreismittelpunkt.

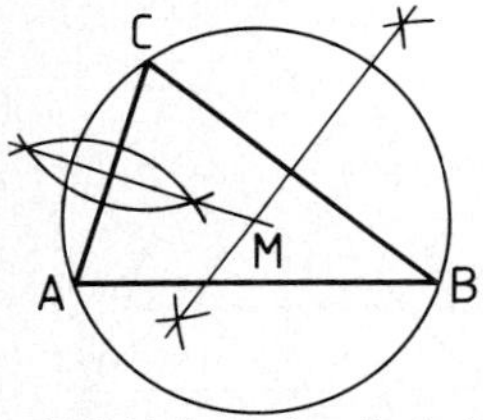

26.2 Umkreis eines Dreiecks

Umkreis eines Dreiecks zeichnen

Auf zwei beliebigen Dreieckseiten sind die Mittelsenkrechten zu errichten wie unter 24.1. Der Schnittpunkt M der Mittelsenkrechten ist Mittelpunkt des Umkreises.

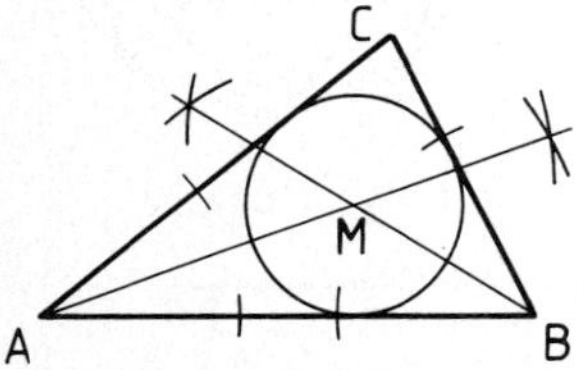

26.3 Inkreis eines Dreiecks

Inkreis eines Dreiecks zeichnen

Zwei beliebige Dreieckwinkel werden wie unter 25.2 halbiert. Die Winkelhalbierenden schneiden sich im Mittelpunkt M des Inkreises.

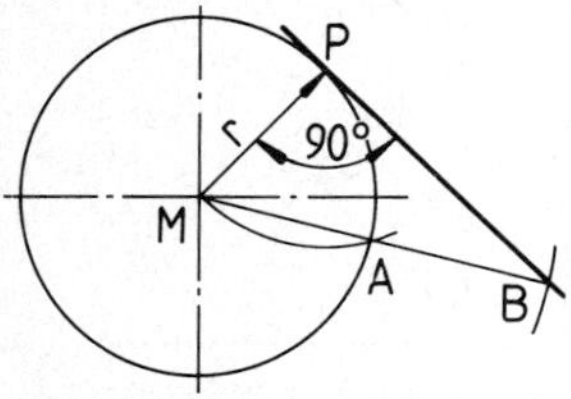

26.4 Tangente in einem Kreispunkt

Tangente in einem Kreispunkt konstruieren

Der Punkt P wird mit dem Kreismittelpunkt M verbunden und auf der Strecke MP im Endpunkt P die Senkrechte wie unter 24.2 errichtet.

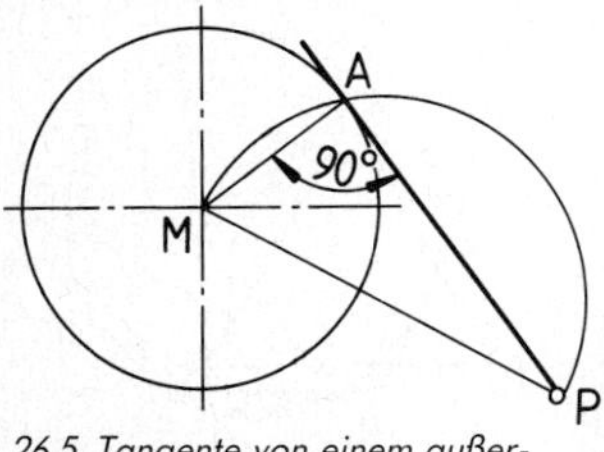

26.5 Tangente von einem außerhalb liegenden Punkt

Von einem Punkt außerhalb die Tangente konstruieren

Es ist der Punkt P mit dem Kreismittelpunkt M zu verbinden und über der Strecke MP der Halbkreis zu zeichnen. Dieser schneidet den Kreis in A. Die Verbindung von A und P ist die Tangente.

1.8.2 Regelmäßige Vielecke in einem gegebenen Kreis

Dreieck – Siebeneck im gegebenen Kreis

Um D wird ein Kreisbogen mit dem Kreishalbmesser r_1 geschlagen. Die Verbindung von B mit A und C ergibt ein gleichseitiges Dreieck. Um das Siebeneck zu konstruieren wird ½ AC 7mal auf dem Kreis abgetragen.

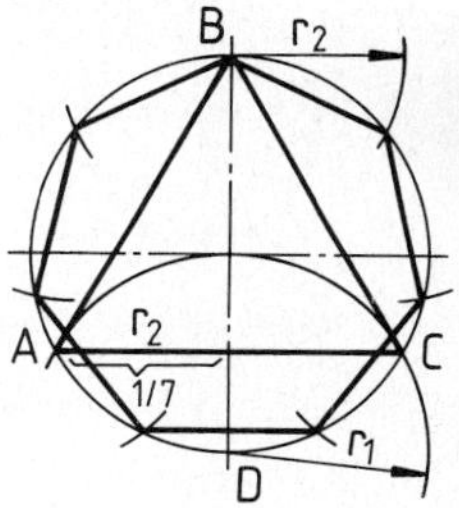

27.1 Drei- und Siebeneck

Viereck – Achteck im gegebenen Kreis

Die Schnittpunkte A, B, C und D des rechtwinkligen Achsenkreuzes mit dem Kreis werden zu dem Quadrat ABCD verbunden. Dann sind die Quadratseiten zu halbieren und die entsprechenden Verbindungslinien durch den Mittelpunkt zu ziehen. Die neuen Schnittpunkte ergeben die Eckpunkte des Achtecks.

Merke: Beim einbeschriebenen Quadrat gilt:

$d = \sqrt{2} \cdot s = 1{,}414 \cdot s$,
d = Durchmesser oder Eckenmaß,
s = Quadratseite.

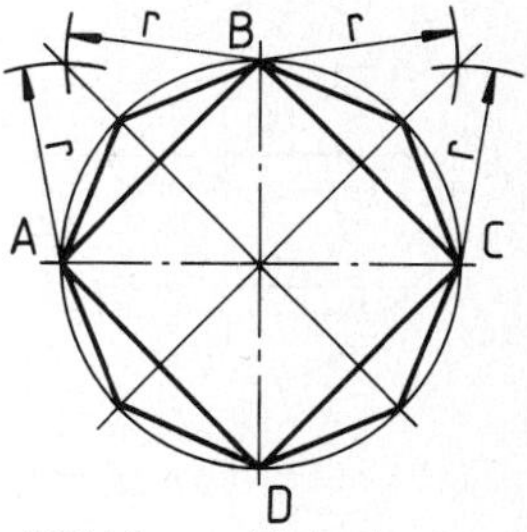

27.2 Vier- und Achteck

Fünfeck — Zehneck im gegebenen Kreis

MC wird halbiert und vom Halbierungspunkt E aus die Strecke EB bis F abgetragen. Dann ist BF die Seite des regelmäßigen Fünfecks. BF 5mal auf dem Kreis abgetragen ergibt ein Fünfeck. — Die Fünfeckseite wird halbiert und vom Mittelpunkt durch die Halbierungspunkte Linien bis zum Kreis gezogen. Diese neuen Schnittpunkte sind die Eckpunkte des Zehnecks.

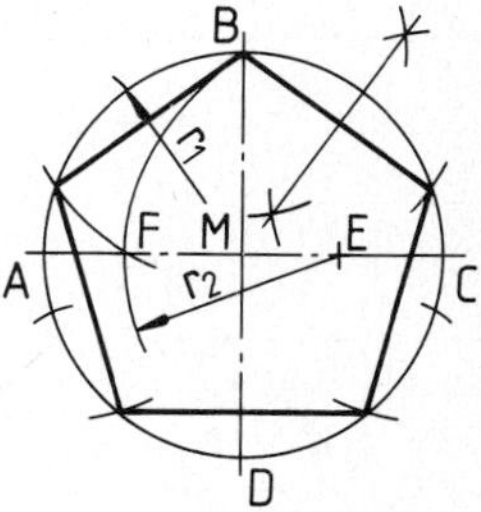

27.3 Fünf- und Zehneck

Sechseck — Zwölfeck im gegebenen Kreis

Der Halbmesser wird 6mal von A auf dem Kreis abgetragen. Die entstandenen Schnittpunkte sind zum Sechseck zu verbinden.

Die Halbierung der Sechseckseiten ergibt ein Zwölfeck.

Merke: Beim einbeschriebenen Sechseck gilt:

$d = 1{,}155 \cdot SW$,
d = Durchmesser,
SW = Schlüsselweite.

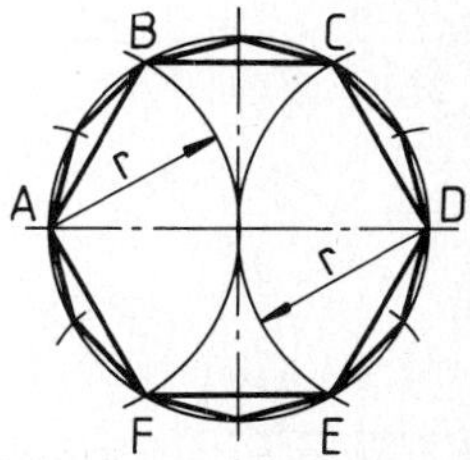

27.4 Sechs- und Zwölfeck

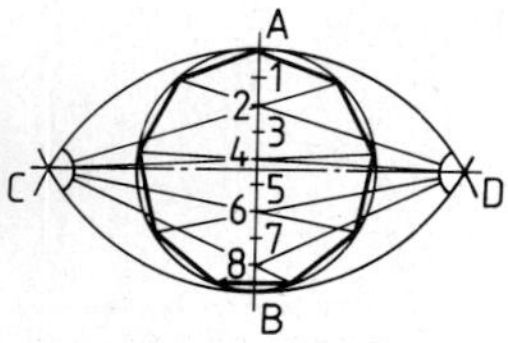

28.1 Regelmäßige Vielecke, z. B. Neuneck

Regelmäßige Vielecke, z. B. Neuneck in einem Kreis

Der senkrechte Durchmesser AB wird z. B. in neun gleiche Teile geteilt. Dann werden um A und B mit dem gegebenen Kreisdurchmesser als Halbmesser Kreise geschlagen, die sich in den Punkten C und D schneiden. Von C und D aus werden durch die geradzahligen Teilungspunkte 2, 4, 6 und 8 Linien gezogen, die den Kreis in den Eckpunkten des Neunecks schneiden.

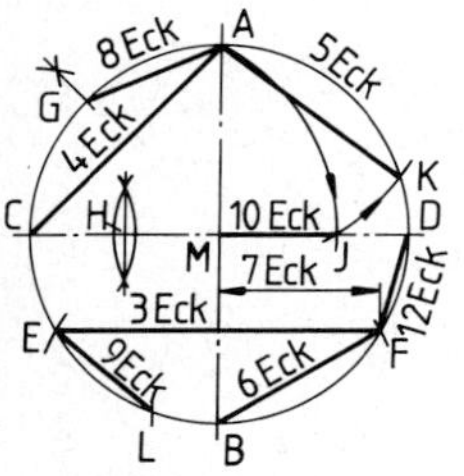

28.2 Seitenlängen regelmäßiger Vielecke

Bestimmen der Seitenlängen regelmäßiger Vielecke in einem Kreis

Die Verbindung der Punkte A und C ergibt die Quadratseite, die Halbierung der Strecke AC die Achteckseite AG. Durch den Kreisbogen mit dem Radius BM um B erhält man die Dreieckseite EF, durch Verbinden der Punkte F und B die Sechseckseite und F mit D die Zwölfeckseite. Außerdem ist EF/$_2$ die Seite des Siebenecks. Der Kreisbogen um H als Halbierungspunkt der Strecke MC mit dem Radius HA ergibt die Zehneckseite MJ und mit AJ um A die Fünfeckseite AK. Teilt man den Kreisbogen über der Dreieckseite EF in drei gleiche Teile, dann ist EL die Neuneckseite.

1.8.3 Kreisanschlüsse durch Kreisbogen

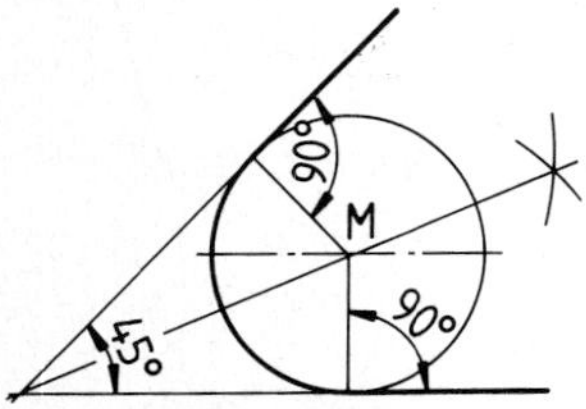

28.3 im spitzen Winkel

Kreisanschluß in einem spitzen Winkel mit gegebenem Radius

Es wird ein spitzer Winkel gezeichnet. Im Abstand des gegebenen Halbmessers r sind zu den beiden Schenkeln Parallelen (oder die Winkelhalbierende und zu einem Schenkel die Parallele) zu ziehen. M ist der Mittelpunkt des Kreisbogens.

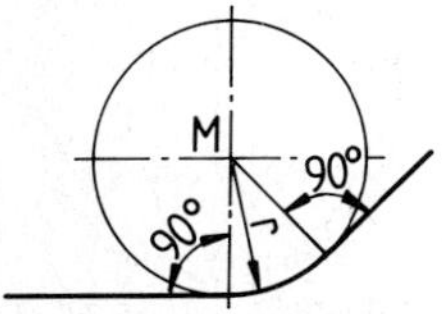

28.4 im stumpfen Winkel

Kreisanschluß in einem stumpfen Winkel mit gegebenem Radius

Es wird ein stumpfer Winkel gezeichnet und dann weiter wie unter 28.3 verfahren.

Kreisanschluß von zwei Geraden

Um die Endpunkte A und B der Geraden sind Kreise mit dem Radius r zu schlagen. Diese schneiden sich im Mittelpunkt M des gesuchten Kreisbogens.

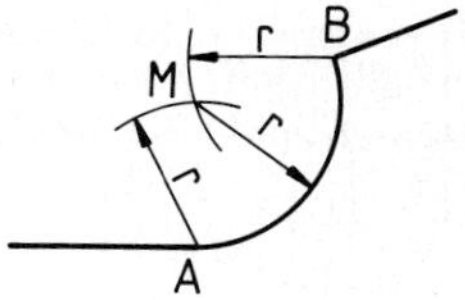

29.1 Kreisanschluß von zwei Geraden

Verbinden eines Punktes mit einem Kreis durch Kreisbogen

Um den Mittelpunkt M_1 des Kreises wird ein Kreisbogen mit dem Radius R + r und um den Punkt P ein Kreisbogen mit dem Radius r geschlagen. Die beiden Kreisbogen schneiden sich im Mittelpunkt M_2 des Kreisanschlußbogens.

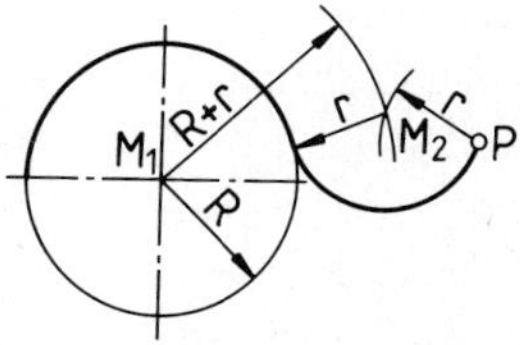

29.2 Kreis und Punkt durch Kreisbogen verbunden

Verbinden von Kreis und Gerade durch Kreisbogen

Um den Mittelpunkt M_1 eines gegebenen Kreises ist ein Kreisbogen mit dem Halbmesser R + r zu schlagen. Zur gegebenen Geraden g wird im Abstand r eine Parallele gezogen. Diese schneidet den Kreisbogen im Mittelpunkt M_2 des Anschlußkreisbogens.

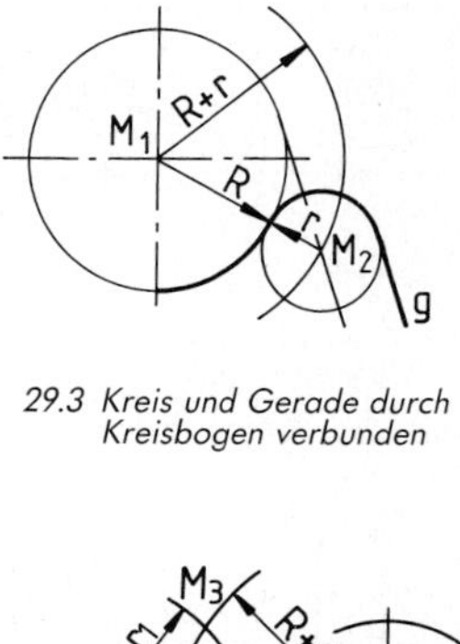

29.3 Kreis und Gerade durch Kreisbogen verbunden

Verbinden zweier Kreise durch Kreisbogen

Anschluß zweier gegebener Kreise mit dem Radius r_1 und r_2 durch Kreisbogen mit dem Radius R.

Um die Mittelpunkte M_1 und M_2 werden Kreisbogen mit den Halbmessern $r_1 + R$ bzw. $r_2 + R$ geschlagen. Um die Schnittpunkte M_3 und M_4 dieser Kreisbogen sind dann die Anschlußkreisbogen mit dem gegebenen Halbmesser zu zeichnen.

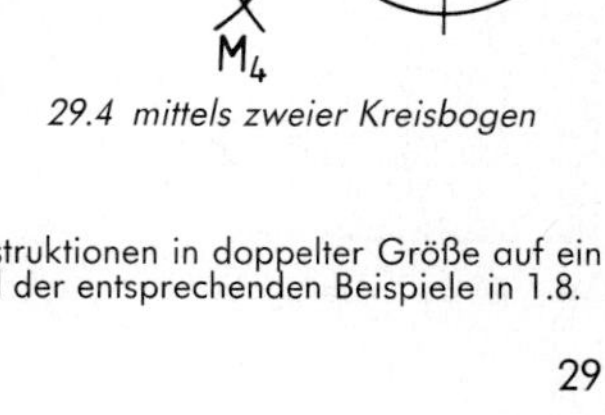

29.4 mittels zweier Kreisbogen

Erfolgskontrolle:

Zeichnen Sie jeweils 4. . .6 geometrische Grundkonstruktionen in doppelter Größe auf ein A4-Blatt. Überprüfen Sie Ihre Konstruktionen anhand der entsprechenden Beispiele in 1.8.

2 Normgerechtes Darstellen und Bemaßen der Grundkörper und einfacher Werkstücke, räumliches Vorstellen

2.1 Grundregeln der Bemaßung nach DIN 406 Teil 2, s. S. 105...118

2

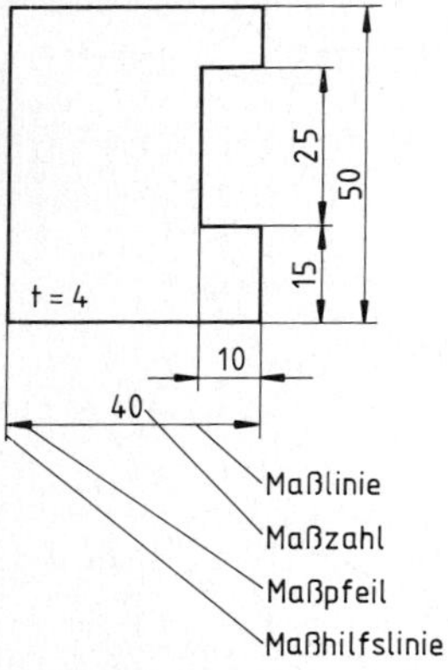

30.1 Blechbemaßung

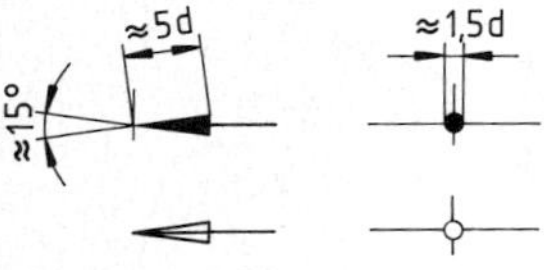

30.2...5 Vergrößerte Maßlinienbegrenzungen

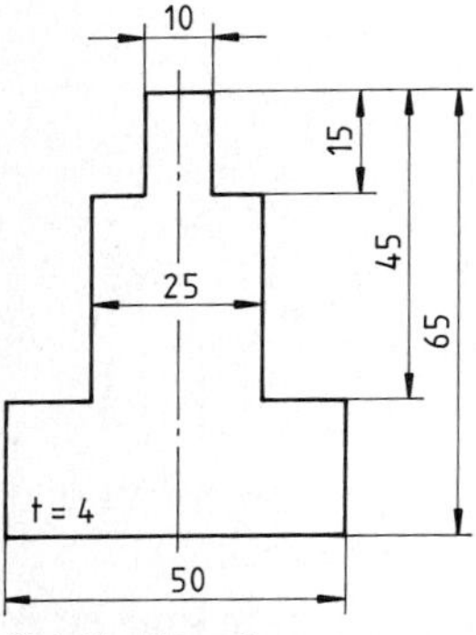

30.6 Blechbemaßung

Die Bemaßung legt die Form und Abmessungen eines Werkstückes fest. Sie kann nach verschiedenen Gesichtspunkten erfolgen, z. B. fertigungsbezogen, s. auch S. 104.

Flache Werkstücke (Bleche) können im allgemeinen in einer Ansicht dargestellt und bemaßt werden, 30.1.

Als sichtbare Körperkanten werden die Umrisse eines Werkstückes in breiter Vollinie je nach Größe des Werkstückes in einer der Liniengruppen 0,35...1 mm nach DIN 15 gezeichnet.

Durch die Wahl der Breite der Vollinie ist bereits die Liniengruppe mit den Breiten für die verschiedenen Linienarten festgelegt, die in der gleichen Zeichnung beibehalten werden müssen, s. S. 17.

Maßlinien sind als schmale Vollinien zu zeichnen. Sie stehen im allgemeinen rechtwinklig zwischen den Körperkanten bzw. Maßhilfslinien.

Die erste Maßlinie hat von den Körperkanten einen Abstand von etwa 10 mm, während Maßlinien voneinander etwa 7 mm entfernt sein sollen. Die Maßlinien werden durchgezogen, wobei die Maßzahlen über der Maßlinie stehen.

Maßlinien sollen sich mit anderen Linien und untereinander möglichst nicht schneiden.

Maßhilfslinien werden ebenfalls als schmale Vollinien gezeichnet. Sie ragen 2 mm über die Maßpfeile hinaus und dürfen nicht von einer Ansicht in eine andere durchgezogen werden.

Als Maßlinienbegrenzung dienen im allgemeinen ausgefüllte Maßpfeile und Punkte 30.2 u. 3 sowie nicht ausgefüllte Maßpfeile und Punkte 30.4 u. 5. Bei Platzmangel dürfen Punkte angewendet werden.

Im Hinblick auf das rechnergestützte Konstruieren und Zeichnen sollen künftig nicht ausgefüllte Maßpfeile und Punkte bevorzugt werden.

Weitere Maßlinienbegrenzungen zeigt Seite 107.

d entspricht der Linienbreite der breiten Vollinie.

Mittellinien kennzeichnen symmetrische, d. h. spiegelbildgleiche Ansichten. Sie werden als schmale strichpunktierte Linien gekennzeichnet, 30.5.

Beim Zeichnen eines symmetrischen Werkstückes ist mit der Mittellinie zu beginnen.

Mittellinien schneiden sich nur in den Mitten der Strichlinien, nie in den Punkten, s. S. 45. Die Enden der Mittellinien bilden Striche, die einige Millimeter aus den Ansichten herausragen. Mittellinien sind nicht als Maßlinien zu benutzen. Werden sie aber als Maßlinien gebraucht, so zieht man sie außerhalb der Ansichten als schmale Volllinien aus, s. S. 44 und 45.

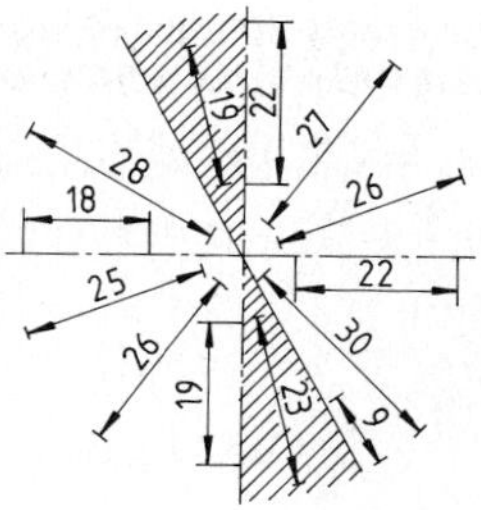

31.1 Längenmaße

Maßzahlen sind in ISO-Normschrift nach DIN 6776 in Fertigungszeichnungen nicht kleiner als 3,5 mm hoch, in Millimetern ohne Maßeinheit, über der Maßlinie einzutragen. Wenn andere Maßeinheiten als Millimeter verwendet werden, so ist die Maßeinheit hinter die Maßzahl zu setzen, z. B. 20 m, ½″, 45°.

Die Schreibrichtung der Maße verläuft wie die dazugehörende Maßlinie. Alle Maße sind so einzutragen, daß sie von unten oder von rechts lesbar sind, wenn die Zeichnung in Leserichtung gehalten wird, s. S. 108.

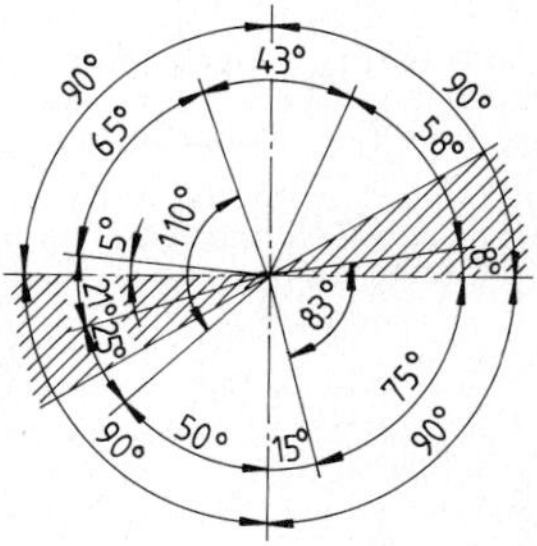

31.2 Winkelmaße

Innerhalb der in den Bildern 31.1 und 31.2 schraffierten Bereiche sollen Maßeintragungen vermieden werden. Ist dies nicht möglich, so müssen die Maße in diesen Bereichen von links lesbar sein.

Maßzahlen wie 6, 9, 66, 68, 86, 89, 98 und 99 erhalten hinter der Zahl einen Punkt, wenn infolge ihrer Stellung Verwechselungen möglich sind, z. B. Maß 9 in Bild 31.1.

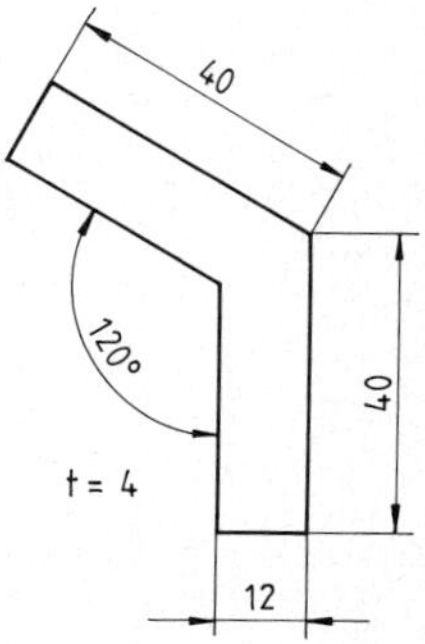

31.3 120°-Lehre

Maßzahlen und Winkelangaben, die wegen Platzmangels in der Nähe der Maßlinie oder an eine Bezugslinie geschrieben werden, sollen möglichst in der gleichen Lage eingetragen werden, die sie an der Maßlinie hätten.

Maßzahlen dürfen nicht durch Linien getrennt oder gekreuzt werden. Sie dürfen auch nicht ohne Maßlinien direkt auf dargestellten Kanten, Umrissen oder Eckpunkten stehen.

Testaufgaben s. S. 396...399, 402...404

t = thick (engl.: dick)

2.2 Darstellungsmöglichkeiten und Bemaßen der Grundkörper sowie einfacher Werkstücke und ihre Formerfassung

2.2.1 Flache Werkstücke (Bleche)

Perspektivische Darstellungen unsymmetrischer und symmetrischer Bleche

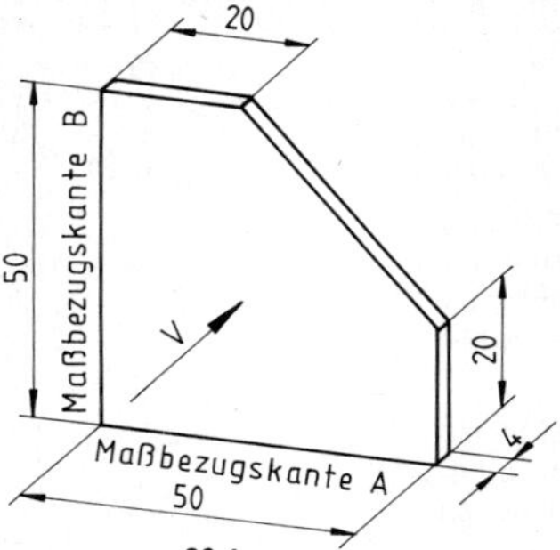

32.1

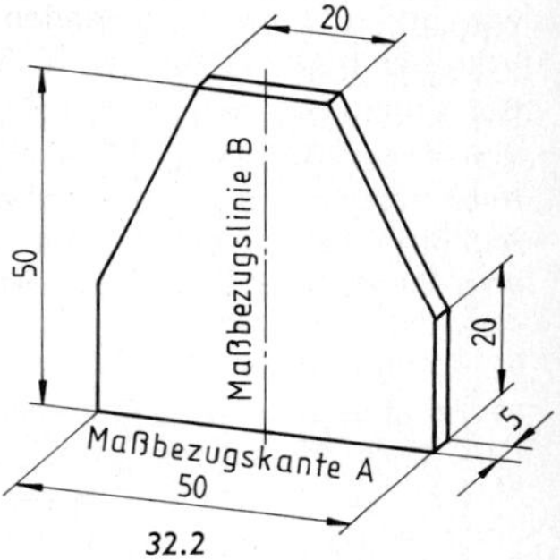

32.2

Technische Zeichnungen

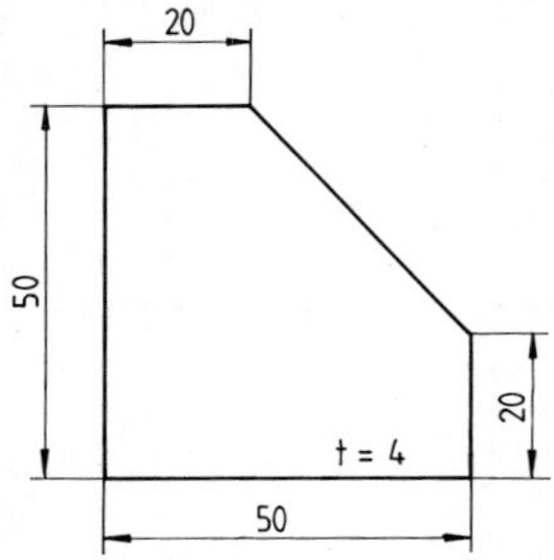

32.3

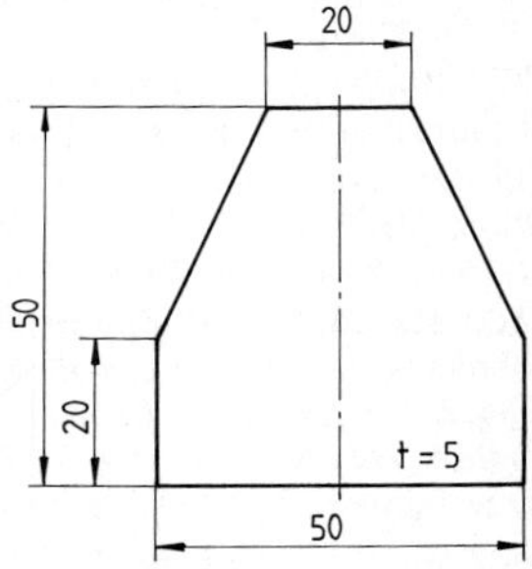

32.4

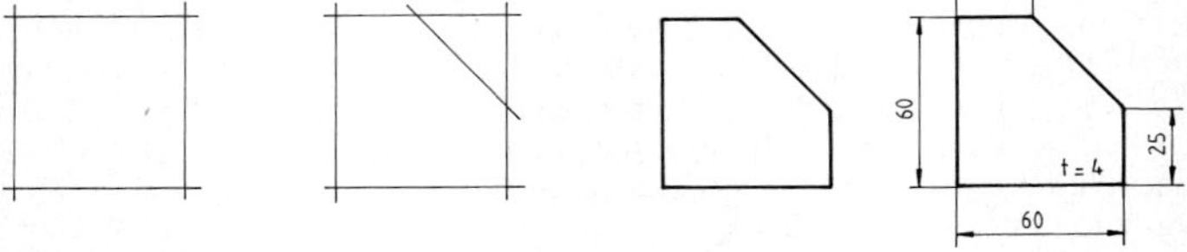

a) Skizzieren der Hüllform (schmale Vollinien)

b) der Fertigform (Entwurf)

c) Radieren, Fertigform ausziehen (breite Vollinien)

d) Maßhilfs-, Maßlinien, Maßpfeile (schmale Vollinien)

e) Maße eintragen, Beschriften

32.5 Zeichenschritte bei der Darstellung eines Bleches

Flache Werkstücke, z. B. Bleche, zeichnet man meist nur in der Vorderansicht, da diese die Form und Maße eindeutig erkennen läßt. Die Werkstückdicke soll nach DIN 406 T 2, S. 105, in oder neben der Darstellung mit dem Buchstaben t angegeben werden, z. B. t = 2. In Schriftfeldern und Stücklisten ist die Blechdicke mit dem Kurzzeichen Bl anzugeben, z. B. Bl 2.

Bei unsymmetrischen Teilen erfolgt das Eintragen der Maße von zwei rechtwinklig aufeinanderstehenden Maßbezugsebenen, den Maßbezugsflächen bzw. Maßbezugskanten, z. B. A und B, aus z. B. 32.1 und 32.3.

Bei symmetrischen, d. h. spiegelbildgleichen Teilen sind die Höhenmaße von der Maßbezugskante A und die Breitenmaße von der Mittellinie als Maßbezugslinie B aus einzutragen, z. B. 32.2 und 32.4.

An Blechen sind Winkel im allgemeinen durch Längenmaße anzugeben, weil dies für das Anreißen vorteilhafter ist, z. B. 33.1, Ausnahme s. 31.3.

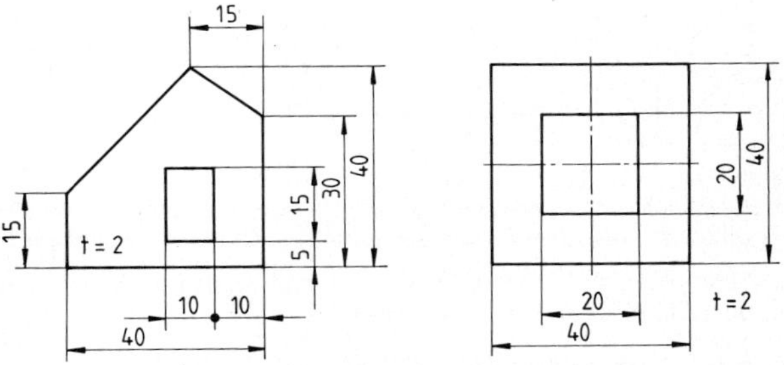

33.1 u. 2 Bleche mit Durchbrüchen

2.2.2 Darstellen und Bemaßen prismatischer Werkstücke

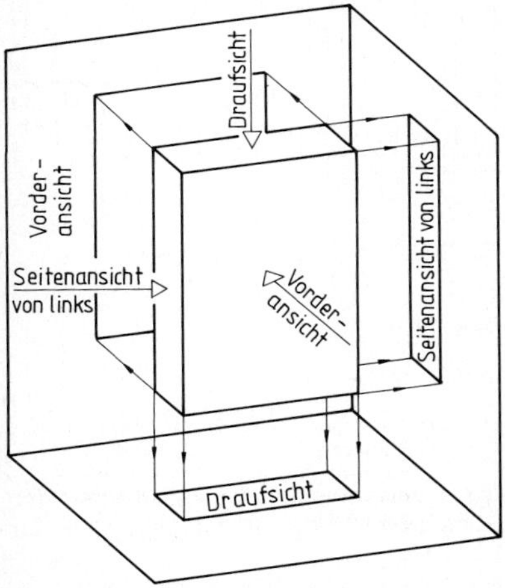

33.3 Prisma in der Raumecke als Dreitafelprojektion

33.3 zeigt, wie man durch Betrachten eines Prismas von vorn die Vorderansicht (V), von oben die Draufsicht (D) und von links die Seitenansicht von links (S) erhält.

Die Draufsicht und die Seitenansicht von links können auch durch entsprechendes Kippen bzw. Drehen um 90° gewonnen werden, 34.1. Durch die flächenhafte Darstellung eines Körpers in den drei üblichen Ansichten wird dessen Form festgelegt, damit aus der technischen Zeichnung die Gestalt klar erkannt und die zugehörigen Maße eindeutig entnommen werden können. Siehe auch 194.3 Senkrechte Parallel-Projektion.

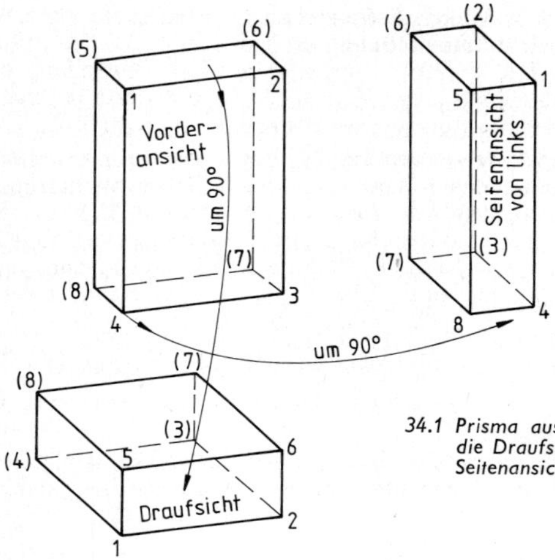

34.1 Prisma aus der Vorderansicht in die Draufsicht gekippt und in die Seitenansicht von links gedreht

Übung: 1. *Drehen Sie das Prisma, z. B. eine Streichholzschachtel, in die drei üblichen Ansichten. Halten Sie dabei den Körper in Augenhöhe!*

2. *Suchen Sie die einzelnen Eckpunkte und Kanten nach 34.1 nacheinander in allen drei Ansichten auf!*

3. *Üben Sie das räumliche Vorstellen durch Vergleichen der körperlichen mit der technischen Darstellung!*

Prisma mit rechteckiger Grundfläche

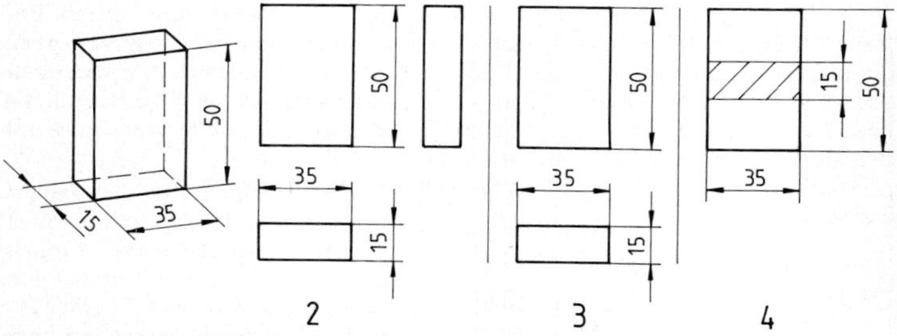

34.2 als Rechteck in der V, D, und S,

34.3 als Rechteck in der V und D,

34.4 als Rechteck in der V mit eingetragener Querschnittsform, anzuwenden, wenn nur eine Ansicht vorhanden ist.

Flache prismatische Werkstücke werden vereinfacht in Stücklisten mit den Abmessungen Breite × Dicke × Höhe bzw. Länge angegeben, z. B. für Bild 34.2: 35 × 15 × 50.

Siehe auch Benennungen für Halbzeug DIN 1353 T 2, Seite 272.

Räumliches Vorstellen durch Erfassen der Grundkörperformen und der Formen einfacher Werkstücke

Eine wichtige Voraussetzung für das Lesen und Verstehen technischer Zeichnungen ist die Fähigkeit, aus den zweidimensionalen, flächenhaften Ansichten und Schnitten sowie den Symbolen der technischen Zeichnungen sich die Körperformen, das Körperbild, in dreidimensionaler Form eindeutig vorstellen zu können und auch umgekehrt. Um das zu erlernen, betrachtet man z. B. auf S. 34 das Körperbild des Rechteckprismas mit der Breite = 35, der Dicke = 15 und der Höhe = 50 mm. Dann vergleicht man dieses Körperbild mit den drei Ansichten der technischen Zeichnung 1 und ihren Maßen 35 × 15 × 50. Darauf stellt man sich das Rechteckprisma bei verdecktem Körperbild aus den drei Ansichten der technischen Zeichnung körperlich vor. Die gleiche Vorstellungsübung führt man mit den Zeichnungen 3 und 4 durch, nachdem der zugehörige Text verstanden ist.

Die anschließende Zeichen- bzw. Skizzierübung zunächst als Nachzeichnen im M 1:1, dann aus dem Gedächtnis fördert die Zeichenfertigkeit und das räumliche Vorstellen.

Durch die Erfolgskontrolle, das Selbstvergleichen der erstellten Zeichnungen bzw. Skizzen mit den Musterzeichnungen dieses Fachbuches können die bisher erlangten Fähig- und Fertigkeiten festgestellt und gegebenenfalls verbessert werden.

In ähnlicher Weise führt man die Übungen mit den anderen Grundkörpern durch: Text lesen und verstehen, Erfassen jeder Grundkörperform und ihrer Maße, räumliches Vorstellen aus dem Gedächtnis, Zeichnen, Skizzieren, Bemaßen und Selbsttesten sowie Verbessern, falls erforderlich. Siehe 36.1, 36.2, 37.1 . . . 6 bis 54.6.

Beispiel: 36.2 hat ohne die Ausschnitte die übergeordnete Form (Hüllform) eines Rechteckprismas (Quaders) 25 × 15 × 40 mm. Der obere Vierkantzapfen 10 × 15 mm, 10 bzw. 15 mm lang, sitzt 8 mm von der linken Bezugsebene entfernt. Der untere rechteckige Zapfen 25 × 10, 10 mm hoch, ist mit der Rück- und den Seitenflächen bündig. Skizzieren Sie die jeweils beschriebene Form in dimetrischer bzw. isometrischer Darstellung. Vergleichen Sie auch Seite 69.

Übungen zur Auswahl: *Zeichnen Sie im M 1 : 1 je in der V, D und S die dargestellten Körper 36.1, 36.2, 37.3 und 37.6, nachdem Sie diese vorher in der Vorstellung*

1. um 90° nach rechts gedreht, oder

2. um 90° nach vorn herüber gekippt haben.

Aufgaben und Übungen finden Sie auch in dem Fachbuch „Praxis des Technischen Zeichnens“ vom gleichen Verfasser.

Prismatische Werkstücke mit Ausschnitten und verdeckten Körperkanten

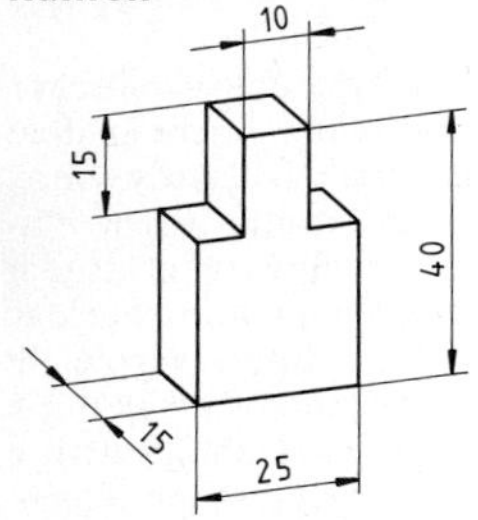

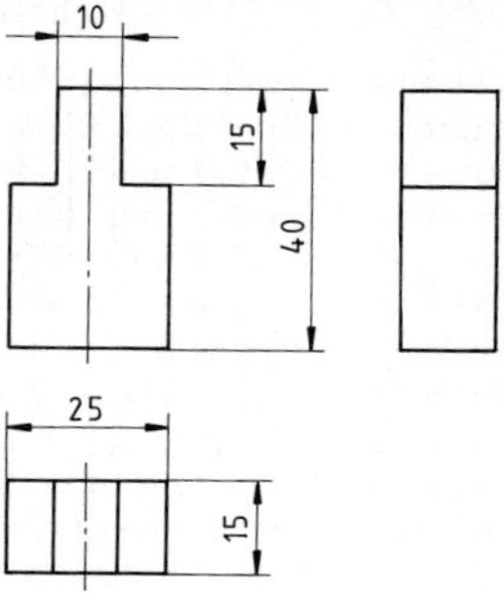

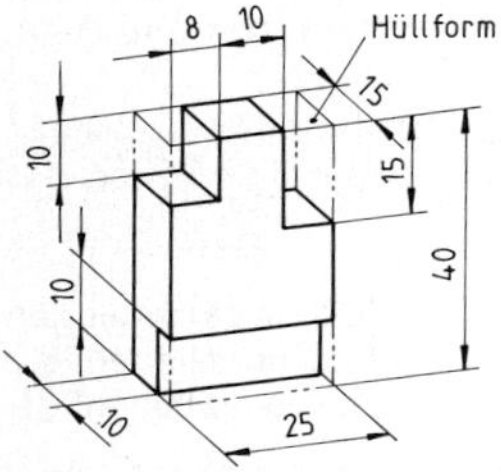

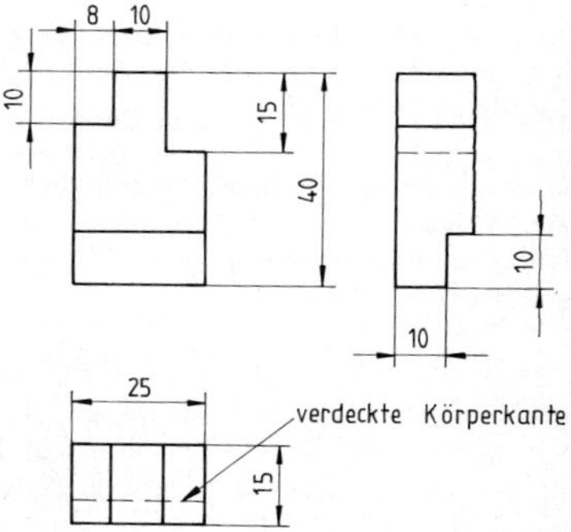

Verdeckte Körperkanten

und verdeckte Umrisse werden nach DIN 15-F durch schmale Strichlinien dargestellt, s. S. 16. Die einzelnen Striche sind gleich lang und werden von kurzen Lücken unterbrochen. Die Länge der einzelnen Striche richtet sich nach der Größe der Zeichnung und kann bis 10 mm betragen. Zu kurze Striche sind zu vermeiden. Beim Zeichnen haben Vollinien stets Vorrang vor den Strichlinien, wenn diese zusammenfallen.

Zeichnen von verdeckten Körperkanten

Strichlinien für verdeckte Kanten schließen in der Zeichnung im allgemeinen direkt an, 36.2.

Beim Übergang von einer sichtbaren in eine verdeckte Kante darf eine Lücke von ≈ 1 mm (1,5 d) gelassen werden, 36.3 a.

Strichlinien stoßen nur an den Enden zusammen und bilden dort volle Ecken, 36.3 b.

Dicht benachbarte, parallele Strichlinien sollen möglichst gegeneinander versetzt gezeichnet werden, 36.3 c.

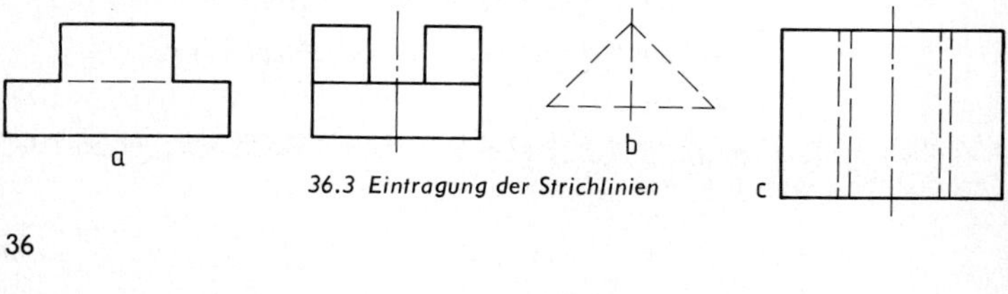

36.3 Eintragung der Strichlinien

Prisma mit quadratischer Grundfläche

Die Darstellung in einer Ansicht ist möglichst zu vermeiden.

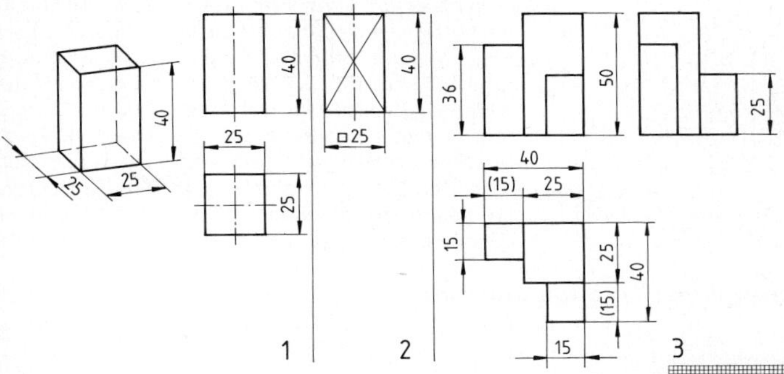

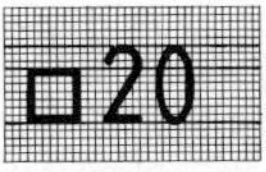

37.1 als Rechteck in der V und als Quadrat in der D,

37.2 als Rechteck in der V mit dem Quadratzeichen, vor der Maßzahl in der Maßlinie und dem Diagonalkreuz

37.3 Sockel

Maßzahl mit Quadratzeichen

Eine quadratische Form wird an zwei aneinanderstoßenden Seiten bemaßt, 37.1. Erfolgt jedoch die Bemaßung in der Ansicht, in welcher die quadratische Form als Strecke erscheint, so ist auf gleicher Höhe vor die betreffende Maßzahl ein Quadratzeichen zu setzen, dessen Größe ist gleich der der Kleinbuchstaben und die Linienbreite gleich der der Maßzahlen, 37.2. Wird in Ausnahmefällen ein Werkstück mit ebenen, vierseitigen Mantelflächen nur in einer Ansicht gezeichnet, so ist zur Kennzeichnung der ebenen Flächen zusätzlich ein Diagonalkreuz mit schmaler Vollinie einzutragen, 37.2. Auch bei zwei Ansichten ist dies zulässig, s. S. 49.1.

Würfel

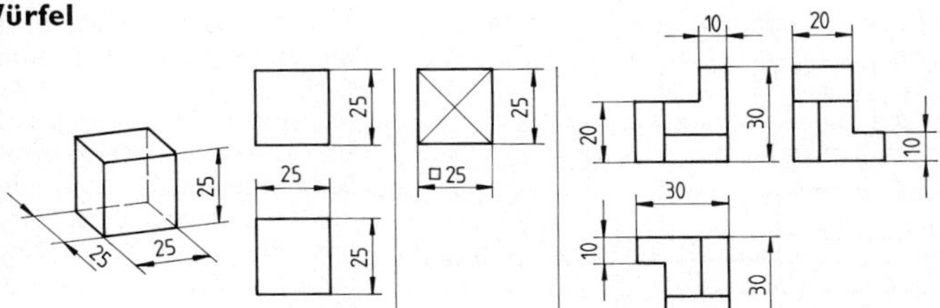

37.4 als Quadrat in der V und D,

37.5 als Quadrat in der V mit dem gleichen Kantenmaß der Breite, Dicke und Länge mit Quadratzeichen und dem Diagonalkreuz

37.6 Konsole

2

Prismatische Werkstücke mit schrägen Flächen

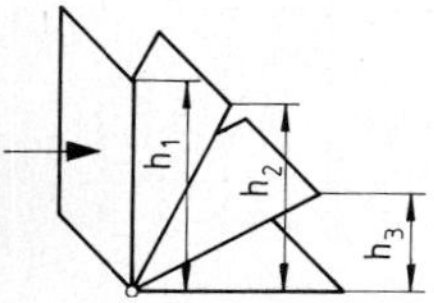

38.1 Wahre Längen und ihre Verkürzung

Die wahren Längen von Kanten einer ebenen Fläche erhält man nur dann, wenn die Blickrichtung senkrecht zur Fläche steht. Je kleiner der Neigungswinkel zwischen Blickrichtung und Fläche ist, um so kürzer erscheint die Fläche. Werkstücke mit Flächen und Kanten, die in den entsprechenden Ansichten verkürzt erscheinen, werden dort verkürzt gezeichnet. Die Bemaßung erfolgt nur in den Ansichten, in denen die Flächen und Kanten in wahrer Größe erscheinen, 38.2...4.

Dreikant- und Trapezkantprisma

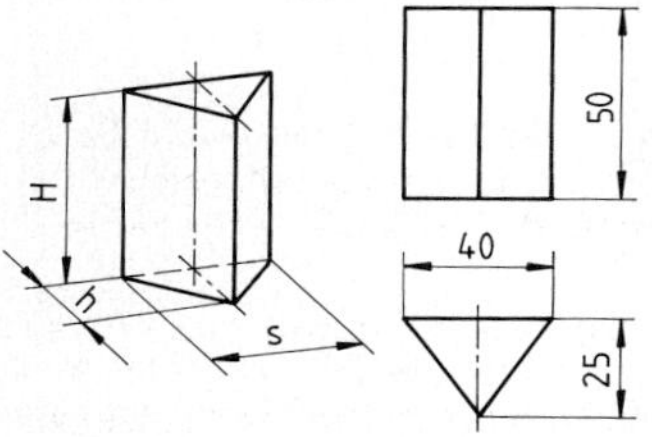

38.2 Dreikantprisma mit 3 Maßen

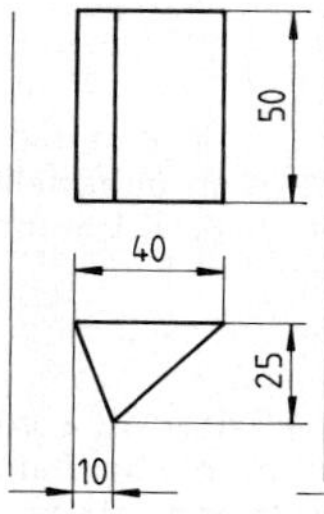

38.3 mit 4 Maßen

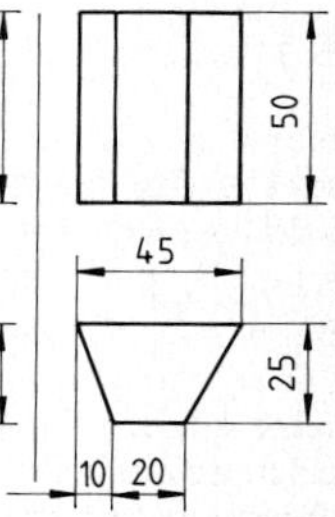

38.4 mit 5 Maßen

Bei Dreikantprismen werden die Höhe und die Querschnittsform bemaßt. Für rechtwinklige, gleichseitige und gleichschenklige Dreieckflächen sind nur zwei Maße erforderlich; alle übrigen Dreieckflächen erhalten zur Festlegung der Dreieckspitze ein weiteres Maß, 38.3.

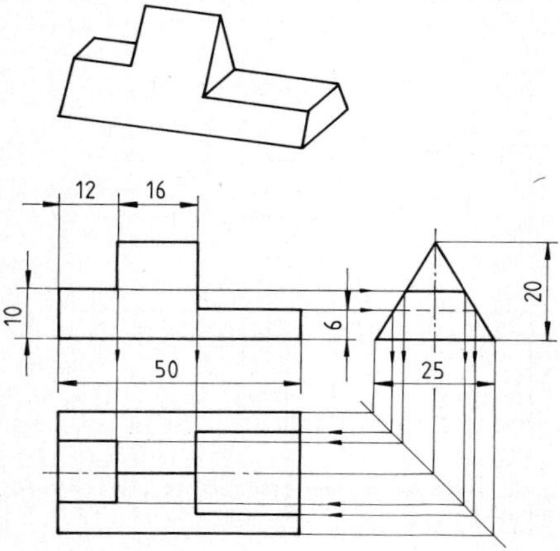

Bei Drei- und Sechskantprismen zeichnet man die Ansicht zuerst, welche die Querschnittsform erkennen läßt. Bei dem parallelgeschnittenen Dreikantprisma 38.5 werden die senkrechten Schnittkanten der Draufsicht aus der Vorderansicht gelotet und die Lage der waagerechten Kanten von der Mittellinie mit dem Zirkel aus der Seitenansicht übertragen bzw. projiziert.

38.5 Dreikantprisma mit Ausschnitten

Sechskantprisma

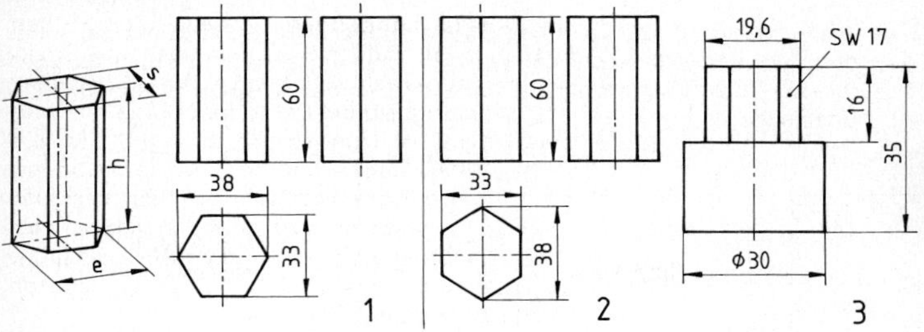

39.1 als drei Rechtecke in der V, zwei Rechtecke in der S und als Sechseck in der D,
39.2 als Sechseck in der D auf der Ecke stehend, dazu entsprechende Rechtecke in der V und S
39.3 Verschlußkappe

Nur das mittlere Rechteck in der Vorderansicht 39.1 ist in wahrer Größe zu sehen. Die beiden schräggestellten Rechtecke in der Vorderansicht und Seitenansicht von links erscheinen verkürzt und sind daher entsprechend schmaler gezeichnet.

Bei der Darstellung von Sechskantprismen beginnt man nach dem Zeichnen der Mittellinien mit der Ansicht, welche die Querschnittsform zeigt, im Beispiel mit der Draufsicht. Die senkrechten Kanten des stehenden Sechskantprismas werden aus der Draufsicht nach oben gelotet. Die Höhe der Seitenansicht entnimmt man der Vorderansicht und die Dicke durch Abgreifen mit dem Zirkel aus der Draufsicht. Die Konstruktion eines Sechsecks zeigt S. 28.

Zur Maßangabe gehören das Eckenmaß e, das Seitenmaß s, auch Schlüsselweite SW genannt, und die Höhe h.

Das Seitenmaß s läßt sich aus dem Eckenmaß berechnen und umgekehrt:

Seitenmaß $s = 0{,}5 \cdot \sqrt{3} \cdot e = 0{,}866 \cdot e$

Beispiel: $e = 27{,}7; \quad s = 0{,}866 \cdot 27{,}7 = 24 \text{ mm}$

Eckenmaß $e = \frac{2}{\sqrt{3}} \cdot s = 1{,}155 \cdot s$

Beispiel: $s = 24; \quad e = 1{,}155 \cdot 24 = 27{,}7 \text{ mm}$

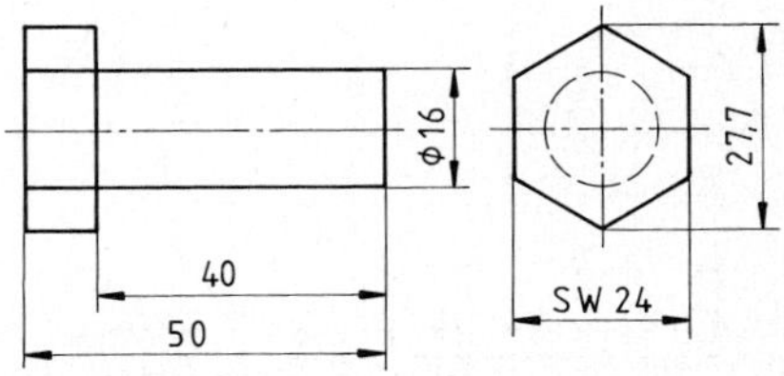

39.4 Schraubenrohling

2.2.3 Prismatische Werkstücke mit Abwicklungen

Eine Abwicklung ist die in einer Ebene aufgezeichnete Oberfläche eines Körpers. Aus der Vorderansicht werden die wahren Höhen bzw. Längen und aus der Draufsicht die Breiten und Dicken des Körpers in die Abwicklung übertragen.

2

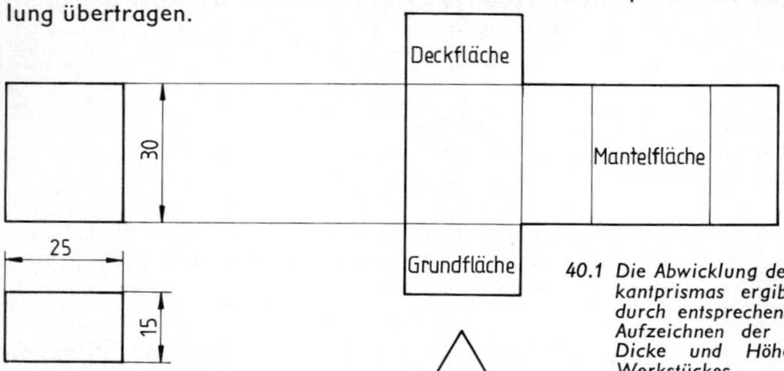

40.1 Die Abwicklung des Vierkantprismas ergibt sich durch entsprechendes Aufzeichnen der Breite, Dicke und Höhe des Werkstückes

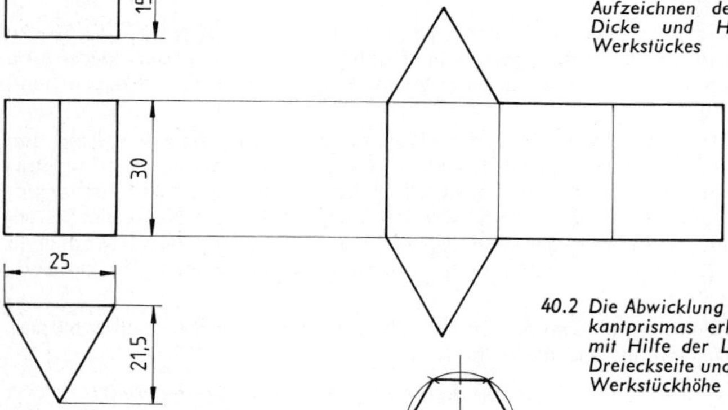

40.2 Die Abwicklung des Dreikantprismas erhält man mit Hilfe der Länge der Dreieckseite und der Werkstückhöhe

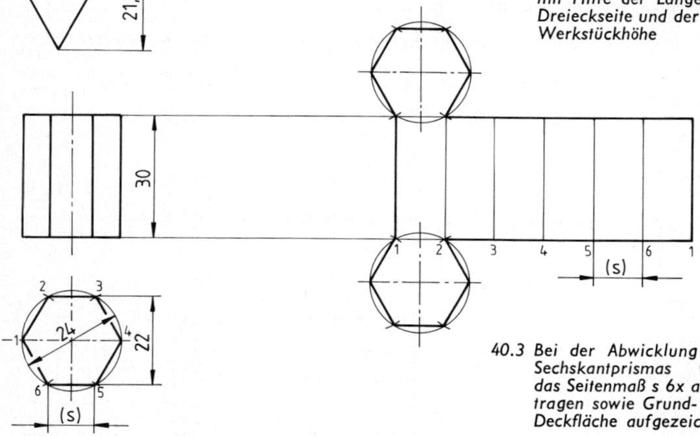

40.3 Bei der Abwicklung des Sechskantprismas wird das Seitenmaß s 6x abgetragen sowie Grund- und Deckfläche aufgezeichnet

Hierbei handelt es sich um theoretische Abwicklungen von Hohlkörpern ohne Berücksichtigung der Fertigung, z. B. durch Zugaben für Lötnähte.

Schräggeschnittene prismatische Werkstücke mit Abwicklungen

Erscheint die Schnittfläche eines schräggeschnittenen prismatischen Werkstückes in der Vorderansicht als Strecke, so läßt sich die Seitenansicht aus der Vorderansicht durch Projizieren ermitteln. Schnittflächen, die durch Bearbeitung entstehen, sind ohne Schraffur zu zeichnen.

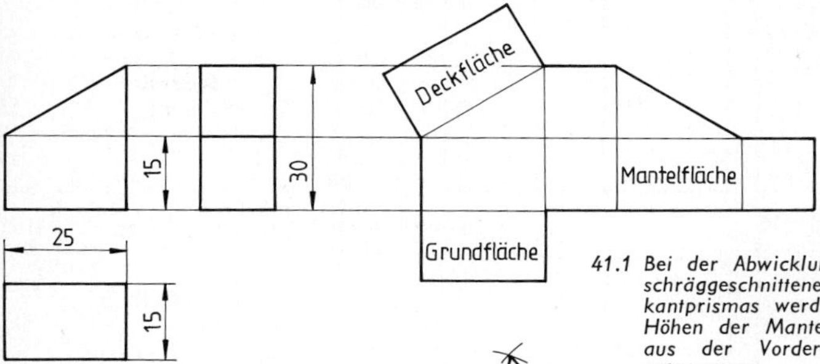

41.1 Bei der Abwicklung des schräggeschnittenen Vierkantprismas werden die Höhen der Mantelfläche aus der Vorderansicht entnommen

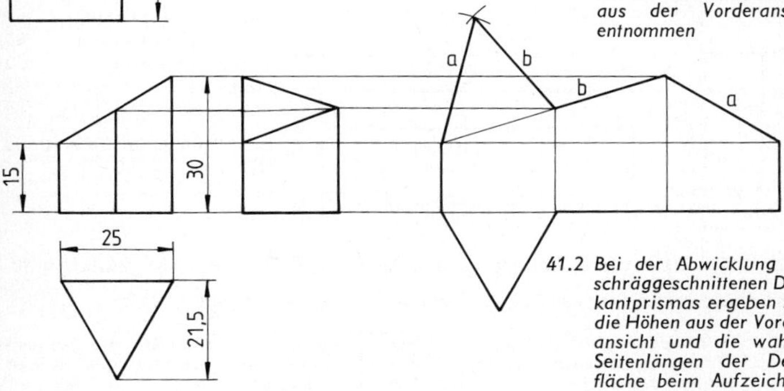

41.2 Bei der Abwicklung des schräggeschnittenen Dreikantprismas ergeben sich die Höhen aus der Vorderansicht und die wahren Seitenlängen der Deckfläche beim Aufzeichnen der Mantelabwicklung

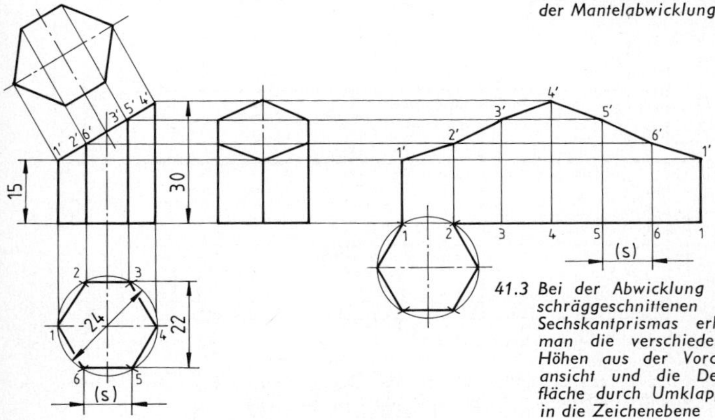

41.3 Bei der Abwicklung des schräggeschnittenen Sechskantprismas erhält man die verschiedenen Höhen aus der Vorderansicht und die Deckfläche durch Umklappen in die Zeichenebene

2.2.4 Anfertigen von technischen Zeichnungen

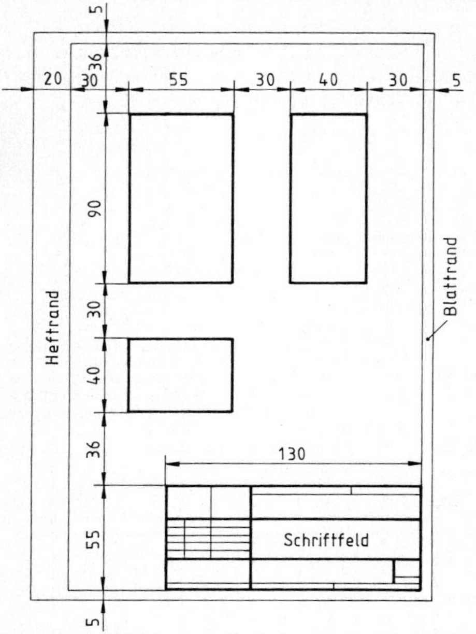

Blattaufteilung für A4-Formate in Hochlage

Beispiel für Rechtecksäule 55 x 40 x 90

Höhenaufteilung

Vorderansicht (Höhe)	90
Draufsicht (Dicke)	40
Zwischenabstand	30
Schriftfeldhöhe	55
2 x Blattrand = 2 x 5 =	10
	225

es verbleiben für Randabstand oben und unten je

$$\frac{297 - 225}{2} = \frac{72}{2} = \underline{\underline{36\ \text{mm}}}$$

Breitenaufteilung

Heftrand	20
Vorderansicht (Breite)	55
Seitenansicht (Dicke)	40
Zwischenabstand	30
Blattrand	5
	150

es verbleiben für 2 x Abstand

$$\frac{210 - 150}{2} = \frac{60}{2} = \underline{\underline{30\ \text{mm}}}$$

Grundschriftfeld ohne Änderungen nach DIN 6771 Teil 1 für A4-Formate. Für Schulzwecke gibt es auch ein vereinfachtes Schriftfeld s. 43.2.

Nach den im Schriftfeld eingetragenen Maßen können seine Größe und die der einzelnen Felder aufgezeichnet werden. Die eingeklammerten Bezeichnungen in den Feldern deuten an, welche Eintragungen in ihnen zu erfolgen haben.

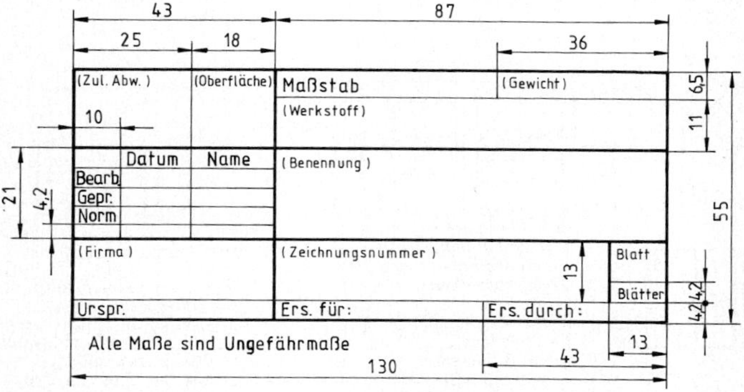

Genormte Schriftfelder und Stücklisten siehe Seiten 147 . . . 151.

Anleitung zum Anfertigen von technischen Zeichnungen nach Zeichenschritten

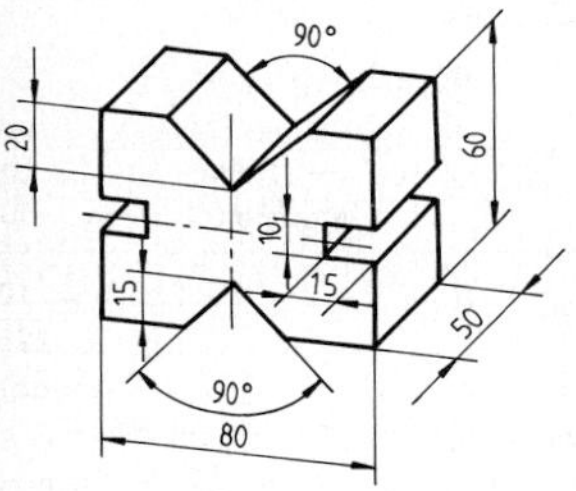

43.1 Festlegen der zu zeichnenden Ansichten und des Maßstabes

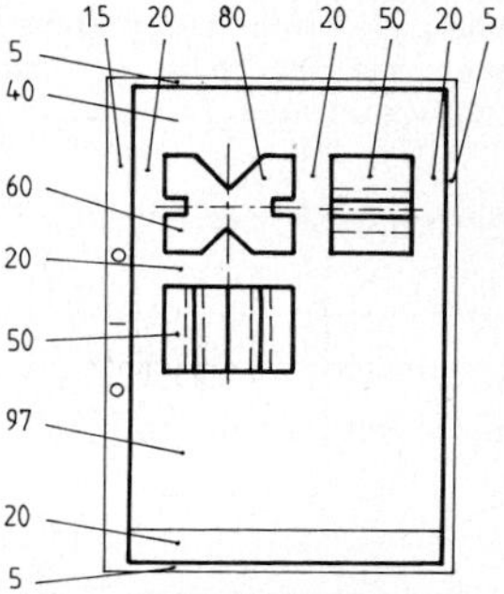

Beispiel für Blattaufteilung A 4

43.2 Zeichenblatt mit den Maßen von Bild 43.1 für die Breite und Höhe wie in Bild 43.2 aufteilen

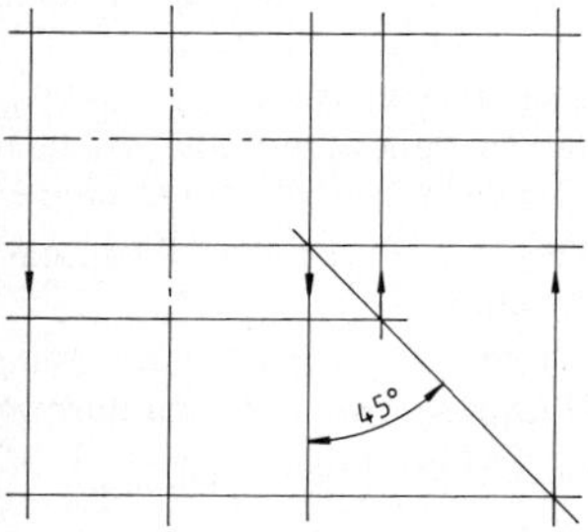

43.3 Zeichnen der Mittellinien in der V sowie der Umrisse des Werkstückes (Hüllform) durch schmale Linien mit Schiene und Winkel zugleich in der V, D u. S

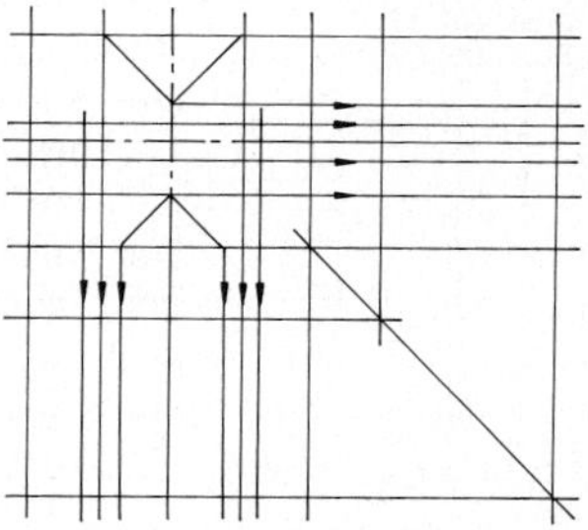

43.4 Festlegen der Werkstückform, d. h. die Lage und Länge jeder Kante bestimmen, zugleich aus der V in die D und S durch Projizieren (Loten) mit Schiene und Winkel

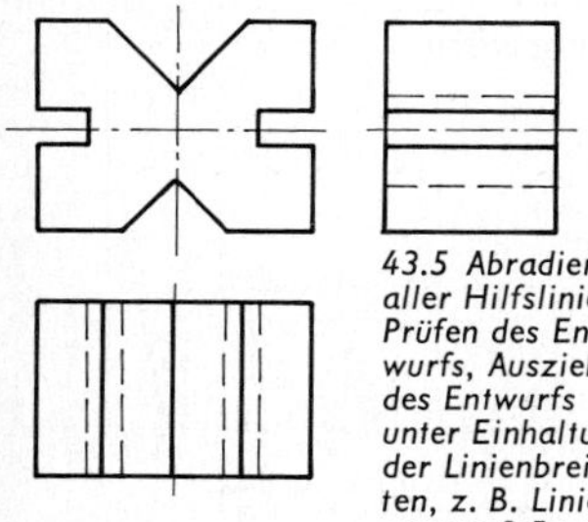

43.5 Abradieren aller Hilfslinien, Prüfen des Entwurfs, Ausziehen des Entwurfs unter Einhaltung der Linienbreiten, z. B. Liniengruppe 0,5 mm

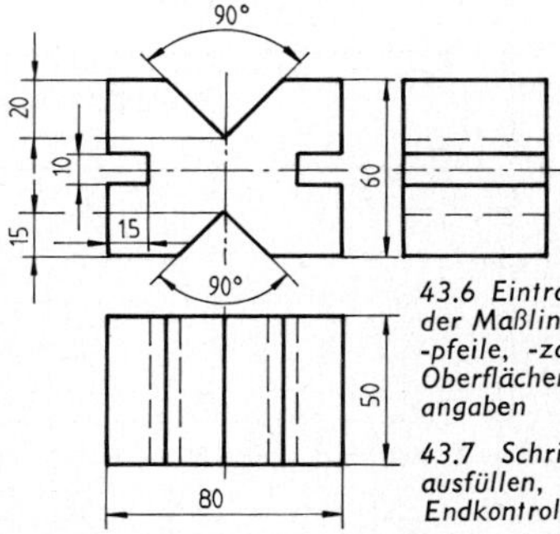

43.6 Eintragen der Maßlinien, -pfeile, -zahlen, Oberflächenangaben

43.7 Schriftfeld ausfüllen, Endkontrolle

Die hier zur Verdeutlichung getrennt dargestellte Zeichenfolge in den Bildern 43.3 bis 43.6 erfolgt beim Zeichnen schrittweise nacheinander nur in einer Darstellung, 43.6.

2.3 Radien

Radien bzw. Halbmesser dienen zum Bemaßen von Rundungen an Werkstücken. Bei der Wahl der Radien sind die Rundungshalbmesser nach DIN 250 zu bevorzugen, insbesondere die fettgedruckten Maße.

Rundungshalbmesser nach DIN 250

						0,2				0,3		**0,4**		0,5		**0,6**		0,8	
1		1,2		**1,6**		2		**2,5**		3		**4**		5		**6**		8	
10		12		**16**	18	**20**	22	**25**	28	**32**	36	**40**	45	**50**	56	**63**	70	**80**	90
100	110	**125**	140	**160**	180	**200**													

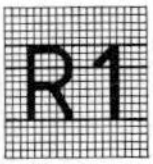

44.1 Maßzahl mit Radiuszeichen

Maßzahlen für Radien werden stets durch ein vorangesetztes großes R gekennzeichnet, 44.1.

Die Maßlinien für Radien erhalten nur einen Maßpfeil am Kreisbogen. Dieser Maßpfeil soll bevorzugt von innen und bei Platzmangel aber auch von außen an den Kreisbogen angesetzt werden, 44.2.

Der Mittelpunkt des Radius muß nur gekennzeichnet werden, wenn seine Lage aus Funktions- oder Fertigungsgründen festgelegt sein muß.

Der Mittelpunkt ist dann durch ein Mittellinienkreuz zu kennzeichnen, 44.2.

Muß bei großen Radien die Lage des Mittelpunktes maßlich festgelegt werden, so darf die Maßlinie zweifach rechtwinklig abgeknickt und verkürzt gezeichnet werden. Hierbei muß der Teil der Maßlinie mit dem Maßpfeil auf den geometrischen Mittelpunkt gerichtet sein, 44.3.

Viele Radien, die zentral angeordnet sind, dürfen im Zentrum an einem kleinen Hilfskreis enden, 132.1.

Die Bemaßung eines Langloches bei Blechen berücksichtigt das Anreißen, 44.4.

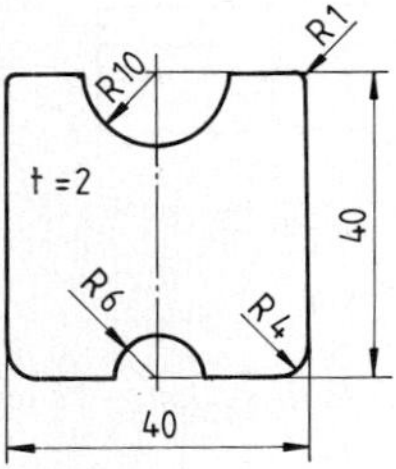

44.2 Blech mit Radien

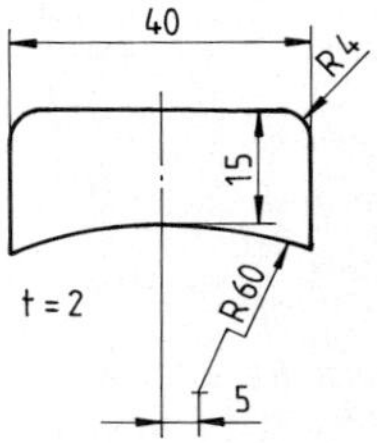

44.3 Blech mit großen Radien

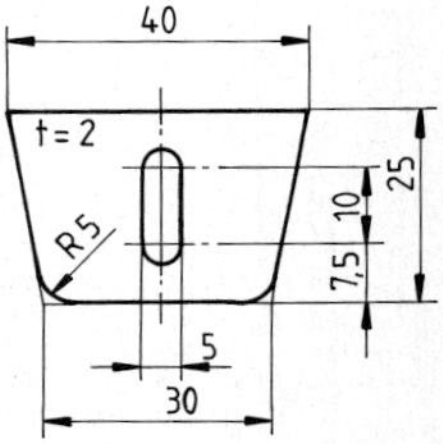

44.4 Blech mit Langloch

Unrunde [1])

Flansche von Stopfbuchsen haben die Form der Unrunde. Sie besitzen bezüglich ihrer Breite im allgemeinen 3 Formen:

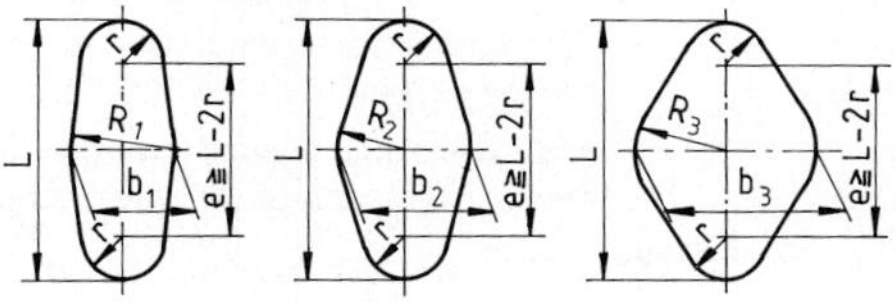

45.1 Formen der Unrunde

schmal: $R_1 = b_1$ *mittel:* $R_2 = 0{,}5 \times b_2$

breit: $R_3 = 0{,}5 \times b_3$ $\rightarrow b_3 \approx 1{,}4\ldots1{,}2 \times b_2$

Maße in Millimeter schmaler und mittlerer Unrunde

L	45	50	56	64	72	75	80	90	100
r	7	8	9	10	11	12	13	15	16
b_1 schmal	20	22	25	29	32	34	36	40	45
b_2 mittel	22	25	28	32	36	40	45	50	56
b_3 breit	32	36	40	45	50	52	56	64	72

In der Fertigungszeichnung ist die Breite nicht einzutragen. Die Dicke des Werkstückes richtet sich nach der jeweiligen Beanspruchung.

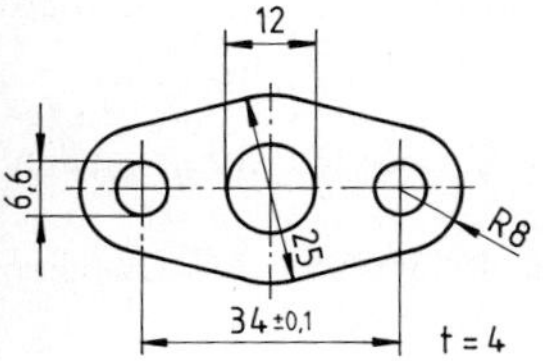

45.2 Flansch als schmales Unrund

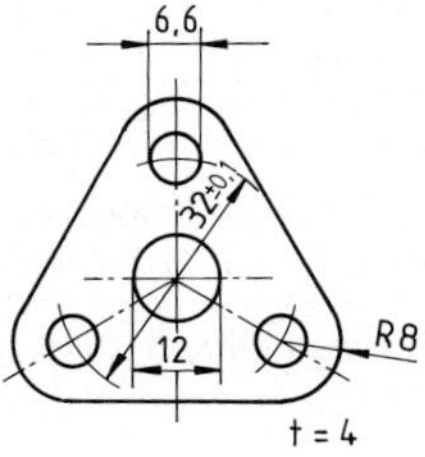

45.3 Dreieckflansch

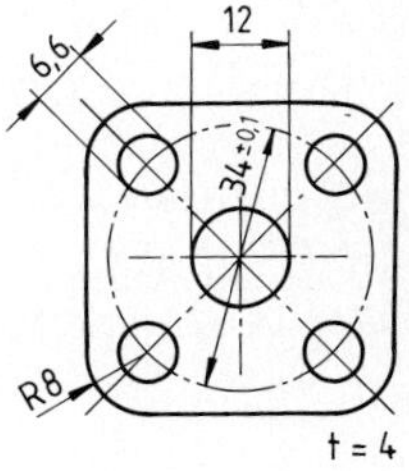

45.4 Viereckflansch

Das Bemaßen von Rundflanschen zeigen die Seiten 355 u. 356.

Bei regelmäßigen Teilungen auf Lochkreisen sind Winkelangaben im allgemeinen nicht erforderlich, 45.3.

Das Eintragen von Abmaßen zeigt die Seite 115.

Übung: Zeichnen Sie auf einem A 4-Blatt je ein schmales, mittleres und breites Unrund mit L = 80 mm.

[1]) früher DIN 251

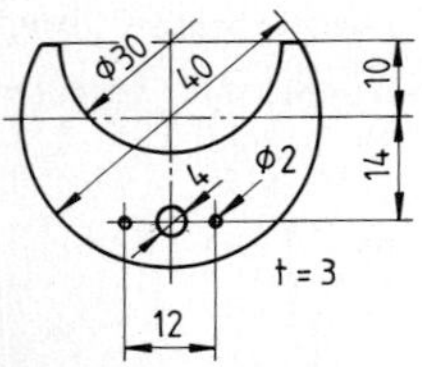

46.1 *Eintragung des Durchmesserzeichens*

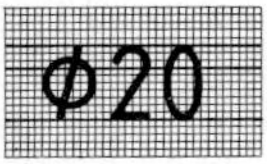

46.2 *Maßzahl mit Durchmesserzeichen,* *s. S. 17...22*

Das **Durchmesserzeichen,** *als Symbol der Kreisform, wird eingetragen, wenn*

1. *die Kreisform in der zu bemaßenden Ansicht nicht zu erkennen ist und als Strecke erscheint, 46.4,*
2. *die Durchmessermaßlinie in einem Kreisbogen nur einen Maßpfeil besitzt, 46.1.*
3. *das Durchmessermaß wegen Platzmangels mit einem Bezugsstrich an einem Kreis steht, 46.1.*

Das Durchmesserzeichen ist vor die Maßzahl in gleicher Höhe wie diese zu setzen. Es hat einen Kreis von der Größe der Kleinbuchstaben mit einem schrägen unter 75° bzw. 60° stehenden Strich, der durch den Kreismittelpunkt geht. Seine Gesamthöhe und die Linienbreite sind gleich der der Maßzahl. Durchmessermaße in Kreisen mit zwei Maßpfeilen erhalten keine Durchmesserzeichen 46.1.

2.4 Zylinder

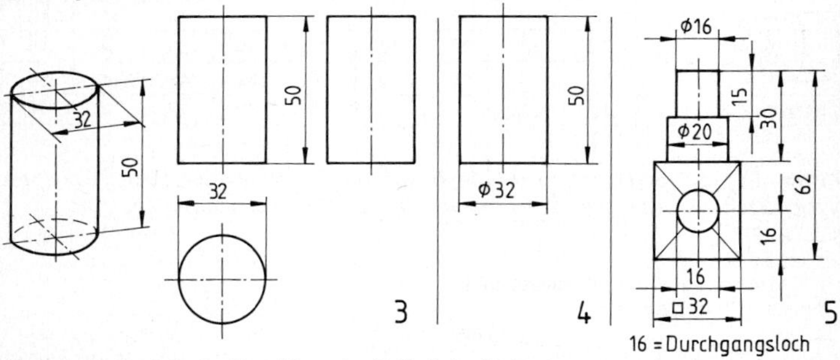

46.3 *als Rechteck in der V und S sowie als Kreis in der D,*

46.4 *oder vereinfacht als Rechteck in der V mit dem Durchmesserzeichen über der Maßlinie vor der Maßzahl,*

46.5 *Stufenbolzen mit Vierkantkopf gekennzeichnet durch Diagonalkreuz.*

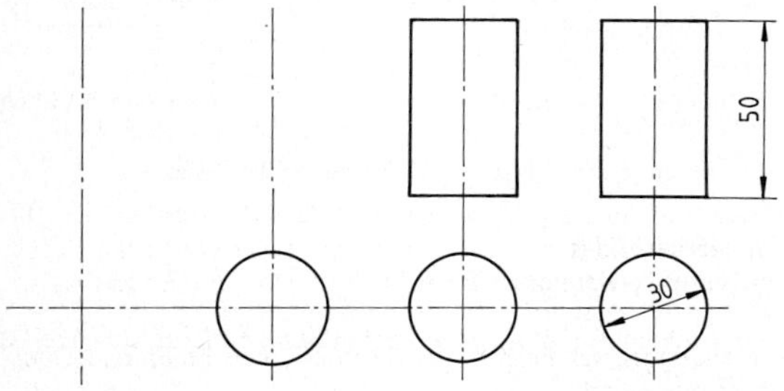

46.6 *Zeichenschritte bei der Darstellung eines stehenden Zylinders*

Beispiele für fertigungsbezogenes Bemaßen, Formerfassen und Fertigungsdenken

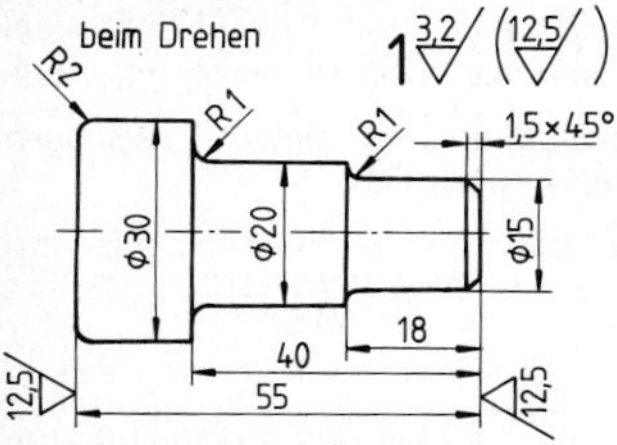

1	Bolzen mit Absätzen	St 37-2
Pos.	Benennung	Werkstoff

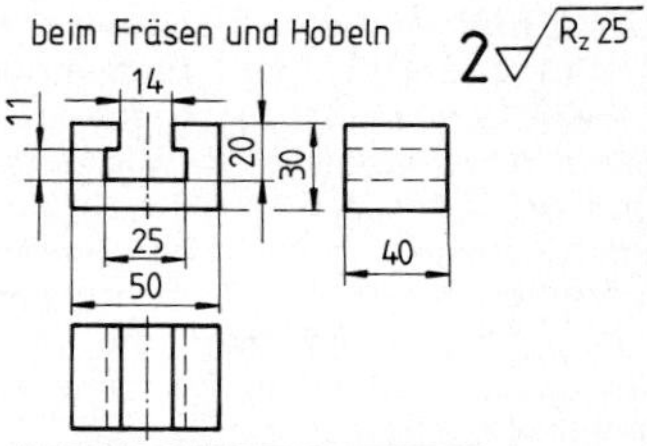

2	Aufspannplatte m. T-Nut	St 50-2
Pos.	Benennung	Werkstoff

Fertigungsstufen

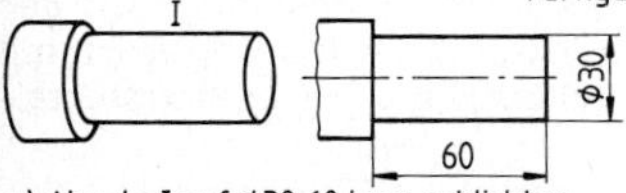

a) Absatz I auf ⌀30, 60 lang schlichten

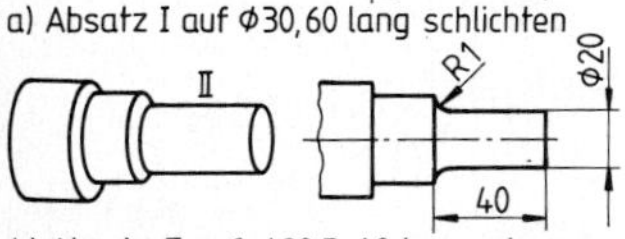

b) Absatz II auf ⌀20,5, 40 lang schruppen und mit Radiusstahl 1 auf ⌀20, 40 lang schlichten

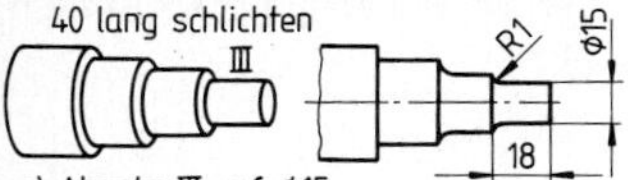

c) Absatz III auf ⌀15, 18 lang schruppen und mit Radiusstahl 1 auf ⌀15, 18 lang schlichten

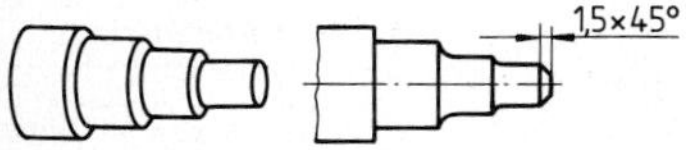

d) Kegelkuppe 1,5×45° fasen

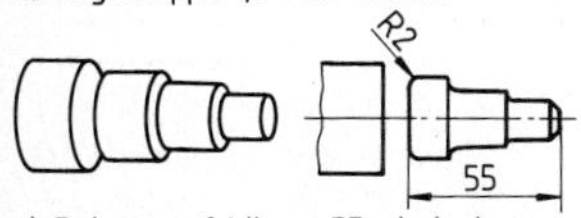

e) Bolzen auf Länge 55 abstechen und Kante mit Radius 2 brechen

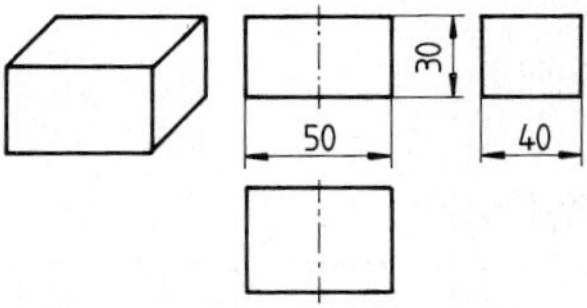

a) Fräsen aller Außenflächen auf Maß oder Hobeln aller Außenflächen auf Maß

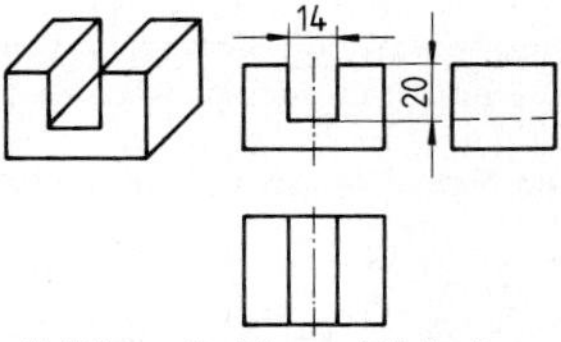

b) Fräsen der Längsnut 14 breit 20 tief mit Scheibenfräser oder Hobeln der Längsnut

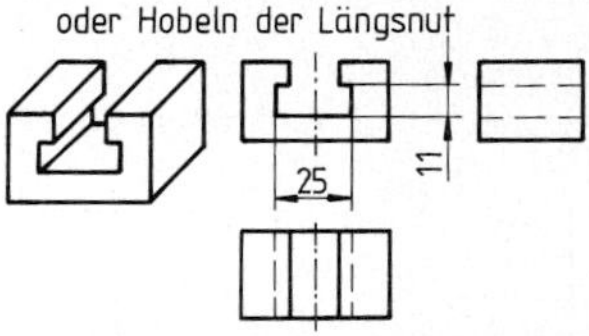

c) Fräsen mit T-Nutenfräser 25 breit 11 hoch oder Hobeln der T-Nut

Übung: Erkennen Sie

1. *durch Vergleich des Körperbildes mit der entsprechenden technischen Zeichnung, wie sich bei jeder Fertigungsstufe Werkstückform, Maße und Oberflächengüte ändern,*
2. *wie in den beiden Fertigungszeichnungen alle erforderlichen Maße und Oberflächenangaben eingetragen sind.*

Oberflächenangaben nach DIN ISO 1302 entsprechen DIN 3141 — Reihe 2.

Bemaßen zylindrischer Drehteile

Zylindrische Werkstücke werden nach der Arbeitsfolge ihrer Fertigung bemaßt, 48.1 und 48.2. Die Längenmaße gehen von der Maßbezugsebene aus; das ist beim Stufenbolzen 48.1 die zuerst plangedrehte Endstirnfläche des rechten dünnen Zapfens, beim Eintreibdorn beim Drehen zunächst die rechte und nach dem Umspannen dann die linke Endstirnfläche. Längenmaße werden gegeneinander versetzt eingetragen. Maßketten sind zu vermeiden, da sich Maßungenauigkeiten bei der Fertigung addieren würden. Die Durchmessermaße trägt man wechselseitig möglichst weit von der Mittellinie ein. Bei Platzmangel ist die Mittellinie für die Maßzahl zu unterbrechen, 48.2.

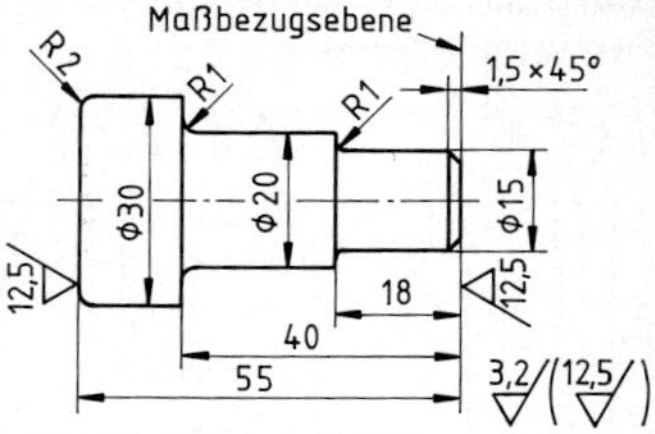

48.1 Stufenbolzen St 50-2

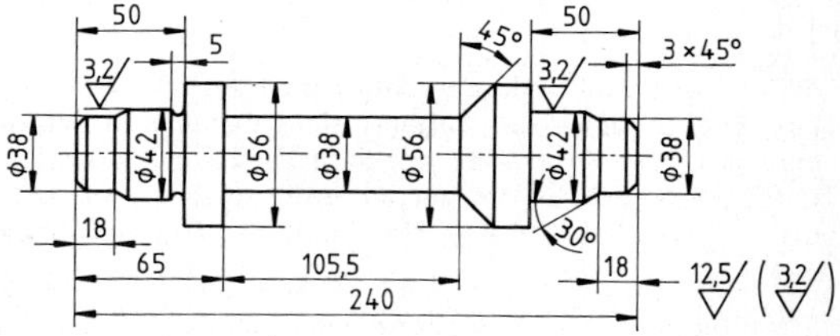

48.2 Eintreibdorn für Traghebelbuchsen C 60

Längenmaße und zugehörige Durchmesser werden in der gleichen Ansicht bemaßt. Unnötiges Suchen wird dadurch vermieden.

Typische Schnitte an zylindrischen Werkstücken

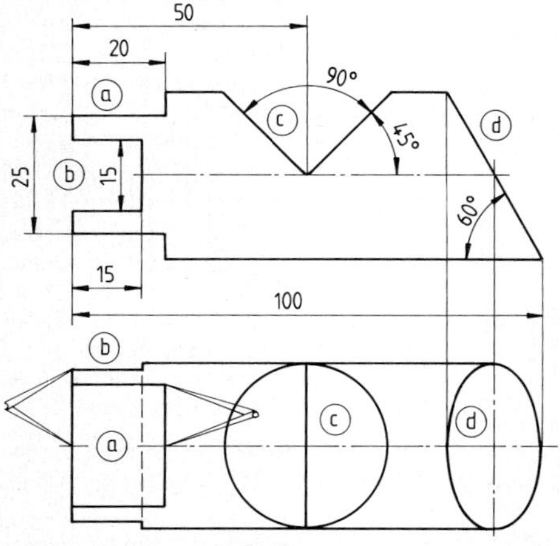

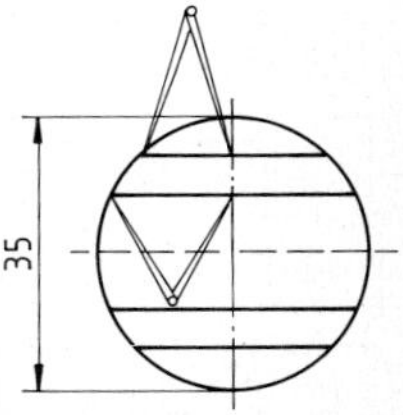

48.3

Schnitte an zylindrischen Werkstücken ergeben:

1. parallel zur Zylinderachse Rechtecke (a und b), wobei die Rücksprünge bei den Gabelausschnitten in der Draufsicht zu berücksichtigen sind,
2. unter 45° zur Zylinderachse Halbkreise bzw. Kreise (c),
3. unter einem beliebigen Winkel (außer 45°) Ellipsen (d).

Oberflächenangaben nach DIN ISO 1302 entsprechen DIN 3141 — Reihe 2.

Einfache Zylinderschnitte

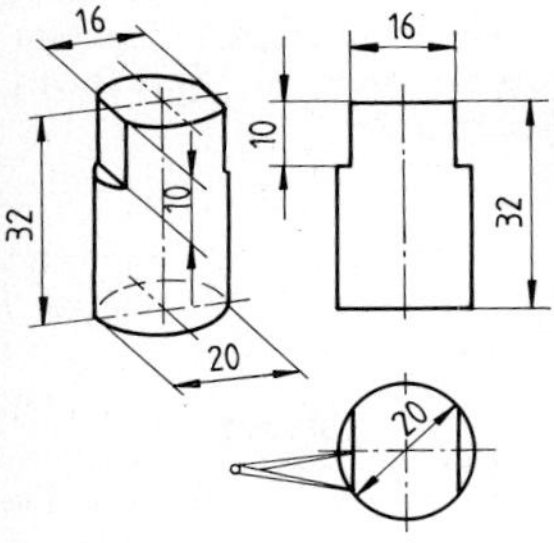

49.1 *Zylinderabflachung*

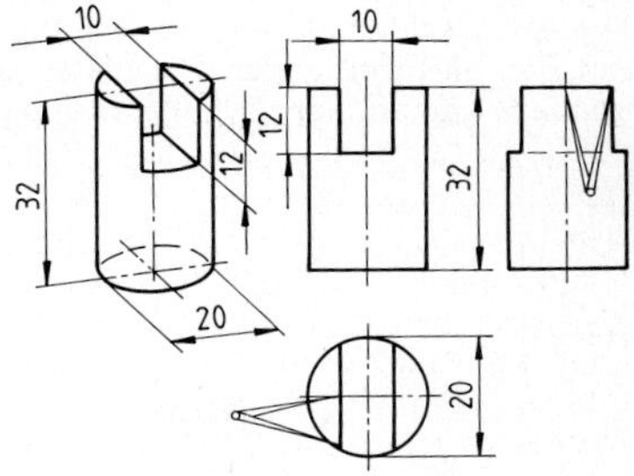

49.2 *Zylinderausschnitt*

49.1 zeigt einen Zylinderschnitt parallel und senkrecht zur Zylinderachse. Die Breite des in der Seitenansicht durch den Schnitt entstehenden Rechtecks ist durch Abgreifen mit dem Zirkel aus der Draufsicht zu entnehmen. Dieses Rechteck wird nicht bemaßt, da für die Bearbeitung in der Vorderansicht die Breite 16 und die Schnittiefe 10 angegeben sind.

Der Gabelausschnitt 49.2 zeigt, wie das Maß für die zurückspringenden Schnittkanten in der Seitenansicht ebenfalls aus der Draufsicht von der Mittellinie aus abgegriffen und in die Seitenansicht übertragen wird.

Als Maße sind außer Durchmesser und Höhe des Zylinders die Breite und Tiefe des Ausschnitts einzutragen.

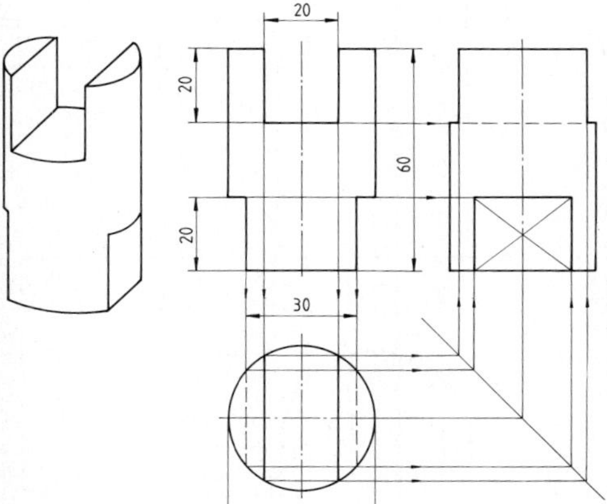

49.3 *Zwischenstück mit Nut und Abflachung*

Das Zwischenstück 49.3 weist zwei parallele Zylinderschnitte auf, und zwar einen Zylinderausschnitt und eine beidseitige Zylinderabflachung.

Die zurückspringenden Kanten können mit Hilfe der Draufsicht in der Seitenansicht durch Projizieren konstruiert werden. Man fällt das Lot von den Schnittkanten der Vorderansicht in die Draufsicht und zieht durch die Schnittpunkte der

Schnittkanten mit dem Umfang des Zylinders Parallelen. Diese werden mit einer 45°-Geraden, die durch den Schnittpunkt der Verlängerung der Zylinderachsen der Draufsicht und Seitenansicht geht, zum Schnitt gebracht. Die Senkrechten durch die Schnittpunkte auf der 45°-Geraden ergeben mit den entsprechenden Parallelen aus der Vorderansicht die rückspringenden Kanten der Zylinderschnitte in der Seitenansicht.

2

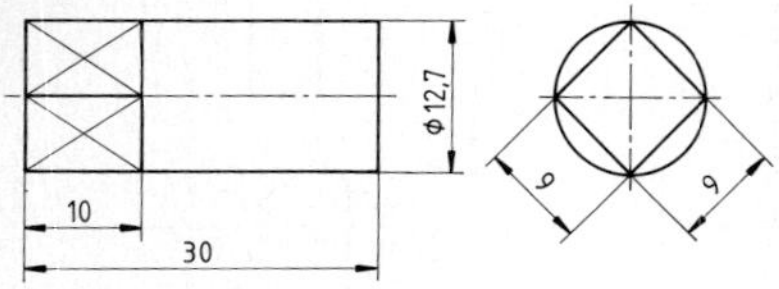

50.1 Vierkant am Rundstahl

Werden quadratische Vierkante mit vollen Ecken an einem Rundstahl gefräst, dann ist die Diagonale so groß wie der Durchmesser d. Bei gegebener Quadratseite s errechnet sich der erforderliche Durchmesser d des Rundstahls zu

$$d = \sqrt{2} \cdot s = 1{,}414 \cdot s$$

$$\text{z. B. } d = 1{,}414 \cdot 9 \sim 12{,}7 \text{ mm}$$

Werkzeug-Vierkante und Schaftdurchmesser enthält DIN 10, Seite 278.

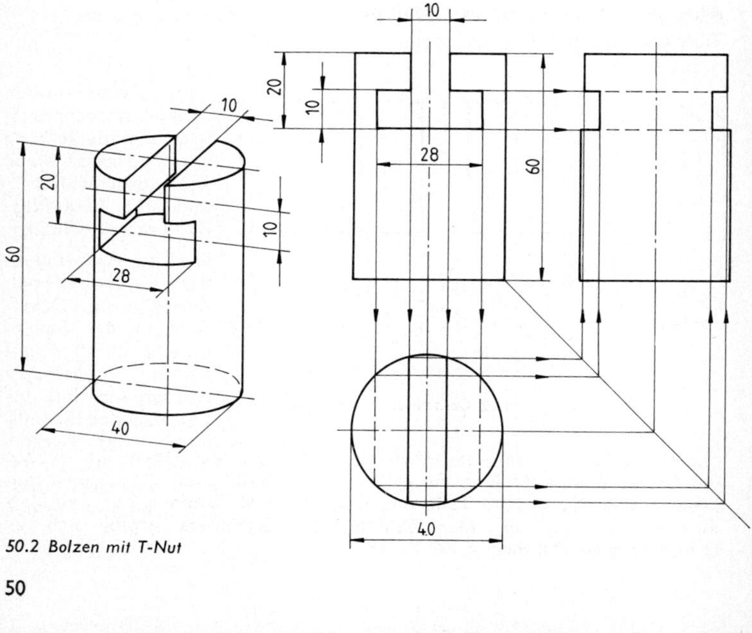

50.2 Bolzen mit T-Nut

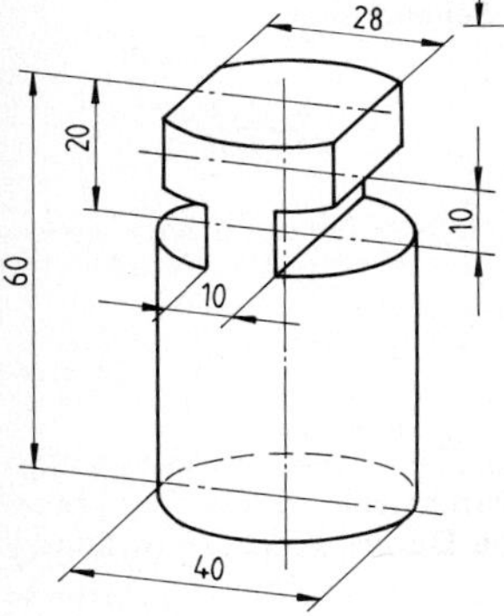

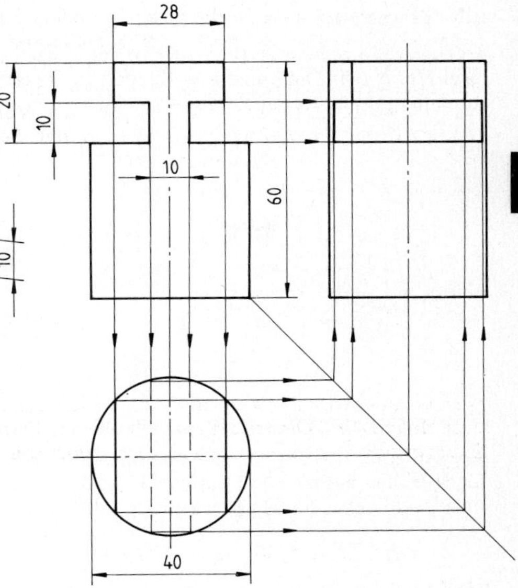

51.1 Bolzen mit T-Führung

Abwicklung eines geraden Zylinders

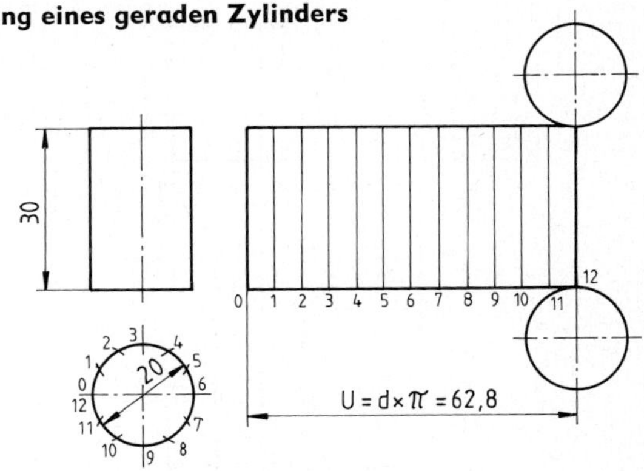

51.2 Gerader Zylinder mit Abwicklung

Die Abwicklung eines geraden Zylinders besteht aus der Mantelfläche sowie der Grund- und Deckfläche. Für die Mantelabwicklung teilt man den Grundkreis in z. B. 12 gleiche Teile und trägt diese als Umfang der Zylindermantelabwicklung ab. Der Umfang des Zylinders ergibt sich zu $U = d \times \pi = 62{,}8$ mm.

2.5 Vierseitige Pyramide

Gerade Pyramiden mit quadratischer oder rechteckiger Grundfläche weisen drei Maße auf. Die beiden Maße der quadratischen Grundfläche können zu einem Maß zusammengefaßt werden.

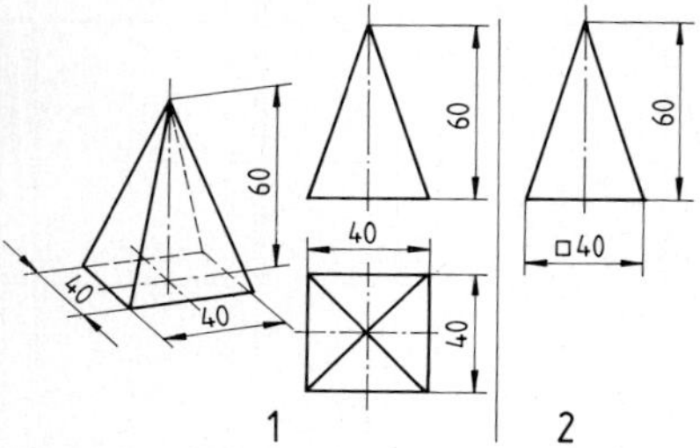

52.1 als Dreieck in der V und als Quadrat mit Diagonalkreuz in der D,

52.2 oder vereinfacht als Dreieck in der V mit dem Quadratzeichen vor dem Grundflächenmaß

Vierseitige abgestumpfte Pyramide

Abgestumpfte Pyramiden mit quadratischen oder rechteckigen Grund- und Deckflächen besitzen fünf Maße. Die beiden Maße der quadratischen Grund- und Deckfläche können je zu einem Maß zusammengefaßt werden.

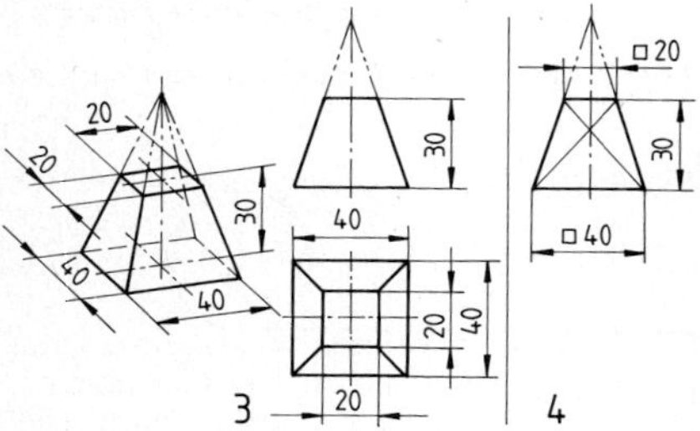

52.3 als Trapez in der V und den beiden Quadraten in der D,

52.4 oder vereinfacht als Trapez in der V und den beiden Quadratzeichen für die Grund- und Deckflächenmaße

Verjüngung und Neigung
s. S. 110

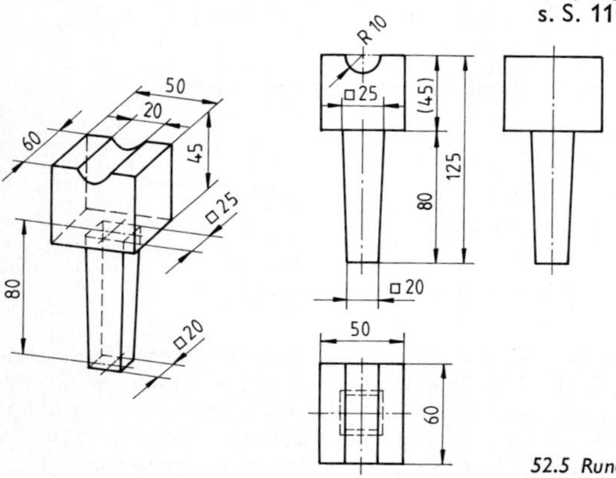

52.5 Rundgesenk C 70 W 2

2.6 Kegel

Der spitze gerade Kegel besitzt zwei Maße, und zwar den Durchmesser der Grundfläche und die Kegelhöhe. Der abgestumpfte gerade Kegel weist drei Maße auf, die beiden Durchmesser der Grund- und Deckfläche sowie die Höhe des Kegelstumpfes.

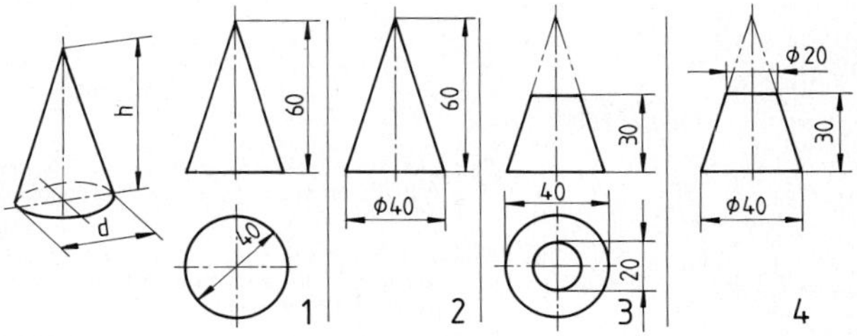

Spitzer Kegel

53.1 als Dreieck in der V und als Kreis in der D,

53.2 in vereinfachter Darstellung als Dreieck mit Durchmesserzeichen vor der Maßzahl über der Maßlinie.

Abgestumpfter Kegel

53.3 als Trapez in der V und als zwei konzentrische Kreise in der D,

53.4 in vereinfachter Darstellung als Trapez in der V mit je einem Durchmesserzeichen vor den beiden Durchmessermaßen.

53.5 Die Maßhilfslinien beim Maß ϕ 30 stehen unter 60° zur Maßlinie. Dadurch wird die Maßeintragung deutlicher.

Beispiele:

Die Bemaßung von kegeligen Übergängen an Werkstücken, die spanlos hergestellt werden, zeigt 53.5.

Nur genaue Kegel, die eine Funktion zu erfüllen haben, z. B. 53.6, werden nach DIN ISO 3040 bemaßt, s. S. 123.

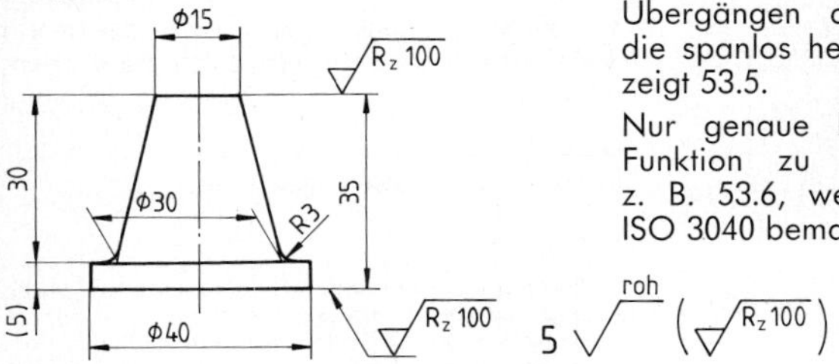

53.5 Stütze

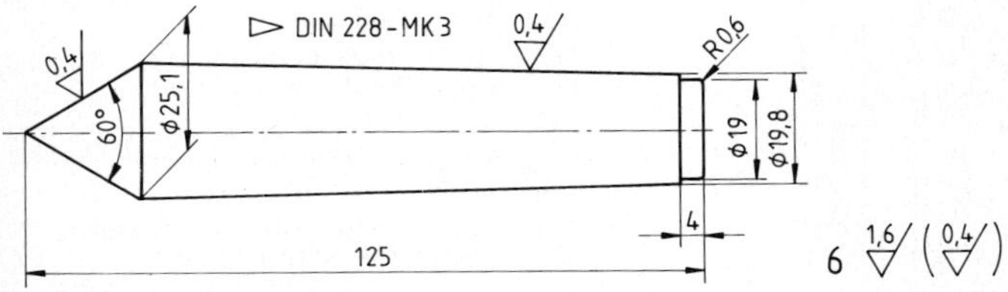

53.6 Körnerspitze DIN 806 – MK 3

Oberflächenangaben nach DIN ISO 1302 entsprechen DIN 3141 — Reihe 1 bzw. 3

2.7 Kugel

Die Vollkugel wird im allgemeinen in einer Ansicht, der Kugelabschnitt in zwei Ansichten dargestellt.

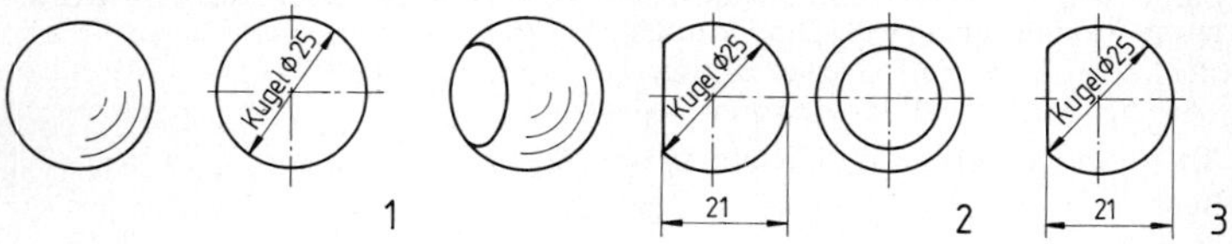

54.1 Die Vollkugel als Kreis in der Vorderansicht mit Wortangabe Kugel, Durchmesserzeichen und Maßzahl

54.2 Der Kugelabschnitt als Kreisabschnitt in der Vorderansicht und zwei konzentrische Kreise in der Seitenansicht,

54.3 als Kreisabschnitt in der Vorderansicht

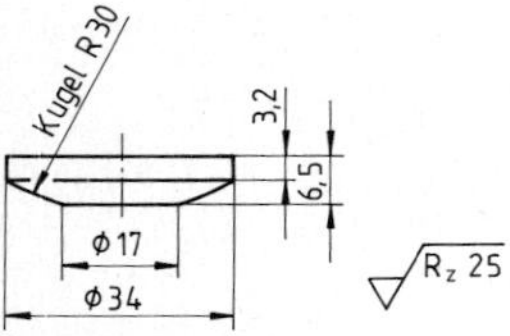

54.4 Kugelscheibe DIN 6319 – A 34

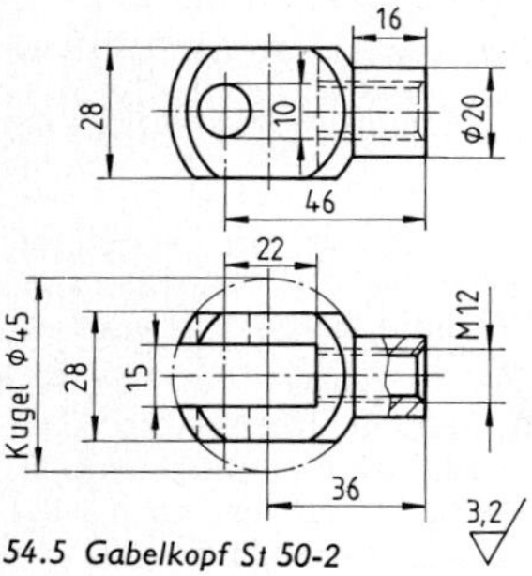

54.5 Gabelkopf St 50-2

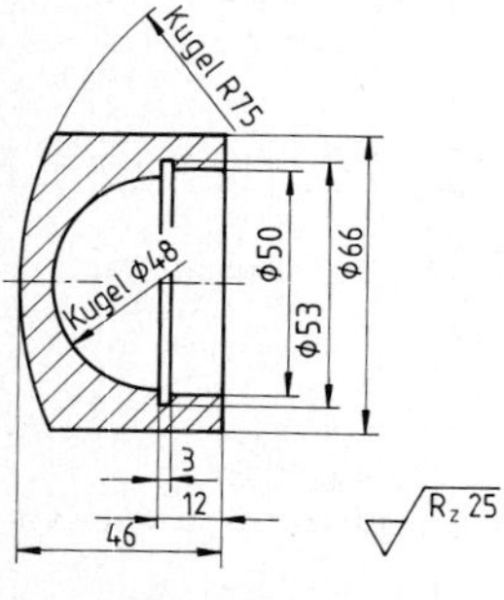

54.6 Kugelkopf St 33

Das Wort **Kugel** kennzeichnet die Kugelform. Es steht nach DIN 406 T2 vor dem ⌀-Zeichen oder vor dem R-Zeichen sowie dem Kugelmaß.

Ist der Kugelmittelpunkt angegeben, so wird vor dem Kugelmaß stets des ⌀-Zeichen eingetragen, 54.1 . . . 3.

Ist der Kugelmittelpunkt nicht angegeben, so wird anstelle des ⌀-Zeichens ein R-Zeichen für den Kugelradius eingetragen, 54.4 und 54.6.

Demnächst wird das Wort Kugel durch den Buchstaben S (sphärisch) ersetzt.

Erfolgskontrolle:

1. Stellen Sie sich anhand der Ansichten, Maße und Symbole die entsprechenden Körper- bzw. Werkstückformen der Grundkörper vor. Zeichnen Sie dann aus dem Gedächtnis ihre möglichen Ansichten mit Maßen und Symbolen. Vergleichen Sie dann diese mit den abgebildeten Musterzeichnungen.
2. Lösen Sie die Testaufgaben S. 396 . . . 399 und die Auswahlaufgaben S. 400 u. 401.
3. Zeichnen und bemaßen Sie die als Raumbilder dargestellten Werkstücke in den Testaufgaben S. 402 u. 403.
4. Siehe auch entsprechende Übungen in: „Praxis des Technischen Zeichnens".

Oberflächenangaben nach DIN ISO 1302 entsprechen DIN 3141 Reihe 2, s. S. 79.

3.1 Darstellen von Werkstücken in technischen Zeichnungen in Normalprojektion nach DIN 6 Teil 1 u. 2[1])

In technischen Zeichnungen werden die Ansichten von Werkstücken in rechtwinkliger Parallelprojektion auf rechtwinklig zueinander angeordneten Ebenen projiziert. Die Hauptfläche oder Symmetrieachsen der Werkstücke liegen dabei parallel zu den Projektionsebenen. Diese Projektionsart wird Normalprojektion genannt.

3.1.1 Anordnung der Ansichten und Darstellungsmethoden

Benennung der Ansichten

Vorderansicht	(V)
Draufsicht	(D)
Seitenansicht von links	(SL)[2])
Seitenansicht von rechts	(SR)
Untersicht	(U)
Rückansicht	(R)

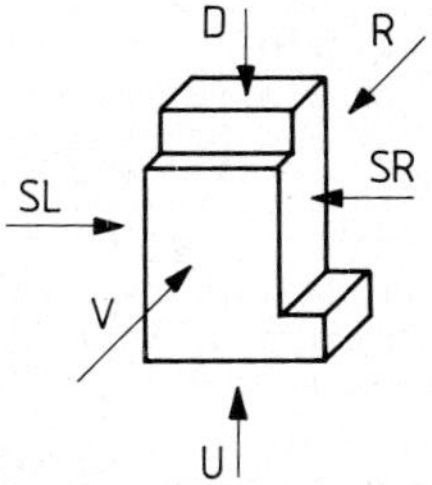

55.1

Als Vorderansicht ist stets die aussagefähigste Ansicht eines Werkstückes zu wählen, wobei die Anzahl der Ansichten und evtl. Schnitte im Hinblick auf die Bestimmung der Werkstückgeometrie und Bemaßung auf das Notwendige beschränkt bleiben soll.

In Teilzeichnungen ist als Vorderansicht die Fertigungslage des Teiles zu bevorzugen, z. B. die waagerechte Lage bei Achsen und Wellen. In Gesamt- und Gruppenzeichnungen ist als Vorderansicht die Gebrauchs- oder Einbaulage zu wählen.

Darstellungsmethoden[3])

Projektionsmethode 1 (bisher E)

Diese wird im deutschsprachigen Raum bevorzugt angewendet. Bezogen auf die Vorderansicht als Hauptansicht sind die anderen Ansichten wie folgt anzuordnen:

Draufsicht liegt unterhalb,

Seitenansicht von links liegt rechts,

Seitenansicht von rechts liegt links,

Untersicht liegt oberhalb,

Rückansicht darf links oder rechts liegen.

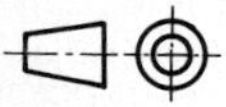

55.3 Symbol für Projektionsmethode 1 (E)

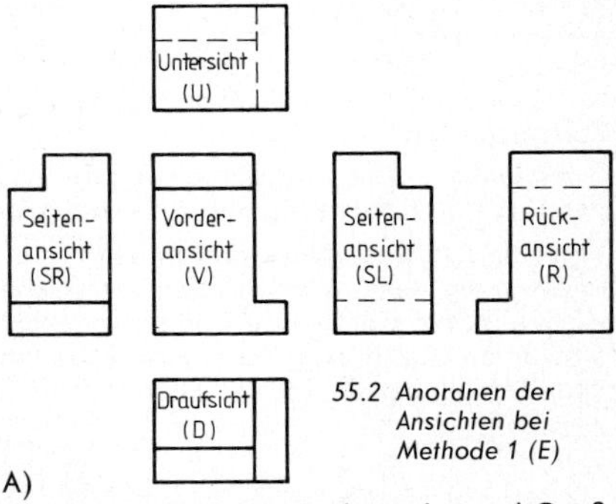

55.2 Anordnen der Ansichten bei Methode 1 (E)

Projektionsmethode 3 (bisher A)

Diese wird vorwiegend in den Vereinigten Staaten von Amerika und Großbritannien angewendet sowie im Stahlbau aber als Pfeilmethode.

Bezogen auf die Vorderansicht als Hauptansicht sind die anderen Ansichten wie folgt anzuordnen:

[1]) 1986; [2]) auf den nachfolgenden Seiten nur als S bezeichnet; [3]) s. DIN 5 T10

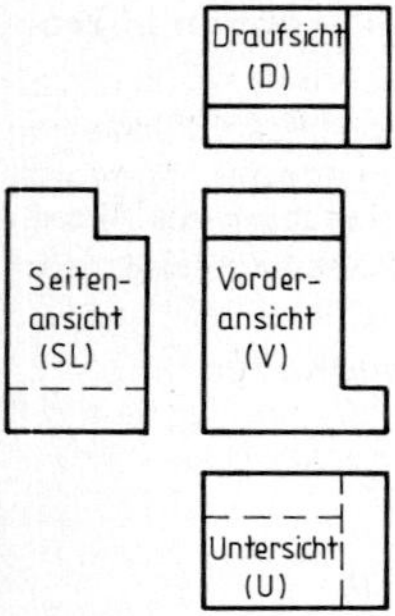

Draufsicht liegt oberhalb,

Seitenansicht von links liegt links,

Seitenansicht von rechts liegt rechts,

Untersicht liegt unterhalb,

Rückansicht kann links oder rechts liegen.

56.1 Anordnen der Ansichten bei Methode 3 (A)

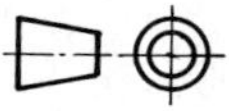

56.2 Symbol für Projektionsmethode 3 (A)

Besondere Ansichten

Ist eine andere Ansichtsanordnung als bei den beiden Projektionsmethoden vorgeschrieben notwendig, z. B. um durch ungünstige Projektionen Verkürzungen zu vermeiden, dann ist die Pfeilmethode anzuwenden.

Bei der Pfeilmethode dürfen die Ansichten beliebig zur Vorderansicht angeordnet werden, wobei die Betrachtungsrichtungen für diese Ansichten bezogen auf die Vorderansicht durch einen Pfeil festgelegt werden.

Diese Pfeile sollen einen Winkel von etwa 15° einschließen und etwa die 1,5fache Länge der Maßpfeile besitzen.

Pfeile und zugehörige Ansichten sind durch Großbuchstaben zu kennzeichen[1]).

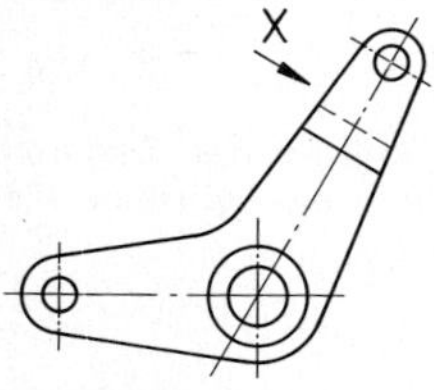

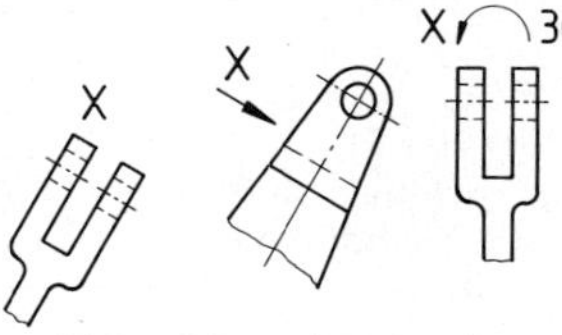

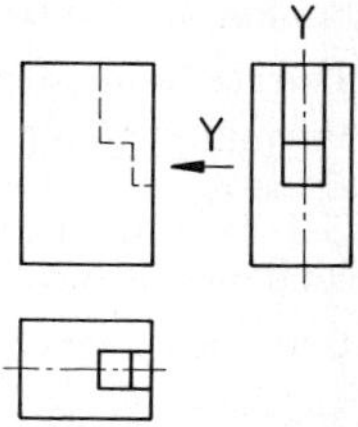

56.3 u. 5 Besondere Ansichten

56.4 Gedrehte Ansicht

Teilansichten

Werkstücke dürfen abgebrochen oder unterbrochen dargestellt werden, wenn sie damit eindeutig und vollständig bestimmt werden können.

Bei symmetrischen Werkstücken kann an Stelle einer Gesamtansicht eine halbe oder eine Viertelansicht gezeichnet werden. Die Teilansichten werden dabei durch ihre Mittellinien begrenzt. An ihren Enden sind die Mittellinien durch zwei rechtwinklig zu ihr angeordnete kurze parallele, schmale Vollinien DIN 15-B zu kennzeichnen.

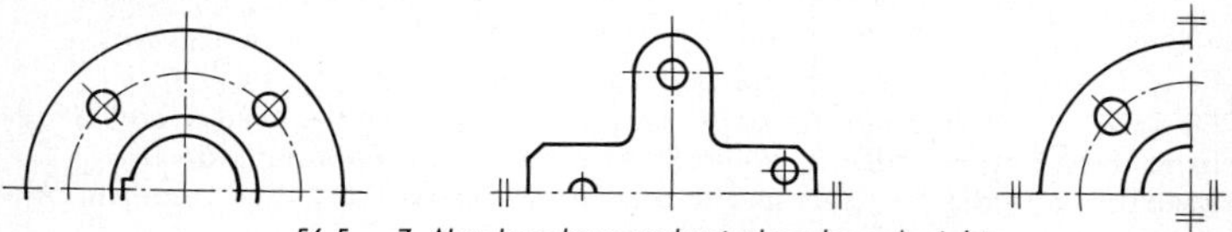

56.5...7 Abgebrochene und unterbrochene Ansichten

[1]) Empfohlen werden die letzten Buchstaben des Alphabets

Bruchkanten nach DIN 6

Durch Bruchkanten werden Werkstücke verkürzt dargestellt, um Platz zu sparen. Die Bruchkanten werden im allgemeinen als schmale Freihandlinie DIN 15-C oder als Zickzacklinie DIN 15-D gezeichnet, s. Beispiele 1 . . . 10. Die Zickzacklinien zeichnet man etwas über die Umrißlinien hinaus. Bei Rundkörperformen sollen die Bruchkanten als Freihandlinien oder Zickzacklinien und nicht mehr als Schleifenformen gezeichnet werden, s. Beispiele 8 u. 10.

Umrißlinien von verkürzt dargestellten kegeligen Teilen und Teilen mit Neigungen dürfen versetzt gezeichnet werden, s. Beispiele 9 u. 10.

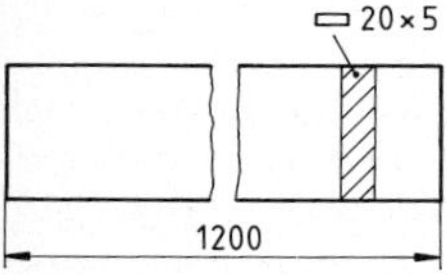

1

Flachstähle, Bleche

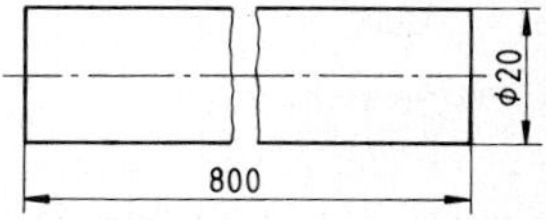

2

Vollzylinder

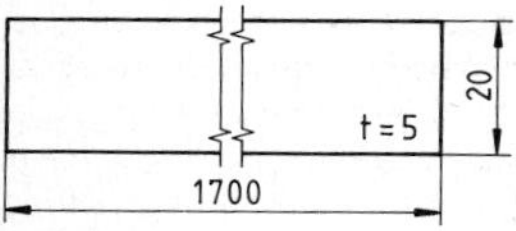

3

Flachstücke

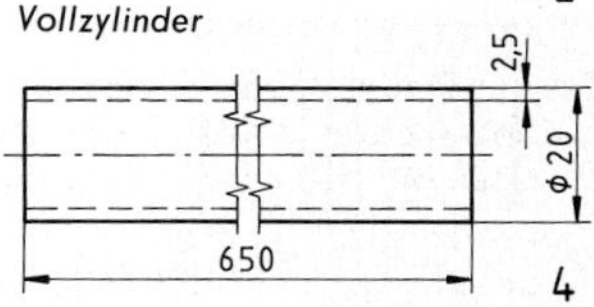

4

Hohlzylinder

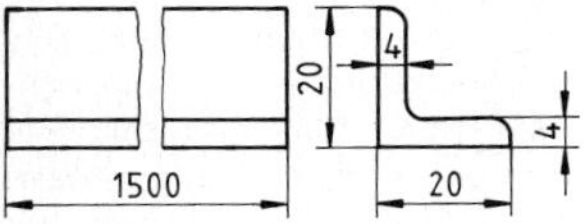

5

Profilstähle für Metallbau

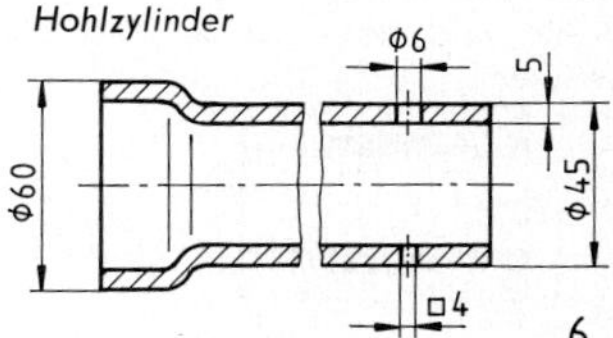

6

Hohlzylinder im Schnitt

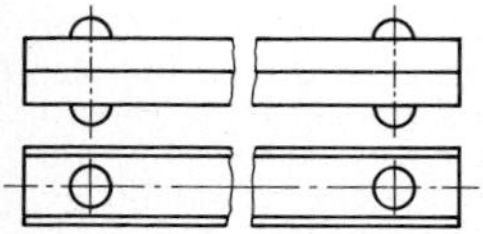

zusammengebaute Teile

7

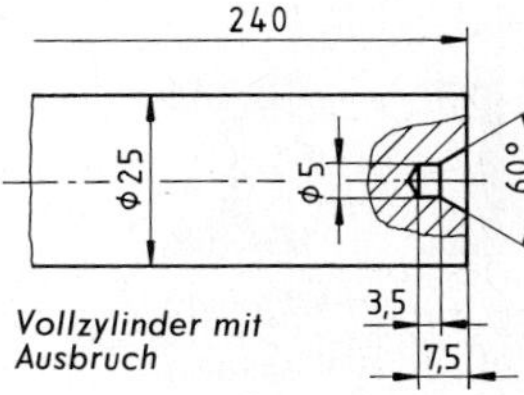

Vollzylinder mit Ausbruch

8

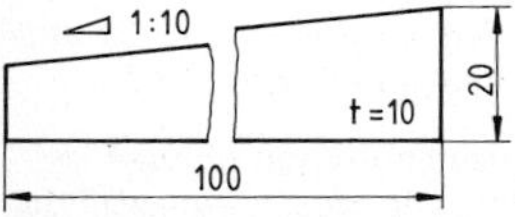

9

Flachstücke mit Anzug

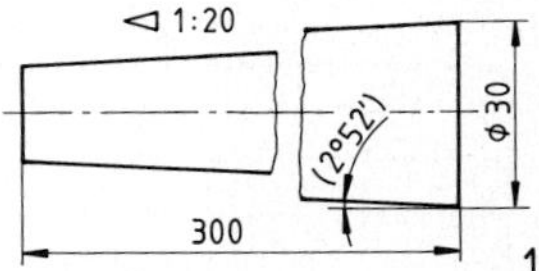

10

Kegelstumpf

Erfolgskontrollen über Ansichten und Schnitte s. S. 399, 401 u. 404.

3.1.2 Schnittdarstellung nach DIN 6

Im Schnitt dargestellt werden Hohlkörper, z. B. Gehäuse, Werkstücke mit Bohrungen und Durchbrüchen, um die innere Form klar erkennen zu können. Man denkt sich bei der Schnittdarstellung einen Teil des Werkstückes weggeschnitten und zeichnet den übriggebliebenen Teil.

Die durch den Schnitt sichtbar werdenden inneren Körperkanten sind als breite Volllinien zu zeichnen.

Dort, wo der gedachte Schnitt durch den Werkstoff führt, sind die Flächen zu schraffieren, Hohlräume dagegen nicht, 58.1.

Die Schraffurlinien werden durch parallellaufende schmale Vollinien unter 45° zu den Hauptumrissen oder zur Symmetrieachse in gleichmäßigem Abstand gezeichnet, 58.2. Der Abstand der Schraffurlinien hängt ab von der Größe der Werkstücke und dem Maßstab. Er soll jedoch nicht zu eng gewählt werden.

Treffen Schnittflächen mehrerer Teile zusammen, so sind die Schraffurlinien der verschiedenen Schnittflächen entgegengesetzt unter 45° bzw. 135° und der Abstand außerdem entsprechend enger bzw. weiter zu zeichnen, 58.3.

Bei Maßzahlen und Beschriftungen sind die Schraffurlinien zu unterbrechen, 59.5.

Schmale Schnittflächen werden voll geschwärzt gezeichnet, z. B. dünne Buchsen, Walzprofile, dünne Bleche usw., 58.4 u. 5.

Stoßen mehrere schmale Schnittflächen zusammen, so ist zwischen diesen ein geringerer Abstand zu lassen, damit Zwischenfugen entstehen, 58.6.

Bei großen Flächen darf die Schraffur auf eine Zone, die den Umrissen der Schnittfläche folgt, beschränkt werden, 58.7.

In Zusammenbauzeichnungen können dargestellte Gruppen, die aus mehreren unlösbar miteinander verbundenen, z. B. verschweißten Teilen bestehen, wie ein Teil schraffiert werden.

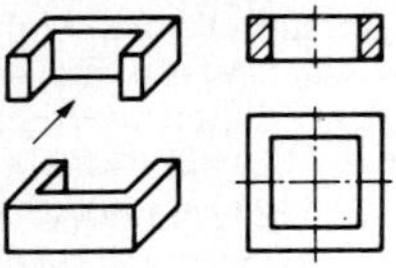

58.1 Vollschnitt

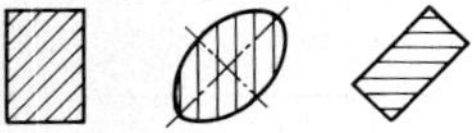

58.2 Anordnen der Schraffurlinien

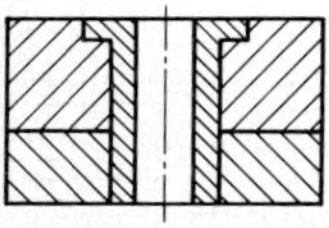

58.3 Zusammentreffen mehrerer Schnittflächen

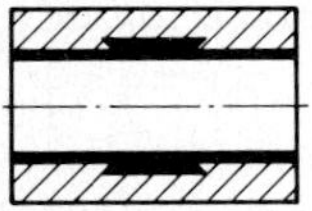

58.4 Schmale, voll geschwärzte Schnittflächen

58.5 u. 6 Schmale Profilquerschnitte, Zwischenfugen beim Blechträger

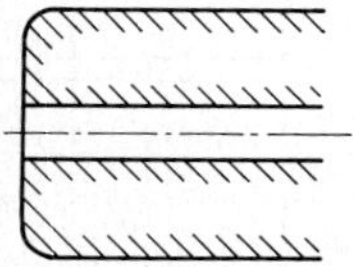

58.7 Randschraffur bei großen Schnittflächen

Schnittarten

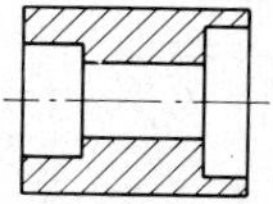

59.1 *Vollschnitt (längs)*

1. *Beim Vollschnitt* denkt man sich die vordere Werkstückhälfte herausgeschnitten, und es wird nur die hintere Hälfte gezeichnet, 59.1. Die Schnitte können beliebig gelegt werden, vorwiegend jedoch in Richtung der Längsachse oder senkrecht zu ihr, 59.2.

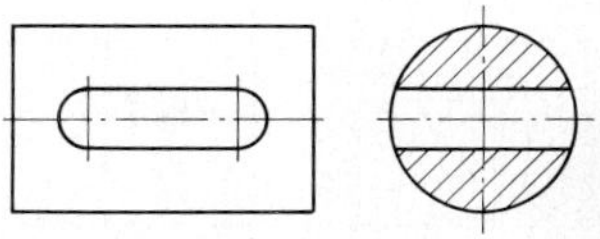

59.2 *Vollschnitt (quer)*

2. *Beim Halbschnitt* 59.3 u. 4 ist ein Viertel des Hohlkörpers herausgeschnitten gedacht. Er wird angewendet als vereinfachte Darstellung von spiegelbildgleichen Hohlkörpern, um durch die Schnitthälfte die innere Form (die inneren Kanten) und durch die Ansichtshälfte die äußere Form (die äußeren Kanten) zu verdeutlichen. Verdeckte Körperkanten werden in Schnittdarstellungen möglichst nicht gezeichnet. Bei symmetrischen Werkstücken wird der Halbschnitt bevorzugt rechts angeordnet, wenn die Schnittebene senkrecht verläuft, 59.4, und unter der Mittellinie, wenn sie waagerecht zur Längsachse liegt, 59.3.

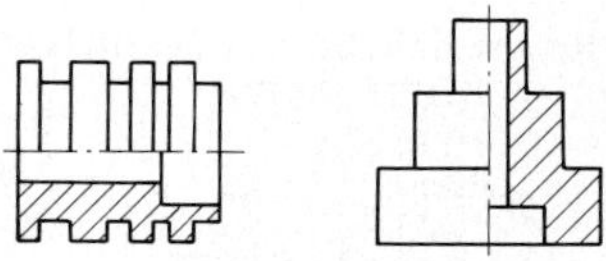

59.3 u. 4 *Halbschnitte*

3. Zum *Teilschnitt* zählen:
   - 3.1 Der Teilausschnitt, bei dem die umschließende Schnittfläche nicht durch Bruchlinien begrenzt wird, 59.5.
   - 3.2 Der Ausbruch hat als Begrenzungslinie die Freihandlinie nach DIN 15 oder eine Zickzacklinie auf Plotterzeichnungen. Diese dürfen nicht mit Umrissen, Kanten oder Hilfslinien zusammenfallen, 59.6. Der Ausbruch dient zur Verdeutlichung eines Teiles am Werkstück.

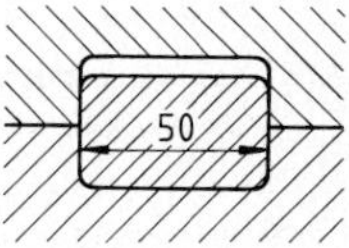

59.5 *Teilausschnitt*

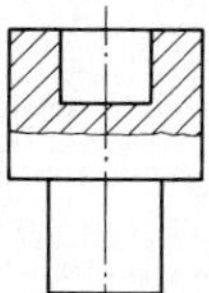

59.6 *Ausbruch*

4. Der *Profilschnitt* darf in die zugehörige Ansicht gedreht oder neben der Ansicht dargestellt werden. In der Ansicht werden die Umrisse des Profilschnitts in schmalen Vollinien nach DIN 15-B gezeichnet, 59.7.

   Neben der Ansicht sind die Umrisse in breiten Vollinien darzustellen.

Volle Werkstücke werden nicht im Längsschnitt gezeichnet, z. B. Wellen, Bolzen, Niete, Stifte, Schrauben, Paßfedern, Keile, Wälzlagerkörper sowie Rippen von Gußstücken und Arme von Handrädern, s. 60.1 u. 60.2.

60.3 zeigt die Darstellung angrenzender Teile, wobei die Umrisse des Hahnkükens in schmaler Strich-Zweipunkt-Linie nach DIN 15-K und die sichtbaren Körperkanten des Hauptteiles in breiten Vollinien gezeichnet werden. Geschnittene angrenzende Teile werden nicht schraffiert.

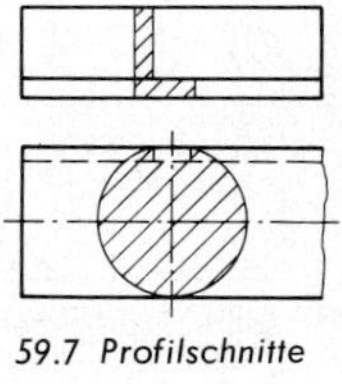

59.7 *Profilschnitte*

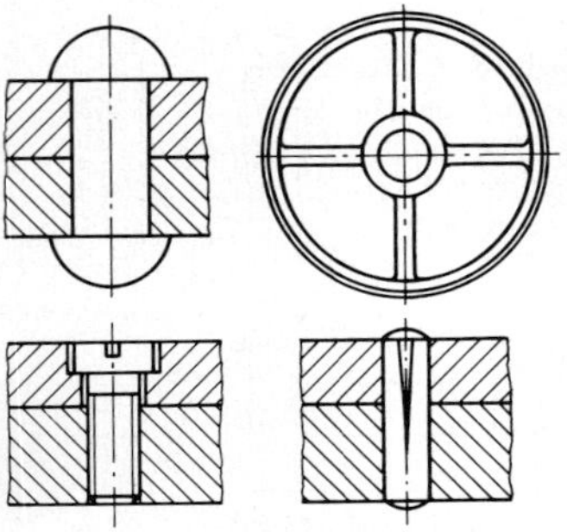

60.1 *Vollkörper nicht geschnitten*

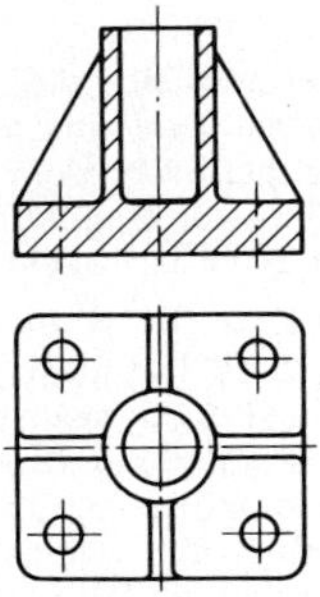

60.2 *Rippen nicht geschnitten*

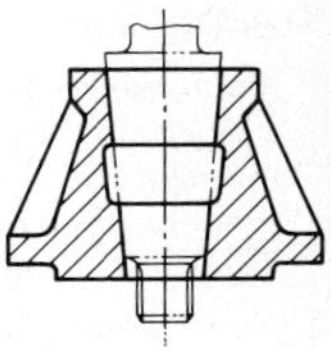

60.3 *Darstellung angrenzender Teile*

Kennzeichnen des Schnittverlaufes

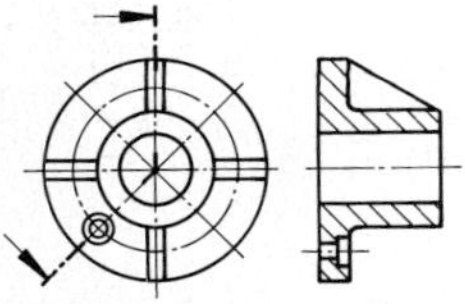

60.4 *Schnittkennzeichnung*

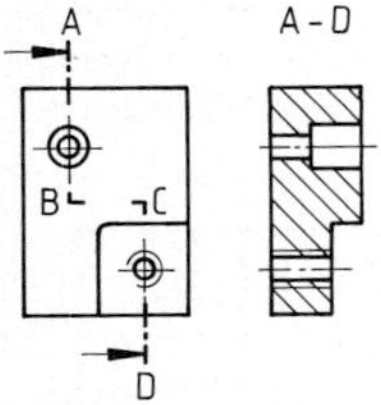

60.5 *Geknickte Schnittverlaufslinien*

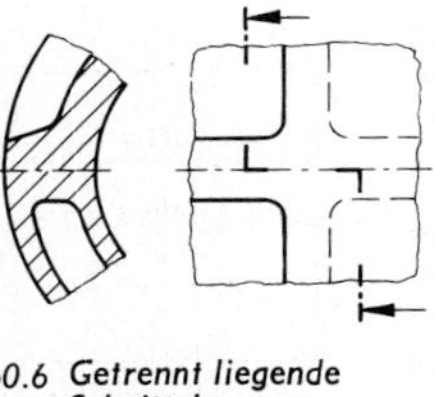

60.6 *Getrennt liegende Schnittebenen*

Beim Voll- und Halbschnitt ist der Schnittverlauf eindeutig erkennbar und wird daher nicht besonders gekennzeichnet, 59.1 und 59.2.

Ist der Schnittverlauf jedoch nicht klar zu erkennen, so wird er durch breite, kurze strichpunktierte Linien gleich der Breite der Volllinien angedeutet, die in das Zeichnungsbild etwas hineinragen. Die Pfeile für die Blickrichtung auf den Schnitt sind mit der Spitze auf die Strichpunktlinie des Schnittes zu setzen, 60.4.

Führt der Schnitt durch mehrere parallele, versetzte Ebenen, so werden die Schnittverlaufslinien geknickt; an die Knickstellen sind ebenfalls Großbuchstaben in alphabetischer Reihenfolge zu setzen, 60.5. Der Schnitt wird so gezeichnet, als ob die Schnittflächen in einer Ebene lägen und durch die Angabe „A — D" gekennzeichnet. Die Stellung der Schnittbuchstaben richtet sich nach der Schreibrichtung in der Zeichnung, s. S. 108. Sie werden eine Schriftgröße größer als die Bemaßung geschrieben.

Werden parallele versetzte Schnittebenen durch eine gemeinsame Mittellinie begrenzt, so können die Schraffurlinien für die versetzten Schnittflächen an der Mittellinie voneinander abgesetzt gezeichnet werden, 60.6.

Nach ISO 128 sollen Wortangaben in Zeichnungen vermieden werden, z. B. auch die Wortangaben „Ansicht", „Schnitt" und „Einzelheit", s. S. 110.

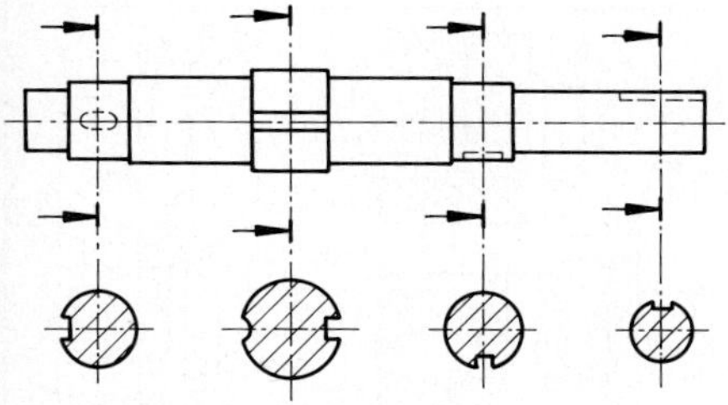

61.1 Profilschnitte an Wellen

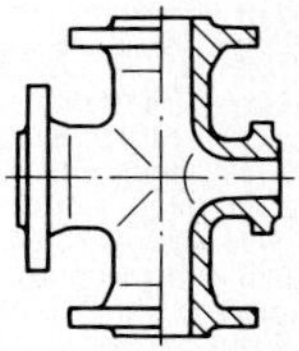

61.2 Andeutung gerundeter Kanten

61.1 zeigt eine abweichende Anordnung von symmetrischen Profilschnitten an länglichen Teilen, z. B. bei Wellen direkt unterhalb ihrer zugehörigen Schnittebene.

Gerundete Kanten, sogenannte Lichtkanten, werden durch schmale Vollinien, die vor den Körperkanten enden, anschaulich dargestellt, 61.2.

Schnitte können um schrägliegende Kanten geklappt werden, um schiefe Projektionen zu vermeiden, 61.3.

Darstellen von Einzelheiten s. S. 128.

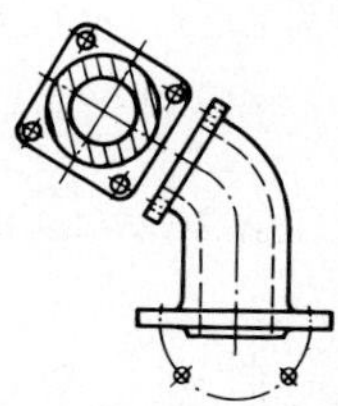

61.3 Klappung um schrägliegende Kanten

Schraffuren nach DIN 201

Sie werden nur dann zur Kennzeichnung der verschiedenen Werkstoffe angewendet, wenn dadurch die Werkstoffarten besser erkennbar sind, z. B. in Gruppenzeichnungen. Das entbindet jedoch nicht von der genauen Angabe der Werkstoffe in Schriftfeld und Stückliste.

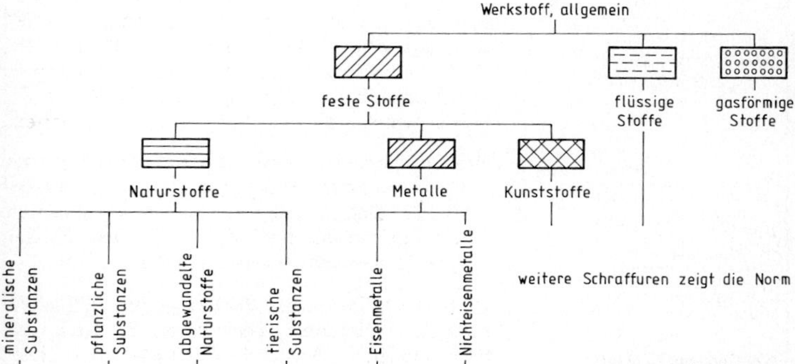

61.4 Schraffurarten

Beispiele für die Schnittdarstellung
Es sind dargestellt:
Im Vollschnitt Teile 1, 2, 3, 10 u. 11, im Halbschnitt Teil 5, im Teilschnitt Teil 6, im Querschnitt Teil 6 als Schnitt A–A sowie die Kupplungswelle mit Paßfeder und Teil 5; nicht im Schnitt Teile 4, 7, 8, 9 u. 12.

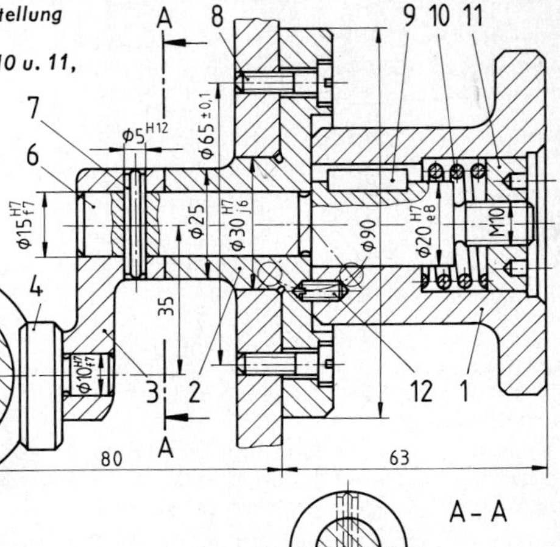

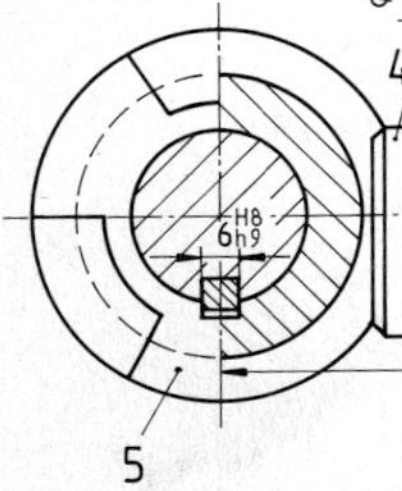

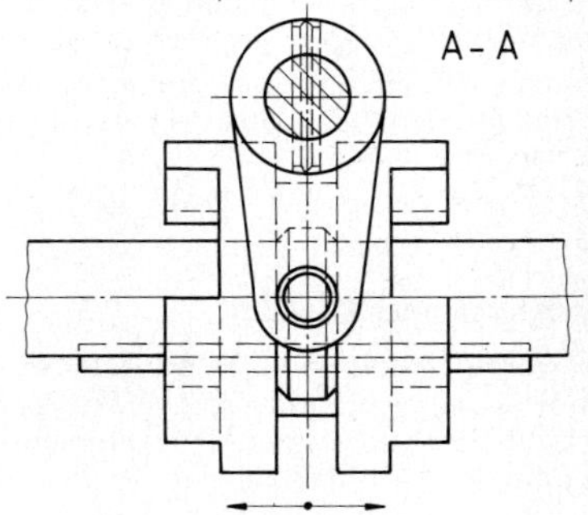

Beispiele für das Eintragen von ISO-Toleranzkurzzeichen.

Bei den zusammengefügten Teilen sind von den Paßmaßen 6H8/h9, ⌀ 5H12, ⌀ 15H7/f7, ⌀ 20H7/e8, ⌀ 30H7/j6 und ⌀ H7/f7 die ISO-Toleranzkurzzeichen für Innenmaße (Bohrungen) z. B. H7 erhöht und für Außenmaße (Wellen) z. B. f7 vertieft hinter dem Nennmaß z. B. ⌀ 15 einzutragen. Die Maßtoleranz ± 0,1 steht mittig hinter dem Nennmaß ⌀ 65.

Pos.	Menge	Einh.	Benennung	Sachnummer / Norm - Kurzbezeichnung	Werkstoff	Gewicht kg/Einh.	Bemerkung
12	1	Stck	Schaftschraube	DIN 427 - M 5 × 10	5.6		
11	1	Stck	Zweilochmutter	DIN 547 - M 10	5		
10	1	Stck	Druckfeder	3,5 fed. Wdg.	Draht DIN 17 223-A-2B×220		
9	1	Stck	Paßfeder	DIN 6885 - A 6 × 6 × 25	St 50-2k		
8	4	Stck	Zylinderschraube	DIN 84 - M 5 × 25	8.8		
7	1	Stck	Spannhülse	DIN 1481 - 5 × 24	St		
6	1	Stck	Welle		St 60-2		
5	1	Stck	Kupplungshülse		C 45		
4	1	Stck	Ausrückstein		C 15		
3	1	Stck	Ausrückhebel		GG-20		
2	1	Stck	Flanschlager		GG-20		
1	1	Stck	Ausrückhandrad		GG-20		

Allgemeintoleranzen DIN 7168-m	Maßstab 1: 10	(Gewicht)
Datum	Name	Ausrückvorrichtung mit Klauenkupplung
	12.01.00	Blatt
Zust. Datum Name	Urspr.	Ers. für:

Beispiel einer Stückliste DIN 6771-B2 auf Zeichnungen

3.1.3 Vereinfachte Darstellungen in technischen Zeichnungen nach DIN 6

Regelmäßig sich wiederholende Formelemente

Regelmäßig sich wiederholende Formelemente eines Teiles brauchen nur so oft dargestellt werden, wie es zur eindeutigen Bestimmung notwendig ist.

Die Mitten der sich wiederholenden Formelemente, z. B. Löcher, sind durch Mittellinienkreuze festzulegen, 63.1 u. 2. Dabei ist die Anzahl der Formelemente stets anzugeben.

Bei anderen Formelementen wird der Bereich für die restlichen Elemente durch eine schmale Vollinie DIN 15-B angedeutet, 63.3 u. 4.

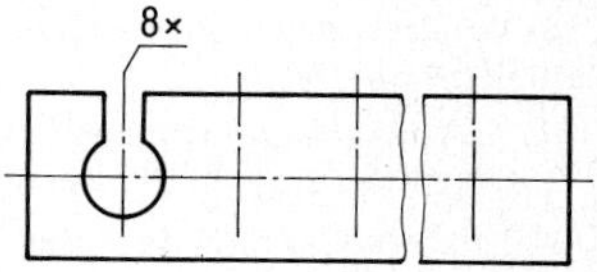

63.1

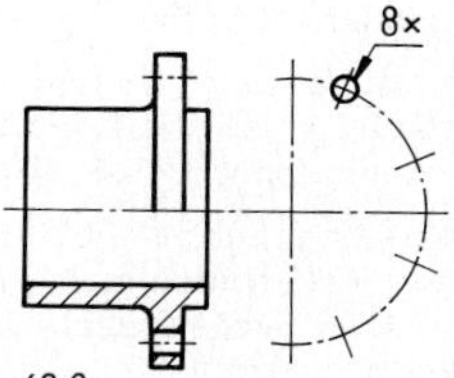

63.2

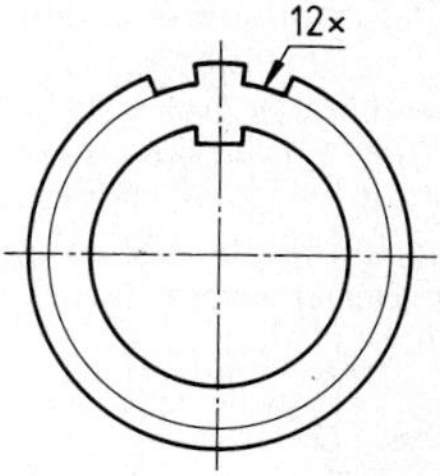

63.3

3

Geringe Neigungen

Lassen sich geringe Neigungen an Schrägen, Kegeln usw. in der zugehörigen Projektion nicht deutlich zeigen, so kann auf ihre Darstellung verzichtet werden. Es ist dann nur eine Kante zu zeichnen, die der Projektion des kleinen Maßes entspricht, 63.5 u. 6.

Durchdringungen

Bei der Durchdringung von Körpern, z. B. Zylinder-Zylinder, kann auf die Darstellung sehr flacher Durchdringungskurven bzw. sehr gering versetzter Schnittlinien verzichtet werden.

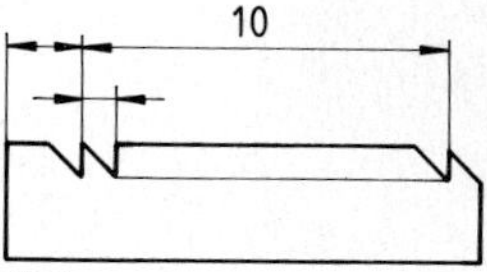

63.4

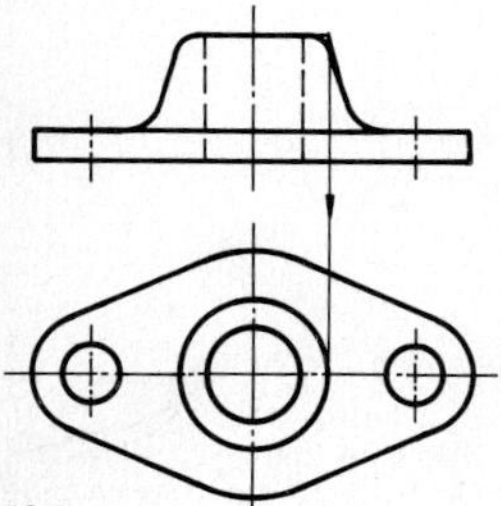
63.5

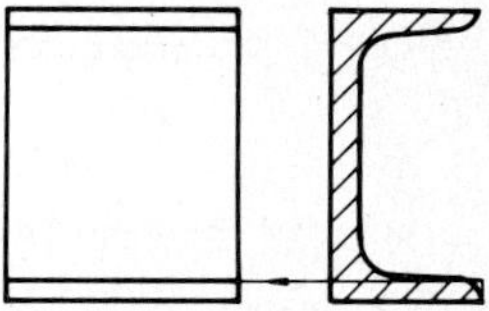
63.6

3.1.4 Positionsnummern in technischen Zeichnungen nach DIN ISO 6433

Positionsnummern sollen sich von allen anderen Angaben deutlich unterscheiden durch

Anwenden entsprechend großer Schriftzeichen, die z. B. doppelt so groß sind wie die Bemaßung und ähnliche Angaben[1]),

durch Umkreisen der Positionsnummern, wobei alle Kreise den gleichen Durchmesser haben und mit schmaler Vollinie gezeichnet werden,

größere Schriftzeichen und Umkreisen.

Positionsnummern sind möglichst außerhalb der Umrißlinien der Teile anzuordnen, wobei diese mit dem zugeordneten Teil durch eine Hinweislinie zu verbinden sind, s. S. 107.

Diese darf entfallen, wenn die Zuordnung von Positionsnummer und betreffendem Teil eindeutig ist. Hinweislinien dürfen sich nicht kreuzen. Sie sollen so kurz wie möglich sein und aus der Darstellung herausragen. Bei umkreisten Positionsnummern sind sie auf den Mittelpunkt gerichtet.

Die Positionsnummern sollen im Hinblick auf Klarheit und Lesbarkeit senkrecht untereinander oder in horizontalen Reihen angeordnet werden. Positionsnummern von zusammengehörenden Teilen dürfen an derselben Hinweislinie eingetragen werden, 64.4. Bei identischen Teilen brauchen Positionsnummern nur einmal eingetragen werden.

Eine zweckmäßige Reihenfolge der Positionsnummern sollte nach bestimmten Gesichtspunkten gewählt werden, z. B. nach der Zusammenbaufolge u. a. m.

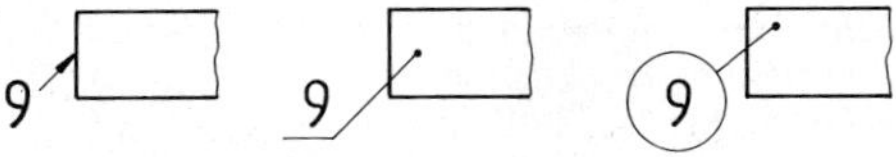

64.1 . . . 3 Hinweislinien bei Positionsnummern

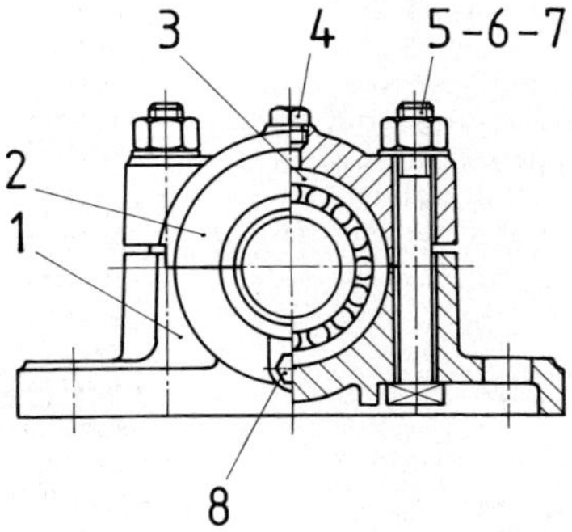

64.4 Positionsnummern in einer zusammengebauten Gruppe

[1]) In Deutschland üblich, mindestens eine Schriftgröße größer als die Bemaßung zu schreiben. Das Umkreisen von Positionsnummern sollte in technischen Zeichnungen vermieden werden.

3.2 Darstellen von Gewinden nach DIN ISO 6410

Bolzen- und Außengewinde

Sämtliche Gewindearten werden nach ISO 6410 vereinfacht dargestellt, und zwar zumeist als breite und schmale Vollinie, Bilder 1 . . . 10, oder aber in Ansichtdarstellung bei Innengewinde durch 2 Strichlinien, Bilder 6 und 7. Die Lage dieser Gewindelinien zu den jeweiligen Mittellinien beim Bolzengewinde zeigen Bilder 1 und 2; beim Innengewinde Bilder 6 . . . 9.

Die Gewindebegrenzung ist mit breiter Vollinie zu zeichnen, Bilder 1, 2, 8 und 9.

Bei der Gewindedarstellung ist die Lage und Öffnung des $^3/_4$-Kreises nicht zwingend vorgeschrieben. Die Bilder 4 und 5 finden häufiger Anwendung.

Muttern- und Innengewinde

In den dargestellten Vorder- und Seitenansichten der Mutter wird kein Gewinde gezeichnet, Bild 10, auch nicht in verschraubten Muttern (siehe nächste Seite).

Erfolgt bei einer im Schnitt gezeichneten Senkung die Gewindelochsenkung bis auf den Kerndurchmesser, so wird sie, in Achsrichtung auf das Gewindeloch gesehen, nicht gezeichnet, Bild 6; entsprechend für Bolzengewinde siehe Bild 1.

Der Gewindeauslauf liegt außerhalb der nutzbaren Gewindelänge und wird daher außer bei Sacklöchern für Stiftschrauben nicht gezeichnet, Bilder 1, 2, 7 und 9.

Konstruktion der Fasenbogen einer Sechskantmutter

Die erforderlichen Maße sind Normtabellen zu entnehmen:

Schlüsselweite	s
Eckenmaß	e = s × 1,155
Mutterhöhe	m = d × 0,8
Schraubenkopfhöhe	k = d × 0,7

Zuerst werden in den Ansichten die Mittellinien gezeichnet, um den Mittelpunkt der Draufsicht ein Kreis mit dem Durchmesser s geschlagen und um diesen ein regelmäßiges Sechseck gezeichnet. Mit Hilfe der Mutterhöhe m sind die Umrisse der Vorderansicht und Seitenansicht in schmaler Vollinie zu zeichnen.

Die Fasenbogen werden vereinfacht als Kreisbogen dargestellt, und zwar der große Bogen in der Vorderansicht mit dem Halbmesser 3/4e, der bis zur Außenkante durchgezogen wird. Der Zirkeleinsatzpunkt für den kleinen Bogen liegt auf der Waagerechten durch den Schnittpunkt mit der Außenkante.

In der Seitenansicht werden die Kreisbogen mit e/2 gezogen, deren Mittelpunkte auf den Halbierungslinien der beiden äußeren Felder liegen. In der Ansicht, in der die drei Seitenflächen der Mutter erscheinen, fallen die Ecken fort.

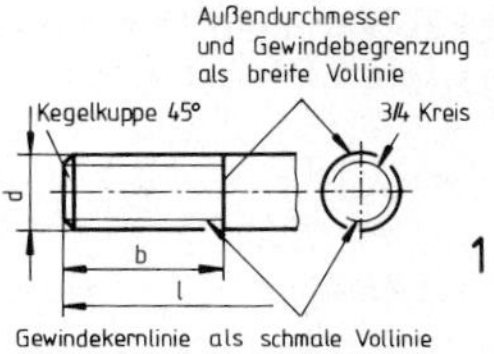

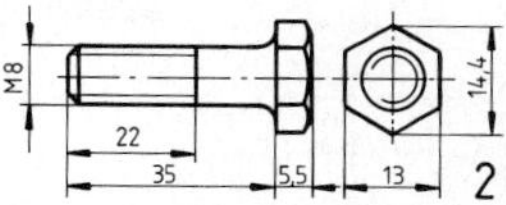

Sechskantschraube DIN 931 — M 8 × 35 — 8.8

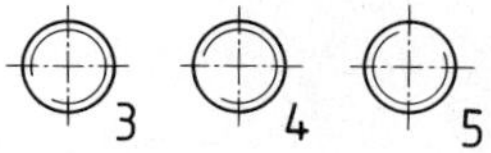

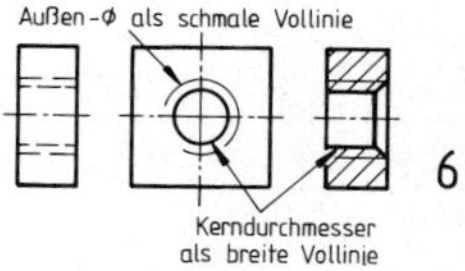

Gewindesacklöcher

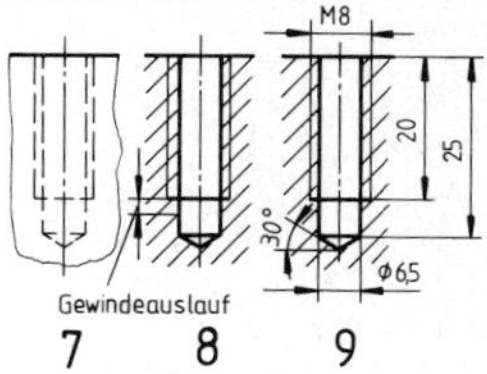

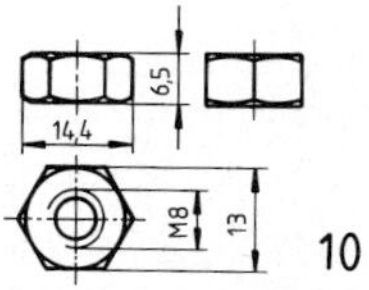

Sechskantmutter DIN 934 — M 8 — 8

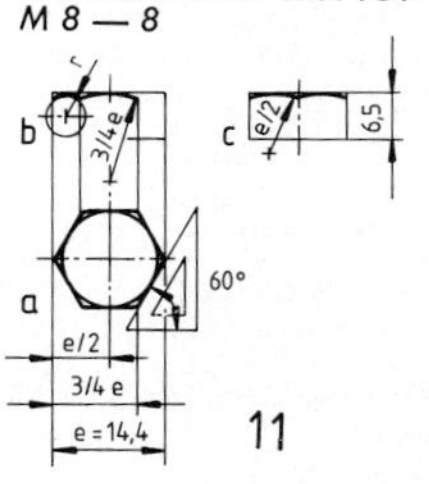

Schraubverbindungen nach ISO-Darstellung

durch Sechskantschrauben und -muttern

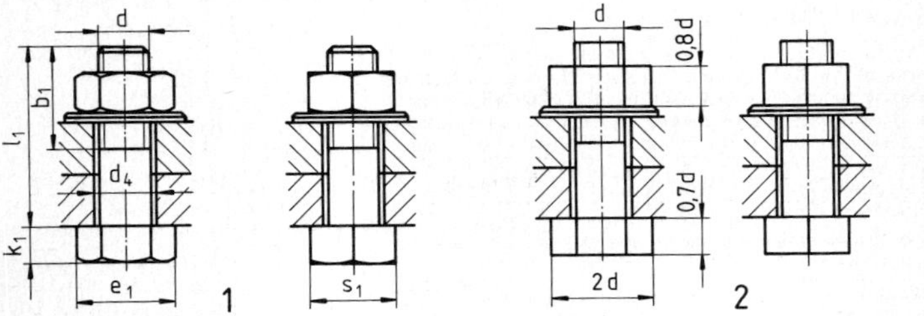

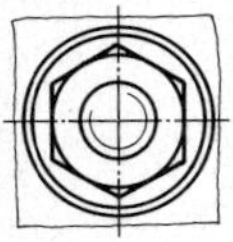

66.1 Darstellung mit Fasenkreisen, -kanten und Kuppen

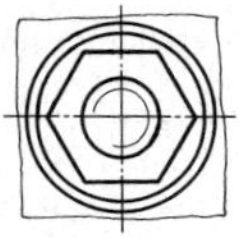

66.2 Vereinfachte Darstellung ohne Fasenkreise, -kanten und Kuppen erspart Zeichenarbeit

In Schnittdarstellungen von Verschraubungen sind die Gewinde der Innenschraubteile, z. B. Stiftschraube 66.3 und Rohr 66.4, vollständig zu zeichnen, als wenn sie allein vorhanden wären, und vom Muttergewinde der Außenteile nur der nicht verdeckte Teil.

Die Außengewindebegrenzungen sollen in Schnittdarstellungen nur dann gezeichnet werden, wenn dies zum Verständnis erforderlich ist, s. 66.4.

Linksgewinde wird durch das Kurzzeichen LH (Left Hand) gekennzeichnet. Weist ein Teil Rechts- und Linksgewinde auf, so ist nicht nur das Linksgewinde, sondern auch das Rechtsgewinde zu kennzeichnen mit dem Kurzzeichen RH (Right Hand), 66.5.

Gas- und dampfdichtes Gewinde erhält den Zusatz dicht, z. B. M24 dicht. Siehe auch Seite 272ff.

durch Stiftschraube DIN 938 und Rohrverschraubung

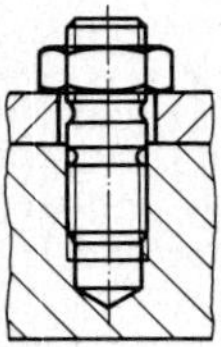

66.3

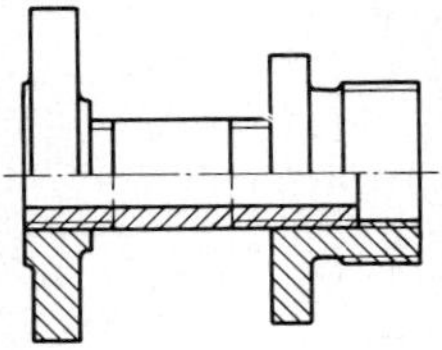

66.4

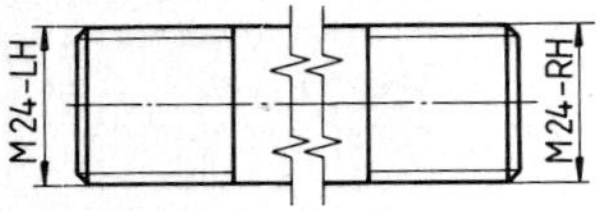

66.5 Bolzen mit Metrischem Links- und Rechtsgewinde, Außengewinde

Übung: Zeichnen Sie im M 1:1

1. *eine Sechskantschraube DIN 931 – M 16×60 und eine Sechskantmutter DIN 934 – M 16 in den drei Ansichten V, D und S, Maße siehe S. 283,*
2. *beide Teile verschraubt mit Unterlegscheibe DIN 125 – 17 wie 66.1 und 66.2 zeigen.*

67.1 Gewindesacklöcher für geschnittene Gewinde mit Angabe der Kernlochtiefe und nutzbaren Gewindelänge ohne Auslauf.

67.2 zeigt Gewindesacklöcher für gespritzte und gepreßte Gewinde.

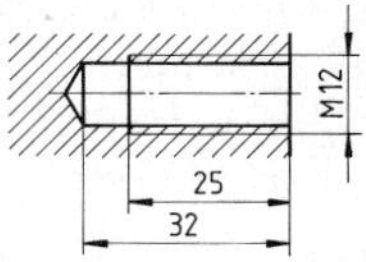

67.1

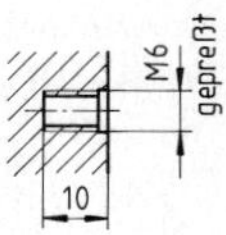

67.2

Beispiele abgekürzter Gewindebezeichnungen nach DIN 202 (Auswahl)			
Eingängige Rechtsgewinde			
Kurzzeichen	Erklärung	Zeichen vor Maß-angabe	Für Gewinde nach DIN
M 20	Metrisches ISO-Gewinde mit 20 mm Außen-ϕ	M	13 Teil 1
M 80×2	Metrisches ISO-Feingewinde mit 80 mm Außen-ϕ und 2 mm Steigung	M	13 Teile 2...12
M 0,8	Metrisches ISO-Gewinde mit 0,8 mm Außen-ϕ für Uhren	M	14 Teil 2
M 30 Sn 4	Metrisches Gewinde mit 30 mm Außen-ϕ für Festsitz	M	13 u. 14
M 30 Sn 4 dicht	Metrisches Gewinde mit 30 mm Außen-ϕ für Festsitz, dichte Verbindungen	M	13 u. 14
G$^3/_4$	Zylindrisches Rohrgewinde für nicht im Gewinde dichtende Verbindungen	G	ISO 228
R$^1/_2$ DIN 2999	Whitworth-Rohrgewinde zylindrisches Innengewinde mit $^1/_2$" Rohrinnen-ϕ	R	2999
Tr 40×7	Metrisches ISO-Trapezgewinde mit 40 mm Außen-ϕ und 7 mm Steigung	Tr	103 Teil 2
S 48×8	Sägengewinde mit 48 mm Außen-ϕ und 8 mm Steigung	S	513 Teil 2
Rd 40×$^1/_6$	Rundgewinde mit 40 mm Außen-ϕ Steigung 6 Gang auf 1 inch	Rd	405 Teil 1

Rohrgewinde für nicht im Gewinde dichtende Verbindungen nach DIN ISO 228 werden mit dem Buchstaben G vor der Maßzahl in Zoll (") angegeben, z. B. G¾. Die Angabe der Gewindegröße bezieht sich auf die Nennweite (~Innendurchmesser) des Rohres, siehe S. 273. Das Whitworth-Rohrgewinde nach DIN 259 soll für Neukonstruktionen nicht mehr verwendet werden.

Linksgewinde und mehrgängige Gewinde		
Kurzzeichen	Erklärung der Zusatzbezeichnung	Zusatzbezeichnung gültig für
M 60-LH Tr 32×6-LH	Linksgewinde mit Kurzzeichen LH hinter der Gewindebezeichnung	Metrisches, Whitworth-, Trapez-, Rund- und Sägengewinde
Tr 48×6 (P 3)	Zweigängiges Gewinde rechts [1])	
Tr 48×6 (P 3)-LH	Zweigängiges Gewinde links	

Die Gangzahl eines Gewindes errechnet sich aus der Steigung P_h geteilt durch die Teilung P.
Z. B. Tr 48 x 6 (P3) mit Gangzahl = Steigung Ph : Teilung P = 6 : 3 = 2

Vereinfachte Darstellung von Gewinden, Schrauben und Muttern nach DIN 30

Die Darstellung von Gewinden nach DIN 406 Teil 2 kann weiter vereinfacht werden durch Kleindarstellung, indem im Schnitt anstelle der Bohrung Mittellinien und in der Draufsicht die Mittellinienkreuze treten, wobei die Angaben mit Bezugslinien hinzugefügt werden.

Diese Bezugslinien sind ohne die nach DIN 406 Teil 2 vorgeschriebenen Pfeile und Punkte darzustellen. An die Stelle von kleinen und daher undeutlichen Sinnbildern treten statt dessen Mittellinien oder Mittellinienkreuze. Die Bezugslinien mit Bezeichnungen setzen Sie stets an die Stelle bzw. Seite, an der die Bohrungen usw. liegen bzw. eingeführt werden. Stricheln Sie die Bezugslinien der verdeckt liegenden Bohrungen oder Teile und setzen Sie besser die Wörter „unten" bzw. „von unten einführen" hinzu.

Das Maß „8 tief" gibt die nutzbare Gewindetiefe an. Ist auch die Tiefe der Bohrung anzugeben, so lautet die Angabe z. B. M 4—8/10 tief.

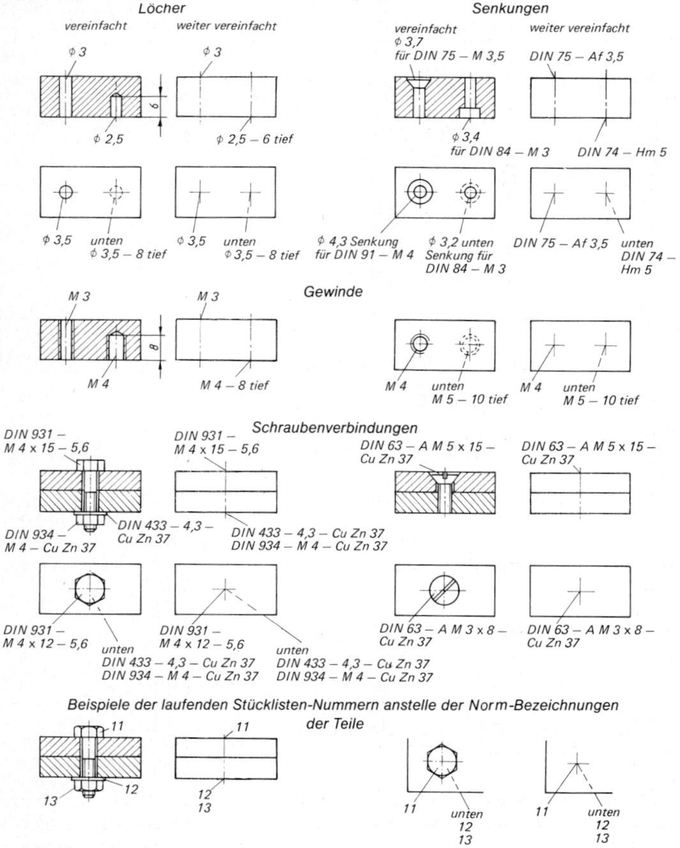

Siehe auch DIN 30 Teil 1E.

3.3 Lesen und Verstehen technischer Zeichnungen

Typische Körperformen, die an Werkstücken häufig vorkommen, ihre Darstellung und technische Bezeichnung

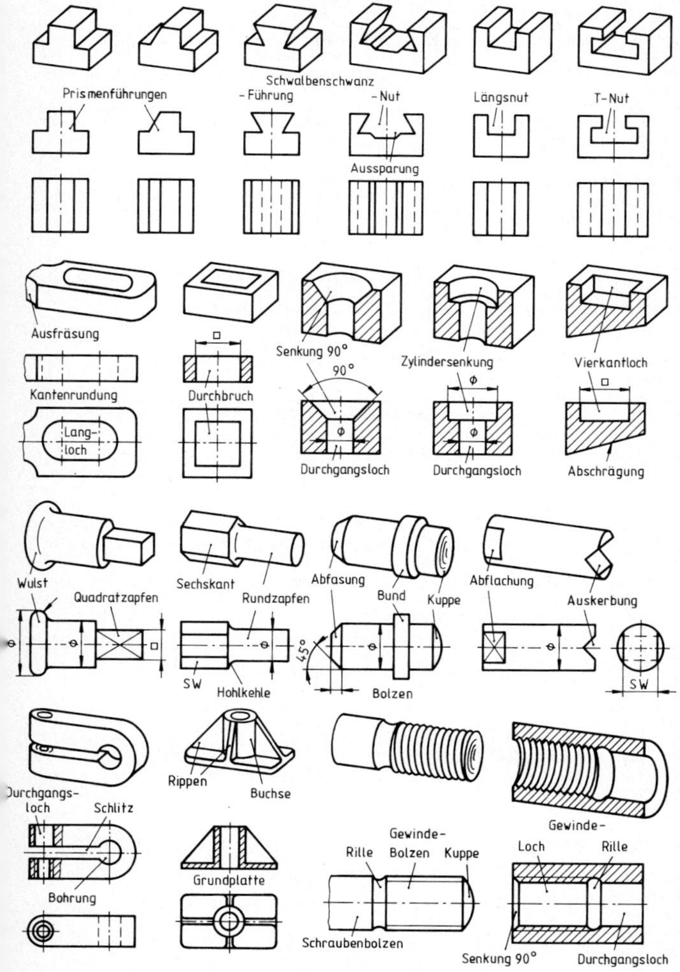

3

Übung: *Prägen Sie sich die einzelnen Körperformen und ihre technische Darstellung durch Vergleichen ein. Testen Sie dann Ihr räumliches Vorstellungsvermögen durch Skizzieren der Werkstücke in den entsprechenden Ansichten aus dem Gedächtnis.*

Lesen der technischen Zeichnung Kugelgelenkbolzen (Teilzeichnung)

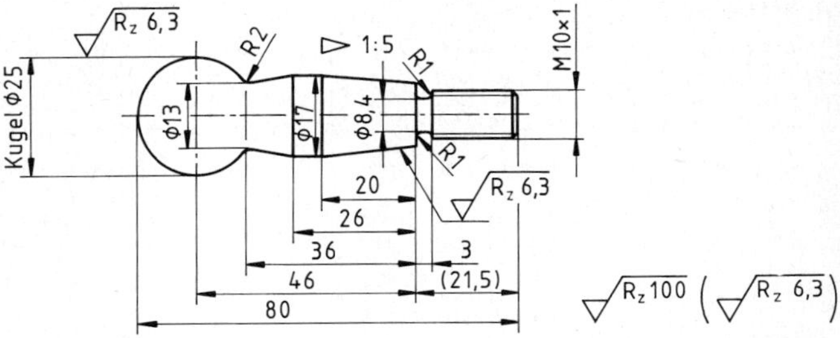

1 : 1	Kugelgelenkbolzen	50CrMo4
Maßst.	Benennung	Werkstoff

70.1

1. Information aus Schriftfeld: Der Kugelgelenkbolzen ist in der Vorderansicht im M 1 : 1 dargestellt.

2. Aufgabe und Funktion: Der Kugelgelenkbolzen ist Teil der Lenkung eines Vorderrades und stellt die bewegliche Verbindung zwischen Traghebel und Achsschenkel her.

3. Formerfassen: Die in der technischen Zeichnung flächenhaft dargestellten Formen, z. B. Kreis, Trapez, Rechteck, Trapez, Rechteck und Rechteck, stellt man sich erst in Verbindung mit den zugehörigen Maßen und Angaben, z. B. Kugel ϕ 25, den Symbolen, z. B. ϕ 17, Kegel 1 : 5 und den Kurzzeichen, z. B. M 10×1, räumlich als entsprechende Körper vor, wie 70.2 zeigt. Die Radien bilden Übergänge zwischen den Formelementen.

Betrachten Sie in 70.2 jedes einzelne Formelement mit seiner Bezeichnung und vergleichen es mit den entsprechenden Maßen, Symbolen und Kurzzeichen in 70.1.

Formelemente:

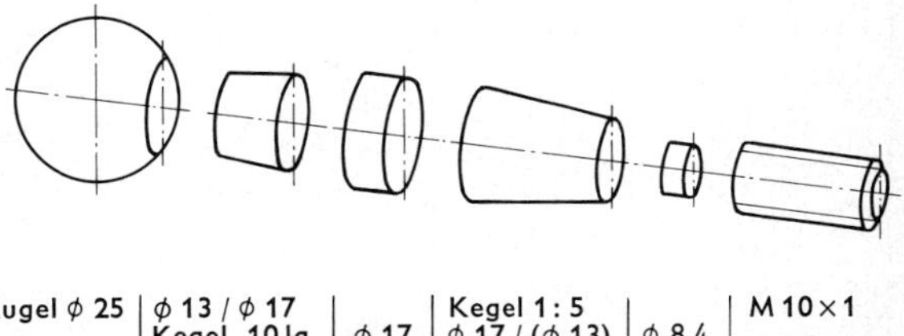

Wortangaben, Symbole, Kurzzeichen und Maße:	Kugel ϕ 25	ϕ 13 / ϕ 17 Kegel 10 lg	ϕ 17 6 lg	Kegel 1 : 5 ϕ 17 / (ϕ 13) 20 lg	ϕ 8,4 3 lg	M 10×1 18,5 lg

70.2

4. Werkstoff: 50CrMo4 ist ein niedriglegierter Stahl mit 0,5 % Kohlenstoff und bis zu 4 % Legierungsbestandteilen aus Chrom und Molybdän.

5. Oberflächen: Oberflächenangaben $\sqrt{R_z\,100}$ ($\sqrt{R_z\,6{,}3}$) bedeuten: alle Flächen sind zu schruppen, ausgenommen jene, an denen das Feinschlichtzeichen $\sqrt{R_z\,6{,}3}$ steht. Die Flächen dürfen die angegebenen gemittelten Rauhtiefen nicht überschreiten. Die Oberflächenangaben nach DIN ISO 1302 entsprechen DIN 3141 — Reihe 2.

Einzelfertigung eines Prismenfußes auf einer Universalfräsmaschine

Fertigungsstufen:

1. Rohstück aus St 50 mit den Mindestmaßen ▭ 65 × 45 × 105 in Maschinenschraubstock spannen.
2. Werkstückflächen allseitig mit 80 mm breitem Walzenfräser auf Maß 60 × 38 × 100 winklig und parallel fräsen (Bild a).
3. Werkstückprofil und Gewindebohrung für M 6 anreißen.
4. Nut für 90°-Prisma mit 3 mm dickem Scheibenfräser nach Anriß fräsen (Bild b)
5. Winkelprisma mit 90° Prismenfräser nach Anriß fertigfräsen (Bild c).
6. Rechtecknut mit 12 mm breitem Nutenfräser nach Anriß herstellen (Bild d).
7. Kernloch für Senkschraube M 6 mit Spiralbohrer ϕ 5 mm bohren. Loch mit 90° Senker ϕ 10 mm ansenken. Mit Gewindebohrer M 6 Gewinde schneiden.

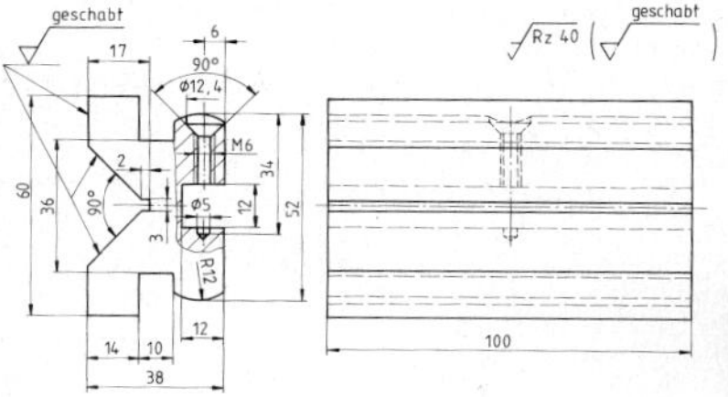

Prismenfuß für Parallelreißer St 50-2

8. Die beiden Spannuten mit 10 mm breitem Nutfräser nach Anriß fräsen (Bild e).
9. Beiderseitiges Halbrundprofil mit konkavem Halbkreis-Formfräser von ϕ 24 mm absetzen.
10. Werkstück entgraten. Führungsflächen von Hand durch Schaben einpassen.

Fräser im Fertigungsprozeß Schnitt- und Vorschubrichtung

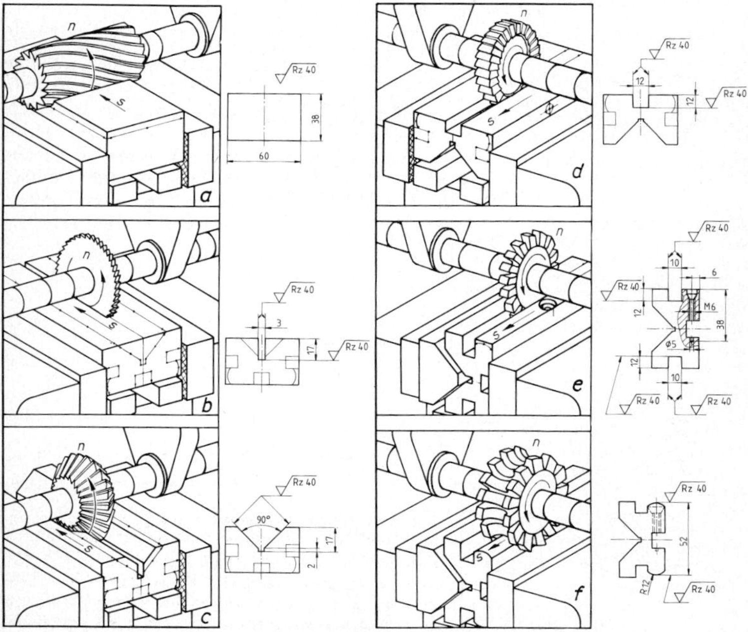

Oberflächenangaben nach DIN ISO 1302 entsprechen DIN 3141 – Reihe 1.

3.4 Beispiel für die Reihenfolge beim Anfertigen einer technischen Zeichnung

Üben im räumlichen Vorstellen, Lesen und Verstehen einer technischen Zeichnung

Räumliche Darstellung

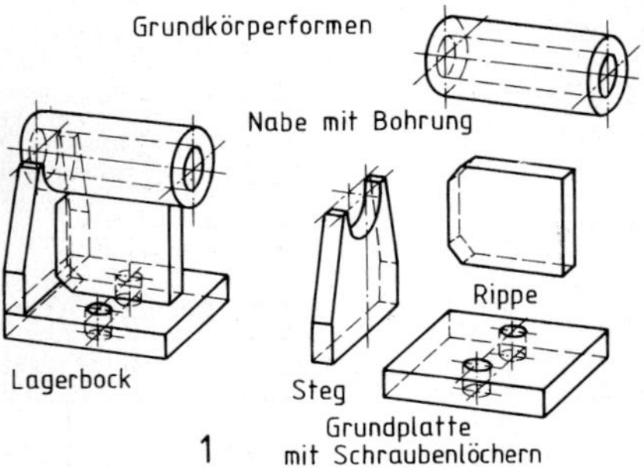

1

Beim Erlernen des systematischen Aufzeichnens von gegossenen und geschweißten Werkstücken zerlegt man diese gedanklich in ihre Grundkörperformen.

Sind die Ansichten, Blattaufteilung, Lage, Größe und Mittellinien festgelegt, so wird zunächst jede Einzelform der Reihe nach in allen drei Ansichten dünn im Entwurf gezeichnet, 2. . . 5.

Technische Zeichnung

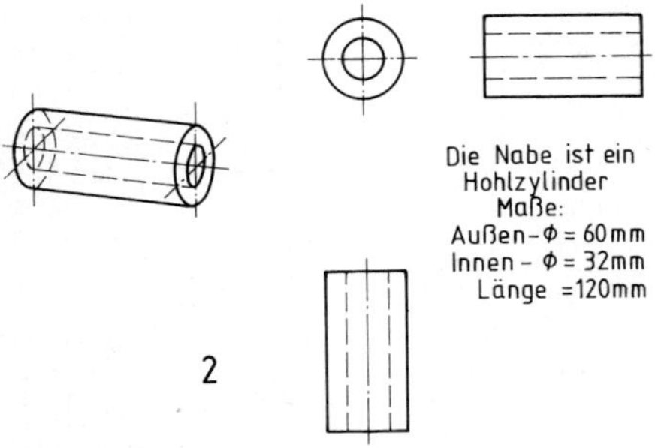

2

In den Bildern 2...5 ist dieses zur besseren Veranschaulichung getrennt nacheinander dargestellt. In der Zeichenpraxis ergibt die Vereinigung der Einzelteile in einer Zeichnung stufenweise die Gesamtdarstellung des Werkstücks als Entwurfszeichnung, 5.

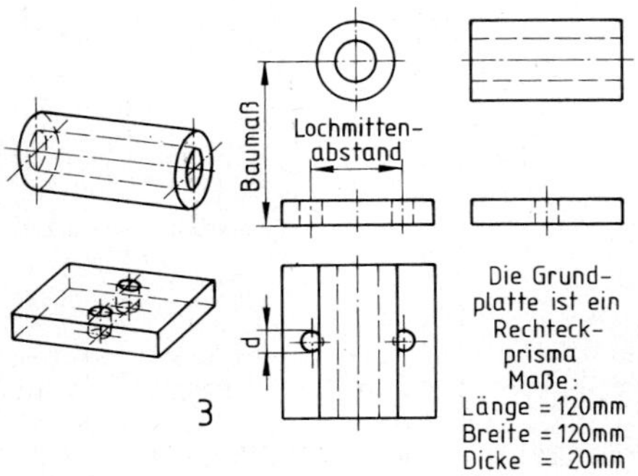

3

Beim Aufzeichnen jeder Einzelform sind auch deren Maße erforderlich. Ihre planmäßige Eintragung wie auch die der Oberflächenzeichen und die Ausfüllung der Stückliste erfolgt erst nach dem Ausziehen der Zeichnung, 6.

Für den späteren Einbau des Lagerbocks sind noch die Baumaße 125 mm Bauhöhe, das ist von Unterkante Grundplatte bis Mitte Nabenbohrung, einzutragen, außerdem die Lage der zwei Schraubenlöcher von 20 mm Durchmesser mit dem Lochmittenabstand 70 mm und Randabstand von je 60 mm.

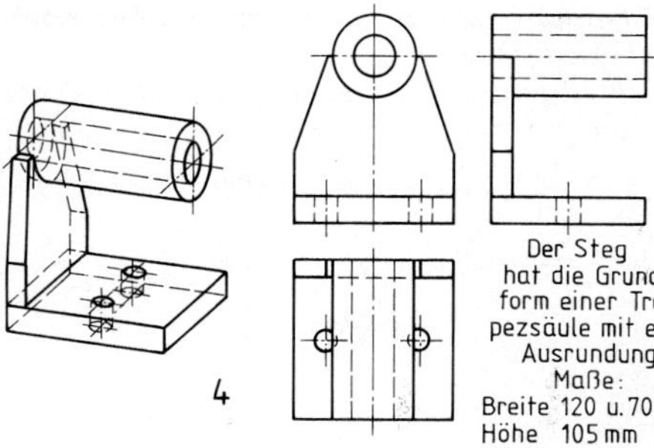

4

Der Steg hat die Grundform einer Trapezsäule mit einer Ausrundung
Maße:
Breite 120 u. 70 mm
Höhe 105 mm
Dicke 15 mm
Radius 30 mm

Nach dem Ausziehen der Zeichnung in Blei oder Tusche wird sie normgerecht bemaßt, mit Oberflächenangaben und Schweißsymbolen versehen (siehe Seite 333, Schweißen). Dann werden das Schriftfeld und die Stückliste ausgefüllt.

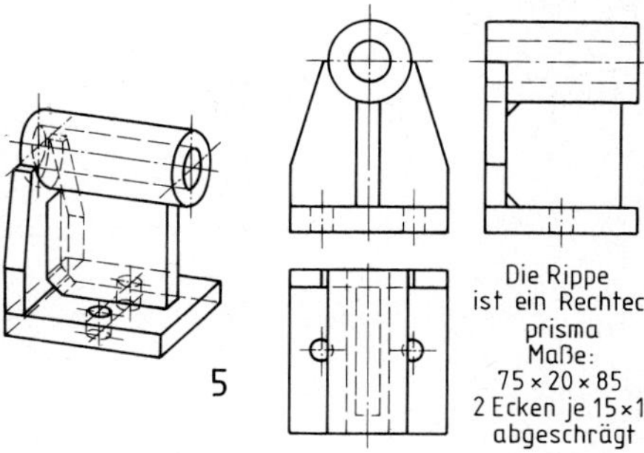

5

Die Rippe ist ein Rechteckprisma
Maße:
75 × 20 × 85
2 Ecken je 15 × 15 abgeschrägt

Räumliches Vorstellen

Erfassen Sie die einzelnen Bauteilformen mit Maßen durch Vergleich des jeweiligen Körperbildes mit der entsprechenden Zeichnung 1...5.

Beschreiben Sie nach der technischen Zeichnung 6 die Einzelteile der Baugruppe Lagerbock, geschweißt, deren Funktion, Form, Maße, Oberflächenangaben und Schweißsymbole.

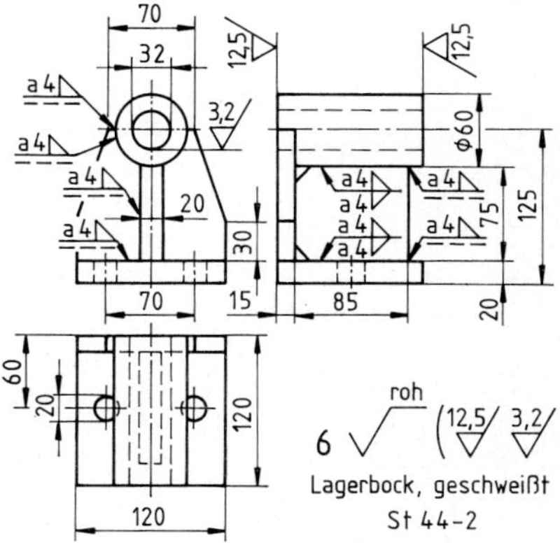

6

Lagerbock, geschweißt
St 44-2

Werkstücke, die durch spanende Formung entstehen, werden vorteilhaft in Anlehnung an ihren Fertigungsablauf vom Roh- zum Fertigstück bemaßt, siehe Seite 47.

Oberflächenangaben nach DIN ISO 1302 entsprechen DIN 3141 - Reihe 2

Reihenfolge beim Ausziehen einer Zeichnung in Tusche

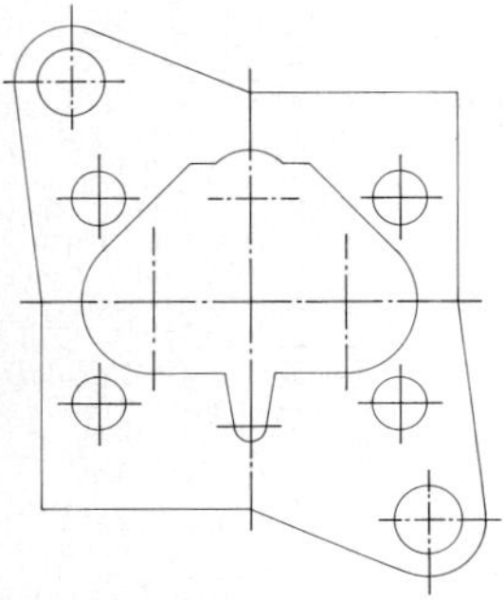

74.1 Mittellinien

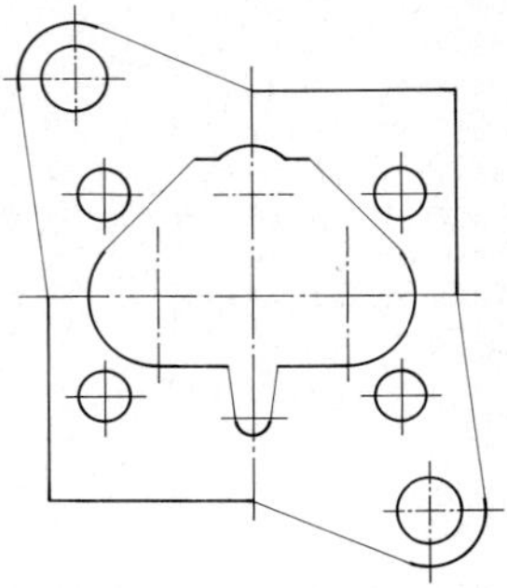

74.4 Senkrechte Linien

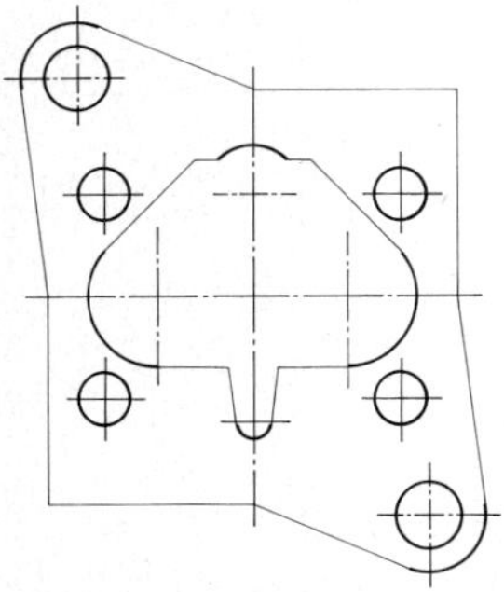

74.2 Kreise und Kreisbogen

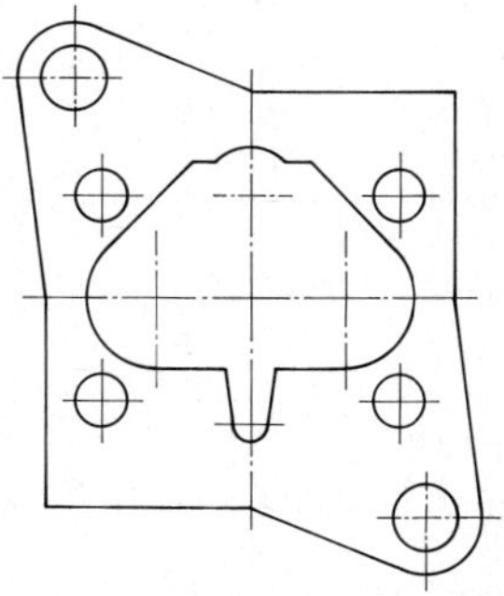

74.5 Schräge Linien

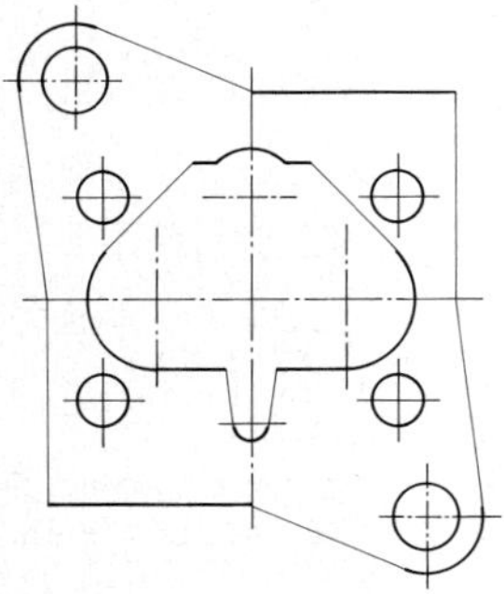

74.3 Waagerechte Linien

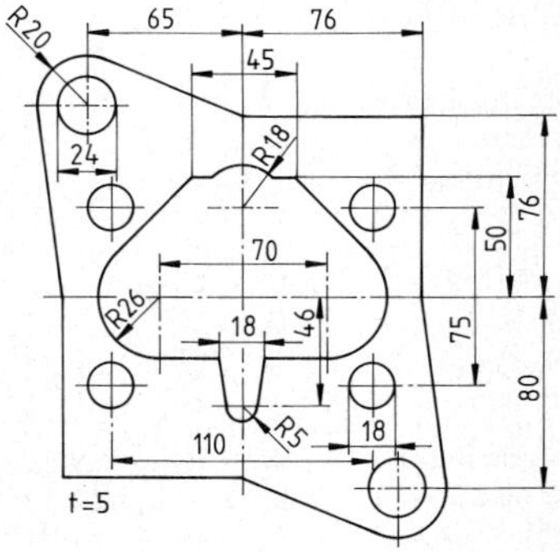

74.6 Bemaßen und Beschriften

Zeichenschritte bei der Aufnahme eines Werkstückes durch Freihandskizze

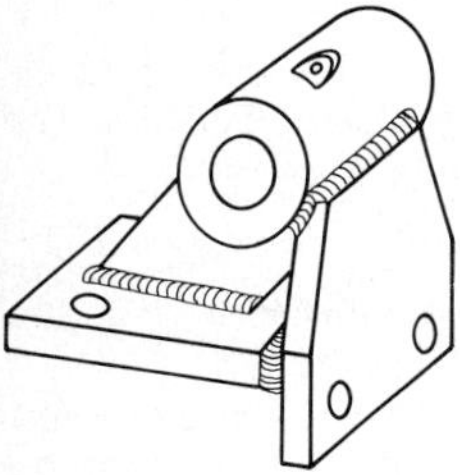

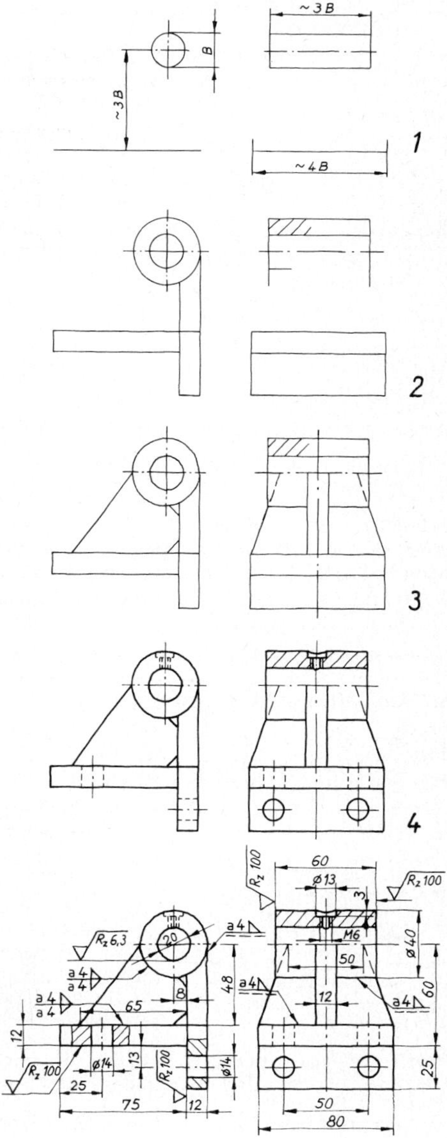

Ein Stützbock einer Stangenführung soll als Schweißkonstruktion skizziert werden.

Vor dem Skizzieren ist die Anzahl der erforderlichen Ansichten bzw. Schnitte festzulegen.

Zeichenschritte:

1. Zuerst werden die Mittellinien und die Bohrung in der V und S sowie die Hauptbaumaße festgelegt. Hierbei ist der Bohrungs-⌀ als Grundmaß B zu benutzen und alle anderen Maße im Verhältnis dazu aufzuzeichnen.
2. Die Zylinderbuchse sowie das Grund- und Seitenblech ist zu skizzieren.
3. Die Rippe mit einer Kantenneigung und die Zylinderbuchse im Halbschnitt werden dargestellt.
4. Die Schraubenlöcher und die Gewindebohrung für den Schmiernippel werden skizziert und die Körperkanten dick ausgezogen.
5. Abschließend sind die erforderlichen Angaben wie Maße, Oberflächenangaben und Schweißsymbole einzutragen.

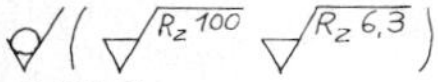

St 37-2

3.5 Technische Oberflächen

3.5.1 Begriffe der Gestaltabweichungen einer Oberfläche nach DIN 4760

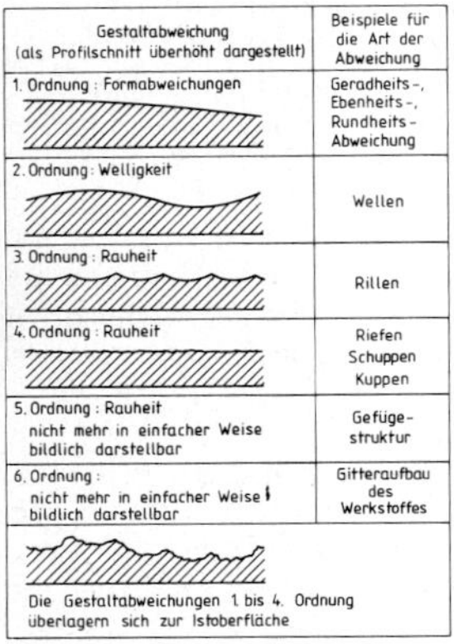

76.1 Beispiele für Gestaltabweichungen

Die Oberflächenrauheit eines Werkstückes wird im Hinblick auf seine Funktion und wirtschaftliche Fertigung gewählt.

Oberflächenbegriffe

Wirkliche Oberfläche ist die Oberfläche, die das gefertigte Werkstück gegenüber seiner Umgebung abgrenzt.

Istoberfläche ist die meßtechnisch erfaßbare Oberfläche und damit das angenäherte Abbild der wirklichen Oberfläche.

Geometrische Oberfläche ist eine ideale Oberfläche, deren Nennform durch die Zeichnung definiert ist.

Gestaltabweichungen sind die Gesamtheit aller Abweichungen der Istoberfläche von der geometrischen Oberfläche, 76.1.

Die Gestaltabweichungen der 3. bis 5. Ordnung ergeben die Rauheit.

Nach DIN 4761 kann der Oberflächencharakter beschrieben werden. Diese Norm enthält die Grundlagen zur qualitativen Beschreibung, Einteilung und Klassierung technischer Oberflächen.

Als Oberflächentypen werden rillige Oberflächengruppen (P1...P4) und nicht rillige Oberflächengruppen (A1...A4) unterschieden.

Zeichnungsangabe z. B. für gleichmäßig spitzkämmige Rillen: DIN 4761-P2.

3.5.2 Rauheitsmeßgrößen nach DIN 4768

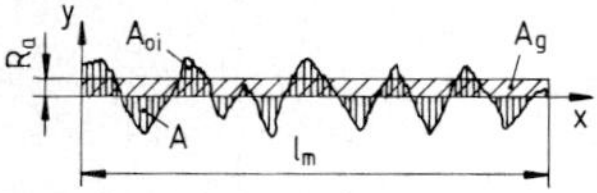

76.2 Mittenrauhwert R_a

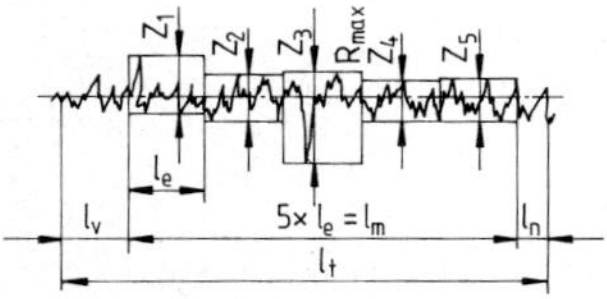

76.3 Bilden der gemittelten Rauhtiefe R_z

Folgende Rauheitsmeßgrößen sind für Angaben in Zeichnungen nach DIN ISO 1302 festgelegt:

Mittenrauhwert R_a (μm) ist der arithmetische Mittelwert der absoluten Beträge der Abstände y des Rauheitsprofils von der mittleren Linie innerhalb der Meßstrecke.

Der Mittenrauhwert ist gleichbedeutend mit der Höhe eines Rechtecks, dessen Länge gleich der Gesamtmeßstrecke l_m und das flächengleich mit der Summe der zwischen Rauheitsprofil und mittlerer Linie eingeschlossenen Flächen ist, 76.2.

Gemittelte Rauhtiefe R_z (μm) ist das arithmetische Mittel aus den Einzelrauhtiefen fünf aneinandergrenzender Einzelmeßstrecken,

$$R_z = \frac{1}{5}(Z_1 + Z_2 + Z_3 + Z_4 + Z_5)$$

Maximale Rauhtiefe R_{max} (µm) ist die größte der auf der Gesamtmeßstrecke l_m vorkommenden Einzelrauhtiefen Z_i, z. B. Z_3 in 76.3.
Weitere Rauheitsmeßgrößen sind die Glättungstiefe $R_p = 0{,}6\ R_z$ (µm), der Profiltraganteil t_p (%) und der Flächentraganteil t_a (%).

Prüfen der Rauheit an Werkstückoberflächen nach DIN 4775

Zur Ermittlung der Rauheit ist aus wirtschaftlichen Gründen nur eine geringe Zahl von Einzelmessungen durchzuführen. Im Hinblick auf das anzuwendende Prüfverfahren soll zweckmäßig nach folgender Reihenfolge verfahren werden:

1. Sichtprüfung

Diese Prüfung soll aufgrund eines Gesamteindruckes der zu prüfenden Oberfläche bereits die Grobausscheidung von Werkstücken mit Fehlern wie Rissen, Rillen, Poren usw. ermöglichen, bei denen eine Rauheitsmessung unnötig ist.

2. Sicht- und/oder Tastvergleich

Der Sicht- und/oder Tastvergleich von Werkstücken mit Oberflächenvergleichsmustern nach DIN 4769 Teil 1...4 läßt in den meisten Fällen eine schnelle und genügend scharfe Auslese fehlerhafter Werkstücke zu.

3. Rauheitsmessung mit elektrischen Tastschnittgeräten nach DIN 4772

Die Rauheit der Oberfläche ist mit elektrischen Tastschnittgeräten zu messen, wenn die Sichtprüfung und der Sicht- und/oder Tastvergleich keine Entscheidung über die Einhaltung der Rauheit zulassen.

Für die Messung von R_a, R_z und R_{max} sind die Meßbedingungen nach DIN 4768 T1 festgelegt.

Ein elektrisches Tastschnittgerät tastet die Oberflächenrauheit an Werkstückoberflächen mit einer definierten Tastspitze ab. Die Gestaltabweichung der Oberfläche wird in analoge elektrische Größen umgewandelt und das elektrische Signal verstärkt, so daß die Rauheitsmeßgrößen durch Rechner ermittelt oder die Oberfläche im Bereich der Meßstrecke vergrößert aufgezeichnet werden kann.

Stufung der Zahlenwerte von Rauheitsmeßgrößen nach DIN 4763

Da an die Oberflächen von Werkstücken hinsichtlich der Rauheit immer höhere Anforderungen gestellt werden, ist es oft erforderlich die Oberflächengüte zahlenmäßig anzugeben. Nach DIN ISO 1302 wird die Oberflächengüte durch Rauheitsmaße festgelegt.

Die Rauheitsmaße sind nach folgender Stufung festgelegt:
Gemittelte Rauhtiefe R_z und maximale Rauhtiefe R_{max} Stufensprung 1,6,
Mittenrauhwert R_a und Glättungstiefe R_p Stufensprung 2.

gemittelte Rauhtiefe R_z und maximale Rauhtiefe R_{max} in µm					Mittenrauhwert R_a in µm				
			0,04	0,06	0,006	0,012	0,025	0,05	0,1
0,1	0,16	0,25	0,4	0,63	0,2	0,4	0,8	1,6	3,2
1,0	1,6	2,5	4,0	6,3	6,3	12,5	25	50	
10	16	25	40	63					
100	160	250	400	630					
1000	1600	2500							

Profiltraganteil t_p und Flächentraganteil t_f in %: 10 15 20 25 30 40 50 60 70 80 90 95.

3.5.3 Trennverfahren und erreichbare gemittelte Rauhtiefen

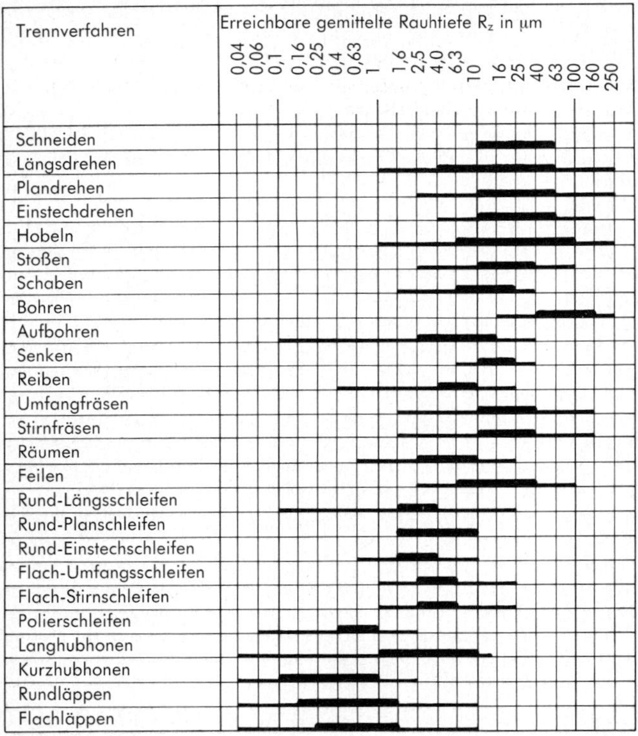

nach DIN 4766 T1

Die vorstehende Tabelle gibt nur Erfahrungswerte über die bei den Trennverfahren unter üblichen Fertigungsbedingungen erreichbaren gemittelten Rauhtiefen.

Die erreichbare Rauheit an Werkstücken wird wesentlich beeinflußt von der Güte und dem Verschleißzustand der verwendeten Werkzeuge und Werkzeugmaschinen.

Bei der Fertigung gleichartiger Teile unter gleichbleibenden Fertigungsbedingungen ist der Streubereich wesentlich kleiner.

Die linke schmalere Balkenbreite deutet jeweils an, daß für das Erreichen der angegebenen Rauheitswerte besondere Maßnahmen erforderlich sind.

Daher dürfen die unteren Rauheitswerte der jeweiligen Bereiche nicht als Grenzwerte in Zeichnungsangaben verwendet werden.

Umrechnung von R_a in R_z und umgekehrt nach DIN 4768 Teil 1

Mit Hilfe des nachstehenden Diagramms nach DIN 4768 T 1 kann für spanend hergestellte Flächen der Mittenrauhwert R_a bei vorgeschriebener gemittelter Rauhtiefe R_z bzw. die gemittelte Rauhtiefe R_z bei vorgeschriebenem Mittenrauhwert R_a unter Berücksichtigung des Streubandes und einer ausreichenden Sicherheit ermittelt werden.

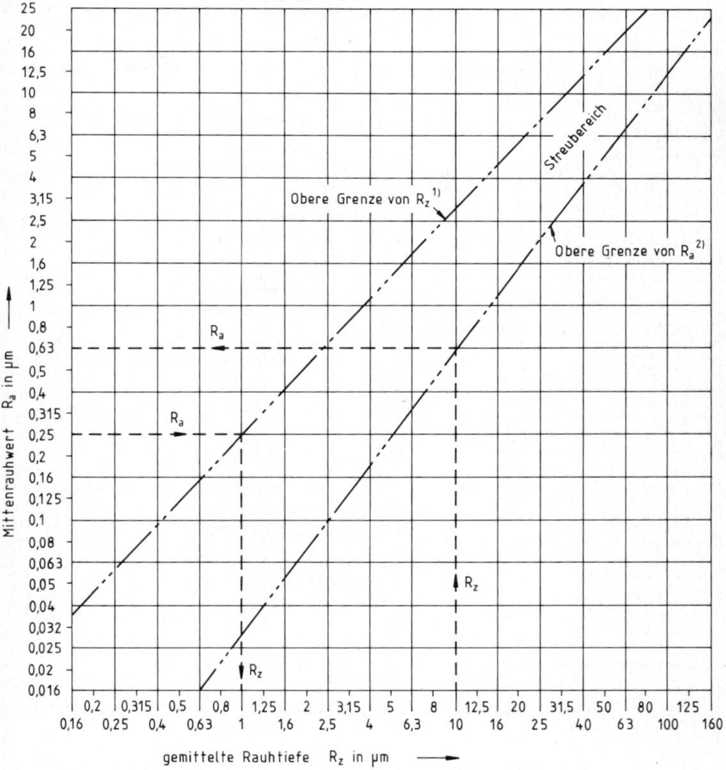

1) bei Umstellung von R_a auf R_z 2) bei Umstellung von R_z auf R_a

Vergleich der Oberflächenangaben nach DIN 3141 und DIN ISO 1302

	Oberflächenzeichen nach DIN 3141	Gemittelte Rauhtiefe R_z in µm				Mittenrauhwert R_a in µm			
		Reihe 1	Reihe 2	Reihe 3	Reihe 4	Reihe 1	Reihe 2	Reihe 3	Reihe 4
Schruppbearbeitung	▽	160	100	63	25	25	12,5	6,3	3,2
Schlichtbearbeitung	▽▽	40	25	16	10	6,3	3,2	1,6	0,8
Feinschlichtbearbeitung	▽▽▽	16	6,3	4	2,5	1,6	0,8	0,4	0,2
Feinstbearbeitung	▽▽▽▽	–	1	1	0,4	–	0,1	0,1	0,02

Diese Tabelle darf nicht für das Umrechnen von R_z in R_a und umgekehrt benutzt werden.
Oberflächenangaben nach DIN 3141 sollen für Neukonstruktionen nicht mehr verwendet werden, da diese Norm zurückgezogen wurde.

3.5.4 Angabe der Oberflächenbeschaffenheit in Zeichnungen nach DIN ISO 1302

Diese Norm gilt für Symbole und die zusätzlichen Angaben zur Kennzeichnung der Oberflächenbeschaffenheit in technischen Zeichnungen.

Das Grundsymbol für die Kennzeichnung der Oberflächenbeschaffenheit von Werkstücken besteht aus 2 Linien von ungleicher Länge, die um 60° geneigt sind, s. 1.1. Größe und Linienbreite der Symbole s. S. 84.

1. Symbole ohne Angaben

	Symbol	Bedeutung
1.1		Grundsymbol. Es soll nur allein benutzt werden, wenn seine Bedeutung durch eine zusätzliche Wortangabe erläutert wird.
1.2		Kennzeichnung für eine materialabtrennend zu bearbeitende Oberfläche ohne nähere Angaben.
1.3		Kennzeichnung für eine Oberfläche, für die eine materialabtrennende Bearbeitung nicht zugelassen ist. Dieses Symbol ist auch in Zeichnungen anzuwenden, um festzulegen, daß die Oberfläche in dem Zustand eines vorhergehenden Arbeitsganges zu belassen ist, unabhängig davon, ob dieser Zustand durch materialabtrennende Bearbeitung oder auf andere Weise erreicht wurde.

Rauhigkeitswert R_a		Rauhigkeitsgrad Nr.
µm	µ in	
50	2000	N 12
25	1000	N 11
12,5	500	N 10
6,3	250	N 9
3,2	125	N 8
1,6	63	N 7
0,8	32	N 6
0,4	16	N 5
0,2	8	N 4
0,1	4	N 3
0,05	2	N 2
0,025	1	N 1

Angaben für die Oberflächen rauheit

Der Wert oder die Werte, die die Hauptkriterien für die Rauheit angeben, werden den Symbolen nach 2. hinzugefügt.

Die Hauptkriterien der Rauheit R_a (arithm. Mittenrauhwert) können zahlenmäßig nach nebenstehender Tabelle oder zur Vermeidung von Mißdeutungen bei Zahlenwerten, die in verschiedenen Zahlenwerten angegeben werden, durch vergleichbare Rauheitsgrad-Zahlen angegeben werden.

2. Symbole mit Angaben über prinzipielle Oberflächen-Kriterien

	Symbol Entfernung von Material ist freigestellt	 gefordert	 unzulässig	Bedeutung
2.1			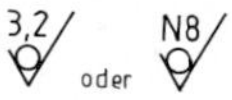	Eine Oberfläche mit Angabe der größten zulässigen Rauheit R_a von 3,2 µm
2.2	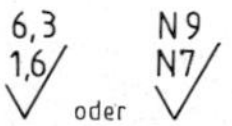	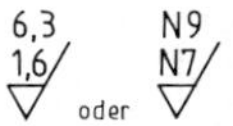	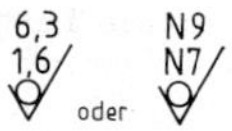	Eine Oberfläche mit Angabe der größten R_a = 6,3 µm und kleinsten R_a = 1,6 µm zulässigen Rauheit

Wird gefordert, daß der Fertigzustand der Oberfläche durch ein bestimmtes Fertigungsverfahren hergestellt wird, so muß dieses Verfahren als Wortangabe auf die waagerechte Linie des Symbols geschrieben werden, s. S. 81.

Lage der Oberflächenangaben am Symbol zeigt Bild 81.1.

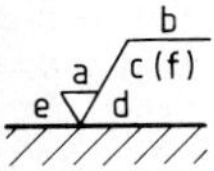

81.1

a = Mittenrauhwert R_a in μm oder μin oder Rauheitsgrad Nr. N1...N12
b = Fertigungsverfahren Behandlung oder Überzug
c = Bezugsstrecke
d = Rillenrichtung
e = Bearbeitungszugabe
f = andere Rauheitsmeßgrößen in Klammern[1]) z. B. R_z

Symbole für die Rillenrichtung *81.2*

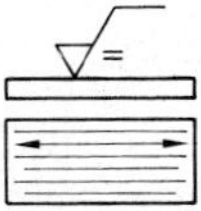 Parallel zur Projektionsebene der Ansicht, in der das Symbol angewendet wird	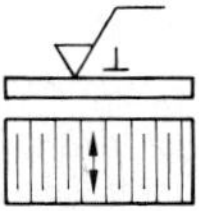 Senkrecht zur Projektionsebene der Ansicht, in der das Symbol angewendet wird	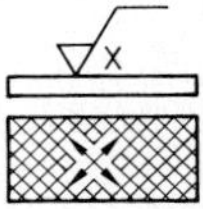 Gekreuzt in 2 schrägen Richtungen zur Projektionsebene in der Ansicht, in der das Symbol angewendet wird
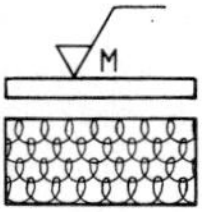 Viele Richtungen	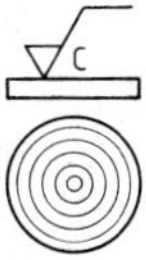 Annähernd zentrisch zum Mittelpunkt der Oberfläche, zu der das Symbol gehört	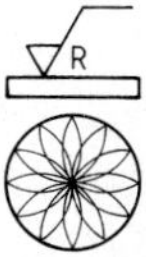 Annähernd radial zum Mittelpunkt der Oberfläche, zu der das Symbol gehört

3. Symbole mit zusätzlichen Angaben

Die Symbole dürfen einzeln oder mit einem Symbol von Abs. 2 zusammen verwendet werden.

	Symbol	Bedeutung
3.1		Herstellungs-Verfahren: gefräst
3.2		Bezugsstrecke: 2,5 mm
3.3	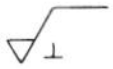	Rillenrichtung: Senkrecht zur Projektionsebene der Ansicht
3.4		Bearbeitungszugabe: 2 mm
3.5	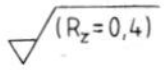	Angabe einer anderen Rauheitsmeßgröße als R_a in Klammern, z. B. R_t = 0,4 μm

4. Symbole für vereinfachte Zeichnungseintragungen

4.1		Eine zusätzliche Erklärung in der Zeichnung gibt die Bedeutung des Symbols an
4.2		Eine zusätzliche Erklärung in der Zeichnung gibt die Bedeutung der Symbole an

[1]) Die Klammern und Gleichheitszeichen können zur Vereinfachung entfallen

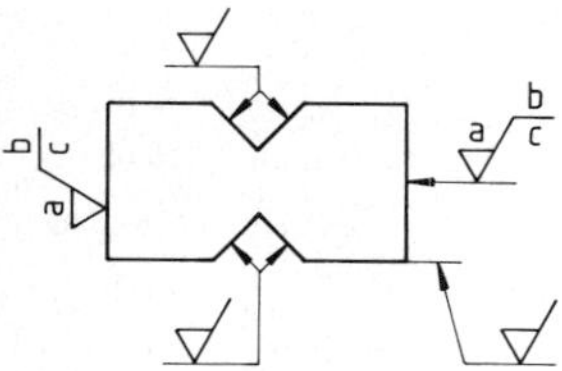

82.1

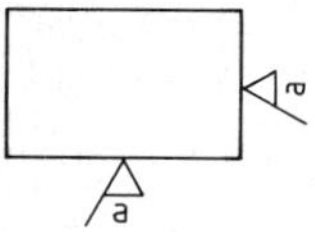

82.2

Angaben in Zeichnungen

Die Symbole und Beschriftungen sind so anzuordnen, daß sie von unten oder nach rechts zu lesen sind. Wenn diese Regel nicht eingehalten werden kann, darf das Symbol auch in jeder anderen Lage gezeichnet werden. Es darf dann aber keine Angaben für besondere Oberflächenbeschaffenheiten oder für Bearbeitungszugaben enthalten, 82.1.

Wenn notwendig, darf das Symbol auf einer Bezugslinie, die zur entsprechenden Oberfläche führt, stehen. Die Bezugslinie hat am Ende einen Maßpfeil, 82.1.

Das Symbol oder der Maßpfeil sollen von außen auf das Werkstück zeigen oder auf eine Maßhilfslinie als Verlängerung der Körperkante, 82.1.

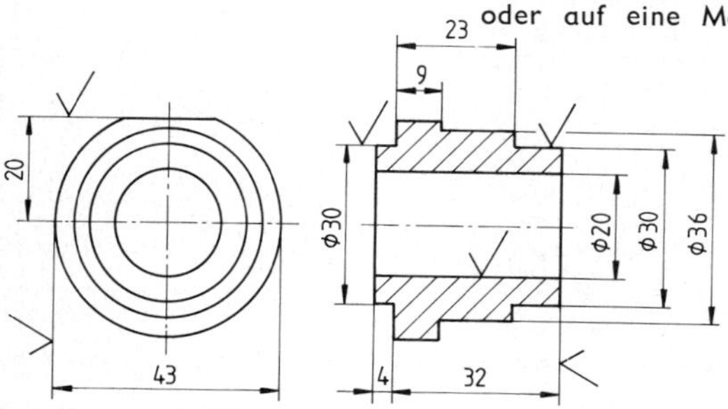

82.3

Nach den Grundregeln der Bemaßung wird das Symbol für eine bestimmte Oberfläche nur einmal eingetragen und möglichst in der Ansicht, die auch die Bemaßung oder Lage der Oberfläche enthält, 82.3.

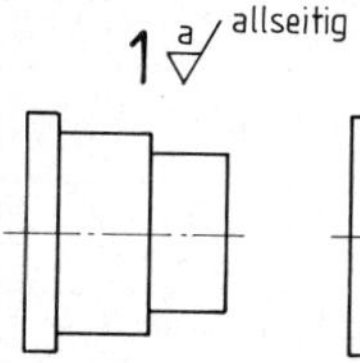

82.4

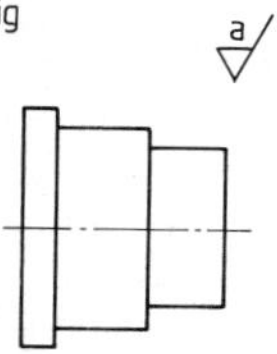

82.5

Wenn gleiche Angaben für alle Oberflächen eines Teiles benötigt werden, dann sind diese:

entweder durch eine Wortangabe in der Nähe der Darstellung des Teiles, 82.6, in der Nähe des Zeichnungsschriftfeldes oder in das für allgemeine Angaben vorgesehene Feld

oder hinter die Positionsnummer auf der Zeichnung zu setzen, 82.5.

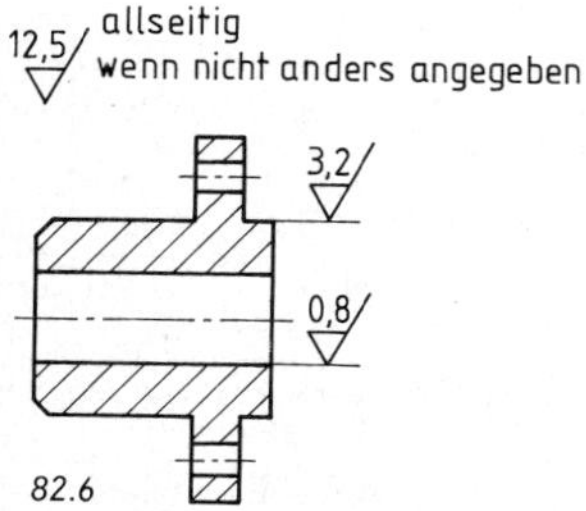

82.6

Die Größe der Oberflächenzeichen außerhalb des Werkstückes entspricht denen am Werkstück, z. B. 75.5, 82.6, 83.1 und 83.2, oder kann auch eine Schriftgröße größer gewählt werden.

Wenn gleiche Anforderungen an die Mehrzahl der Oberflächen eines Teiles gestellt werden, dann sind diese mit folgenden Zusätzen in der Zeichnung einzutragen:

entweder allseitig, wenn nichts anderes angegeben, 82.6,

oder mit einem zusätzlichen, in Klammern gesetzten Grundsymbol nach 83.1

oder zusätzlich zum Symbol die in Klammern gesetzten Symbole für weitere Angaben der Oberflächenbeschaffenheit, 83.2.

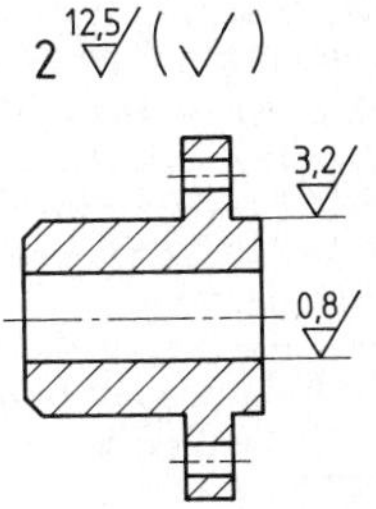

83.1

Um eine mehrmalige Wiederholung komplizierter Angaben zu vermeiden, darf eine vereinfachte Eintragung an die Oberfläche gesetzt werden. Hierbei muß die Bedeutung in der Nähe der Darstellung des Teiles, in der Nähe des Zeichnungsschriftfeldes oder in dem Feld für allgemeine Angaben stets näher erläutert sein, 83.3. Eine Zuordnung der einzelnen Buchstaben z. B. w, x, y und z zu bestimmten Oberflächenangaben ist nicht festgelegt.

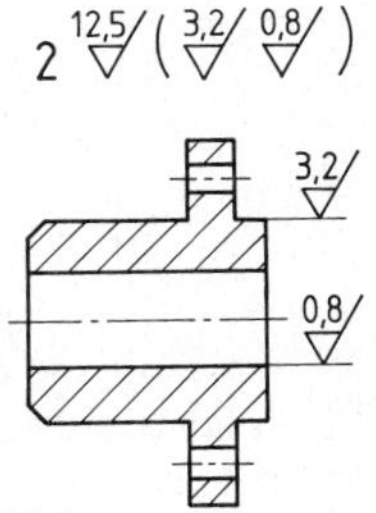

83.2

Wird dieselbe Oberflächenangabe an mehreren Einzelflächen desselben Teiles benötigt, so darf eines der Symbole 1.1 . . . 3 Seite 80 an den entsprechenden Flächen eingetragen werden. Seine Bedeutung muß an anderer Stelle auf der Zeichnung angegeben werden.

Vereinfachte Eintragungen von Oberflächenangaben zeigen z. B. die Seiten 98, 183 u. 184.

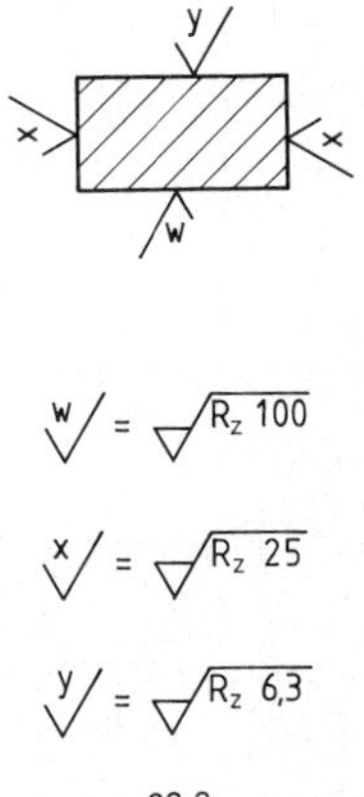

83.3

Angaben über Rauheit, Herstellungsverfahren oder Bearbeitungszugaben sind nur dann zu machen, wenn sie für die Funktionsfähigkeit der Werkstücke erforderlich sind und nur an den Oberflächen, an denen sie notwendig sind.

Angaben der Oberflächenbeschaffenheit sind **nicht notwendig**, wenn bereits die üblichen Fertigungsverfahren einen ausreichenden Endzustand der Oberfläche gewährleisten, s. S. 87.

3

Verhältnisse und Maße der Symbole für Angaben der Oberflächenbeschaffenheit

Um die Größe der in dieser Norm festgelegten Symbole mit anderen Beschriftungen in der Zeichnung abzustimmen, gelten folgende Regeln:

1. Alle Symbole und Zusatzangaben sind in derselben Linienbreite (d′) zu zeichnen, die in Abhängigkeit von der Schriftgröße (h) für die Maßeintragung $^{1}/_{10}$ h beträgt.
2. Alle Ziffern und Buchstaben für Angaben in den Feldern a_1, a_2, b, c (f) und e sind in Abhängigkeit von der Schriftgröße für die Maßeintragung in derselben Linienbreite (d), Höhe (h) der Schriftform nach DIN 6776 (ISO 3098) zu schreiben, die für die Maßeintragung in der Zeichnung angewendet wird.
3. Der Mindestabstand zwischen benachbarten Linien soll der doppelten Breite der breiteren Linie entsprechen, mindestens aber 0,7 mm betragen.

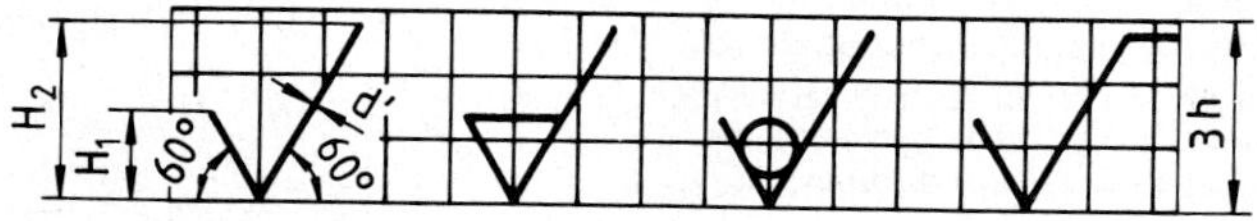

84.1 Größenverhältnisse für Grundsymbol und Zusätze

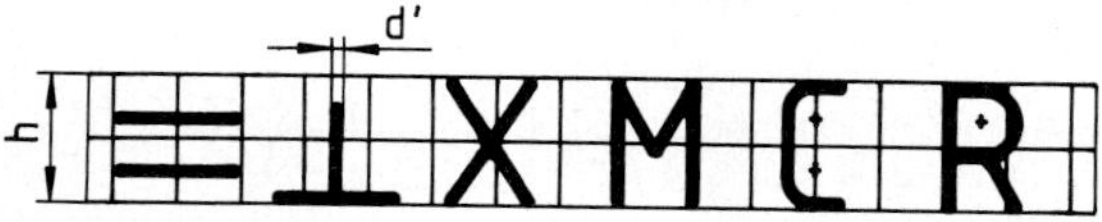

84.2 Form und Größe der Symbole

Alle Schriftgrößen in den Feldern a_1, a_2, c und e sollen gleich h sein.

Bei Beschriftungen in Feld b darf die Feldhöhe größer als h sein wegen der Unterlängen der Kleinbuchstaben.

Die eingetragenen Werte für die Rauheit und die Bezugsstrecke in den Feldern a_2 und c sollen möglichst in derselben Linie stehen.

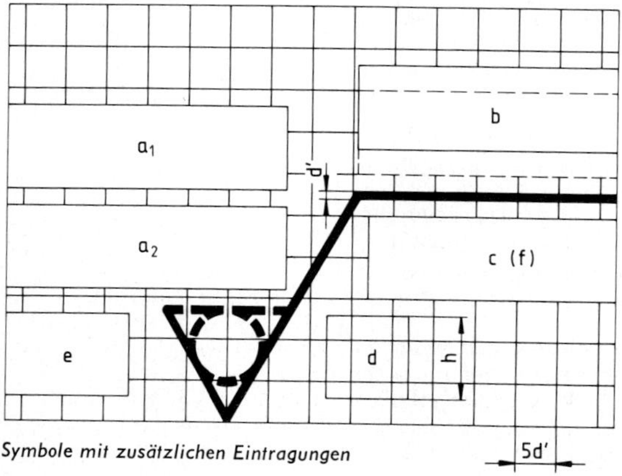

84.3 Symbole mit zusätzlichen Eintragungen

Tabelle für Größen der Symbole und zusätzlichen Eintragungen

Höhe der Ziffern und Großbuchstaben (h)	3,5	5	7	10	14	20
Linienbreite für Symbole (d′)	0,35	0,5	0,7	1	1,4	2
Linienbreite für die Schrift (d)	Die Linienbreite (d) sollte mit dem Schrifttyp, der für die Maße der Zeichnung gebraucht wird, übereinstimmen, z. B. d = ($^1/_{10}$) h					
Höhe H_1	5	7	10	14	20	28
Höhe H_2	10	14	20	28	40	56

3

Beispiele für das Eintragen von Oberflächenangaben in Zeichnungen nach DIN ISO 1302 Bbl 1

Symbole mit Zusatzangaben $e\sqrt{a}\;\overset{b}{c\,(f)}$ d. h. alle Oberflächenangaben mit R_z sind so anzuordnen, daß sie von unten oder von rechts zu lesen sind, ausgenommen an Rundungen, 85.1.

Das Symbol $\overset{a}{\sqrt{}}$ kann dagegen in jeder Lage geschrieben werden, 82.2.

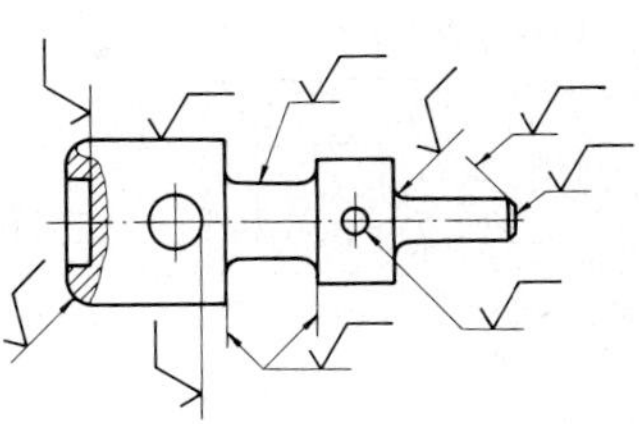

85.1

Bei einheitlicher Oberflächenbeschaffenheit eines Teiles genügt eine Oberflächenangabe in der Nähe des Teiles oder über dem Zeichnungsschriftfeld, 85.2.

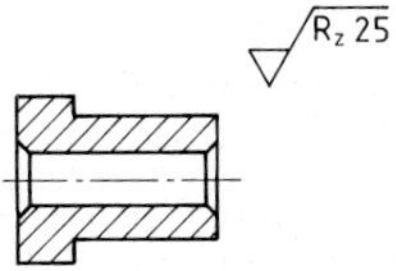

85.2

Bei Drehkörpern sind die Oberflächenangaben nur an einer der beiden symmetrischen Mantellinien einzutragen, 85.3.

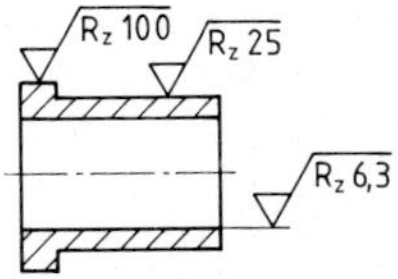

85.3

Sind Werkstücke in mehreren Ansichten oder Schnitten dargestellt, dann werden die Oberflächenangaben nur in der Darstellung eingetragen, wo auch die betreffende Fläche bemaßt ist, 85.4.

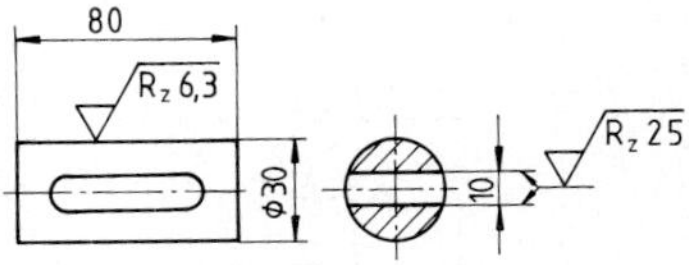

85.4

An Berührungsflächen zusammengesetzt gezeichneter Teile mit gleicher Oberflächenbeschaffenheit werden Oberflächenangaben nach 85.5. eingetragen.

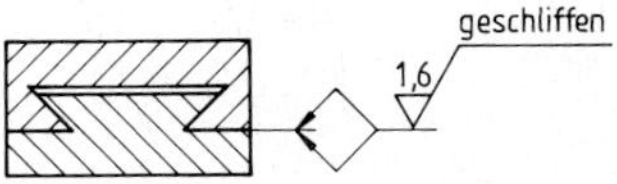

85.5

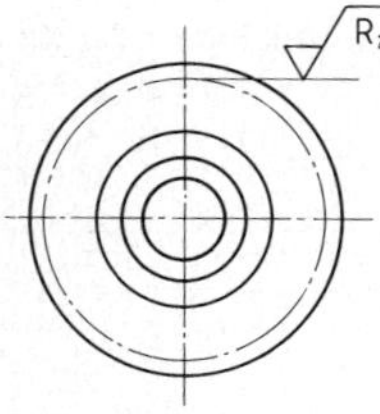

86.1

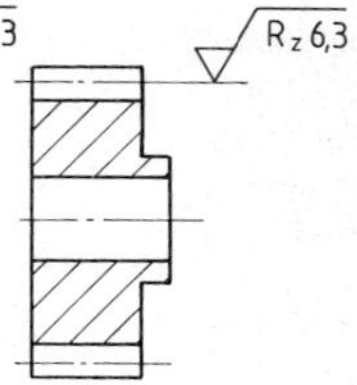

86.2

Bei der Angabe der Oberflächenbeschaffenheit von Zahnflanken, die in der Zeichnung nicht dargestellt sind, werden die Oberflächenangaben an die Teilkreise gesetzt, 86.1 oder 86.2.

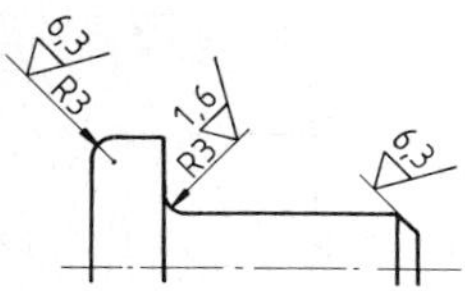

86.3

Oberflächenangaben für Innenrundungen wie Hohlkehlen, Außenrundungen und Schrägungen sind auf die Maßlinie des Radius bzw. auf eine besondere Linie, die an die Schräge gezogen wird, zu setzen, 86.3.

86.4

Ist die Oberflächenbeschaffenheit aller Rundungen gleich, so kann vereinfacht in der Nähe des Schriftfeldes ein Hinweis mit dem entsprechenden Symbol aufgenommen werden, 86.4. Dadurch entfällt die Einzelangabe in der Darstellung.

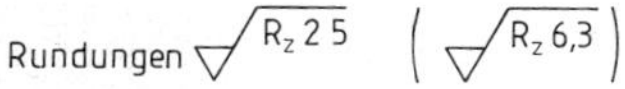

86.5

Bei ungleicher Oberflächenbeschaffenheit der Rundungen kann wie in 86.4. verfahren werden, jedoch sind die Ausnahmen in Klammern gesetzt anzufügen, 86.5. Die Klammerwerte sind in der Darstellung einzutragen.

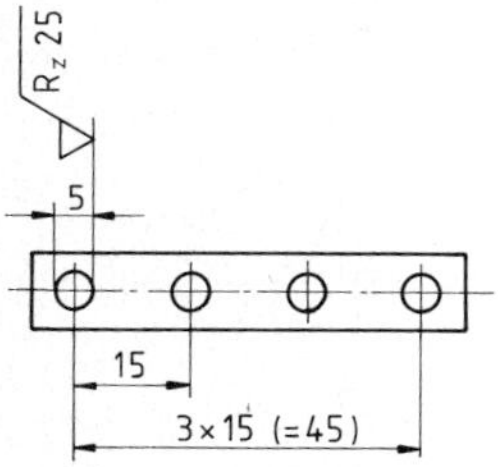

86.6

Die Oberflächenbeschaffenheit wiederkehrender Formen an einem Werkstück ist nur einmal im Zusammenhang mit der Maßeintragung in der Darstellung einzutragen, 86.6.

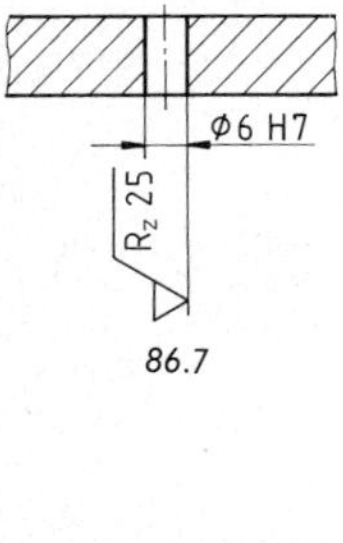

86.7

Die Angabe von Abmaßen und/oder Toleranzfeldkurzzeichen gewährleistet keine bestimmte Oberflächenbeschaffenheit. Wird eine bestimmte Oberflächenbeschaffenheit gefordert, so ist die Fläche entsprechend zu kennzeichnen, 86.7.

An Werkstücken aus gewalzten, gezogenen oder vorbearbeiteten Halbzeugen erhalten die im Anlieferungszustand verbleibenden Flächen das Symbol √, wenn weitere Oberflächenangaben gemacht werden, 87.1.

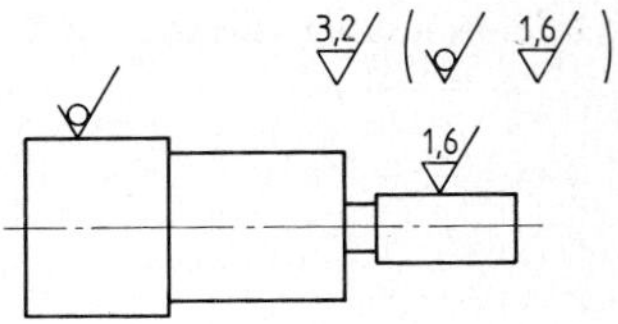

87.1

An Gußteilen mit überwiegend rohen Flächen können die Oberflächenangaben für die rohen Flächen entfallen, oder es kann auch das Symbol √ als allgemeiner Hinweis verwendet werden, 87.3. Die bearbeiteten Flächen sind in beiden Fällen mit Oberflächensymbolen zu versehen.

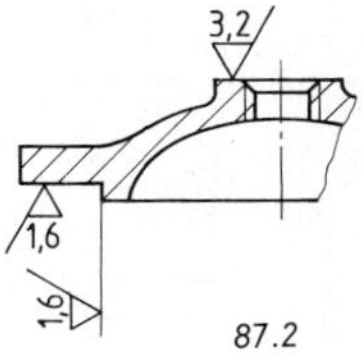

87.2

Bei Gußstücken mit überwiegend spanend bearbeiteten Flächen werden die rohen Flächen mit dem Symbol √ bezeichnet. Für die bearbeiteten Flächen gilt dann ein allgemeiner Hinweis z. B. 6,3√, 87.4.

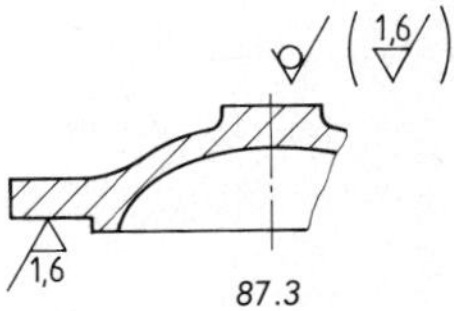

87.3

Bei brenngeschnittenen Außenflächen, gekennzeichnet nach DIN 2310, bleiben die Blechflächen zumeist unbearbeitet. Sie erhalten dann das Symbol √DIN 2310-IA. Das Loch wird gebohrt und ist daher mit dem Symbol √ gekennzeichnet, 87.5.

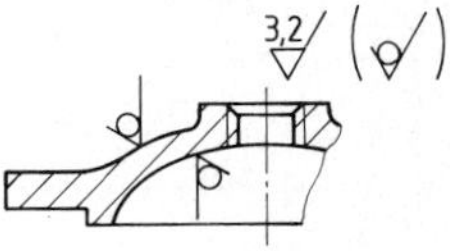

87.4

Oberflächenangaben für eine Dichtfläche z. B. mit Rillenrichtung C (zentrisch zum Mittelpunkt) werden nach 87.6 eingetragen.

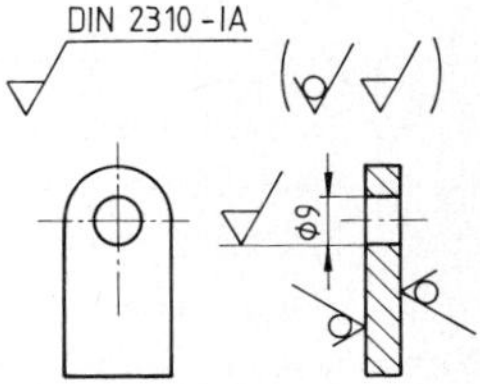

87.5

Oberflächen ohne Angaben

Oberflächenangaben können entfallen, wenn die üblichen Herstellverfahren einen ausreichenden Endzustand der Oberfläche gewährleisten. Angaben über erreichbare Oberflächenrauheiten enthält DIN 4766.

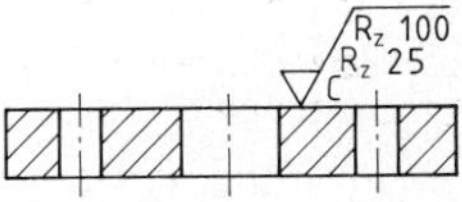

87.6

Derartige Oberflächen sind z. B.:

- gegossene, geschmiedete, gestanzte, abgescherte Flächen
- gewalzte, stranggepreßte, blankgezogene Halbzeugflächen
- Enden von Schrauben und anderen Gewindenteilen, Stiften und Federn
- Gewinde
- gestanzte Löcher

Beispiele für Symbole mit Zusatzangaben nach DIN ISO 1302 Bbl 1

	Zeichnungsangabe	Erklärung
1		Spanend hergestellte Oberfläche mit einem gerundeten Mittenrauhwert $R_a \leq 3{,}2$ µm
2		Spanend oder spanlos hergestellte Oberfläche mit einem gerundeten Mittenrauhwert $R_a = 3{,}2$ bis 1,6 µm
3	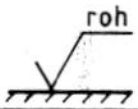	Unbearbeitete Oberfläche im Rohzustand oder geputzt
4	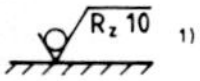	Spanlos hergestellte Oberfläche mit einer größten gemittelten Rauhtiefe $R_z \leq 10$ µm
5	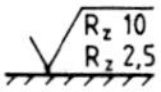	Spanend oder spanlos hergestellte Oberfläche mit einer gemittelten Rauhtiefe $R_z = 10$ bis 2,5 µm
6	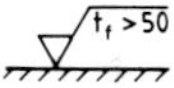	Spanend hergestellte Oberfläche mit einem Flächentraganteil t_{fmin} 50%
7	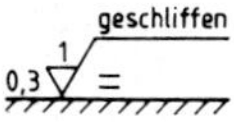	Spanend durch Schleifen hergestellte Oberfläche mit einer Bearbeitungszugabe von 0,3 mm, maximalem Mittenrauhwert $R_a \leq 1$ µm Rillenrichtung parallel zur Projektionsebene
8	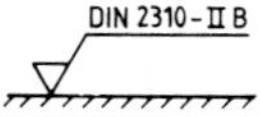	Brenngeschnittene Oberfläche, Güte II, Genauigkeitsgrad B nach DIN 2310 Teil 3
9	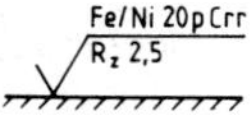	Oberfläche mit galvanischem Nickel-Chromüberzug, größte gemittelte Rauhtiefe $R_z \leq 2{,}5$ µm. Die Oberfläche darf spanend oder spanlos bearbeitet werden.
10	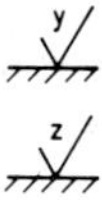	Oberflächensymbole, die an anderer Stelle auf der Zeichnung erläutert sind, z. B.: 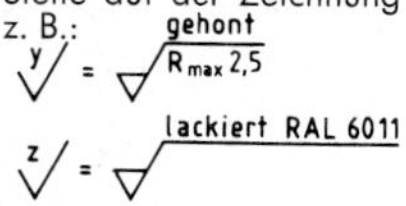

1) 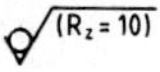

Die nach DIN ISO 1302 vorgesehenen Klammern und Gleichheitszeichen bei Rauheitsmaßen, z. B. von gemittelten Rauhtiefen R_z s. [1]) entfallen im allgemeinen in Deutschland wie die Tabelle zeigt. Damit ist keine von DIN ISO 1302 abweichende Angabe verbunden.

Symbole mit Zusatzangaben, z. B. Nr. 3. . .9 müssen so gezeichnet werden, daß sie von unten oder von rechts zu lesen sind, s. auch 85.1.

Die vereinfachte Darstellung von Symbolen mit Zusatzangaben, z. B. Nr. 10, sollte bevorzugt werden.

Erfolgskontrolle:

1. Welche Möglichkeiten gibt es für die Prüfung der Rauheit von Werkstückoberflächen? (S. 77)
2. Was verstehen Sie unter der gemittelten Rauhtiefe R_Z, der maximalen Rauhtiefe R_{max} und dem Mittenrauhwert R_a? (S. 76)
3. Wie erfolgt die Wahl für die Größe und Linienbreite der Symbole nach DIN ISO 1302? (S. 84)
4. Erklären Sie die Lage der verschiedenen Oberflächenangaben am Symbol nach DIN ISO 1302. (S. 81)
5. Wie erfolgt die Anordnung der Symbole mit Zusatzangaben, z. B. Herstellverfahren? (S. 82)
6. Wie erfolgt die vereinfachte Oberflächenangabe der gemittelten Rauhtiefe R_Z nach DIN ISO 1302? (S. 81)
7. Welche Symbole gibt es für die Kennzeichnung der Rillenrichtung? (S. 81)
8. Welche Möglichkeit gibt es für die Umrechnung der gemittelten Rauhtiefe R_Z auf den entsprechenden Mittenrauhwert R_a bei spanend hergestellten Oberflächen? (S. 82)

3.6 Rändel nach DIN 82

Von Hand betätigte zylindrische Teile werden durch Rändeln griffiger. Beim Rändeln werden spitzgezahnte und gehärtete Rändelräder nach DIN 403 in die Mantelflächen der sich drehenden Werkstücke eingedrückt. Hierbei vergrößert sich der Nenndurchmesser d_1 gegenüber dem Ausgangsdurchmesser d_2. Dieser läßt sich in Abhängigkeit von der Form des Rändels (x) und der Größe der Teilung t berechnen

$$d_2 = d_1 - x\,t$$

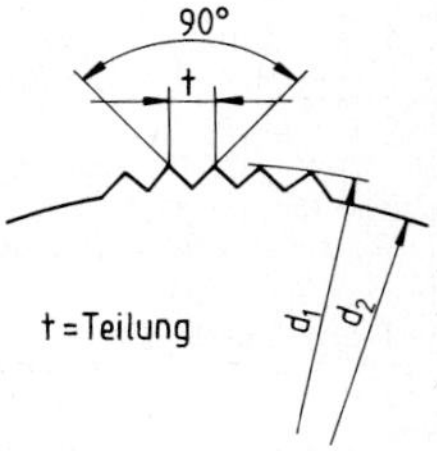

Die Rändelteilungen t sind genormt: 0,5, 0,6, 0,8, 1, 1,2 und 1,6 mm. Die Größe der Teilung t ist in Abhängigkeit vom Ausgangsdurchmesser d_1 und der Breite der Rändelung zu wählen.

Bei der Bezeichnung folgt dem Wort Rändel und der Norm-Nummer als erster Buchstabe ein R, als zweiter zur Kennzeichnung der Grundform ein A, B, G oder K und als dritter Buchstabe für Richtung und Form der Riefen: A = achsparallel, L = links, R = rechts, E = erhöht, V = vertieft. Danach ist die genormte Rändelteilung t einzutragen. Beispiel: Rändel DIN 82 — RKE 1 bedeutet Kreuzrändel, Spitzen erhöht, mit einer Teilung t = 1 mm.

Rändel DIN 82 – R	A	A	0,5
	B	L	0,6
	G	R	0,8
	K	E	1
Grundform ——— (Spalte 2)		V	1,2
Richtung + Form ——— (Spalte 3)			1,6
Rändelteilung ——— (Spalte 4)			

Die Bilder 1...7, Seite 90 zeigen die Darstellung der 7 Rändelformen, ihre Kurzbezeichnungen und deren Bedeutung. Der Profilwinkel beträgt 90° und nur in Sonderfällen 105°, was dann in der Bezeichnung anzugeben ist.

Rändel nach DIN 82, Formen, Benennung, Darstellung

Rändel mit achsparallelen Riefen: RAA

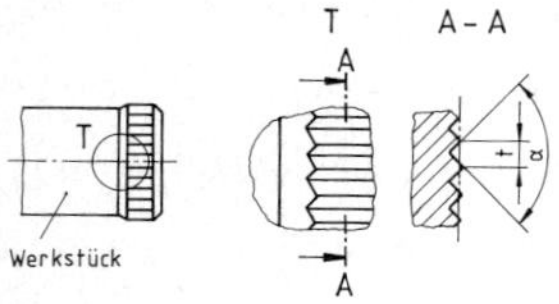

1

Norm-Bezeichnung z. B.:
Rändel DIN 82 — RAA 05 *x = 0,5*

Linksrändel: RBL

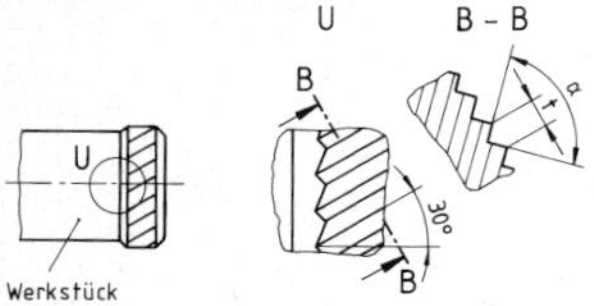

2

Norm-Bezeichnung z. B.:
Rändel DIN 82 — RBL 06 *x = 0,5*

Rechtsrändel: RBR

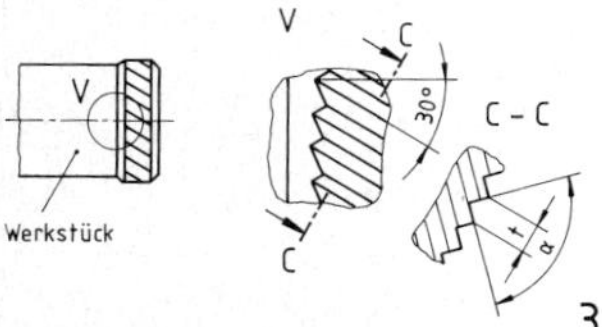

3

Norm-Bezeichnung z. B.:
Rändel DIN 82 — RBR 08 *x = 0,5*

Links-Rechtsrändel,
Spitzen erhöht: RGE

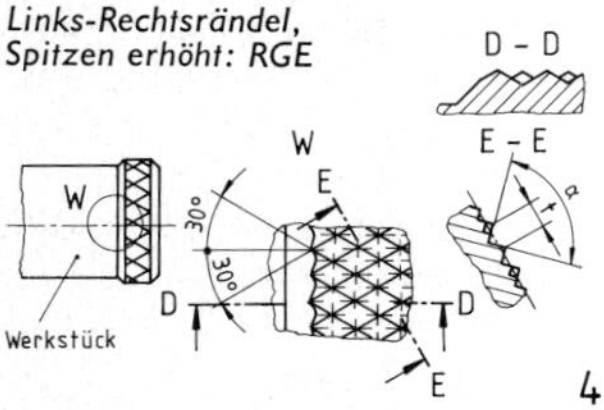

4

Norm-Bezeichnung z. B.:
Rändel DIN 82 — RGE 1 *x = 0,67*

Links-Rechtsrändel,
Spitzen vertieft: RGV

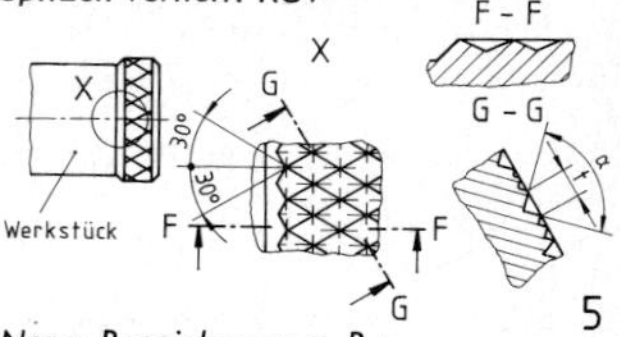

5

Norm-Bezeichnung z. B.:
Rändel DIN 82 — RGV 1,2 *x = 0,33*

Kreuzrändel,
Spitzen erhöht: RKE

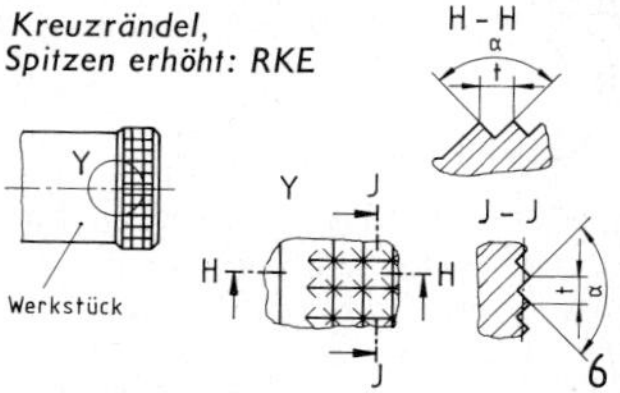

6

Norm-Bezeichnung z. B.:
Rändel DIN 82 — RKE 1,6 *x = 0,67*

Kreuzrändel,
Spitzen vertieft: RKV

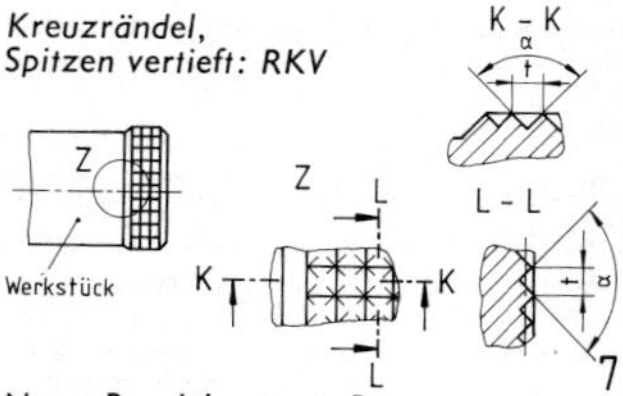

7

Norm-Bezeichnung z. B.:
Rändel DIN 82 — RKV 1 *x = 0,33*

8

Rändel-Angabe:
Norm-Bezeichnung mit Hinweislinie

Rändel werden in der Linienbreite breiter Vollinien gezeichnet, wie in den Bildern 1...8, möglichst aber nur stellenweise angedeutet, s. S. 102. Sie weisen keine seitlichen Begrenzungslinien auf, wenn sie nur auf einem Teil des Zylindermantels liegen oder auf einer Wölbung auslaufen.

Werkstückkanten nach DIN 6784

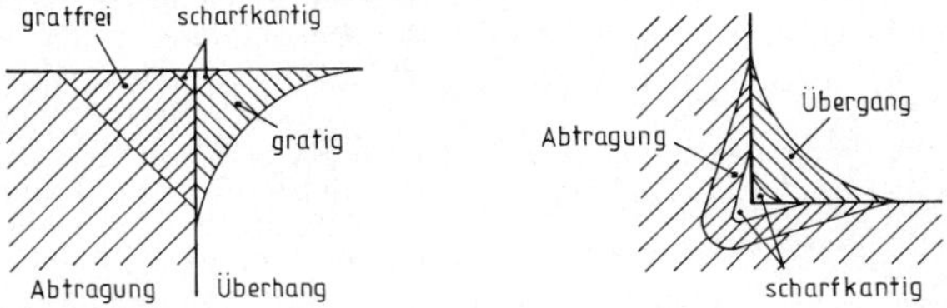

91.1 u. 2 Kantenzustand bei Außen- und Innenkante

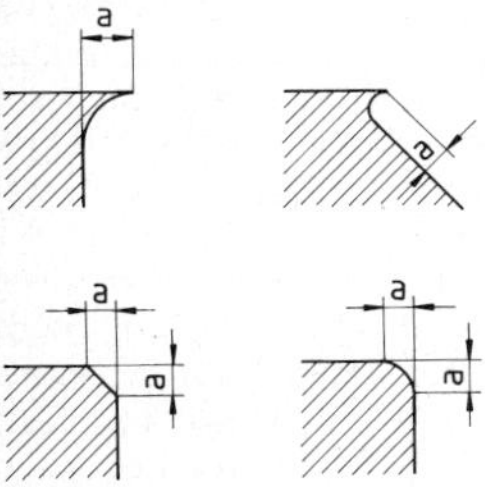

91.3 ... 6 Kantenbereich einer Außenkante

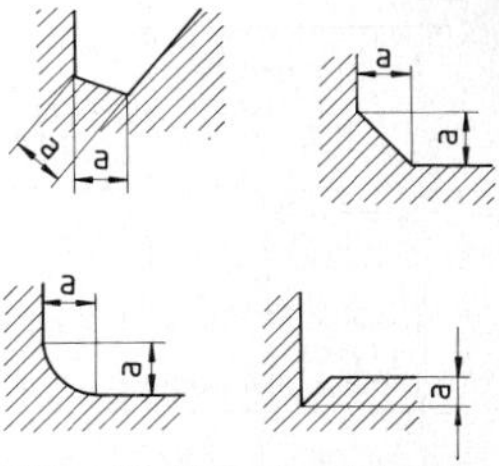

91.7 ... 10 Kantenbereich einer Innenkante

Tabelle 1 Bedeutung der Symbolelemente

Symbolelement	Bedeutung Außenkante	Bedeutung Innenkante
+	gratig	Übergang
—	gratfrei	Abtragung
±	gratig oder gratfrei	Übergang oder Abtragung

Tabelle 2 Empfohlene Kantenmaße „a" in mm

Maß	Bedeutung
[1]	für gratige Kanten oder Übergang
+ 2,5	für gratige Kanten oder Übergang
+ 1	für gratige Kanten oder Übergang
+ 0,5	für gratige Kanten oder Übergang
+ 0,3	für gratige Kanten oder Übergang
+ 0,1	für gratige Kanten oder Übergang
+ 0,05	für gratige Kanten oder Übergang; für scharfkantige Kanten
+ 0,02	für gratige Kanten oder Übergang; für scharfkantige Kanten
— 0,02	für scharfkantige Kanten; für gratfreie Kanten oder Abtragung
— 0,05	für scharfkantige Kanten; für gratfreie Kanten oder Abtragung
— 0,1	für gratfreie Kanten oder Abtragung
— 0,3	für gratfreie Kanten oder Abtragung
— 0,5	für gratfreie Kanten oder Abtragung
— 1	für gratfreie Kanten oder Abtragung
— 2,5	für gratfreie Kanten oder Abtragung
[1]	für gratfreie Kanten oder Abtragung

[1]) Weitere Maße nach Erfordernis

Diese Norm legt sprachunabhängige Zeichnungsangaben für Kantenzustände mit unbestimmter Form fest. Eine bestimmte Kantenform muß nach DIN 406 T2 bemaßt werden.

Die Kantenzustände für Innen- und Außenkanten zeigen die Bilder 91.1 u. 2. Bei Außenkanten unterscheidet man die Kantenzustände gratig, scharfkantig und gratfrei. Bei Innenkanten können als Kantenzustände Übergang, scharfkantig oder Abtragung vorliegen.

Die Kantenbereiche der Außen- und Innenkanten mit Maßen zeigen die Bilder 91.3...10.

Die Bedeutung der Symbolelemente + oder — auf den Kantenzustand enthält Tabelle 1, während Tabelle 2 empfohlene Kantenmaße a angibt.

Bei Zeichnungseintragung ist auf diese Norm hinzuweisen:
Werkstückkanten DIN 6784

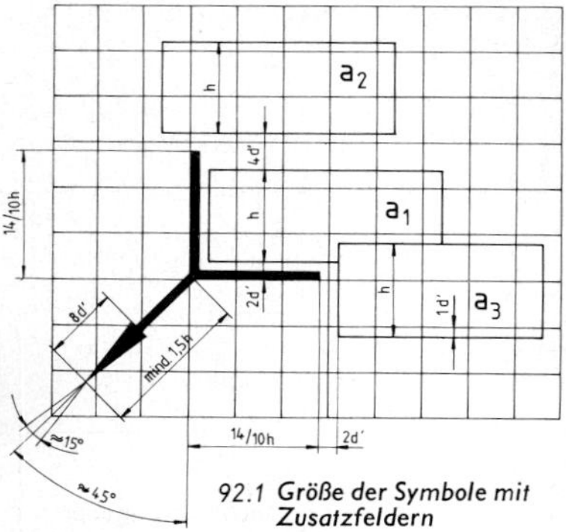

92.1 Größe der Symbole mit Zusatzfeldern

Schrifthöhe h	3,5	5	7	10
Linienbreite für Symbole d'	0,35	0,5	0,7	1
Linienbreite für Beschriftung	$^1/_{10} \cdot h$			

Die Werkstückkante wird mit dem Symbol 92.1 und den entsprechenden Maßangaben in den Feldern a_1, a_2 und a_3 gekennzeichnet. Die Länge und Richtung kann den Gegebenheiten der Zeichnung angepaßt werden. Das Kantenmaß ist mit dem Symbolelement + oder — für den Kantenzustand nach Tabelle 1 einzutragen. Die Gratrichtung bzw. Abtragrichtung ist dann beliebig, und das eingetragene Kantenmaß gilt als Größtmaß. Der Kantenzustand kann alleine mit dem Symbolelement + oder — angegeben werden, 92.2. Die Gratrichtung einer Außenkante oder die Abtragrichtung einer Innenkante läßt sich durch Eintragen der Maßangaben in Verlängerung eines Schenkels am Grundsymbol festlegen, 92.3. Falls notwendig, kann für das Kantenmaß auch eine obere

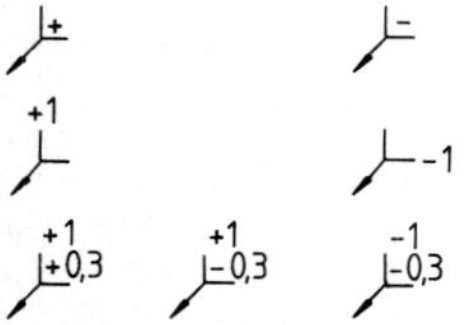

92.2...4

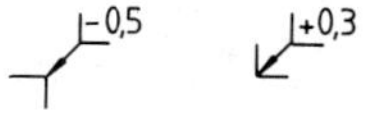

92.5 u. 6

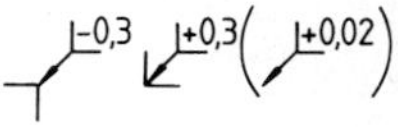

92.7

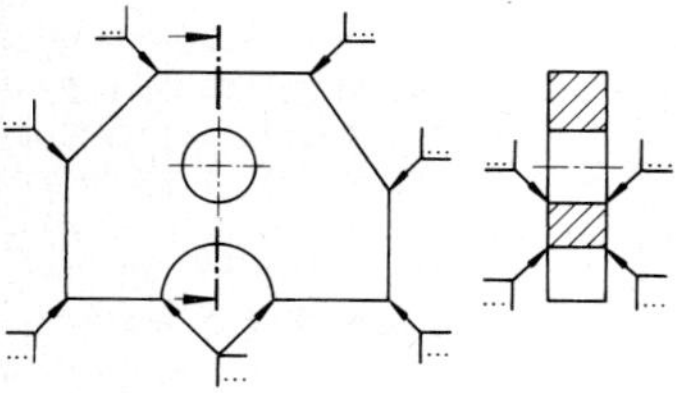

92.8

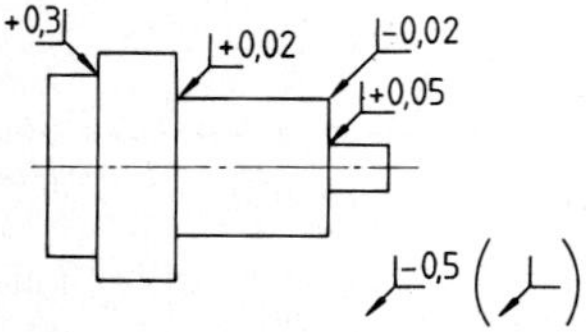

92.9

und untere Grenze angegeben werden, 92.4. Soll für alle Kanten eines Teiles die gleiche Angabe zum Kantenzustand gelten, genügt eine einmalige Eintragung an geeigneter Stelle der Zeichnung, 92.5 u. 6.

Sind zusätzlich zu einer allgemeinen Angabe weitere Angaben von Kantenzuständen erforderlich, dann werden diese neben die allgemeine Angabe in Klammern gesetzt, 92.7.

Anstelle zusätzlicher Angaben darf vereinfacht ein in Klammern gesetztes Grundsymbol eingetragen werden, 92.9.

Angaben, die nur für Außenkanten gelten sollen, sind nach 92.5 für Innenkanten nach 92.6 einzutragen.

Beispiele für Zeichnungsangaben von Kantenzuständen an Werkstükken nach DIN 6784 und deren Bedeutung

Maßangaben in mm

Nr.	Beispiel	Bedeutung	Erläuterung
		1. Außenkanten	
1.1	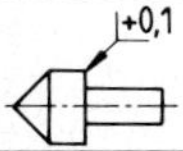		gratig bis 0,1 Gratrichtung beliebig
1.2	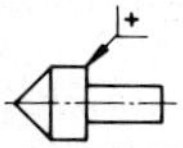		gratig, Grathöhe und Gratrichtung beliebig
1.3	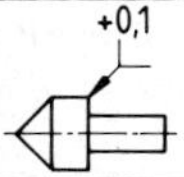		gratig bis 0,1 Gratrichtung vorgegeben
1.4	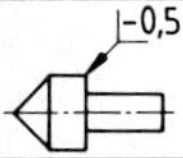		gratfrei bis 0,5
1.5	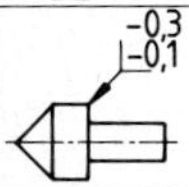		gratfrei im Bereich von 0,1 bis 0,3
1.6	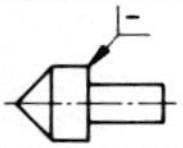		gratfrei, Abtragung beliebig
		2. Innenkanten	
2.1	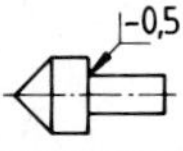		mit Abtragung bis 0,5
2.2	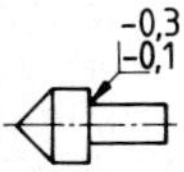		mit Abtragung im Bereich von 0,1 bis 0,3 Abtragrichtung beliebig
2.3	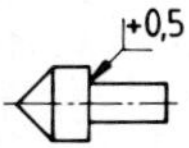		mit Übergang bis 0,5
2.4	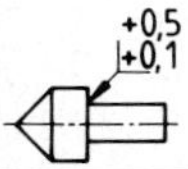		mit Übergang im Bereich von 0,1 bis 0,5

Eine Angabe ± 0,05 an einer Außenkante bedeutet wahlweise gratig bis 0,05 oder gratfrei bis 0,05 (scharfkantig).

In der früheren Ausgabe dieser Norm wurden die Kantenzustände durch Formbuchstaben und die Maße verschlüsselt angegeben.

3

3.7 Härteangaben in Zeichnungen nach DIN 6773, Teile 2 . . . 5

Diese Normen kennzeichnen den Endzustand gehärteter Teile in Zeichnungen. Sie machen keine Angaben über die Art und Weise, wie dieser Endzustand erreicht wird. Falls notwendig, sind ergänzende Angaben in den Fertigungsunterlagen wie Wärmebehandlungsanweisungen (WBA) oder Wärmebehandlungsplan (WBP) zu machen.

Die Härte wird als Rockwellhärte HRC nach DIN 50103, als Vickershärte HV nach DIN 50133 oder in Sonderfällen als Brinellhärte HB nach DIN 50351 angegeben.

3

Meßstellen für die Härteprüfung am Werkstück können durch ein Symbol in der Zeichnung gekennzeichnet werden, 95.1 und 95.2.

Wird die Darstellung eines Teiles durch die Wärmebehandlungsangaben unübersichtlich, dann ist ein Wärmebehandlungsbild zu zeichnen.

Beim Härten, Härten und Anlassen sowie Vergüten werden die gewünschten Zustände nach der Wärmebehandlung durch die Wortangaben „gehärtet", „gehärtet und angelassen" oder „vergütet" festgelegt, 95.1 . . . 95.3.

Man unterscheidet hierbei die Wärmebehandlung des ganzen Teiles, die Wärmebehandlung des ganzen Teiles mit Bereichen unterschiedlicher Härte sowie eine örtlich begrenzte Wärmebehandlung. Die Bereiche unterschiedlicher Härte sind zu kennzeichnen und gegebenenfalls zu bemaßen. Die örtlich begrenzte Wärmebehandlung ist durch breite Strichpunktlinien nach DIN 15 und Maßangaben zu kennzeichnen.

Durch Randschichthärten bleibt das Härten auf die Randschicht des Werkstückes beschränkt. Hierbei ist die Wortangabe „randschichtgehärtet" zu verwenden, 95.4 . . . 95.6. Randschichthärten erfolgt durch Flamm- oder Induktionshärten.

Die Einhärtungstiefe Rht in mm ist der senkrechte Abstand von der Oberfläche eines gehärteten Werkstückes bis zu dem Punkt, an dem die Härte einem zweckentsprechenden Grenzwert entspricht.

Beim Einsatzhärten findet ein Aufkohlen oder Carbonitrieren (Aufkohlen und Nitrieren) der Randschicht des Werkstückes mit anschließendem Härten statt. Der gewünschte Zustand wird nach dem Einsatzhärten mit der Wortangabe „einsatzgehärtet" oder „einsatzgehärtet und angelassen" festgelegt, 95.7 und 95.8.

Die Einsatzhärtungstiefe Eht in mm, die mit einer Plus-Toleranz zu versehen ist, ist der senkrechte Abstand von der Oberfläche des gehärteten Werkstückes bis zu dem Punkt, an dem die Härte einem zweckentsprechenden festgelegten Grenzwert entspricht.

Das Nitrieren ist ein Anreichern der Randschicht eines Werkstückes mit Stickstoff durch eine thermotechnische Behandlung. Die entsprechende Wortangabe ist „nitriert", 95.9 und 95.10.

Der Nitrierhärtetiefe Nht in mm ist eine größtmögliche, jedoch funktionsgerechte Plus-Toleranz zuzuordnen.

Beispiele für Härteangaben in Zeichnungen

Härten, Anlassen, Vergüten

Die Angaben für die Wärmebehandlung des ganzen Teiles durch Härten, Härten und Anlassen sowie Vergüten zeigen 95.1...95.3. Neben der Wortangabe, z. B. „gehärtet", ist die Härteangabe in HRC mit einer entsprechenden Plus-Toleranz zu versehen.

In 95.3 ist bei der Angabe der Brinellhärte 350 + 50 HB 2,5/187,5 hinter der Abkürzung HB der Kugeldurchmesser sowie die zugehörige Prüfkraft nach DIN 50351 angegeben.

Randschichthärten

Beim Randschichthärten werden die randschichtgehärteten Bereiche durch breite Strichpunktlinien außerhalb der Körperkanten gekennzeichnet, 95.4...95.6.

In 95.5 ist der Verlauf der Randschichthärtung im Zahn durch schmale Strichpunktlinien verdeutlicht und eine Meßstelle angegeben.

Ergibt sich bei der Randschichthärtung eines Teiles durch Flammhärten eine Schlupfzone, so wird ihre Lage durch ein Symbol gekennzeichnet, 95.6.

Einsatzhärten

Das Einsatzhärten von Werkstücken kann allseitig 95.7, allseitig mit unterschiedlicher Oberflächenhärte bzw. Einsatzhärtungstiefe oder stellenweise 95.8 durchgeführt werden. Im letzteren Falle ist der einsatzgehärtete Bereich durch breite Strichpunktlinien außerhalb der Körperkanten zu kennzeichnen.

Nitrierhärten

Beim Nitrieren unterscheidet man die Nitrierung des ganzen Teiles 95.9 oder eine örtlich begrenzte Nitrierung 95.10. Im letzten Falle sind die Bereiche des Werkstückes, die nitriert werden müssen, durch breite Strichpunktlinien außerhalb der Körperkanten zu kennzeichnen.

1

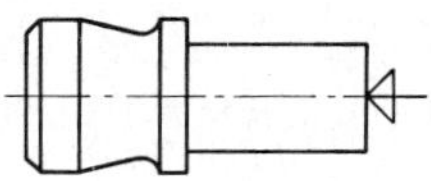

gehärtet
58 + 4 HRC

2

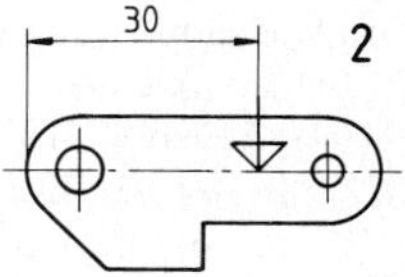

gehärtet und angelassen
59 + 4 HRC

3

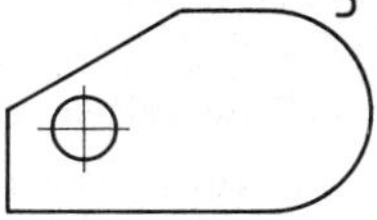

vergütet
350 + 50 HB 2,5/187,5

4

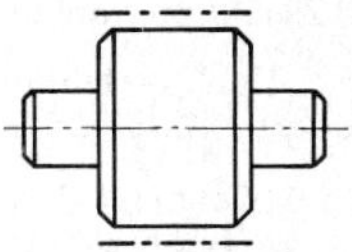

–·– randschichtgehärtet
620 + 160 HV 50
Rht 500 = 0,8 + 0,8

5

–·– randschichtgehärtet
und angelassen
59 + 5 HRC
Rht 500 = 0,8 + 0,8

6

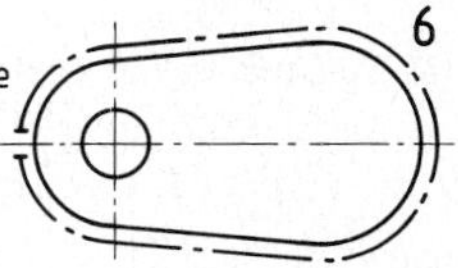

–·– randschichtgehärtet
und angelassen
50 + 4 HRC
Rht 400 = 1,3 + 1,1

7

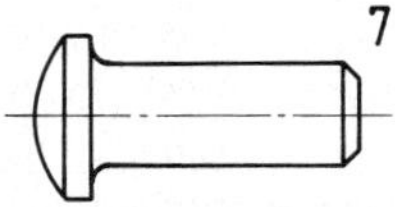

einsatzgehärtet
und angelassen
60 + 4 HRC
Eht = 0,8 + 0,4

8

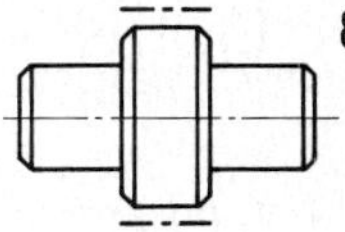

–·– einsatzgehärtet
und angelassen
700 + 100 HV 30
Eht 600 HV 30 = 0,5 + 0,3

9

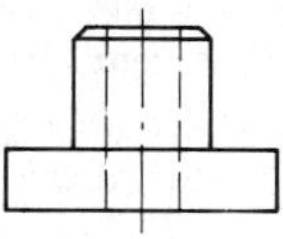

nitriert
Nht = 0,3 + 0,1

10

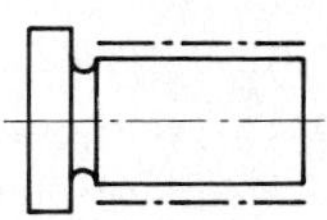

–·– nitriert
Nht HV 0,3 = 0,1 + 0,05

3.8 Lesen einer Gruppenzeichnung: Freistromventil 1″

1. Information aus Schriftfeld und Stückliste, s. Seite 97.

   Über Schriftfelder und Stücklisten nach DIN 6771 Teil 1 und 2 berichten die Seiten 42, 147...151.

   Von der dargestellten Baugruppe ist im Schriftfeld angegeben:

   die Benennung Freistromventil 1″,
   die Zeichnungs-Nr. 1401,
   die Herstellerfirma: Metallwerke Gebr. Seppelfricke G.m.b.H., Gelsenkirchen,
   der Maßstab M 1 : 1 (natürliche Größe).

3

   Die auf das Schriftfeld aufgesetzte Stückliste enthält von den 13 Einzelteilen, aus denen die Baugruppe besteht, jeweils:

   Position,
   Menge,
   Einheit,
   Benennung,
   Sachnummer/Norm-Kurzbezeichnung,
   Werkstoff,
   Gewicht kg/Einheit,
   Bemerkung.

2. Zeichnerische Darstellung

   Aus der Gruppenzeichnung erkennt man:

   Teile 1, 2, 3, 6 und 8 sind im Vollschnitt, Teil 7 im Teilschnitt und Teile 9, 10, 11, 12 und 13 in der Vorderansicht gezeichnet.

3. Formerfassen der Einzelteile

   Jedes durch eine Teil-Nr. gekennzeichnete Einzelteil sucht man anhand der Positions-Nr. der Stückliste in der Zeichnung auf. Aus den Schnittdarstellungen, Ansichten, Maßen, Kurzzeichen und Symbolen (⌀-, □-Zeichen) stellt man sich deren Form vor und erkennt ihre Lage zueinander, siehe auch Seite 98.

4. Aufgabe

   Das in eine Rohrleitung eingebaute Freistromventil soll durch Schließen das Absperren, durch Öffnen das Durchfließen des Wassers bewirken.

5. Funktion

   Das Zusammenwirken der Einzelteile ergibt die Gesamtfunktion der Baugruppe.

   Durch Rechtsherumdrehen der Ventilspindel 7 mit dem Handrad 4 schraubt sich diese vorwärts durch das Kopfstück 2, bis der durch den Kegelbolzen 9 in ihr befestigte Kegelteller 10 die Dichtung 11 auf den Ventilsitz preßt. Dadurch ist der Durchfluß abgesperrt.

   Für das Öffnen des Ventils ist das Handrad und die Ventilspindel links herumzudrehen. Dies bewirkt die Rückwärtsbewegung der Spindel mit Kegelbolzen, Kegelteller und Dichtung, wobei der Durchfluß freigegeben wird.

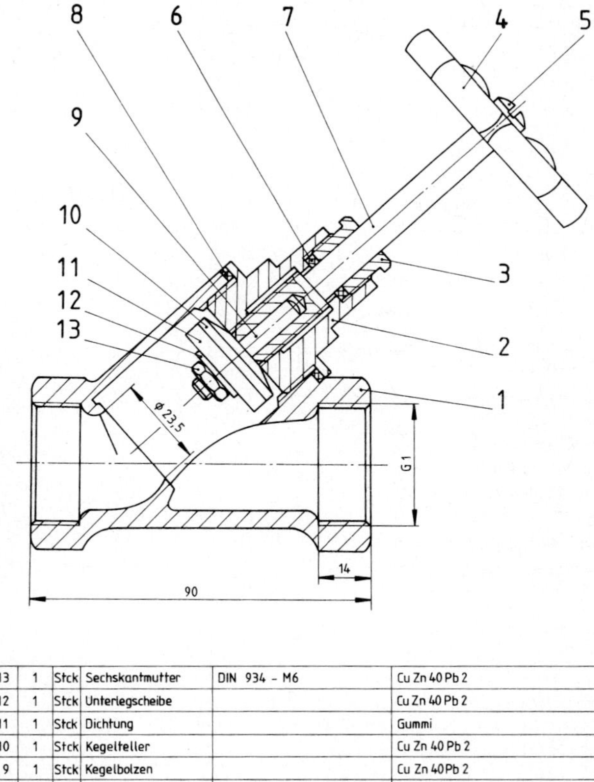

Pos.	Men.	Einh.	Benennung	Sachnummer / Norm - Kurzbezeichnung	Werkstoff
13	1	Stck	Sechskantmutter	DIN 934 - M6	Cu Zn 40 Pb 2
12	1	Stck	Unterlegscheibe		Cu Zn 40 Pb 2
11	1	Stck	Dichtung		Gummi
10	1	Stck	Kegelteller		Cu Zn 40 Pb 2
9	1	Stck	Kegelbolzen		Cu Zn 40 Pb 2
8	1	Stck	Dichtung		Fiber
7	1	Stck	Spindel		Cu Zn 40 Pb 2
6	1	Stck	Packung		Baumwolle
5	1	Stck	Linsenschraube	DIN 960 - M4 × 5	Cu Zn 40 Pb 2
4	1	Stck	Handrad		Cu Zn 40 Pb 2
3	1	Stck	Stopfbuchse		Cu Zn 40 Pb 2
2	1	Stck	Kopfstück		Cu Zn 40 Pb 2
1	1	Stck	Gehäuse		Cu Zn 40 Pb 2

	Allgemeintoleranzen DIN 7168 - m	Maßstab 1:1	(Gewicht)
	Datum / Name		
	Bearb.	Freistromventil 1″	
	Gepr.		
	Norm		
	Metallwerke Gebr. Seppelfricke Gelsenkirchen	1401.00	Blatt / Bl.
Zust. / Änderung / Datum / Name	Urspr.	Ers. für:	Ers. durch:

Beispiel einer Stückliste DIN 6771-B2 auf Zeichnungen

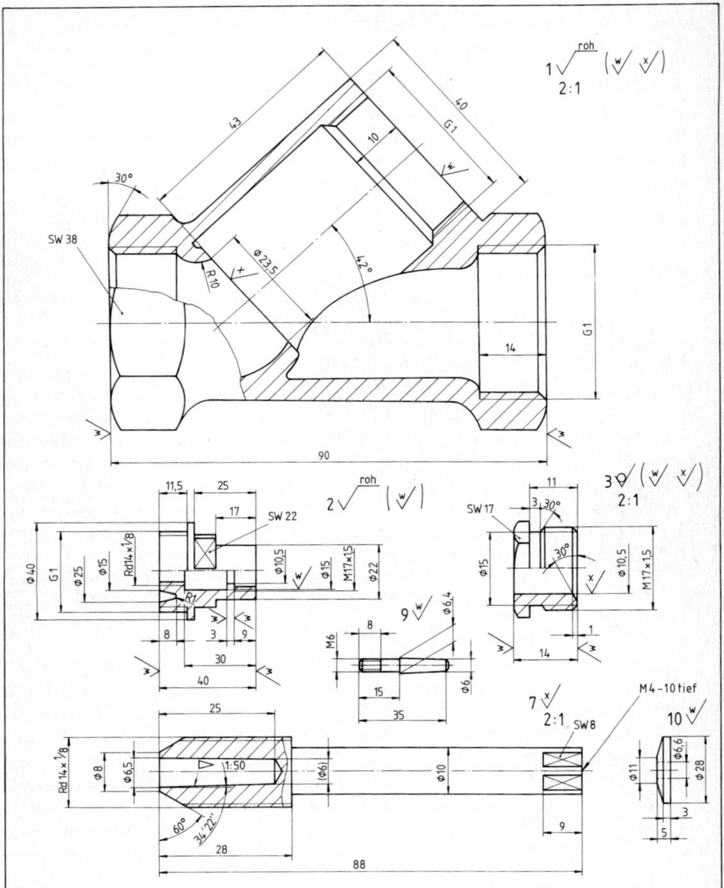

w = $\sqrt{R_z\,100}$

x = $\sqrt{R_z\,25}$

Pos.	Men.	Einh.	Benennung	Sachnummer/Norm-Kurzbezeichn.	Werkstoff
10	1	Stck	Kegelteller	1401.10	CuZn40Pb2
9	1	Stck	Kegelbolzen	1401.09	CuZn40Pb2
7	1	Stck	Spindel	1401.07	CuZn40Pb2
3	1	Stck	Stopfbuchse	1401.03	CuZn40Pb2
2	1	Stck	Kopfstück	1401.02	CuZn40Pb2
1	1	Stck	Gehäuse	1401.01	CuZn40Pb2

Allgemeintoleranzen DIN 7168-m | Maßstab 1:1 | (Gewicht)

	Datum	Name
Bear.		
Gepr.		
Norm		

Freistromventil 1"

Metallwerke Gebr. Seppelfricke Gelsenkirchen | 1401.00 | Blatt | Bl.

Zust. | Änderung | Datum | Nam. | Urspr. | (Ers. f.:) | (Ers. d.:)

Oberflächenangaben nach DIN ISO 1302 entsprechen DIN 3141 — Reihe 2.

Lesen, Vorstellen und Verstehen der Teilzeichnung: Stopfbuchse, Teil 3

1. Information aus Schriftfeld und Stückliste s. Seite 98 und 100

   Teil 3 ist als Stopfbuchse benannt, hat die Zeichnungs-Nr. 1401.03 und ist im Original im M 2:1, also in doppelter Größe gezeichnet. Sie wird hergestellt vom Metallwerk Gebr. Seppelfricke G.m.b.H., Gelsenkirchen.

2. Zeichnerische Darstellung s. Seite 98

   Die Stopfbuchse ist in der V im Halbschnitt dargestellt als obere Ansichtshälfte und untere Schnitthälfte.

3. Bestimmen der übergeordneten Form = Hüllform

   Die zylindrische Hohlform der Stopfbuchse ist erkennbar an den ϕ-Zeichen vor den Durchmessermaßen, dem Außengewindemaß, den äußeren schraffierten und inneren nichtschraffierten Flächen der Schnitthälfte. Erfassen der Einzelformen und Maße

   3.1. Außenform:

   Außengewindeteil M 17×1,5 = Metrisches Feingewinde M 17 mit 1,5 Gewindesteigung und 8 mm Gewindelänge. Der Gewindeanfang hat eine Kegelkuppe zum leichteren Einschrauben in das Kopfstück 2. Die Gewinderille hat den ϕ 15 und ist 3 mm lang. Der Sechskant mit SW 17 dient zum Anziehen der Stopfbuchse und hat eine Abfasung.

   3.2. Innenform:

   Die Durchgangsbohrung ϕ 10,5 dient zur Führung der Gewindespindel im Kopfstück 2. Sie hat eine Einsenkung von 30°, 1 mm tief.

4. Aufgabe und Funktion

   Durch das Einschrauben der Stopfbuchse in das obere Ende des Kopfstückes 2 preßt sie die eingelegte Packung 6 gegen die Mantelfläche der Ventilspindel und gegen die Bohrungswände des Kopfstückes. Dadurch wird der Kopfstückinnenraum gegen die Ventilspindel abgedichtet.

5. Werkstoff

   Die Stopfbuchse besteht aus CuZn 40 Pb 2 (bisher Ms 58) einer Kupfer-Zink-Legierung nach DIN 17660 mit 58% Kupfer, 40% Zink und 2% Blei. Dieser Werkstoff läßt sich bei Formdrehteilen gut zerspanen und ist korrosionsbeständig.

6. Oberflächenangaben

   Die Mantelflächen des Sechskantkopfes werden nicht bearbeitet $\checkmark$, da von gezogenen Sechskantstangen SW 17 ausgegangen wird. Die übrigen Flächen sind spanend zu bearbeiten und dürfen die angegebenen gemittelten Rauhtiefen R_z 100 beim Schruppen und R_z 25 beim Schlichten nicht überschreiten.

7. Massenfertigung

   Die Massenfertigung der Stopfbuchsen erfolgt auf einem Sechsspindeldrehautomaten, s. Seite 100. Hierbei werden die einzelnen Fertigungsstufen auf 6 Spindeln verteilt und jeweils von Werkzeugen auf Längsschlitten (1.1), auf Querschlitten (1.2) sowie in Sonderbearbeitungseinrichtungen (1.3) durchgeführt. Der Werkstoff wird in Form von Sechskantstangen SW 17 verwendet.

Massenfertigung von Stopfbuchsen auf einem Mehrspindeldrehautomaten

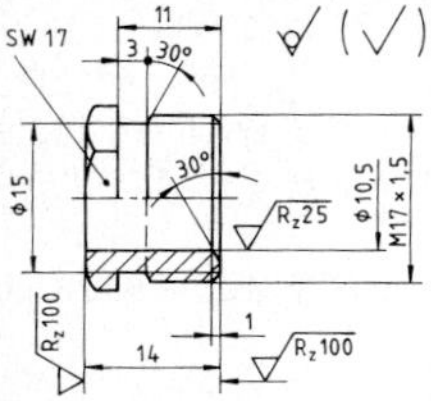

Stopfbuchse
Cu Zn 40 Pb 2

Werkzeugmaschine:

Schütte-Mehrspindeldrehautomat SE 25

Werkstoff:

Sechskantstange SW 17 aus CuZn 40 Pb 2 (Ms 58)

bestimmende Schnittgeschwindigkeit (d=19,5) = 184m.min^{-1}
gewählte Drehzahl n = 3000 min^{-1}
Hauptzeit t_h = 1,95 s
Nebenzeit t_n = 1,05 s
Grundzeit t_g = 3,0 s

Spindel-lage	Fertigungsfolge	Fertigungsbeschreibung	Fertigungsdaten d' mm	v m.min^{-1}	a mm	s_1 mm/U	s_q mm/U
1	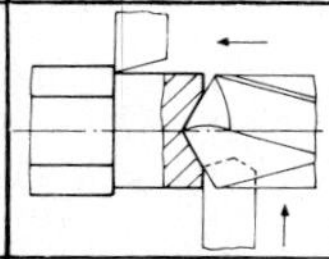	1.1 Längsschlitten: Zentrieren und überdrehen	19,5	184	1,25	0,1	
		1.2 Querschlitten: Begrenzen	17	160	0,5		0,04
		1.3 Sondereinrichtung					
2	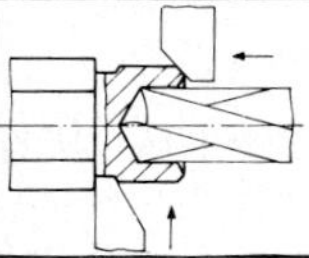	2.1 Bohren und Kanten brechen	17	160		0,1	
		2.2 Freistich für Gewinde einstechen	19,5	184	3		0,04
		2.3					
3	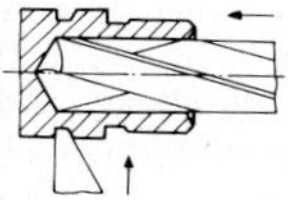	3.1 Bohren	10	94		0,08	
		3.2 Abstichseitig vorstechen und Kante brechen	19,5	184	4		0,04
		3.3					
4	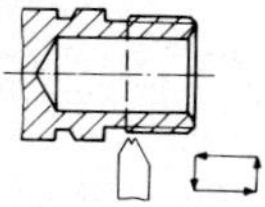	4.1					
		4.2					
		4.3 Gewindestrehlen 6 Gänge, 12 Durchgänge	17	160		0,08	
5	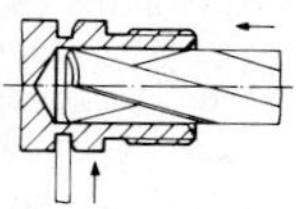	5.1 Bohrung aufbohren	10,5	100		0,15	
		5.2 Abstechseite vorstechen	17	160	2		0,03
		5.3					
6	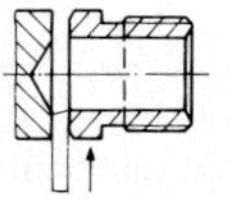	6.1					
		6.2 Abstechen	14	132	2		0,03
		6.3					

Oberflächenangaben nach DIN ISO 1302 entsprechen DIN 3141 — Reihe 2.

Gesamtbehandlung der Baueinheit bzw. Baugruppe: Freistromventil 1″ zum Erkennen der technologischen Probleme

Technologie

Die konstruktive Gestaltung des Freistromventils als Schrägsitzventil ist rohrartig ausgebildet mit einem unter 42° geneigtem Rohrstutzen. Dies ergibt einen günstigen Durchfluß bei vorteilhaftem Ventilsitz und geringem Druckverlust.

Durch die Normung der Freistromventile nach DIN 3502...3504 sind die einheitlichen Baulängen, die Mindestdurchflußleistungen sowie die Anschlußgewinde und die Gewinde der Oberteile mit einheitlichen Abmessungen festgelegt. Das ist wichtig für den Zusammen-, Ein- und Ausbau sowie die Ersatzteilbeschaffung. Die Schrägsitzventile müssen bei einem Prüfdruck von 16 bar im geöffneten und geschlossenen Zustande dicht sein.

3

1. Erklären Sie den Aufbau des Freistromventils 1″ anhand der Stückliste und Gruppenzeichnung.
2. Wie funktioniert das Freistromventil?
3. Geben Sie die zweckmäßige Reihenfolge für den Zusammenbau an.
4. Welche Bedeutung hat der Richtungspfeil am Gehäuse?
5. Begründen Sie die Werkstoffwahl für die Einzelteile.
6. Weshalb sind verschiedene Gewinde und Dichtungen gewählt?
7. Vergleichen Sie die Bauart und Funktion des Freistromventils mit der des Durchgangs-Absperrventils in „Praxis des Technischen Zeichnens."

Fachrechnen

1. Berechnen Sie die Mindestdurchflußmenge in l/min und in m^3/h für die genormten Nennweiten (DN)[1]) nach DIN 3502...3504, wenn diese betragen für Nennweite $^1/_2$″ = 0,35 l/s, DN $^3/_4$″ = 0,8 l/s, DN 1″ = 1,5 l/s, DN $1^1/_2$″ = 2,5 l/s, DN 2″ = 5,5 l/s.
2. Wie groß ist die Kraft auf die Ventiltellerfläche für R 1″ bei d=⌀ 23,5 mm, wenn der Prüfdruck 16 bar = 160 N/cm^2 beträgt?
3. Wieviel Umdrehungen der Ventilspindel sind bei einem Ventil 1″ mit Rundgewinde Rd 14 × $^1/_8$″ erforderlich, wenn die Schließhöhe h_1 = 33,5 mm beträgt?

Konstruktives Zeichnen (KZ)

1. Zeichnen Sie die Teile 1...13, außer Normteilen, im M 1:1 als Fertigungszeichnungen mit allen erforderlichen Angaben.
2. Fertigen Sie von dem Freistromventil 1″ eine Gruppenzeichnung im M 1:1 und die entsprechende Normstückliste an.
3. Prägen Sie sich die sinnbildliche Darstellung der verschiedenen Ventilarten auf Seite 357 ein.

[1]) DN = Diameter Nominal (Nennweite)

3.9 Normung in der Fertigungszeichnung

Die technische Zeichnung als Informationsträger dient bei einem Fertigungsauftrag als Verständigungsmittel zwischen dem Technischen Büro und der Werkstatt. Beim Zugrundelegen der Zeichnungsnormen, z. B. Maßeintragung DIN 406, wird die Zeichenarbeit erleichtert und eine klare Darstellung des Werkstückes erreicht. Außerdem sind beim Entwurf einer Zeichnung alle Normen zu berücksichtigen, welche die Konstruktion, z. B. Normmaße DIN 323, die Fertigung, z. B. Freistiche DIN 509, und die Funktion, z. B. Auswahl von Paßtoleranzfeldern DIN 7157, betreffen.

3

Das ist die wesentliche Voraussetzung für ein wirtschaftliches Arbeiten im Technischen Büro, in der Fertigung und beim Zusammenbau.

Die Zeichnung Welle zeigt die verschiedenen Normen, die in diesem Beispiel zu berücksichtigen sind.

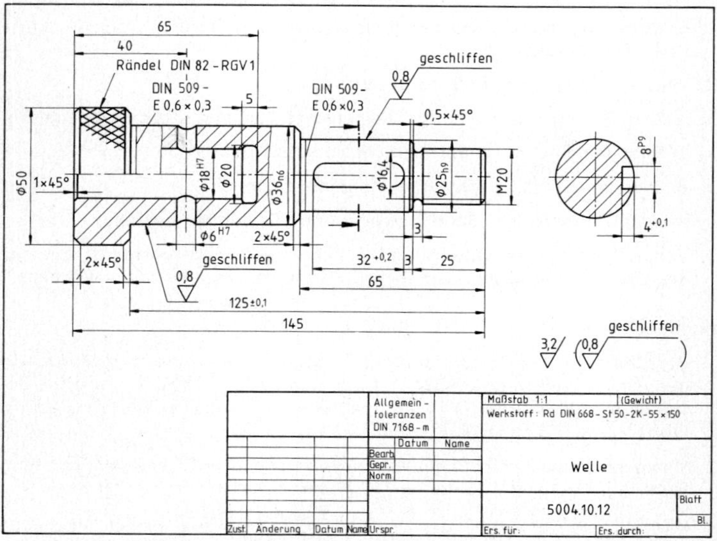

DIN	*6*	*Ansichten, Schnittdarstellung*	
	15	*Linien*	
	6771	*Teil 6 Blattgrößen*	
	ISO 5455	*Maßstäbe*	
	6771	*Teil 1 Grundschriftfeld*	
	6774	*Technische Zeichnungen Ausführungsrichtlinien*	
	6776	*ISO-Normschrift*	
	323	*Normmaße*	
	406	*Teil 2 Maßeintragung*	
	ISO 6410	*Darstellen von Gewinden*	
DIN	*76*	*Gewindeauslauf, Gewindeenden*	
	78	*Schraubenenden*	
	82	*Rändel*	
	ISO 1302	*Oberflächenangaben*	
	509	*Freistiche*	
	6885	*Paßfedernuten*	
	7157	*Passungsauswahl*	
	7168	*Allgemeintoleranzen*	
	17100	*Werkstoffangaben für Baustähle*	

Ein Hinweis auf DIN ISO 1302 ist im Schriftfeld nicht erforderlich.

Übung: 1. Lesen Sie die Zeichnung wie Beispiel S. 97 zeigt.
2. Erklären Sie die hier angewandten Normen.

4 Normgerechte Maßeintragung

4.1 Normmaße sind die Normzahlen nach DIN 323 Teil 1

Hauptwerte und Rundwerte (Grundreihen und Rundwertreihen)									
R 5	R″ 5	**R 10**	R′ 10	R″ 10	**R 20**	R′ 20	R″ 20	**R 40**	R′ 40
1		**1**			**1,0**			**1,0**	
								1,06	1,05
					1,12	1,1		**1,12**	1,1
								1,18	1,2
		1,25		(1,2)	**1,25**		(1,2)	**1,25**	
								1,32	1,3
					1,4			**1,4**	
								1,5	
1,6	(1,5)	**1,6**		(1,5)	**1,6**			**1,6**	
								1,7	
					1,8			**1,8**	
								1,9	
		2			**2,0**			**2,0**	
								2,12	2,1
					2,24	2,2		**2,24**	2,2
								2,36	2,4
2,5		**2,5**			**2,5**			**2,5**	
								2,65	2,6
					2,8			**2,8**	
								3,0	
		3,15	3,2	(3)	**3,15**	3,2	(3,0)	**3,15**	3,2
								3,35	3,4
					3,55	3,6	(3,5)	**3,55**	3,6
								3,75	3,8
4		**4**			**4,0**			**4,0**	
								4,25	4,2
					4,5			**4,5**	
								4,75	4,8
		5			**5,0**			**5,0**	
								5,3	
					5,6		(5,5)	**5,6**	
								6,0	
6,3	(6)	**6,3**		(6)	**6,3**		(6,0)	**6,3**	
								6,7	
					7,1		(7,0)	**7,1**	
								7,5	
		8			**8,0**			**8,0**	
								8,5	
					9,0			**9,0**	
								9,5	
10		**10**			**10,0**			**10,0**	

Als Normmaße sind die Haupt- und Rundwerte der Normzahlen nach DIN 323 T1 zu wählen, wobei eingeklammerte Werte vermieden werden sollen. Sie gelten für die Zehnerpotenzen 0,1, 1, 10, 100 usw., s. auch S. 262.

Die Normmaße sollen die Wahl von willkürlichen Konstruktionsmaßen, z. B. bei Wellen, Bohrungen usw., einschränken. Dadurch tritt für den Zusammenbau eine Vereinheitlichung der Anschlußmaße ein. Außerdem wird durch die häufige Wiederkehr der gleichen Maßzahlen die Anzahl der lagerhaltigen Werkstoffabmessungen, z. B. für Profilstähle, Rohre, Bleche usw., verringert, ferner die Anzahl der Werk- und Meßzeuge sowie der Vorrichtungen eingeschränkt und ihre Ausnutzung infolge des öfteren Einsatzes gesteigert. Man erreicht so eine größere Wirtschaftlichkeit bei der Konstruktion, der Fertigung, dem Zusammenbau und dem Austausch.

4.2 Arten der Maßeintragung nach DIN 406 Teil 1

Die Bemaßung von Zeichnungen kann auf drei Arten erfolgen, und zwar funktionsbezogen, fertigungsbezogen oder prüfbezogen. Alle drei Bemaßungsarten können auch gleichzeitig angewendet werden, wobei aber Überbestimmungen durch Anwenden von eingeklammerten Hilfsmaßen zu vermeiden sind.

Es muß stets gewährleistet sein, daß ein nach einer Zeichnung gefertigtes Teil die ihm zugedachte Funktion erfüllt. Die technische Zeichnung muß den dargestellten Gegenstand in seinem Endzustand sowohl bei Roh- als auch bei Fertigteilen eindeutig beschreiben.

4

Eine funktionsbezogene Bemaßung liegt vor, wenn bestimmten Maßen im Hinblick auf die Funktion des Teiles eine maximale Toleranz zugeordnet ist und deren Überschreiten zur funktionellen Unbrauchbarkeit führt. Beispiel: Bild 104.1, wegen des zugehörigen Steckers beträgt der Lochmittenabstand $15 \pm 0{,}1$, während der linke Randabstand $6 \pm 0{,}3$ sein soll. Die funktionsbezogene Bemaßung ermöglicht die Zuordnung maximaler Toleranzen.

Eine fertigungsbezogene Bemaßung ist vorhanden, wenn sich die Maße ohne Umrechnung direkt für die Fertigung verwenden lassen. Entsprechend den verschiedenen Fertigungsverfahren gibt es auch verschiedene fertigungsbezogene Bemaßungen, siehe Seiten 47 und 114. Die Toleranzen sind bei einer fertigungsbezogenen Bemaßung kleiner als bei einer funktionsbezogenen, wenn beide Bemaßungsarten nicht übereinstimmen. Beispiel: Bild 104.2, Maße $6 \pm 0{,}05$ und $21 \pm 0{,}05$. Trotz Überschreiten der engeren Toleranzen der fertigungsbezogenen Bemaßung kann ein Teil funktionell noch brauchbar sein, z. B. mit den Istmaßen 6,3 und 21,4.

Eine prüfbezogene Bemaßung liegt vor, wenn sich die Maße ohne Umrechnung direkt für die Prüfung verwenden lassen. Die Toleranzen sind hierbei kleiner als bei einer funktionsbezogenen Maßeintragung, wenn beide Bemaßungsarten nicht übereinstimmen.

Beispiel: Bild 104.3, Maße $4^{+0{,}25}_{-0{,}3}$ und $19^{+0{,}1}_{0}$

Bei Überschreiten dieser engeren Toleranzen kann das Teil trotzdem funktionell brauchbar sein. Wenn die Istmaße der Bohrungen 4,1 betragen, kann das Maß 19 + 0,1 bis 19 + 0,2 betragen.

Alle drei Bemaßungsarten sind oft gleich.

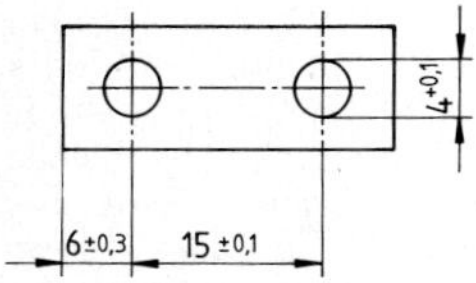

104.1

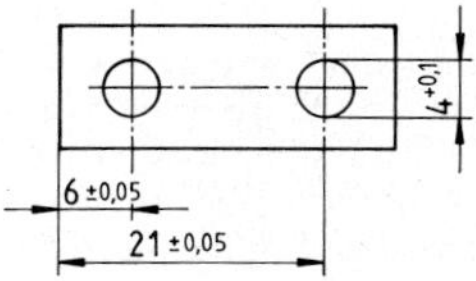

104.2

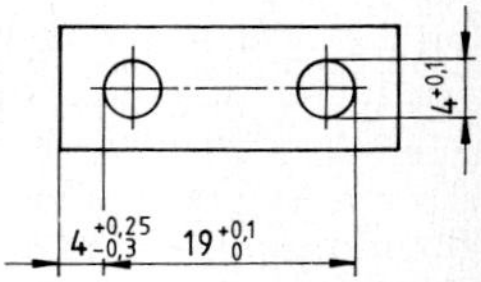

104.3

4.3 Regeln der Maßeintragung in Zeichnungen nach DIN 406 Teil 2 (ISO 129)

Diese Norm gilt für das Eintragen von Maßen in technischen Zeichnungen nach DIN 199. Sie gilt nicht für die Maßeintragung durch Koordinaten und für die maschinelle Programmierung von numerisch gesteuerten Arbeitsmaschinen.

Die Maßangaben gelten für den Endzustand eines Werkstückes, z. B. als Roh- oder als Fertigteil.

Die Maße können nach den Gesichtspunkten der Fertigung, Funktion oder Prüfung eingetragen werden, s. DIN 406 T1.

Nach DIN 7182 T1 besteht ein Maß aus einer Maßzahl und einer Maßeinheit.

In technischen Zeichnungen wird bei Millimetermaßen auf die Maßeinheit verzichtet.

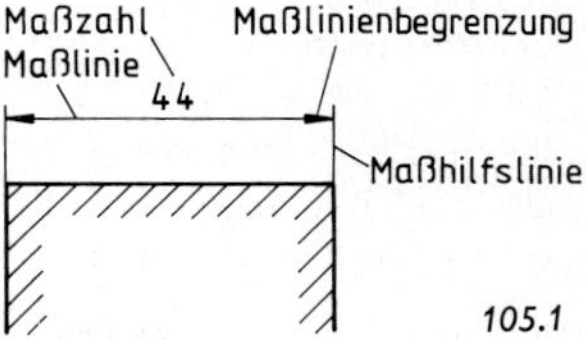

105.1

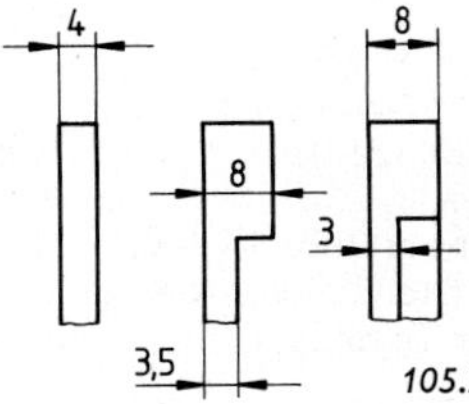

105.2...4

Linien

Bei der Maßeintragung sind die in 105.1 gezeigten Linienarten anzuwenden, wobei die Linienbreiten nach DIN 15 T1 festgelegt sind.

Maßlinien werden im allgemeinen gezeichnet:

- rechtwinklig zu den Körperkanten, 105.2...4,
- parallel zu dem anzugebenden Maß, 105.5...7,
- als Bogen zwischen den Schenkeln eines Winkels, 105.8,
- durch den Mittelpunkt des betreffenden Kreises gehend, 46.1,
- oder auf den Mittelpunkt des betreffenden Kreises oder Kreisbogens hinweisend, 107.12.

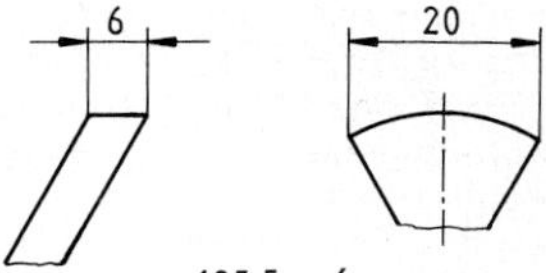

105.5 u. 6

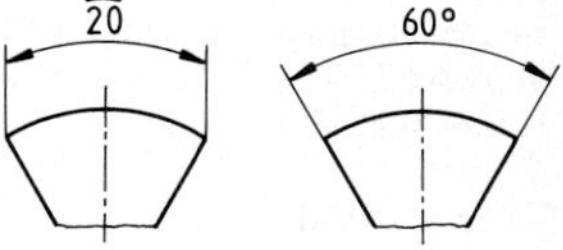

105.7 u. 8

Bei gebogenen Teilen ist die gestreckte Länge nach 105.9 einzutragen.

Mittellinien und Körperkanten dürfen nicht als Maßlinien benutzt werden.

Die Maßlinien sollen etwa 10 mm von den Körperkanten entfernt sein. Parallele Maßlinien müssen einen genügend großen Abstand, etwa 7 mm, voneinander haben.

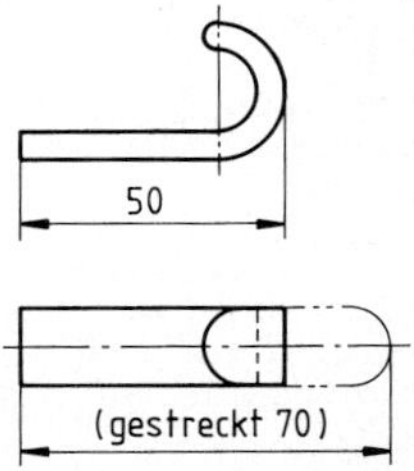

105.9

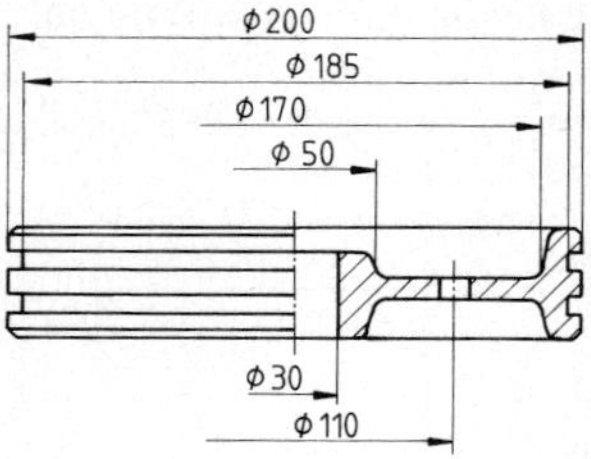

106.1

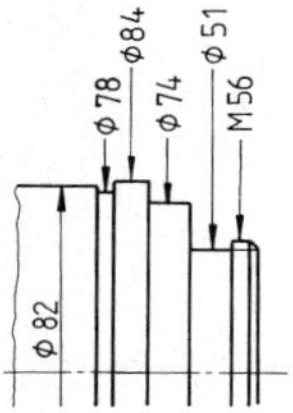

106.2

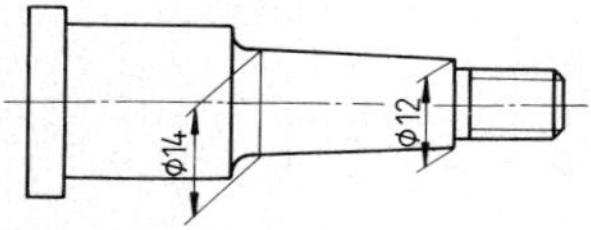

106.3

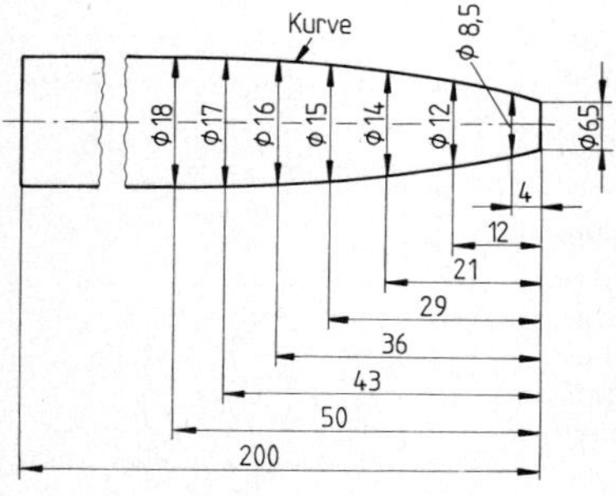

106.4

Maßlinien werden vorzugsweise durchgezogen. Sie dürfen durch Maßlücken an Stellen, wo es die Übersichtlichkeit erfordert, unterbrochen werden.

Bei der durchgezogenen Maßlinie muß die Maßzahl stets über der Maßlinie stehen.

Bei Platzmangel dürfen die Maße nach 105.2 eingetragen werden.

Bei steigender Bemaßung sind die Maße nach DIN 406 T3 einzutragen.

Maßlinien sollen sich untereinander und mit Hilfslinien möglichst nicht schneiden.

Mittellinien, Maßhilfslinien und Schraffuren sind im Bereich der Maße zu unterbrechen.

In Ansichten oder Schnitten, die abgebrochen gezeichnet werden, und bei Halbschnitten sind die betroffenen Maßlinien nur mit einer Maßlinienbegrenzung zu versehen, 106.1.

Bei nicht abgebrochenen dargestellten symmetrischen Werkstücken kann entsprechend verfahren werden wie in 106.1.

Bei Platzmangel dürfen Durchmessermaße wie in 106.2 eingetragen werden.

In besonderen Fällen können Maßhilfslinien unter einem Winkel von etwa 60° zur Maßlinie stehen, 106.3.

Maße für Sonderformen werden wie in 106.4 dargestellt eingetragen.

Mittellinien dürfen als Maßhilfslinien verwendet werden. Sie sind aber außerhalb der Körperkanten als schmale Vollinien zu zeichnen, 45.2 und 106.1.

Maßhilfslinien dürfen nicht von einer zur anderen Ansicht durchgezogen werden.

Maßlinienbegrenzung

Die Enden der Maßlinien werden begrenzt durch:

Maßpfeile, ausgefüllt, 107.1
oder nicht ausgefüllt, 107.2. u. 3
oder offen, 107.4 u. 5

Schrägstriche, 107.6

Der Schrägstrich verläuft stets von links unten nach rechts oben bezogen auf die jeweilige Maßlinie.

Punkte, ausgefüllt, 107.7
oder nichtausgefüllt, 107.8.

Für jede Zeichnung ist grundsätzlich nur eine Art der Maßlinienbegrenzung anzuwenden, z. B. 107.9 entweder a oder b. Kombinationen wie nach 107.10 und 107.11 a sind möglich.

Der Punkt darf bei Platzmangel angewendet werden. Bei Anwendung von offenen oder nicht ausgefüllten Pfeilen wird statt des Punktes ein Schrägstrich gesetzt, 107.11 b.

Bei Maßlinien am Kreisbogen ist als Maßlinienbegrenzung für Radien und Durchmesser stets ein Maßpfeil anzuwenden, 107.12.

Als Maßlinienbegrenzungen sind der Vollpfeil 107.1, der ausgefüllte Punkt 107.7 und der Schrägstrich 107.6 zu bevorzugen. Von einer bereits eingeführten Maßlinienbegrenzung sollte nur nach Vereinbarung abgewichen werden.

Hinweislinien

Hinweislinien werden schräg aus der Darstellung herausgezeichnet. Sie dürfen bei Platzmangel auch als Bezugslinien für Maße angewendet werden.

Hinweislinien als schmale Vollinien s. 108.1 enden:

- mit einem Pfeil an einer Körperkante,
- mit einem Punkt in einer Fläche,
- ohne Begrenzung an allen anderen Linien, z. B. Maßlinien und Mittellinien.

Maß d entspricht der breiten Vollinie

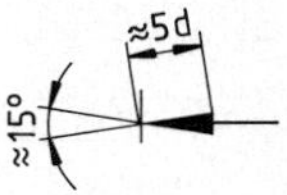

107.1

107.2 u. 3

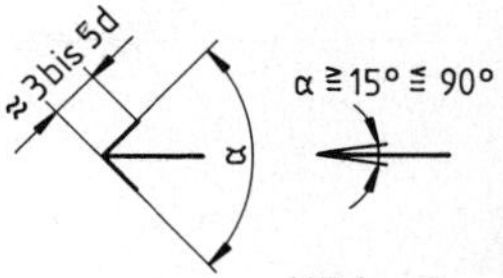

107.4 u. 5

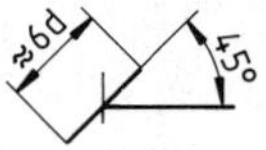

107.6

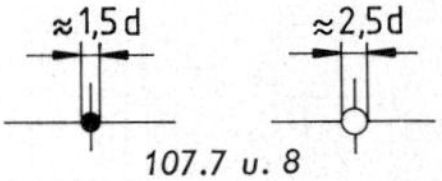

107.7 u. 8

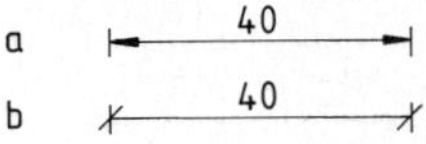

107.9

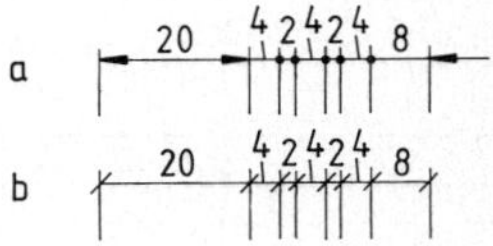

107.10

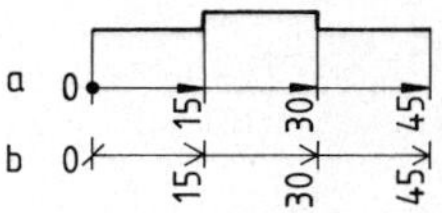

107.11

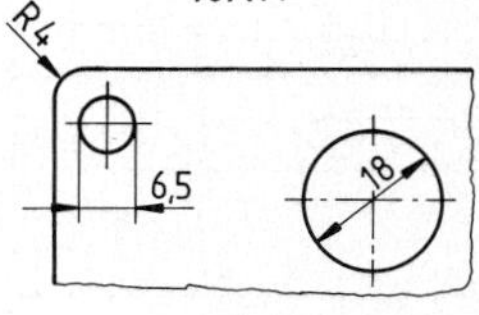

107.12

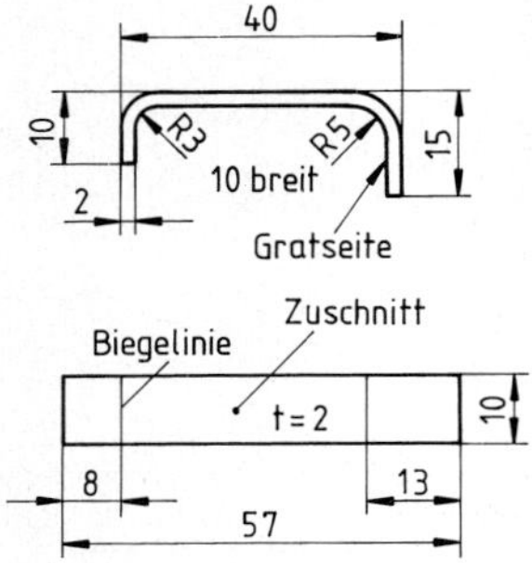

Halterung

108.1

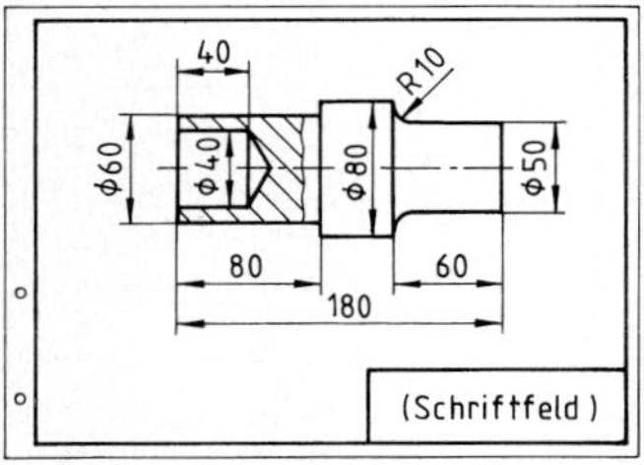

108.2

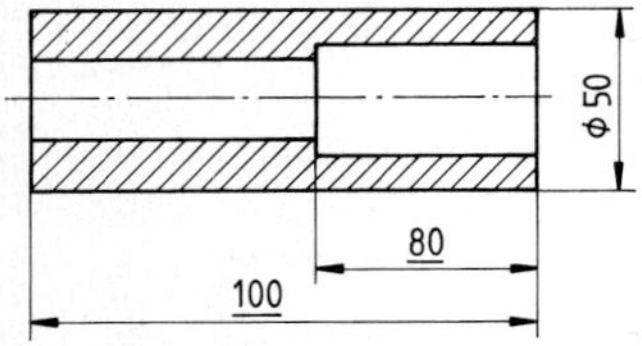

108.3

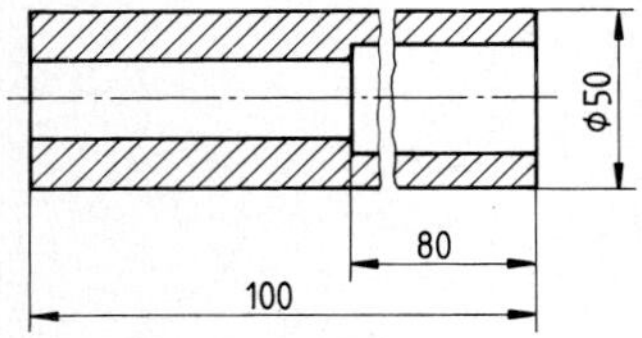

108.4

Beschriftung

Leserichtung der Zeichnung

Die Leserichtung der Zeichnung entspricht grundsätzlich der Leserichtung des Schriftfeldes, 108.2.

Nicht formatgerechte Darstellungen sind durch entsprechende Maßnahmen wie Maßstab sowie unterbrochene oder abgebrochene Darstellungen den Zeichnungsformaten nach DIN 823 anzupassen.

Schreibrichtung

Die Schreibrichtung für eine Maßeintragung verläuft wie die dazugehörende Maßlinie. Ausgenommen sind Maße an gekrümmten Maßlinien und Maße in maschinell erstellten Zeichnungen.

Alle Maße, Symbole und Wortangaben sind so einzutragen, daß sie von unten oder von rechts lesbar sind, wenn die Zeichnung in Leserichtung gehalten wird, siehe 108.2 sowie 31.1 und 31.2.

Alle Maße einer Zeichnung sind in derselben Einheit anzugeben, vorzugsweise in mm. Wird hiervon abgewichen, so sind die abweichenden Einheiten, z. B. m, cm, anzugeben.

Maßstab

Die Maßstäbe für die Darstellung von Werkstücken sind entsprechend DIN ISO 5455 anzugeben. In nicht maßstäblichen Darstellungen wird im Schriftfeld ein waagerechter Strich gesetzt.

In Zeichnungen mit Maßstabangabe müssen Maße für das nicht maßstäblich Gezeichnete unterstrichen werden, 108.3. Dies gilt nicht bei unter- oder abgebrochen dargestellten Werkstücken, 108.4 sowie nicht maßstäblich gezeichnete Maßlinien für Radien, 44.4.

Maßkennzeichnung

Prüfmaße

Prüfmaße sind Maße, die besonders beachtet werden sollen, um z. B. die Funktion des Teiles zu gewährleisten. Sie können durch einen Rahmen (Linienart B nach DIN 15 T1) gekennzeichnet werden, 109.1.

In der Zeichnung kann in der Nähe des Schriftfeldes gegebenenfalls die Bedeutung und der Prüfungsumfang erklärt werden:

„ (   ) Funktion ist von der Einhaltung dieser Maße abhängig"

„ (   ) Maße werden vom Besteller (Empfänger) bei der Abnahme besonders beachtet"

„ (| 100%) Maße werden vom Besteller (Empfänger) bei der Abnahme 100%ig geprüft (keine Stichprobenprüfung!)".

Theoretische Maße nach DIN ISO 1101 in einem rechteckigen Rahmen sind Maße, die zur Angabe der geometrisch idealen (theoretisch genauen) Lage der Toleranzzone erforderlich sind, siehe Seite 154.

Hilfsmaße in runden Klammern sind Maße, die für die geometrische Bestimmung eines Teiles nicht erforderlich sind, z. B. S. 70 u. 126.

Rohmaße in eckigen Klammern sind Maße in Fertigungszeichnungen von Teilen, für welche keine Rohteilzeichnung erstellt wird, z. B. Rohgußmaße.

Eintragen von Radien (Halbmessern) siehe Seite 44.

Eintragen von Durchmesserangaben siehe Seite 46.

Quadratische Formen werden vorzugsweise in der Ansicht bemaßt, in der die Form zu erkennen ist, 109.2.

Ist die quadratische Form in der Ansicht, in der das Maß steht, nicht zu erkennen, so wird vor die Maßzahl ein Quadratzeichen nach DIN 6776 T1 gesetzt, 109.3. Ein Diagonalkreuz in schmaler Vollinie kennzeichnet eine ebene Fläche, wenn diese Form aus weiteren Ansichten nicht eindeutig hervorgeht.

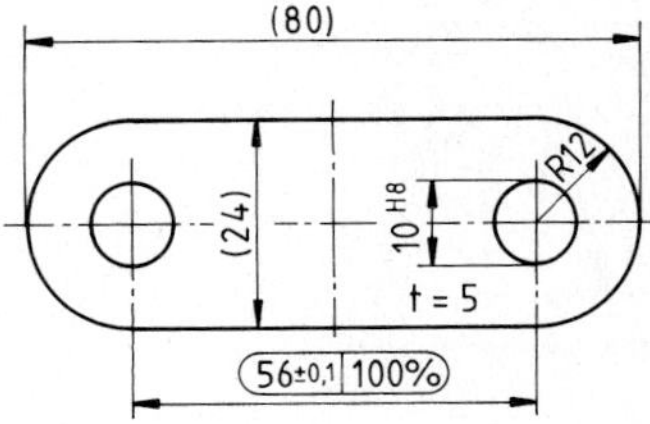

109.1

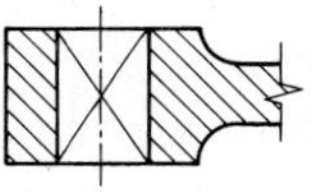

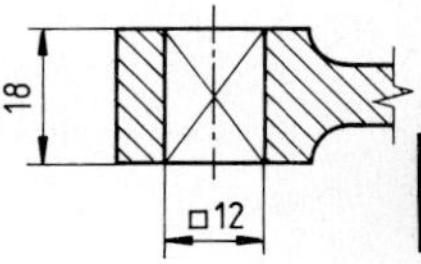

109.3

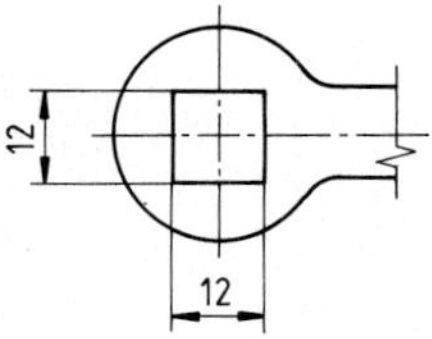

109.2

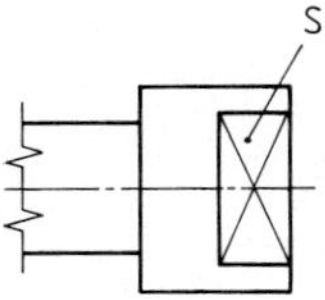

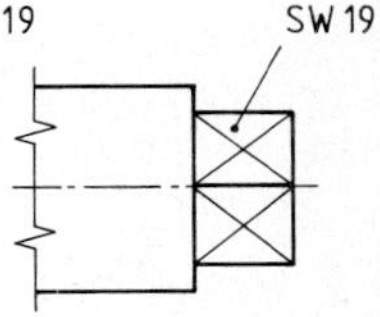

109.4

109.5

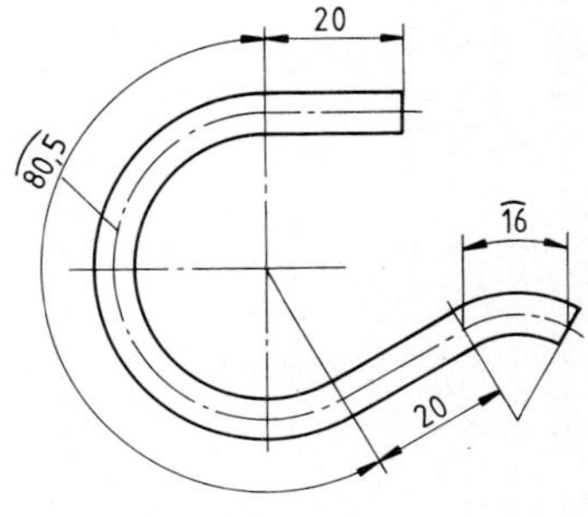

109.6

4

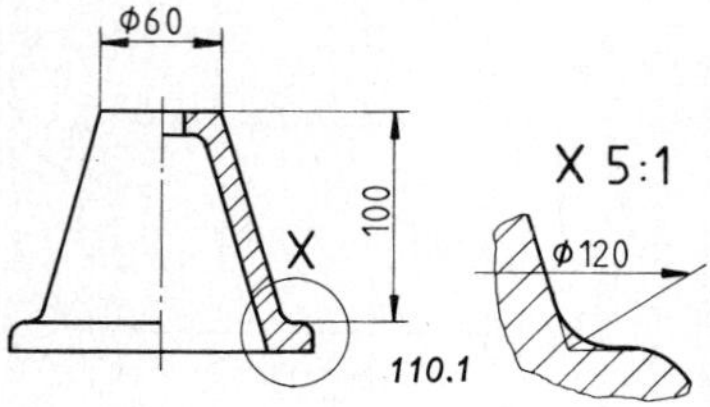

110.1

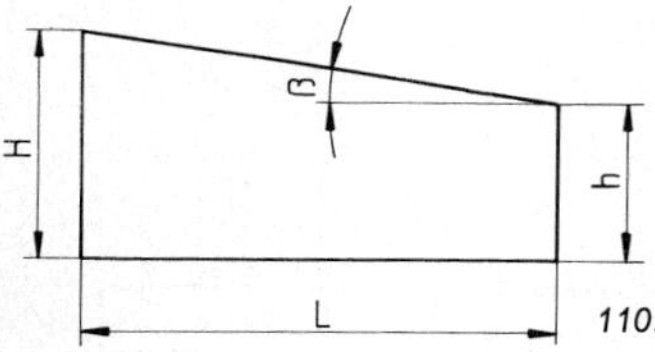

110.2

110.3

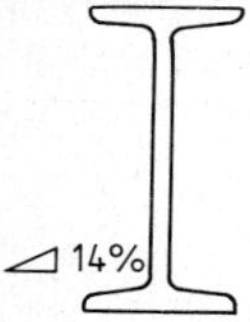

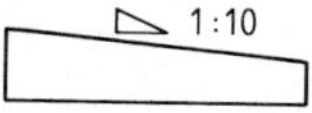

110.4 u. 5

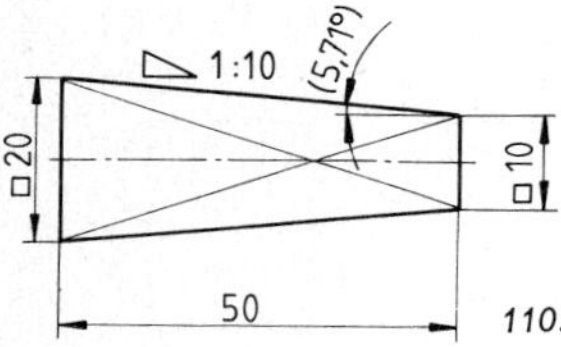

110.6

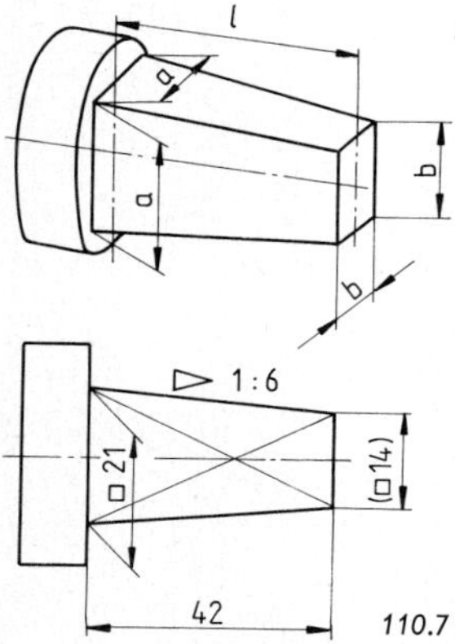

110.7 u. 8

Das Schlüsselweitezeichen SW kennzeichnet den Abstand von zwei parallelen gegenüberliegenden Flächen, 109.4 u. 5.

Kugelbemaßung siehe Seite 54.

Bogenlängen werden durch eine Bogenlinie gekennzeichnet, die über die gesamte Breite der Maßzahl verläuft, 109.6.

Kegelbemaßung

Bei der Bemaßung von Kegeln wird unterschieden zwischen kegeligen Übergängen und Kegeln, bei denen es auf die Genauigkeit der Kegelform ankommt.

An Guß- und Schmiedeteilen werden die spanlos zu formenden Übergänge durch die beiden Durchmesser und die Kegellänge bestimmt, 110.1.

Die Bemaßung von genauen Kegeln erfolgt nach DIN ISO 3040, s. S. 123 u. 124.

Neigung und Verjüngung

Die Neigung ist das Verhältnis aus der Differenz der rechtwinklig zur Grundlinie stehenden Höhen und deren Abstand, 110.2.

$$\text{Neigung} = \frac{H - h}{L}$$

Bei Bedarf ist die Richtung der Neigung durch das Symbol 110.3 anzugeben, das parallel zur Grundlinie verläuft, s. 110.5.

Die Neigung einer Fläche kann durch die Angabe der Neigung in %, 110.4, oder durch die Angabe des Neigungsverhältnisses, 110.5, festgelegt werden.

Für die Fertigung kann zusätzlich der Neigungswinkel als Hilfsmaß angegeben werden.

Die Verjüngung ist an pyramidenförmigen Teilen das Verhältnis der

Seitenlängendifferenz (a — b) zur Pyramidenlänge (l).

$$\text{Verjüngung} = \frac{a - b}{l}$$

Bei pyramidenförmigen Teilen ist das Verjüngungsverhältnis und die Verjüngungsrichtung durch ein Symbol anzugeben, das über der Mantellinie parallel zur Mittellinie verläuft, 110.8.

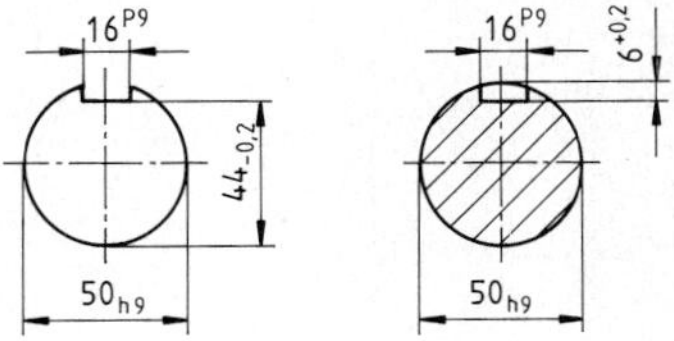

111.1 u. 2

Nuten in Wellen und Bohrungen

Nuten für Paßfedern und Keile in zylindrischen Wellen werden bemaßt

bei durchgehenden Nuten nach 111.1,

bei nicht durchgehenden Nuten nach 111.2 und/oder 111.3.

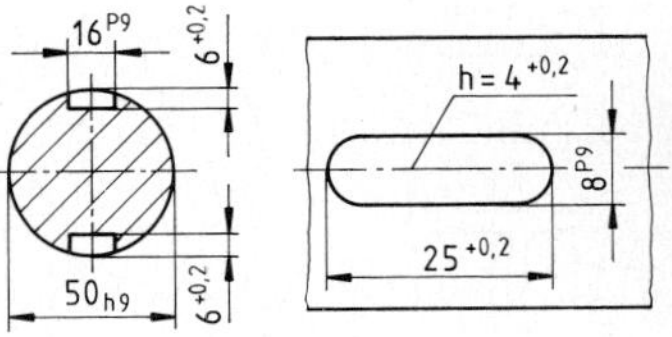

111.3 u. 4

In der Draufsicht von Nuten dürfen Länge, Breite und Tiefe nach 111.4 vereinfacht angegeben werden. Die Kurzzeichen für Breite b, Höhe bzw. Tiefe h und Länge l sind in ISO 3898 festgelegt.

Verläuft bei kegeligen Wellen der Nutgrund parallel zur Mantellinie, so ist die Tiefe wie in 111.5 von der Kegelmantellinie aus zu bemaßen.

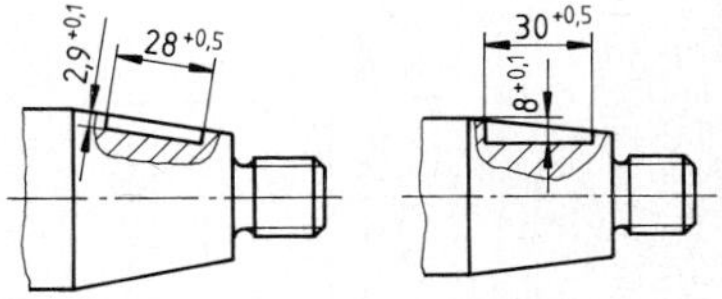

111.5 u. 6

Verläuft der Nutgrund parallel zur Kegelachse, so ist die Tiefe bevorzugt von der Mantellinie des nächstliegenden Zylinders aus zu bemaßen, 111.6. Hierbei ist gegebenenfalls die große Toleranz des Zylinderdurchmessers zu berücksichtigen.

Nuten für Scheibenfedern werden wie in 111.7 bemaßt.

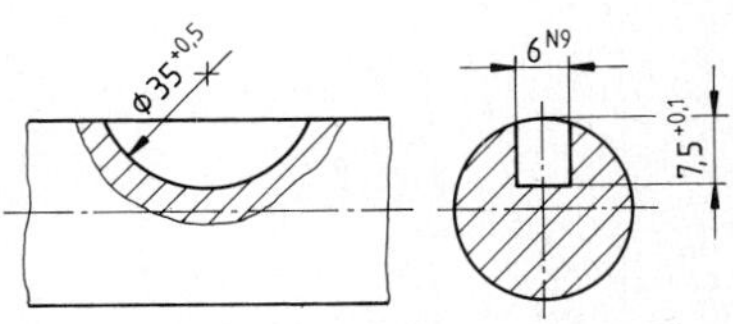

111.7

In den Bildern 111.5...7 sind die Nuten vereinfacht ohne Berücksichtigung der Durchdringungskurven dargestellt.

Beim Beschriften von technischen Zeichnungen mit Hilfe von Schablonen ist die ISO-Normschrift nach DIN 6776 zu bevorzugen, und zwar die senkrechte Schriftform B. Die kursive Schriftform B ist beim freihändigen Beschriften vorteilhafter.

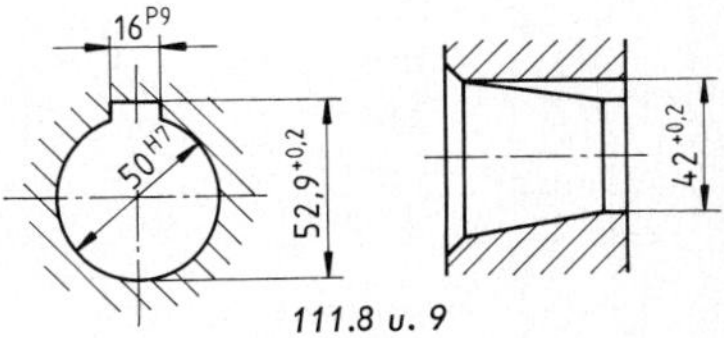

111.8 u. 9

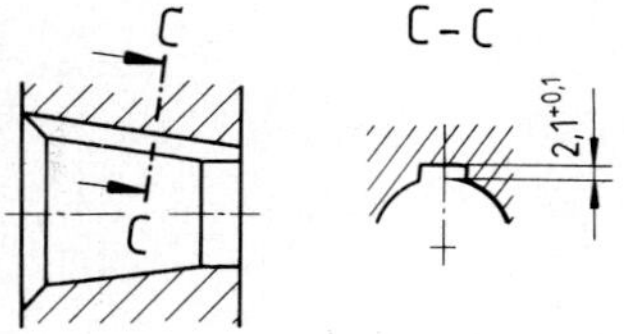

112.1

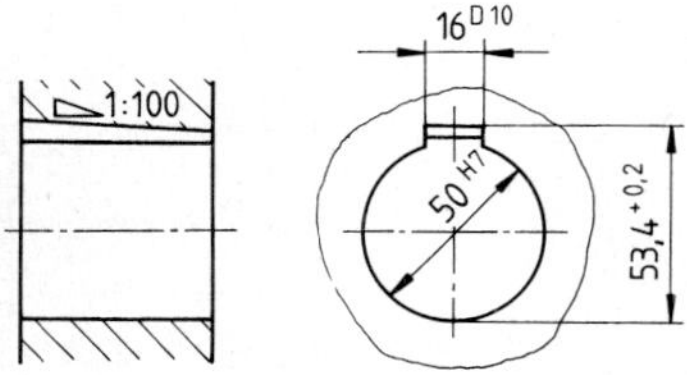

112.2

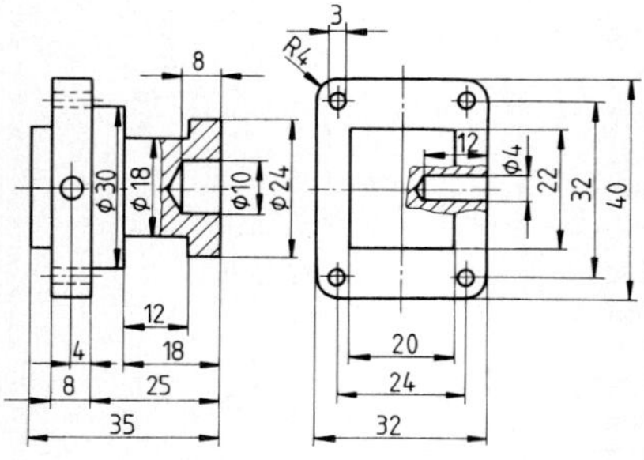

112.3

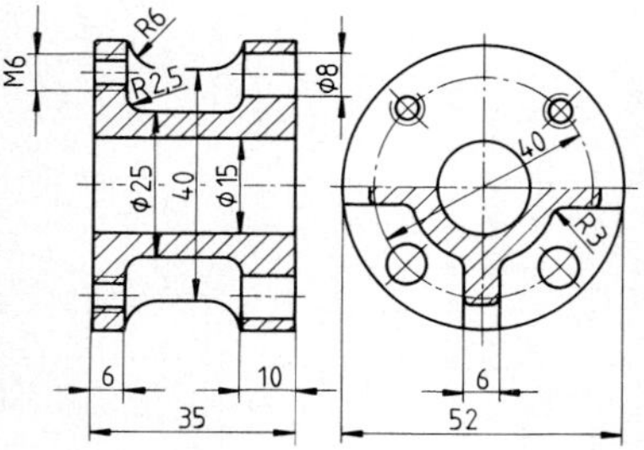

112.4

Nuten in Bohrungen werden bemaßt

für Paßfedern in zylindrischen Bohrungen nach 111.8,

in kegeligen Nabenbohrungen, wenn der Nutgrund parallel zur Kegelachse verläuft nach 111.9,

in kegeligen Nabenbohrungen, wenn der Nutgrund parallel zur Mantellinie verläuft nach 112.1.

Bei Keilnuten in Naben ist die Richtung der Neigung, die der Eintreibrichtung des Keiles entspricht, durch das Symbol für die Neigung anzugeben, 112.2.

Anordnen der Maße

Jedes Maß ist in der Zeichnung eines Werkstückes nur einmal einzutragen, und zwar in der Ansicht, die die Zuordnung von Darstellung und Maß am deutlichsten erkennen läßt. Zusammengehörende Maße sind möglichst zusammen einzutragen, z. B. ϕ 4, 12 tief in 112.3.

Maße, die sich bei der Fertigung von selbst ergeben, z. B. bei Durchdringungen, werden nicht eingetragen.

Maßliche Überbestimmungen sind durch Anwenden von Hilfsmaßen auszuschließen.

Maßlinien bzw. Maßhilfslinien sind an Vollinien, z. B. an sichtbaren Kanten oder Gewindelinien anzusetzen, 112.4.

Maße an Strichlinien, d. h. an verdeckten Körperkanten, sind zu vermeiden.

Bemaßung von Löchern

Die Bemaßung von Löchern bei Blechen berücksichtigt die Fertigungsart (spanend oder spanlos) und das Fertigungsmittel (Bohrer oder Schneidwerkzeug). Sie darf daher von unterschiedlichen Bezugsebenen oder von Mittellinien aus vorgenommen werden und sich auf Lochmitten oder Lochkanten beziehen.

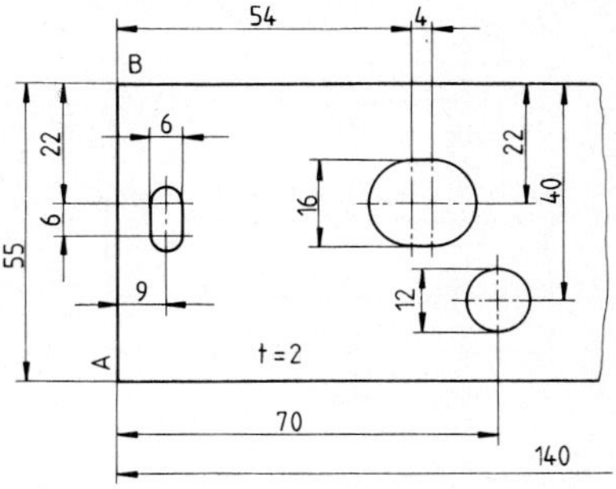

113.1

Bild 113.1 zeigt, wie für das Anreißen bei der spanenden Einzelfertigung die Lage der Löcher durch die Abstände von den Bezugselementen, den Bezugsebenen A und B, aus bis zu den einzelnen Lochmitten — bei Langlöchern auch deren Lochmittenabstände — und für die Lochgrößen ihre Durchmesser eingetragen werden.

4

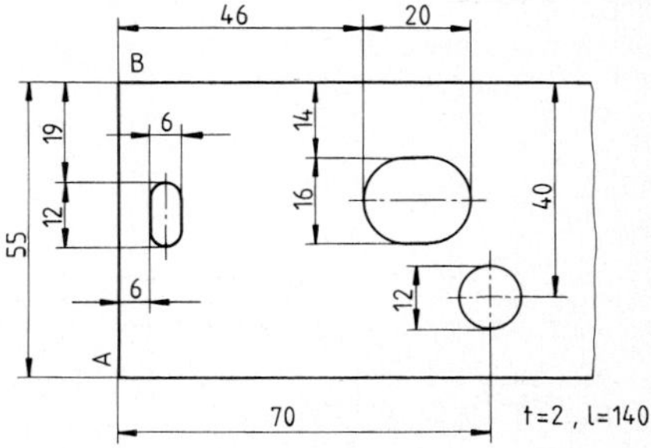

113.2

Bild 113.2 gibt für die spanlose Mengenfertigung die Lage der Löcher, ausgehend von zwei Bezugselementen, den Bezugsebenen A und B, bis zum Lochrand an. Ferner ist die Größe des jeweiligen Schneidstempels für das zugehörige Schneidwerkzeug anzugeben.

In Bild 113.3 ist die Maßeintragung von unterschiedlichen Bezugselementen A, B, C und D aus vorgenommen.

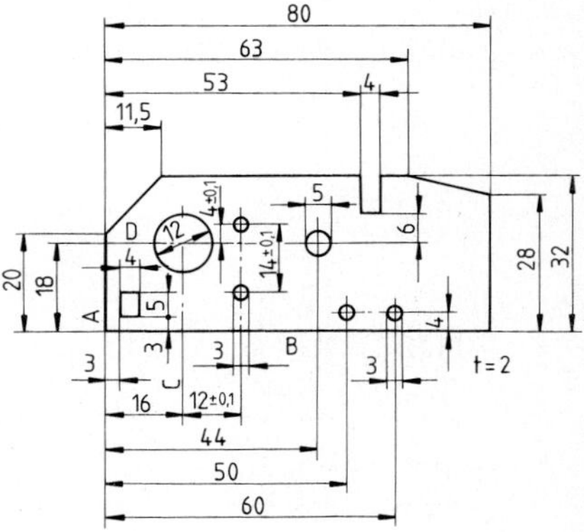

113.3

Bei flachen Teilen (Blechen) kann die Dicke t und die Länge l in oder neben der Darstellung angegeben werden, 113.2.

Wortangaben sind in technischen Zeichnungen zu vermeiden und möglichst durch Maße und Symbole zu ersetzen. Für Sonderfälle enthält DIN 6790 T1 einheitliche Wortangaben.

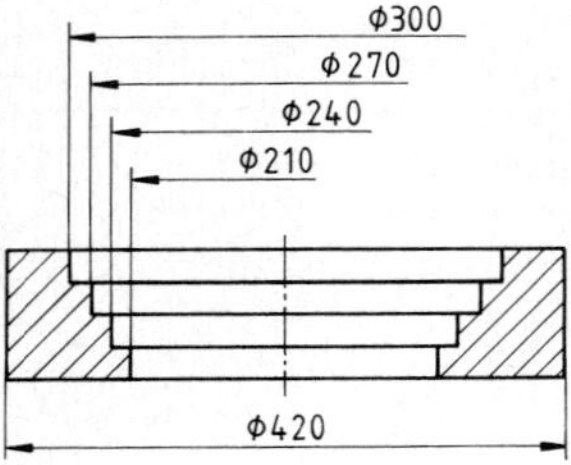

114.1

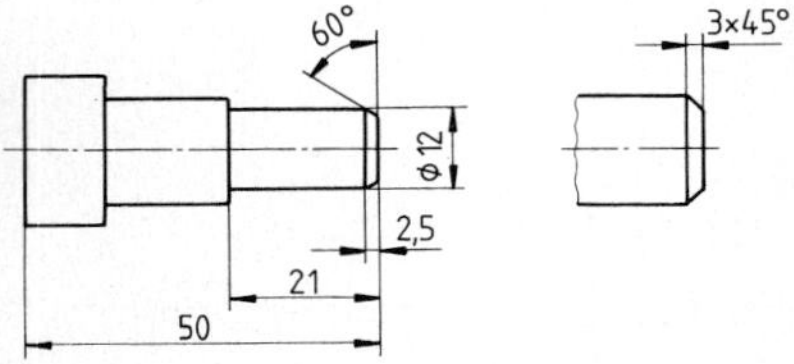

114.2 u. 3

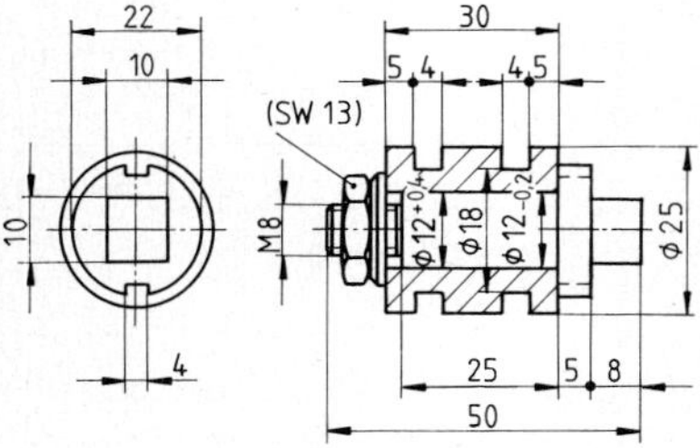

114.4

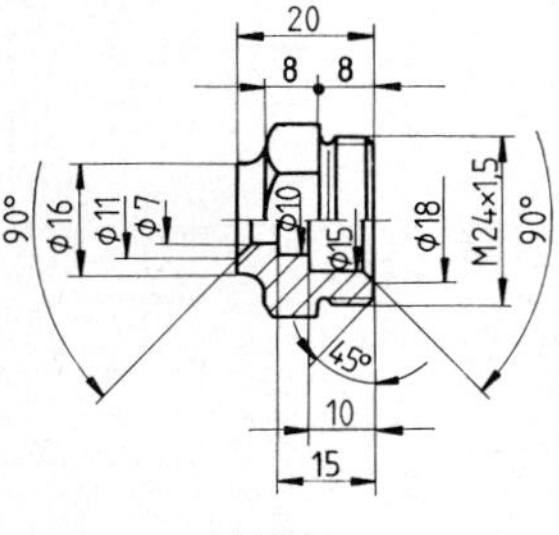

114.5

Bei dicht übereinanderliegenden Maßlinien sollen die Maße möglichst versetzt angeordnet werden, was die Übersicht verbessert, 114.1.

Bei Drehteilen sind Fasen stets in das Längenmaß einzubeziehen. Eine vereinfachte Bemaßung einer Fase, die von 114.2 abweicht, ist nur für Fasen von 45° oder Senkungen von 90° zulässig. Hierbei ist die Maßangabe ein Produkt aus Fasenbreite und Winkel, 114.3.

In Darstellungen zusammengebauter Teile werden für Normteile keine Maße oder nur die Hauptmaße als Hilfsmaße angegeben, z. B. Hilfsmaß 13 in 114.4.

Sind einzeln zu fertigende Teile ineinander gezeichnet, so dürfen aneinandergereihte Maße (Maßketten) sich nur auf ein und dasselbe Teil beziehen, 114.4.

Geschlossene Maßketten sind möglichst zu vermeiden. Eine Ausnahme bilden Teilungen mit theoretischen Maßen nach DIN ISO 1101.

Ist das Aufteilen einer Länge nicht zu umgehen, so soll mit Rücksicht auf die Toleranzsummierung eine Länge unbemaßt bleiben oder das entsprechende Maß als Hilfsmaß zu kennzeichnen, 115.1.

Innen- bzw. außenliegende Maße sind voneinander getrennt anzuordnen, 114.5.

Für genormte Gewinde werden die Kurzzeichen nach DIN 202, s. S. 65, angewendet.

Beispiele für das Darstellen von Gewinden zeigen die Seiten 63 bis 66.

Toleranzangaben

Toleranzen können angegeben werden durch:

Grenzabmaße

ISO-Toleranzkurzzeichen,
Allgemeintoleranzen,
DIN 7168 Teil 1

Symbole für Form- und Lagetoleranzen, DIN ISO 1101

Für zusammengebaute Teile ist es in Sonderfällen zulässig, das Höchstmaß durch den Zusatz max. oder das Mindestmaß durch den Zusatz min. zu kennzeichnen.

Zeichen für Einheiten haben stets Vorrang vor Toleranzangaben und sind bei Nennmaßen und bei Grenzabmaßen anzugeben, 115.3 u. 4.

Grenzabmaße werden nach 115.2 a...i oder nach 115.3 angegeben.

Die Grenzabmaße sind hinter der Maßzahl (Nennmaß) mit dem Vorzeichen + oder — oder ± einzutragen. Dem Nennmaß werden beide Grenzabmaße hinzugefügt und damit die Toleranz festgelegt. Das Grenzabmaß 0 soll nur eingetragen werden, wenn dies unbedingt nötig ist. Das obere Grenzabmaß ist ohne Rücksicht auf das Vorzeichen höher, das untere Grenzabmaß tiefer als das Nennmaß zu schreiben.

Bei gleichem oberem und unterem Grenzabmaß steht das Grenzabmaß mit dem zutreffenden Vorzeichen hinter dem Nennmaß.

Grenzabmaße und ISO-Toleranzkurzzeichen dürfen auch in derselben Schriftgröße wie das Nennmaß geschrieben werden, um einen Wechsel der Schriftschablone zu vermeiden, s. S. 425...438.

Grenzabmaße an Absatzmaßen zeigen 115.5...8.

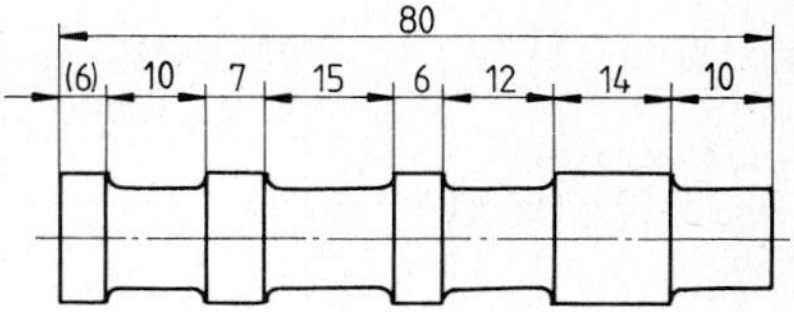

115.1

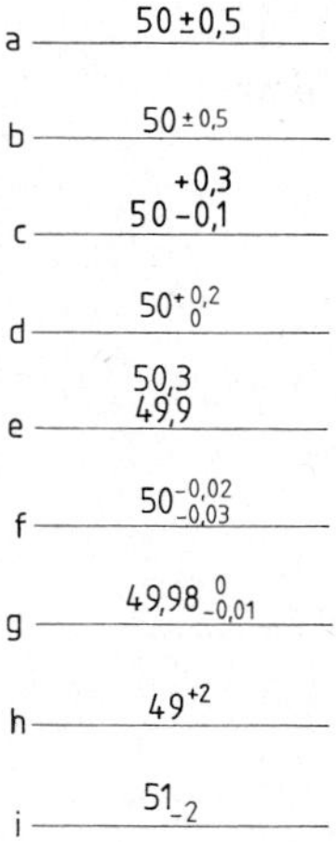

115.2

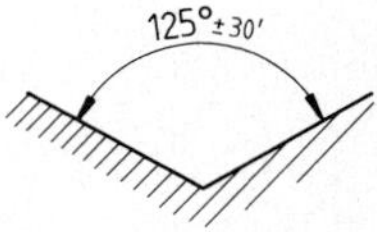

115.3

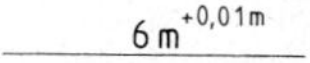

115.4

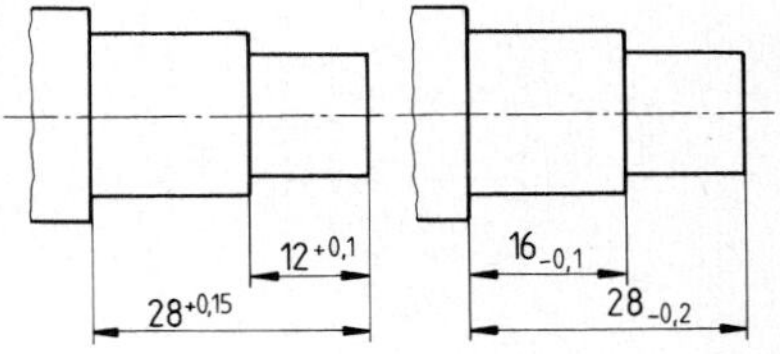

115.5 u. 6

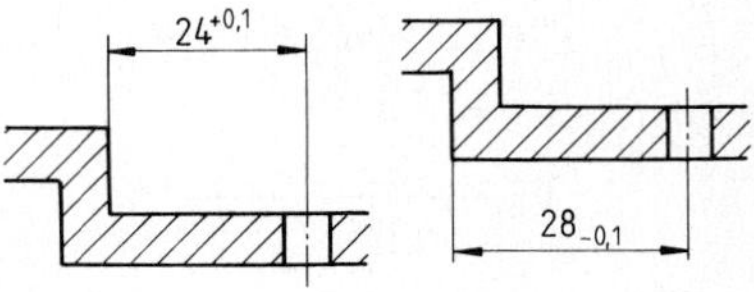

115.7 u. 8

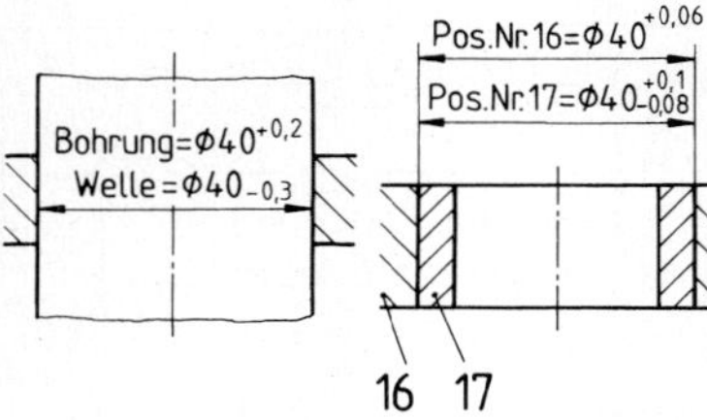

116.1 u. 2

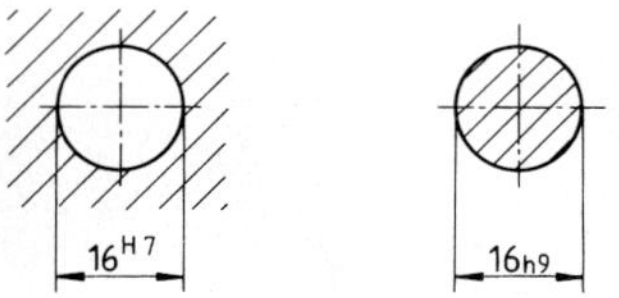

116.3 u. 4

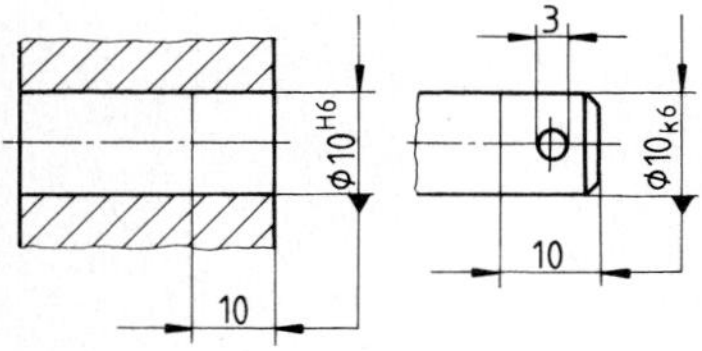

116.5 u. 6

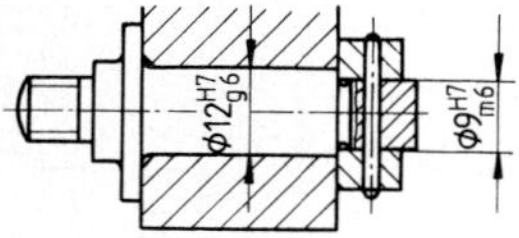

116.7

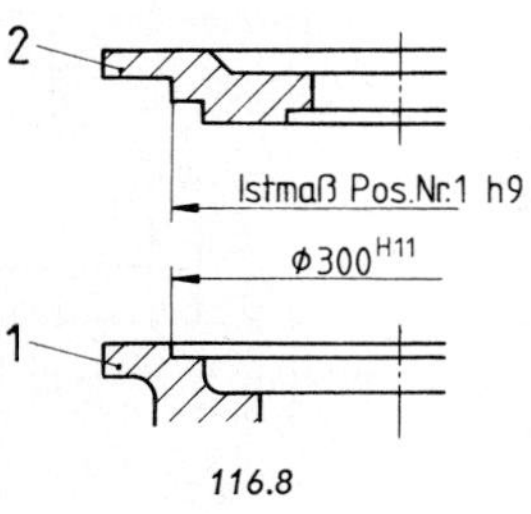

116.8

Bei Werkstücken, die zusammengebaut dargestellt sind, ist das Maß mit den Grenzabmaßen für das Innenmaß über dem Maß mit den Grenzabmaßen für das Außenmaß anzuordnen, 116.1 u. 2. Die Zuordnung der Maße ist durch die Wortangabe, z. B. „Bohrung", „Welle", „Pos. Nr. ..." oder durch die Zeichnungsnummer zu kennzeichnen.

Ist bei Werkstücken für jedes einzelne Teil nur ein Grenzabmaß einzutragen, weil das andere Grenzabmaß gleich 0 ist, so ist nur eine Maßlinie erforderlich, 116.1. Wenn es die Deutlichkeit der Zeichnung erfordert, sind zwei Maßlinien vorzusehen, 116.2.

Eintragen von ISO-Toleranzkurzzeichen

ISO-Toleranzkurzzeichen sind bei Außen- und Innenmaßen anzuwenden, wenn die Grenzabmaße dem ISO-Toleranzsystem nach DIN 7150 Teil 1 entsprechen.

Gilt eine Toleranz nur für einen bestimmten Bereich, so darf dies nach 116.5 u. 6 eingetragen werden.

Bei zusammengebaut gezeichneten Paßteilen werden die ISO-Toleranzkurzzeichen für die Innenmaße über denen für die Außenmaße eingetragen, 116.7.

Den ISO-Toleranzkurzzeichen können die hierfür geltenden Grenzabmaße in Klammern hinzugefügt oder in einer besonderen Tabelle in der Zeichnung angegeben werden.

Wenn ein Teil einem anderen, zuerst gefertigten, mit vorgeschriebener Paßtoleranz angepaßt werden muß, so darf dies in besonderen Fällen nach 116.8 eingetragen werden. Anstelle von Istmaß „Pos. Nr. 1" darf eingetragen werden „Istmaß des Gegenstückes". Im Beispiel 116.8 gilt als Nennmaß des Außendurchmessers bei Pos. Nr. 2 das Istmaß der Bohrung bei Pos. Nr. 1.

Teilungen

Als Teilung gilt die Aufeinanderfolge mehrerer Abstände, z. B. mehrere aufeinanderfolgende Mittenabstände, die auf einer Geraden oder auf einem Kreisbogen liegen.

Die vereinfachte Bemaßung als Maßkette ist nur bei gleichen Teilungen gleicher Abstände und gleicher geometrischer Elemente anwendbar. Hierbei ist jeweils nur das geometrische Element vollständig zu bemaßen, das als Bezugselement für alle Angaben gilt.

Zu beachten ist, daß sich die Toleranzen je nach Art der Bemaßung verschieden auswirken.

Bei Eintragung der Maße von Abstand zu Abstand (Maßkette) summieren sich die Toleranzen der Einzelmaße. Dies wird vermieden, wenn die Maßeintragung einzeln von einem gemeinsamen Bezugselement aus vorgenommen wird. Das Bezugselement kann z. B. eine Körperkante oder eine Lochmitte sein.

Bei der Eintragung von Ortstoleranzen nach DIN ISO 1101 wird die Toleranzsummierung ebenfalls vermieden.

Teilungen für eckige Löcher, Schlitze, Nuten usw. werden im allgemeinen von Kante zu Kante bemaßt, 117.1 . . . 3.

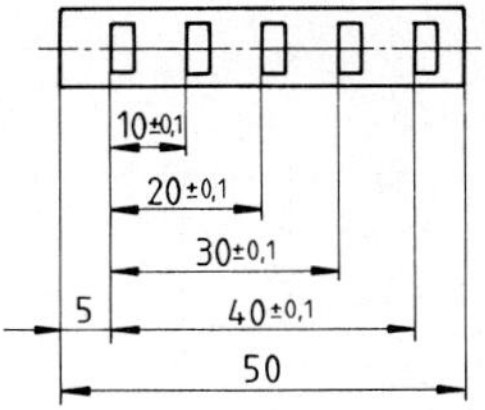

117.1

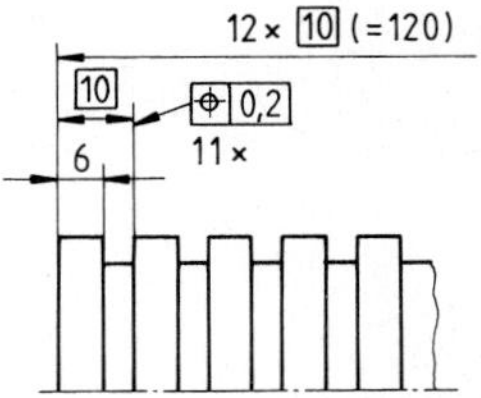

117.2

4

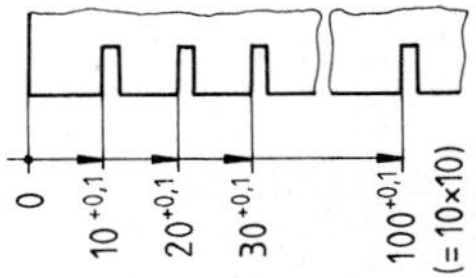

117.3

Bei Teilungen auf Kreisen kann vereinfacht eine Teilung und das Produkt aus Anzahl der Teilungen und dem Teilungsmaß und dem Ergebnis in Klammern angegeben werden.

Bei Teilungen auf einem Vollkreis darf bei einem großen Gesamtwinkel die Maßlinie abgebrochen werden, 117.4.

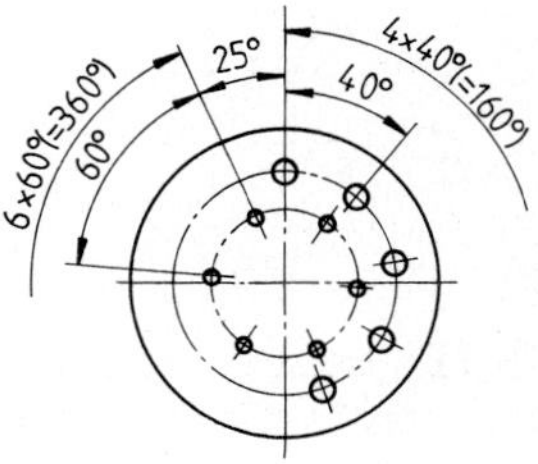

117.4

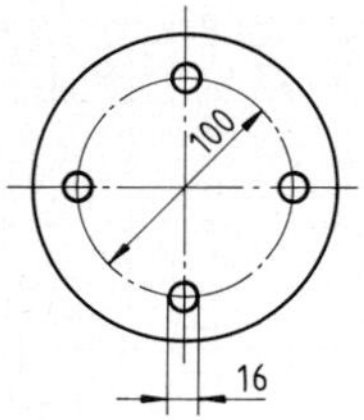

118.1

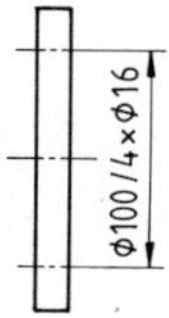

118.2

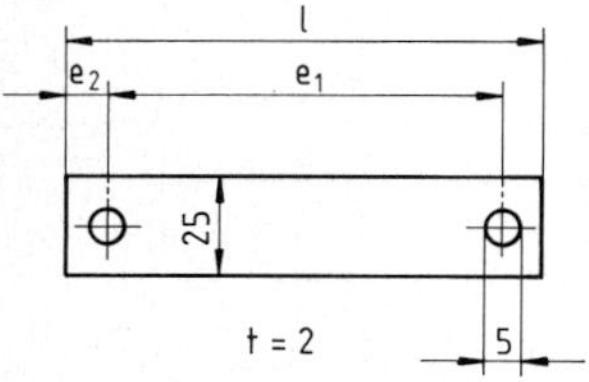

Nr.	l +2	e_1 ±0,5	e_2 ±0,5
1	60	50	5
2	80	70	5
3	160	140	10

118.3

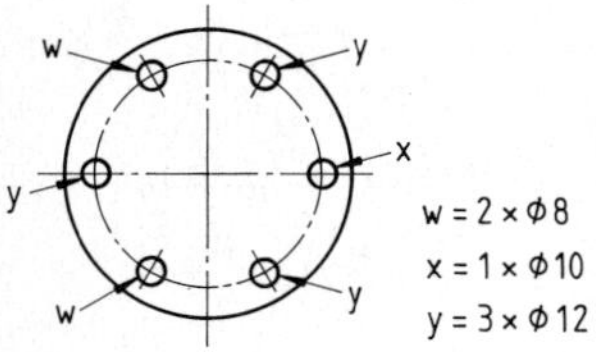

118.4

Sind 2 oder 4 Löcher gleichmäßig auf dem Lochkreis verteilt, so ist in der Draufsicht die Angabe des Teilungswinkels nicht notwendig, 118.1.

Ist nur die Seitenansicht dargestellt, dann dürfen der Teilkreisdurchmesser, die Anzahl der Löcher und der Lochdurchmesser in einer Maßangabe zusammengefaßt werden, 118.2.

Maßbuchstaben

Anstelle von Maßzahlen dürfen auch Kleinbuchstaben in der Schriftgröße der Maßzahlen angewendet werden.

Buchstaben mit festgelegter Bedeutung, z. B. m = Modul, z = Zähnezahl, dürfen mit anderer Bedeutung in derselben Zeichnung nicht noch einmal angewendet werden. Bei Bedarf, z. B. bei Wiederholung von Maßbuchstaben für verschiedene Maße, sind die Maßbuchstaben mit Indizes zu versehen. Großbuchstaben und der Buchstabe „o“ sollen nicht als Maßbuchstaben angewendet werden.

Die Zahlenwerte (Maße) für die Maßbuchstaben werden in einer Tabelle zusammengefaßt, 118.3. Jede Zeile der Tabelle gilt nur für ein selbständiges Teil und erhält eine Nummer (Positionsnummer, Sachnummer usw. s. auch DIN 30 Teil 6).

In Zeichnungen soll die Anzahl der durch Maßbuchstaben zu kennzeichnenden Maße auf drei beschränkt werden. Andernfalls sollte jede Ausführung einzeln gezeichnet werden, s. auch DIN 30 Teil 7.

Maßbuchstaben ohne Tabelle werden nach 118.4 eingetragen. Hierbei darf zur besseren Übersicht auch die Anzahl der bemaßten geometrischen Elemente der Maßzahl zugeordnet werden.

Folgende Maßbuchstaben und ihre Bedeutung sind nach ISO 3898 festgelegt worden:

b = Breite,
h = Höhe (Tiefe),
l = Länge,
t = Dicke.

4.4 Bemaßen durch Koordinaten nach DIN 406 Teil 3

DIN 406 T 3 gilt für das Maßeintragen durch Koordinaten, nicht aber für das maschinelle Programmieren von numerisch gesteuerten Werkzeugmaschinen. Diese Norm soll das manuelle Programmieren vereinfachen und erleichtern helfen.

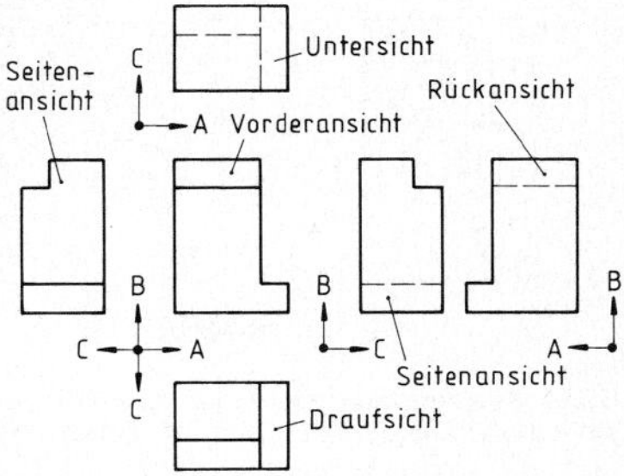

119.1 Werkstückbezogene Koordinatenachsen

Koordinatensysteme

Bei der Koordinatenbemaßung soll beim Festlegen der Koordinatenachsen ein von den Einflüssen der Werkzeugmaschinen unabhängiges kartesisches oder polares Koordinatensystem gewählt werden. Bei Bedarf sind für das Kennzeichnen der Koordinatenachsen Großbuchstaben, z. B. A, B, C anzuwenden, wenn für Koordinaten-Nullpunkte anstelle von Maßen Positionsnummern eingetragen werden. Diese Buchstaben dürfen dann für andere Angaben in der gleichen Zeichnung nicht noch einmal verwendet werden.

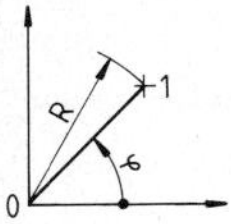

119.2 Eintragen der Polarkoordinaten

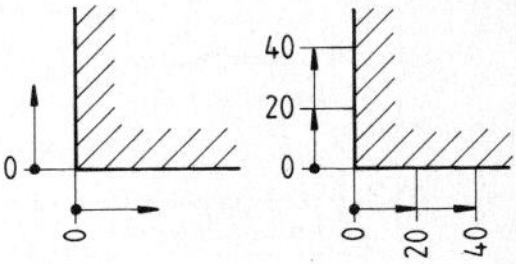

119.3 u. 119.4 Kennzeichnen der Koordinatenachsen bei steigender Bemaßung im kartesischen Koordinatensystem

Beim Polarkoordinatensystem werden die Polarkoordinaten mit Leitstrahl R und Polarwinkel φ bezeichnet, 119.2. Der Polarwinkel ist positiv und wird von der Polarachse entgegen dem Uhrzeigersinn angegeben.

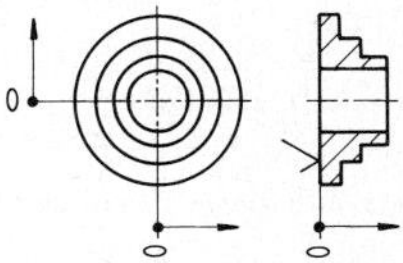

119.5 Symmetrieachsen und Fläche als Basis für den Koordinaten-Nullpunkt

Im kartesischen Koordinatensystem sind die Koordinatenachsen durch die Koordinaten-Nullpunkte und die Richtung der Bemaßung festgelegt, 119.3 und 119.4.

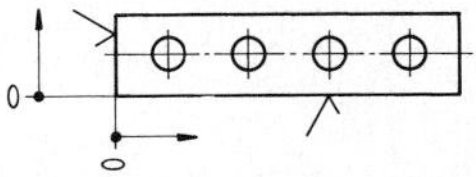

19.6 Flächen als Basis für den Koordinaten-Nullpunkt

Der Koordinaten-Nullpunkt ist der für ein Bemaßungssystem festgelegte Schnittpunkt der Koordinatenachsen, z. B.

Symmetrieachsen	119.5,
Flächen	119.6,
Bohrungen	119.7.

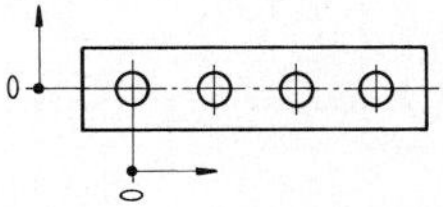

119.7 Bohrung als Basis für den Koordinaten-Nullpunkt

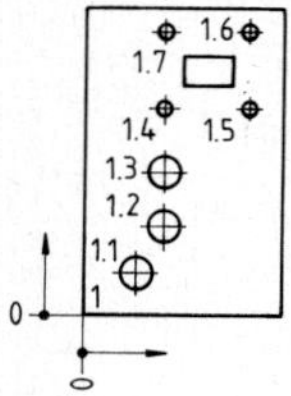

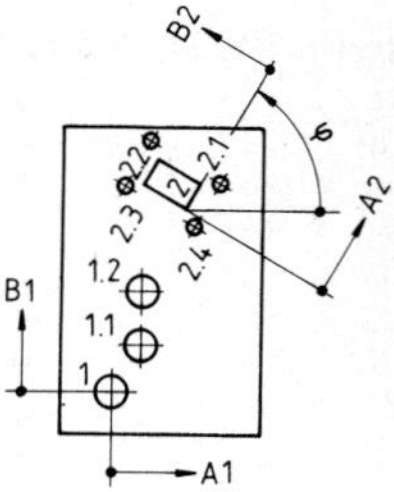

120.1 Koordinatensystem mit einem Hauptsystem *120.2 Koordinatensystem mit zwei Hauptsystemen*

Die **Positionsnummer** eines Koordinatenpunktes besteht aus der Nummer des Koordinaten-Nullpunktes und der Zählnummer des entsprechenden Koordinatenpunktes, 120.1 und 120.2. Die Positionsnummer ist auch das Bindeglied zwischen Zeichnung und Tabelle, Seite 122.

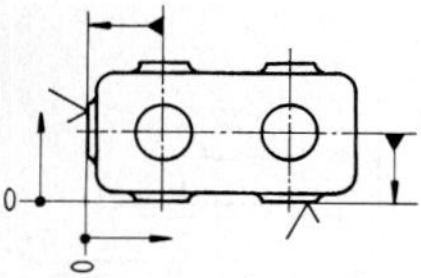

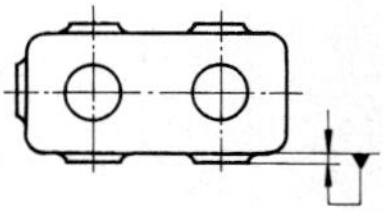

120.3 Bezugselement: Symmetrielinie *120.4 Bezugselement: Unbearbeitete Fläche*

An einem Werkstück können Koordinaten-Haupt- und -Nebensysteme auftreten. Während Koordinaten-Hauptsysteme voneinander unabhängig sind, hängen Koordinaten-Nebensysteme von einem Koordinaten-Hauptsystem ab. Die Positionsnummern, z. B. 1.1 . . . 1.7 in 120.1 sind funktionell abhängig vom Koordinaten-Nullpunkt 1.

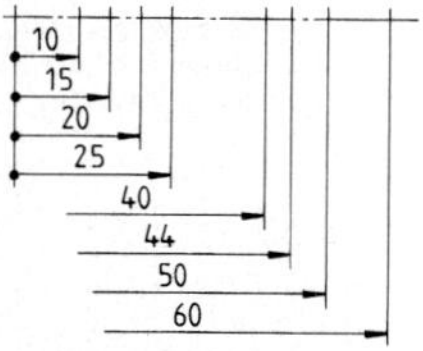

120.5 Bezugsbemaßung mit einem Pfeil

Bezugselemente für ein Koordinatensystem sind z. B. Symmetrielinien, unbearbeitete Flächen und vorbereitete Flächen. Für die Kennzeichnung der Bezugselemente wird das Bezugsdreieck nach DIN ISO 1101 verwendet, 120.3 und 120.4.

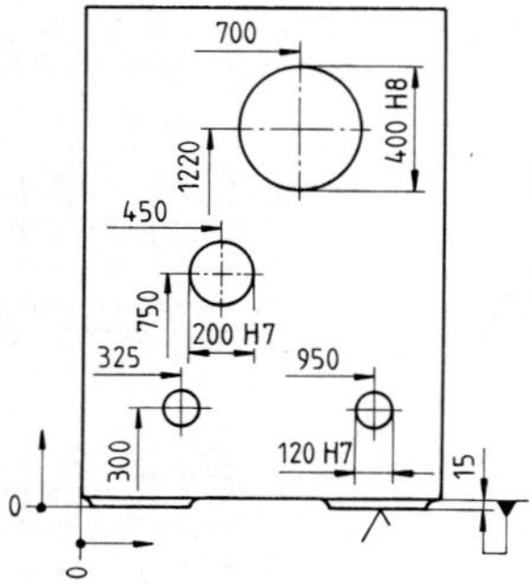

120.6 Vereinfachte Bemaßung in Bezugsbemaßung

Bezugsbemaßung

Bei der Bezugsbemaßung mit einem Pfeil gehen die Maße vom gleichen Bezugselement aus, 120.5.

Die Maßzahlen sind in Maßlücken und bei Eindeutigkeit auch über die durchgezogene Maßlinie zu schreiben.

Bei eindeutiger Kennzeichnung und wenn in der Ansicht nur ein Koordinaten-Nullpunkt liegt, müssen die Maßlinien von koordinatenbezogenen Maßen nicht bis zu den Koordinatenachsen durchgezogen werden, 120.6.

Bei der Bezugsbemaßung in steigender Bemaßung (Punkt-Pfeil-Pfeil) sind die Maßpfeile auf einer gemeinsamen Maßlinie steigend vom Koordinatennullpunkt aus eingetragen, 121.1 ... 121.3. Hierbei sind die Maßzahlen an der zugehörigen Hilfslinie angeordnet.

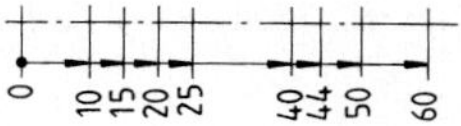

121.1 Bezugsbemaßung in steigender Bemaßung

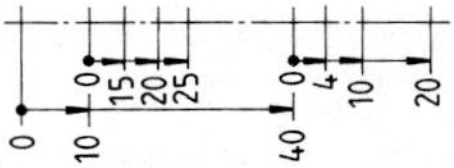

121.2 Steigende Bemaßung mit Koordinaten-Haupt- und -Nebensystem

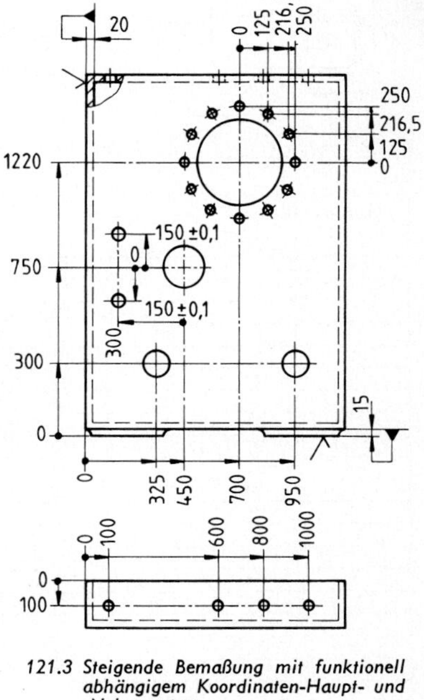

121.3 Steigende Bemaßung mit funktionell abhängigem Koordinaten-Haupt- und -Nebensystem

Zuwachsbemaßung

Die Zuwachsbemaßung, auch inkrementale Bemaßung genannt, ist als Kettenbemaßung bekannt. Hierbei ergibt jedes Maß auf der gemeinsamen Maßlinie einen Zuwachs. Der Endpunkt des vorhergehenden Maßes ist der Bezugspunkt des folgenden Maßes. Die Bemaßung erfolgt von Abstand zu Abstand als Maßkette, 121.4 und 121.5.

Kartesische Koordinaten dürfen bei Kreisteilungen, falls es die Bearbeitungsmethode erfordert, eingetragen werden, wie es 121.3 zeigt.

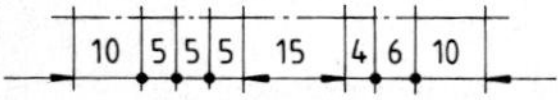

121.4 Zuwachsbemaßung mit Maßkette

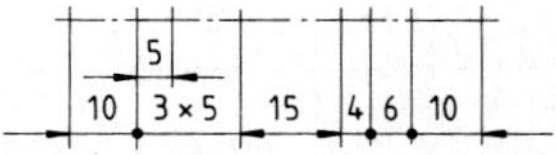

121.5 Zuwachsbemaßung mit Maßkette, vereinfacht

Bemaßen mit Hilfe von Tabellen

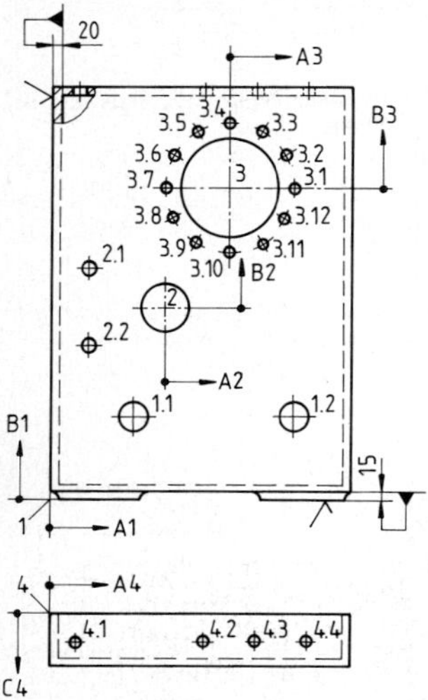

Die Einzelheiten eines Koordinatenpunktes, z. B. Bohrungsdurchmessers, dürfen entweder in der Zeichnung oder in einer Tabelle angegeben werden. In dieser können auch sonstige Angaben, z. B. Toleranzen, in zusätzlichen Spalten untergebracht werden.

122.1 Bemaßung mit Hilfe von Tabellen. Angabe der Polarkoordinaten für die Lage der Nebensysteme zum Hauptsystem

Koordinaten-Nullpunkt	Koordinatentabelle (Maße in mm)						
	Koordinaten						Bohrungs-durchmesser
	Pos. Nr.	A	B	C	R	φ	
1	1	0	0				
1	1.1	325	300				120 H7
1	1.2	950	300				120 H7
1	2	450	750				200 H7
1	3	700	1220				400 H8
2	2.1	–300	150				50 H9
2	2.2	–300	–150				50 H9
3	3.1	250	0		250	0°	23
3	3.2	216,5	125		250	30°	23
3	3.3	125	216,5		250	60°	23
3	3.4	0	250		250	90°	23
3	3.5	–125	216,5		250	120°	23
3	3.6	–216,5	125		250	150°	23
3	3.7	–250	0		250	180°	23
3	3.8	–216,5	–125		250	210°	23
3	3.9	–125	–216,5		250	240°	23
3	3.10	0	–250		250	270°	23
3	3.11	125	–216,5		250	300°	23
3	3.12	216,5	–125		250	330°	23
4	4	0		0			
4	4.1	100		100			23
4	4.2	600		100			23
4	4.3	800		100			23
4	4.4	1000		100			23

Normenhinweis:

DIN 406 Teil 3 Bbl 1	Bemaßung durch Koordinaten, Lochkreiskoordinaten
DIN 406 Teil 4	Bemaßung für die maschinelle Programmierung
DIN 406 Teil 4 Bbl 1	Bemaßung für die maschinelle Programmierung, Anwendungsbeispiele

4.5 Eintragen von Maßen für genaue Kegel nach DIN ISO 3040

Diese Norm gilt für Kegel, bei denen es auf die Genauigkeit der Kegelform ankommt. Die Bemaßung von kegeligen Übergängen an Werkstücken, die durch Gießen, Schmieden usw. hergestellt werden, zeigt Seite 110.

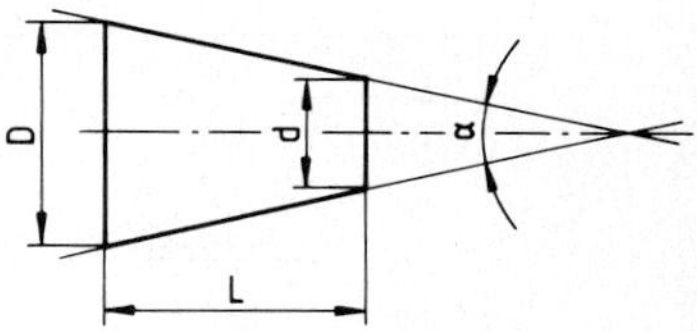

123.1 Kegelstumpf

Die normgerechte Bemaßung genauer Kegel nach DIN ISO 3040 erfordert folgende Angaben:

1. Die Kegelverjüngung, die entweder als Verhältniswert 1 : x oder durch den eingeschlossenen Kegelwinkel α angegeben wird,
2. der Durchmesser an einem ausgewählten Querschnitt, z. B. größter Kegeldurchmesser 123.4, oder Durchmesser eines Querschnitts 123.5,
3. das Maß für die Lage des Querschnitts, z. B. Länge des Kegelstumpfes 123.4 oder Lage des Querschnitts 123.5,
4. der Einstellwinkel $\frac{\alpha}{2}$ als eingeklammertes Hilfsmaß für die Fertigung, 125.1.

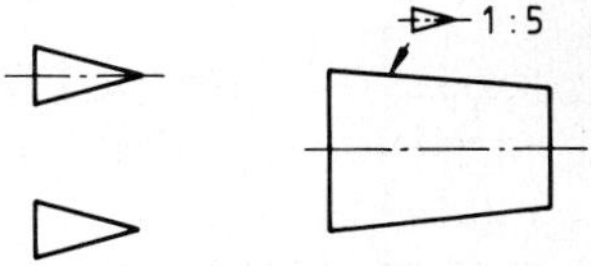

123.2 u. 3 Symbol für Kegelverjüngung

Zusätzlich können weitere Maße als eingeklammerte Hilfsmaße angegeben werden, z. B. der 2. Durchmesser beim Kegelstumpf.

Die **Kegelverjüngung** ist der Verhältniswert aus der Differenz von 2 Kegeldurchmessern D und d und deren Abstand L, 123.1.

$$\text{Kegelverjüngung } C = \frac{D - d}{L}$$

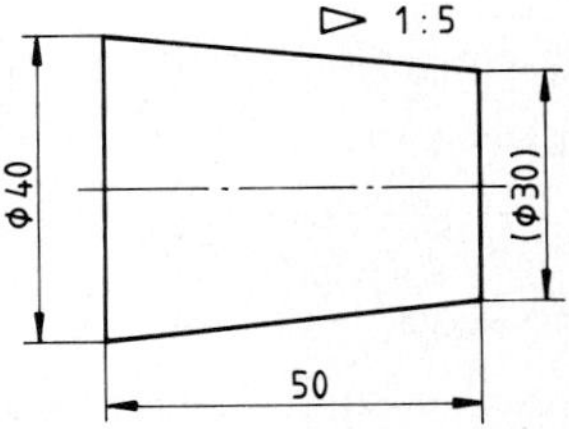

123.4 Kegelbemaßung

Mit Hilfe der trigonometrischen Funktionen kann man die Kegelverjüngung auch auf folgende Art bestimmen:

$$\tan \frac{\alpha}{2} = \frac{\frac{D}{2} - \frac{d}{2}}{L} = \frac{1}{2} \frac{D - d}{L}$$

$$\text{Somit ist } 2 \cdot \tan \frac{\alpha}{2} = \frac{D - d}{L}$$

$$\text{Kegelverjüngung } C = 2 \cdot \tan \frac{\alpha}{2}$$

Das Symbol für die Kegelverjüngung 123.2 soll in die Richtung der Kegelverjüngung zeigen 123.3. Es ist über der Kegelmantellinie anzuordnen und liegt parallel zur Kegelachse 123.3...4.

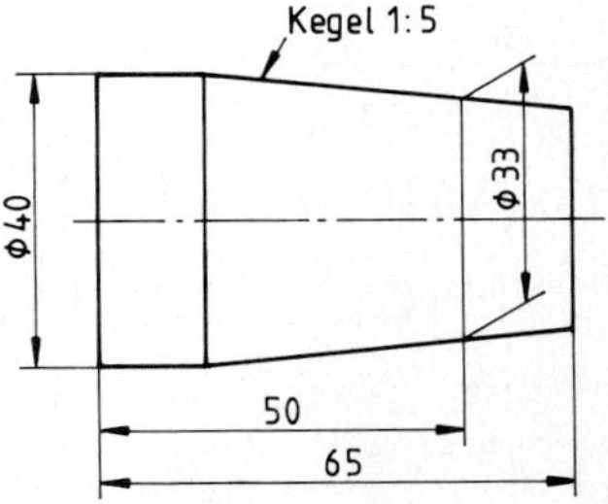

123.5 Kegelbemaßung

Das Kegelsymbol ohne Mittellinie darf aus Gründen der Vereinfachung und der Mikroverfilmung angewendet werden, 123.2. In eindeutigen Fällen darf auch der Bezugspfeil entfallen, 123.4.

Symbole stehen stets vor der Maßangabe und sind Wortangaben, z. B. Kegel in 123.5 vorzuziehen, wegen der internationalen Austauschbarkeit technischer Zeichnungen.

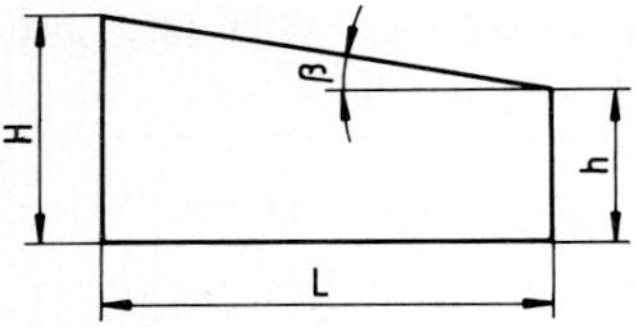

124.1

Eine Kegelverjüngung und deren Symbol darf nicht mit einer Neigung 124.1 und deren Symbol 124.2 u. 3 verwechselt werden.

$$\text{Neigung} = \frac{H - h}{L} = \tan \beta$$

124.2

124.3

Die Berechnung und Angabe der Verjüngung an pyramidischen Werkstücken zeigt Seite 110.

Berechnungen für die Kegelbemaßung

Kegel

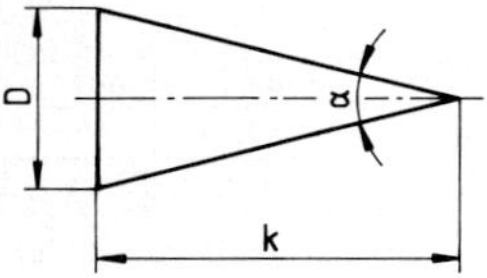

124.4

Beispiel: $D = 20$
$k = 100$

Kegelverjüngung C als Verhältniswert von Durchmesser D zur Kegellänge K

$$C = \frac{D}{k} = \frac{20}{100} = \frac{10}{50}$$

$$C = 1 : 5$$

Kegelstumpf

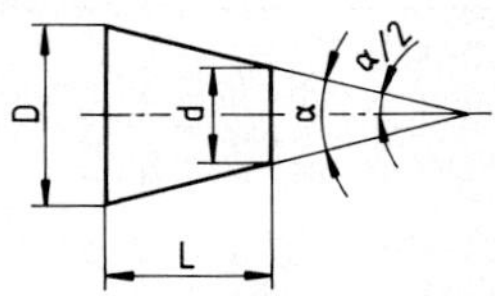

124.5

Beispiel: $D = 20$
$d = 10$
$L = 100$

Kegelverjüngung als Verhältniswert aus der Differenz von 2 Kegeldurchmessern D und d und deren Abstand L

$$C = \frac{D - d}{L} = \frac{20 - 10}{100} = \frac{10}{100}$$

$$C = 1 : 10$$

Einstellwinkel $\frac{\alpha}{2}$ kann als Tangensfunktion der halben Kegelverjüngung C ermittelt werden

$$\tan \frac{\alpha}{2} = \frac{D}{2k}$$

$$\tan \frac{\alpha}{2} = \frac{20}{200} = 0{,}1$$

$$\frac{\alpha}{2} = 5°42'30''$$

$$\tan \frac{\alpha}{2} = \frac{D - d}{2L}$$

$$\tan \frac{\alpha}{2} = \frac{20 - 10}{200} = 0{,}05$$

$$\frac{\alpha}{2} = 2°52'$$

Kegelwinkel α ist gleich dem doppelten Einstellwinkel $\frac{\alpha}{2}$

Neigung als Gefälle der Mantellinie zur Kegelachse ist halb so groß wie die Kegelverjüngung C und entspricht dem Verhältnis $1 : 2x$

Neigung: $1 : 2x = \frac{D}{2} : k$

$$1 : 2x = \frac{20}{2} : 100$$

$$1 : 2x = 10 : 100$$

$$1 : 2x = 1 : 10$$

Neigung: $1 : 2x = \frac{D - d}{2} : L$

$$1 : 2x = \frac{20 - 10}{2} : 100$$

$$1 : 2x = 5 : 100$$

$$1 : 2x = 1 : 20$$

Kegel sind nach DIN 254 genormt

Die fettgedruckten Kegel in der Auswahl sind stets zu bevorzugen.

Kegel-verjüngung C	Kegel-∢ α	Einstell-∢ $\frac{\alpha}{2}$	Anwendungsbeispiele
1 : 0,289	120°	60°	Schutzsenkungen für Zentrierbohrungen
1 : 0,5	90°	45°	Ventilkegel, Bunde an Kolbenstangen, blanke Senkschrauben bis 20 mm
1 : 0,652	75°	37°30′	Senkniete von 10 bis 16 mm ϕ
1 : 0,866	60°	30°	Körnerspitzen, Zentrierbohrungen, Dichtungskegel für leichte Rohrverschraubungen, Senkschrauben von 22 bis 27 mm
1 : 1,5	36°52′	18°26′	Dichtungskegel für schwere Rohrverschraubungen
1 : 5	11°25′	5°42′30″	Reibungskupplungen, Spurzapfen, leicht abnehmbare Maschinenteile (Beanspruchung quer zur Achse und auf Drehung)
1 : 6	9°32′	4°46′	Dichtungskegel für Hähne
1 : 10	5°44′	2°52′	Kupplungsbolzen, nachstellbare Lagerbuchsen, Maschinenteile bei Beanspruchung quer zur Achse, auf Drehung und längs der Achse
1 : 12	4°46′	2°23′	Wälzlager, Kegelbuchsen für Wälzlager
1 : 20	2°52′	1°26′	Schäfte von Werkzeugen und Aufnahmekegel der Werkzeugmaschinenspindeln, Reibahlen (DIN 204, DIN 205)
1 : 30	1°54′34″	57′17″	Bohrungen der Aufsteckreibahlen und -senker
1 : 50	1°8′44″	34′22″	Kegelstifte, Reibahlen DIN 9

Die Kegelverjüngung, z. B. C = 1 : 10, gibt an

— beim spitzen Kegel bei welcher Länge der Durchmesser um 1 mm abnimmt,

— beim stumpfen Kegel bei welcher Länge die Durchmesserdifferenz D — d = 1 mm beträgt.

Bei Werkzeugkegeln nach DIN 228, s. S. 127, wird statt der Kegelverjüngung C z. B. „⊳ DIN 228 — MK80" als Metrischer Kegel 80 oder „⊳ DIN 228 — MK3" als Morsekegel 3 eingetragen.

Beim Drehen und Schleifen von Kegeln erleichtert die Angabe des Einstellwinkels $\frac{\alpha}{2}$ das Einstellen der Werkzeugmaschinen, 125.1.

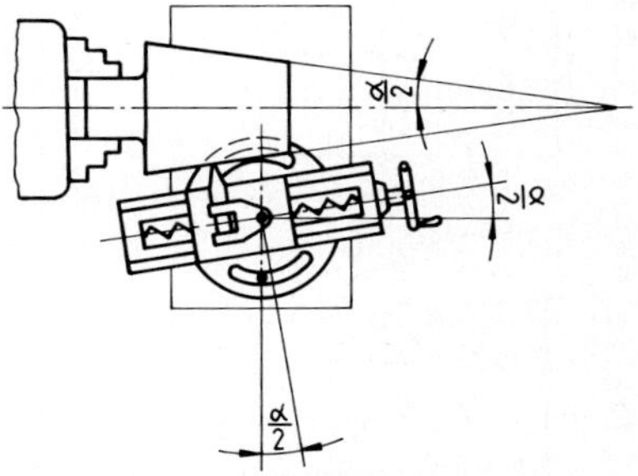

125.1 Kegeldrehen durch Supportverstellung um Einstellwinkel $\frac{\alpha}{2}$

Toleranzangaben bei Kegeln nach DIN ISO 3040

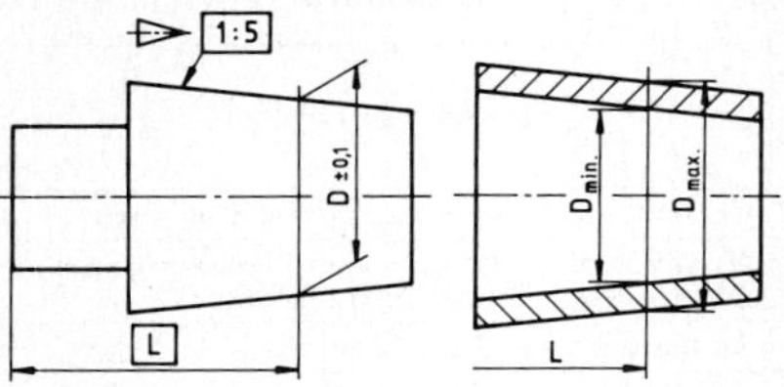

126.1 u. 2 Einheitskegel-Methode

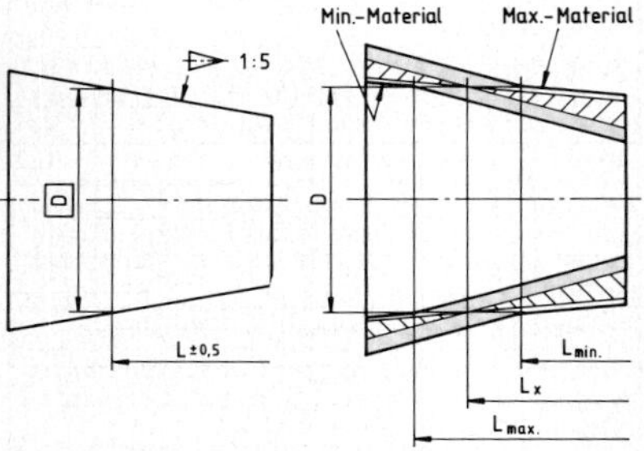

126.3 u. 4 Methode des tolerierten Kegelwinkels

Um die Genauigkeit von Kegeln festzulegen, gibt es zwei Methoden.

Bei der Einheitskegel-Methode 126.1 u. 2 begrenzen die Toleranzen die Abweichung des Istkegels von der geometrisch idealen Form, wobei die Kegelmantelfläche innerhalb von zwei Grenzprofilen desselben Kegels bleiben muß.

Bei der Methode des tolerierten Kegelwinkels 126.3 u. 4 gilt der Zahlenwert der Maßtoleranzen nur für den Querschnitt, an welchem das Maß auf der Zeichnung angegeben ist und nicht an jedem Querschnitt, wie im Falle der Einheitskegel-Methode.

Die Wahl der Tolerierungsmethode und der Toleranz-Werte hängt von den Forderungen an die Funktionen der zu fügenden Teile ab.

Normgerechte Bemaßung von Kegeln nach DIN ISO 3040

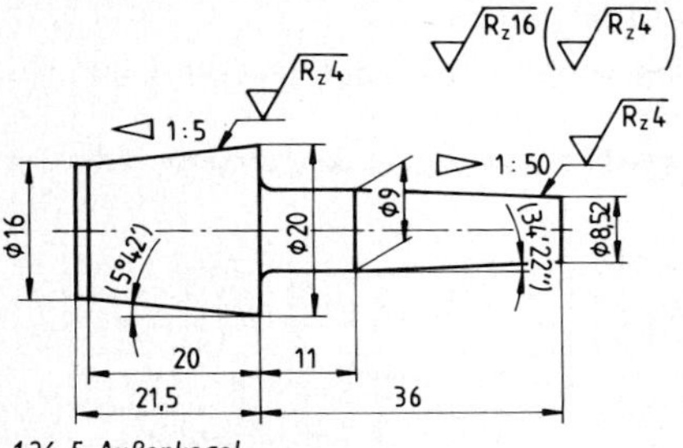

126.5 Außenkegel

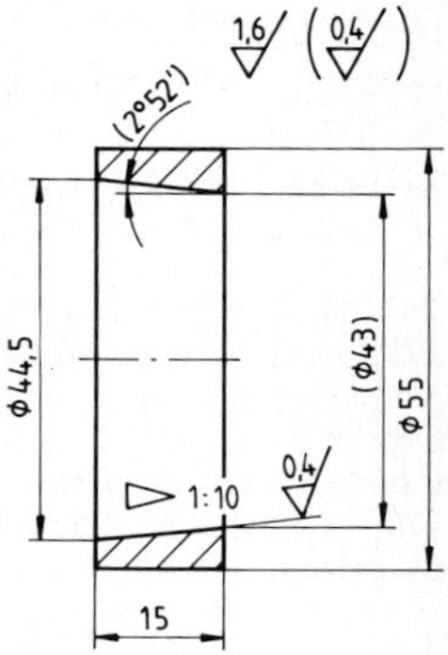

126.6 Innenkegel

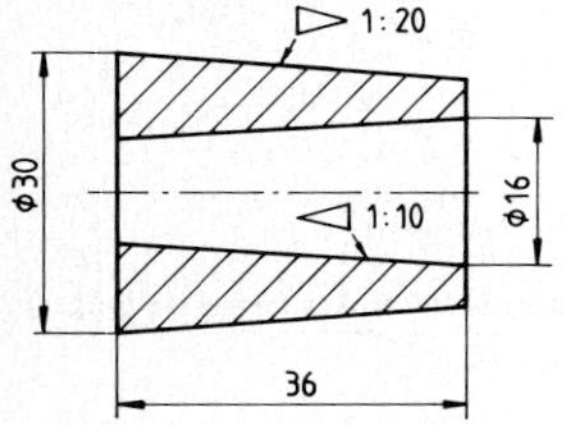

126.7 Außen- und Innenkegel

Morsekegel und Metrische Kegel nach DIN 228 Teil 1 und 2

Als Werkzeugkegel für Schäfte und Hülsen werden die Morsekegel 0, 1, 2, 3, 4, 5 und 6 sowie die metrischen Kegel 4, 6 und 80...200 angewendet.

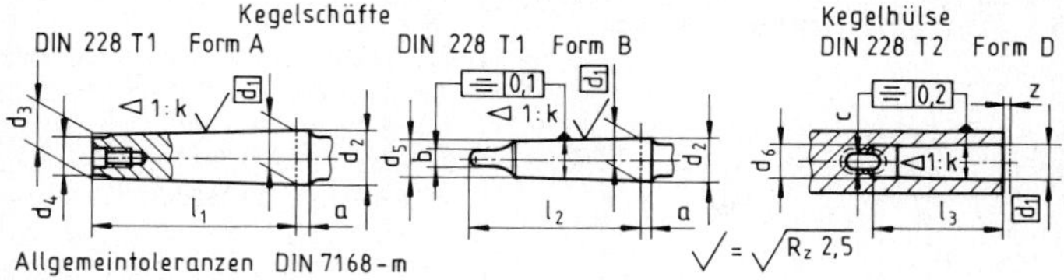

	Bezeichnung	Metrische Kegel 4	6	Morsekegel 0	1	2	3	4	5	6	Metr. Kegel 80
Schaft	d_1	4	6	9,045	12,065	17,780	23,825	31,27	44,399	63,348	80
	$d_2 \approx$	4,1	6,2	9,2	12,2	18	24,1	31,6	44,7	63,8	80,4
	$d_3 \approx$	2,9	4,4	6,4	9,4	14,6	19,8	25,9	37,6	53,9	70,2
	$d_4$max	2,5	4	6	9	14	19	25	35,7	51	67
	$d_5 \approx$	—	—	6,1	9	14	19,1	25,2	36,5	52,4	69
	α	2	3	3	3,5	5	5	6,5	6,5	8	8
	b h 13	—	—	3,9	5,2	6,3	7,9	11,9	15,9	19	26
	$l_1$max	23	32	50	53,5	64	81	102,5	129,5	182	196
	l_2	—	—	56,5	62	75	94	117,5	149,5	210	220
Hülse	d_6	3	4,6	6,7	9,7	14,9	20,2	26,5	38,2	54,2	71,5
	C A 13	2,2	3,2	3,9	5,2	6,3	7,9	11,9	15,9	19	26
	$l_3$min	25	34	52	56	67	84	107	135	188	202
	Z	0,5	0,5	1	1	1	1	1	1	1	1,5
Einstell-∢ $\alpha/2$		1°25′ 56″		1°29′ 27″	1°25′ 43″	1°25′ 50″	1°26′ 16″	1°29′ 15″	1°30′ 26″	1°29′ 36″	1°25′ 56″
Verjüngung		1:20		1:19,212	1:20,047	1:20,02	1:19,922	1:19,254	1:19,002	1:19,18	1:20

Steilkegelschäfte für Werkzeuge und Spannzeuge nach DIN 2080 Form A[1])

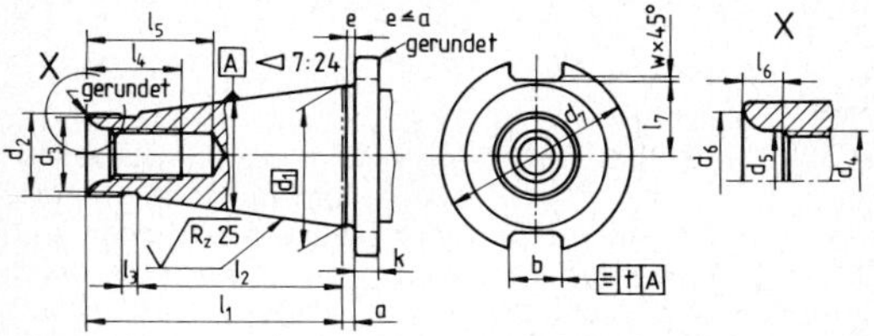

Bezeichnung eines Steilkegelschaftes mit Gewindeanzug der Form A Nr. 40 mit Kegelwinkel-Toleranzqualität AT 4:
Steilkegelschaft DIN 2080 – A 40 AT 4

Nr.	a	b	d_1	d_2	d_3	d_4	d_5	d_6	d_7	k	l_1	l_2	l_3	l_4	l_5	l_6	l_7
30	1,6	16,1	31,75	17,4	16,5	M12	13	16	50	8	68,4	48,4	3	24	33,5	5,5	16,2
40	1,6	16,1	44,45	25,3	24	M16	17	21,5	63	10	93,4	65,4	5	32	42,5	8,2	22,5
45	3,2	19,3	57,15	32,4	30	M20	21	26	80	12	106,8	82,8	6	40	52,5	10	29
50	3,2	25,7	69,85	39,6	38	M24	26	32	97,5	12	126,8	101,8	8	47	61,5	11,5	35,3

1) ISO / DIS 297 und ISO 2583

Erfolgskontrollen über Darstellen und Bemaßen, s. S. 403

4.6 Sonderfälle der Darstellung und Bemaßung

4.6.1 Einzelheiten nach DIN 6

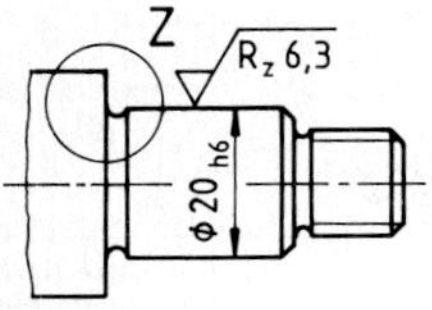

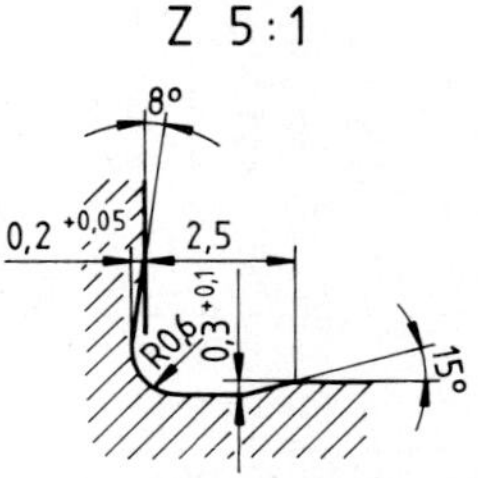

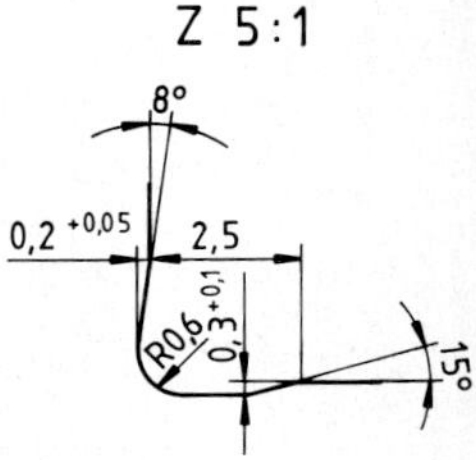

128.1. . .3 Einzelheit Z

Einzelheiten werden zur deutlichen Darstellung und Bemaßung im vergrößerten Maßstab herausgezeichnet.

Die herauszuzeichnende Stelle ist einzurahmen z. B. mit einem Kreis in der Linienbreite schmaler Vollinien sowie mit einem Großbuchstaben zu kennzeichnen. Es sollen möglichst die letzten Buchstaben des Alphabetes verwendet werden, um Verwechslungen mit Buchstaben des Schnittverlaufes zu vermeiden. Die Vergrößerung ist durch einen Großbuchstaben, z. B. „Z" zu kennzeichnen und der Maßstab anzugeben, 128.1 u. 2.

Die herauszuzeichnende Einzelheit darf ohne Begrenzungslinie und bei Schnitten auch ohne Schraffur und ohne umlaufende Kanten gezeichnet werden, 128.3.

Wortangaben, z. B. „Einzelheit" oder „Schnitt" sowie der Buchstabe „M" vor der Maßstabsangabe, sollen nach ISO 128 nicht mehr verwendet werden.

4.6.2 Freistiche nach DIN 509

Freistiche als Innen- und Außeneinstiche dienen an Absätzen von Drehteilen, die geschliffen werden sollen, dazu, daß die Schleifscheibenkante frei auslaufen kann. Sie verringern auch die sonst an scharfen Übergängen auftretende Kerbwirkung.

Die Freistichformen A, C und E sind bei Werkstücken mit einer zu bearbeitenden Fläche, die Formen B, D und F bei zwei rechtwinklig zueinander stehenden Bearbeitungsflächen zu verwenden. Für Neukonstruktionen sind nur noch die Formen E und F zu nehmen, da sie im allgemeinen auch durch Nachformdrehen hergestellt werden können.

Die in der Tabelle angegebenen Maße für die Freistichformen gelten für das Fertigteil, so daß die Bearbeitungszugabe bei der Vorbereitung der Werkstücke zu berücksichtigen ist.

Die Normbezeichnung eines Freistiches, z. B. DIN 509–F1 × 0,2 enthält den Radius r_1 = 1 mm und die Tiefe t_1 = 0,2 mm, wobei eine geschlichtete Oberfläche mit $R_z \leqq 25$ µm vorliegt. Andere Oberflächengüten müssen besonders gekennzeichnet werden.

für Werkstücke mit **einer** Bearbeitungsfläche
Form E

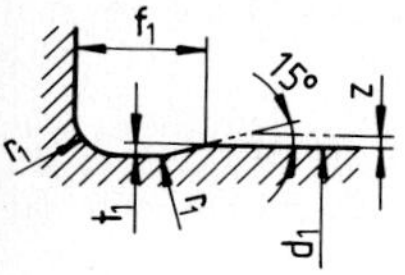

129.1

für Werkstücke mit **zwei** rechtwinklig zueinander stehenden Bearbeitungsflächen
Form F

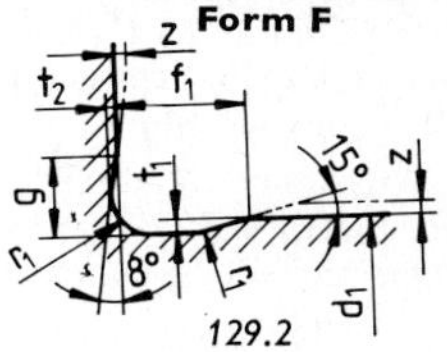

129.2

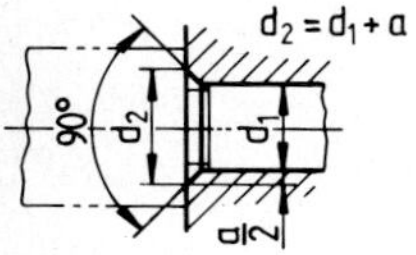

129.3 *Senkung am Gegenstück*

z = Bearbeitungszugabe
d_1 = Fertigmaß

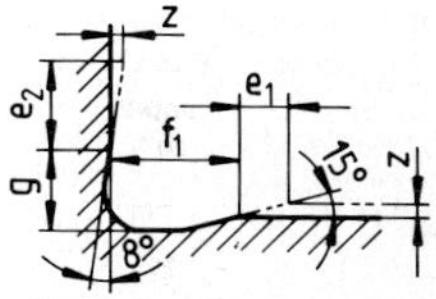

129.4 Auswirkung der Bearbeitungszugabe

Abmessungen der Freistichformen E und F								Senkung am Gegenstück		
Zuordnung zum Durchmesser d_1 für Werkstücke: mit üblicher Beanspruchung	mit erhöhter Wechselfestigkeit	r_1	t_1 + 0,1	f_1	g ≈	t_2 + 0,05	nachformbar	Freistich Größe $r_1 \times t_1$	a Kleinstmaß Form E	a Kleinstmaß Form F
bis 1,6	—	0,1	0,1	0,5	0,8	0,1	nein	0,1 × 0,1	0	0
über 1,6 bis 3		0,2	0,1	1	0,9	0,1		0,2 × 0,1	0,2	0
über 3 bis 10		0,4	0,2	2	1,1	0,1		0,4 × 0,2	0,4	0
über 10 bis 18	—	0,6	0,2	2	1,4	0,1	ja	0,6 × 0,2	0,8	0,2
über 18 bis 80		0,6	0,3	2,5	2,1	0,2		0,6 × 0,3	0,6	0
über 80		1	0,4	4	3,2	0,3		1 × 0,4	1,6	0,8
—	über 18 bis 50	1	0,2	2,5	1,8	0,1	ja	1 × 0,2	1,2	0
	über 50 bis 80	1,6	0,3	4	3,1	0,2		1,6 × 0,3	2,6	1,1
	über 80 bis 125	2,5	0,4	5	4,8	0,3		2,5 × 0,4	4,2	1,9
	über 125	4	0,5	7	6,4	0,3		4 × 0,5	7	4,0

Die Bemaßung eines Freistiches erfolgt entweder vollständig in vergrößerter Darstellung als Einzelheit, 129.5 oder vereinfacht mit Kurzzeichen, wobei der Freistich mit schmaler Vollinie als Lichtkante anzudeuten ist, 129.6.

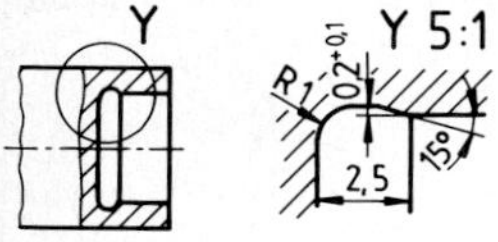

129.5 als Einzelheit

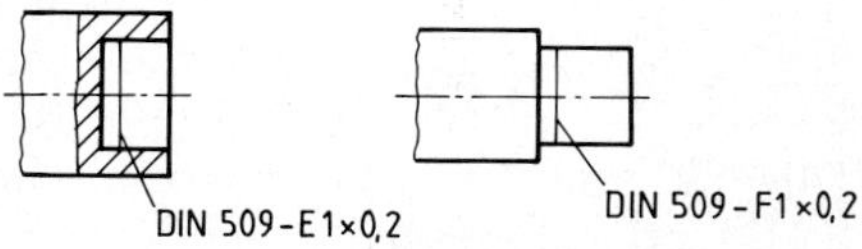

129.6 mit Kurzzeichen

4

4.6.3 Zentrierbohrungen 60° nach DIN 332 Teil 1

Zentrierbohrungen dienen zum Spannen von Werkstücken zwischen Spitzen. DIN 332 T1 enthält die Formen A, B, C und R, wobei die Form R Schwierigkeiten beim Spannen durch Maßabweichungen am Innen- und Außenkegel beseitigt.

Die Größe der Zentrierbohrungen, angegeben durch das Nennmaß d_1, wird durch den Werkstückdurchmesser, das Werkstückgewicht und die auftretenden Zerspanungskräfte bestimmt.

Soll die Zentrierbohrung vor der Fertigstellung des Werkstückes abgestochen werden, so ist a das Abstechmaß. Verbleibt die Zentrierbohrung am fertigen Werkstück, dann sind die Formen B und C zu verwenden.

R ohne Schutzsenkung mit gewölbten Laufflächen

A ohne Schutzsenkung mit geraden Laufflächen

B kegelförmige Schutzsenkung mit geraden Laufflächen

C kegelstumpfförmige Schutzsenkung mit geraden Laufflächen

4

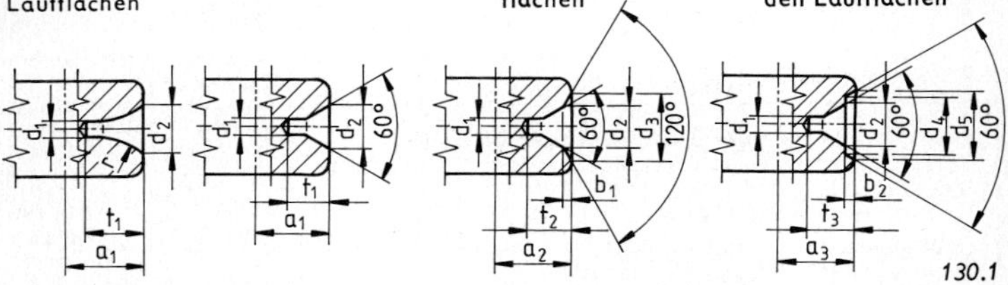

130.1

d_1	d_2	a_1	a_2	a_3	b_1	b_2	d_3	d_4	d_5	t_1	t_2	t_3
1	2,12	3	3,5	3,5	0,3	0,4	3,15	4,5	5	1,9	2,2	1,9
1,6	3,35	5	5,5	5,5	0,5	0,7	5	6,3	7,1	2,9	3,4	2,9
2,5	5,3	7	8,3	8,3	0,8	0,9	8	9	10	4,6	5,4	4,6
4	8,5	11	12,7	12,7	1,2	1,7	12,5	14	16	7,4	8,6	7,4
6	13,2	18	20	20	1,4	2,3	18	22,4	25	11,4	12,9	11,5
10	21,2	28	31	31	2	3,9	28	35,5	40	18,3	20,4	18,4

Die Norm-Bezeichnung, z. B. Zentrierbohrung DIN 332 – A 4 × 8,5, legt die Form A und den Durchmesser $d_1 = 4$ und $d_2 = 8{,}5$ mm fest.

Die Darstellung von Zentrierbohrungen erfolgt als Ausbruch wie in 130.1. Die vereinfachte Darstellung nach DIN 332 T10 besteht aus einem Symbol mit der nachfolgenden Norm-Bezeichnung, siehe 130.2. Wenn Form und Maße der Zentrierbohrung nicht festliegen, genügt die Angabe der Norm-Hauptnummer.

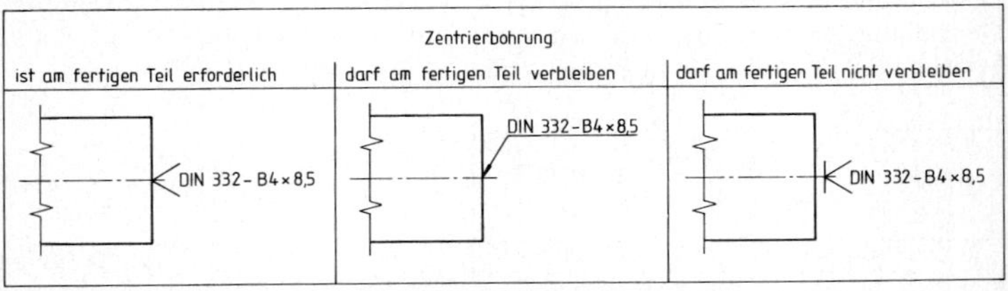

Zentrierbohrungen sind nach DIN 332 Teil 1, 2, 4, 7 u. 8 genormt. *130.2*

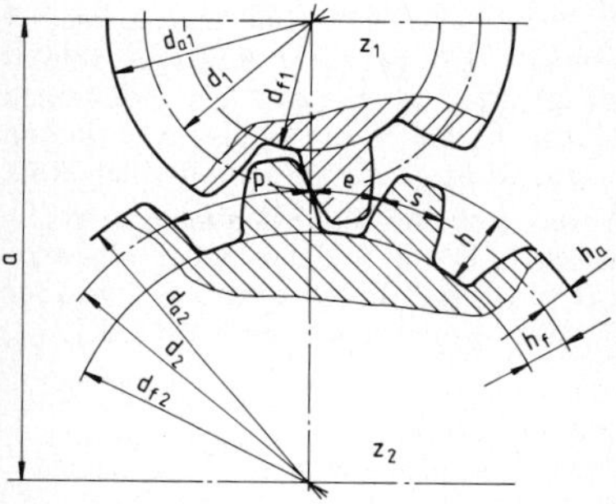

131.1 Zahnradpaar im Eingriff

5.1 Zahnräder

Die Bestimmungsgrößen der Zahnräder mit parallelen Radachsen werden auf die Teilkreise bezogen. Die Teilkreisteilung p ist das Bogenmaß auf dem Teilkreis und setzt sich zusammen aus der Zahndicke s und der Lückenweite e, $p = s + e$. Der Modul m ist das Verhältnis der Teilung p zur Zahl π, $m = p/\pi$. Der Teilkreisdurchmesser ergibt sich als Produkt aus Modul und Zähnezahl, $d = m \cdot z$. Rad und Gegenrad besitzen stets den gleichen Modul. Dieser ist für Stirnräder nach DIN 780 T 1 zu wählen.

Bestimmungsgrößen der Geradstirnräder			Beispiel: $z_1 = 20$, $m = 3$
Modul	Verhältniszahl, die der Modulreihe nach DIN 780 entnommen wird.	$m = \frac{p}{\pi}$	3 mm
Teilung	p = Modul · π	$p = m \cdot \pi$	$3 \cdot 3{,}14 = 9{,}42$ mm
Teilkreis-⌀	d = Modul · Zähnezahl	$d = m \cdot z$	$3 \cdot 20 = 60$ mm
Zahnhöhe	h = 2 · Modul + Kopfspiel	$h = 2 \cdot m + c$[1]	$6 + 0{,}75 = 6{,}75$ mm
Kopfhöhe	h_a = Modul	$h_a = m$	3 mm
Fußhöhe	hf = Modul + Kopfspiel	$hf = m + c$	$3 + 0{,}75 = 3{,}75$ mm
Kopfkreis-⌀	d_a = d + doppelter Kopfhöhe	$d_a = d + 2\,m$ $d_a = m \cdot (z+2)$	$d_a = 66$ mm
Fußkreis-⌀	df = d — doppelter Fußhöhe	$df = d - 2 \cdot hf$	$60 - 7{,}5 = 52{,}5$ mm
Achsabstand	a = Summe der Teilkreishalbmesser z_1 = Zähnezahl des kleineren Rades z_2 = Zähnezahl des größeren Rades	$a = \frac{m(Z_1 + Z_2)}{2}$ $a = \frac{d_1 + d_2}{2}$	z. B. $z_2 = 40$ $a = \frac{3 \cdot (20+40)}{2} = 90$ mm

[1]) *Nach DIN 867 kann das Kopfspiel $c = 0{,}1 \cdot m$ bis $0{,}3 \cdot m$ betragen, genormt $c = 0{,}25 \cdot m$.*

Moduln für Stirnräder nach DIN 780 Teil 1

Reihe I ist gegenüber Reihe II zu bevorzugen. Alle Moduln in mm!

Reihe	Moduln m									
I	0,05	0,06	0,08	0,1	0,12	0,16	0,2	0,25	0,3	0,4
	0,5	0,6	0,7	0,8	0,9	1	1,25	1,5	2	2,5
	3	4	5	6	8	10	12	16	20	25
	32	40	50	60						
II	0,055	0,07	0,09	0,11	0,14	0,18	0,22	0,28	0,35	0,45
	0,55	0,65	0,75	0,85	0,95	1,125	1,375	1,75	2,25	2,75 (3,25)
	3,5 (3,75)	4,5	5,5	7	9	11	14	18	22	28
	36	45	55	70						
Moduln für Schnecken im Axialschnitt, für Schneckenräder im Stirnschnitt DIN 780 T 2										
	1	1,25	1,6	2	2,5	3,15	4	5	6,3	8
	10	12,5	16	20						

Übung: Bestimmen Sie die Abmessungen eines Geradstirnradpaares nach der Tabelle S. 131 mit: $z_1 = 18$ Zähne, $z_2 = 34$, $m = 4$.

Damit die Zahnflanken der Stirnräder sich mit geringer Reibung aufeinander abwälzen, werden die Flankenprofile vorwiegend als Evolventen und in Sonderfällen als Zykloiden ausgebildet. Evolventenverzahnungen haben den Vorteil, daß sie gegen Achsabstandänderung unempfindlich sind.

Bei der Evolventenverzahnung berühren sich die Zahnflanken im Wälzpunkt, der längs der Eingrifflinie wandert. Diese bildet mit der Horizontalen einen Eingriffswinkel von 20°, der in Sonderfällen auch 15° betragen kann. Das Bezugsprofil der Evolventenverzahnung ist nach DIN 867 genormt.

5

Konstruktion der Evolventen-Flankenprofile

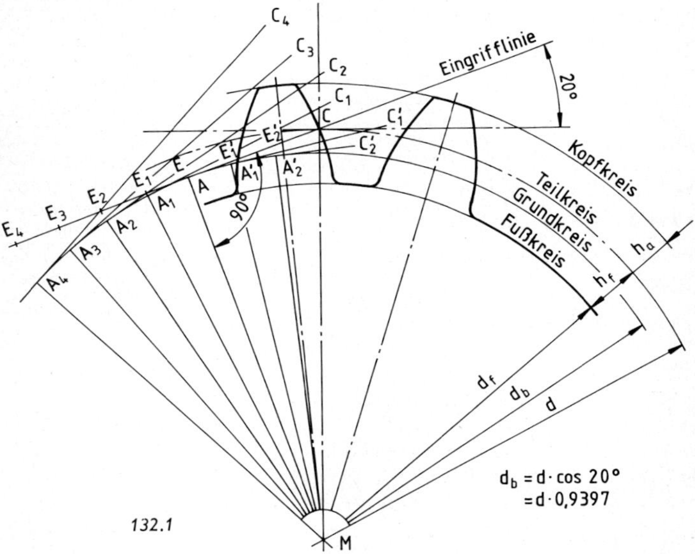

132.1

Durch den Punkt C, den Schnittpunkt des Teilkreises mit der Mittellinie, zieht man unter 20° zur Waagerechten die Eingrifflinie. Diese rollt zur Erzeugung der Evolvente auf dem Grundkreis ab. Die Senkrechte vom Teilkreismittelpunkt M auf die Eingrifflinie mit dem Fußpunkt A bestimmt den Halbmesser des Grundkreises. Zu beiden Seiten von A wird die Eingrifflinie in eine Anzahl gleicher Teile geteilt, und diese Teilpunkte E, E_1, E_2 usw. werden auf den Grundkreis übertragen.

In den Teilpunkten des Grundkreises zeichnet man die Tangenten und trägt auf ihnen von A_1, A_2 usw. die abgewälzten Kreisbogen, die den Strecken E_1C, E_2C usw. entsprechen, ab. Die Endpunkte C_1, C_2 usw. auf den zugehörigen Tangenten bilden die Evolvente, die nur bis zum Grundkreis reicht.

Zur Vereinfachung kann der Fußkreis in einzeln dargestellten Zähnen entfallen, 132.1.

Die Evolvente wird vom Grundkreis als Tangente bis zum Fußkreis weitergeführt und erhält dort eine Fußrundung mit $\varrho_f = 0{,}38 \cdot m$. Um die andere Zahnflanke konstruieren zu können, zeichnet man die Zahnmittenlinie (mit p/4 auf dem Teilkreis) ein und überträgt die symmetrisch liegenden Evolventenpunkte.

Bezugsprofil der Evolventenverzahnung

Durch das Bezugsprofil nach DIN 867 ist die Evolventenzahnform für Stirn- und Kegelräder mit einem Eingriffswinkel von $\alpha = 20°$ festgelegt. Der Eingriffswinkel ist gleich dem halben Flankenwinkel des Bezugsprofils, 133.1. Das Bezugsprofil kann als Zahnstange aufgefaßt werden, die mit dem zugehörigen Zahnrad kämmt.

Die Profilverschiebung dient zur Erhöhung der Zahnfußfestigkeit, um die Unterschneidung bei geringen Zähnezahlen zu vermeiden, und zur Einhaltung eines bestimmten Achsabstandes. Sie wird durch den Profilverschiebungsfaktor x in Teilen des Moduls angegeben.

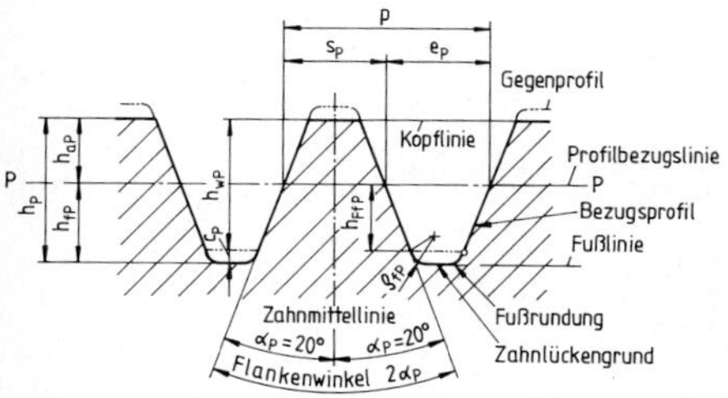

133.1 Bezugsprofil für Stirnräder mit Evolventenverzahnung als Zahnstangenprofil

Die Zeichnungsangaben bei Stirnschraubrädern entsprechen denen bei Schrägstirnrädern, 133.2. Zwei miteinander kämmende Schrägstirnräder besitzen entgegengesetzte Flankenrichtungen.

Normenhinweise:

DIN 867	Bezugsprofil für Stirnräder mit Evolventenverzahnung
DIN 868	Allgemeine Begriffe und Bestimmungsgrößen für Zahnräder
DIN 3960	Begriffe und Bestimmungsgrößen an Stirnrädern
DIN 3961...3964	Toleranzen für Stirnradverzahnungen
DIN 3966 T 1	Angaben für Stirnräder mit Evolventenverzahnung in Zeichnungen
DIN 3966 T 2	Angaben für Geradzahn-Kegelradverzahnungen
DIN 3966 T 3	Angaben in Zeichnungen für Schnecken- und Schneckenradverzahnungen
DIN 3967	Getriebe-Paßsystem
DIN 3971	Begriffe und Bestimmungsgrößen an Kegelrädern
DIN 3975	Begriffe und Bestimmungsgrößen an Zylinderschnecken
DIN 3990	Tragfähigkeitsberechnung von Stirn- und Kegelrädern
DIN 3999	Kurzzeichen für Verzahnungen

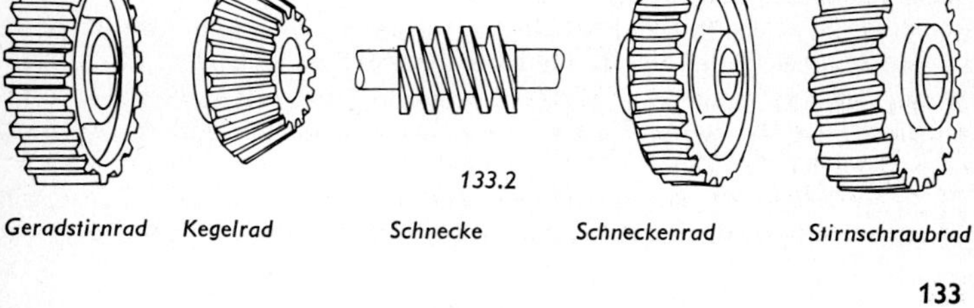

133.2

Geradstirnrad *Kegelrad* *Schnecke* *Schneckenrad* *Stirnschraubrad*

Darstellung von Zahnrädern nach DIN ISO 2203

Diese Norm legt die Darstellung der gezahnten Teile von Zahnrädern einschließlich Schnecken- und Kettenrädern fest. Sie gilt für Teil- und Zusammenstellungszeichnungen. Diese Norm ersetzt teilweise DIN 37, wobei für vereinfachte Darstellungen von Zahnrädern und Räderpaarungen eine Norm in Vorbereitung ist, die später die entsprechenden Abschnitte von DIN 37 ersetzen soll.

Ein Zahnrad wird grundsätzlich (ausgenommen in Schnittzeichnungen) als ein ganzes Teil ohne einzelne Zähne dargestellt, aber die Bezugsfläche wird als schmale Strichpunktlinie hinzugefügt.

Teilzeichnungen (Einzelne Zahnräder)

Die Konturen und Körperkanten jedes Zahnrades werden so gezeichnet, daß sie

in ungeschnittener Ansicht, ein volles von der Kopffläche begrenztes Zahnrad darstellen,

im Schnitt ein Stirnrad mit zwei gegenüberliegenden ungeschnittenen Zähnen darstellen.

5

Die Bezugsfläche der Verzahnung ist, auch bei verdeckten Teilen eines Zahnrades oder in Schnitten mit einer schmalen Strichpunktlinie, wie folgt anzugeben:

in einer Darstellung senkrecht zur Achse ist zu zeichnen:

bei einem Stirnrad und einem Schneckenrad der Teilkreis,

bei einem Kegelrad der Teilkreis am Rückenkegel, bei einer Zylinderschnecke der Mittenkreis, s. 1., 2. u. 3. S. 135,

in einer Darstellung parallel zur Achse sind die sich in einem Axialschnitt ergebenden Schnittlinien der Bezugsfläche zu zeichnen:

bei einem Stirnrad bzw. einem Kegelrad sind dies die Teilzylinder- bzw. Teilkegelmantellinien, bei einer Zylinderschnecke die Mittenzylindermantellinien, bei einem Schneckenrad die Mittelkehlkreise, s. 1., 2. u. 3. S. 135. Diese Linien sind über die Körperkanten hinweg zu zeichnen.

Zusammenstellungszeichnungen (Zahnradpaare)

Die Regeln für die Darstellung von Zahnrädern in Einzelteilzeichnungen werden auch für Zusammenstellungszeichnungen angewendet. Bei der Darstellung eines Kegelradpaares in einer achsparallelen Projektion werden jedoch die Linien zur Angabe der Teilkegelflächen bis zum Schnittpunkt der Achsen verlängert, s. 1.2. S. 135.

Im allgemeinen wird nicht davon ausgegangen, daß eines der beiden gepaarten Zahnräder am Zahneingriff von dem anderen verdeckt wird mit Ausnahme der beiden Fälle:

1. Wenn eines der beiden Zahnräder vollständig vor dem anderen liegt, und so tatsächlich Teile des anderen Zahnrades verdeckt, s. 1.2. S. 135.
2. Wenn beide Zahnräder im Achsschnitt dargestellt werden, so daß wahlweise eine der beiden Verzahnungen teilweise von der anderen verdeckt wird, s. 1.2. S. 135.

In diesen beiden Fällen müssen verdeckte Körperkanten nicht dargestellt werden, wenn sie für die Eindeutigkeit der Zeichnung nicht notwendig sind.

Darstellung von Zahnrädern nach DIN-ISO 2203	
Teilzeichnungen	Zusammenstellungszeichnungen
1. Stirnrad 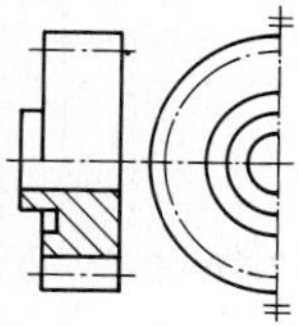	1.1. Stirnrad mit außenliegendem Gegenrad 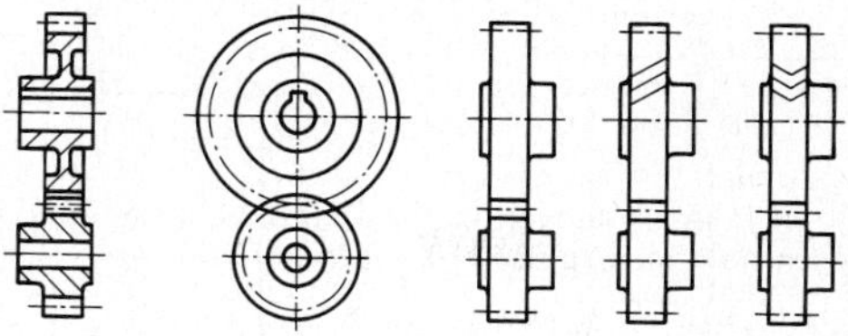
In Einzelteilzeichnungen von Zahnrädern ist die Achse zweckmäßigerweise waagerecht zu legen.	1.2. Stirnrad mit innenliegendem Gegenrad 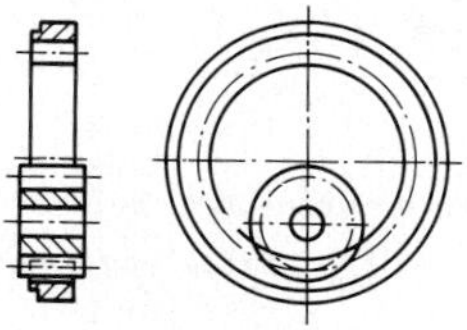
	1.3. Stirnrad mit Zahnstange 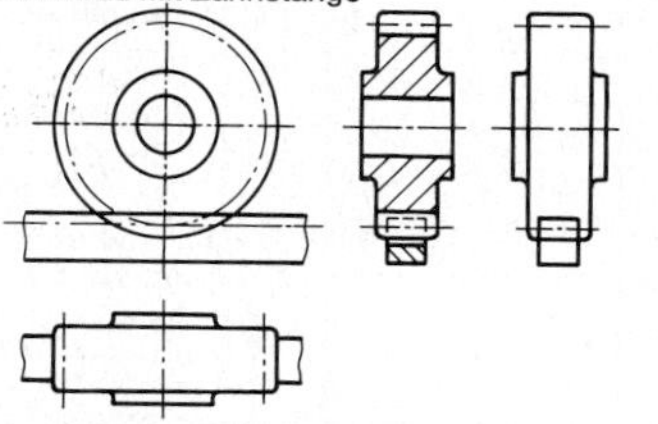
2. Kegelrad 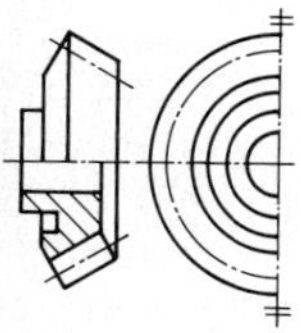	2.1. Kegelradpaar mit Achsenschnittpunkt 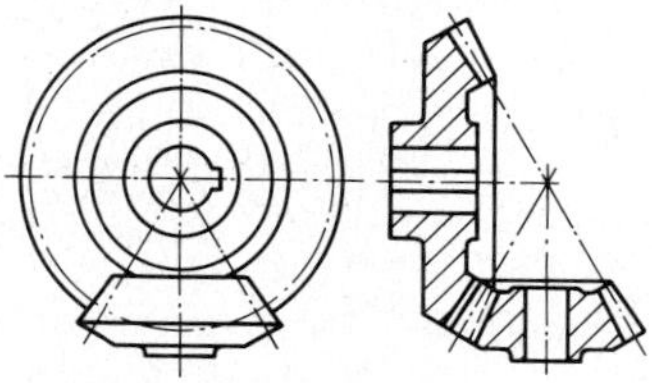
3. Schneckenrad 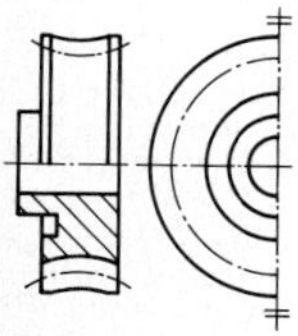	3.1. Schnecke und Schneckenrad 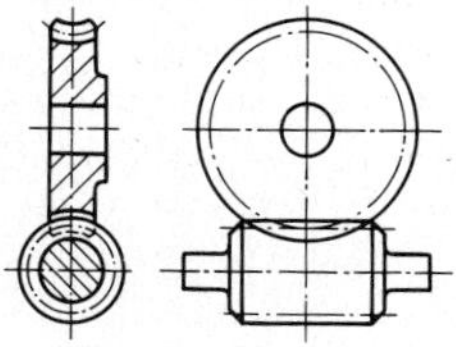

Angaben für Verzahnungen in Zeichnungen nach DIN 3966

Angaben für Stirnrad-Evolventenverzahnungen nach DIN 3966 T 1

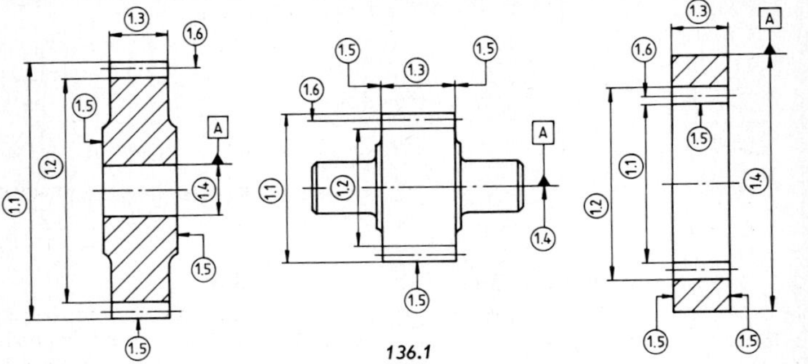

136.1

Angaben für Geradzahn-Kegelradverzahnungen nach DIN 3966 T 2

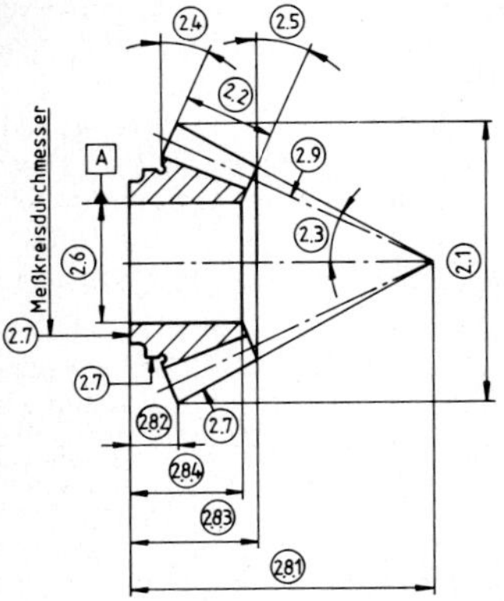

136.2

Maße und Kennzeichen in Zeichnungen für Stirnräder 136.1

1.1. Kopfkreisdurchmesser
1.2. Fußkreisdurchmesser
1.3. Zahnbreite
1.4. Kennzeichen der Bezugselemente
1.5. Rundlauf- und Planlauftoleranz sowie Parallelität der Stirnflächen d. Radkörpers
1.6. Oberflächen-Kennzeichen für die Zahnflanken nach DIN ISO 1302

Maße und Kennzeichen in Zeichnungen für Geradzahn-Kegelräder 136.2

2.1. Kopfkreisdurchmesser
2.2. Zahnbreite
2.3. Kopfkegelwinkel
2.4. Komplementwinkel des Rückenkegelwinkels
2.5. Komplementwinkel des inneren Ergänzungswinkels bei Bedarf
2.6. Kennzeichen des Bezugselementes
2.7. Rundlauf- und Planlauftoleranz des Radkörpers
2.8. Axiale Abstände von der Bezugsstirnfläche
2.9. Oberflächen-Kennzeichen für die Zahnflanken nach DIN ISO 1302

Angaben für Schnecken- und Schneckenradverzahnungen nach DIN 3966 T 3

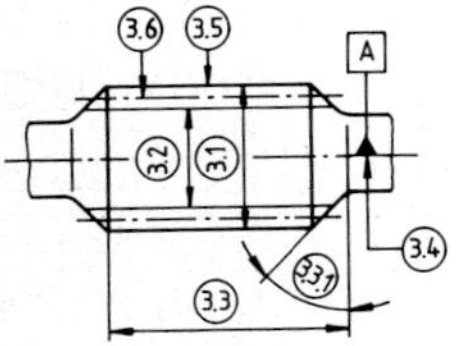

136.3

Maße in der Zeichnung für die Schneckenverzahnung 136.3

3.1. Kopfkreisdurchmesser
3.2. Fußkreisdurchmesser
3.3. Zahnbreite
3.4. Kennzeichen der Bezugselemente
3.5. Rundlauftoleranz des Radkörpers
3.6. Oberflächen-Kennzeichen nach DIN ISO 1302

Ist die Bezugsachse die gemeinsame Achse aller Elemente auf dieser Achse, so kann sie nach DIN ISO 1101 nur durch einen Bezugsbuchstaben gekennzeichnet werden, 136.3.

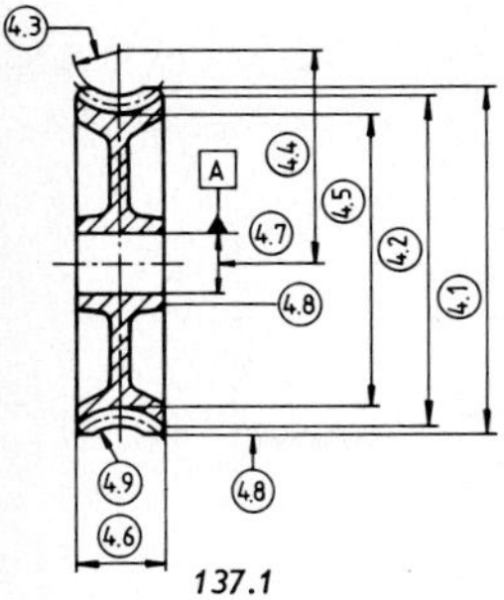

137.1

Maße in der Zeichnung für die Schneckenradverzahnung 137.1

4.1. Außendurchmesser
4.2. Kopfkreisdurchmesser
4.3. Kopfkehlhalbmesser
4.4. Kehlkreis-Mittenabstand
4.5. Fußkreisdurchmesser
4.6. Zahnbreite
4.7. Kennzeichen der Bezugselemente
4.8. Rundlauf- und Planlauftoleranz des Radkörpers
4.9. Oberflächen-Kennzeichen nach DIN ISO 1302

5.2 Teilzeichnungen von Zahnrädern mit Angaben

In Teilzeichnungen von Zahnrädern sind folgende Maßeintragungen erforderlich: Kopfkreis-∅, Fußkreis-∅ und Zahnbreite sowie Oberflächenangaben für die Zahnflanken, die an den Teilkreis bzw. an die Teilkreislinie gesetzt werden.

Nach DIN 3966 ist die Maßangabe für den Teilkreis für die Herstellung und Prüfung des Zahnrades nicht erforderlich. Der Teilkreisdurchmesser geht stets aus den zusätzlichen Angaben hervor, z. B. beim Geradstirnrad aus Modul m und Zähnezahl z, $d = m \cdot z$.

Kopfkreise werden in breiter Vollinie, Teilkreise in schmaler Strichpunktlinie und Fußkreise in Ansichtdarstellungen als schmale Vollinie nach DIN 15 gezeichnet. In Zusammenstellungszeichnungen entfällt zumeist der Fußkreis, s. S. 135.

Oft reicht in Teilzeichnungen eine Schnittdarstellung und die Nabenform mit den zugehörigen Maßeintragungen und Angaben aus, 137.2.

Stirnräder übertragen Drehbewegungen zwischen parallelen Wellen, wobei eine Übersetzung durch das Zähnezahlverhältnis z_2/z_1 stattfinden kann.

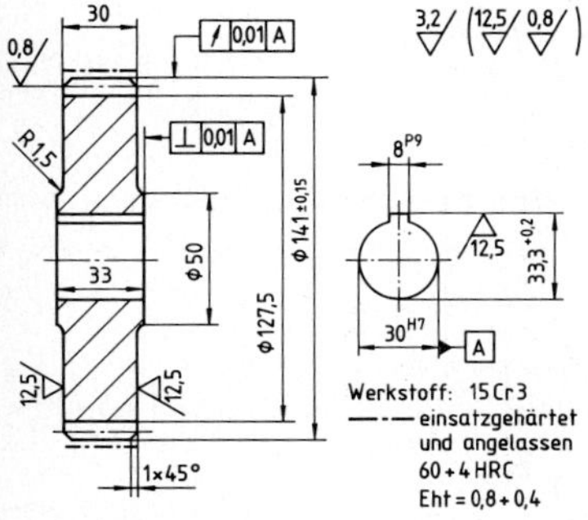

137.2 Teilzeichnung eines Geradstirnrades

Stirnrad			außenverzahnt ~~innenverzahnt~~
Modul		m_n	3
Zähnezahl		z	45
Bezugsprofil			DIN 867
Schrägungswinkel		β	0°
Flankenrichtung			—
Profilverschiebungsfaktor		x	0
Verzahnungsqualität Toleranzfeld			8 e 26 DIN 3967
Achsabstand im Gehäuse mit Abmaßen		a	100,5 ± 0,027
Gegenrad	Sachnummer		
	Zähnezahl	z	22

Oberflächenangaben nach DIN ISO 1302 entsprechen DIN 3141 — Reihe 2

Kegelräder werden zwischen sich schneidenden Achsen angeordnet.

Geradzahn-Kegelrad		
Modul	m_p	3
Zähnezahl	z	20
Teilkegelwinkel	δ	45°
Äußerer Teilkreisdurchm.	d_e	60
Äußere Teilkegellänge	R_e	42, 426
Fußwinkel	ϑ_f	4°41′21″
Profilwinkel	α_p	20°
Verzahnungsqualität		8 DIN 3965
Gegenrad	Sachnummer	
	Zähnezahl z	20

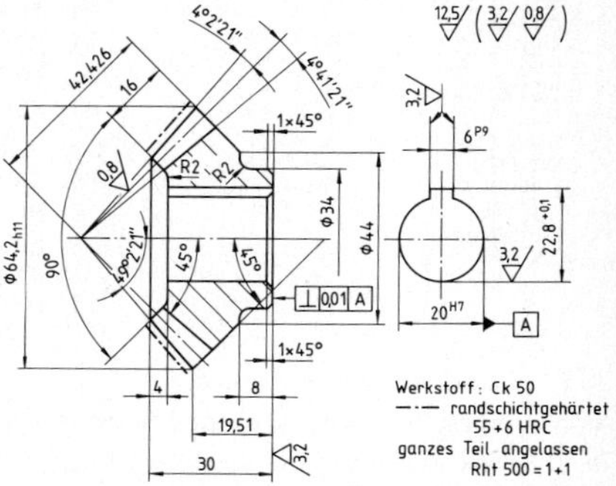

138.1 Teilzeichnung eines Geradzahnkegelrades mit einem Achswinkel $\Sigma = 90°$

Ein- und mehrgängige **Schnecken** und zugehörige **Schneckenräder** übertragen Drehbewegungen zwischen sich kreuzenden Achsen mit großer Übersetzung ins Langsame. Stirn- bzw. Axialmodule siehe DIN 780 T2.

Schneckenrad		
Zähnezahl	z_2	40
Modul (Stirnmodul)	m	3,15
Teilkreisdurchmesser	d_2	126
Profilverschiebungsfaktor	x_2	—
Zahnhöhe	h	6,93
Flankenrichtung		rechtssteigend
Verzahnungsqualität		nach Vereinbarung
Schnecke	Sachnummer	
	Zähnezahl z_1	1
Achsabstand im Gehäuse mit Abmaßen	a	78 ± 0,025

Oberflächenangaben entsprechen DIN 3141 – Reihe 2

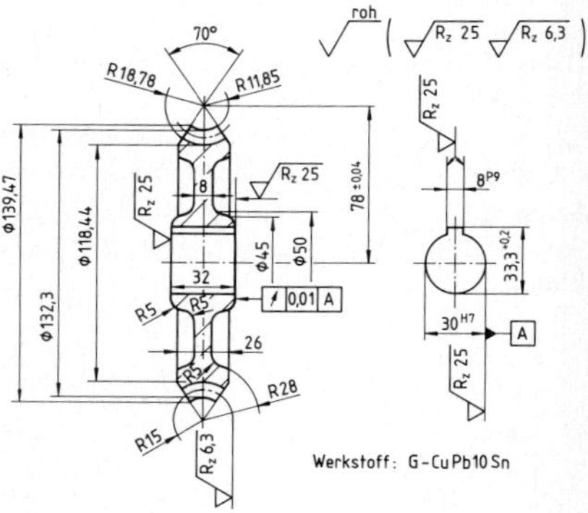

138.2 Teilzeichnung eines Schneckenrades

Erfolgskontrolle

1. Welche Aufgaben haben die verschiedenen Arten der Zahnräder, wie Stirnräder, Kegelräder, Schnecken und Schneckenräder sowie Schraubräder? (S. 137 . . . 139)
2. Erklären Sie die Konstruktion der Evolventenzahnform! (S. 132)
3. Was ist die Grundlage der Evolventenverzahnung für Stirn- und Kegelräder? (S. 133)

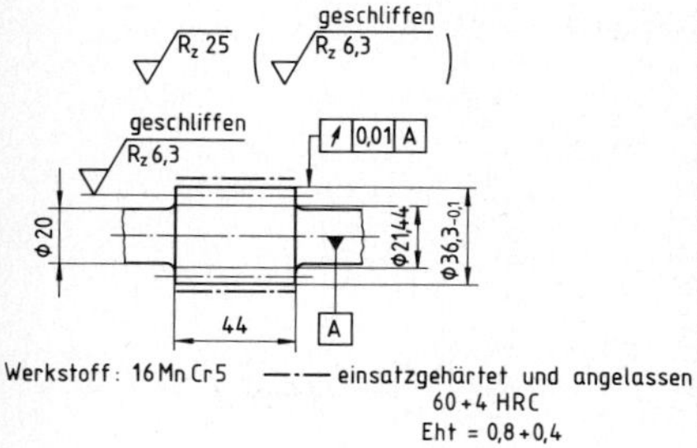

139.1 Teilzeichnung einer Schnecke

Oberflächenangaben entsprechen DIN 3141 – Reihe 2

Schnecke		
Zähnezahl	z_1	1
Mittenkreis-durchmesser	d_{m1}	30
Modul (Axialmodul)	m	3,15
Zahnhöhe	h	6,93
Flankenrichtung		rechts-steigend
Steigungshöhe	p_{z1}	9,896
Mittensteigungs-winkel	γ_m	5°59′40″
Flankenform nach DIN 3975		I
Axialteilung	p_x	9,896
Verzahnungs-qualität		nach Ver-einbarung
Sachnummer des Schneckenrades		

Schraubräder werden zwischen sich kreuzenden Wellen angeordnet. Miteinander kämmende Schraubräder besitzen die gleiche Flankenrichtung.

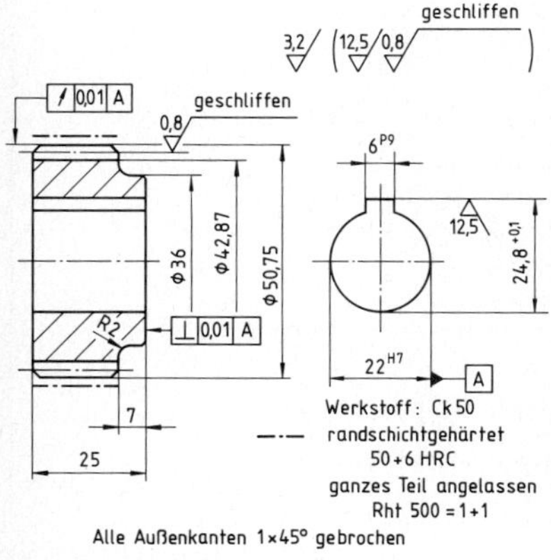

139.2 Teilzeichnung eines Schraubrades

Schraubrad			
Modul		m_n	1,75
Zähnezahl		z	27
Bezugsprofil			DIN 867
Schrägungs-winkel		β	45°
Flankenrichtung			linkssteigend
Profilverschie-bungsfaktor			—
Verzahnungs-qualität Toleranzfeld			6 fe S′
Achsabstand im Gehäuse mit Abmaßen		a	47,25 ± 0,02
Gegen-rad	Sach-nummer		
	Zähne-zahl	z	27

4. Erklären Sie folgende Bezeichnungen an einem Geradstirnrad: m, p, d, h, h_a, h_f, d_a, d_f und a. (S. 131)
5. Welche Darstellungsmöglichkeiten gibt es für Zahnräder und Zahnradpaarungen? (S. 135)
6. Welches sind die wichtigsten zusätzlichen Angaben bei der Darstellung eines Geradstirnrades nach DIN 3966 (S. 136 u. 137)
7. Übungen s. „Praxis des Technischen Zeichens“.

Abmessungen von Schrägstirnrädern

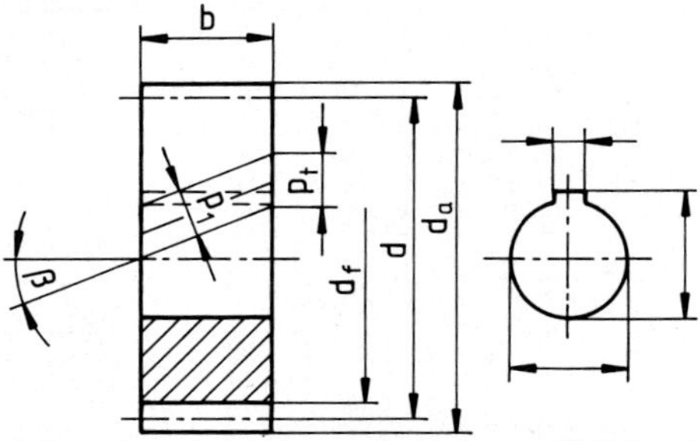

Die Zähne des Schrägstirnrades sind vereinfacht dargestellt (Schraubenlinien).

Benennung		Beziehungen
Normalmodul	mm	$m_n = \frac{p_n}{\pi} = m_t \cdot \cos\beta$; gewählt nach DIN 780
Stirnmodul	mm	$m_t = \frac{p_t}{\pi} = \frac{m_n}{\cos\beta}$
Normalteilung	mm	$p_n = p_t \cdot \cos\beta = m_n \cdot \pi$
Stirnteilung	mm	$p_t = \frac{p_n}{\cos\beta} = \frac{m_n \cdot \pi}{\cos\beta}$
Zähnezahl		$z = \frac{d}{m_t} = \frac{d \cdot \cos\beta}{m_n}$
Teilkreis-ϕ²)	mm	$d = z \cdot m_t = \frac{z \cdot m_n}{\cos\beta}$
Kopfkreis-ϕ²)	mm	$d_a = d + 2m_n$
Grundkreis-ϕ²)	mm	$d_b = d \cdot \cos\alpha_t$
Zahnhöhe²)	mm	$h = 2m_n + c$; $c = 0{,}1 \ldots 0{,}3\ m_n$¹)
Kopfhöhe²)	mm	$h_a = m_n$
Fußhöhe²)	mm	$h_f = m_n + c$
Achsabstand²)	mm	$a = \frac{d_1 + d_2}{2} = m_t \frac{z_1 + z_2}{2}$
Eingriffswinkel	°	α_t; $\cos\alpha_t = \frac{d_b}{d}$ α_n; $\tan\alpha_n = \tan\alpha_t \cdot \cos\beta$
Schrägungswinkel	°	$\lvert\beta\rvert = 90° - \lvert\gamma\rvert$ für normale Lagerung $\leq 25°$³)
Steigungswinkel	°	$\lvert\gamma\rvert = 90° - \lvert\beta\rvert$
Zähnezahlverhältnis		$u = \frac{z_2}{z_1}$; $u \geq 1$
Übersetzung		$i = \frac{n_a}{n_b}$; n_a = Drehzahl des treibenden Rades n_b = Drehzahl des getriebenen Rades

¹) festgelegt $c = 0{,}25\ m_n$; ²) ohne Profilverschiebung; ³) festgelegt nach DIN 3978

Bei Schrägstirnrädern sind mehr Zähne gleichzeitig in Eingriff als bei Geradstirnrädern (größerer Überdeckungsgrad). Daher sind sie höher belastbar als Geradstirnräder mit gleichen Abmessungen. Schrägstirnräder laufen auch ruhiger in Getrieben als Geradstirnräder. Sie sind deshalb für höhere Drehzahlen besser geeignet. Schrägstirnräder ergeben aber zusätzliche Lagerbelastungen durch Axialkräfte aufgrund des Schrägungswinkels β.

Abmessungen von Geradzahnkegelrädern

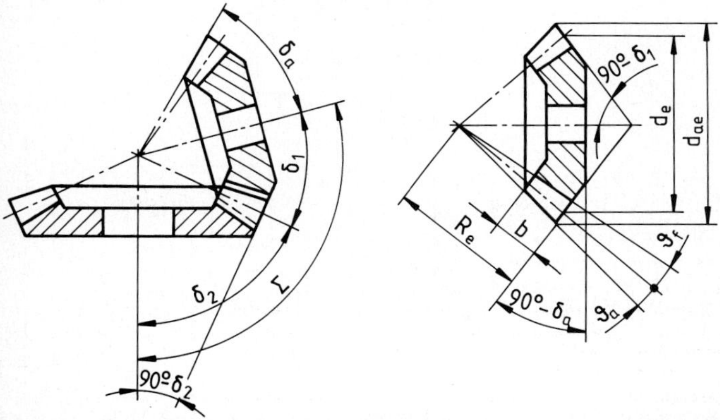

Beim Kegelrad werden die Maße für Modul, Teilung, Teilkreis-∅ und Kopfkreis-∅ auf den Radrücken (Rückenkegel) bezogen.

Benennung		Ritzel	Rad
Modul	mm	$m = m_e$ frei wählbar, z. B. nach DIN 780 T 1	
Teilung	mm	$p = m \cdot \pi$	
Zähnezahl		z_1	z_2
äußerer Teilkreis-ϕ	mm	$d_{e1} = z_1 \cdot m$	$d_{e2} = z_2 \cdot m$
äußerer Kopfkreis-ϕ	mm	$d_{ae1} = d_{e1} + 2m \cdot \cos\delta_1$	$d_{ae2} = d_{e2} + 2m \cdot \cos\delta_2$
äußere Teilkegellänge	mm	$R_e = \frac{d}{2 \cdot \sin\delta} = \frac{z \cdot m}{2 \cdot \sin\delta}$	
Zahnhöhe	mm	$h = 2m + c$; $c = 0{,}1 \ldots 0{,}3\ m$[1])	
Kopfhöhe	mm	$h_a = m$	
Fußhöhe	mm	$h_f = m + c$	
Zahnbreite	mm	$b \leq \frac{R_e}{3}$	
Profilwinkel	°	$\alpha_p = 20°$	
Achsenwinkel	°	$\Sigma = \delta_1 + \delta_2$	
Teilkegelwinkel	°	δ_1; $\tan\delta_1 = \frac{\sin\Sigma}{u + \cos\Sigma}$	δ_2; $\tan\delta_2 = \frac{\sin\Sigma}{\frac{1}{u} + \cos\Sigma}$
Kopfkegelwinkel	°	$\vartheta_{a1} = \vartheta_1 + \vartheta_{a1}$	
Kopfwinkel	°	ϑ_a $\tan\vartheta_a = \frac{h_a}{R_e}$	
Fußwinkel	°	ϑ_f $\tan\vartheta_f = \frac{h_f}{R_e}$	
Zähnezahlverhältnis		$u = \frac{z_2}{z_1}$; $u \geq 1$	
Übersetzung		$i = \frac{n_a}{n_b}$	

[1]) gewählt $c = 0{,}2\ m$

Abmessungen von Schnecke (Zylinderschnecke) und Schneckenrad

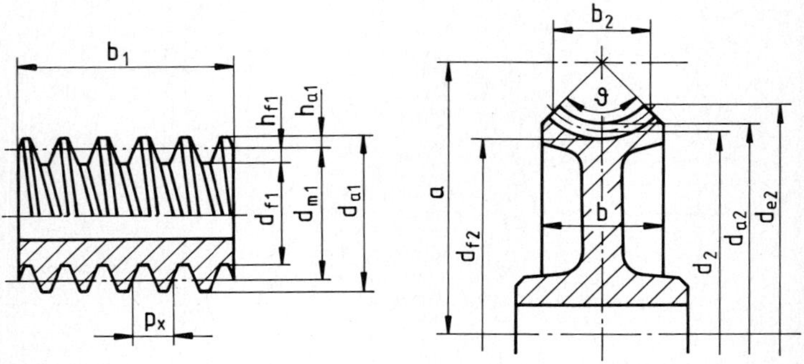

5

Benennung		Schnecke	Schneckenrad
Modul	mm	$m_x = \frac{p_x}{\pi}$	m_t
Bei einem Achsenwinkel $\Sigma = 90°$ ist Modul m_x der Schnecke gleich Modul m_t des Schneckenrades:		$m = m_x = m_t$ gewählt nach DIN 780 Teil 2	
Teilung	mm	$p_x = m \cdot \pi$	$p_2 = m \cdot \pi = \frac{d_2 \cdot \pi}{z_2}$
Zähnezahl		z_1 (ein- oder mehrg.)	$z_2 = \frac{d_2}{m}$
Steigungshöhe	mm	$p_{z1} = z_1 \cdot p_x$	
Mittensteigungswinkel	°	γ_m; $\tan \gamma_m = \frac{z_1 \cdot m}{d_{m1}} = \frac{p_{z1}}{d_{m1} \cdot \pi}$	
Eingriffswinkel	°	α_n = z. B. 20°	
Mittenkreis-⌀	mm	$d_{m1} = \frac{m \cdot z_1}{\tan \gamma_m}$	
Kopfkreis-⌀	mm	$d_{a1} = d_{m1} + 2\,m$	$d_{a2} = d_2 + 2\,m$
Fußkreis-⌀	mm	$d_{f1} = d_{m1} - 2{,}4\,m$	$d_{f2} = d_2 - 2{,}4\,m$
Außen-⌀	mm		$d_{e2} \approx d_{a2} + m$
Zahnhöhe	mm	$h_1 = 2{,}2 \cdot m$	$h_2 = 2{,}2 \cdot m$
Kopfhöhe	mm	$h_{a1} = m$	$h_{a2} = m$
Fußhöhe	mm	$h_{f1} = 1{,}2\,m$	$h_{f2} = 1{,}2\,m$
Zahnbreite	mm	$b_1 \geq 2\,m \cdot \sqrt{1 + z_2}$	
Nutzbare Zahnbreite	mm		$b_2 = \sqrt{d_{a1} - d_1}$
Zahnbr. d. Schneckenr.	mm		$b = b_2 + 2\,m$
Achsabstand	mm	$a = \frac{d_{m1} + d_2}{2}$	
Zähnezahlverhältnis		$u = \frac{z_2}{z_1}$; $u \geq 1$	
Übersetzung		$i = \frac{n_a}{n_b}$	

5.3. Darstellungen von Federn in technischen Zeichnungen nach DIN-ISO 2162

	Darstellung			Benennung
	Ansicht	Schnitt	Sinnbild	
Druckfedern	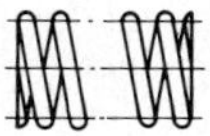	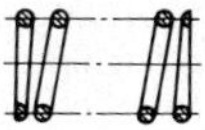	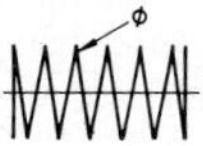	Zylindrische Schrauben-Druckfeder aus Draht mit rundem Querschnitt
Druckfedern	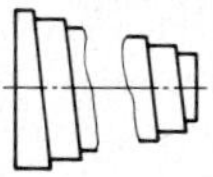	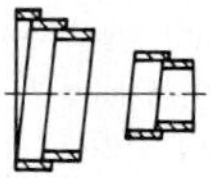	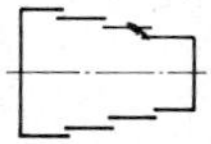	Kegelige Schrauben-Druckfeder aus Band mit rechteckigem Querschnitt (Kegelstumpffeder)
Zugfedern	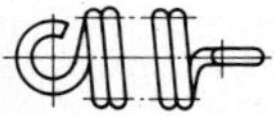	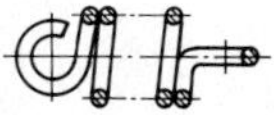		Zylindrische Schrauben-Zugfeder aus Draht mit rundem Querschnitt
Drehfedern	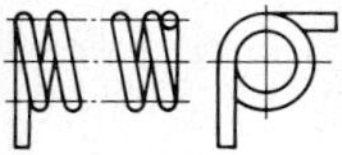	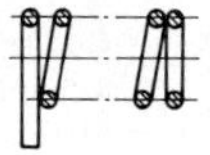		Zylindrische Schrauben-Drehfeder aus Draht mit rundem Querschnitt (Wickelrichtung rechts) (Schenkelfeder)
Tellerfedern	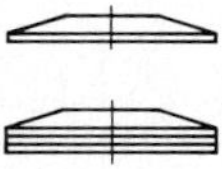	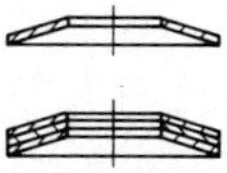	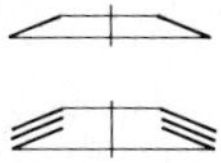	Tellerfeder und Tellerfederpaket
Blattfedern		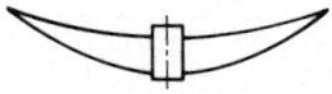		Halbelliptische Blattfeder
Blattfedern		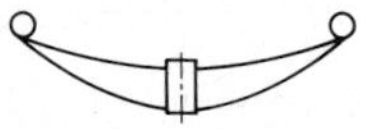		Halbelliptische Blattfeder mit Augen

In den Ansichts- und Schnittzeichnungen werden bei der abgebrochenen Darstellung der Schraubendruck- und -zugfedern nur die beiden Strichpunktlinien als Mittellinien der Querschnitte durchgezogen. Folgende Zeichen kennzeichnen in der sinnbildlichen Darstellung die Querschnittsform: ∅, □, ▭ und ▯.

In den bildlichen Darstellungen sind nur Beispiele für rechtsgewickelte Federn enthalten. Linksgewickelte Federn müssen entweder in der Wickelrichtung gezeichnet oder durch die Wortangabe „links" z. B. in Vordruck-Zeichnungen nach DIN 2099 T 1 u. T 2 gekennzeichnet werden.

Zylindrische Schraubenfedern als Druck- und Zugfedern werden vorwiegend auf Verdrehung beansprucht.

Druckfedern

Richtlinien für die Darstellung und Ausführung von kaltgeformten Druckfedern enthält DIN 2095 und von vergüteten DIN 2096. An den Enden einer Druckfeder ist stets eine Windung angelegt und auf d/4 abgeschliffen, um eine gleichmäßige Beanspruchung zu erreichen.

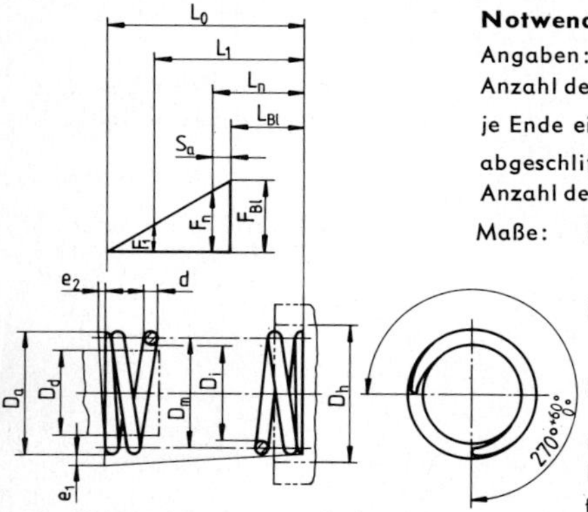

144.1 Teilzeichnung einer zylindrischen Druckfeder mit Prüfdiagramm

Patentiertgezogener Federdraht nach DIN 17223 T1		
Kurzzeichen	Draht-ϕ	Verwendung
A	0,3 ... 10	geringe ruhende und geringe schwingende Beanspruchung
B	0,3 ... 17	ruhende und geringe schwingende Beanspruchung
C	0,07 ... 17	hochbeanspruchte Federn, auch für schwingende Beanspruchung
II	0,07 ... 2	
Draht-ϕ: 0,1; 0,2; 0,32; 0,4; 0,5; 0,63; 0,8; 1,0; 1,25; 1,6; 2,0; 2,5; 3,2; 4,0; 5,0; 6,3; 8,0; 10,0; 12,5; 16,0 mm		

Notwendige Eintragungen

Angaben:

Anzahl der federnden Windungen .....

je Ende eine Windung angebogen und auf $\frac{d}{4}$ abgeschliffen

Anzahl der Gesamtwindungen .....

Maße:
- D_a = äußerer Windungsdurchmesser, wenn die Feder sich in einer Bohrung bewegt.
- D_i = innerer Windungsdurchmesser, wenn die Feder auf einem Dorn geführt wird.
- D_m = mittlerer Windungsdurchmesser für die Berechnung.
- d = Drahtdurchmesser
- L_0 = Länge der unbelasteten Feder

falls für die Genauigkeit erforderlich:
- e_1 = zulässige Abweichung der Mantellinie von der Senkrechten an der unbelasteten Feder.
- e_2 = zulässige Abweichung in der Parallelität der geschliffenen Federauflageflächen.

Für die Federprüfung ist ein Prüfdiagramm mit folgenden Angaben einzutragen:
- F_1 = größte im Betrieb auftretende Federkraft
- F_n = Prüfkraft
- L_1 u. L_n = Längen der belasteten Feder, zugeordnet zu F_1 und F_n.
- LBl = Blocklänge der Feder, wenn alle Windungen anliegen.
- S_a = Summe der Mindestabstände zwischen den einzelnen federnden Windungen.

Bezeichnung eines Federdrahtes ϕ 1 der Maßgenauigkeitsklasse A nach DIN 2076 und der Drahtsorte C nach DIN 17223: Draht DIN 17 223 – A 1 – C.

Normenhinweis

DIN 2076 Runder Federdraht, Maßgenauigkeitsklassen A, B und C
DIN 2089 T1 Berechnung und Konstruktion von Druckfedern
DIN 2089 T2 Berechnung und Konstruktion von Zugfedern
DIN 2098 T1 Zylindrische Schraubenfedern aus runden Drähten, Baugrößen
DIN 2099 T1 u. 2 Angaben für Druck- und Zugfedern, Vordrucke
DIN 17223 T1 Runder Federstahldraht, Drahtsorten A, B, C u. II
DIN 17223 T2 Runder Federstahldraht, vergütet, Drahtsorten FD u. VD

Zugfedern

Richtlinien für die Darstellung und Ausführung von zylindrischen Zugfedern enthält DIN 2097. Zugfedern werden bis 17 mm Draht-ϕ aus federhartem Werkstoff kaltgeformt und über 17 mm sowie bei hoher Beanspruchung schon ab 10 mm schlußvergütet. Sie besitzen an den Enden Ösen, wobei als Ösenform die ganze deutsche Öse, s. 145.1 zu bevorzugen ist.

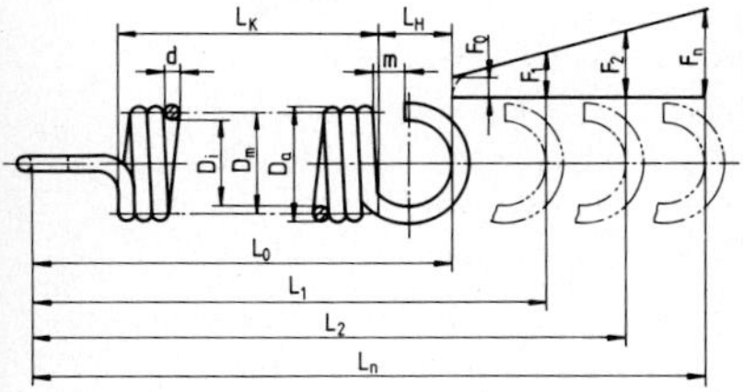

145.1 Teilzeichnung einer zylindrischen Zugfeder mit Prüfdiagramm

Notwendige Eintragungen

Angaben:
Anzahl der federnden Windungen i ...
je Ende eine ganze deutsche Öse angebogen.

Maße:

D_a oder D_i = Äußerer oder innerer Windungsdurchmesser.

D_m = mittlerer Windungsdurchmesser.

$L_0 = L_K + 2 L_H$ Länge der unbelasteten Feder.

$L_0 \approx L_K + 2 \times 0{,}8 \times D_i$

$L_K = d \times (i + 1)$

m = Hakenöffnungsweite

Für die Federprüfung ist ein Prüfdiagramm mit folgenden Angaben einzutragen:

F_0 = Vorspannkraft, die durch das Wickeln erzeugt wird.
F_1 = Größte im Betrieb auftretende Federkraft.
F_n = Prüfkraft.
L_0, L_1 u. L_n = Federlängen zugeordnet zu den Federkräften F_0, F_1 und F_n.

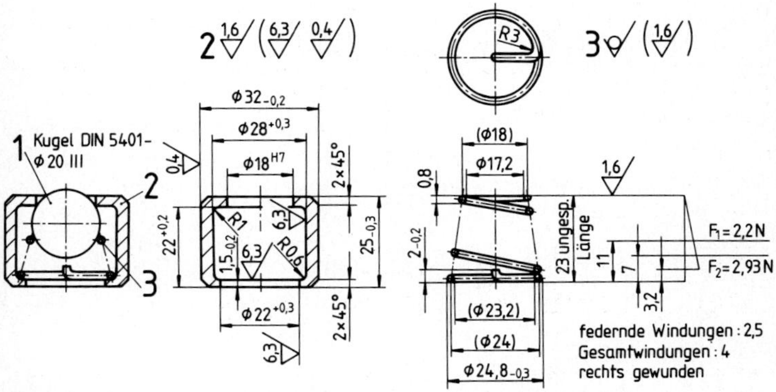

Kugelventil für Kraftstoff-förderpumpe

Ventilkäfig
Werkstoff: 34 Cr V4

kegelige Druckfeder
mit rundem Querschnitt
Draht DIN 17223-C-0,8C

145.2

Drehfedern (Schenkelfedern) sind räumlich gewundene Biegefedern. Sie zählen zu den zylindrischen Schraubenfedern. Bei Belastung dürfen sich ihre Windungen nur zusammenziehen.

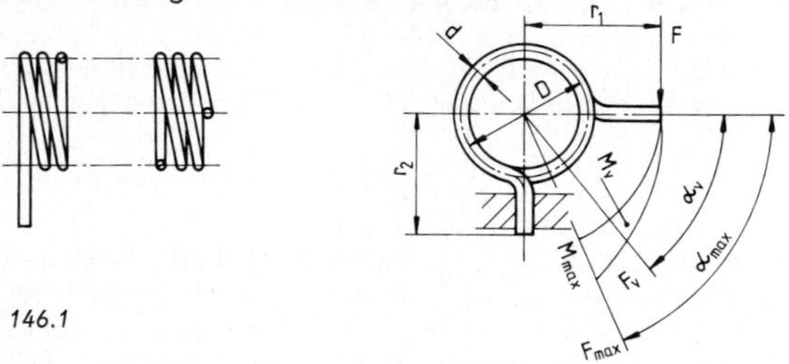

146.1

Tellerfedern sind scheibenförmige Biegefedern mit der Form kegeliger Ringscheiben. Sie werden bevorzugt bei großen Kräften und kleinen Federwegen eingesetzt und zumeist als Federpakete oder Federsäulen eingebaut.

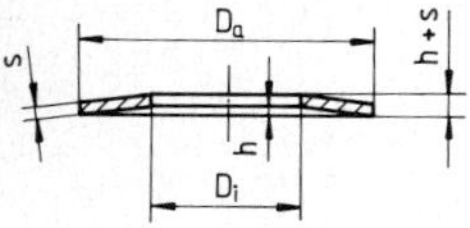

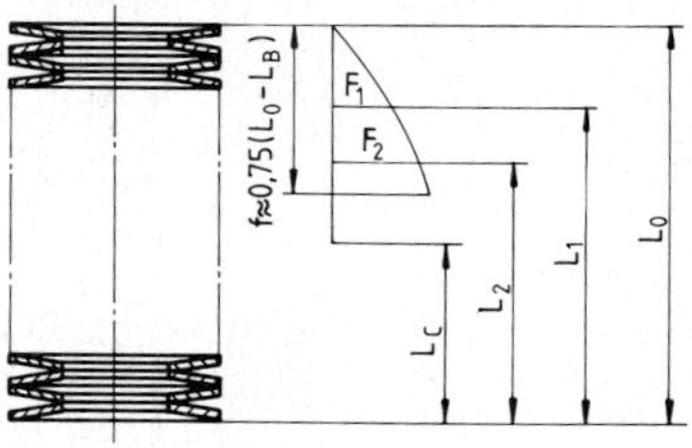

Norm-Bezeichnung z. B. für Reihe A, $D_a = 20$, $D_i = 10{,}2$, $s = 1{,}1$: Tellerfeder DIN 2093 – A 20

146.2 u. 3

Drehstabfedern sind auf Verdrehung beanspruchte gerade Rundstäbe.

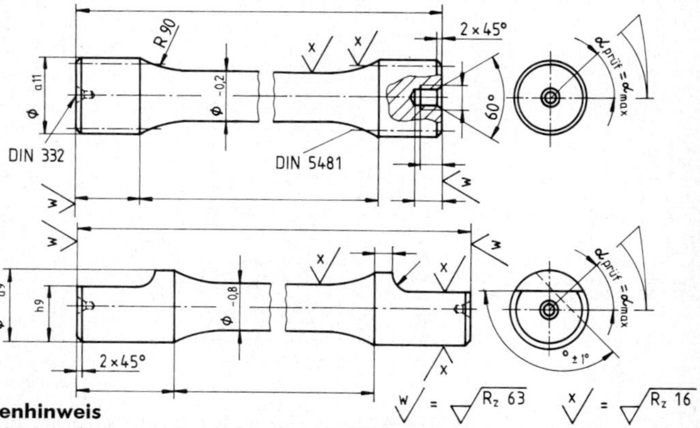

Normenhinweis

DIN 2088 Berechnung und Konstruktion von Drehfedern.
DIN 2091 Drehstabfedern mit rundem Querschnitt, Berechnung und Konstruktion.
DIN 2092 Tellerfedern, Darstellung, Berechnung.
DIN 2093 Tellerfedern.

Erfolgskontrolle:

1. Welche Maße sind bei der Darstellung einer Schrauben-Druckfeder ohne Prüfdiagramm anzugeben? (Seite 144)
2. Zeichnen Sie das Sinnbild einer Schrauben-Druckfeder! (Seite 143)
3. Welche Maße sind bei der Darstellung einer Schrauben-Zugfeder ohne Prüfdiagramm anzugeben? (Seite 145)
4. Zeichnen Sie das Sinnbild einer Schrauben-Zugfeder! (Seite 143)
5. Nach welcher DIN-Norm ist die Zeichnungsvereinfachung von Schrauben-Druck- und -Zugfedern durch Vordruckzeichnungen möglich? (Seite 144)

5.3 Schriftfelder und Stücklisten nach DIN 6771 Teil 1 u. 2

Die technischen Zeichnungen erhalten ein Schriftfeld. Es wird im Abstand von je 5 mm von den Blattkanten so angeordnet, daß es nach dem Falten der Zeichnung auf DIN A 4 sichtbar in der unteren rechten Ecke erscheint, siehe Seite 16.

Aus organisatorischen Gründen und im Hinblick auf die maschinelle Datenverarbeitung sowie der wirtschaftlichen Erstellung der Unterlagen legt DIN 6771 T1 für alle Benutzer die gleiche Unterlage durch das gemein-

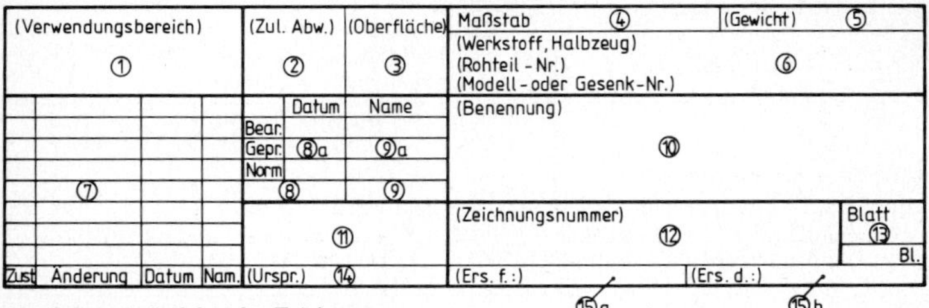

147.1 Grundschriftfeld für Zeichnungen

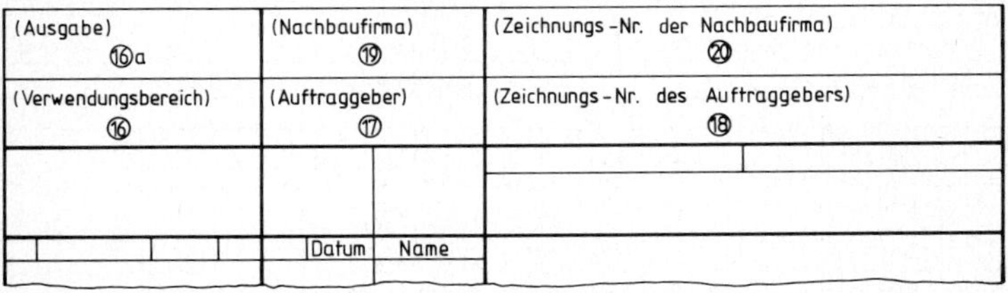

147.2 Schriftfeld für Zeichnungen mit Zusatzfeldern (Höhe dieser Zusatzfelder je 3 a)

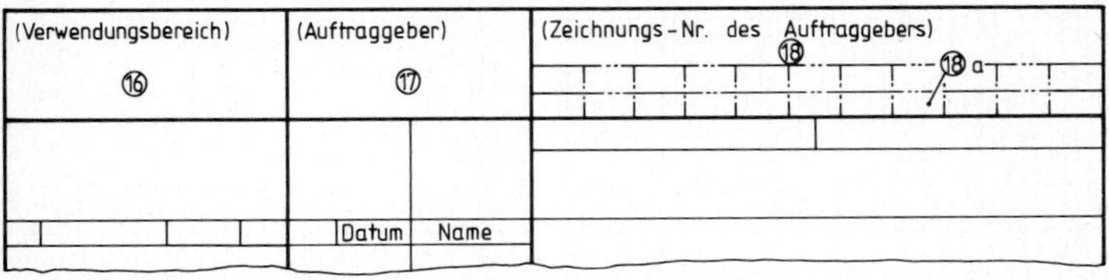

147.3 Erweitertes Schriftfeld für Zeichnungen mit Angaben des Auftraggebers und der zugehörigen Prüfvermerke

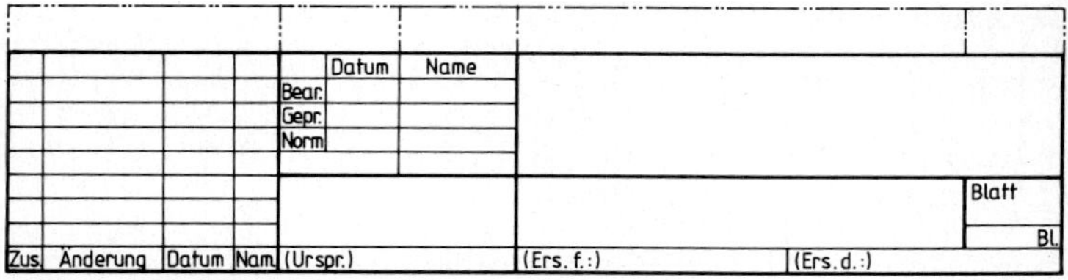

148.1 Grundschriftfeld mit Zusatzfeldern für Pläne und Listen, z. B. für getrennte Stücklisten

same Grundschriftfeld und für die unterschiedlichen Anwendungsfälle entsprechende Zusatzfelder fest. Die Maße hierfür enthält Tabelle 148.2 und Bild 148.3.

Das Grundschriftfeld nach DIN 6771 T1 ohne oder mit Zusatzfeldern, Bilder 147.1...147.3, ist für Teilzeichnungen, z. B. S. 410 sowie für aufgesetzte Stücklisten, 435, zu verwenden. Für getrennte Stücklisten gilt das Grundschriftfeld Bild 148.1 ohne die Felder 1...6. Beispiel: S. 431. Die Maße für die Schriftfelder lassen sich aus den jeweiligen Rasterzahlen mal der Zeilenhöhe a und mal dem Schreibschritt b errechnen. Siehe nachstehende Tabelle und Bild 148.3.

Format	Rastermaße		Größe des Schriftfeldes	
	a	b	c	e
DIN A4 bis DIN A0	4,23[1]) 4,25[3])	2,54[2]) 2,6[4])	54,99 55,25	182,88 187,2
Für DIN A1 und DIN A0 auch zulässig	5,6	3,6	72,8	259,2

[1]) Zeilenhöhe beim Schnelldrucker
[2]) Buchstabenabstand beim Schnelldrucker
[3]) Grundzeilenabstand nach DIN 2107
[4]) Teilung nach DIN 2107

Linien	Linienbreiten DIN 15	DIN 16521
Begrenzung des Schriftfeldes	0,7 mm	2 p = 0,752 mm
Begrenzung der Hauptfelder	0,35 mm	1 p = 0,376 mm
Übrige Linien	0,18 mm	2/5 p = 0,15 mm

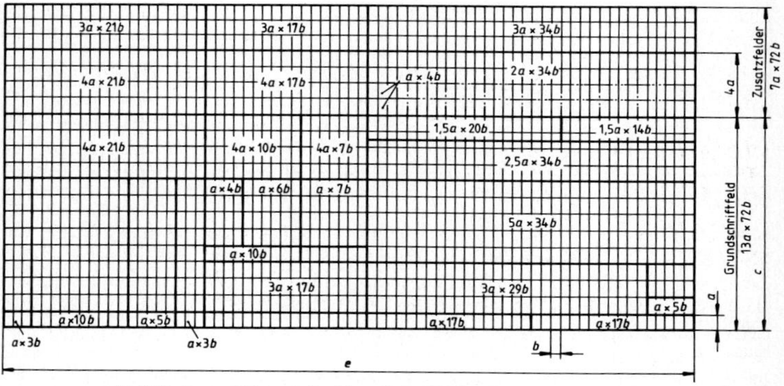

148.3 Maße und Raster des Grundschriftfeldes und der Zusatzfelder

Die Stücklisten nach DIN 6771 T2 sind das Verzeichnis der Einzelteile einer Baugruppe oder eines ganzen Erzeugnisses. Sie dienen zum Austausch von technischen Informationen innerhalb und außerhalb eines Betriebes, insbesondere für die Fertigungsvorbereitung. Stücklisten werden entweder in der Gruppen- oder Gesamtzeichnung auf das Schriftfeld aufgesetzt oder wegen der besseren Datenverarbeitbarkeit als getrennte (lose) Stücklisten auf A4-Format untergebracht.

Nach DIN 6771 T 2 werden zwei Stücklistenformen unterschieden. Die Stückliste der Form A besteht aus dem Schriftfeld für Pläne und Listen nach DIN 6771 T 1 und dem darüber angeordneten Stücklistenfeld mit den Spalten: (1) Pos., (2) Menge, (3) Einheit, (4) Benennung, (5) Sachnummer und (6) Bemerkung. Diese Stückliste hat das Format A 4 hoch nach DIN 476, Beispiel siehe S. 150.

Die Stückliste der Form B besteht ebenfalls aus dem Schriftfeld für Pläne und Listen nach DIN 6771 T 1 und dem darüber angeordneten Stücklistenfeld, das gegenüber der Stückliste der Form A um die Spalten (6) Werkstoff und (7) Gewicht kg/Einheit erweitert ist. Die Spalten 6...8 des Vordruckes dürfen auch ohne Spaltenüberschrift oder mit geänderter Spaltenüberschrift ausgeführt werden. Beispiel s. S. 151. Diese Stückliste hat das Format A 4 quer nach DIN 476. Der Heftrand beträgt mindestens 15 mm.

5

Das Kurzzeichen für die Bezeichnung des Vordruckes einer Stückliste setzt sich aus dem Kennbuchstaben für die Stücklistenform und der Kennziffer für das Rastermaß (DIN 6771 T 1) zusammen.

Kurzzeichen Form	Raster	Rastermaß a × b (mm)
A	1	4,23 × 2,54
B	1	4,23 × 2,54

Die Bezeichnung eines Stücklistenvordruckes der Form A mit dem Rastermaß 4,23 × 2,54 lautet: Vordruck DIN 6771 – A 1.

Zwecks Einteilung sind die einzelnen Spalten und Zeilen zweckmäßigerweise durch Linien zu trennen. Die Einteilung ist aus den Bildern auf den Seiten 150 und 151 zu ersehen. Für jede Position ist eine Zeile mit der Teilung 2 × a vorgesehen, die doppelreihig beschrieben werden darf. Die Trennlinien können entfallen, wenn durch entsprechende programmierte Schreibweise ein klares, eindeutiges Bild gewährleistet ist.

Innerhalb des Listenfeldes ist bei losen Stücklisten am oberen Rand, bei Stücklisten auf Zeichnungen am unteren Rand, jeweils eine Zeile mit den Überschriften für die einzelnen Spalten angeordnet. Die auf Seite 431 angegebene Reihenfolge ist einzuhalten und fortlaufend zu numerieren. Mit den Eintragungen ist unmittelbar unter bzw. oberhalb der Überschriftenzeile zu beginnen.

Der Schutzvermerk nach DIN 34 ist auf dem Heftrand einzutragen.

1 Pos.	2 Menge	3 Einheit	4 Benennung	5 Sachnummer / Norm - Kurzbezeichnung	6 Bemerkung
1	1	Stck	Treibstange		St 50-2
2	2	Stck	Buchse		CuSn12Pb
3	2	Stck	Lagersegment		CuSn12Pb
4	2	Stck	Stellkeil		St 50-2
5	1	Stck	Sechskantschaube	DIN 933-M16×130	5.6
6	2	Stck	Scheibe		St 44-2
7	2	Stck	Scheibe		St 44-2
8	1	Stck	Kronenmutter	DIN 935-M16	5
9	1	Stck	Splint	DIN 94-4×35	St
10	2	Stck	Sechskantschraube	DIN 933-M16×50	5.6
11	2	Stck	Scheibe	DIN 432-17	St
12	2	Stck	Kegel-Schmiernippel	DIN 71412-AM8×1	St

72 × b; b/2; b; a; 2a

Feld für Schutzvermerk

	Datum	Name	
Bearb.			Treibstange mit Gleitlagern
Gepr.			
Norm			

Blatt / Bl.

Zust. | Änderung | Datum | Name | (Urspr.) | (Ers. f.:) | (Ers. d.:)

150.1 Beispiel eines ausgefüllten Stücklistenvordruckes nach DIN 6771-A1

Erfolgskontrolle:

1. Was ist der Unterschied zwischen dem Grundschriftfeld für Zeichnungen und dem für Pläne und Listen nach DIN 6771? (S. 147 und 148)
2. Welche Rastermaße sind nach DIN 6771 genormt? (S. 148)
3. Was verstehen Sie unter der Bezeichnung: Vordruck DIN 6771 – A1?
4. Wie ist der Stücklistenvordruck der Form A bzw. der Form B nach DIN 6771 T2 aufgebaut? (S. 150 und 151)

Feld für Schutzvermerk

112 × b

1 Pos.	2 Menge	3 Einheit	4 Benennung	5 Sachnummer / Norm - Kurzbezeichnung	6 Werkstoff	7 Gewicht kg/Einheit	8 Bemerkung
1	1	Stck	Einsatzkegel		Ck 15		
2	1	Stck	Flansch		St 50-2		
3	1	Stck	Bolzen		St 50-2		
4	1	Stck	Führungsachse		St 50-2		
5	1	Stck	Flansch		St 50-2		
6	1	Stck	Zylinderstift	DIN 7-4m6×12	St 50-2K		
7	1	Stck	Nutmutter		Ck 45		
8	1	Stck	Senkschraube	DIN 963-M4×8	8.8		
9	1	Stck	Ring		St 50-2		
10	1	Stck	Zylinderstift	DIN 7-3m6×6	St 50-2K		
11	1	Stck	Zylinderstift	DIN 7-5m6×12	St 50-2K		

	Datum	Name	
Bearb.			
Gepr.			Einsatzdorn
Norm			
Zust. Änderung Datum Name (Urspr.)		(Ers. f.:)	(Ers. d.:) Blatt Bl.

151.1 *Beispiel eines ausgefüllten Stücklistenvordruckes nach DIN 6771 – B1*

6 Maßtoleranzen, Passungen, Paßtoleranzfelder, Paßtoleranzen, Form- und Lagetoleranzen

6.1 Grundbegriffe Maße, Toleranzen, Passungen und Paßtoleranzen[1]

Da bei der Fertigung von Werkstücken die Nennmaße nicht genau eingehalten werden können, erhalten je nach Funktion und Berücksichtigung einer wirtschaftlichen Fertigung die Nennmaße durch Angabe von Grenzabmaßen zugelassene Abweichungen. Diese legen die Grenzmaße fest, zwischen denen das am fertigen Werkstück gemessene Istmaß liegen darf.

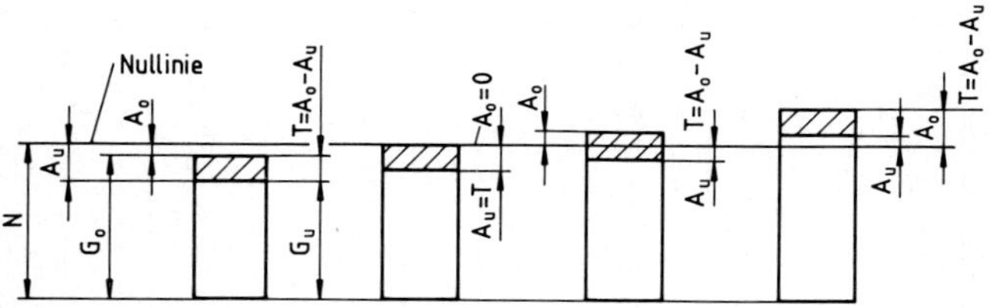

152.1 Nennmaß mit Grenzabmaßen und Maßtoleranzfeld

Das *Nennmaß N* ist ein Maß zur Größenangabe, auf das Grenzabmaße bezogen werden.

Ein *toleriertes Maß* ist ein Nennmaß mit zugeordneten Grenzabmaßen, wobei die Grenzabmaße am Nennmaß eingetragen, siehe Beispiel, oder mit Hilfe von Allgemeintoleranzen angegeben sind, z. B. nach DIN 7168 T1.

Die *Maßtoleranz T* ist die Differenz zwischen den Grenzmaßen, und zwar zwischen Höchstmaß G_o und Mindestmaß G_u. $T = G_o - G_u$

Das *Höchstmaß G_o* als größtes zugelassenes Maß weicht um das obere Grenzabmaß A_o und das *Mindestmaß G_u* als kleinstes zugelassenes Maß um das untere Grenzabmaß A_u vom Nennmaß ab. In der graphischen Darstellung wird das Toleranzfeld durch die beiden Grenzmaße bestimmt, 152.1.

Die *Nullinie* ist in der graphischen Darstellung die gerade Linie, die dem Nennmaß entspricht. Sie ist die Bezugslinie für die Grenzabmaße. Diese erhalten ein + Vorzeichen, wenn sie über der Nullinie liegen und ein – Vorzeichen, wenn sie unter der Nullinie liegen.

Das am Werkstück gemessene *Istmaß I* (Fertigmaß) muß zwischen den Grenzmaßen liegen, andernfalls ist das Teil Ausschuß oder muß nachgearbeitet werden.

[1]) Durch DIN ISO 286 T1 u. T2 werden einige Begriffe wieder geändert.

Beispiel: $50^{+0{,}011}_{-0{,}005}$

Nennmaß	N	= 50 mm
oberes Grenzabmaß	A_o	= 0,011 mm
unteres Grenzabmaß	A_u	= 0,005 mm
Höchstmaß[1])	G_o	= 50,011 mm
Mindestmaß[2])	G_u	= 49,995 mm
Istmaß (gemessen)	I	= 50,005 mm
Maßtoleranz	T	$= G_o - G_u = 0{,}016$ mm

bisher genannt: [1]) Größtmaß und [2]) Kleinstmaß

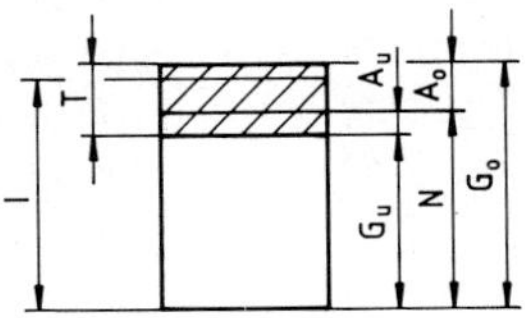

153.1 Nennmaß mit Grenzabmaßen und Istmaß

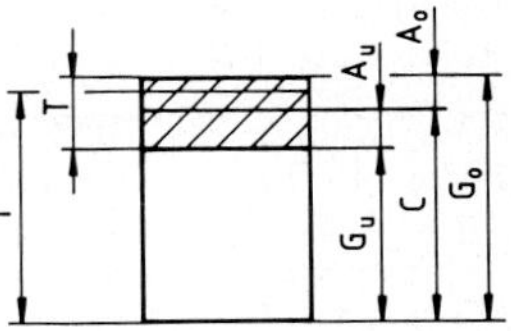

153.2 Mittenmaß mit Grenzabmaßen und Istmaß

6

Ein *Paßmaß* ist ein toleriertes Maß für eine Paßfläche bzw. für zwei zusammengehörige Paßflächen als Innenpaßmaß für Bohrungen und als Außenpaßmaß für Wellen, wobei die Maßtoleranzen z. B. durch ISO-Toleranzkurzzeichen angegeben sind, 50 H7/f7.

Das *Mittenmaß C* ist der arithmetische Mittelwert aus Höchstmaß G_o und Mindestmaß G_u.

Die Lage des Toleranzfeldes kann durch das Mittenmaß und die Maßtoleranz festgelegt werden, wobei das obere und untere Grenzabmaß sich nur durch das Vorzeichen unterscheiden, z. B. 50,03 ± 0,08.

Eine derartige Festlegung des Toleranzfeldes hat Vorteile bei der statistischen Qualitätssicherung und beim rechnergestützten Konstruieren und Fertigen.

Hilfsmaße werden in Klammern gesetzt und sind für die geometrische Bestimmung der Form der Werkstücke nicht erforderlich, s. S. 126.

Theoretisch genaue Maße besitzen keine Grenzabmaße. Sie bestimmen z. B. die theoretisch genaue Lage eines Punktes oder einer Linie und werden durch rechteckige Rahmen gekennzeichnet, s. S. 127.

Ein *Maximum-Material-Maß* ist dasjenige Grenzmaß, welches das größere Materialvolumen ergibt. Es ist bei der Welle das Höchstmaß und bei der Bohrung das Mindestmaß.

Das *Minimum-Material-Maß* ist dasjenige Grenzmaß, welches das kleinere Materialvolumen ergibt. Es ist bei der Welle das Mindestmaß und bei der Bohrung das Höchstmaß.

Ein *Toleranzfeld* ist der Bereich zwischen Höchst- und Mindestmaß. Die Lage eines Toleranzfeldes wird bestimmt durch die beiden Grenzmaße, Mindestmaß und Höchstmaß oder durch das Mittenmaß und die Maßtoleranz.

Das *ISO-Toleranzsystem* ist ein System zur Bildung von Maßtoleranzen. Hierbei wird ein Toleranzfeld festgelegt durch das *ISO-Grundabmaß* und die *ISO-Grundtoleranz*, s. S. 160.

Der *ISO-Toleranzfaktor i* (bisher Toleranzeinheit) ist ein nach einer Gleichung festgelegter Faktor des ISO-Toleranzsystems zur Ermittlung der ISO-Grundtoleranz, s. S. 159.

ISO-Toleranzklassen[1]) (bisher Qualitäten) 01...18 sind Kennzahlen für die Festlegung der ISO-Grundtoleranzen, s. S. 161.

Die *Grundtoleranz* ist beim ISO-Toleranzsystem die Maßtoleranz, die einer Toleranzklasse (01. . .18) und einem Nennmaßbereich zugeordnet ist, s. DIN 7151 S. 161.

Toleranzklassen (bisher Genauigkeitsgrade) sind Kennwerte für die Auswahl von Toleranzen, die unter annähernd gleichen Fertigungsschwierigkeiten erzielt werden können.

Der *Klassenfaktor* ist beim ISO-Toleranzsystem die Anzahl von ISO-Toleranzeinheiten i, die der jeweiligen Toleranzklasse unabhängig vom Nennmaßbereich zugeordnet sind, s. S. 161.

Die *Allgemeintoleranz* ist eine Toleranz nach einem Toleranzsystem, die durch eine allgemeingültige Eintragung in der Zeichnung, z. B. im Schriftfeld festgelegt wird, z. B. Allgemeintoleranzen DIN 7168-m.

Eine *Paarung* entsteht durch das Fügen zusammengehöriger Paßteile, die Paßflächen aufweisen. Als Paßflächen werden die mit Paßmaßen versehenen Flächen bezeichnet, wobei Innen- (Bohrungen) und Außenpaßflächen (Wellen) unterschieden werden.

Passungen gelten für Rund- und Flachteile.

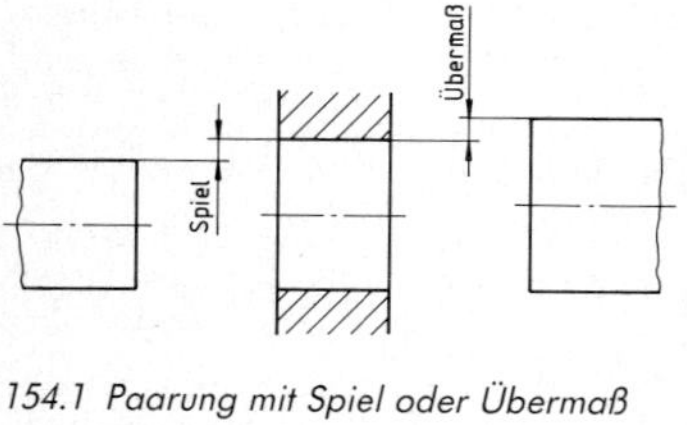

154.1 *Paarung mit Spiel oder Übermaß*

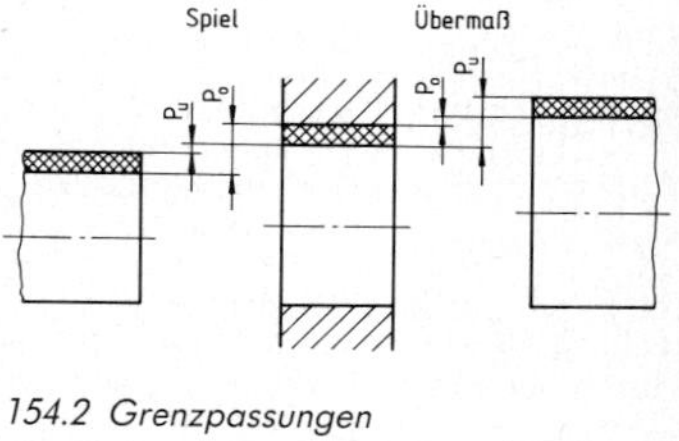

154.2 *Grenzpassungen*

Eine *Passung*[2]) entsteht durch den Zusammenbau von Teilen, z. B. Welle und Lager. Sie ist die Maßdifferenz von Innen- und Außenpaßfläche vor der Paarung, 154.1.

[1]) Nach DIN ISO 286 demnächst Toleranzgrade genannt. [2]) Nach DIN ISO 286 versteht man unter einer Passung die Beziehung, die sich aus der Maßdifferenz ergibt.

Eine *positive Passung* liegt bei Spiel vor, wenn das Maß der Innenpaßfläche größer als das Maß der Außenpaßfläche ist.

Eine *negative Passung* liegt bei Übermaß vor, wenn das Maß der Innenpaßfläche kleiner als das Maß der Außenpaßfläche ist.

Als *Grenzpassungen*[1]) werden *Höchst-* und *Mindestpassung* bezeichnet, 154.2. Eine Höchstpassung P_o liegt vor bei Höchstmaß der Innenpaßfläche und Mindestmaß der Außenpaßfläche. Die Höchstpassung kann Spiel oder Übermaß sein.
Eine Mindestpassung P_u liegt vor bei Mindestmaß der Innenpaßfläche und Höchstmaß der Außenpaßfläche. Die Mindestpassung kann Spiel oder Übermaß sein.

Eine *Istpassung* kann durch eine Messung festgestellt werden.

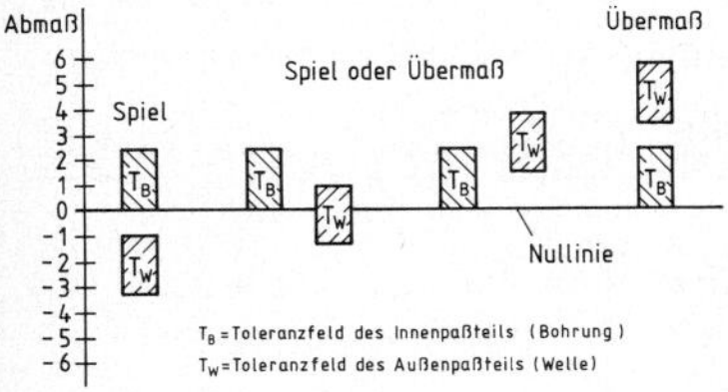

155.1 Maßtoleranzfelder von Paarungen

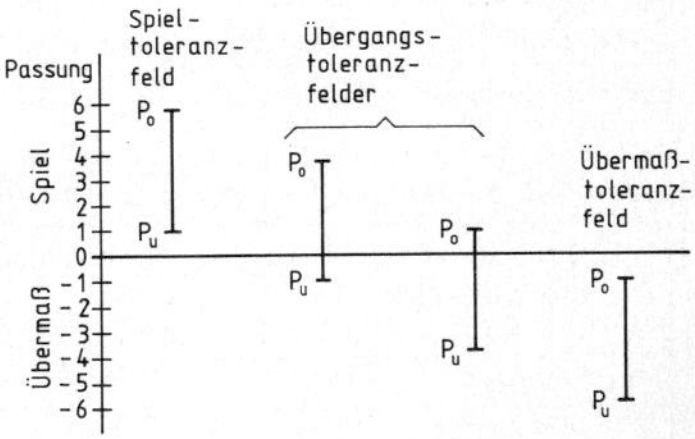

155.2 Arten der Paßtoleranzfelder

Die *Paßtoleranz* ist die Summe der Maßtoleranzen von Innen- und Außenpaßfläche.

$P_T = T_B + T_W$

Das *Paßtoleranzfeld* ist das Intervall zwischen Höchstpassung P_o und Mindestpassung P_u, wobei folgende Arten unterschieden werden, 155.2:

Spieltoleranzfeld als Intervall zwischen Höchstpassung und Mindestpassung, wobei die Höchstpassung positiv und die Mindestpassung mindestens Null ist (künftig wieder Spielpassung genannt).

Übergangstoleranzfeld als Intervall zwischen Höchstpassung und Mindestpassung, wobei die Höchstpassung positiv und die Mindestpassung negativ ist (künftig wieder Übergangspassung genannt).

Übermaßtoleranzfeld als Intervall zwischen Höchstpassung und Mindestpassung, wobei die Mindestpassung negativ und die Höchstpassung höchstens Null ist (künftig wieder Übermaßpassung genannt).

Ein *Paßsystem* dient zur Bildung von ausgewählten Paßtoleranzfeldern mit zugeordneten Paßtoleranzen durch geeignete Zusammensetzung von Maßtoleranzen. Durch die beiden ISO-Paßsysteme der Einheitsbohrung (EB) und Einheitswelle (EW) wird die Anzahl der möglichen Paßtoleranzfelder sinnvoll verringert, 166.1 und 166.2.

[1]) Der Begriff Grenzpassungen soll durch die Begriffe Höchstspiel, Mindestspiel, Höchstübermaß oder Mindestübermaß ersetzt werden, s. Beilage.

6.2 Allgemeintoleranzen (Freimaßtoleranzen) nach DIN 7168 Teil 1[1])

Allgemeintoleranzen mit vier Toleranzklassen sind anwendbar für durch Trennen und Umformen gefertigte Teile. Sie dienen zur Vereinfachung von Zeichnungen und gelten für Längen- und Winkelmaße, wenn in Zeichnungen oder zugehörigen Unterlagen auf diese Norm hingewiesen ist.

Tabelle 1 Obere und untere Grenzabmaße für Längenmaße

Toleranz-klasse	Grenzabmaße in mm für Nennmaßbereich in mm								
	0,5 bis 3	über 3 bis 6	über 6 bis 30	über 30 bis 120	über 120 bis 400	über 400 bis 1000	über 1000 bis 2000	über 2000 bis 4000	über 4000 bis 8000
f (fein)	± 0,05	± 0,05	± 0,1	± 0,15	± 0,2	± 0,3	± 0,5	± 0,8	—
m (mittel)	± 0,1	± 0,1	± 0,2	± 0,3	± 0,5	± 0,8	± 1,2	± 2	± 3
g (grob)	± 0,15	± 0,2	± 0,5	± 0,8	± 1,2	± 2	± 3	± 4	± 5
sg (sehr grob)	—	± 0,5	± 1	± 1,5	± 2	± 3	± 4	± 6	± 8

Bei Nennmaßen unter 0,5 mm sind die Grenzabm. direkt am Nennmaß anzugeben.

Tabelle 2 Obere und untere Grenzabmaße für Rundungshalbmesser und Fasenhöhen

Toleranzklasse	Grenzabmaße in mm für Nennmaßbereich in mm				
	0,5 bis 3	über 3 bis 6	über 6 bis 30	über 30 bis 120	über 120 bis 400
f (fein) m (mittel)	± 0,2	± 0,5	± 1	± 2	± 4
g (grob) sg (sehr grob)	± 0,2	± 1	± 2	± 4	± 8

Bei Nennmaßen unter 0,5 mm sind die Grenzabm. direkt am Nennmaß anzugeben.

Tabelle 3 Obere und untere Grenzabmaße für Winkelmaße

Toleranzklasse	Grenzabmaße in Winkeleinheiten für Nennmaßbereiche des kürzeren Schenkels in mm				
	bis 10	über 10 bis 50	über 50 bis 120	über 120 bis 400	über 400
f (fein) m (mittel)	± 1°	± 30′	± 20′	± 10′	± 5′
g (grob)	± 1° 30′	± 50′	± 25′	± 15′	± 10′
sg (sehr grob)	± 3°	± 2°	± 1°	± 30′	± 20′

Sollen die Allgemeintoleranzen nach dieser Norm gelten, so ist in Zeichnungen in das dafür vorgesehene Feld folgendes einzutragen, z. B. für Toleranzklasse mittel:

DIN 7168–m früher DIN 7168–mittel

Allgemeintoleranzen für Form und Lage nach DIN 7168 Teil 2[2])

DIN 7168 T2 legt für die Vereinfachung von Zeichnungen Allgemeintoleranzen für Form und Lage fest. Die vier Toleranzklassen R, S, T und U berücksichtigen die jeweiligen werkstattüblichen Genauigkeiten. Kleinere oder größere zugelassene Form- und Lagetoleranzen als in den nach-

Demnächst für Neukonstruktionen [1]) DIN ISO 2768 T1; [2]) DIN ISO 2768 T2

folgenden Tabellen aufgeführt, müssen nach DIN ISO 1101 einzeln angegeben werden, s. S. 174ff. Diese Allgemeintoleranzen gelten nicht für Formelemente an Werkstücken, bei denen Form- und Lagetoleranzen angegeben sind.

Bei den nachstehenden Form- und Lagetoleranzen gilt der Tolerierungsgrundsatz „neu“ nach DIN ISO 8015, wobei Form- und Lagetoleranzen unabhängig vom Istmaß des Formelementes gelten (Unabhängigkeitsprinzip). Maß-, Form- und Lagetoleranzen haben dann keine gegenseitige Beziehung zueinander. Die Zeichnung muß den Hinweis „Tolerierung ISO 8015“ aufweisen.

Soll bei Anwendung des Unabhängigkeitsprinzips für einzelne Formelemente die Hüllbedingung nach dem Tolerierungsgrundsatz „alt“ gelten, so ist dies mit dem Symbol Ⓔ hinter der entsprechenden Maßtoleranz zu kennzeichnen. Die Hüllbedingung besagt, daß das Formelement die geometrisch ideale Hülle (bei Maximum-Material-Maß) nicht durchbricht, s. S. 170.

Tabelle 1 Allgemeintoleranzen für Geradheit und Ebenheit

Toleranzklasse	Allgemeintoleranz in mm für Geradheit und Ebenheit für Nennmaßbereich in mm					
	bis 6	über 6 bis 30	über 30 bis 120	über 120 bis 400	über 400 bis 1000	über 1000 bis 2000
R	0,004	0,01	0,02	0,04	0,07	0,1
S	0,008	0,02	0,04	0,08	0,15	0,2
T	0,025	0,06	0,12	0,25	0,4	0,6
U	0,1	0,25	0,5	1	1,5	2,5

Nennmaßbereich bis 8000 mm

Tabelle 2 Allgemeintoleranzen für Symmetrie, Rundlauf und Planlauf

Toleranzklasse	Symmetrietoleranz mm	Rundlauf- und Planlauftoleranz mm
R	0,3	0,1
S	0,5	0,2
T	1	0,5
U	2	1

Zeichnungseintragung der Allgemeintoleranzen für Form und Lage zusammen mit den Allgemeintoleranzen nach DIN 7168 T1 z. B.:

DIN 7168 – m – S: Toleranzklasse m nach DIN 7168 T1 mit
Toleranzklasse S nach DIN 7168 T2

DIN 7168 – m S T: Toleranzklasse m nach DIN 7168 T1 mit
Toleranzklasse S für Formtoleranz und
Toleranzklasse T für Lagetoleranz nach DIN 7168 T2

Soll für Allgemeintoleranzen der Form und Lage der Tolerierungsgrundsatz „alt“ gelten, so sind die Toleranzklassen 02, 01, A, B und C anzuwenden ohne den Hinweis Tolerierung ISO 8015 in der Zeichnung.

Allgemeintoleranzen und Bearbeitungszugaben an Gußrohteilen

In DIN 1680 Teil 1 sind die Allgemeintoleranzen und die gegebenenfalls erforderlichen Bearbeitungszugaben an spanend zu bearbeitende Flächen von Gußrohteilen erläutert und entsprechend in weiteren Normen festgelegt.

Bei Gußrohteilen werden die Grenzabmaße für Längen- und Dickenmaße durch die Toleranzklasse und die Größe der Nennmaße festgelegt.

Die Toleranzklasse berücksichtigt die Maßabweichungen, die durch die Maßgenauigkeit der Modelleinrichtung entstehen, das Schwindmaß, die Sorgfalt beim Formen und Gießen und die verwendeten Form- und Gießeinrichtungen.

Die Bearbeitungszugabe BZ ist vom größten Außenmaß des Gußrohteiles abhängig.

Normenhinweis

DIN 1683 T1 Gußrohteile aus Stahlguß, Allgemeintoleranzen
DIN 1684 T1 Gußrohteile aus Temperguß, Freimaßtoleranzen
DIN 1685 T1 Gußrohteile aus Gußeisen mit Kugelgraphit, Allgemeintoleranzen
DIN 1686 T1 Gußrohteile aus Gußeisen mit Lamellengraphit, Allgemeintoleranzen
DIN 1688 T1 Gußrohteile aus Leichtmetallegierungen, Allgemeintoleranzen

6.3 ISO-Toleranzen, Passungen, Paßtoleranzfelder, Paßtoleranzen

Bedeutung

Um die steigende Nachfrage nach technischen Erzeugnissen zu decken und gleichzeitig die Herstellungskosten zu senken, sind hohe Stückzahlen erforderlich. Voraussetzung für eine große Serien- und Massenfertigung ist, daß die gefertigten Teile ohne Nacharbeit eingebaut und wahllos untereinander ausgetauscht werden können. Die Maße der ineinanderzufügenden Teile müssen so festgelegt werden, daß entsprechend ihrer Funktion Spiel oder Übermaß entsteht, z. B. Welle in Bohrung mit Lagerspiel, Bolzen in Bohrung mit Preßsitz. Spiel und Übermaß werden jetzt Passungen genannt und wurden früher auch als Sitze bezeichnet. Paßtoleranzfelder und zugeordnete Paßtoleranzen sind für die gebräuchlichen Maße systematisch im ISO-Paßsystem geordnet.

Entstehung

Die ISA = International Federation of the National Standardizing Associations (Internationale Vereinigung der nationalen Normenvereinigungen) hat im Jahre 1928 begonnen, die damals in den verschiedenen Ländern bekannten Passungssysteme zu vereinheitlichen. Das Ergebnis waren die nach ihr benannten international gültigen ISA-Passungen. Die nach dem ersten Weltkrieg in Deutschland geschaffenen DIN-Passungen wurden durch die ISA-Passungen ersetzt. Die Nachfolgerin der ISA ist seit 1947 der Internationale Normenausschuß ISO = International Organization for Standardization. Nach ihr sind die ISA-Passungen in ISO-Passungen umbenannt worden. Passungen ist jetzt ein Oberbegriff für Spiel und Übermaß.

6.3.1 ISO-Toleranzsystem für Längenmaße [1])

Das ISO-Toleranzsystem nach DIN 7150 gilt für Längenmaße von 1 bis 500 mm, die in 13 Nennmaßbereiche eingeteilt sind, s. S. 161.

Die Grundlage des ISO-Toleranzsystems ist der ISO-Toleranzfaktor i (bisher Toleranzeinheit i).

$i = 0{,}45 \cdot \sqrt[3]{D} + 0{,}001 \cdot D$ (i in μm = 0,001 mm, D in mm)

D ist das geometrische Mittel der Grenzen des Nennmaßbereiches. Die Größe des Toleranzfaktors i ist abhängig vom Nennmaßbereich, nimmt also mit größer werdenden Grenzweiten zu.

Die ISO-Toleranzklassen (bisher ISO-Qualitäten) 01...18 bestimmen die Größe der ISO-Toleranzfelder und damit die der Maßtoleranzen, s. S. 160.
DIN 7151 enthält in Abhängigkeit vom Nennmaßbereich für jede Toleranzklasse die errechneten ISO-Grundtoleranzen als ISO-Toleranzreihe, z. B. IT7, s. S. 161.

Die Grundtoleranzen der Toleranzklassen 5...18 sind ein Vielfaches der ihnen zugeordneten Toleranzfaktoren i. Von IT6...IT18 ist jede Grundtoleranz bzw. Toleranzreihe zur vorhergehenden um das 1,6fache größer. Die Toleranzreihen IT11...IT18 sind stets das 10fache der Grundtoleranzen von IT6...IT13, s. S. 161.

Für die Toleranzklassen 0,1, 0 und 1 sind die Grundtoleranzen der Toleranzreihen in μm folgendermaßen berechnet, wobei D in mm einzusetzen ist:

IT01 : $T = 0{,}3 + 0{,}008\,D$
IT 0 : $T = 0{,}5 + 0{,}012\,D$
IT 1 : $T = 0{,}8 + 0{,}02\,D$

Die Werte für IT2...IT4 liegen etwa geometrisch zwischen den Werten IT1 und IT5.

6

Man erhält die Grundtoleranzen (Maßtoleranzen) für die Toleranzklassen 5...18 bei einem bestimmten Nennmaßbereich durch Multiplizieren des errechneten Toleranzfaktors i mit der zur Toleranzklasse gehörenden Anzahl von Toleranzfaktoren, z. B. für das Paßmaß 60 H7:

Nennmaßbereich 50...80 mm:

geometrischer Mittelwert $D = \sqrt{50 \cdot 80} = 63{,}25$

Größe des Toleranzfaktors $i = 0{,}45 \cdot \sqrt[3]{63{,}25} + 0{,}001 \cdot 63{,}25 = 1{,}856$ μm

Klassenfaktor 16 für Toleranzklasse 7 s. S. 161

Grundtoleranz (Maßtoleranz) $T = 16 \cdot i = 30$ μm

Die Lage der ISO-Toleranzfelder zur Nullinie gibt DIN 7152 als ISO-Grundabmaße durch das obere oder untere Grenzabmaß in Abhängigkeit vom Nennmaßbereich an, s. S. 160.

Im Beispiel ist für das Toleranzfeld H7 das untere Grenzabmaß $A_u = 0$ festgelegt, so daß das Toleranzfeld auf der Nullinie liegt.
Das obere Grenzabmaß ergibt sich zu:

$A_o = A_u + T = 0\ \mu m + 30\ \mu m = 30\ \mu m$

Beim Paßmaß 60f7 ist die Lage des Toleranzfeldes zur Nullinie durch das obere Grenzabmaß $A_o = -30$ μm festgelegt. Entsprechend gilt für das untere Grenzabmaß:

$A_u = A_o - T = -30\ \mu m - 30\ \mu m = -60\ \mu m.$

[1]) DIN ISO 286 T1 u. T2 ISO-System für Grenzmaße und Passungen beinhaltet DIN 7150, 7151, 7152, 7160, 7161 u. 7182.

Kennzeichnung der ISO-Toleranzfelder

Ein ISO-Toleranzfeld wird durch ein ISO-Toleranzkurzzeichen gekennzeichnet, das aus einem Buchstaben zur Lagebestimmung und einer Zahl zur Toleranzgrößenbestimmung besteht, z. B. 60H7. Eintragen der ISO-Toleranzkurzzeichen siehe Seite 116.

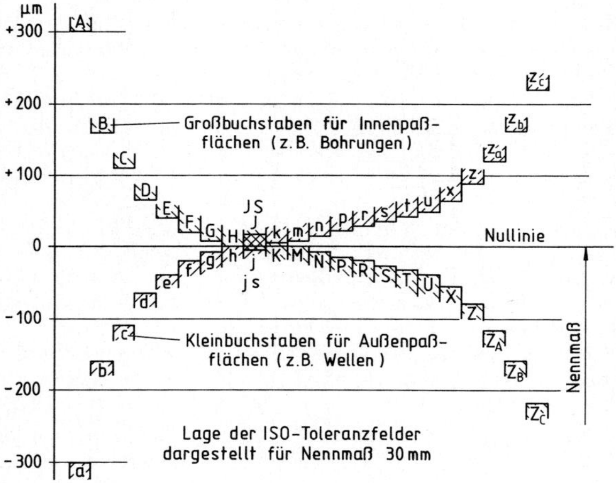

160.1 ISO-Grundabmaße bestimmen die Lage der Toleranzfelder zur Nullinie

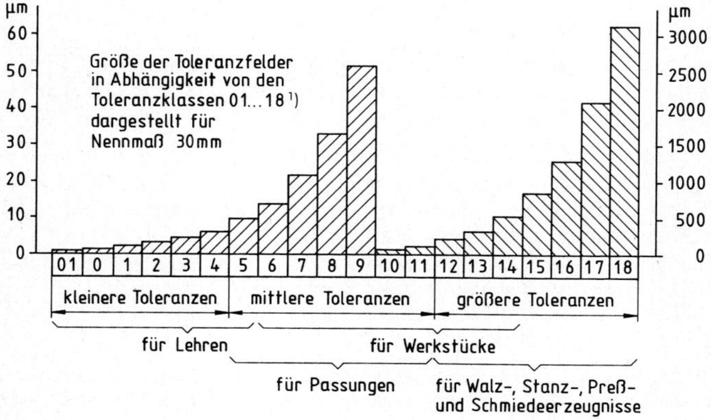

160.2 ISO-Grundtoleranzen bestimmen die Größe der Toleranzfelder

Nach DIN ISO 286 versteht man künftig unter Toleranzklasse die Kombination von Grundabmaß und Toleranzgrad, z. B. H7, s. Beilage. [1]) Toleranzgrade 01...18.

ISO-Grundtoleranzen (in µm)
Auswahl

ISO-Toleranzreihe IT	Klassenfaktor[2])	Nennmaßbereich in mm[1])									
		1 bis 3	> 3 bis 6	> 6 bis 10	> 10 bis 18	> 18 bis 30	> 30 bis 50	> 50 bis 80	> 80 bis 120	> 120 bis 180	> 180 bis 250
01	–	0,3	0,4	0,4	0,5	0,6	0,6	0,8	1	1,2	2
0	–	0,5	0,6	0,6	0,8	1	1	1,2	1,5	2	3
1	–	0,8	1	1	1,2	1,5	1,5	2	2,5	3,5	4,5
2	–	1,2	1,5	1,5	2	2,5	2,5	3	4	5	7
3	–	2	2,5	2,5	3	4	4	5	6	8	10
4	–	3	4	4	5	6	7	8	10	12	14
5	7	4	5	6	8	9	11	13	15	18	20
6	10	6	8	9	11	13	16	19	22	25	29
7	16	10	12	15	18	21	25	30	35	40	46
8	25	14	18	22	27	33	39	46	54	63	72
9	40	25	30	36	43	52	62	74	87	100	115
10	64	40	48	58	70	84	100	120	140	160	185
11	100	60	75	90	110	130	160	190	220	250	290
12	160	100	120	150	180	210	250	300	350	400	460
13	250	140	180	220	270	330	390	460	540	630	720
14	400	250	300	360	430	520	620	740	870	1000	1150
15	640	400	480	580	700	840	1000	1200	1400	1600	1850
16	1000	600	750	900	1100	1300	1600	1900	2200	2500	2900
17	1600	–	–	1500	1800	2100	2500	3000	3500	4000	4600
18	2500	–	–	–	2700	3300	3900	4600	5400	6300	7200

[1]) Nennmaßbereich 1...500 mm nach DIN 7151; [2]) Anzahl der ISO-Toleranzeinheiten i.

Nach DIN 7172 T1 sind die ISO-Grundtoleranzen für Längenmaße von 500...10000 mm festgelegt.

6

Zur Erreichung der verschiedenen ISO-Toleranzklassen wählt man in der Regel als Bearbeitungsverfahren:

für die feinen ISO-Toleranzklassen 01, 0, 1...4, deren Maßtoleranzen einige 0,001 mm betragen: Läppen, Honen und Feinstschleifen;

für die mittleren ISO-Toleranzklassen 5...11, deren Maßtoleranzen einige 0,01 mm ausmachen: Schleifen, Reiben, Feindrehen, Ziehen, Räumen, Fräsen, Hobeln u. a.;

für die groben ISO-Toleranzklassen 12...18, deren Maßtoleranzen einige 0,1 mm (sogar bis einige Millimeter) groß sind: Stanzen, Walzen, Pressen, Schmieden, Gießen u. a.

Jede für den jeweiligen Betriebszweck zu klein gewählte Toleranz verteuert in erheblichem Maße das Erzeugnis. Daher werden, wenn es die Betriebssicherheit erlaubt, weite Maßtoleranzen angewendet.

Die Lage der Toleranzfelder zur Nullinie bzw. zum Nennmaß ist durch Buchstaben gekennzeichnet, und zwar bei Innenpaßmaßen, z. B. Bohrungen, durch die Großbuchstaben A...Z und bei Außenpaßmaßen, z. B. Wellen, durch die Kleinbuchstaben a...z.

Außerdem gibt es die ISO-Toleranzfelder: CD, cd, EF, ef, FG, fg (nur bis zum Nennmaß 10 mm für die Feinmechanik); JS, js für alle Nennmaßbereiche; sowie ZA, za, ZB, zb, und ZC, zc (letztere für Übermaßtoleranzfelder mit großem Übermaß).

6

Die Großbuchstaben I, L, O, Q, W und die Kleinbuchstaben i, l, o, q, w entfallen, um Verwechselungen zu vermeiden.

Wie 160.1 zeigt, liegen die Toleranzfelder der Großbuchstaben A...H über der Nullinie. Daher haben die Grenzabmaße dieser Maßtoleranzen das Vorzeichen +; ihre Grenzmaße sind größer als das Nennmaß. Das Mindestmaß bei H ist gleich dem Nennmaß. Die Toleranzfelder der Großbuchstaben M...ZC liegen unter der Nullinie. Folglich haben ihre Grenzabmaße das Vorzeichen —, und ihre Grenzmaße sind kleiner als das Nennmaß.

Wie 160.1 zeigt, liegen die Toleranzfelder der Kleinbuchstaben a...h unter der Nullinie. Die Grenzabmaße der Maßtoleranzen haben daher das Vorzeichen —, ihre Grenzmaße sind kleiner als das Nennmaß. Das Höchstmaß bei h ist gleich dem Nennmaß. Die Toleranzfelder der Kleinbuchstaben k...zc liegen über der Nullinie. Folglich haben ihre Grenzabmaße das Vorzeichen +, und ihre Grenzmaße sind größer als das Nennmaß.

Beispiel:	Paßmaß	60H7	60f7
	Nennmaß	60,000 mm	60,000 mm
	oberes Grenzabmaß	+ 0,030 mm	— 0,030 mm
	unteres Grenzabmaß	0,000 mm	— 0,060 mm
	Grenzmaße		
	Höchstmaß	60,030 mm	59,970 mm
	Mindestmaß	60,000 mm	59,940 mm

ISO-Toleranzklassen werden hier demnächst Toleranzgrade genannt.

6.3.2 Bilden von Paßtoleranzfeldern durch Kombinieren von ISO-Toleranzfeldern

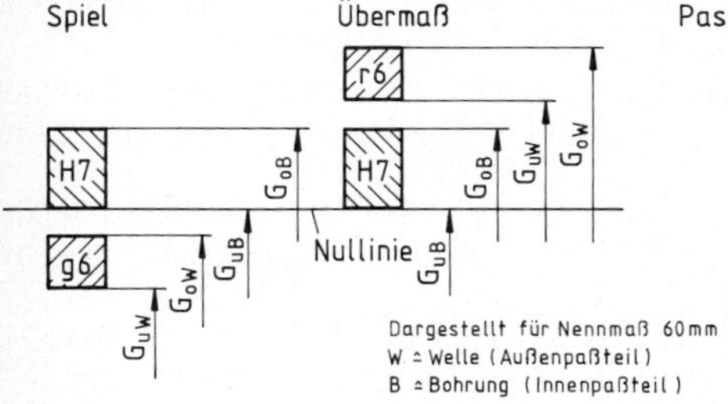

163.1 Maßtoleranzfelder von Paarungen

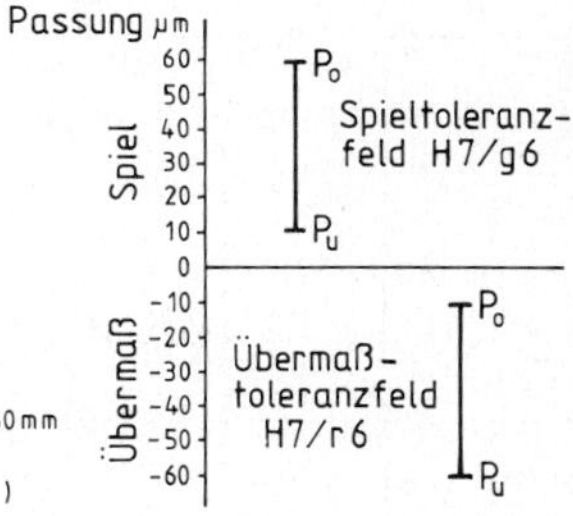

163.2 Paßtoleranzfelder von Paarungen

Bei einer Paarung von Paßteilen besitzen Innen- und Außenpaßteil je ein Paßmaß mit einer Maßtoleranz, die durch ein ISO-Toleranzkurzzeichen festgelegt ist.
Die beiden ISO-Toleranzfelder einer Paarung, z. B. H7 und g6 werden im Hinblick auf die Funktion, z. B. Beweglichkeit und der dafür erforderlichen positiven Passung (Spiel) gewählt.

Die Grenzmaße G_o und G_u der beiden ISO-Toleranzfelder 163.1 bestimmen die Grenzpassungen P_o und P_u des zugeordneten Spieltoleranzfeldes H7/g6 als Bereich der zugelassenen Passungen, 163.2.

Höchstpassung $P_o = G_{oB} - G_{uW}$; Mindestpassung $P_u = G_{uB} - G_{oW}$, s. Beilage.

Im allgemeinen können die Grenzpassungen positiv (Spiel) oder negativ (Übermaß) sein.

Die Paßtoleranz ergibt sich als Differenz der Grenzpassungen einer Paarung $P_T = P_o - P_u$. Sie ist zugleich die Summe der beiden zugehörigen Maßtoleranzen einer Paarung $P_T = T_B + T_W$, s. S. 155.
Eine Übung zum Erkennen einer Passung zeigt Seite 171.

6.3.3 Paßsysteme der Einheitsbohrung und Einheitswelle

Da alle ISO-Toleranzfelder der Innenpaßteile (Bohrungen) und der Außenpaßteile (Wellen) beliebig miteinander kombiniert werden können, ergibt sich eine Vielzahl von Toleranzfeldkombinationen mit verschiedenartigen Paßtoleranzfeldern und entsprechenden Paßtoleranzen.

Meßzeuge, insbesondere Grenzlehren, sind infolge ihrer Genauigkeit in der Anschaffung sehr teuer. Aus Gründen der Kostenersparnis werden die Toleranzfeldkombinationen nach dem Paßsystem der Einheitsbohrung oder der Einheitswelle ausgewählt und somit die Anzahl der erforderlichen Arbeits- und Prüflehren verringert.

Im *Paßsystem der Einheitsbohrung EB* nach DIN 7154 erhält bei sämtlichen Toleranzfeldkombinationen das Innenpaßteil die Toleranzfeldlage H mit Grundabmaß $A_u = 0$.

Um die verschiedenartigen Paßtoleranzfelder festzulegen, wird für Außenpaßteile die Lage der Toleranzfelder zur Nullinie entsprechend gewählt, 166.1.

Passungsauswahl nach DIN 7157 T1

Auswahl von ISO-Toleranzfeldern

Innenpaßmaße (Bohrungen) — Außenpaßmaße (Wellen)

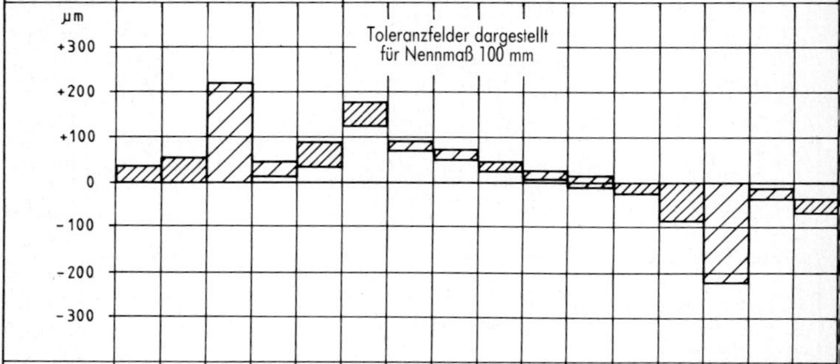

	Innenpaßmaße (Bohrungen)					Außenpaßmaße (Wellen)										
ISO-Toleranzk.-zeichen, Reihe 1	H7	H8			F8	x8 / u8 [1]		r6	n6			h6	h9			f7
ISO-Toleranzk.-zeichen, Reihe 2			H11	G7			s6			k6	j6			h11	g6	
Nennmaßbereich in mm [2] von 1 bis 3	+10 0	+14 0	+ 60 0	+12 + 2	+ 20 + 6	+ 34 + 20	+ 20 + 14	+ 16 + 10	+10 + 4	+ 6 0	+ 4 − 2	0 − 6	0 − 25	0 − 60	− 2 − 8	− 6 −16
> 3 ... 6	+12 0	+18 0	+ 75 0	+16 + 4	+ 28 + 10	+ 46 + 28	+ 27 + 19	+ 23 + 15	+16 + 8	+ 9 1	+ 6 − 2	0 − 8	0 − 30	0 − 75	− 4 −12	−10 −22
> 6 ... 10	+15 0	+22 0	+ 90 0	+20 + 5	+ 35 + 13	+ 56 + 34	+ 32 + 23	+ 28 + 19	+19 +10	+10 + 1	+ 7 − 2	0 − 9	0 − 36	0 − 90	− 5 −14	−13 −28
> 10 ... 14	+18 0	+27 0	+110 0	+24 + 6	+ 43 + 16	+ 67 + 40	+ 39 + 28	+ 34 + 23	+23 +12	+12 + 1	+ 8 − 3	0 −11	0 − 43	0 −110	− 6 −17	−16 −34
> 14 ... 18						+ 72 + 45										
> 18 ... 24	+21 0	+33 0	+130 0	+28 + 7	+ 53 + 20	+ 87 + 54	+ 48 + 35	+ 41 + 28	+28 +15	+15 + 2	+ 9 − 4	0 −13	0 − 52	0 −130	− 7 −20	−20 −41
> 24 ... 30						+ 81 + 48										
> 30 ... 40	+25 0	+39 0	+160 0	+34 + 9	+ 64 + 25	+ 99 + 60	+ 59 + 43	+ 50 + 34	+33 +17	+18 + 2	+11 − 5	0 −16	0 − 62	0 −160	− 9 −25	−25 −50
> 40 ... 50						+109 + 70										
> 50 ... 65	+30 0	+46 0	+190 0	+40 +10	+ 76 + 30	+133 + 87	+ 72 + 53	+ 60 + 41	+39 +20	+21 + 2	+12 − 7	0 −19	0 − 74	0 −190	−10 −29	−30 −60
> 65 ... 80						+148 +102	+ 78 + 59	+ 62 + 43								
> 80 ... 100	+35 0	+54 0	+220 0	+47 +12	+ 90 + 36	+178 +124	+ 93 + 71	+ 73 + 51	+45 +23	+25 + 3	+13 − 9	0 −22	0 − 87	0 −220	−12 −34	−36 −71
>100 ... 120						+198 +144	+101 + 79	+ 76 + 54								
>120 ... 140	+40 0	+63 0	+250 0	+54 +14	+106 + 43	+233 +170	+117 + 92	+ 88 + 63	+52 +27	+28 + 3	+14 −11	0 −25	0 −100	0 −250	−14 −39	−43 −83
>140 ... 160						+253 +190	+125 +100	+ 90 + 65								
>160 ... 180						+273 +210	+133 +108	+ 93 + 68								
>180 ... 200	+46 0	+72 0	+290 0	+61 +15	+122 + 50	+308 +236	+151 +122	+106 + 77	+60 +31	+33 + 4	+16 −13	0 −29	0 −115	0 −290	−15 −44	−50 −96
>200 ... 225						+330 +258	+159 +130	+109 + 80								
>225 ... 250						+356 +284	+169 +140	+113 + 84								

[1]) Bis Nennmaßbereich 24 mm gilt Toleranzfeld x8 erst über 24 mm u8.

[2]) Nennmaßbereich von 1 . . . 500 mm.

Passungsauswahl nach DIN 7157 T1

Auswahl von Paßtoleranzfeldern

Spiele und Übermaße in µm

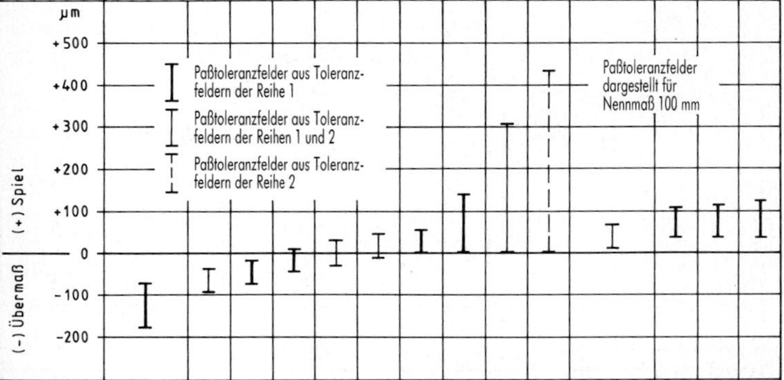

ISO-Toleranz-kurzzeichen / Nennmaßbereich mm[2]	H8[1] x8 / H8[1] u8	H7 s6	H7 r6	H7 n6	H7 k6	H7 j6	H7 h6	H8 h9	H11 h9	H11 h11	G7 h6 / H7 g6	H7 f7	F8 h6	H8 f7
von 1 bis 3	− 6 − 34	− 4 − 20	0 − 16	+ 6 −10	+10 − 6	+12 − 4	+16 0	+ 39 0	+ 85 0	+120 0	+18 + 2	+ 26 + 6	+ 26 + 6	+ 30 + 6
> 3 ... 6	− 10 − 46	− 7 − 27	− 3 − 23	+ 4 −16	+11 − 9	+14 − 6	+20 0	+ 48 0	+105 0	+150 0	+24 + 4	+ 34 + 10	+ 36 + 10	+ 40 + 10
> 6 ... 10	− 12 − 56	− 8 − 32	− 4 − 28	+ 5 −19	+14 −10	+17 − 7	+24 0	+ 58 0	+126 0	+180 0	+29 + 5	+ 43 + 13	+ 44 + 13	+ 50 + 13
> 10 ... 14	− 13 − 67	− 10 − 39	− 5 − 34	+ 6 −23	+17 −12	+21 − 8	+29 0	+ 70 0	+153 0	+220 0	+35 + 6	+ 52 + 16	+ 54 + 16	+ 61 + 16
> 14 ... 18	− 18 − 72	− 10 − 39	− 5 − 34	+ 6 −23	+17 −12	+21 − 8	+29 0	+ 70 0	+153 0	+220 0	+35 + 6	+ 52 + 16	+ 54 + 16	+ 61 + 16
> 18 ... 24	− 21 − 87	− 14 − 48	− 7 − 41	+ 6 −28	+19 −15	+25 − 9	+34 0	+ 85 0	+182 0	+260 0	+41 + 7	+ 62 + 20	+ 66 + 20	+ 74 + 20
> 24 ... 30	− 15 − 81													
> 30 ... 40	− 21 − 99	− 18 − 59	− 9 − 50	+ 8 −33	+23 −18	+30 −11	+41 0	+101 0	+222 0	+320 0	+50 + 9	+ 75 + 25	+ 80 + 25	+ 89 + 25
> 40 ... 50	− 31 −109													
> 50 ... 65	− 41 −133	− 23 − 72	− 11 − 60	+10 −39	+28 −21	+37 −12	+49 0	+120 0	+264 0	+380 0	+59 +10	+ 90 + 30	+ 95 + 30	+106 + 30
> 65 ... 80	− 56 −148	− 29 − 78	− 13 − 62											
> 80 ... 100	− 70 −178	− 36 − 93	− 16 − 73	+12 −45	+32 −25	+44 −13	+57 0	+141 0	+307 0	+440 0	+69 +12	+106 + 36	+112 + 36	+125 + 36
>100 ... 120	− 90 −198	− 44 −101	− 19 − 76											
>120 ... 140	−107 −233	− 52 −117	− 23 − 88	+13 −52	+37 −28	+51 −14	+65 0	+163 0	+350 0	+500 0	+79 +14	+123 + 43	+131 + 43	+146 + 43
>140 ... 160	−127 −253	− 60 −125	− 25 − 90											
>160 ... 180	−147 −273	− 68 −133	− 28 − 93											
>180 ... 200	−164 −308	− 76 −151	− 31 −106	+15 −60	+42 −33	+59 −16	+75 0	+187 0	+405 0	+580 0	+90 +15	+142 + 50	+151 + 50	+168 + 50
>200 ... 225	−186 −330	− 84 −159	− 34 −109											
>225 ... 250	−212 −356	− 94 −169	− 38 −113											

[1]) Bis Nennmaß 24 mm: $\frac{H8}{x8}$, über 24 mm Nennmaß: $\frac{H8}{u8}$ [2]) Nennmaßbereich von 1 . . . 500 mm

6

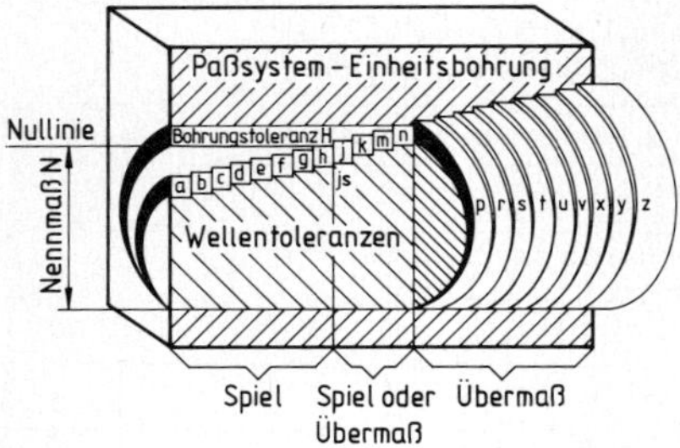

Beim Paßsystem der Einheitsbohrung wurden für die H-Toleranzfelder der Innenpaßteile 8 ISO-Toleranzklassen ausgewählt: H6...H13. Diesen Toleranzfeldern ist je eine Reihe bestimmter Toleranzfelder für Außenpaßteile zugeordnet, s. Tabelle.

166.1 Paßsystem der Einheitsbohrung

H7	za6	z6	x6	u6	t6	**s6**	**r6**	p6
H8	zc8	zb8	za8	z8	**x8**	**u8**	t8	s8
H11	zc11	zb11	za11	z11	x11	**h9**	**h11**	**d9**

H7	**n6**	m6	**k6**	**j6**	**h6**	**g6**	f6	**f7**
H8	h8	**h9**	**f7**	f8	**e8**	**d9**	c9	b9
H11	d11	**c11**	b11	b12	**a11**			

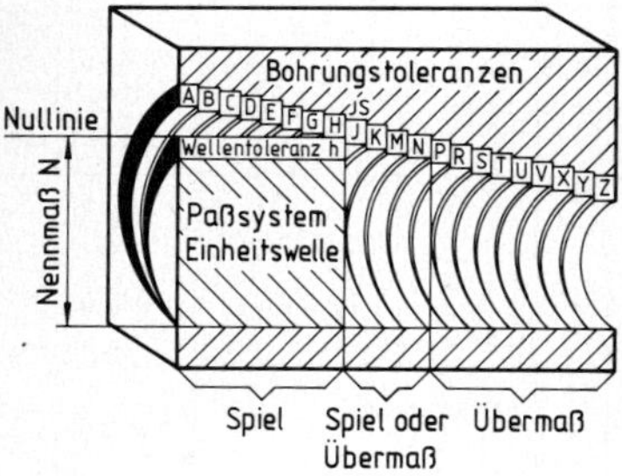

Im *Paßsystem der Einheitswelle EW* nach DIN 7155 erhält bei sämtlichen Toleranzfeldkombinationen das Außenpaßteil die Toleranzfeldlage h mit Grundabmaß $A_o = 0$.

Um die verschiedenartigen Paßtoleranzfelder festzulegen, wird für Innenpaßteile die Lage der Toleranzfelder zur Nullinie entsprechend gewählt, 166.2.

166.2 Paßsystem der Einheitswelle

Beim Paßsystem der Einheitswelle wurden für die h-Toleranzfelder der Außenpaßteile folgende 8 ISO-Toleranzklassen ausgewählt: h5, h6, h8...h13. Diesen Toleranzfeldern ist je eine Reihe bestimmter Toleranzfelder für Innenpaßteile zugeordnet, s. Tabelle.

h6	ZA7	Z7	X7	U7	T7	S7	R7	P7
h9	ZC9	ZB9	ZA9	Z9	X9	U9	T9	**H8**
h11	ZC11	ZB11	ZA11	Z11	X11	H9	**H11**	D9

h6	N7	M7	K7	J7	**H7**	G7	F7	**F8**
h9	H9	**H11**	**F8**	**E9**	**D10**	C10	**C11**	B10
h11	**D10**	D11	**C11**	B11	B12	**A11**		

Aus der Lage der ISO-Toleranzfelder gefügter Paßteile entstehen:

Spieltoleranzfelder (Spielpassungen): Bohrungen H mit Wellen a bis einschl. h, Wellen h mit Bohrungen A bis einschl. H;

Übergangstoleranzfelder (Übergangspassungen): Bohrungen H mit Wellen j, k, m, n, Wellen h mit Bohrungen J, K, M, N;

Übermaßtoleranzfelder (Übermaßpassungen): Bohrungen H mit Wellen r. . .zc, Wellen h mit Bohrungen R. . .ZC.

6.3.4 Passungsauswahl nach DIN 7157 T1

Die Auswahl engt die anzuwendenden Toleranzfeldkombinationen im System der Einheitsbohrung und Einheitswelle zum Zwecke einer wirtschaftlichen Fertigung durch Verringerung der Werk-, Spann- und Meßzeuge weiter ein. Diese Auswahl genügt fast allen Anforderungen der Praxis, so daß nur in Sonderfällen hiervon abgewichen werden soll, z. B. beim Einbau von Wälzlagern. Die Paarung der Toleranzfelder ist in DIN 7157 T2 festgelegt.

Die Reihe I aus Reihe 1, S. 164, die den meisten Anforderungen der Fertigung genügt, soll stets bevorzugt werden:

Reihe I	$\frac{H8}{x8/u8}$	$\frac{H7}{r6}$	$\frac{H7}{n6}$	$\frac{H7}{h6}$	$\frac{H8}{h9}$	$\frac{H7}{f7}$	$\frac{F8}{h6}$	$\frac{H8}{f7}$	$\frac{F8}{h9}$	$\frac{E9}{h9}$	$\frac{D10}{h9}$	$\frac{C11}{h9}$

Reicht die Reihe I nicht aus, so können die folgenden Toleranzfeldkombinationen aus den Reihen 1 und 2, S. 165 gewählt werden:

Reihe II	$\frac{H7}{s6}$	$\frac{H7}{k6}$	$\frac{H7}{j6}$	$\frac{H11}{h9}$	$\frac{G7}{h6}$	$\frac{H7}{g6}$	$\frac{H8}{e8}$	$\frac{H8}{d9}$	$\frac{D10}{h11}$	$\frac{C11}{h11}$

Die Bohrungen der Paarungen für Toleranzfeldkombinationen aus Reihe 2, die bereits mit Spiralbohrern ohne Nacharbeit hergestellt werden können, sind folgende:

Reihe III	$\frac{H11}{h11}$	$\frac{H11}{d9}$	$\frac{H11}{c11}$	$\frac{A11}{h11}$	$\frac{H11}{a11}$

Die einzelnen Firmen wählen sich aus den Auswahlreihen entsprechend ihrem Fertigungsprogramm nur einige Toleranzfeldkombinationen aus und erklären diese durch die Werknormen für ihr Werk verbindlich.

Nach der Auswahl sind die Übermaß- und Übergangstoleranzfelder vorwiegend im System der Einheitsbohrung und die Spieltoleranzfelder im System der Einheitswelle festgelegt, wobei auch die Toleranzfelder g6, f7, e8, d9, c11 und a11 für abgesetzte Wellen mit H-Bohrungen Spieltoleranzfelder der Einheitsbohrung ergeben.

Gezogene Halbzeuge, z. B. Wellen und Bolzen ohne Absätze, werden vorteilhaft ohne Nacharbeit für Spieltoleranzfelder im System der Einheitswelle verwendet. Wo aus konstruktiven Gründen abgesetzte Wellen notwendig sind, wählt man das Paßsystem der Einheitsbohrung.

6.3.5 Kennzeichen und Richtlinien für die Anwendung wichtiger Toleranzfeldkombinationen

DIN 7154 E. Bohrg.	DIN 7155 E. Welle	DIN 7157 Auswahl	Kennzeichen [1])	Anwendungsbeispiele
Übermaßtoleranzfelder (Übermaßpassungen)				
H7/s6 H7/r6	R7/h6 S7/h6	H8/x8 bis u8 H7/r6	Preßsitzteile können nur unter hohem Druck oder durch Schrumpfen zusammengefügt werden. Zusätzliche Sicherung gegen Verdrehung ist nicht erforderlich.	Kupplungen auf Wellenenden, Buchsen in Radnaben, festsitzende Zapfen und Bunde, Bronzekränze auf Schneckenradkörpern, Ankerkörper auf Wellen.
Übergangstoleranzfelder (Übergangspassungen)				
H7/n6	N7/h6	H7/n6	Festsitzteile lassen sich nur unter hohem Druck zusammenfügen. Hierbei ist eine zusätzliche Sicherung gegen Verdrehen erforderlich.	Zahn- und Schneckenräder, Lagerbuchsen, Winkelhebel, Radkränze auf Radkörpern, Antriebsräder.
H7/m6	M7/h6		Treibsitzteile lassen sich unter erheblichem Kraftaufwand, z. B. mit Handhammer, zusammenfügen und wieder auseinandertreiben. Sichern gegen Verdrehen ist erforderlich.	Teile an Werkzeugmaschinen, die ohne Beschädigung ausgewechselt werden müssen, z. B. Zahnräder, Riemenscheiben, Kupplungen, Zylinderstifte, Paßschrauben, Kugellagerinnenringe.
H7/k6	K7/h6	H7/k6	Haftsitzteile lassen sich unter geringem Kraftaufwand zusammenfügen. Ein Sichern gegen Verdrehen und Verschieben ist erforderlich.	Riemenscheiben, Zahnräder und Kupplungen sowie Wälzlagerinnenringe auf Wellen für mittlere Belastungen, Bremsscheiben.
H7/j6	J7/h6	H7/j6	Schiebesitzteile lassen sich bei guter Schmierung von Hand zusammenfügen und verschieben. Ein Sichern gegen Verschieben und Verdrehen ist notwendig.	Häufig auszubauende aber durch Keile gesicherte Scheiben, Räder und Handräder; Buchsen, Lagerschalen, Kolben auf der Kolbenstange und Wechselräder.
Spieltoleranzfelder (Spielpassungen)				
H7/h6	H7/h6	H7/h6	Gleitsitzteile können bei guter Schmierung durch Handdruck verschoben werden.	Pinole im Reitstock, Fräser auf Fräsdornen, Wechselräder, Säulenführungen, Dichtungsringe.
H8/h9	H8/h9	H8/h9	Schlichtgleitsitzteile lassen sich leicht zusammenbauen und über längere Wellenteile verschieben.	Scheiben, Räder, Kupplungen, Stellringe, Handräder, Hebel, Keilsitz für Transmissionswellen.

[1]) Unter „Kennzeichen" sind die entsprechenden Sitzbezeichnungen der früheren DIN-Passungen verwendet.

6

DIN 7154 E. Bohrg.	DIN 7155 E. Welle	DIN 7157 Auswahl	Kennzeichen [1])	Anwendungsbeispiele
H7/g6	G7/h6	H7/g6	Enge Laufsitzteile gestatten gegenseitige Bewegung ohne merkliches Spiel.	Schieberäder in Wechselgetrieben, verschiebbare Kupplungen, Spindellagerungen an Schleifmaschinen u. Teilapparaten.
H7/f7	F8/h6	H7/f7	Laufsitze gewähren ein leichtes Verschieben der Paßteile und weisen ein reichliches Spiel auf, das eine einwandfreie Schmierung erleichtert.	Meist angewandte Lagerpassung im Maschinenbau, bei Lagerung der Welle in zwei Lagern, z. B. Spindellagerung an Werkzeugmaschinen, Kurbel- und Nockenwellenlagerung, Gleitführungen.
H8/f7	F8/h9	F8/h9	Schlichtlaufsitzteile haben merkliches bis reichliches Spiel, so daß sie gut ineinander beweglich sind.	Für mehrfach gelagerte Wellen; Kolben in Zylindern, Ventilspindeln in Führungsbuchsen, Lager für Zahnrad- und Kreiselpumpen, Kreuzkopfführungen.
H8/e8	E8/h8		Leichte Laufsitzteile haben reichliches Spiel.	Mehrfach gelagerte Wellen, bei denen ein einwandfreies Ausrichten und Fluchten nicht voll gewährleistet ist.
H8/d9	D9/h8		Paßteile für weiten Laufsitz haben sehr reichliches Spiel.	Für genaue Lagerungen von Transmissionswellen und für schnellaufende Maschinenteile.
H9/d10	D10/h9	D10/h9	Weite Schlichtlaufsitzteile haben sehr reichliches Spiel.	Achsbuchsen für Fuhrwerke und Landmaschinen, für Transmissionslager und Losscheiben.
H11/h11	H11/h11	H11/h11	Paßteile für Grobsitz 1 haben große Toleranzen bei geringem Spiel.	Teile, die verstiftet, verschraubt, zusammengesteckt und verschweißt werden, z. B. Griffe, Hebel, Kurbeln.
H11/d11	D11/h11		Paßteile für Grobsitz 2 haben große Toleranzen bei bestimmtem Kleinstspiel.	Lager an Land- und Baumaschinen, Seilrollen und Teile aus gezogenem Werkstoff.
H11/c11	C11/h11	C11/h11	Grobsitz 3-Teile haben große Toleranzen und große Spiele.	Lager an landwirtschaftlichen und Haushaltsmaschinen.
H11/a11	A11/h11	A11/h11	Grobsitz 4-Teile haben sehr große Toleranzen und sehr lockeren Sitz.	Türangeln, Kuppelbolzen, Feder- und Bremsgehänge an Fahrzeugen.

[1]) Unter „Kennzeichen“ sind die entsprechenden Sitzbezeichnungen der früheren DIN-Passungen verwendet.

6.3.6 Prüfen der Paßmaße durch Grenzlehren

Die Paßmaße der gefertigten Werkstücke prüft man, wenn keine Formtoleranzen angegeben sind, mit festen Grenzlehren, und zwar die Innenpaßmaße, z. B. für Bohrungen, mit Grenzlehrdornen, 170.1, und die Außenpaßmaße, z. B. für Wellen, mit Grenzrachenlehren, 170.2. Es wird festgestellt, ob das Istmaß zwischen dem vorgeschriebenen Höchst- und Mindestmaß liegt und somit das gefertigte Werkstück maßhaltig bzw. lehrenhaltig ist.

Bei dieser Prüfung mit Grenzlehren nach dem Tolerierungsgrundsatz „alt" liegen alle Formabweichungen innerhalb der Maßtoleranz (Hüllbedingung), 170.3. . .6.

Maßhaltigkeit liegt nach dem Tolerierungsgrundsatz „alt" vor:

Bei *Innenpaßmaßen*, z. B. bei Bohrungen, wenn sich die Gutseite des Grenzlehrdornes leicht (ohne besonderen Druck) in die meist noch mit Formfehlern behaftete Bohrung (z. B. kegelig statt zylindrisch) einführen läßt und die Ausschußseite (gekennzeichnet durch einen roten Farbring und einen kürzeren Meßzylinder) nur anschnäbelt. Kann die Ausschußseite in die Bohrung eingeführt werden, so ist das Werkstück Ausschuß.

Bei *Außenpaßmaßen*, z. B. bei Wellen, wenn die Gutseite durch das Eigengewicht der Grenzrachenlehre über die Welle gleitet und die Ausschußseite (rot gekennzeichnet, und die Meßflächen sind angeschrägt) nur angeschnäbelt.

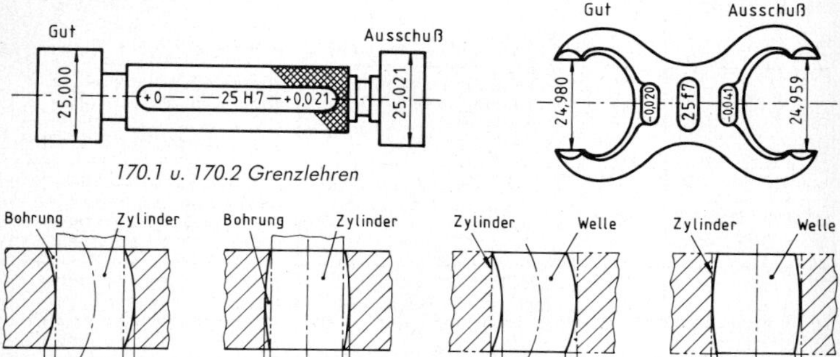

170.1 u. 170.2 Grenzlehren

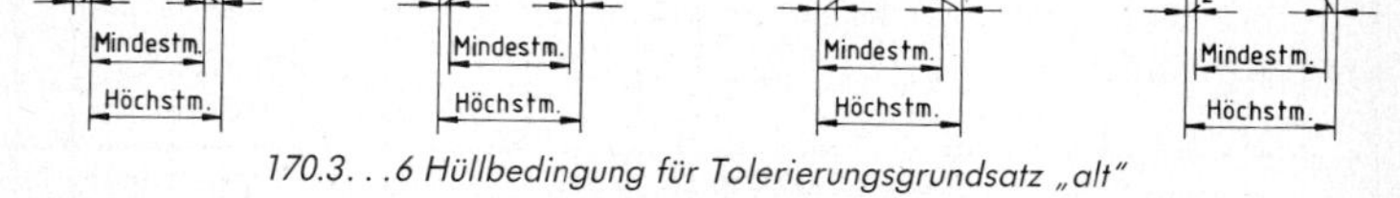

170.3. . .6 Hüllbedingung für Tolerierungsgrundsatz „alt"

Da die Werkstücke je nach Abnutzung der Gutseite verschieden ausfallen können, ist es zweckmäßig, neue Lehren für die Fertigung der Werkstücke und die an der Abnutzungsgrenze liegenden für die Revision zu benutzen. Siehe auch DIN 7162, Arbeits- und Prüflehren für Längenmaße.

Bei Anwendung des Unabhängigkeitsprinzips für Maß- sowie Form- und Lagetoleranzen nach DIN ISO 8015 erfolgt das Prüfen der örtlichen Istmaße am Werkstück durch Zweipunktmessungen. Form- und Lageabweichungen sind durch Zeichnungseintragungen begrenzt.

6.3.7 Übung zum Erkennen einer Passung (s. auch 163.1 u. 2)

		Innenpaßfläche (Bohrung)	Außenpaßfläche (Welle)	Paarung
Paßmaß		25 H7	25 f7	25 H7/f7
Paßsystem				Einheitsbohrung
Tabellenwert		$25^{+0{,}021}_{\ \ 0{,}000}$	$25^{-0{,}020}_{-0{,}041}$	—
Nennmaß	N	25	25	25
oberes Grenzabmaß	A_o	+0,021	−0,020	—
unteres Grenzabmaß	A_u	0,000	−0,041	—
Höchstmaß	G_o	25,021	24,980	—
Mindestmaß	G_u	25,000	24,959	—
Maßtoleranz	T	0,021	0,021	—
Istmaß, z. B.	I	25,010	24,970	—
Höchstpassung	P_o	—	—	+0,062 (Spiel)
Mindestpassung	P_u	—	—	+0,020 (Spiel)
Istpassung, z. B.		—	—	+0,040 (Spiel)
Paßtoleranzfeld		—	—	Spieltoleranzfeld
Paßtoleranz	P_T	—	—	0,042

Darstellen der Maßtoleranzfelder und des zugeordneten Paßtoleranzfeldes einer Paarung

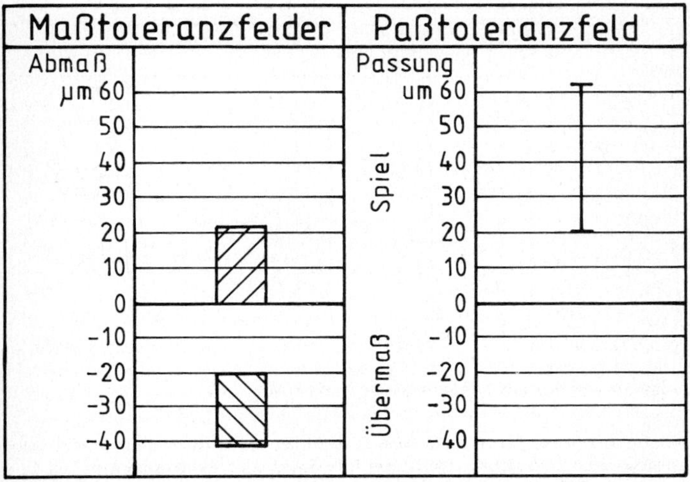

171.1 Maßtoleranzfelder und Paßtoleranzfeld für Paßmaß 25 H7/f7

6.3.8 Toleranzfelder für den Einbau von Wälzlagern nach DIN 5425

Bei einem eingebauten Wälzlager sitzt der Innenring auf der Welle und der Außenring im Gehäuse. Je nach der Lastrichtung, z. B. Punktlast, Umfangslast oder unbestimmte Lastrichtung, und dem Verwendungszweck sind für Wellen und Gehäuse verschiedene ISO-Toleranzfelder festgelegt. Wälzlagerbohrungen weisen die Toleranzfeldlage H und Wälzlageraußenringe die Toleranzfeldlage h auf. Siehe auch S. 307.

Lastrichtung	Toleranzfelder für Wellen Kugellager	Rollenlager	Anwendungsbeispiele
Umfangslast für Innenring	h, k, j, m, n	k, m, n, p, r	Stirnradgetriebe Elektromotoren
Punktlast für Innenring	j, h, g, f		Laufräder mit stillstehender Achse Seilrollen
unbestimmt	bestimmt der vorherrschende Lastfall		Schwinggetriebe Kurbelgetriebe

Lastrichtung	Toleranzfelder für Gehäuse Kugellager	Rollenlager	Anwendungsbeispiele
Punktlast für Außenring	J, H, G, F		Stirnradgetriebe Elektromotoren
Umfangslast für Außenring	J, K, M, N, P		Laufräder mit stillstehender Achse Seilrollen
unbestimmt	bestimmt der vorherrschende Lastfall		Schwinggetriebe, Kurbelgetriebe

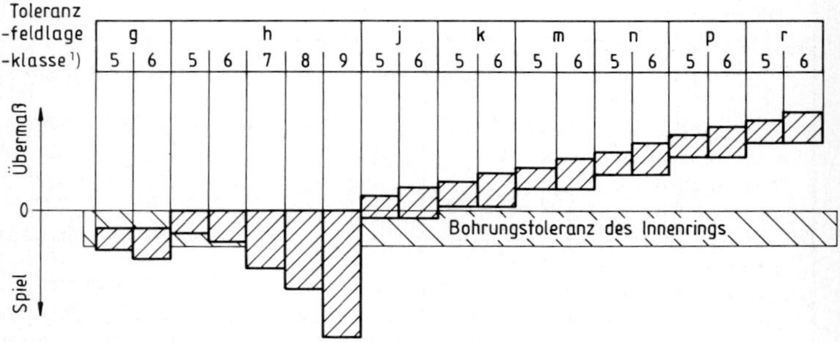

172.1 Toleranzfeldlagen und Toleranzklassen[1]) für Wellen

Die Toleranzklasse für Wellen hängt von den Anforderungen an die Laufgenauigkeit und Laufruhe ab. Allgemein gilt die Toleranzklasse 6.

[1]) demnächst Toleranzgrade genannt.

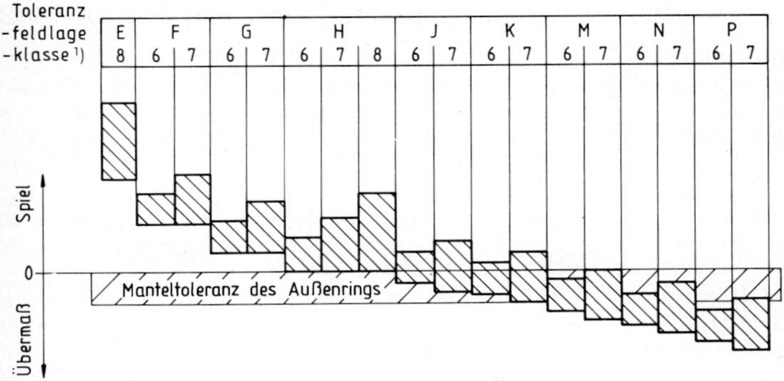

173.1 Toleranzfeldlagen und Toleranzklassen[1]) für Gehäusebohrungen

Die Gehäusebohrungen besitzen im allgemeinen die Toleranzklasse 7 und bei erhöhten Anforderungen die Toleranzklasse 6.
Die Rauheit der Paßflächen ist den Lagerungsfällen anzupassen. Bei untergeordneten Lagerungsfällen sollen relativ größere Rauheitswerte R_Z 25. . .10 und bei höheren Anforderungen an die Genauigkeit kleinere Rauheitswerte R_Z 10. . .4 gewählt werden.

6

Normenhinweis:

DIN 7172 T1. . .3	Toleranzen und Grenzabmaße für Längenmaße über 500 bis 10000 mm
DIN 7185	Auslese – Paarung
DIN 7186 T1	Statistische Tolerierung, Begriffe, Anwendungsrichtlinien, Zeichnungsangaben
DIN 7190	Berechnung und Anwendung von Preßverbänden

Erfolgskontrolle:

1. Wie wird ein ISO-Toleranzfeld für ein Nennmaß, z. B. 40 H7 gekennzeichnet, und welche Bedeutung haben die Kurzzeichen? (S. 160)
2. Was verstehen Sie unter einer Maßtoleranz und was unter einer Paßtoleranz? (S. 152 und 155)
3. Welche Arten der Paßtoleranzfelder kennen Sie und wodurch unterscheiden sich diese? (S. 155 und 168)
4. Wie ist das Paßsystem der Einheitsbohrung und wie das der Einheitswelle aufgebaut? (S. 163 und 166)
5. Bestimmen Sie für die Paßmaße 30 H7/f7, 30 H7/h6, 36 H7/k6 und 36 H7/r6 das Paßsystem, die Grenzabmaße und Maßtoleranzen für Innen- und Außenpaßteile, die Höchstpassungen P_o und Mindestpassungen P_u, die Art der Paßtoleranzfelder und die Paßtoleranzen P_T. Tragen Sie diese Werte in eine Tabelle ein, und zeichnen Sie in ein Schaubild (Einheit μm) in übersichtlicher Anordnung mit selbstgewähltem Maßstab die Maßtoleranzfelder und Paßtoleranzfelder der zusammengehörenden Paßmaße. (S. 406)

[1]) demnächst Toleranzgrade genannt.

6.4 Eintragen von Form- und Lagetoleranzen nach DIN ISO 1101[1])

Form- und Lagetoleranzen dienen dazu, die Funktion und Austauschbarkeit von Werkstücken und Baugruppen mit zu gewährleisten. Sie werden nur dann zusätzlich zu den Maßtoleranzen mit Hilfe von Grundzeichen eingetragen, wenn sie für die Funktion und/oder die wirtschaftliche Herstellung der Teile unerläßlich sind.

Ein Werkstück setzt sich im allgemeinen aus einzelnen geometrischen Formelementen zusammen. Da es nicht möglich und auch nicht wirtschaftlich ist, geometrisch ideale Werkstücke herzustellen, weichen die Formelemente der Werkstücke von der geometrisch idealen Form und Lage ab.

Die *Toleranzzone* ist die Zone, innerhalb der alle Punkte eines geometrischen Elementes, z. B. Punkt, Linie, Fläche, Mittelebene, liegen müssen. In der Zeichnung ergeben sich die auf S. 177 u. 178 angegebenen Zonen.

Formtoleranzen begrenzen die zulässige Abweichung eines Elementes von seiner geometrisch idealen Form. Sie bestimmen die Toleranzen, innerhalb der das Element liegen muß und beliebige Form haben darf.

Lagetoleranzen sind Richtungs-, Orts- und Lauftoleranzen. Sie begrenzen die zulässigen Abweichungen von der idealen Lage zweier oder mehrerer Elemente zueinander, von denen meist eines als Bezug festgelegt wird.

Als *Bezug* für ein toleriertes Element soll möglichst das geometrische Element gewählt werden, das auch bei der Funktion des Werkstückes als Ausgangsbasis dient, z. B. 178.14.

Die *Maximum-Material-Bedingung* gestattet, eine eingetragene Toleranz um den Betrag der Differenz zwischen Paarungsmaß und Maximum-Material-Maß zu überschreiten. Das Maximum-Material-Maß ist nach DIN 7182 T1 dasjenige Maß, das das Maximum an Stoff hergibt, also das Höchstmaß der Welle bzw. das Mindestmaß der Bohrung.

Symbole für tolerierte Eigenschaften

Geradheit	—	Profil einer Fläche	⌓	Konzentrizität	◎
Ebenheit	▱	Parallelität	//	Symmetrie	⌯
Rundheit	○	Rechtwinkligkeit	⊥	Lauf	↗
Zylinderform	⌭	Neigung	∠	Gesamtlauf	⌰
Profil einer Linie	⌒	Position	⌖		

Zusätzliche Symbole

Kennzeichnung des tolerierten Elements	direkt mit Buchstabe	⊥ (A)	Kennzeichnung des Bezugselements	direkt mit Buchstabe	▲ [A]
Theoretisch genaues Maß		[40]	Maximum-Material-Bedingung		Ⓜ
Projizierte (vorgelagerte) Toleranzzone		Ⓟ	Bezugsstelle[2])		Ø4 / A1

[1]) ersetzt DIN 7184 T1, [2]) nach ISO 5459

Toleranzrahmen

Die geometrischen Toleranzen werden in einem rechteckigen Rahmen angegeben, der in zwei oder mehrere Kästchen unterteilt ist. Diese Kästchen enthalten von links nach rechts, 175.1 . . . 6:

das Symbol für die zu tolerierende Eigenschaft,
den Toleranzwert in der Einheit der Längenmaße,
Buchstaben für Bezugselemente falls notwendig.

Wortangaben zur Toleranz z. B. 4 Löcher oder 4 × sind über dem Toleranzrahmen, weitere Angaben sind in der Nähe einzutragen.

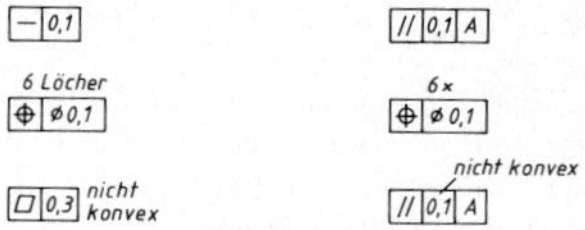

175.1 . . . 6

Tolerierte Elemente

Der Toleranzrahmen wird mit dem tolerierten Element durch eine Bezugslinie mit Bezugspfeil wie folgt verbunden:

Bezieht sich die Toleranz auf die Linie oder Fläche, so wird der Bezugspfeil auf die Umrißlinie des Elementes oder eine Maßhilfslinie gesetzt, dabei muß der Bezugspfeil versetzt von der Maßlinie angebracht werden, 175.7 u. 8.

Bezieht sich die Toleranz auf die Achse oder Mittelebene als toleriertes Element, so werden Bezugspfeil und Bezugslinie als Verlängerung der Maßlinie gezeichnet, 175.9 u. 10.

Bezieht sich die Toleranzangabe auf alle durch die Mittellinie dargestellten Achsen oder Mittelebenen, dann steht der Bezugspfeil auf dieser Mittellinie, 175.11 u. 12.

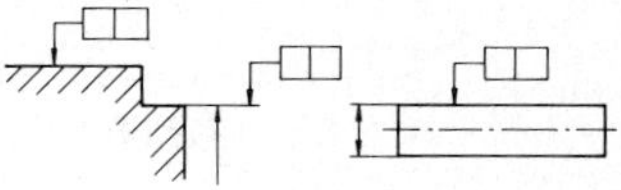
175.7 u. 8

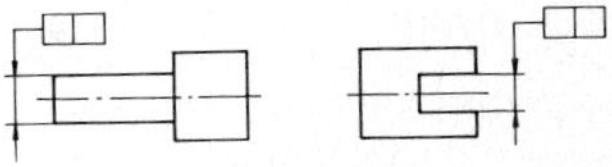
175.9 u. 10

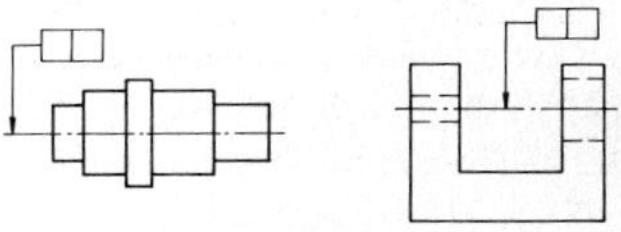
175.11 u. 12

Toleranzzonen

Die Weite der Toleranzzone gilt in Richtung des Pfeiles der Bezugslinie, der den Toleranzrahmen mit dem tolerierten Element verbindet, 175.13, ausgenommen, wenn dem Toleranzwert das ⌀-Zeichen vorangestellt ist, 175.14.

Im allgemeinen ist die Richtung der Weite der Toleranzzone senkrecht zur geometrischen Form des Teiles.

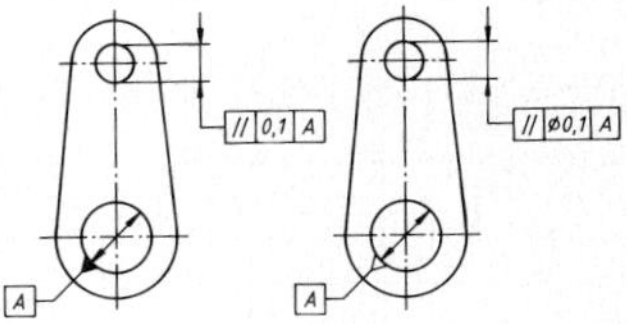

175.13 u. 14

Bezüge

Bezieht sich ein toleriertes Element auf einen Bezug, so wird dieser im allgemeinen durch einen Bezugsbuchstaben gekennzeichnet, der im Toleranzrahmen wiederholt wird.

Zur Kennzeichnung des Bezuges wird ein Großbuchstabe in einem Bezugsrahmen angegeben, der mit einem ausgefüllten oder leeren Bezugsdreieck verbunden ist, 175.15 . . . 17.

Das Bezugsdreieck mit dem Bezugsbuchstaben steht:

auf der Umrißlinie des Elementes oder auf der Maßhilfslinie (aber getrennt von ihr), wenn der Bezug die Linie oder Fläche selbst ist, 175.15 . . . 17,
als Verlängerung der Maßlinie, wenn der Bezug die Achse oder Mittelebene ist, 175.18 u. 19,

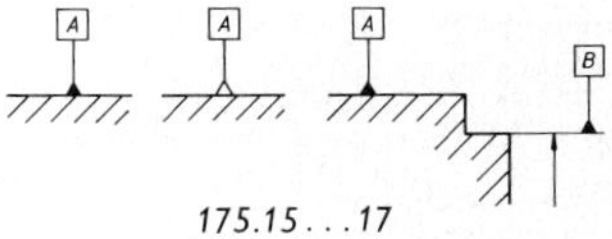

175.15 . . . 17

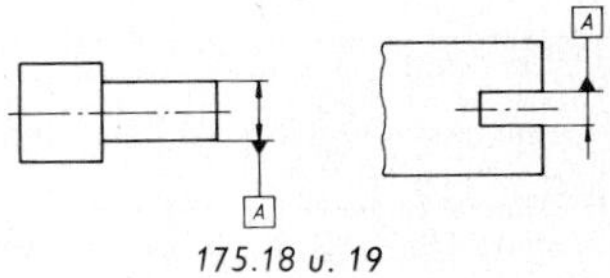

175.18 u. 19

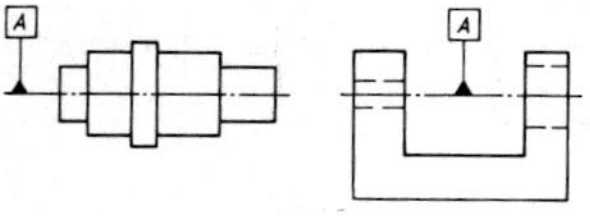

176.1 u. 2

auf der Achse oder Mittelebene, wenn der Bezug
die Achse oder Mittelebene eines einzelnen Bezuges ist, z. B. ein Zylinder,
die gemeinsame Achse oder Mittelebene von zwei Elementen ist, 176.2.

Der Bezugsbuchstabe kann entfallen, wenn der Toleranzrahmen auf klare und einfache Weise mit dem Bezug durch eine Bezugslinie verbunden werden kann, 176.3 u. 4, sowie 176.11.

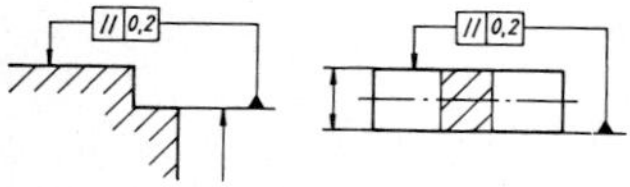

176.3 u. 4

Ein einzelner Bezug ist durch einen Großbuchstaben zu kennzeichnen, 176.5.
Ein durch zwei Bezüge gebildeter gemeinsamer Bezug wird durch zwei Bezugsbuchstaben gekennzeichnet, die durch einen Strich getrennt sind, 176.6.
Ist die Reihenfolge bei mehreren Bezügen von Bedeutung, so werden diese nach 176.7 angegeben, wobei die Reihenfolge von links nach rechts die Rangordnung angibt.
Ist die Reihenfolge von z. B. zwei Bezügen nicht von Bedeutung, so sind diese wie in 176.8 anzugeben.

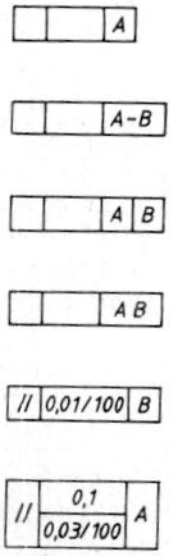

176.5...10

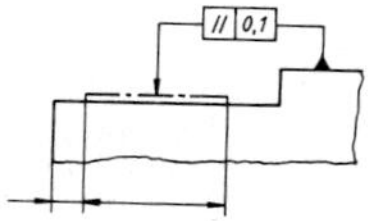

176.11

Einschränkende Festlegungen

Soll die Toleranz auf eine eingeschränkte Länge an jeder möglichen Stelle gelten, so wird der Wert dieser Länge hinter dem Toleranzwert angegeben und von diesem durch einen Schrägstrich getrennt, 176.9. Im Falle einer Fläche wird dieselbe Kennzeichnung angewendet.
Wird die Toleranz nur auf eine eingeschränkte Länge angewendet, so wird dies wie in 176.11 bemaßt.

Theoretisch genaue Maße

Sind für ein Element Positions-, Profil- oder Neigungstoleranzen vorgeschrieben, so dürfen die Maße, die die theoretisch genaue Lage bzw. das theoretisch genaue Profil oder den theoretisch genauen Winkel bestimmen, nicht toleriert werden, 176.12.
Diese Maße werden in einen rechteckigen Rahmen gesetzt, 176.12. Die entsprechenden Istmaße des Teiles unterliegen nur der im Toleranzrahmen angegebenen Positions-, Profil- oder Neigungstoleranz.

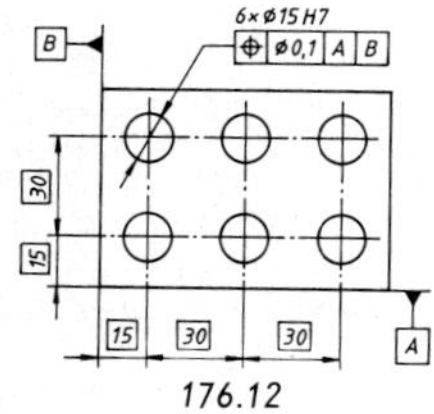

176.12

Projizierte (vorgelagerte) Toleranzzone

Eine projizierte (vorgelagerte) Toleranzzone wird nicht auf das Element (z. B. Bohrung) selbst sondern auf dessen äußere Projektion angewendet und mit dem Symbol Ⓟ gekennzeichnet, 176.13.

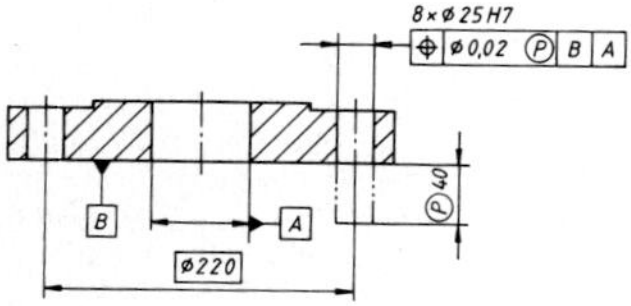

176.13

Maximum-Material-Bedingung

Soll für den angegebenen Toleranzwert die Maximum-Material-Bedingung gelten, wird dies durch das Symbol Ⓜ gekennzeichnet, und zwar hinter:
dem Toleranzwert, 176.14,
dem Bezugsbuchstaben, 176.15,
beidem, 176.16,
je nachdem, ob sich die Maximum-Material-Bedingung auf das tolerierte Element, das Bezugselement oder beide bezieht.

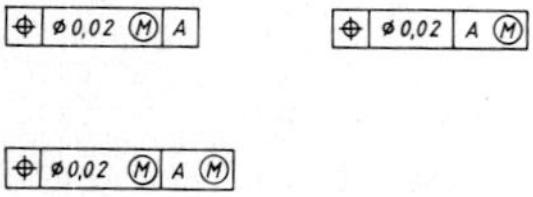

176.14...16

Eintragen von Form- und Lagetoleranzen nach DIN ISO 1101

Nr.	Arten	Symbole	Toleranzzone	Zeichnungseintragung	Erklärung
1	Formtoleranzen	—	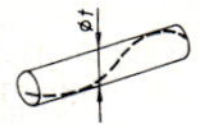	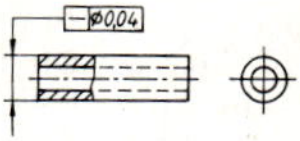	**Geradheitstoleranzen einer Linie** Die Achse des tolerierten Zylinders muß innerhalb einer zylindrischen Toleranzzone vom Durchmesser 0,04 liegen.
2		▱			**Ebenheitstoleranz** Die Fläche muß zwischen zwei parallelen Ebenen vom Abstand 0,04 liegen.
3		○	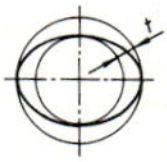	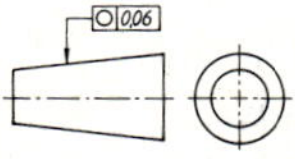	**Rundheitstoleranz** Die Umfangslinie jedes Querschnitts muß zwischen zwei in derselben Ebene liegenden konzentrischen Kreisen vom Abstand 0,06 liegen.
4		⌭	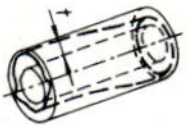	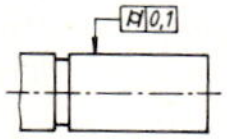	**Zylinderformtoleranz** Die tolerierte Zylindermantelfläche muß zwischen zwei koaxialen Zylindern vom Abstand 0,1 liegen.
5		⌒		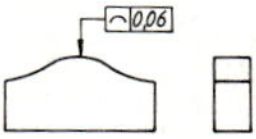	**Profilformtoleranz einer beliebigen Linie** Das tolerierte Profil muß in jedem parallelen Schnitt zur Zeichenebene zwischen zwei Linien liegen, die Kreise vom Durchmesser 0,06 einhüllen.
6		⌓	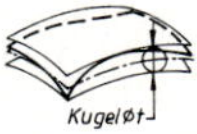	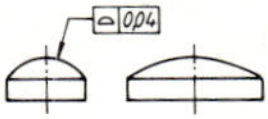	**Profilformtoleranz einer beliebigen Fläche** Die tolerierte Fläche muß zwischen zwei parallelen Flächen liegen, die Kugeln vom Durchmesser 0,04 einhüllen.
7	Richtungstoleranzen	//	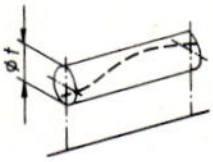	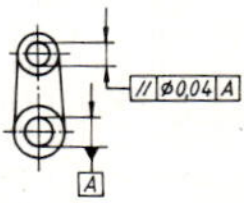	**Parallelitätstoleranz z. B. einer Linie zu einer Bezugslinie** Die tolerierte Achse muß innerhalb eines Zylinders vom Durchmesser 0,04 liegen, der parallel zur Bezugsachse A ist.
8		⊥	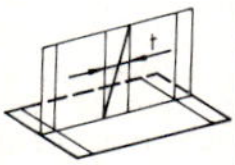	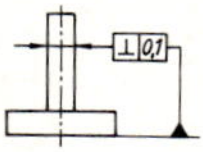	**Rechtwinkligkeitstoleranz z. B. einer Linie zu einer Bezugsebene** Die tolerierte Achse des Zylinders muß zwischen zwei parallelen, zur Bezugsfläche und zur Pfeilrichtung senkrechten Ebenen vom Abstand 0,1 liegen.

6.5 Gesamtbehandlung der Baueinheit bzw. Baugruppe Schneckengetriebe

Schneckengetriebe zählen zu den Wälzschraubtrieben. Sie bestehen aus der treibenden Schnecke und dem getriebenen Schneckenrad, deren Achsen sich normalerweise unter dem Achsenwinkel $\Sigma = 90°$ kreuzen.

Die Schnecke gleicht einem Bewegungsgewinde und kann als breites Schrägstirnrad aufgefaßt werden. Die Flankenrichtung der Schnecke ist wie die des Schneckenrades meist rechtssteigend.

Die am häufigsten verwendeten Schneckengetriebe besitzen eine Zylinderschnecke mit der Zahnform I nach DIN 3975 (Evolventenschnecke) und ein Globoidschneckenrad (Globoid = Kreisbogen als Bahnkreis des Gegenrades).

Schneckengetriebe ermöglichen große Übersetzungen ins Langsame. Die Mindestübersetzung soll $i_{min} \geq 5$ und die Größtübersetzung $i_{max} \sim 100$ sein, weil im letzteren Fall der Verschleiß der Schnecke infolge zu hoher Gleitbewegung zu groß würde.

Die Übersetzung i eines Schneckengetriebes ausgedrückt durch die Drehzahlen n_a des treibenden Rades (Schnecke) und n_b des getriebenen Rades (Schneckenrad) ist $i = n_a/n_b$. Das Zähnezahlverhältnis $u = z_2/z_1$ ist stets ≥ 1.

Die Zähnezahl des Schneckenrades soll $z_2 \geq 30$ sein. Daher müssen für Schneckengetriebe mit kleineren Zähnezahlverhältnissen mehrgängige Schnecken mit $z_1 = 1 \ldots 6$ verwendet werden.

Schneckengetriebe haben gegenüber Stirn- und Kegelradgetrieben einen geräuschärmeren Lauf und werden bei gleichen Übersetzungen und Leistungen in kleineren Baugrößen ausgeführt. Die größere Gleitbewegung der Zahnflanken hat neben dem stärkeren Verschleiß auch einen geringeren Wirkungsgrad zur Folge.

Durch die Steigung der Zahnflanken werden neben den Radialkräften auch Axialkräfte hervorgerufen, die bei den Wellenlagerungen berücksichtigt werden müssen. Im Beispiel ist die Schneckenradwelle in kombinierten Radial- und Axialgleitlagern gelagert. Die Lagerung der Schneckenwelle ist als Stütz-Traglagerung ausgeführt, wobei die Radialkugellager die Radial- und Axialkräfte aufnehmen.

Die Schnecke läuft im Ölbad, dessen Höhe durch die beiden Ölstandsaugen kontrolliert werden kann. Das Schneckenrad fördert das notwendige Öl zu den Gleitlagern.

Das Gehäuse des Schneckengetriebes besteht aus Grauguß GG 20 und ist geteilt ausgeführt. Radialdichtringe dichten das Getriebegehäuse ab und verhindern den Ölaustritt.

Schneckengetriebe werden verwendet z. B. für Aufzüge, Flaschenzüge, Winden, Krane, als Lenkgetriebe für Kraftfahrzeuge usw.

1	2	3	4	5	6
Pos.	Menge	Einheit	Benennung	Sachnummer / Norm - Kurzbezeichnung	Bemerkung
1	1	Stck	Gehäuse-Oberteil	001.01	GG-20
2	1	Stck	Gehäuse-Unterteil	001.02	GG-20
3	1	Stck	Schneckenradwelle	001.03	C 45
3a	1	Stck	Schneckenradwelle	001.03.1	C 45
			(Antrieb beidseitig)		
4	1	Stck	Schneckenrad	001.04	G-SnPbBz 15
5	1	Stck	Schneckenwelle	001.05	16 Mn Cr 5
6	1	Stck	Lagerdeckel	001.06	GG-20
7	1	Stck	Lagerdeckel	001.07	GG-20
8	2	Stck	Lagerbuchse	001.08	MKE
9	2	Stck	Rillenkugellager	DIN 625 - 6202	
10	2	Stck	Wellendichtring	DIN 3760-A20×35×7-NB	
11	1	Stck	Wellendichtring	DIN 3760-A15×30×7-NB	
12	1	Stck	Paßfeder	DIN 6885 - A6×6×20	St 50 - 2 K
13	1	Stck	Paßfeder	DIN 6885 - A4×4×32	St 50 - 2 K
14	1	Stck	Paßfeder	DIN 6885 - A6×6×32	St 50 - 2 K
15	4	Stck	Zylinderschraube	DIN 912 - M8×50-6.8	
16	4	Stck	Senkschraube	DIN 63 - M6×20 - 5.8	
17	4	Stck	Senkschraube	DIN 63 - M6×15 - 5.8	
18	2	Stck	Zylinderschraube	DIN 84 - M8×10 - 5.8	
19	2	Stck	Dichtung Abil	001.19	
20	2	Stck	Zylinderstift	DIN 7 - 5m6×8	
21	3	Stck	Ölstandsauge	001.21	
22	2	Stck	Dichtung Corbit	001.22	
23	1	Stck	Paßscheibe	001.23	

					Datum	Name	
				Bearb.			Schneckengetriebe
				Gepr.			
				Norm			
				Zahnradfabrik Zuffenhausen Stuttgart			200.001.00 — Blatt / Bl.
Zust.	Änderung	Datum	Nam.	Urspr.			Ers. für: — Ers. durch:

Die auf das Schriftfeld einer Zeichnung aufgesetzte Stückliste wird im Gegensatz zur losen Stückliste s. o. in der Reihenfolge von unten nach oben ausgefüllt, s. S. 435 ff.

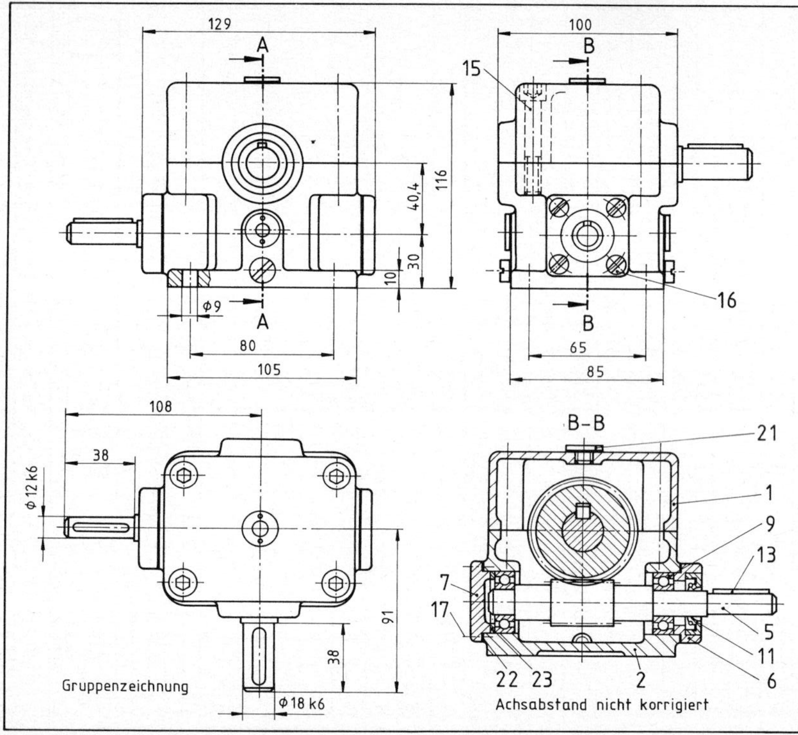

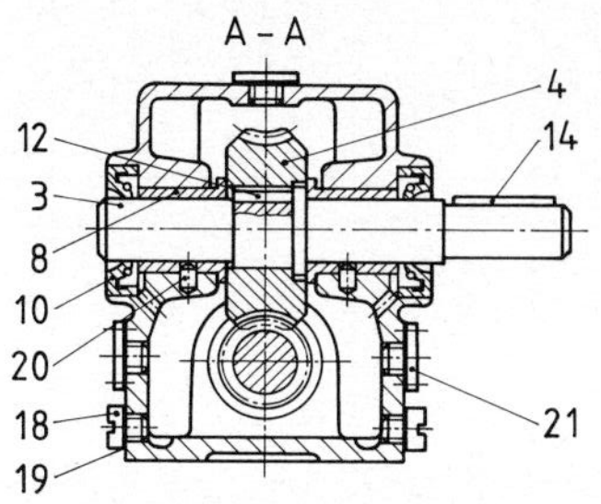

Erarbeiten Sie systematisch die Baugruppe Schneckengetriebe nach folgenden Gesichtspunkten:

1. Vor- und Nachteile der Schneckengetriebe (S. 180).
2. Funktion und Aufbau des Schneckengetriebes (S. 180 u. 182).
3. Übersetzung i (S. 180 u. 142).
4. Wellenlagerungen (S. 180 u. 307).
5. Dichtungen (S. 310 u. 311).
6. Schmierung (S. 180).
7. Passungen (S. 168, 169, 183 u. 184).
8. Oberflächenangaben (S. 183, 184 u. 88).
9. Die in den Teilzeichnungen S. 183 u. 184 noch zu berücksichtigenden Normen.

Allgemeintoleranzen DIN 7168 - m
Maßstab 1:1
(Gewicht)
Datum Name
Bearb.
Gepr.
Norm
Schneckengetriebe
Zahnradfabrik Zuffenhausen Stuttgart
200.001.00
Blatt
Blätter
Zust. Änderung Datum Nam. Urspr.
Ers. für:
Ers. durch:

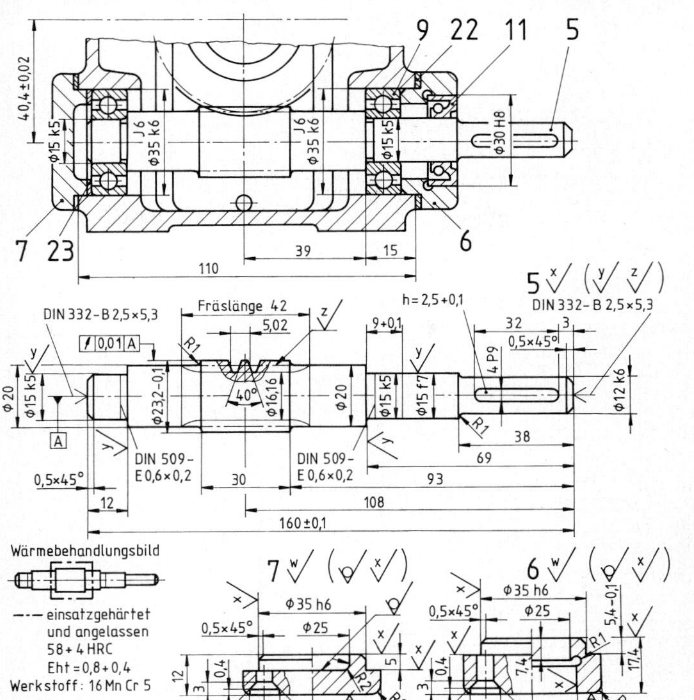

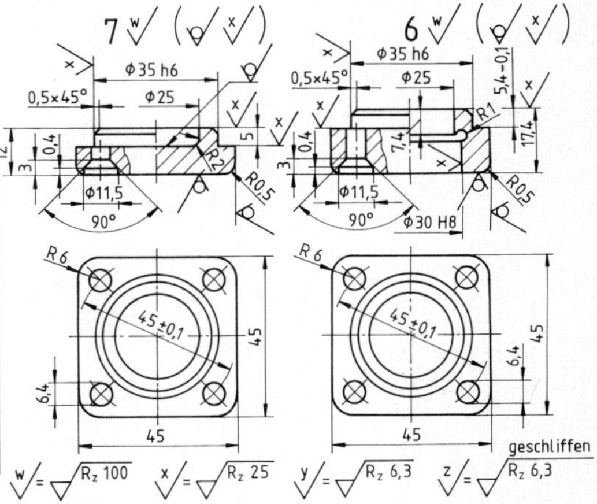

Schnecke		
Zähnezahl	z_1	1
Mittenkreis - Φ dm 1		20
Modul	m	1,6
Zahnhöhe	h	3,52
Flankenrichtung		rechts-steigend
Steigungshöhe	Pz_1	5,02
Mittensteigungs-winkel	γ_m	4°34'
Flankenform nach DIN 3975		I
Axialteilung		5,02
Verzahnungsqualität		
Sachnummer des Schneckenrades		001.05
Achsabstand im Gehäuse mit Abmaßen	a	40,4±0,02

Übersetzungstafel		
Paßmaß	Höchstmaß	Mindestmaß
35 J6	35,010	34,994
30 H8	30,033	30,0
35 h6	35,0	34,984
4 P9	4,988	4,958
12 k6	12,012	12,001
15 f7	14,984	14,966
15 k5	15,009	15,001

-0,3 +0,1

Tolerierung ISO 8015	Allgemein-toleranzen DIN 7168-m	Werkstück-kanten DIN 6784	Maßstab 1:1	(Gewicht)
		Datum / Name	Schneckenwelle mit Lagerung	
	Bearb. / Gepr. / Norm			
	Zahnradfabrik Zuffenhausen Stuttgart		200.001.05 ...7	Blatt / Blätter
Zust. Änderung Datum Nam.	Urspr.		Ers. für:	Ers. durch:

Oberflächenangaben nach DIN ISO 1302 entsprechen DIN 3141 — Reihe 2.

6

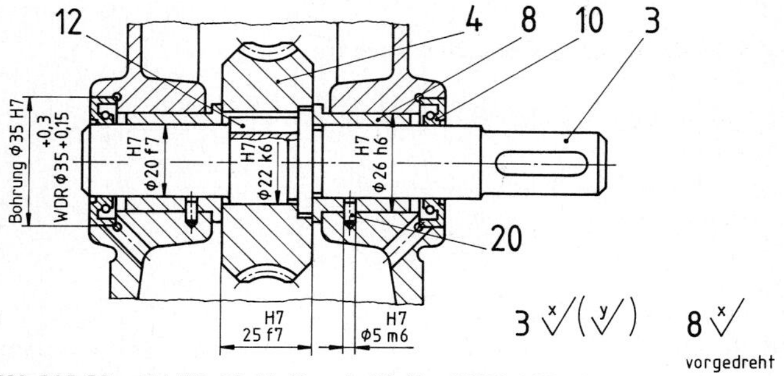

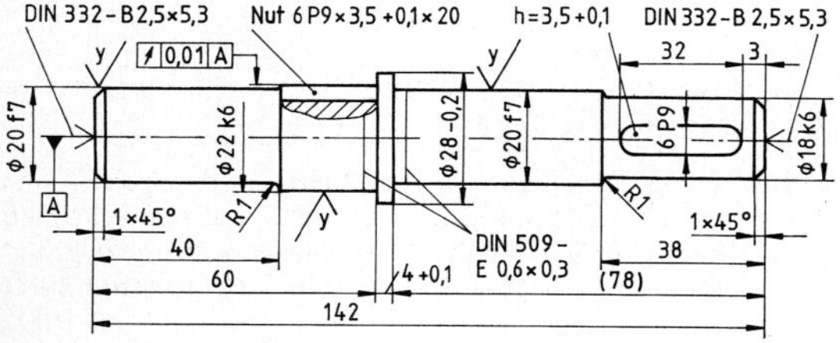

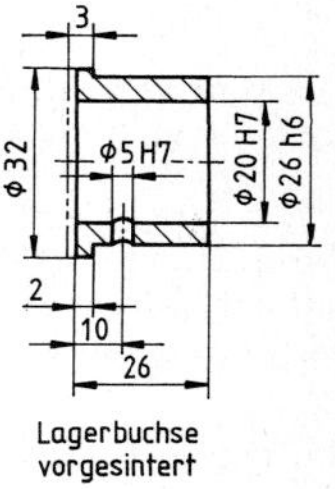

Schneckenrad		
Zähnezahl	z_1	38
Modul (Stirnmodul)	m	1,6
Teilkreisdurchmesser	d_2	60,8
Profilverschiebungsf.	x_2	-
Zahnhöhe	h	3,52
Flankenrichtung		rechts-steigend
Verzahnungsqualität		
Schnecke: Sachnummer		001.04
Schnecke: Zähnezahl	z_1	1
Achsabstand im Gehäuse mit Abmaßen	a	40,4 ± 0,02

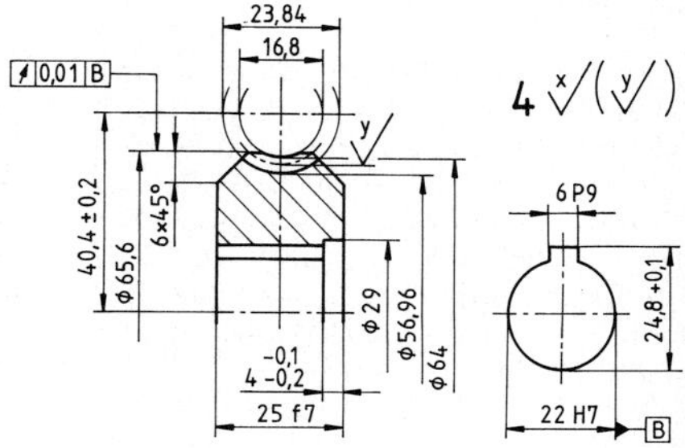

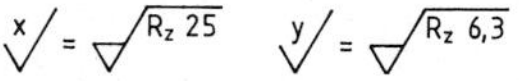

Übersetzungstafel		
Paßmaß	Höchstmaß	Mindestmaß
35 H7	35,025	35,0
20 H7	20,021	20,0
20 f7	19,980	19,959
22 H7	22,021	22,0
22 k6	22,015	22,002
26 H7	26,021	26,0
26 h6	26,0	25,987
25 H7	25,021	25,0
25 f7	24,980	24,959
29 H8	29,033	29,0
5 H7	5,012	5,0
5 m6	5,012	5,004
8 P9	7,985	7,949
6 P9	5,988	5,958

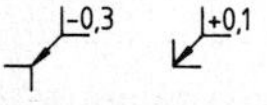

Tolerierung ISO 8015	Allgemeintoleranzen DIN 7168-m	Werkstückkanten DIN 6784	Maßstab 1:1 (Gewicht)
	Datum	Name	Schneckenrad mit Welle und Lagerung
Bearb.			
Gepr.			
Norm			
Zust. Änderung Datum Nam.	Zahnradfabrik Zuffenhausen Stuttgart		200.001.03 / 4 / 8 Blatt Blätter
	Urspr.		Ers. für: Ers. durch:

Oberflächenangaben nach DIN ISO 1302 entsprechen DIN 3141 — Reihe 2.

7 Darstellende Geometrie

7.1 Konstruktion technischer Kurven

7.1.1 Ellipsenkonstruktionen

Bei allen Punkten der Ellipse ist die Summe ihrer Entfernungen von den beiden Brennpunkten F_1 und F_2 gleich der großen Achse $2a$.

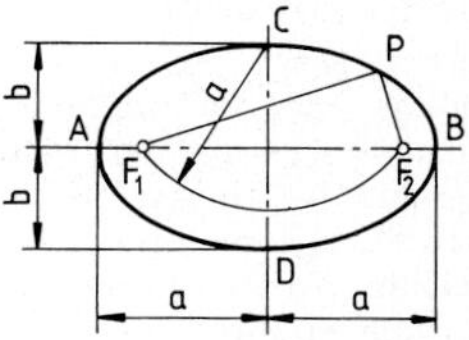

185.1 Ellipse

Für alle Ellipsenpunkte, auch für die Scheitelpunkte A, B, C und D gilt:

$F_1P + F_2P = 2a$

Die beiden Verbindungslinien eines Ellipsenpunktes mit den Brennpunkten werden auch Brennstrahlen genannt.

Die Brennpunkte F_1 und F_2 liegen auf der großen Achse und ergeben sich durch Zirkelschlag um einen der Endpunkte C und D der kleinen Achse 2b mit der halben großen Achse a als Halbmesser. Eine Ellipse kann gezeichnet werden, wenn die große Achse 2a und die kleine Achse 2b bekannt sind.

Zeichnen einer Ellipse mittels zweier Kreise

Beschreibe um M mit der halben großen AB/2-Achse und halben kleinen CD/2-Achse je einen Hilfskreis. Ziehe durch M beliebig viele Durchmesser. Von deren Schnittpunkten mit dem großen Kreis ziehe senkrechte Linien, von den Schnittpunkten mit dem kleinen Kreis waagerechte Linien. Die Verbindung ihrer Schnittpunkte ergibt die Ellipse.

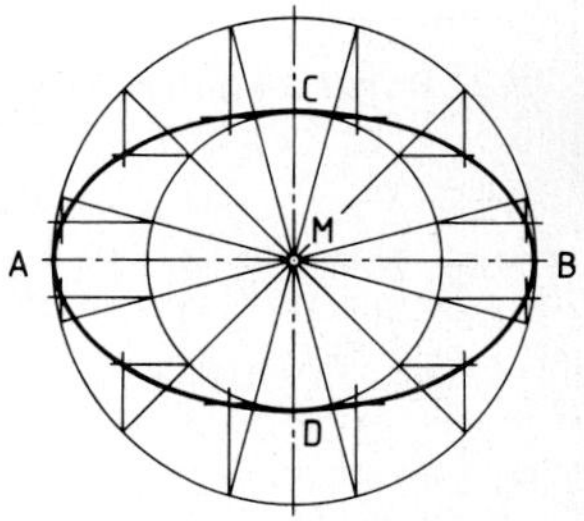

185.2 Ellipsenkonstruktion mittels zweier Kreise

Ellipsenkonstruktion mit Hilfe beider Achsen

Zeichne die große (2a) und kleine (2b) Ellipsenachse. Um einen Endpunkt der kleinen Achse schlage einen Kreis mit dem Halbmesser a, der die große Achse in den Brennpunkten F_1 und F_2 schneidet. Teile die Hauptachse in zwei Strecken r_1 und r_2 auf und beschreibe um den Brennpunkt F_1 Kreise mit dem Halbmesser r_2 und um F_2 mit r_1 und umgekehrt. Diese Kreise schneiden sich in Ellipsenpunkten. Um eine Anzahl

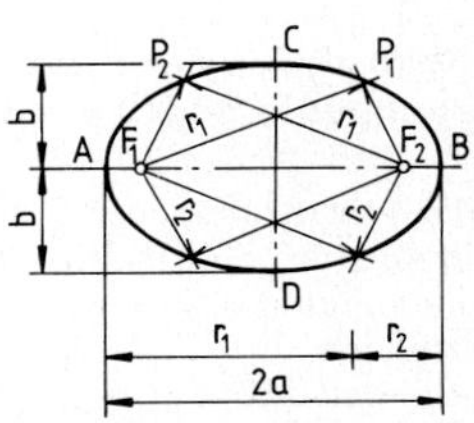

185.3 Ellipsenkonstruktion mittels beider Achsen

7

von Ellipsenpunkten zu erhalten, sind die Halbmesser r_1 und r_2 zu verändern; ihre Summe muß aber stets 2a ergeben.

Einzeichnen einer Ellipse in ein Parallelogramm

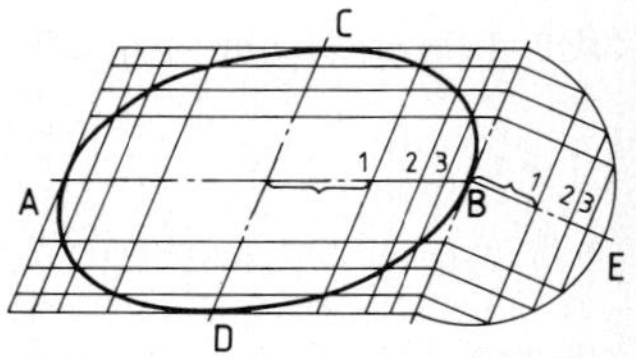

186.1 Ellipse in einem Parallelogramm

Schlage über der schmalen Seite eines Parallelogramms den Halbkreis und teile den Halbmesser BE vom Punkte B aus stets wieder im gleichen Verhältnis. Errichte in den Teilungspunkten 1, 2, 3 auf dem Halbmesser BE die Senkrechten. Fälle dann von den Schnittpunkten mit dem Halbkreis Lote auf die Parallelogrammseite und ziehe durch die Fußpunkte Parallelen zur Parallelogrammachse AB. Diese Parallelogrammachse AB ist vom Mittelpunkt aus ebenfalls stets wieder im gleichen Verhältnis wie BE zu teilen, durch die Teilungspunkte sind die Parallelen zur Achse DC zu ziehen. Die Schnittpunkte einander entsprechender Parallelen sind Ellipsenpunkte.

Vereinfachte Ellipsenkonstruktionen siehe S. 250 u. 253!

7

7.1.2 Parabelkonstruktionen

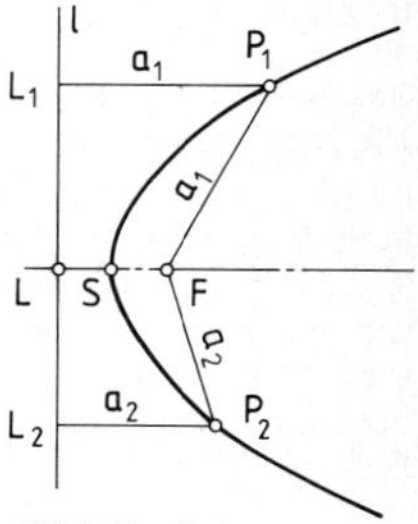

186.2 Parabel

Für jeden Punkt der Parabel ist die Entfernung von einer Geraden, der Leitlinie l, und einem festen Punkt, dem Brennpunkt F, stets gleich.

$$P_1F = P_1L_1$$
$$P_2F = P_2L_2$$

Der Scheitelpunkt S der Parabel ist der Mittelpunkt der Strecke LF.

Konstruktion der Parabel, wenn Leitlinie und Brennpunkt gegeben sind

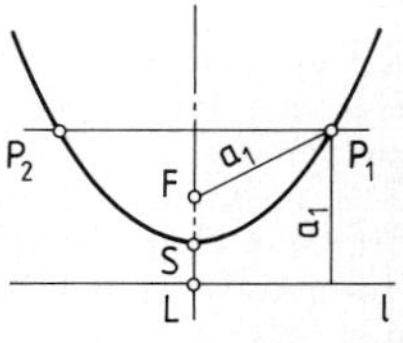

186.3 Parabelkonstruktion mit Leitlinie und Brennpunkt

Fälle vom Brennpunkt F das Lot auf die Leitlinie L und halbiere die Strecke LF. Der Mittelpunkt ist der Scheitelpunkt S. Ziehe in verschiedenen Abständen Parallelen zur Leitlinie L. Beschreibe mit dem jeweiligen Abstand a der Parallelen von der Leitlinie Kreise um F. Die Schnittpunkte der Kreise mit den zugehörigen Parallelen sind Parabelpunkte.

Konstruktion der Parabel, wenn die Achse mit dem Scheitelpunkt A und zwei symmetrischen Parabelpunkten gegeben ist

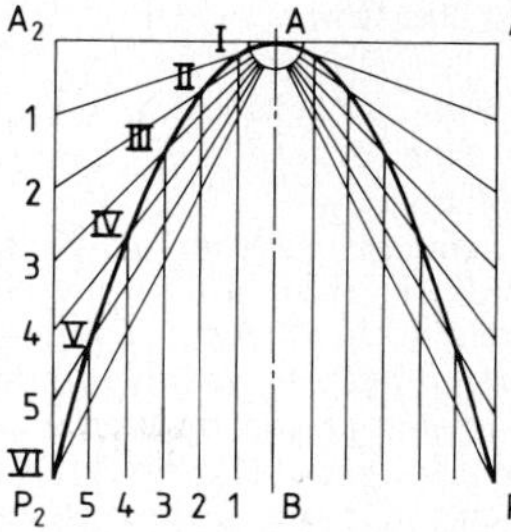

187.1 *Parabelkonstruktion*

Zeichne die Parabelachse mit dem Scheitelpunkt A und den beiden symmetrischen (= spiegelbildlichen) Parabelpunkten P_1 und P_2. Konstruiere das Rechteck A_1, P_1, P_2 A_2, dessen Mittellinie die Parabelachse ist.

Teile die Rechteckseite A_2 P_2 in eine Anzahl gleicher Teile und verbinde die Teilpunkte mit dem Scheitelpunkt A. Die Halbseite BP_2 ist ebenfalls in die gleiche Anzahl Teile wie A_2 P_2 zu teilen; durch die Teilpunkte sind die Parallelen zur Parabelachse zu ziehen. Die Schnittpunkte gleichbezeichneter Geraden sind Parabelpunkte. Die rechte Parabelseite ist genauso zu konstruieren.

Konstruktion der Parabel bei gegebenen Tangenten (Hüllkonstruktion)

Teile die Tangenten AB und AC in die gleiche Anzahl Teile.

Kennzeichne die Teilpunkte laufend von A nach B und von C nach A. Verbinde die gleichbezeichneten Teilpunkte miteinander. Dadurch entstehen Tangenten, welche die Parabel einhüllen.

Zeichne die Parabel mit Hilfe eines Kurvenlineals ein.

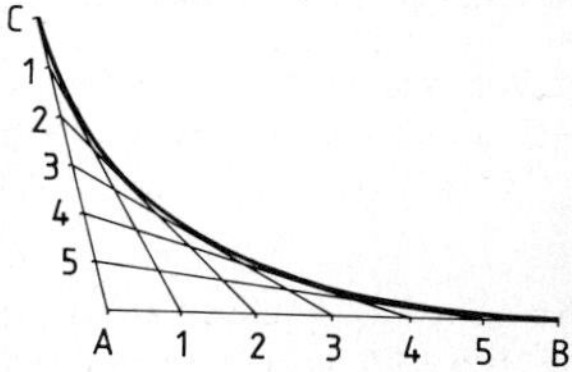

187.2 *Parabelkonstruktion bei gegebenen Tangenten*

7

7.1.3 Hyperbelkonstruktionen

Für jeden Punkt der Hyperbel ist die Differenz der Entfernungen von den beiden Brennpunkten F_1 und F_2 gleich 2a.

$$F_2P_1 - F_1P_1 = 2a$$
$$F_1P_2 - F_2P_2 = 2a$$

Die Hyperbel besteht aus zwei getrennten Ästen. Die Asymptoten sind Tangenten, die die Hyperbel im Unendlichen berühren.

Durch die Angabe der Entfernungen der beiden Brennpunkte und Scheitelpunkte ist eine Hyperbel bestimmt und kann gezeichnet werden.

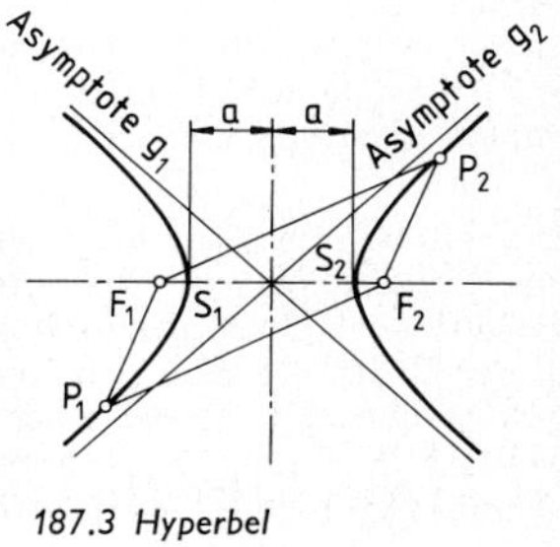

187.3 *Hyperbel*

Hyperbelkonstruktion

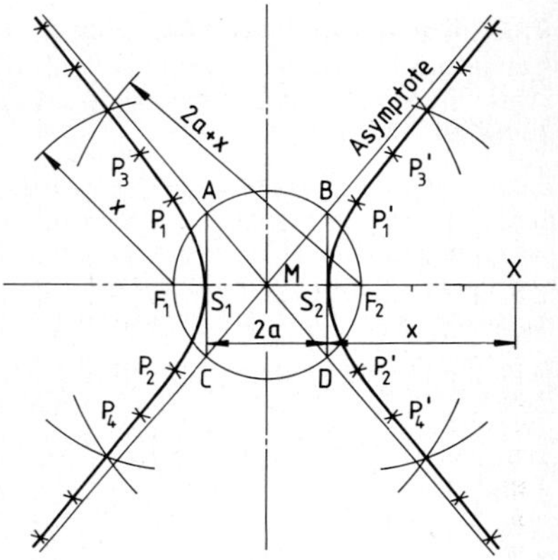

188.1 Hyperbelkonstruktion

Zeichne zunächst eine Gerade und lege darauf die gegebene Hyperbelachse $S_1S_2 = 2a$ und die beiden gegebenen Brennpunkte F_1 und F_2 sowie den Mittelpunkt M fest. Zum Bestimmen der Asymptoten schlage um M einen Kreis durch die beiden Brennpunkte F_1 und F_2. Dann errichte auf der Hyperbelachse in S_1 und S_2 Senkrechte, die den Kreis um M in den Punkten A, B, C und D schneiden. Die Verlängerungen der Verbindungslinien AD und BC sind die Asymptoten der Hyperbel. Bei der Punktkonstruktion nimmt man z. B. auf der rechten Verlängerung der Hyperbelachse einen Punkt X beliebig an und erhält so die Strecke x. Dann schlägt man mit dem Radius x nacheinander um F_1 und F_2 Kreisbogen, ferner mit dem Radius $2a + x$ ebenfalls Kreisbogen um F_1 und F_2. Dadurch ergeben sich 4 Punkte auf beiden Hyperbelästen. Um eine Anzahl von Hyperbelpunkten zeichnen zu können, ist die Lage des Punktes X und damit die Strecke x zu verändern.

7

Konstruktion einer gleichseitigen Hyperbel bei gegebenen Asymptoten und einem Hyperbelpunkt

Ziehe durch den Punkt P zu den Asymptoten g_1 und g_2 die Parallelen. Ziehe beliebige Strahlen durch den Punkt 0. In den Schnittpunkten, z. B. A und B einer jeden Geraden mit den beiden Parallelen zu den Asymptoten, werden die Senkrechten errichtet. Die Schnittpunkte sind Punkte der Hyperbel.

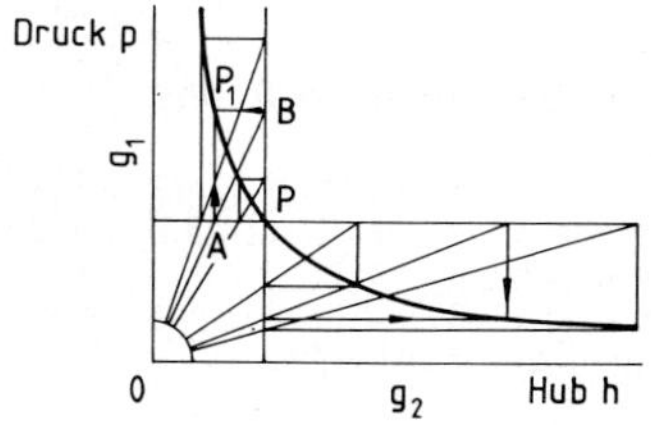

188.2 Konstruktion einer gleichseitigen Hyperbel

Die adiabatische Kompressions- und Expansionslinie von Gasen verläuft nach einer gleichseitigen Hyperbel. Dabei wird auf der Asymptoten g_1 der Druck des Gases im Zylinder und auf der Asymptoten g_2 der Kolbenhub aufgetragen. Unter einer adiabatischen Kompression oder Expansion versteht man eine theoretische Verdichtung oder Entspannung, die ohne Wärmeabgabe des Gases im Zylinder an die Umgebung erfolgt.

7.1.4 Konstruktion von Spiralen

Die Spirale ist eine ebene Kurve, die Windungen mit einer bestimmten Öffnung um einen Punkt zieht.

Archimedische Spirale

Zeichne zunächst das Achsenkreuz und dann mit dem gegebenen Radius den Umkreis für eine bestimmte Anzahl von Spiralgängen, z. B. $1^1/_2$ Gänge. Entsprechend dieser Gangzahl teile den senkrechten Halbmesser in ebenso viele Teile, z. B. $1^1/_2$ Teile. Den ersten Teil von 0...8 und von 8 bis zum Mittelpunkt unterteile dann in eine Anzahl unter sich gleicher Teile, in diesem Beispiel 8 gleiche Teile. Durch Eintragen des Diagonalkreuzes ist die Kreisfläche in 8 gleiche Teile zerlegt. Wenn man durch die vorhin gefundenen acht Teilungspunkte Hilfskreise um den Mittelpunkt zieht, erhält man in den Schnittpunkten der Kreise mit den 8 Halbmessern 8 Punkte der gesuchten Spirale, die zu einem Spiralengang miteinander zu verbinden sind. Für das Festlegen der übrigen inneren Spiralenpunkte ziehe die (im Beispiel 2) kleineren Hilfskreise mit einem gleichen Kreisabstand wie beim 1. Teil der Spiralengänge. Dann verbinde die Schnittpunkte der Hilfskreise mit den entsprechenden Radien. Bei 189.2 verfahre zur Konstruktion der Spirale entsprechend von innen nach außen.

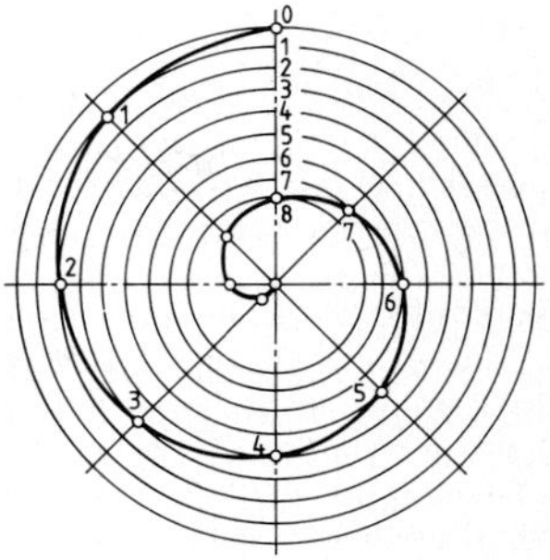

189.1 Archimedische Spirale

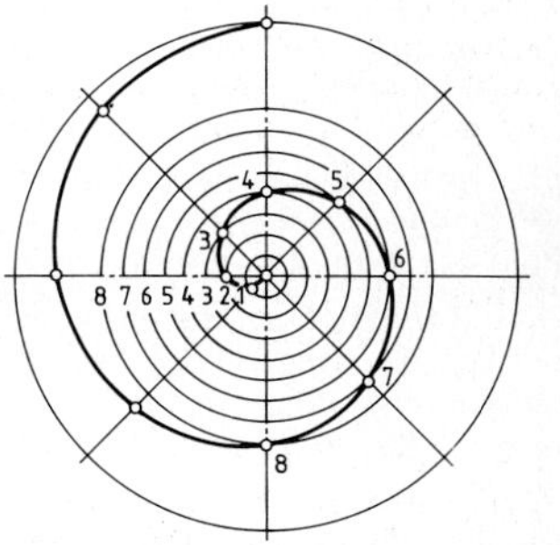

189.2 Spiralenkonstruktion

Angenäherte Spiralenkonstruktion mit gegebenem Quadrat

Eine angenäherte Spirale, die in den meisten Fällen für die Praxis genügt, zeichnet man mit Hilfe eines gegebenen Quadrats, z. B. ABCD, dessen Seiten über A, B, C und D hinaus zu verlängern sind. Schlage nun nacheinander Viertelkreisbogen, und zwar mit AB als Radius um B vom Punkte C aus beginnend,

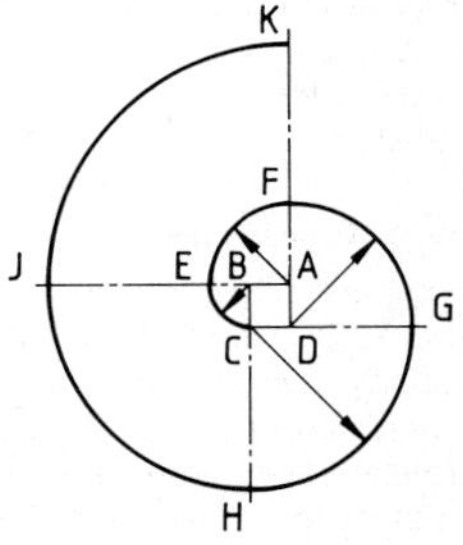

189.3 Spiralenkonstruktion mit gegebenem Quadrat

7

dann von dem gefundenen Schnittpunkt E aus mit dem Radius AE um A als Zirkelaufsatzpunkt, weiter mit DF um D, sodann mit CG um C, mit BH um B, mit AJ um A usw. So erhält man die Spirale.

Archimedische Planspiralen werden in Drehfuttern zum zentrischen Spannen der Spannbacken verwendet.

7.1.5 **Evolvente** (Abwicklungslinie)

Ein Punkt auf einer Geraden, die auf einem Kreis abrollt, beschreibt eine Evolvente.

Entsprechend beschreibt auch das freie Ende eines strammgezogenen Fadens, der von einem feststehendem Zylinder abgewickelt wird, eine Evolvente.

Evolvente

Zeichne mit dem gegebenen Radius, z. B. 10 mm, einen Kreis und teile diesen in 12 gleiche Teile ein. Dann ziehe durch die Teilungspunkte Tangenten an den Kreis. Auf jeder Tangente trage die Strecke ab, die jeweils vom Anfangspunkt 0 (das ist der Schnittpunkt der waagerechten Mittellinie mit dem Kreis) bis zum zugehörigen Tangentenberührungspunkt mit dem Kreis reicht, z. B. von 0 bis 2 auf der Tangente, die den Kreis in 2 berührt. Durch die Verbindung der so gefundenen Punkte erhält man die Evolvente.

Die Zahnflanken der Zahnräder werden vorwiegend als Evolventen ausgebildet, damit sie sich mit geringer Reibung aufeinander abwälzen.

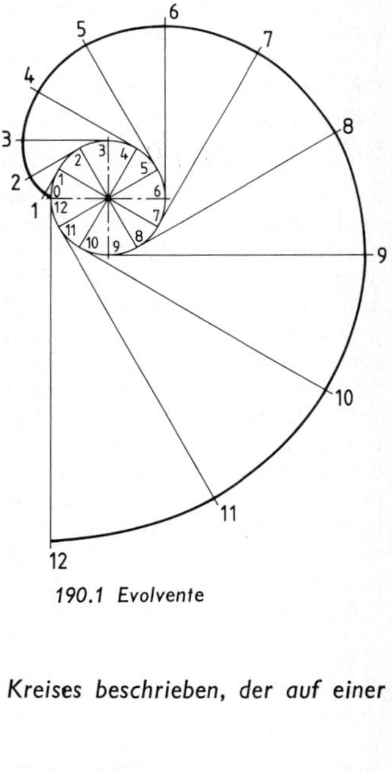

190.1 Evolvente

7.1.6 **Zykloide** (Radlinie)

Eine Zykloide wird von einem Punkt eines Kreises beschrieben, der auf einer Geraden abrollt.

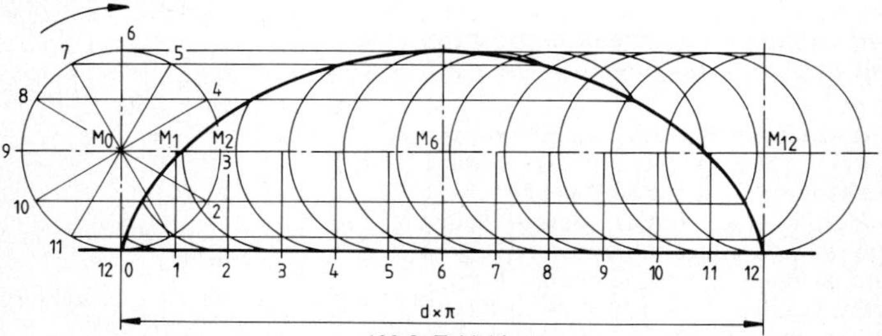

190.2 Zykloide

Zykloide

Zeichne zunächst eine Gerade und bestimme auf ihr einen beliebigen Punkt 0. Dann zeichne einen beliebigen Kreis, der die Gerade im Punkt 0 berührt. Den Kreis teile in gleiche, z. B. 12, Teile und trage diese Teile von 0 aus auf der Geraden ab. In den Teilungspunkten der Geraden errichte Senkrechte. Darauf ziehe Parallelen durch die Teilpunkte des Kreises zur Geraden. Um die Schnittpunkte der Senkrechten mit der Kreismittellinie schlage dann Hilfskreise mit dem gegebenen Radius. Dort, wo jeweils der entsprechende Hilfskreis, z. B. 3, die zugehörige Parallele, z. B. 9...3, in M_1 schneidet, findet man die Zykloidenpunkte, die dann zur Zykloidenkurve zu verbinden sind, 190.2.

Zahnräder in Uhrwerken haben Zykloidenverzahnung, wobei der Zahnfuß als Hypozykloide (Inradlinie) und der Zahnkopf als Epizykloide (Aufradlinie) ausgeführt ist.

Epizykloide (Aufradlinie)

Eine Epizykloide beschreibt ein Punkt eines Kreises, der außen auf dem Kreisbogen des Grundkreises abrollt.

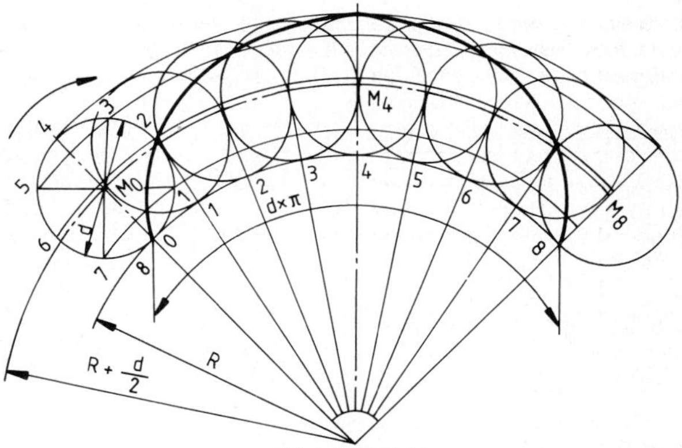

191.1 Epizykloide

Zeichne den Kreisbogen des Grundkreises mit dem Radius R und dann den Rollkreis in seiner Anfangsstellung. Darauf teile den Rollkreis in eine Anzahl gleicher Teile, z. B. 8, und trage ebenso viele Teile der gleichen Größe auf dem Grundkreis von der Anfangsstellung des Rollkreises aus ab. Dadurch ergibt sich die Länge der Rollbahn, die gleich dem Umfang des Rollkreises ist.

Die weitere Konstruktion entspricht der der Zykloide.

Hypozykloide (Inradlinie)

Eine Hypozykloide beschreibt ein Punkt eines Kreises, der innen in dem Kreisbogen des Grundkreises abrollt.

Die Konstruktion der Hypozykloide entspricht in etwa der der Epizykloide und der Zykloide.

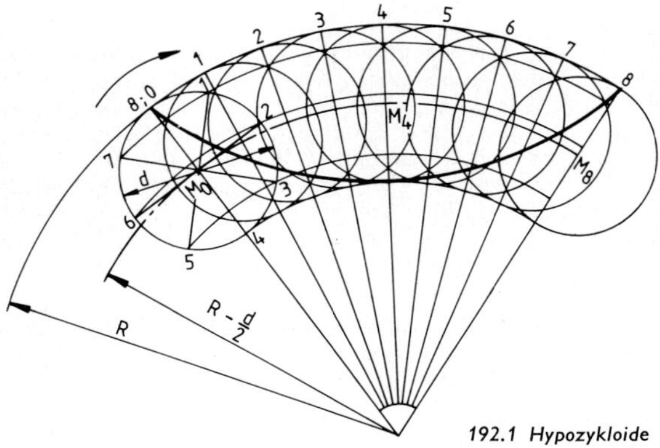

192.1 Hypozykloide

7.1.7 Schraubenlinie, Schraubenfläche, Schraubengang

Eine Schraubenlinie, auch Wendel genannt, entsteht, wenn ein Punkt auf einem sich gleichmäßig drehenden Zylinder in Richtung der Drehachse mit konstanter Geschwindigkeit bewegt wird, z. B. die Drehstahlschneide beim Langdrehen.

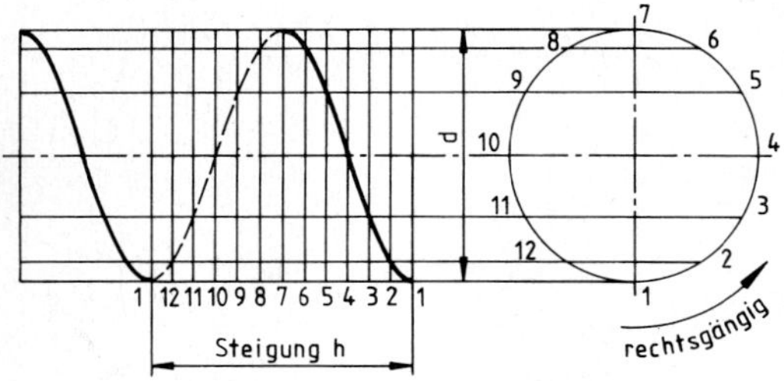

192.2 Rechtsgängige Schraubenlinie

Die Steigung ist die Entfernung zwischen dem Anfangs- und dem Endpunkt einer Windung. Die Abwicklung der Schraubenlinie ergibt ein rechtwinkliges Dreieck.

Bei der Konstruktion teile den Kreisumfang und die Steigung einer Schraubenlinienwindung in die gleiche Anzahl Teile. Zeichne die Mantellinien und numeriere sie fortlaufend. Die Schnittpunkte gleichbenannter waagerechter und senkrechter Mantellinien ergeben Punkte der Schraubenlinie.

Eine Schraubenfläche entsteht, wenn eine Strecke, deren Verlängerung durch die Drehachse geht, längs eines sich gleichmäßig drehenden Zylinders verschoben wird.

Durch die Endpunkte der Strecke AB entstehen zwei Schraubenlinien, wie bei 192.2 beschrieben ist.

Ein flacher Schraubengang entsteht, wenn ein Rechteck, dessen verlängerte Seiten durch die Drehachsen gehen, längs eines sich gleichmäßig drehenden Zylinders verschoben wird.

Die entstehenden vier Schraubenlinien werden wie bei 192.2 konstruiert.

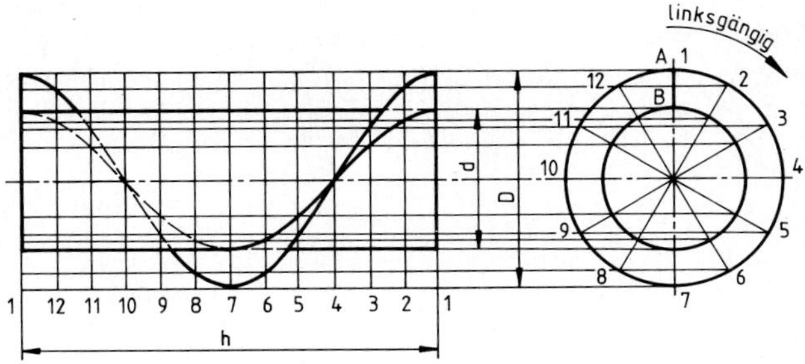

193.1 Linksgewundene Schraubenfläche

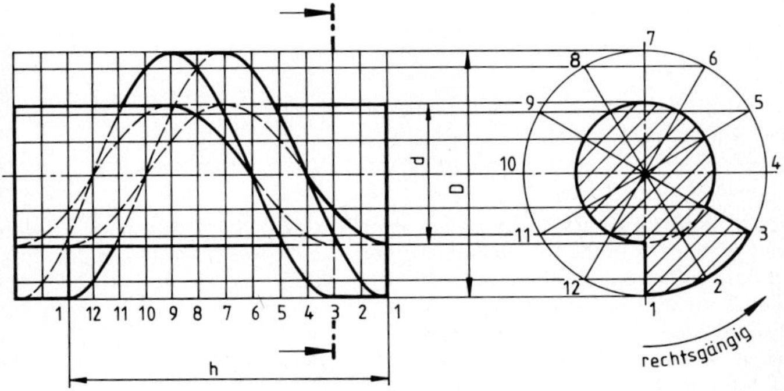

193.2 Flacher rechtsgewundener Schraubengang

Ein scharfer Schraubengang entsteht, wenn ein gleichschenkliges Dreieck längs eines sich gleichmäßig drehenden Zylinders bewegt wird.

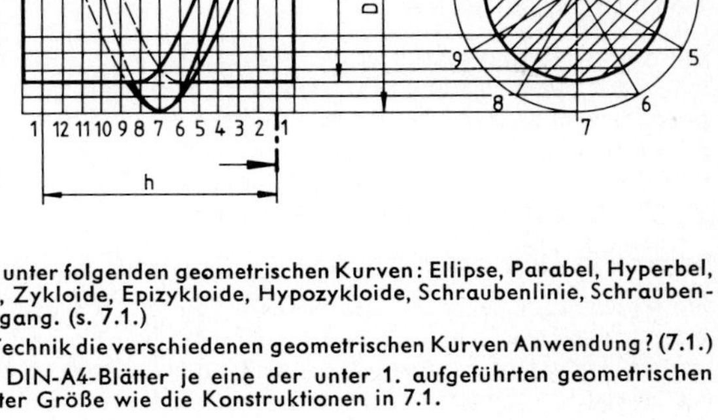

193.3 Scharfer links gewundener Schraubengang

Erfolgskontrolle:

1. Was verstehen Sie unter folgenden geometrischen Kurven: Ellipse, Parabel, Hyperbel, Spirale, Evolvente, Zykloide, Epizykloide, Hypozykloide, Schraubenlinie, Schraubenfläche, Schraubengang. (s. 7.1.)
2. Wo finden in der Technik die verschiedenen geometrischen Kurven Anwendung? (7.1.)
3. Zeichnen Sie auf DIN-A4-Blätter je eine der unter 1. aufgeführten geometrischen Kurven in doppelter Größe wie die Konstruktionen in 7.1.

7.2 Projektionszeichnen (Dreitafelprojektion)

Mit Hilfe der Projektion (lateinisch projektio = Entwurf) lassen sich Punkte, Strecken, Flächen und Körper auf einer Ebene darstellen. Dabei bedient man sich der Zentralprojektion und der Parallelprojektion.

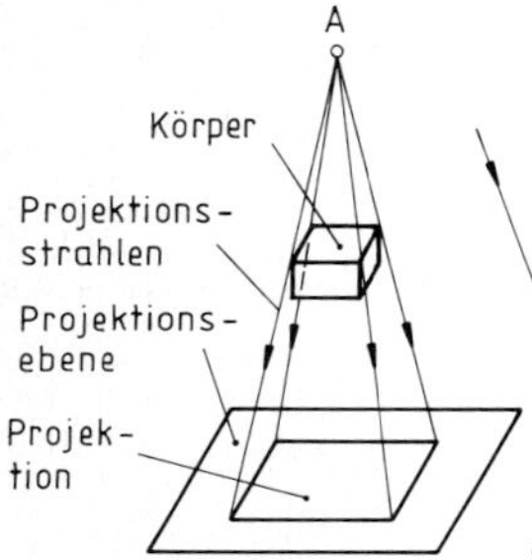

194.1 Zentralprojektion

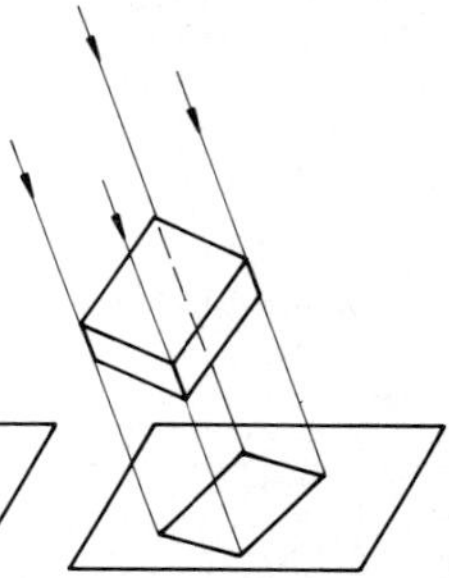

194.2 Allgemeine Parallelprojektion

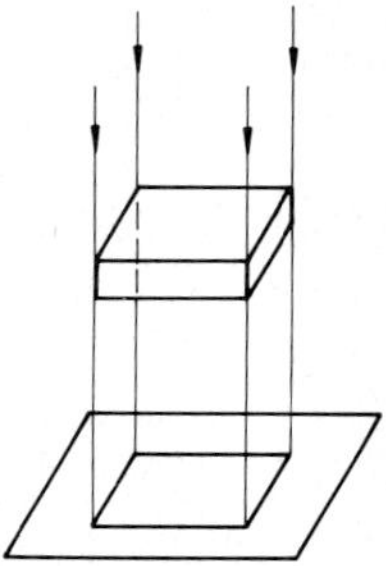

194.3 Senkrechte Parallelprojektion

Bei der **Zentralprojektion** gehen Projektionsstrahlen durch einen festen Punkt A, berühren die Ecken und Kanten des Körpers, treffen dann auf die Projektionsebene und bilden dort den Gegenstand ab. Auch die Abbildungen in den Projektionsebenen werden Projektionen genannt. Der Punkt A kann mit dem Auge und die Projektionsstrahlen können mit den Sehstrahlen verglichen werden. Die Zentralprojektion liefert anschauliche, aber wenig maßgerechte Abbildungen, 194.1.

Bei der **allgemeinen Parallelprojektion** verlaufen die Projektionsstrahlen parallel zueinander und treffen schräg auf die Projektionsebene. Der Punkt A bzw. das Auge sind ins Unendliche gerückt. Diese Projektionsart wird auch schräge oder schiefe Parallelprojektion genannt und liefert sehr anschauliche Abbildungen, die aber nur eine gewisse Maßgenauigkeit aufweisen, 194.2. Sie wird auch bei der axonometrischen Projektion nach DIN 5 angewendet, mit der Maschinenteile und Rohrleitungsverläufe anschaulich dargestellt werden.

Bei der **senkrechten Parallelprojektion,** auch orthogonale oder rechtwinklige Parallelprojektion genannt, verlaufen die Projektionsstrahlen parallel zueinander und treffen senkrecht auf die Projektionsebene. Der Punkt A bzw. das Auge sind ins Unendliche gerückt. Diese Darstellung liefert weniger anschauliche, jedoch maßgerechte Abbildungen. Daher wird sie im technischen Zeichnen angewendet, 194.3.

Senkrechte Parallelprojektion als Dreitafelprojektion

Ein Punkt, eine Strecke eine Fläche oder ein Körper wird meist in drei zueinander senkrecht stehende Ebenen projiziert, und zwar in die Projektionsebene der Vorderansicht (Aufriß), der Draufsicht (Grundriß) und der Seitenansicht (Seitenriß). Die drei Projektionsebenen bilden zusammen mit den Achsen x, y und z eine Raumecke, 195.1. Durch Klappen der Draufsicht um die x-Achse nach unten und der Seitenansicht um die y-Achse nach rechts kommen die beiden aufgeklappten Projektionsebenen in die Ebene der Vorderansicht zu liegen. Aus der dreiachsigen Raumecke entsteht somit eine Fläche mit den senkrecht aufeinanderstehenden Achsen y und xz. Zwischen der Seitenansicht und Draufsicht werden die Körperkanten durch Zirkelschläge oder mittels einer Geraden unter 45° zur Projektionsachse übertragen, 195.1.

7.2.1 Projektion eines Punktes

Die Projektionen eines in der Raumecke liegenden Punktes P bezeichnet man im allgemeinen in der Ebene der

Draufsicht	(Grundriß, erste Projektionsebene)	mit P'	oder P_1
Vorderansicht	(Aufriß, zweite Projektionsebene)	mit P''	oder P_2
Seitenansicht	(Seitenriß, dritte Projektionsebene)	mit P'''	oder P_3

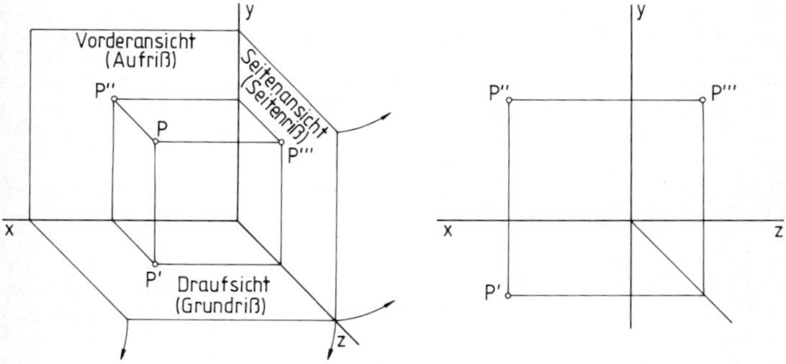

195.1 *Punkt P*

in der Raumecke als Dreitafelprojektion

in den drei aufgeklappten Projektionsebenen

Ein Punkt P im Raum wird eindeutig festgelegt durch zwei Projektionen, z. B. P' und P'' bzw. durch die entsprechenden senkrechten Entfernungen von zwei Projektionsebenen. Die dritte Projektion P''' bzw. die senkrechte Entfernung von der dritten Projektionsebene läßt sich konstruktiv bestimmen.

7.2.2 Projektion von Strecken

Zwei Punkte A und B bestimmen im Raum eine Strecke.

Eine Kante bzw. Strecke erscheint nur in der Projektionsebene in wahrer Länge, zu der sie parallel verläuft. Eine zur Projektionsebene geneigte Strecke bildet sich stets verkürzt ab.

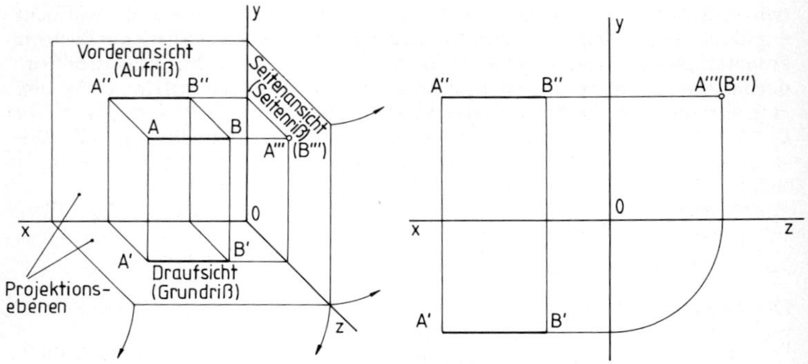

196.1 Strecke AB parallel zu zwei Projektionsebenen
in der Raumecke *in den drei aufgeklappten Projektionsebenen*

In 196.1 liegt die Strecke AB parallel zu den Projektionsebenen der Vorderansicht und Draufsicht und steht senkrecht auf der Ebene der Seitenansicht. Die Projektionen A′B′ und A″B″ besitzen daher die wahre Länge der Strecke AB. In der Projektionsebene der Seitenansicht erscheint sie als Punkt A‴, der eingeklammerte Punkt B‴ ist verdeckt.

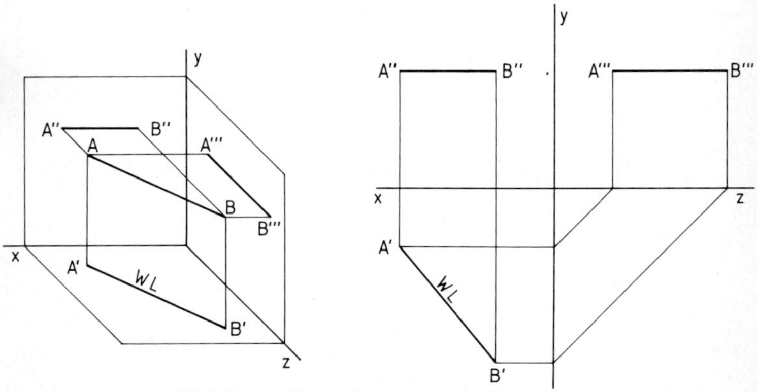

196.2 Strecke AB parallel zu e i n e r Projektionsebene

In 196.2 liegt die Strecke AB nur zur Projektionsebene der Draufsicht parallel, daher erscheint sie hier als A′B′ in wahrer Länge. Da AB zu der Projektionsebene der Vorderansicht als A″B″ und der Seitenansicht als A‴B‴ schiefwinklig stehen, sind sie in diesen Ansichten beide verkürzt gezeichnet.

Bei der Projektion der Strecke AB in der Raumecke 196.2 bilden AB mit ihrer Projektion A″B″ und den Projektionsstrahlen AA″ und BB″ ein Projektionstrapez, das auf der Ebene der Vorderansicht senkrecht steht. Ein weiteres Trapez steht senkrecht auf der Ebene der Seitenansicht. Es wird entsprechend gebildet aus AB, A'''B''', AA''' und BB'''. Die Projektionstrapeze dienen bei Strecken, die zu keiner Projektionsebene parallel verlaufen, zum Ermitteln der wahren Länge, 197.1.

Bestimmen der wahren Längen von Strecken, die zu keiner Projektionsebene parallel liegen:

Durch Umklappen

Da in 197.1 die Strecke AB zu allen drei Projektionsebenen schräg liegt, erscheinen alle drei Projektionen verkürzt. In 197.1 ist ihre wahre Länge durch Umklappen des Projektionstrapezes A'B' B_1A_1 in die Ebene der Draufsicht ermittelt. Dies geschieht durch Abgreifen der beiden parallelen Trapezseiten a und b aus der Vorderansicht bzw. Seitenansicht, die an die Projektion A'B' rechtwinklig angetragen werden. Die Verbindung ihrer Endpunkte A_1 und B_1 ergibt die wahre Länge der im Raum liegenden Strecke AB.

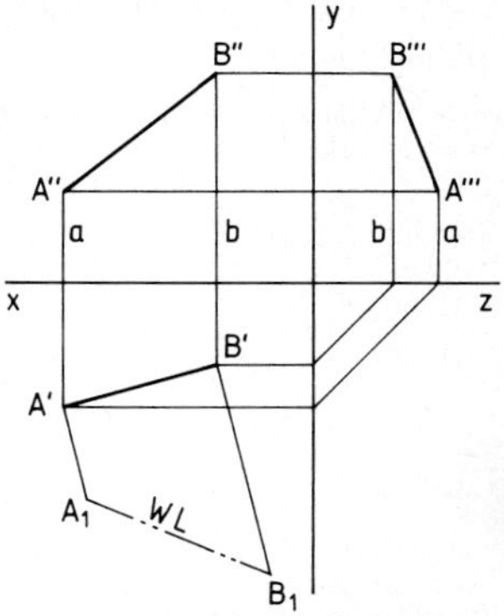

197.1 Ermitteln der wahren Länge durch Umklappen des Projektionstrapezes

Die auf den Projektionsebenen der Vorder- und Seitenansicht senkrecht stehenden Projektionstrapeze 197.2 können auch entsprechend umgeklappt werden.

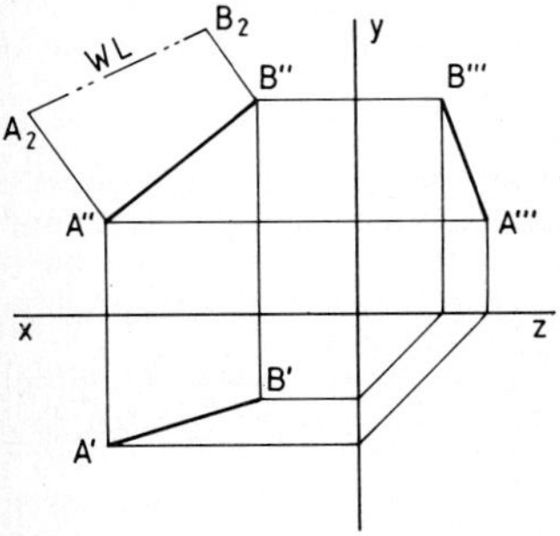

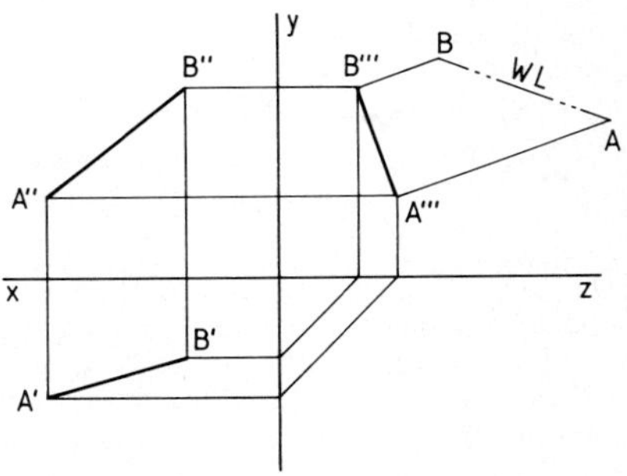

197.2 u. 3 Ermitteln der wahren Längen durch Umklappen

Durch Drehen

Die wahre Länge der Projektion, z. B. A″B″ in der Vorderansicht, entsteht, wenn man die Projektion A′B′ in der Draufsicht so weit um den festen Punkt B′ dreht, daß A′B′ parallel zu der Projektionsachse x und damit auch parallel zur Projektionsebene der Vorderansicht zu liegen kommt. Der Endpunkt A_2 der wahren Länge in der Vorderansicht ergibt sich durch Übertragen der Senkrechten aus der Draufsicht von A_1 aus und durch Verlängern der Waagerechten A″A‴ über A″ hinaus. Die Verbindung A_2B″ ist die gesuchte wahre Länge der im Raum liegenden Strecke AB.

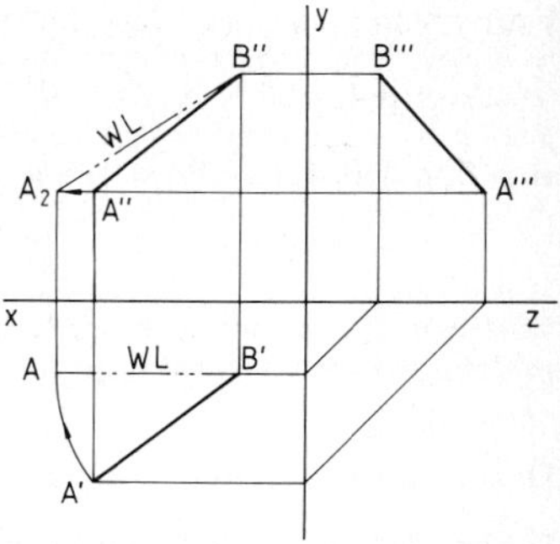

198.1 Bestimmen der wahren Länge durch Drehen

Die wahre Länge kann auch in der Draufsicht und Seitenansicht ermittelt werden, 198.2.

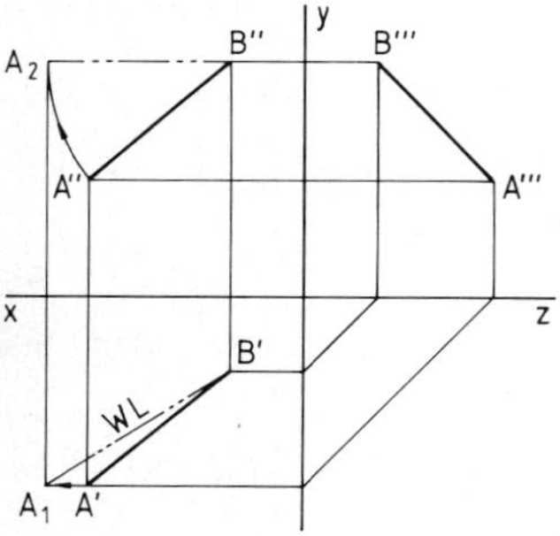

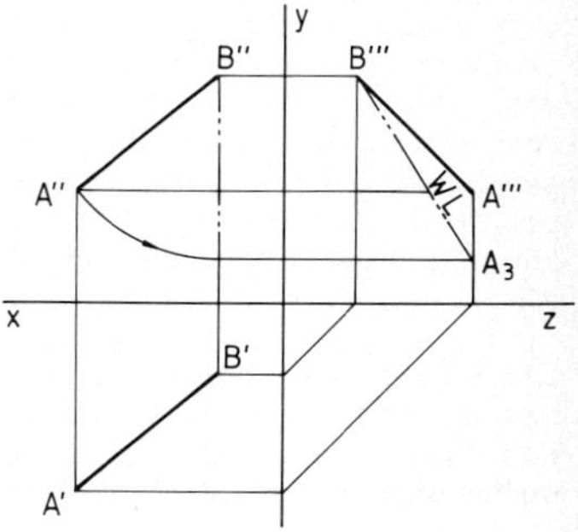

198.2 u. 3 Bestimmen der wahren Länge durch Drehen

Bei der Konstruktion von Abwicklungen werden die wahren Längen der gesuchten Strecken durch Drehen oder Umklappen bestimmt, da die Abmessungen der Mantelflächen in den Ansichten in vielen Fällen verkürzt erscheinen.

Übungen im räumlichen Vorstellen

1. Fertigen Sie eine räumliche Ecke aus Karton an, wie in 196.1 dargestellt. Halten Sie entsprechend 196.2 einen Bleistift in die räumliche Ecke, und erkennen Sie die Projektionen in den drei Ansichten. Führen Sie die beim Bestimmen der wahren Länge erforderlichen Drehungen und Umklappungen aus, wie auf den Seiten 197 . . . 198 beschrieben.
2. Ermitteln Sie die wahre Länge der im Raum liegenden Strecke AB durch Klappen des Projektionstrapezes in die Projektionsebene der Vorderansicht und Seitenansicht auch zeichnerisch, S. 197.
3. Bestimmen Sie die wahre Länge der im Raum liegenden Strecke AB durch Drehen parallel zur Projektionsebene der Draufsicht bzw. der Seitenansicht auch zeichnerisch, S. 198.

7.2.3 Projektion von ebenen Flächen

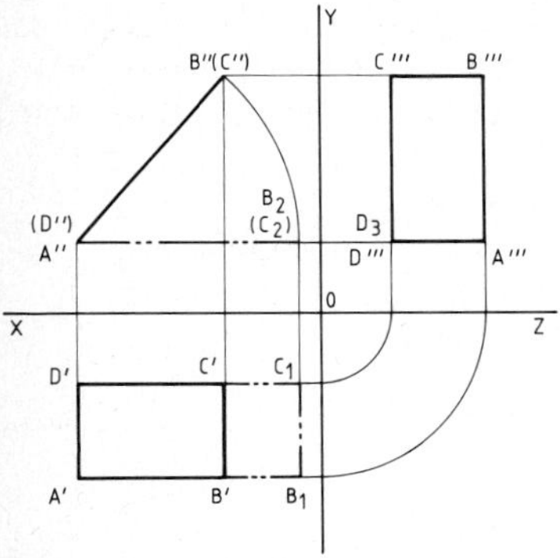

199.1 *Bestimmen der wahren Größe der Fläche ABCD durch Drehen*

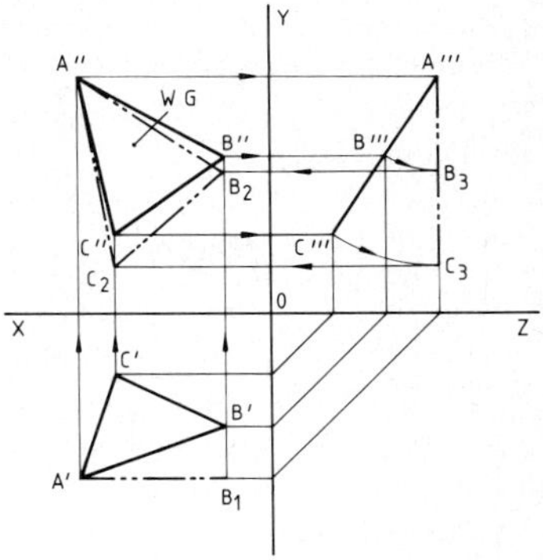

199.2 *Bestimmen der wahren Größe der Fläche ABC durch Drehen*

Bestimmen der wahren Größe einer Fläche durch Drehen

199.1 zeigt die Fläche ABCD, die senkrecht zur Projektionsebene der Vorderansicht steht und daher dort als Gerade erscheint. Da diese Fläche zur Ebene der Draufsicht und Seitenansicht schräg liegt, wird sie hier verkürzt gezeichnet.

Eine ebene Fläche bildet sich nur dort in wahrer Größe ab, wo sie parallel zur Projektionsebene liegt, 194.3.

Durch Drehen der Fläche ABCD um die Seite AD parallel zur Projektionsebene der Draufsicht ergibt sich dort die wahre Größe $A'B_1C_1D'$ dieser Fläche.

Die im Raum liegende Dreieckfläche ABC, 199.2, liegt zu keiner Projektionsebene parallel, daher muß ihre wahre Größe ermittelt werden. Die Fläche ABC, die auf der Projektionsebene der Seitenansicht senkrecht steht und dort als Strecke $A'''C'''$ erscheint, wird z. B. um den Eckpunkt A''' in die parallele Lage $A'''C_3$ zur y-Achse gedreht. Sie erscheint nun in der Vorderansicht in ihrer wahren Größe (strichpunktiert eingezeichnet). Zum Bestimmen der Eckpunkte der Fläche $A''B_2C_2$ in der Vorderansicht zieht man die Parallelen zur xz-Achse durch B_3 und C_3 der Seitenansicht und projiziert aus der Draufsicht die Projektionsstrahlen von B' und C' in der Vorderansicht. Die Verbindung der so gefundenen Schnittpunkte B_2 und C_2 mit A'' ergibt die Fläche $A''B_2C_2$, welche die wahre Größe der im Raum liegenden Fläche ABC darstellt. Beim Konstruieren der wahren Größe der Projektionsfläche $A'B'C'$ in der Draufsicht muß die Projektion $A'''C'''$ in der Seitenansicht parallel zur xz-Achse gedreht werden.

7.2.4 Bestimmen von Durchstoßpunkten

Die meisten Durchdringungen lassen sich auf zwei Grundkonstruktionen zurückführen: Den Durchstoßpunkt einer Geraden mit einer ebenen oder gekrümmten Fläche bestimmen.

Bei der Konstruktion von Durchstoßpunkten werden Hilfsebenen bzw. Hilfsschnitte gelegt.

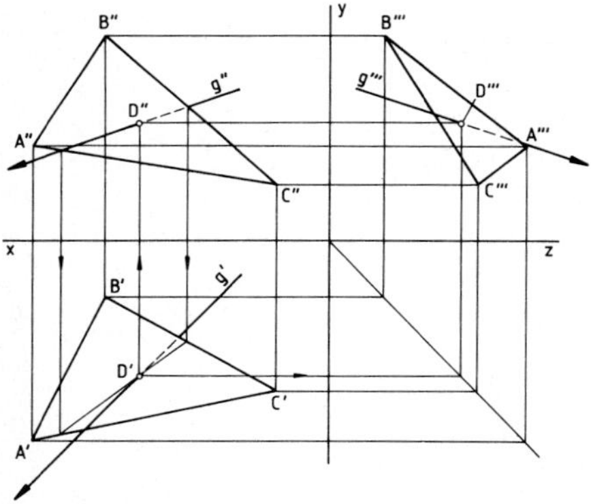

200.1 Gerade durchstößt ebene Fläche

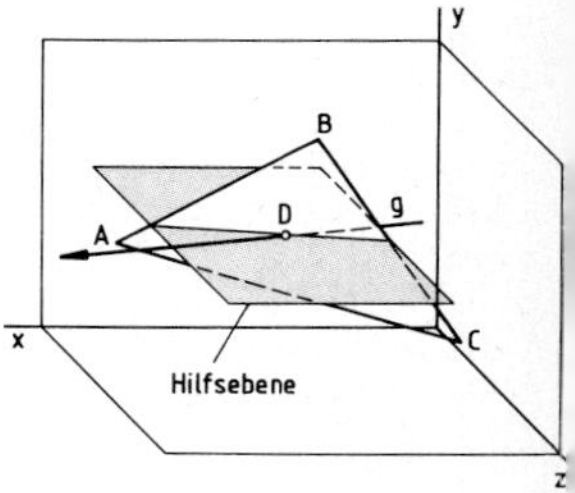

200.2 Durch die räumliche Darstellung des Durchstoßpunktes wird die Hilfsebene, die senkrecht zur Vorderansicht liegt, sichtbar

7

Durchstoßpunkt einer Geraden mit einer ebenen Fläche

Von der Dreieckfläche, die geneigt und gedreht im Raume liegt, und der Geraden g sind die Vorderansicht, die Draufsicht und die Seitenansicht mit den Projektionen g'', g' und g''' gegeben. Gesucht ist der Durchstoßpunkt in den drei Ansichten.

Durch die Gerade g legt man eine Hilfsebene, die auf der Projektionsebene einer Ansicht, z. B. auf der Vorderansicht, senkrecht steht, 200.1. In der Vorderansicht erscheint dann die Hilfsebene als Strecke und fällt mit der Geraden g'' zusammen. Der Schnittpunkt der Geraden g' mit der in der Draufsicht eingezeichneten Schnittgeraden von Hilfsebene und Dreieckfläche ist der Durchstoßpunkt in der Draufsicht.

Bei der Konstruktion projiziert man aus der Vorderansicht die scheinbaren Schnittpunkte der Geraden g'' mit den Dreieckseiten auf die entsprechenden Seiten der Draufsicht und verbindet sie miteinander. Der Schnittpunkt dieser Schnittgeraden mit g' ist der Durchstoßpunkt in der Draufsicht. Senkrecht darüber liegt der Durchstoßpunkt in der Vorderansicht.

Durch entsprechendes Projizieren ergibt sich der Durchstoßpunkt in der Seitenansicht.

Bestimmen von Durchstoßpunkten einer Geraden mit ebenflächigen Körpern am Beispiel einer Pyramide

Die Wahl der Hilfsebene zur Ermittlung der Durchstoßpunkte einer Geraden mit ebenflächigen Körpern wird am Beispiel einer Pyramide gezeigt.

1. Hilfsebene senkrecht zur Draufsicht (Normalebene) Bild 201.1

Wählt man eine Hilfsebene, in der die Gerade g liegt und die senkrecht zur Draufsicht liegt, dann ist g′ zugleich die Projektion der Hilfsebene in der Draufsicht. Die Hilfsebene schneidet die Pyramide in der Vorderansicht in den Schnittgeraden E″F″ und F″G″, auf denen die Projektionen der Durchstoßpunkte D_1'' und D_2'' liegen. D_1' und D_2' liegen auf Senkrechten durch D_1'' und D_2''.

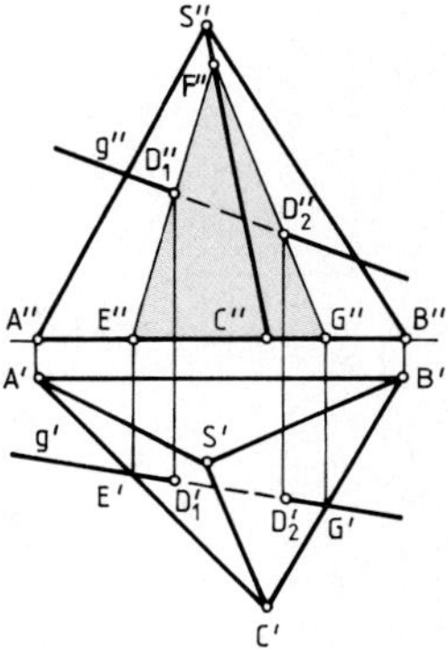

201.1 Normalebene

2. Hilfsebene senkrecht zur Vorderansicht (Hauptebene) Bild 201.2

Wählt man eine Hilfsebene, in der die Gerade g liegt und die senkrecht auf der Vorderansicht steht, dann ist g″ zugleich die Projektion der Hilfsebene in der Vorderansicht. Diese Hilfsebene schneidet die Pyramide in der Draufsicht in den Schnittlinien E′F′, F′G′ und E′G′, auf denen die Projektionen der Durchstoßpunkte D_1' und D_2' liegen.

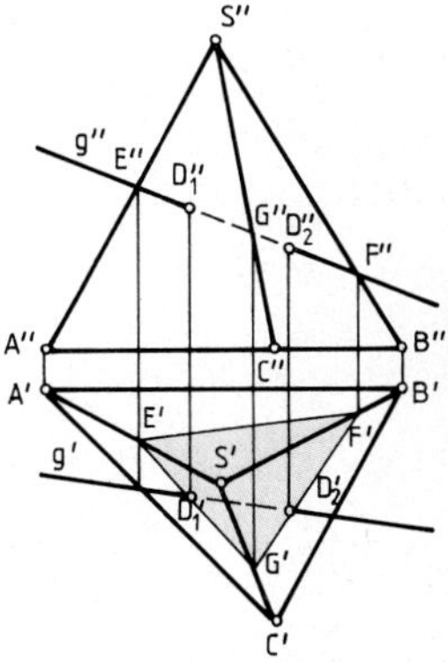

201.2 Hauptebene

3. Hilfsebene durch die Pyramidenspitze (Scheitelebene) Bild 201.3

Legt man die Hilfsebene, in der die Gerade g liegt, durch die Pyramidenspitze, dann ergibt sich in der Draufsicht E′F′ als Schnittgerade dieser Hilfsebene mit der Projektionsebene. Diese Schnittgerade wird mit Hilfe der beiden frei gewählten Punkte E und F konstruiert.

Die Hilfsebene schneidet die Pyramide in der Draufsicht in den Schnittlinien $S'D_{10}'$ und $S'D_{20}'$ und in der Vorderansicht in den Schnittlinien $S''D_{10}''$ und $S''D_{20}''$. Die Schnittpunkte dieser Schnittlinien mit den Projektionen der Geraden sind die gesuchten Durchstoßpunkte.

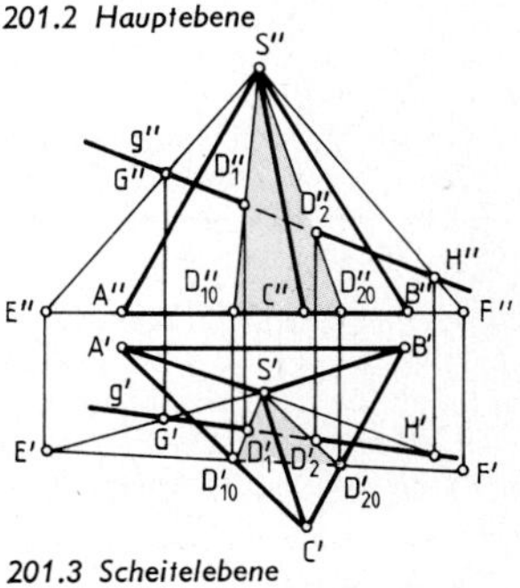

201.3 Scheitelebene

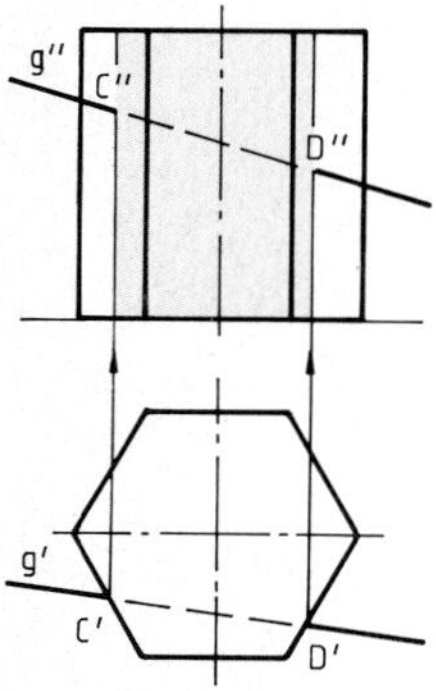

202.1 *Gerade — Sechskantprisma*

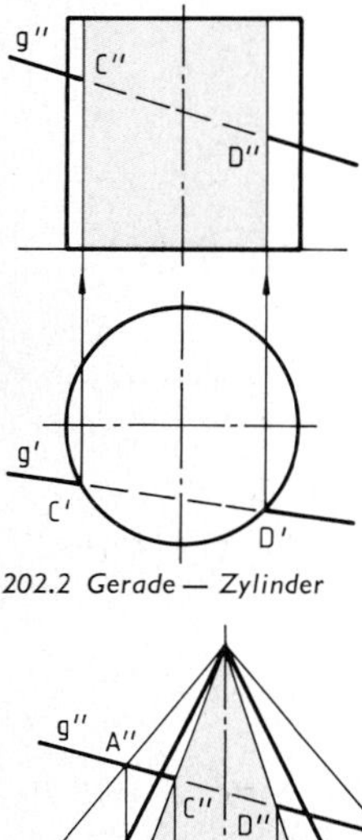

202.2 *Gerade — Zylinder*

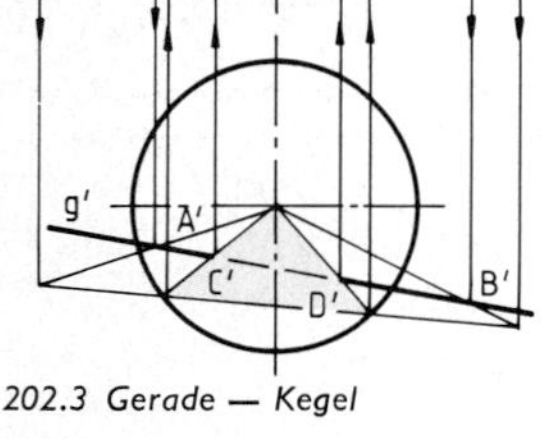

202.3 *Gerade — Kegel*

Durchstoßpunkte einer Geraden mit der Mantelfläche eines Sechskantprismas

Die Hilfsebene wird entlang der Geraden senkrecht zur Projektionsebene der Draufsicht gelegt (Normalebene).

Aus der Draufsicht projiziert man die Schnittgeraden der Hilfsebene mit der Prismenmantelfläche in die Vorderansicht, wobei sich die gesuchten Durchstoßpunkte ergeben.

Die Gerade g zeichnet man in drei Ansichten mit Hilfe der Projektionen zweier Hilfspunkte auf der Geraden.

Durchstoßpunkte einer Geraden mit einer Zylindermantelfläche

Die Hilfsebene wird entlang der Geraden senkrecht zur Projektionsebene der Draufsicht gelegt. Aus der Draufsicht wird die Schnittgerade der Hilfsebene mit der Zylindermantelfläche in die Vorderansicht projiziert, wobei sich die gesuchten Durchstoßpunkte ergeben.

Durchstoßpunkte einer Geraden mit einer Kegelmantelfläche

Beim Kegel legt man die Hilfsebene zweckmäßigerweise durch die Kegelspitze (Scheitelebene) und durch die Gerade g. Dabei ergeben sich die Schnittgeraden der Hilfsebene mit der Kegelmantelfläche als Mantellinien. Die Schnittgerade der Hilfsebene mit der Projektionsebene der Draufsicht wird mit Hilfe zweier Punkte A und B auf der Geraden g konstruiert. Diese bestimmt die Mantellinien, welche die Schnittfläche der Hilfsebene begrenzen. Auf ihnen liegen die gesuchten Durchstoßpunkte.

Übung:

Konstruieren Sie auf einem DIN-A4-Blatt in doppelter Größe wie in 202.1 . . . 3 die Durchstoßpunkte einer Geraden mit einem Sechskantprisma, einem Zylinder und einem Kegel.

7

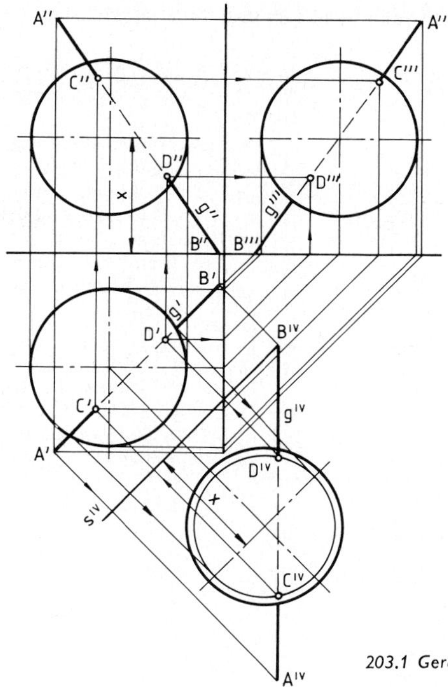

203.1 Gerade — Kugel

7

Bestimmen der Durchstoßpunkte einer gegebenen Geraden g mit den Endpunkten A und B durch eine Kugelmantelfläche mit Hilfe einer neuen Projektionsebene

Auf der Projektionsebene der Draufsicht errichtet man eine weitere Projektionsebene parallel zur Projektion g' der Geraden. Diese wird dann in die Zeichenebene mit Hilfe der Höhe x umgeklappt, und zwar um die Schnittgerade s^{IV}. Die Schnittgerade s^{IV} verläuft im beliebigen Abstand parallel zu g'.

Die Strecke A^{IV} B^{IV} ist die wahre Länge der räumlich liegenden Strecke A B.

Die scheinbaren Schnittpunkte der Projektion g' mit dem größten Kugelkreis in der Draufsicht bestimmen den Durchmesser eines Kugelkreises, auf dem in der umgeklappten Projektionsebene die Durchstoßpunkte C^{IV} und D^{IV} liegen. Diese werden in die Draufsicht projiziert und von dort in die Vorderansicht und Seitenansicht übertragen.

Da der Punkt B in der Projektionsebene der Draufsicht liegt, befindet sich die Projektion B^{IV} auf s^{IV}.

7.2.5 Durchdringungen von ebenen Flächen

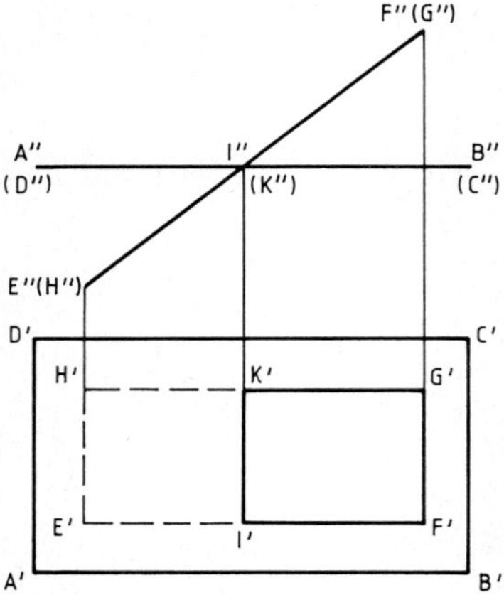

204.1 Schnittkante zweier Rechteckflächen

Zwei ebene Flächen schneiden sich in einer Geraden

Begrenzte ebene Flächen, z. B. Dreieckflächen 204.2 schneiden sich in Schnittkanten. Hierbei erhält man die Schnittkante der beiden Dreieckflächen durch Verbinden der Durchstoßpunkte zweier Seiten einer Dreieckfläche mit der anderen Dreieckfläche.

In 204.1 liegt die Rechteckfläche ABCD parallel zur Projektionsebene der Draufsicht, und die Rechteckfläche EFGH steht senkrecht auf der Projektionsebene der Vorderansicht. Die Projektion von I'' und K'' in die Draufsicht ergibt die Endpunkte der Schnittkante I'K'.

7

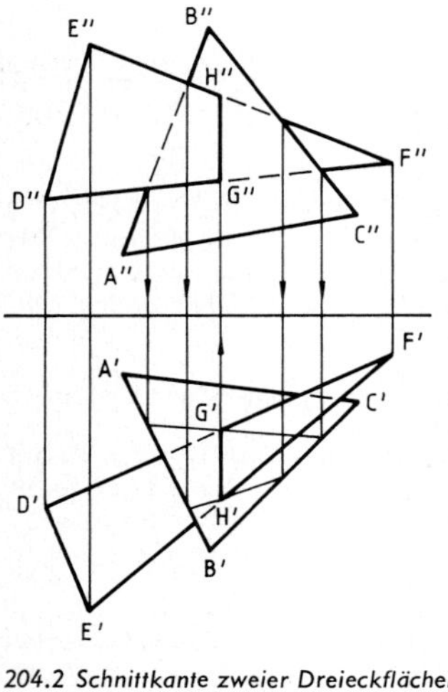

204.2 Schnittkante zweier Dreieckflächen

Um in 204.2 die Schnittkante der beiden zur Projektionsebene der Vorderansicht und Draufsicht schräg liegenden Dreieckflächen ABC und DEF zu erhalten, werden zwei Hilfsebenen senkrecht zur Vorderansicht gelegt. Diese verlaufen durch die Dreieckseiten D''F'' und E''F''. Die in die Projektionsebene der Draufsicht projizierten entsprechenden Schnittkanten der Hilfsschnittflächen mit der Dreieckfläche A'B'C' schneiden die Dreieckseiten D'F' und E'F' in den Durchstoßpunkten G' und H'. Die Schnittkante in der Draufsicht erhält man durch Verbinden der Punkte G' und H', die in die Vorderansicht übertragen werden müssen.

7.2.6 Projektion von Körpern

Geneigte Körper

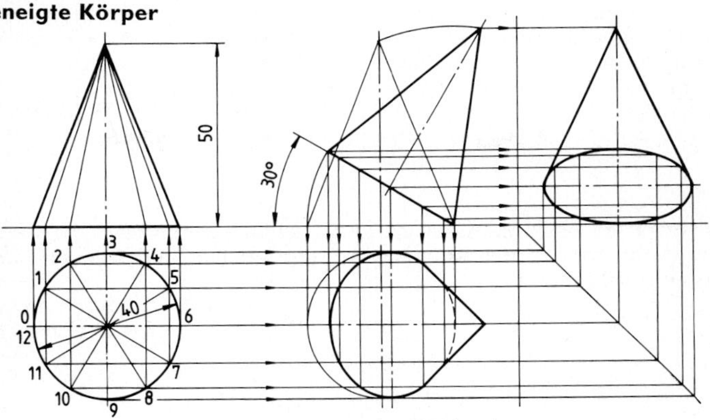

205.1 Geneigter gerader Kreiskegel

Der Kreiskegel in 205.1 wird aus seiner senkrechten Lage um 30° zur Projektionsebene der Draufsicht gekippt. Die Verkantung erfolgt parallel zur Projektionsebene der Vorderansicht. Hierbei erscheint die Höhe des Kreiskegels in wahrer Größe, während der Grundkreis als Ellipse sichtbar wird. Diese kann in der Draufsicht aus dem Grundkreis des senkrecht stehenden Kegels und aus dem geneigten Kegel in der Vorderansicht konstruiert werden.

7

Darstellen eines zu allen drei Projektionsebenen geneigten Körpers durch Kippen und Drehen

Körper zu zwei Projektionsebenen **zu drei Projektionsebenen geneigt**

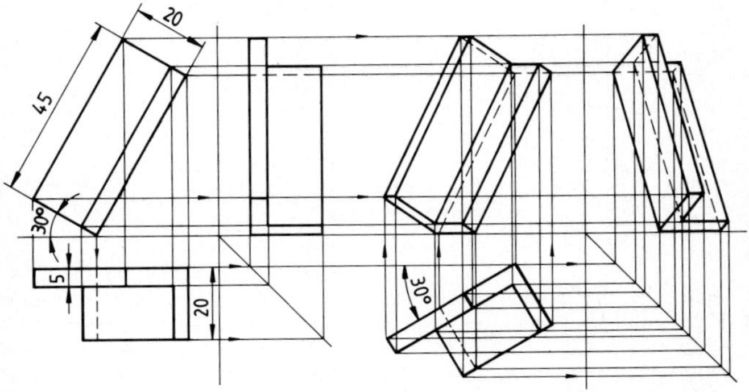

205.2 Stahl aus der senkrechten Stellung parallel zur Projektionsebene der Vorderansicht um 30° gekippt

205.3 Gekippter Stahl um 30° zur Projektionsebene der Vorderansicht gedreht

Den Körper kippt man zunächst parallel zu einer Ebene, den Winkelstahl z. B. um 30° parallel zur Projektionsebene der Vorderansicht. Die Drehung erfolgt um einen bestimmten Winkel gegenüber der parallelen Projektionsebene, z. B. beim Winkelstahl um 30° zur Projektionsebene der Vorderansicht. Dabei wird die betreffende Projektion des gekippten Körpers, im Beispiel die Draufsicht, nur unter einem anderen Winkel zur Projektionsachse aufgezeichnet. Die beiden übrigen Projektionen der V und S bestimmt man durch Loten aus der gekippten und gedrehten Projektion.

Konstruktion eines zu allen drei Projektionsebenen geneigten Körpers durch Kippen des Körpers in einer Ansicht und Drehen einer Projektionsachse

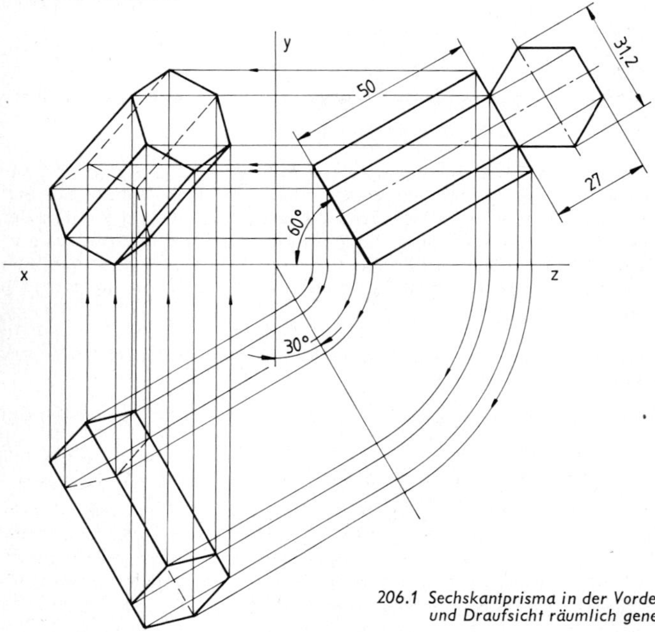

206.1 Sechskantprisma in der Vorderansicht und Draufsicht räumlich geneigt

Das Sechskantprisma wird in der Seitenansicht um 60° gekippt dargestellt, so daß dort die Abmessungen in wahrer Größe erscheinen. Durch Drehen der verlängerten y-Achse um 30° ergibt sich eine entsprechende Drehung des gekippten Körpers. Ausgehend von der Seitenansicht wird das Sechskantprisma zunächst in die Draufsicht und anschließend in die Vorderansicht projiziert. Das Sechskantprisma erscheint dann in der Vorderansicht und Draufsicht räumlich geneigt.

7.3 Schnitte und Abwicklungen

Normalschnitte an Grundkörpern

Bei Normalschnitten steht die Schnittebene senkrecht zu zwei oder zu einer Projektionsebene.

Schnittebene senkrecht zu zwei Projektionsebenen

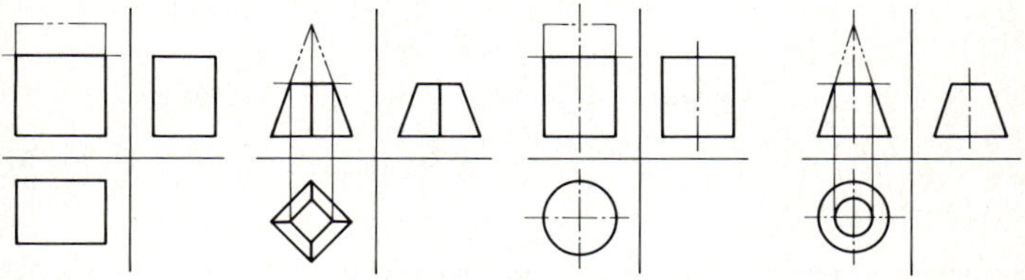

207.1

Schnittebenen senkrecht zu einer Projektionsebene und geneigt zu einer anderen

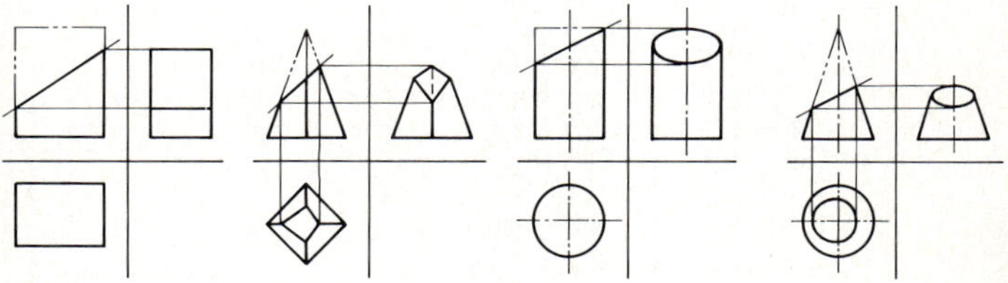

207.2

Bei Normalschnitten an Grundkörpern verlaufen die Schnittebenen entweder senkrecht zu zwei Projektionsebenen, Bild 207.1, oder senkrecht zu einer Projektionsebene und zu einer anderen geneigt, Bild 207.2. Diese verändern die Körper je nach ihrer Grundform und der Lage der Schnittebenen.

Normalschnitte parallel oder geneigt zur Grundfläche verändern bei prismatischen und zylindrischen Körpern die Draufsicht nicht. Normalschnitte an Pyramiden, Kegeln und Kugeln, die parallel zur Grundfläche verlaufen, verändern die Draufsicht, während Schnittebenen, die geneigt zur Grundfläche liegen, die Draufsicht und Seitenansicht verändern.

Schiefe Schnitte an Grundkörpern

Schief im Raum liegende Schnittebenen, die zu keiner Projektionsebene senkrecht stehen, verändern je nach Form des geschnittenen Grundkörpers zwei oder alle drei Ansichten. Diese Schnittebenen können durch ihre Spuren e_1 und e_2 oder durch die Projektionen der Eckpunkte der Schnittfläche gegeben sein. Die Konstruktion dieser Punkte erfolgt entweder mit Hilfe von Höhenlinien oder mit Hilfe von Frontlinien, s. S. 243...248.

Prismenschnitte und Abwicklungen s. S. 40 und 41.

7

7.3.1 Zylinderschnitte und Abwicklungen

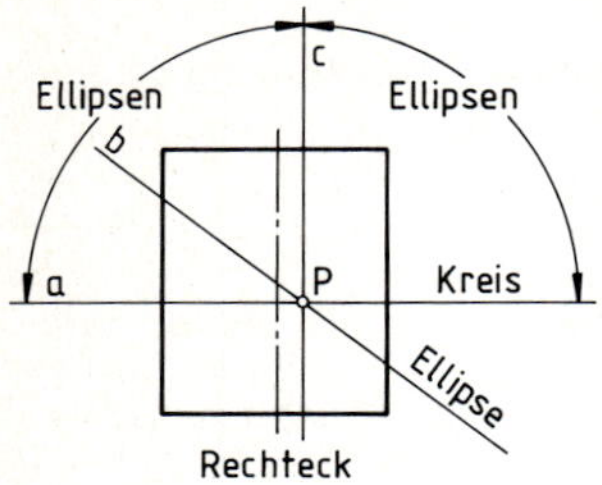

Je nach Lage der Schnittebene am Zylinder ergeben sich:

a) Kreise,

b) Ellipsen oder

c) Rechtecke.

208.1 Lage der Schnittebenen am Zylinder

Schrägschnitte an Zylindern und Abwicklung nach dem Mantellinienverfahren

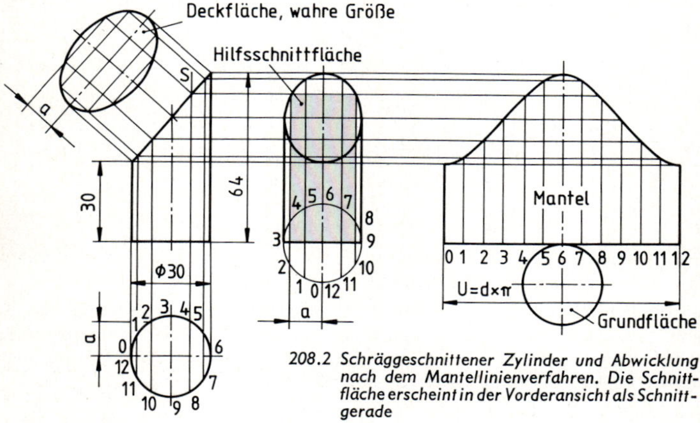

208.2 Schräggeschnittener Zylinder und Abwicklung nach dem Mantellinienverfahren. Die Schnittfläche erscheint in der Vorderansicht als Schnittgerade

Zur Konstruktion der Schnittkurve eines schräggeschnittenen Zylinders und deren Mantelabwicklung sowie zur Ermittlung der wahren Größe der Schnittfläche ist es zweckmäßig, zuerst den Zylindermantel in der Draufsicht gleichmäßig zu unterteilen. Die Teilungspunkte erhalten fortlaufende Ziffern. Man denkt sich Hilfsschnitte parallel zur Zylinderachse durch entsprechende Teilungspunkte der Draufsicht, z. B. 4 und 8, gelegt. Dort, wo sich in der Seitenansicht die Umrißlinien der entsprechenden Hilfsschnittfläche mit der Körperschnittfläche schneiden, liegen Punkte der Schnittkurve. Die Umrißlinien der Hilfsschnittfläche ermittelt man durch senkrechte und waagerechte Projektionsstrahlen.

Bei der Mantelabwicklung ist die Schnittkurve die Verbindung der Schnitt- : der waagerechten Projektionsstrahlen aus der Vorderansicht und der chten Mantelteilungslinien des abgewickelten Zylinderumfanges d · π.

Zum Bestimmen der wahren Größe der Deckfläche errichtet man in der Vorderansicht auf der Schnittgeraden in den Teilungspunkten Senkrechte und überträgt die in der Draufsicht abgegriffenen halben Sehnenlängen (z. B. a) beiderseits der Mittellinie auf die zugehörigen Senkrechten.

Beim Herstellen von Rohrecken, Rohrkrümmern, T-Rohrstücken und Rohrabzweigen sowohl aus Rohrstücken als auch aus Blechen, die dann entsprechend gebogen und zusammengelötet, geschweißt oder genietet werden, sind die Einzelteile als Abwicklungen auf dem Blech oder einer Schablone anzureißen. Die Papierschablone ist auf das Blech oder um das Rohr zu legen. Danach wird angerissen und ausgeschnitten. Die entsprechenden Zugaben für Falzen, Löten und gegebenenfalls für Bördelschweißnähte sind zu berücksichtigen. Die aufzureißenden Werkstücke bzw. Teile werden stets in natürlicher Größe gezeichnet und angerissen.

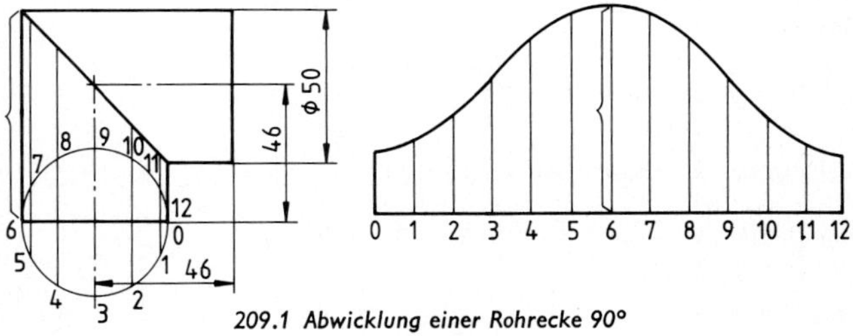

209.1 Abwicklung einer Rohrecke 90°

7

Die Abwicklung entspricht der Mantelabwicklung des schräggeschnittenen Zylinders, 209.2, nach dem Mantellinienverfahren.

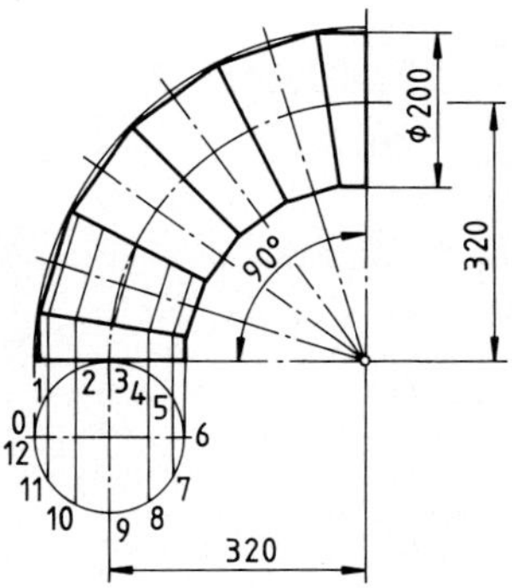

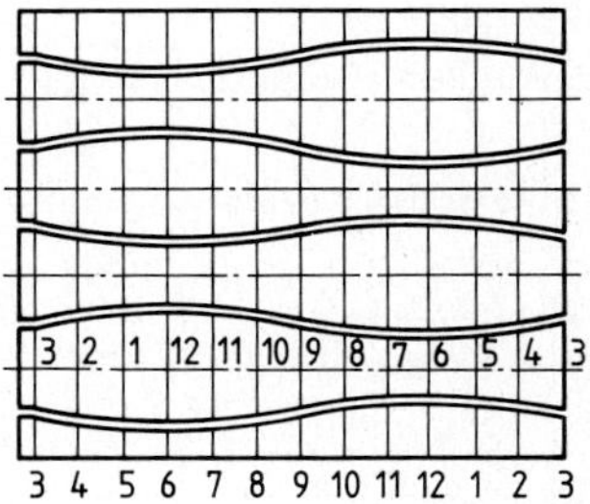

209.2 Rechtwinkliger, vierteiliger Rohrbogen mit Abwicklung

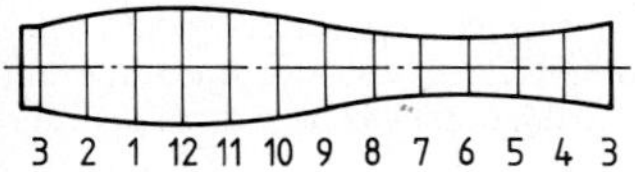

Beim Aufreißen des 4teiligen Rohrkrümmers von 90° mit Anschlußstutzen zeichnet man mit dem Baumaß r = 320 den mittleren Viertelkreis, dann den inneren mit r = 220 und den äußeren mit r = 420 mm.

Zum Ermitteln der Lage der Trennfugen zwischen Anschlußstutzen und der Segmente wird der mittlere Viertelkreis in $4 \cdot 2 + 2 = 10$ gleiche Teile eingeteilt. Die Mittelpunktstrahlen durch die entsprechenden Teilungspunkte ergeben die Lagen der Trennfugen. Die Konstruktion läßt erkennen, daß die Anschlußstutzen je ein halbes Segment darstellen. Beim Abwickeln eines Segmentes 209.2 teilt man den Grundkreis eines Anschlußstutzens in z. B. 12 gleiche Teile und errichtet in diesen Teilungspunkten fortlaufend Senkrechte auf den Trennfugen. Die Höhe der Mantelfläche in den Teilungspunkten kann als Abstand zwischen den Trennfugen von den zugehörigen Senkrechten abgetragen werden. Die halbe Höhe wird beiderseits einer Mittellinie in die Abwicklung übertragen. 209.2 zeigt die gesamte Abwicklung des Rohrbogens als Sparschnitt auf einer Blechtafel. Die Abwicklung der einzelnen Segmente, die gegeneinander verschoben sind, erfolgt, wie in 209.2 dargestellt ist.

Übungen siehe: Praxis des Technischen Zeichnens

7.3.2 Kegelschnitte und Abwicklungen

Je nach Lage der Schnittebene an einem Kegel entstehen die folgenden Kegelschnitte:

a) Schnitt rechtwinklig zur Achse durch die Kegelspitze: Punkt
b) senkrecht zur Achse in beliebiger Höhe: Kreis
c) schräg zur Achse: Ellipse
d) parallel zu einer Mantellinie: Parabel
e) parallel oder schiefwinklig zur Hauptachse durch beide Kegel: Hyperbel
f) durch die Kegelspitze: Dreieck

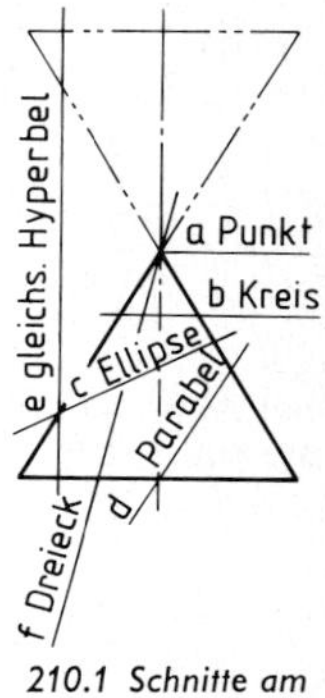

210.1 Schnitte am Kegel

7

Zeichnerische Darstellung eines Kegels mit Mantelabwicklung

Die Abwicklung eines Kegels mit zylindrischer Grundfläche ist ein Kreisausschnitt mit dem Radius der Mantellänge L. Die Bogenlänge des Kreisausschnittes ist gleich dem Umfang des Kegelgrundkreises ($U = d \times \pi$). Bei bekanntem Winkel α kann die Abwicklung gezeichnet werden.

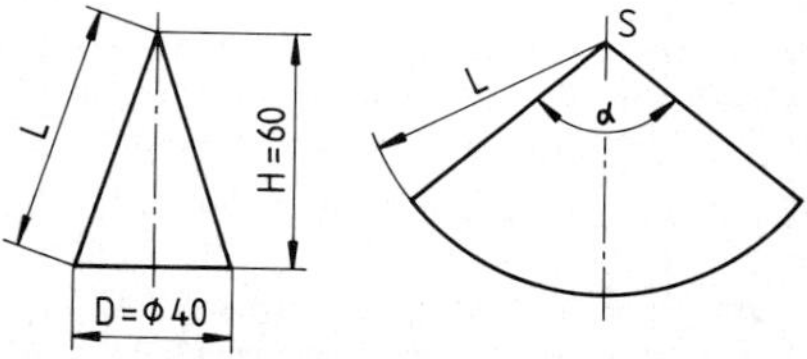

210.2 Kegel und Abwicklung

Kegel mit Kreisschnitt und Abwicklung

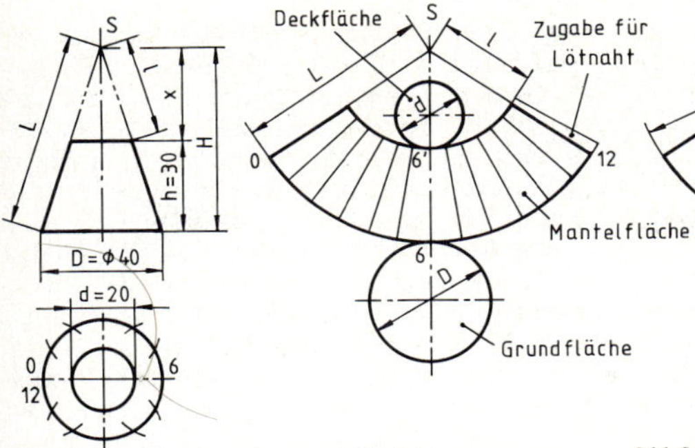

211.1 Abgestumpfter Kegel und Abwicklung

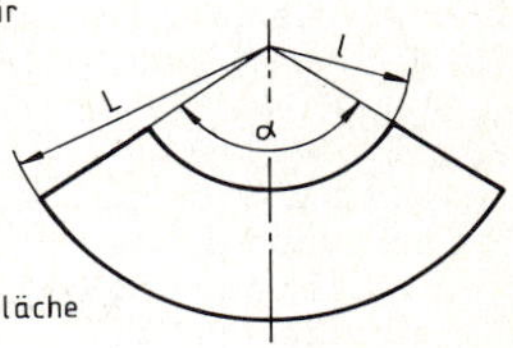

211.2 Zeichnerische Darstellung der Mantelabwicklung

Der Winkel α wird berechnet nach der Formel: $\alpha = \frac{D}{L} \times 180°$

beim Vollkegel, wenn D und H gegeben:	beim abgestumpften Kegel, wenn D, d und h gegeben:
$L = \sqrt{\left(\frac{D}{2}\right)^2 + H^2}$	$L = \sqrt{\left(\frac{D}{2}\right)^2 + H^2}$
$L = \sqrt{20^2 + 60^2} = \sqrt{400 + 3600}$	$H = \frac{D \cdot h}{D - d}$
$L = \sqrt{4000}$	$l = \sqrt{\left(\frac{d}{2}\right)^2 + X^2}$
$L = 63{,}25 \text{ mm}$	
$\alpha = \frac{40}{63{,}25} \times 180° = 113° \, 50'$	$X = \frac{d \cdot h}{D - d}$

Die Mantelabwicklung eines abgestumpften Kegels ist ein Kreisringausschnitt. Er ist durch die Größe des Winkels α und der beiden Radien L und l bestimmt.

Bei der Mantelabwicklung eines abgestumpften Kegels nach 211.1 werden der Grundkreis der Draufsicht in 12 gleiche Teile geteilt, dann um S mit den Radien L und l Kreisbogen geschlagen.

Von dem Schnittpunkt der Teilungslinie mit dem großen Kreisbogen trägt man je 6 gleiche Teilstrecken des Kegelgrundkreises ab. Die Verbindung der so gefundenen Schnittpunkte 0 und 12 mit dem Punkt S ergibt zwischen den Kreisbögen die Mantelabwicklung. An die Teilungspunkte 6 und 6′ legt man die Kreise der Grund- und Deckfläche.

7

Kegel mit Ellipsenschnitt und Abwicklung

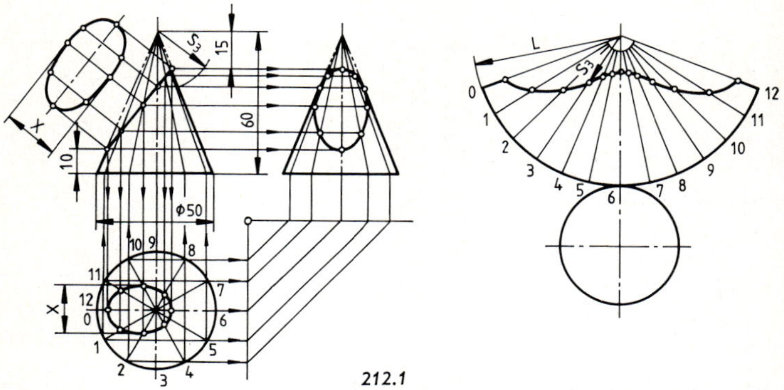

212.1

Zwei Arten von Hilfsebenen bzw. Hilfsschnitten ermöglichen die Konstruktion der Schnittkurven:

1. Hilfsschnitte werden so durch die Kegelachse gelegt, daß sie den Kegel in der Vorderansicht in Mantellinien schneiden und in der Draufsicht als Durchmesser des Kegelgrundkreises erscheinen. Die Hilfsschnitte sind dabei so zu führen, daß der Kegelgrundkreis in eine Anzahl gleicher Teile geteilt wird, z. B. 12 Teile, 212.1 (Mantellinienverfahren).

   Die Schnittpunkte der Mantellinien mit der Schnittgeraden in der Vorderansicht werden auf die entsprechenden Hilfsdurchmesser der Draufsicht gelotet und ergeben dort Schnittkurvenpunkte. Die Schnittkurve in der Seitenansicht ist die Verbindungslinie der Schnittpunkte von waagerechten Parallelen aus der Vorderansicht mit den zugehörigen Mantellinien der Seitenansicht.

   Die Abwicklung des Kegels beginnt mit der Darstellung des Kreisausschnittes vom Radius L = Mantellänge und der Bogenlänge $d \cdot \pi$ des Kegelgrundkreises. Die Bogenlänge wird in eine Anzahl gleicher Teile geteilt. Durch die Teilungspunkte des Kreisbogens sind jetzt Mittelpunktstrahlen (Mantelteilungslinien) zu legen. Ihre zugehörigen Längen findet man in der Vorderansicht auf den äußeren Mantellinien, indem durch den Schnittpunkt der Schnittgeraden mit der entsprechenden Mantellinie eine Waagerechte gelegt wird. Der Abstand von der Kegelspitze bis zum Schnittpunkt der Waagerechten ist dann die gesuchte Länge. Die wahre Größe der Schnittfläche ergibt sich durch Umklappen in die Zeichenebene. In den Teilungspunkten werden Senkrechte zur Schnittgeraden errichtet und auf diesen beiderseits einer Mittellinie die zugehörigen, aus der Draufsicht entnommenen Mittenabstände abgetragen, z. B. x.

2. Hilfsschnitte senkrecht zur Kegelachse erscheinen in der Vorderansicht als Durchmesser und in der Draufsicht als Kreisabschnitte. Die Schnittpunkte der Haupt- und Hilfsschnittflächen in der Vorderansicht werden auf die zugehörigen Hilfskreise in der Draufsicht gelotet, z. B. 213.1.

Kegel mit Parabelschnitt und Abwicklung

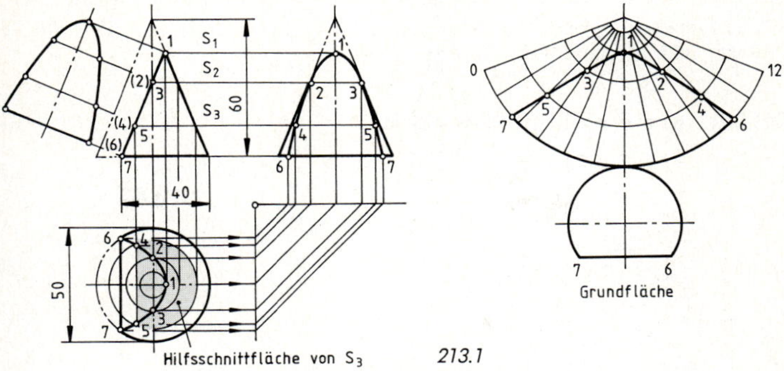

213.1

Kegel mit Hyperbelschnitt und Abwicklung

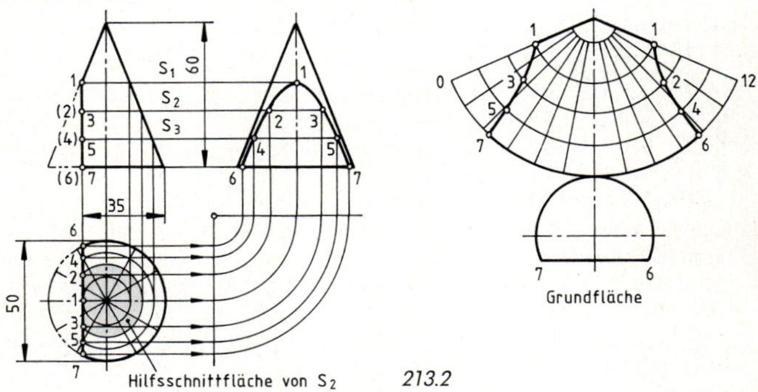

213.2

Kegel mit Dreieckschnitt und Abwicklung

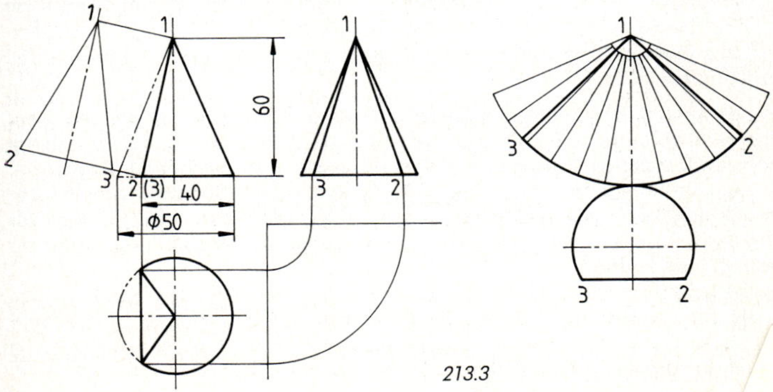

213.3

7

Die Schnittkurve in der Seitenansicht läßt sich durch Übertragen der Kurvenpunkte aus der Vorderansicht und der Draufsicht konstruieren.

Die Darstellung der Abwicklung und der wahren Größe der Deckfläche entspricht der Beschreibung nach 213.1.

Schiefer Kreiskegel mit Abwicklung

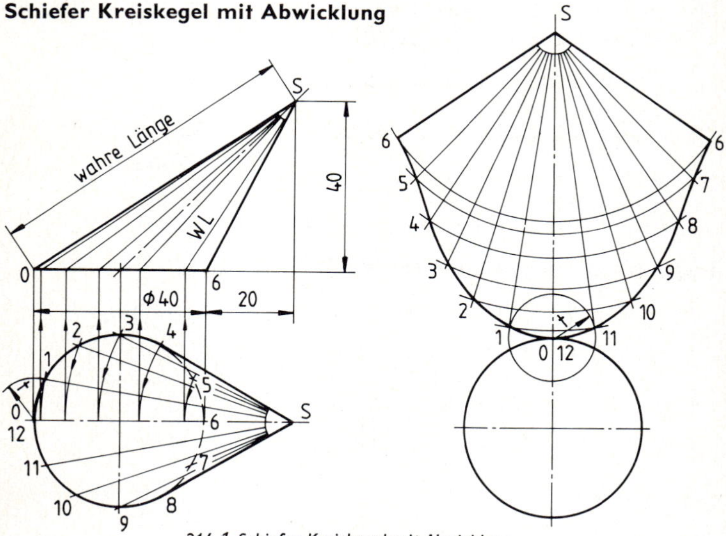

214.1 Schiefer Kreiskegel mit Abwicklung

Man teilt in der Draufsicht den Grundkreis in z. B. 12 gleiche Teile und zeichnet die zugehörigen Mantellinien ein, die hier verkürzt erscheinen. Es ist zweckmäßig, in der Vorderansicht die Mantellinien in wahrer Länge einzutragen. Daher sind in der Draufsicht um die Kegelspitze S Kreise durch die Teilungspunkte zu schlagen und mit der Kegelachse zum Schnitt zu bringen. Danach werden die Schnittpunkte in die Vorderansicht projiziert. Dort ergibt ihre Verbindung mit der Kegelspitze S die wahren Längen der Mantellinien.

Bei der Abwicklung sind die wahren Längen der Mantellinien aus der Vorderansicht zu entnehmen. Man zeichnet zunächst die Mantellinie S 0, schlägt dann um 0 einen Kreisbogen mit der Teilung t und um S einen Bogen mit der wahren Länge der Mantellinie S 1, die sich in den Punkten 1 und 11 der Abwicklungskurve schneiden. Die übrigen Kurvenpunkte ergeben sich als Schnittpunkte der Kreise mit der wahren Länge der Mantellinien und der Teilung t als Radien.

Die Abwicklung eines abgestumpften schrägen Kreiskegels wird ebenso konstruiert wie die vorhergehende 214.1. Die wahren Längen der Mantellinien werden in der Vorderansicht durch die als Gerade erscheinende Schnittfläche festgelegt.

7.3.4 Abwicklung von Übergangskörpern nach dem Dreieckverfahren

Nach dem Dreieckverfahren lassen sich selbst schwierige Körperformen abwickeln. Die abzuwickelnde Fläche wird dabei in einzelne schmale Dreiecke zerlegt, deren wahre Seitenlängen in einer getrennten Zeichnung ermittelt werden. Die Abwicklung ergibt sich dann durch das Aneinanderreihen der Dreiecke in wahrer Größe.

Übergangskörper Quadrat — Kreis

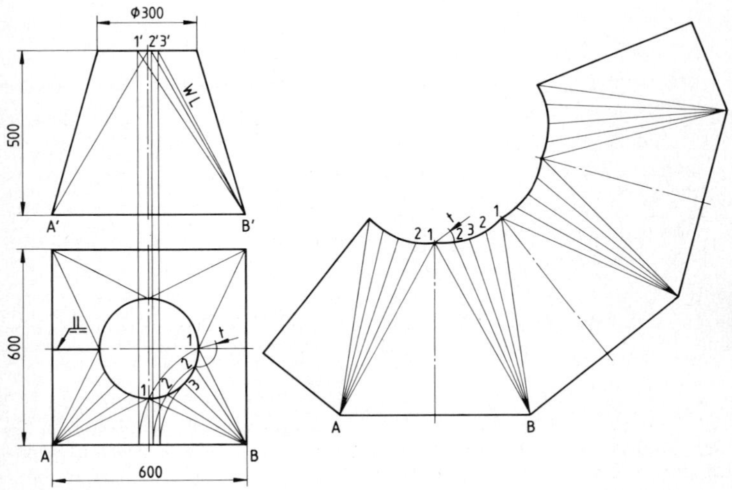

215.1 Dunstrohr mit Abwicklung

Beim Übergangskörper mit quadratischer und kreisrunder Endfläche wird in der Draufsicht ein Viertelkreis in z. B. 4 gleiche Teile geteilt, und die Teilungspunkte werden mit 1, 2, 3, 2 und 1 beziffert sowie mit dem Punkt B verbunden. Kreisbogen um B durch die Teilungspunkte schneiden die Seite A B. Die Schnittpunkte werden in die Vorderansicht gelotet und ergeben die Teilungspunkte 1′, 2′, 3′ usw. Ihre Verbindung mit B′ ist die jeweilige wahre Seitenlänge.

Bei der Abwicklung wird zunächst das gleichschenklige Dreieck A 1 B mit der wahren Seitenlänge B′ 1′ gezeichnet. Die dann um 1 mit dem Radius t und um B bzw. A mit B′ 2′ geschlagenen Kreisbogen schneiden sich beiderseits in den Punkten 2. Auf gleiche Weise findet man alle übrigen Kurvenpunkte.

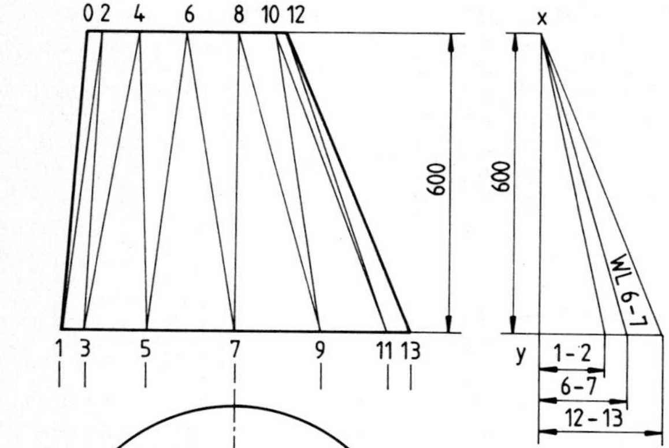

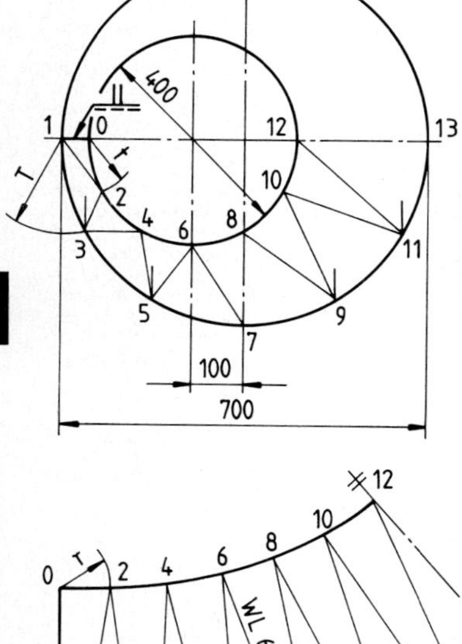

Man teilt in der Draufsicht den halben Kreisumfang der beiden Kreise des Übergangskörpers je in eine gleiche Anzahl Teile, z. B. 6, und projiziert die entsprechenden Teilungspunkte in die Vorderansicht, 216.1. In beiden Ansichten entsteht durch wechselseitiges Verbinden der Teilungspunkte des großen und kleinen Kreises die Zickzacklinie 0–1–2–3 usw. Zum Bestimmen der wahren Länge der Verbindungsstrecken wird neben der Vorderansicht ein rechter Winkel gezeichnet und auf dem senkrechten Schenkel die Höhe X Y des Übergangskörpers abgetragen. Dann sind auf dem waagerechten Schenkel vom Punkte y aus die aus der Draufsicht entnommenen Verbindungsstrecken, z. B. 1–2, 6–7, 12–13 usw., abzutragen, die dort verkürzt erscheinen. Die Verbindungslinien der so erhaltenen Endpunkte mit dem Punkte X sind die wahren Längen der einzelnen Dreieckseiten.

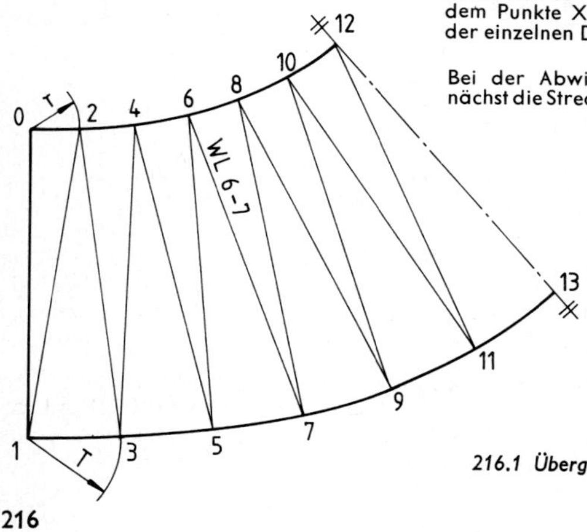

Bei der Abwicklung zeichnet man zunächst die Strecke 0—1, schlägt dann um 1 einen Kreisbogen mit der wahren Länge der Strecke 1—2 und um 0 einen Kreisbogen mit t, die sich im Punkte 2 schneiden. Darauf wird um 2 ein Kreisbogen mit der wahren Länge der Strecke 2—3 und um 1 ein Bogen mit t geschlagen, die sich in 3 schneiden usw. Die Verbindung der gefundenen Teilungspunkte ergibt die halbe Mantelabwicklung.

216.1 Übergangskörper ϕ 400 auf ϕ 700

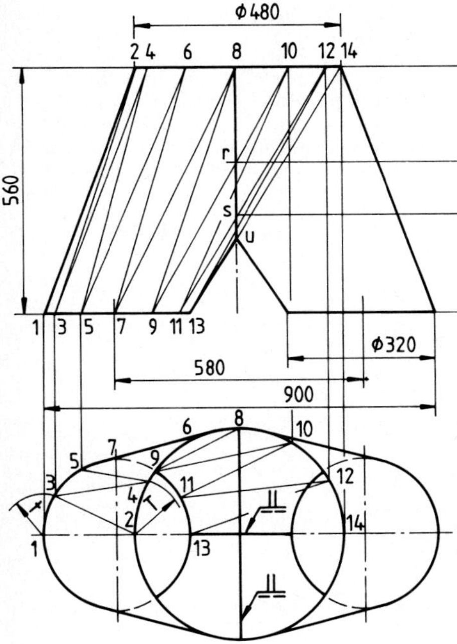

Bei der Abwicklung des Hosenrohres teilt man in der Draufsicht den halben größeren und kleineren Kreisumfang in je eine gleiche Anzahl Teile, z. B. 6 und projiziert die Teilungspunkte in die Vorderansicht. Durch wechselseitiges Verbinden der Teilungspunkte entstehen Zickzacklinien. Die wahren Längen dieser Verbindungsstrecken werden neben der Vorderansicht über Hilfsdreiecke bestimmt. Die Abwicklung wird anschließend mit Hilfe der wahren Längen der Verbindungslinien konstruiert.

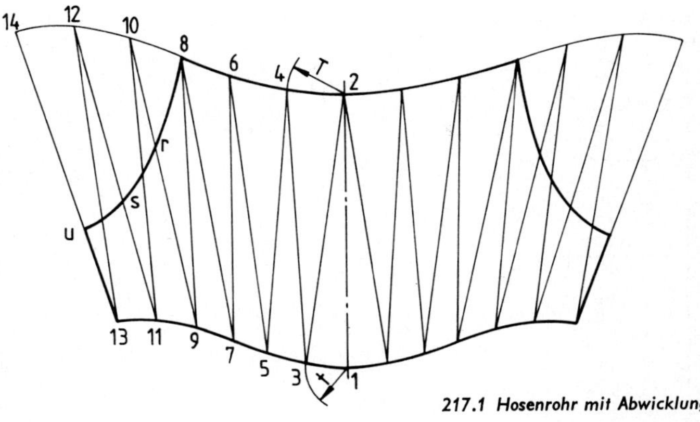

217.1 Hosenrohr mit Abwicklung

Übungen siehe: Praxis des Technischen Zeichnens

7.3.5 Pyramidenschnitte und Abwicklungen

Bei der Abwicklung von Pyramiden und abgestumpften Pyramiden ist zunächst die wahre Mantellänge zu ermitteln. Man schlägt um M mit MA′ einen Kreisbogen bis zur waagerechten Mittellinie und projiziert den Radius bis zur Grundkante der Pyramide in der Vorderansicht. Die Verbindungslinie AB′ ergibt die wahre Mantellänge. Die Abwicklung ähnelt der eines Kegels.

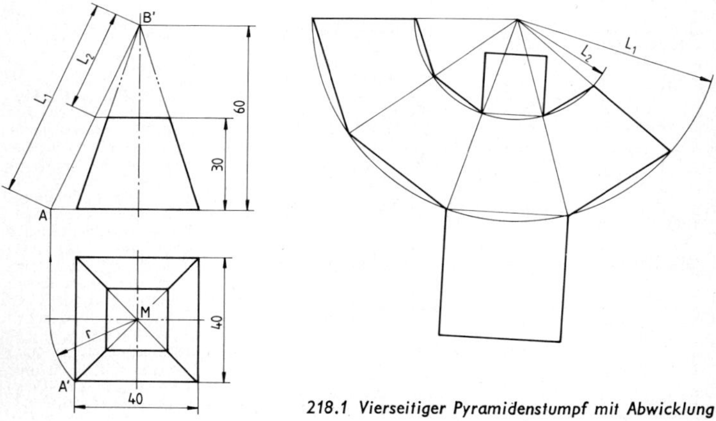

218.1 Vierseitiger Pyramidenstumpf mit Abwicklung

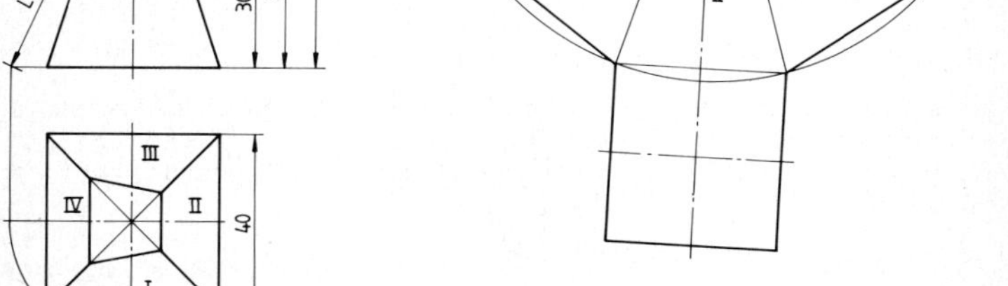

218.2 Schräggeschnittene vierseitige Pyramide mit Abwicklung

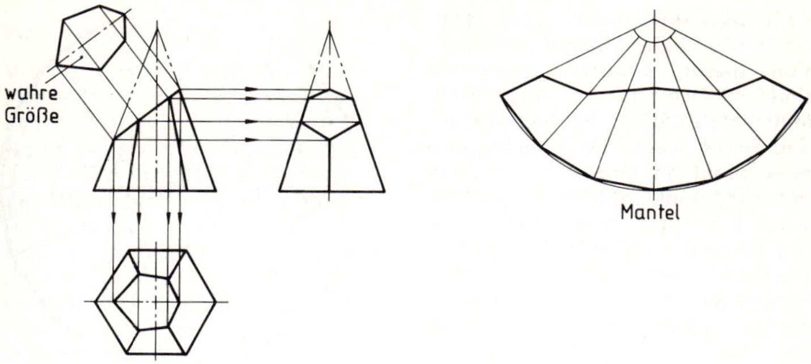

219.1 Sechsseitige schräggeschnittene Pyramide mit Abwicklung

Übungen siehe: Praxis des Technischen Zeichnens

7.3.6 Kugelschnitte und Abwicklungen

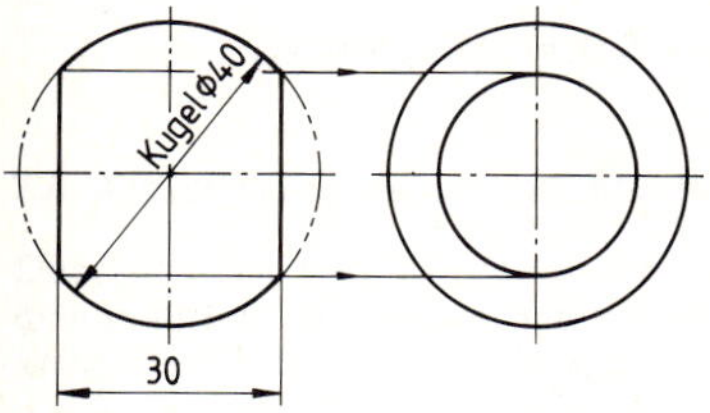

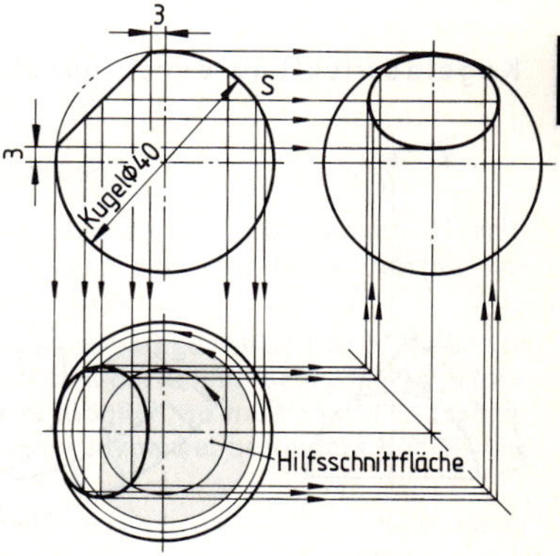

219.2 u. 3 Kugelschnitte

Da die Oberfläche einer Kugel allseitig gekrümmt ist, kann eine Abwicklung nur annähernd genau mit Hilfe von Radialschnitten oder parallelen Scheibenschnitten erfolgen. Je mehr Schnitte gelegt werden, desto genauer wird die Abwicklung.

Kugelabwicklung durch Radialschnitte

Bei der Kugelabwicklung teilt man den Kreis in beliebig viele gleiche Teile, z. B. 12 oder wie in 220.1 in 16 gleiche Teile, verbindet die entsprechenden

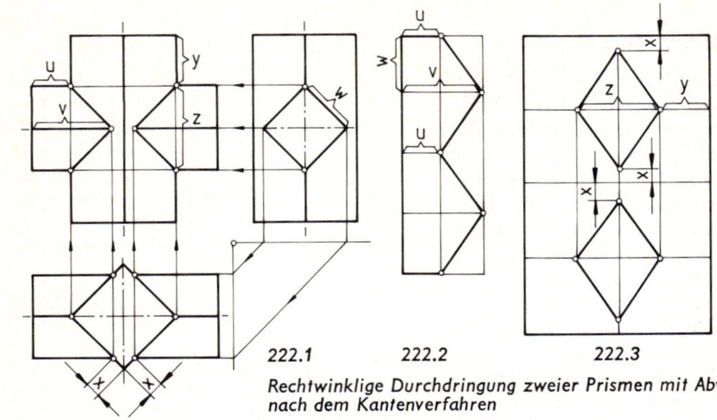

222.1 222.2 222.3

Rechtwinklige Durchdringung zweier Prismen mit Abwicklung nach dem Kantenverfahren

Es werden zunächst die Ansichten, in denen die Durchdringungslinien mit den Körperkanten zusammenfallen, z. B. in 222.1 die Draufsicht und die Seitenansicht, gezeichnet. Dann ermittelt man die senkrechten Kanten der Vorderansicht aus der Draufsicht und die waagerechten aus der Seitenansicht. Danach sind die Durchstoßpunkte aus der Draufsicht in die Vorderansicht zu projizieren. Die Verbindung dieser Durchstoßpunkte ergibt die Durchdringungsgeraden. Kantenverfahren.

Die Mantelabwicklung des Durchdringungsprismas ist mit den Maßen u, v, w nach 222.2 zu zeichnen. Bei der Mantelabwicklung des senkrechten Prismas 222.3 werden die Maße x, y und z für die Eckpunkte der Mantelausschnitte aus der Vorderansicht und Draufsicht nach 222.1 entnommen.

7

Schiefwinklige Durchdringung

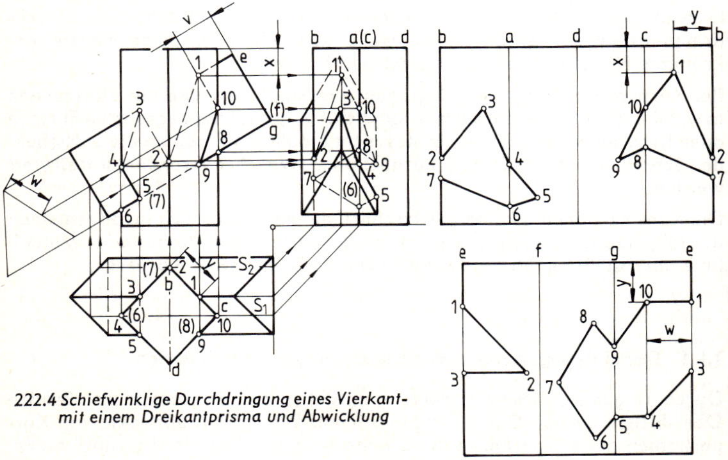

222.4 Schiefwinklige Durchdringung eines Vierkant- mit einem Dreikantprisma und Abwicklung

222.4 zeigt die Durchdringung einer Vierkant- und Dreikantsäule, deren Körperachsen schiefwinklig zueinander liegen. Der besseren Übersicht wegen tragen die Durchstoßpunkte Ziffern und die Körperkanten Buchstaben. Die Durchstoßpunkte 1, 3, 5, 6, 7, 8 und 9 findet man aus der Draufsicht. Da die anderen Durchstoßpunkte 2, 4 und 10 aus keiner der Ansichten zu bestimmen sind, werden Hilfsschnitte gelegt, und zwar für 4 und 10 ein Schnitt S_1 parallel zur Projektionsebene der Vorderansicht durch a—c. Dieser Hilfsschnitt erscheint in der Draufsicht als Gerade und wird von hier in die Vorderansicht gelotet. Dort, wo sich die Umrißlinien der Hilfsschnittfläche beider Körper treffen, liegen die Durchstoßpunkte 4 und 10. Den Durchstoßpunkt 2 findet man mit Hilfe eines durch b gelegten Hilfsschnittes S_2. Aus der Vorderansicht und Draufsicht werden die Durchstoßpunkte in die Seitenansicht übertragen. Beim Festlegen der Ausschnitte der Mantelabwicklungen ermittelt man die Lage der Durchstoßpunkte jeweils aus der Ansicht, in der die hierfür erforderlichen Längen und Breitenmaße in wahrer Größe abzugreifen sind. So greift man für die Ausschnitte der Mantelabwicklung des stehenden Vierkantprismas zum Bestimmen des linken Mantelausschnittes die Abstände der Punkte 7, 2, 6, 4, 5 und 3 von den Bezugskanten a und b bis zu den entsprechenden Durchstoßpunkten in der Draufsicht, die zugehörigen Höhen in der Vorderansicht a b und überträgt sie in die Mantelabwicklung.

In gleicher Weise werden die Punkte 7, 2, 8, 10 und 9 gefunden. Punkt 1 kann mit Hilfe der Abstände y aus der Draufsicht und x aus der Vorderansicht bestimmt werden.

7.4.2 Pyramidendurchdringungen und Abwicklungen

7

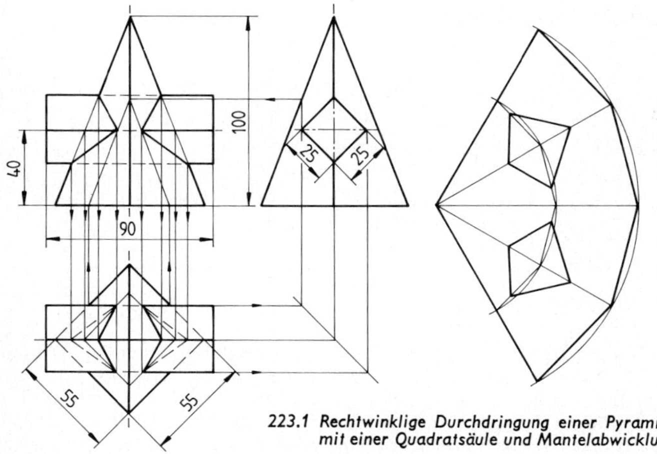

223.1 Rechtwinklige Durchdringung einer Pyramide mit einer Quadratsäule und Mantelabwicklung

Übungen siehe: Praxis des Technischen Zeichnens

Die Ausschnitte der Mantelabwicklung des schrägliegenden Dreikantprismas ergeben sich durch die Abstände und Höhen der Durchstoßpunkte, die aus der Vorderansicht zu entnehmen sind. Die Entfernungen von den Bezugskanten werden für die Punkte 2, 4 und 10 an dem eingeklappten Dreieck abgegriffen.

Pyramidendurchdringungen nach dem Hilfsebenenverfahren
Schräge Durchdringung Pyramide — Prisma

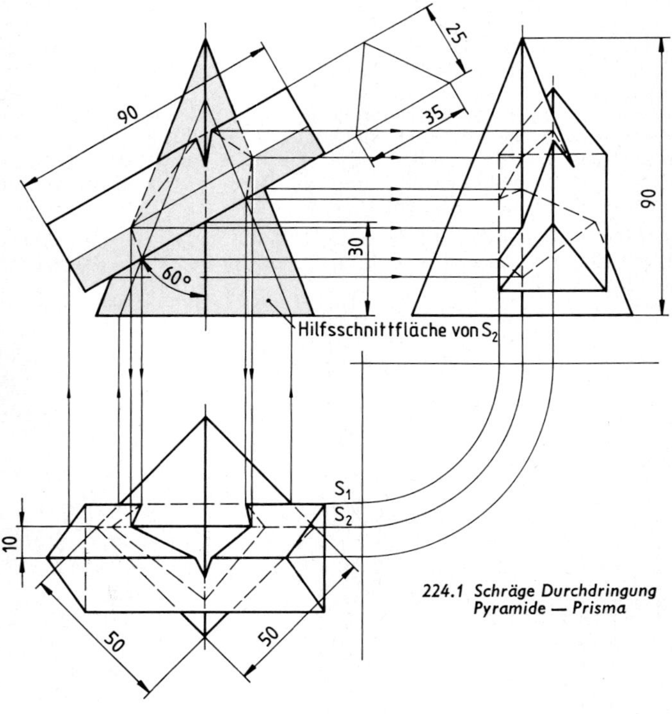

224.1 Schräge Durchdringung Pyramide — Prisma

Die Durchstoßpunkte der Kanten des Dreikantprismas durch die Pyramidenflächen, die sich nicht aus den Ansichten erkennen lassen, werden durch Hilfsschnitte parallel zur Projektionsebene der Vorderansicht, z. B. S_1 und S_2, ermittelt. Dort, wo sich in der Vorderansicht die Umrißlinien der Hilfsschnittflächen beider Körper, die von S_2 ist eingezeichnet, schneiden, liegen die gesuchten Durchstoßpunkte. Diese werden in die Draufsicht und Seitenansicht übertragen. Die Konstruktion entspricht in etwa der in 222.4.

7.4.3 Zylinderdurchdringungen und Abwicklungen
Typische rechtwinklige Zylinderdurchdringungen

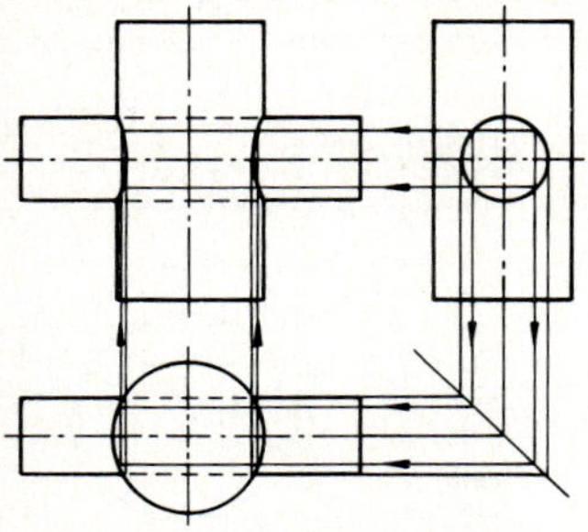

225.1 Verschieden große Vollzylinder ergeben Kurven

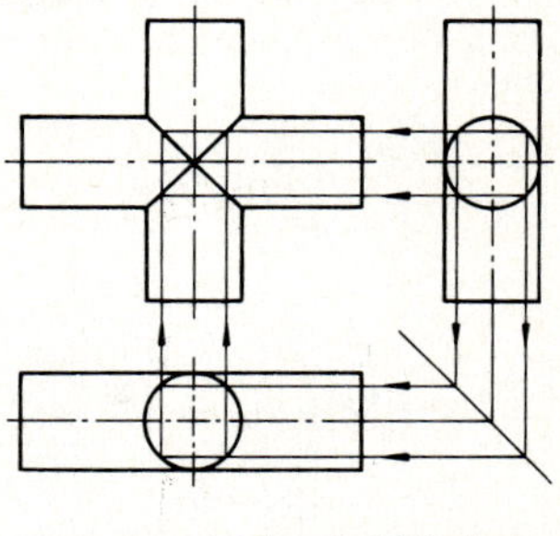

225.2 Zwei gleich große Vollzylinder ergeben ein Diagonalkreuz

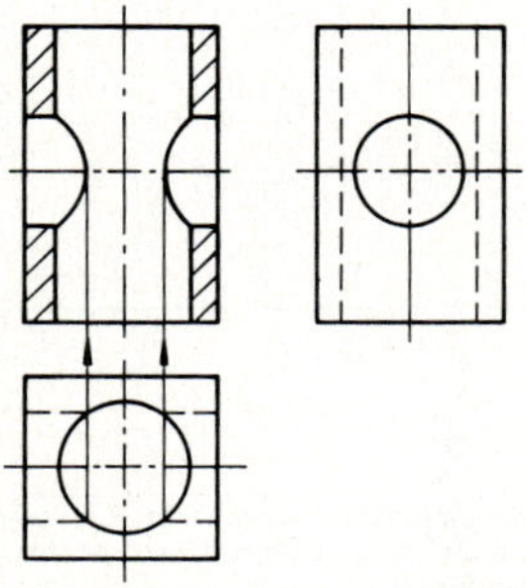

225.3 Zwei Bohrungen mit verschiedenem Durchmesser ergeben Kurven

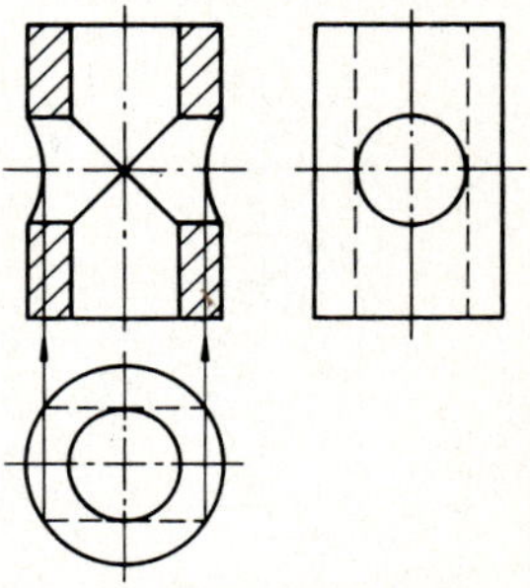

225.4 Zwei Bohrungen mit gleichem Durchmesser ergeben ein Diagonalkreuz

Durchdringung zweier Zylinder mit gleichen Durchmessern

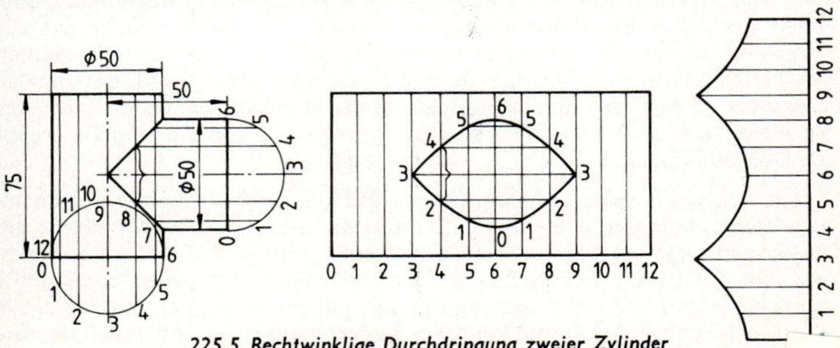

225.5 Rechtwinklige Durchdringung zweier Zylinder mit gleichen Durchmessern und Abwicklung

Zylinderdurchdringungen nach dem Mantellinienverfahren

Die Durchdringungskurven zweier Zylinder gleicher Durchmesser, deren Achsen sich rechtwinklig schneiden, erscheinen als Geraden. Bei der Abwicklung werden die Höhen der Mantellinien aus der Vorderansicht entnommen.

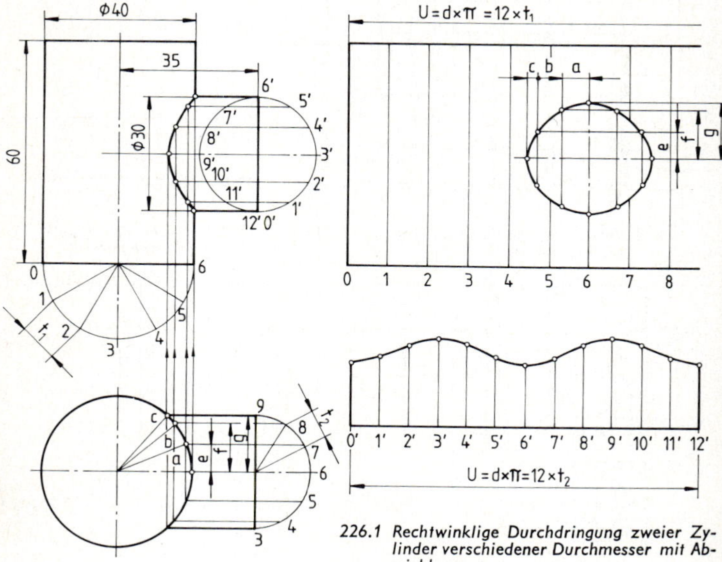

226.1 Rechtwinklige Durchdringung zweier Zylinder verschiedener Durchmesser mit Abwicklung

226.1 zeigt die Durchdringung zweier Zylinder verschiedener Durchmesser. Der Umfang des kleinen Zylinders wird in z. B. 12 gleiche Teile geteilt, die zugehörigen Mantellinien werden in beiden Ansichten eingezeichnet. Die Punkte der Durchdringungskurve werden als Durchstoßpunkte der Mantellinien des kleinen mit der Fläche des großen Zylinders ermittelt. Dabei denkt man sich Hilfsschnittebenen durch die Mantellinien senkrecht zur Projektionsebene der Draufsicht gelegt. Die Schnittpunkte der Mantellinien des kleinen Zylinders mit der als Kreis erscheinenden Fläche des großen Zylinders werden aus der Draufsicht auf die zugehörigen Mantellinien der Vorderansicht projiziert. Die Verbindung der so gefundenen Punkte ergibt die Durchdringungskurve.

Bei der Abwicklung des großen Zylindermantels zeichnet man in das Rechteck die Mantellinien, z. B. 1—12, ein. Von der waagerechten Mittellinie des Ausschnittes aus werden beiderseits in den Abständen e, f und g Parallelen gezeichnet. Aus der Draufsicht entnimmt man die zugehörigen Bogenmaße a, b und c und zieht in diesen Abständen Parallelen zu der Mantellinie 6. Die entstehenden Schnittpunkte sind Kurvenpunkte des Ausschnittes. Die Abwicklung des kleinen Zylinders erfolgt wie unter 226.1 beschrieben.

Rechtwinklige Durchdringung eines Zylinders und eines Dreikantprismas nach dem Hilfsebenenverfahren

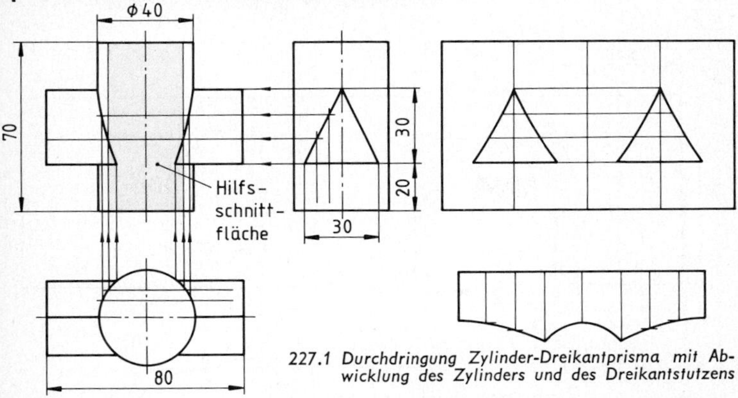

227.1 Durchdringung Zylinder-Dreikantprisma mit Abwicklung des Zylinders und des Dreikantstutzens

Einzelne Punkte der Durchdringungskurven in 227.1 werden durch Hilfsschnitte, z. B. parallel zur Projektionsebene der Vorderansicht, ermittelt. Diese erscheinen in der Draufsicht und Seitenansicht als Geraden und in der Vorderansicht als Hilfsschnittflächen. Die Hilfsschnittfläche S_1 ist eingezeichnet.

Hilfskugelverfahren

Das Hilfskugelverfahren vereinfacht die Konstruktion der Durchdringungskurven von Drehkörpern.

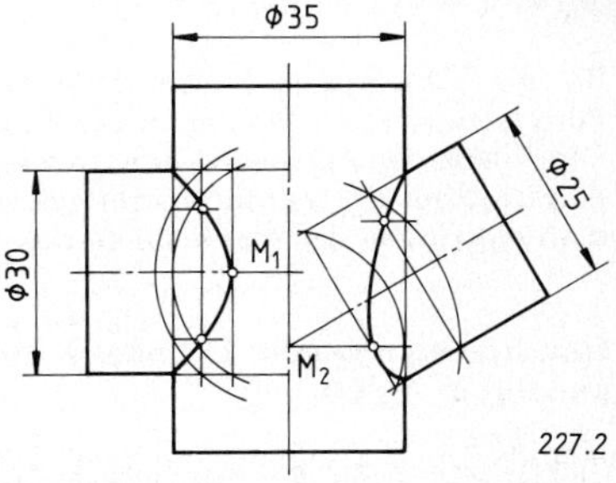

227.2

Nach dem Hilfskugelverfahren werden die Durchdringungskurven von Drehkörpern vorteilhaft konstruiert, wenn sich deren Achsen schneiden und dabei in derselben Ebene liegen. Zur Ermittlung der Durchdringungskurven benötigt man hierbei nur eine Ansicht.

Um die Schnittpunkte der Drehkörperachsen werden Kugeln beliebiger Durchmesser gelegt. Jede Hilfskugel schneidet die Oberfläche der Drehkörper in Kreisen, die in der Ansicht als Durchmesser erscheinen. Die Schnittpunkte einander zugehöriger Durchmessergeraden sind Punkte der Durchdringungskurve. Berührt eine Hilfskugel die Mantellinien beider Drehkörper, so erscheinen die Durchdringungskurven als Geraden, 230.2.

Um die Schnittpunkte M_1 und M_2 der Zylinderachsen 227.2 werden Kreise beliebiger Durchmesser gezogen, die die Umrißlinien der Zylinder schneiden. Daraufhin zeichnet man die zugehörigen Durchmesser ein. Die Schnittpunkte entsprechender Geraden sind Punkte der Durchdringungskurve.

Schiefwinklige Durchdringung zweier Zylinder mit versetzten Achsen nach dem Mantellinienverfahren

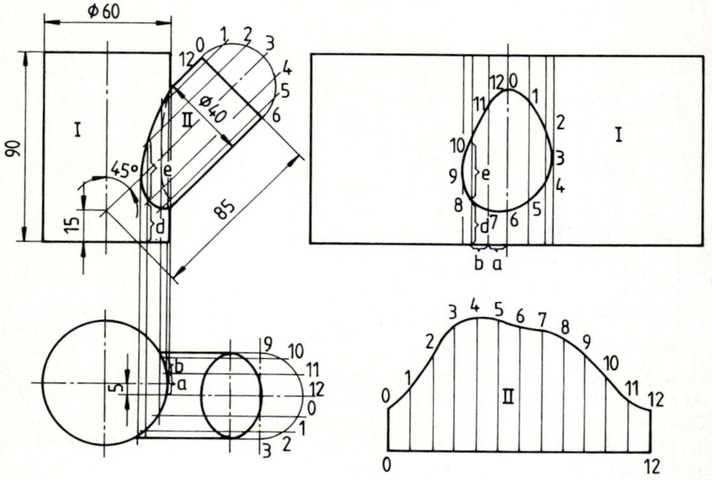

228.1 Schiefwinklige Durchdringung zweier Zylinder mit versetzten Achsen

Die Durchdringungskurve in 228.1 wird ebenso konstruiert wie die in 226.1.

Bei der Abwicklung I zieht man beiderseits der senkrechten Mittellinie Parallelen mit den Abständen der Bogenmaße a, b usw. aus der Draufsicht. Die Punkte der Ausschnittkurve werden auf diese Parallelen durch die Maße d, e usw. aus der Vorderansicht übertragen. In der Abwicklung II entnimmt man die Höhen der Mantellinien aus der Vorderansicht.

Durchdringung von Zylindern mit versetzten und einer räumlich geneigten Achse

Um die Durchdringung von zwei Zylindern mit versetzten Achsen, wobei eine Achse räumlich geneigt ist, konstruieren zu können, wird zweckmäßigerweise die Durchdringung in eine neue Projektionsebene, auch Hilfsriß genannt, projiziert. Diese steht senkrecht auf der Projektionsebene der Draufsicht und verläuft parallel zur räumlich geneigten Zylinderachse. Die neue Projektionsebene wird in die Ebene der Draufsicht umgeklappt. Alle gesuchten Abmessungen erscheinen hier in wahrer Größe. Die Durchdringung wird in der umgeklappten Projektionsebene konstruiert und von hier aus in die Ebene der Draufsicht und Vorderansicht gelotet. Die Konstruktion der Ellipsen erfolgt ebenfalls mit Hilfe der Umklappung. Für eine Abwicklung …en die wahren Größen aus der Hilfsebene entnommen werden.

Konstruktion von Durchdringungen mit Hilfe einer neuen Projektionsebene

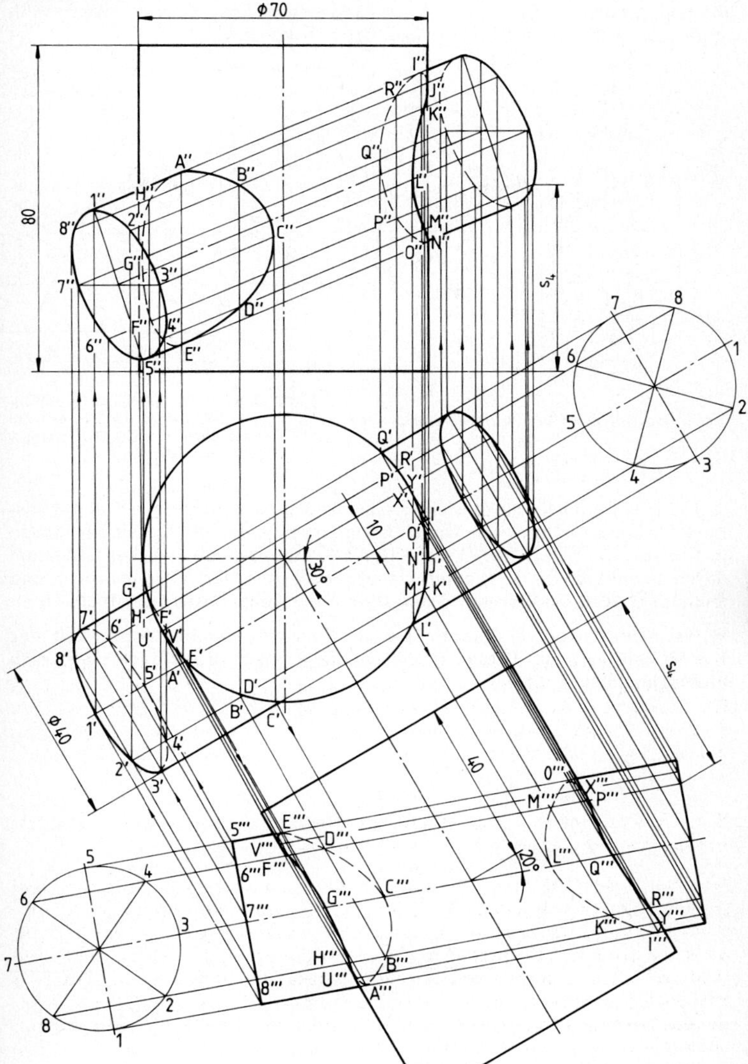

229.1 Zylinderdurchdringungen mit versetzten Achsen, wobei eine Achse räumlich geneigt ist

7

7.4.4 Kegeldurchdringungen

Kegeldurchdringungen mit sich schneidenden Achsen werden zweckmäßigerweise nach dem Hilfskugelverfahren konstruiert.

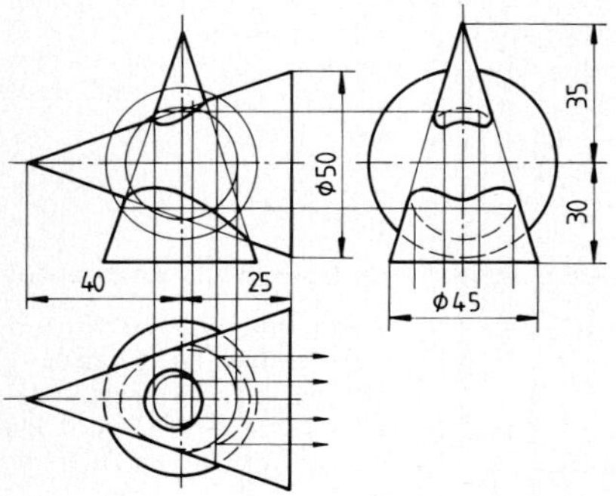

230.1 *Rechtwinklige Durchdringung zweier Kegel*

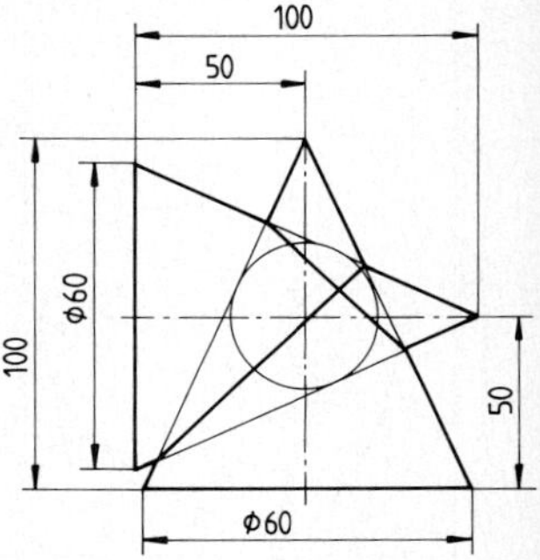

230.2 *Berührt eine Hilfskugel die Mantellinien beider Drehkörper, so erscheinen die Durchdringungslinien als Geraden*

In 230.1 ist in der Vorderansicht die Durchdringungskurve nach dem Hilfskugelverfahren konstruiert. Die Hilfskugeln schneiden die Kegeloberflächen in Kreisen, die sich in der Draufsicht als Kreise bzw. als Strecken abbilden, deren Schnittpunkte Kurvenpunkte ergeben. Aus der Vorderansicht und Draufsicht wird die Durchdringungskurve der Seitenansicht ermittelt.

Hilfsebenen bzw. Hilfsschnitte ergeben eine zweite Möglichkeit der Kurvenkonstruktion. Diese ist anzuwenden, wenn die Kegelachsen sich nicht schneiden, 231.1.

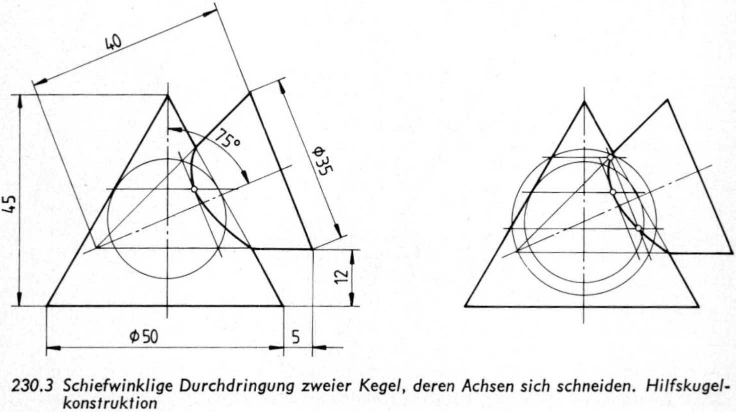

230.3 *Schiefwinklige Durchdringung zweier Kegel, deren Achsen sich schneiden. Hilfskugelkonstruktion*

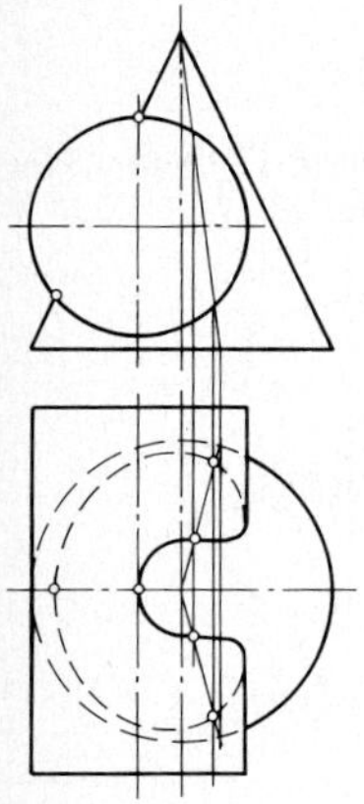

231.1 *Hilfsebenenverfahren (Scheitelebene)*

Bei der Durchdringung Kegel — Zylinder mit versetzten Achsen, 231.1, sind die Hilfsebenen (Scheitelebenen) so durch die Kegelspitze zu legen, daß die entstehenden Hilfsschnittflächen am Kegel Dreiecke und am Zylinder Rechtecke ergeben. Die Schnittpunkte der Umgrenzungslinien entsprechender Hilfsschnittflächen sind Punkte der Durchdringungskurven.

Abwicklung eines kegeligen Rohrabzweiges

Die wahren Längen der Mantellinien für die Abwicklung des kegeligen Rohrabzweiges ergeben sich in der Vorderansicht auf den Begrenzungslinien des Kegels. Sie werden von dort z. B. durch Zirkelschläge um die Kegelspitze in die Abwicklung übertragen, 231.2.

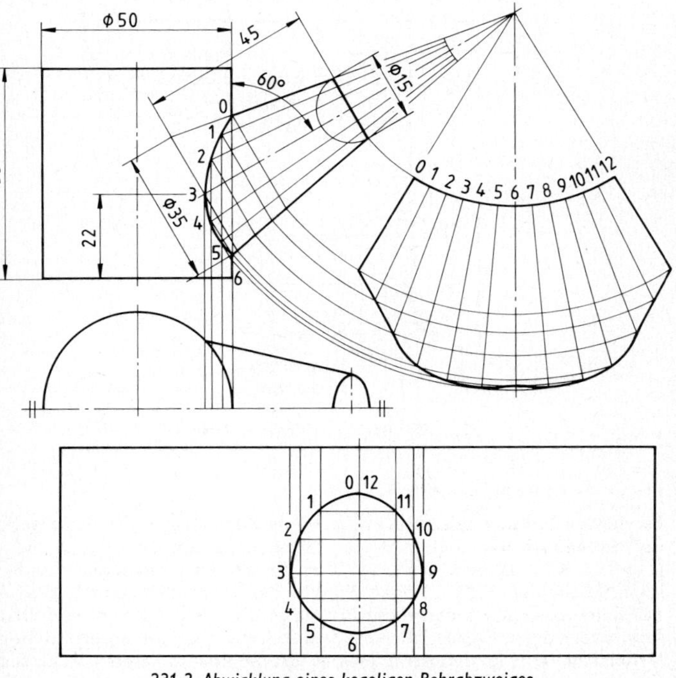

231.2 *Abwicklung eines kegeligen Rohrabzweiges*

7

7.4.5 Kugeldurchdringungen

Bei der zentrischen Durchdringung einer Kugel mit einem Zylinder oder Kegel ist die Durchdringungskurve in der V eine Gerade, 232.1 und 232.2.

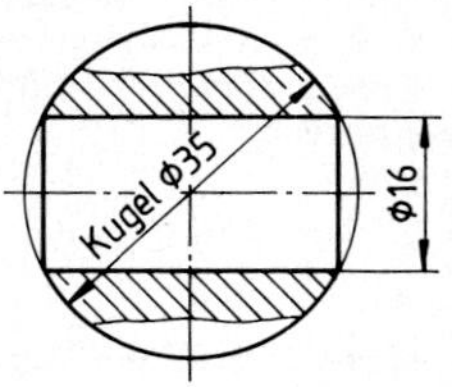

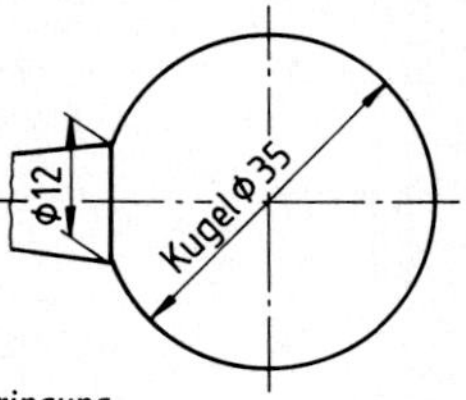

232.1 u. 2 Durchdringung
Kugel — Zylinder *Kugel — Kegel*

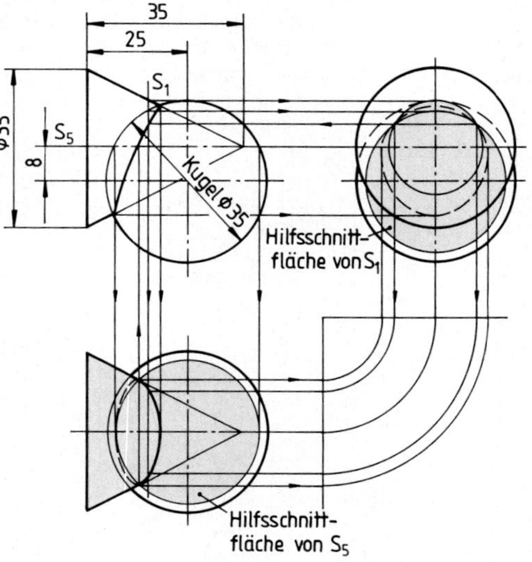

232.3 Durchdringung Kugel — Kegel

a) Hilfsebenenverfahren

Es werden Hilfsebenen bzw. Hilfsschnitte parallel zur Projektionsebene der Seitenansicht gelegt, z. B. S_1. Diese schneiden den Kegel und die Kugel in Kreisflächen. Dort, wo sich die beiden Kreisbogen der Hilfsschnittfläche schneiden, liegen Punkte der Durchdringungskurve. Aus der Seitenansicht werden diese Punkte in die Vorderansicht und Draufsicht übertragen. Der Hilfsschnitt S_5 durch die Kegelachse ergibt in der Draufsicht und Seitenansicht jeweils die beiden äußersten Punkte der Durchdringungskurve.

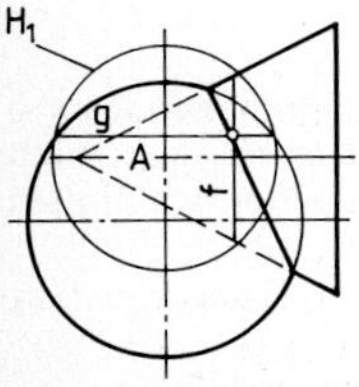

233.1 Hilfskugelverfahren

b) Hilfskugelverfahren

Die Hilfskugeln, z. B. H_1, sind um den Schnittpunkt A der Kegelachse mit der senkrechten Kugelachse zu legen. Diese schneiden beide Körper in Kreisen, die sich in der Vorderansicht als Strecken, z. B. g und f, abbilden. Die Schnittpunkte der Strecken sind Punkte der Durchdringungskurve.

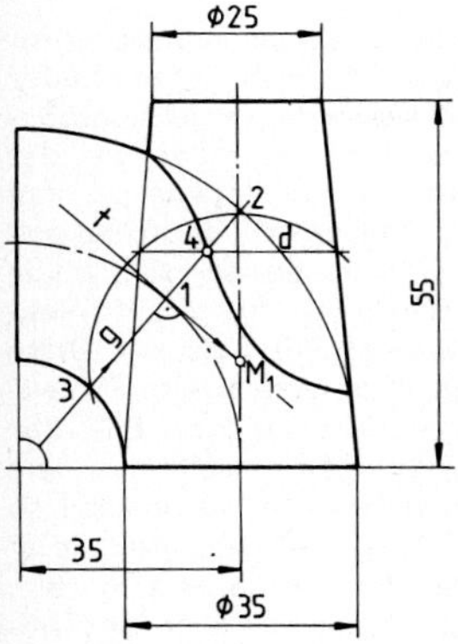

233.2 Rohrkrümmer mit kegeligem Abzweig

7.4.6 Ringkörperdurchdringungen

Bei der Konstruktion der Durchdringungskurven eines Rohrkrümmers mit kegeligem Abzweig nach dem Hilfskugelverfahren sind zuerst die Mittelpunkte der Hilfskugeln zu bestimmen.

Es wird eine Gerade g durch den Mittelpunkt des Rohrkrümmers gelegt. Im Schnittpunkt 1 der Geraden g legt man an den Mittenkreis des Rohrkrümmers eine Tangente t. Diese schneidet die Kegelachse im Mittelpunkt M_1 der Hilfskugel, deren Radius durch die Schnittpunkte 2 und 3 der Geraden g mit den Mantellinien des Rohrkrümmers festgelegt wird. Der Schnittpunkt 4 der Geraden g mit dem Durchmesser d ist ein Punkt der Durchdringungskurve. Zur Bestimmung weiterer Durchdringungspunkte ist eine Anzahl von Geraden durch den Mittelpunkt des Rohrkrümmers zu legen.

Erfolgskontrolle:

1. Welche Schnittkurven können durch die Lage der Schnittebenen am Zylinder und am Doppelkegel entstehen? (S. 208 u. 210)
2. Konstruieren Sie auf einem DIN-A4-Blatt je einen Schrägschnitt am Sechskantprisma, Zylinder und Kegel mit Abwicklung. (S. 41, 208 u. 212)
3. Worauf ist bei der Wahl der Hilfsebenen für die Konstruktion von Durchdringungskurven an Körpern zu achten? (S. 221)
4. Wann kann bei der Konstruktion von Durchdringungskurven an Körpern das Hilfskugelverfahren angewandt werden? (S. 227)
5. Konstruieren Sie auf DIN-A4-Blättern folgende Körperdurchdringungen:
   Vierkant- mit Dreikantprisma[1]), (S. 222),
   Pyramide mit Vierkantprisma[1]), (S. 223),
   zwei Zylinder mit ungleichen ϕ[1]), (S. 225 u. 226),
   Kegel mit Kegel, (S. 230),
   Kegel mit Zylinder[1]), (S. 231),
   Kegel mit Kugel, (S. 232),
   Ringkörper. (S. 233)

[1]) mit rechtwinklig schneidenden und mit versetzten Achsen

7.5 Darstellende Geometrie (Zweitafelprojektion)[1]

Die Darstellende Geometrie ist die Grundlage des Projektionszeichnens. Daher werden in diesem Abschnitt als Ergänzung und Vertiefung zu den Abschnitten 7.2. . . .7.4. die wichtigsten Begriffe und Grundkonstruktionen der Darstellenden Geometrie näher behandelt.

In der Darstellenden Geometrie bedient man sich zur Darstellung eines räumlichen Gegenstandes in einer zweidimensionalen Ebene neben der Eintafel- im wesentlichen der Zweitafel- und der Dreitafelprojektion.

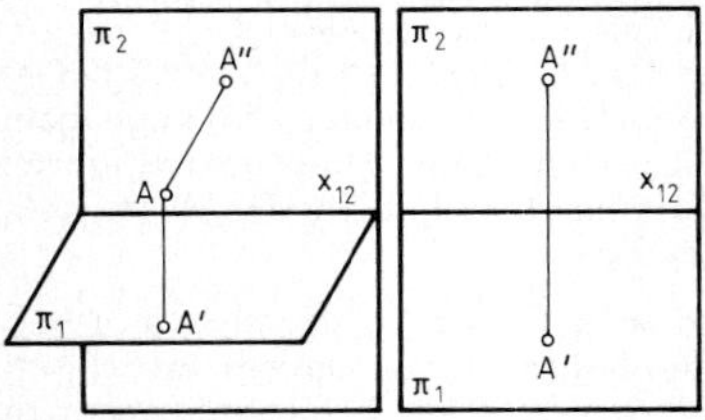

234.1 u. 2 Projektion eines Punktes

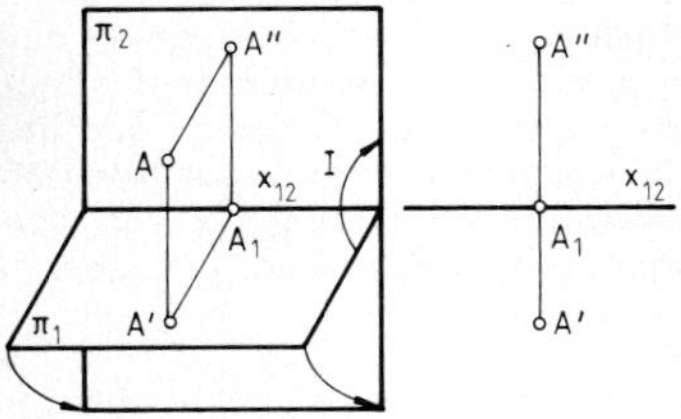

234.3 u. 4 Projektion eines Punktes

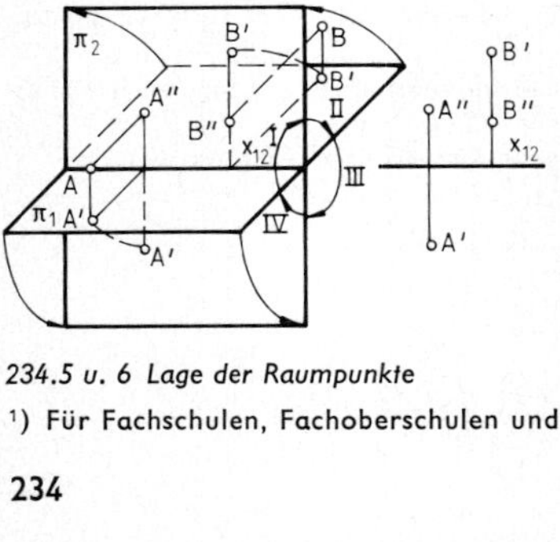

234.5 u. 6 Lage der Raumpunkte

Senkrechte Zweitafelprojektion

Bei der senkrechten Zweitafelprojektion werden zwei aufeinander senkrecht stehende Projektionsebenen verwendet, und zwar die der Draufsicht (Grundrißebene π_1) und die der Vorderansicht (Aufrißebene π_2). Die Gerade, in der sich beide Ebenen schneiden, ist die Projektionsachse oder Rißachse x_{12}. Diese trennt die erste und zweite Projektionsebene voneinander. Bei der Zweitafelprojektion dreht man die Projektionsebene der Draufsicht so um die Projektionsachse, daß sie in die Ebene der Vorderansicht fällt, Bild 234.2. Dabei läßt man die Umrandung und Bezeichnung der Bildebene fort, Bild 234.4.

7.5.1 Projektion eines Punktes

Abbildungen von Raumpunkten auf die Projektionsebenen werden neben den Buchstaben meist mit Strichen versehen, um sie den Projektionsebenen zuordnen zu können. So erhält die Abbildung eines Raumpunktes in der Draufsicht einen Strich A' und in der Vorderansicht zwei Striche A''.

Fällt man das Lot von A'' auf die Draufsicht, so erhält man den Punkt A_1 auf der Projektionsachse x_{12}, Bild 234.3 u. 4. Um die Strecke A_1A' liegt der Raumpunkt A vor der Ebene der Vorderansicht und um die Strecke $A''A_1$ über der Ebene der Draufsicht.

[1]) Für Fachschulen, Fachoberschulen und Weiterbildung

Die Raumpunkte können auch hinter der Ebene der Vorderansicht oder unter der Ebene der Draufsicht liegen, Bild 234.5 u. 6 und Bild 235.3 u. 4. Ihre Lage läßt sich mit Hilfe der vier Raumquadranten I, II, III und IV ermitteln, in die der Raum von den zwei Bildebenen der Draufsicht und der Vorderansicht geteilt wird, Bild 235.1 u. 2.

Hierbei liegt der

I. Quadrant über der Draufsicht und vor der Vorderansicht,

II. Quadrant über der Draufsicht und hinter der Vorderansicht,

III. Quadrant unter der Draufsicht und hinter der Vorderansicht,

IV. Quadrant unter der Draufsicht und vor der Vorderansicht.

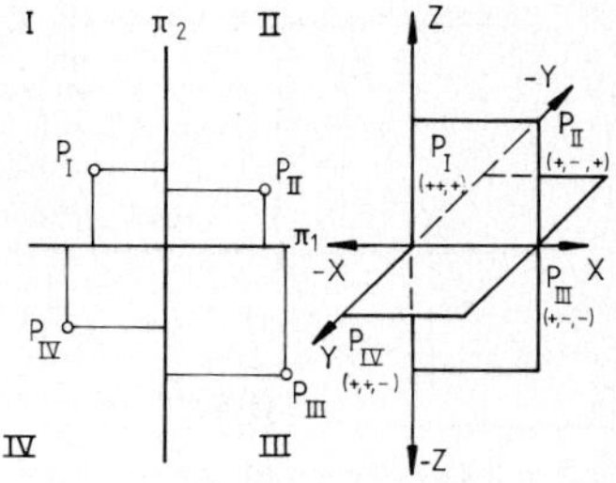

235.1 u. 2 Raumquadranten

Die Lage der Raumpunkte kann eindeutig mit einem räumlichen x, y, z-Koordinatensystem festgelegt werden. Dann haben die Koordinaten x, y, z der Raumpunkte in den vier Quadranten folgende Vorzeichen:

P_I: I. Raumquadrant: +,+,+

P_{II}: II. Raumquadrant: +,—,+

P_{III}: III. Raumquadrant: +,—,—

P_{IV}: IV. Raumquadrant: +,+,—

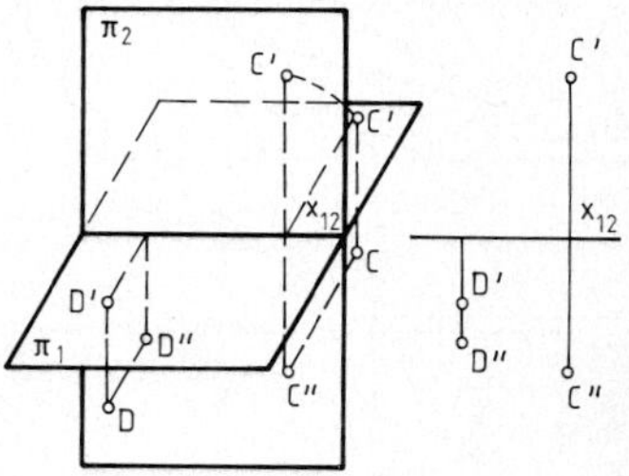

235.3 u. 4 Lage der Raumpunkte

Liegt ein Punkt auf einer Ebene, die den II. und IV. Quadranten halbiert, dann fallen seine Projektionen zusammen, z. B. A′ und A″ sowie B′ und B″ in Bild 235.5 u. 6. Diese Ebene wird Koinzidenzebene (koinzidieren = lat. zusammenfallen) genannt.

Liegt ein Punkt auf einer Ebene, die den I. und III. Quadranten halbiert, dann liegen seine Projektionen symmetrisch zur Rißachse.

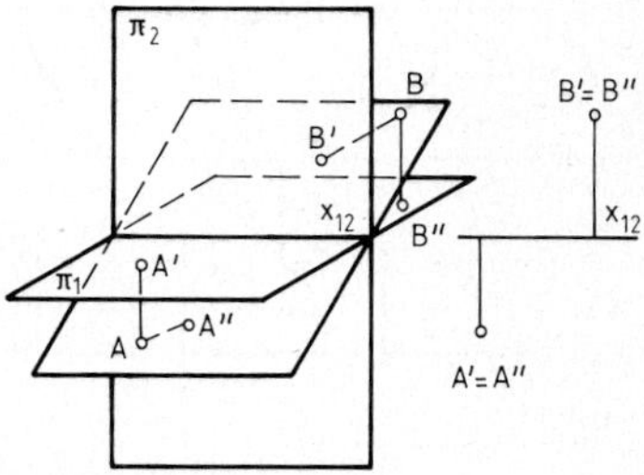

235.5 u. 6 Punkte auf der Koinzidenzebene

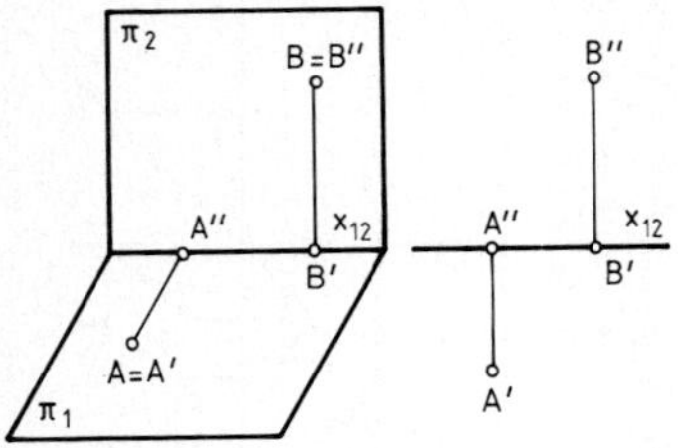

236.1 u. 2 Punkte auf einer Ebene

Falls Punkte in einer Bildebene liegen, dann ist $A = A'$ und $B = B''$ wobei A'' und B' auf der Projektionsachse x_{12} liegen, Bild 236.1 u. 2.

Übungen:

1. In welchem Raumquadranten liegen folgende Raumpunkte (x, y, z) s. 235.1 u. 2:

   A: (20, —30, —30)
   B: (20, 20, 40)
   C: (40, —50, 30)
   D: (40, 20, —50)

2. Auf welcher Ebene liegen folgende Raumpunkte:

   E: (30, 0, 30)
   F: (20, 20, 0)

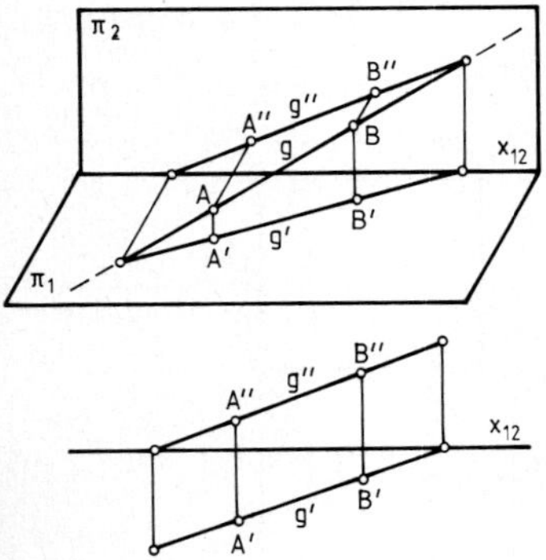

236.3 u. 4 Projektion einer Geraden

7.5.2 Projektion einer Geraden

Eine Strecke wird im Raum durch zwei Punkte z. B. A und B bestimmt. Verlängert man diese Strecke über ihre beiden Endpunkte hinaus, so erhält man eine Raumgerade g. Durch die Projektionen A' und B' ist g' in der Draufsicht und durch A'' und B'' ist g'' in der Vorderansicht festgelegt, Bild 236.3 u. 4.

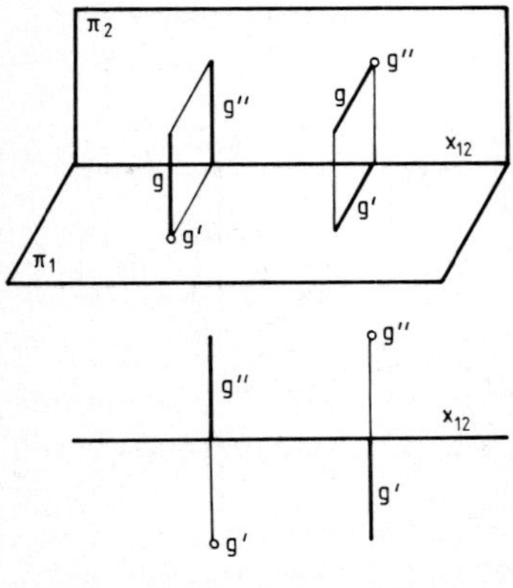

236.5 u. 6 Geraden als Sonderfälle

Verschiedene Lagen einer Geraden

Die Projektionen einer Geraden sind im allgemeinen wieder Gerade, wobei die Ausnahmen Bild 236.5 u. 6 zeigen.

Steht die Raumgerade g senkrecht auf der Ebene der Draufsicht, dann ist die Projektion g' ein Punkt und g'' eine Gerade, die senkrecht auf der Projektionsachse x_{12} steht.

Steht die Raumgerade g senkrecht auf der Ebene der Vorderansicht, dann ist die Projektion g' eine Gerade, die senkrecht auf der Projektionsachse x_{12} steht und g'' ein Punkt.

Verläuft eine Raumgerade g parallel zur Ebene der Draufsicht, so wird sie als Höhenlinie bezeichnet, Bild 237.1. Liegt die Raumgerade g parallel zur Vorderansicht, so wird sie als Frontlinie bezeichnet, Bild 237.2. Höhen- und Frontlinien werden auch Hauptlinien genannt.

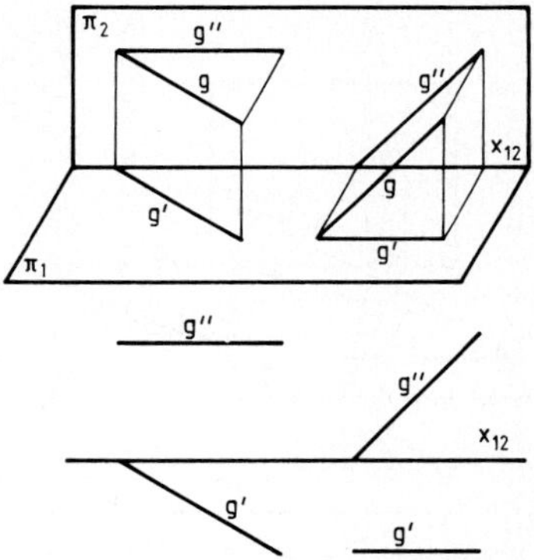

237.1 u. 2 Projektionen von Hauptlinien

Verläuft eine Raumgerade g parallel zur Ebene der Draufsicht und der Vorderansicht, dann liegen ihre Projektionen g′ und g″ parallel zur Bildachse x_{12}. In diesem Falle ist die Raumgerade g zugleich Höhen- und Frontlinie, Bild 237.3.

Verläuft eine Raumgerade g parallel zur Ebene der Seitenansicht, die senkrecht auf der Ebene der Draufsicht und Vorderansicht steht, dann stehen die Projektionen g′ und g″ senkrecht auf der Projektionsachse x_{12}, Bild 237.4.

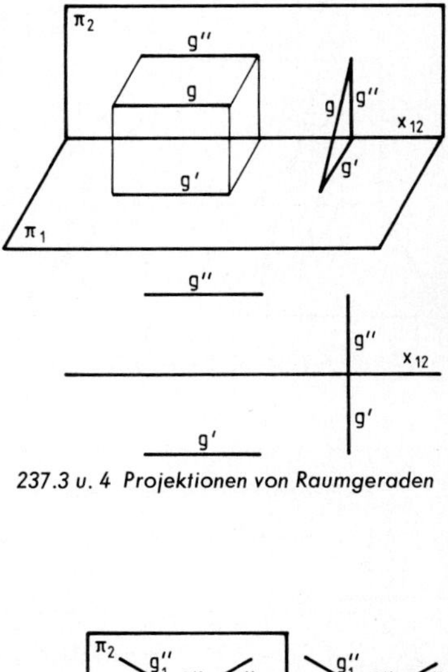

237.3 u. 4 Projektionen von Raumgeraden

Lage zweier Geraden zueinander

Zwei Raumgeraden, die nicht zusammenfallen, können entweder sich schneiden, sich kreuzen, windschief sein oder parallel zueinander sein.

Zwei Raumgeraden g_1 und g_2 schneiden sich, wenn auch ihre Projektionen g_1' und g_2' sich schneiden und die Schnittpunkte ihrer Projektionen S′ und S″ auf einer Senkrechten zur Projektionsachse x_{12}, einer Ordnungslinie, liegen, Bild 237.5 u. 6.

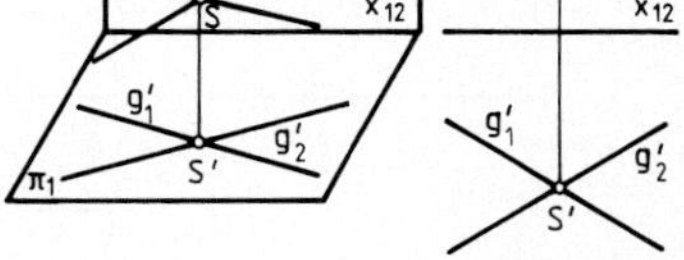

237.5 u. 6 Zwei sich schneidende Geraden

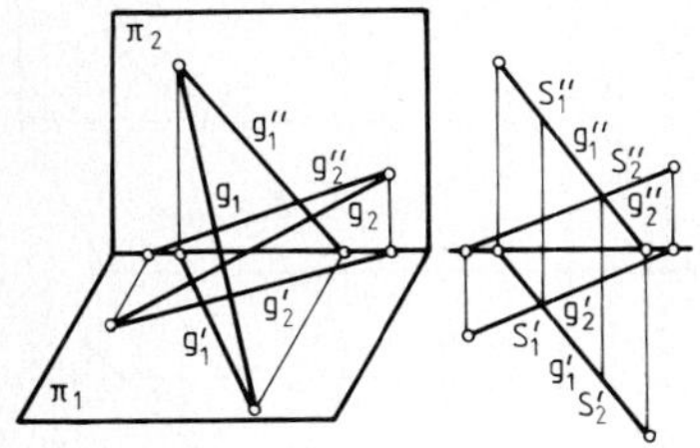

238.1 u. 2 Zwei sich kreuzende Geraden

Zwei Raumgeraden g_1 und g_2 kreuzen sich, wenn die Schnittpunkte ihrer Projektionen in Draufsicht S′ und Vorderansicht S″ nicht auf der gleichen Ordnungslinie liegen, Bild 238.1 u. 2.

Zwei Raumgeraden g_1 und g_2 sind parallel zueinander, wenn die Projektionen der Geraden in Draufsicht und Vorderansicht auch parallel sind, Bild 238.3 u. 4.

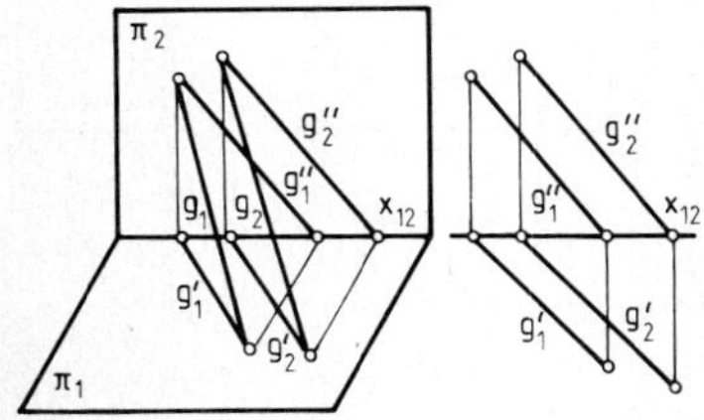

238.3 u. 4 Zwei parallele Geraden

7.5.3 Darstellen einer Ebene durch ihre Spuren

Es wird zwischen begrenzten Ebenen, z. B. Seitenflächen von Prismen und Pyramiden, und unbegrenzten Flächen, z. B. wenn Seitenflächen über ihre Seitenlinien verlängert werden, unterschieden. Die unbegrenzten ebenen Flächen schneiden die Projektionsebenen in Schnittlinien, die als Spuren oder Spurgeraden bezeichnet werden. Mit Hilfe dieser Spuren in Draufsicht und Vorderansicht kann eine unbegrenzte Ebene dargestellt werden.

Je nach Lage der Ebenen im Raum gibt es verschiedene Lagen der Spuren:

1. Die Ebene liegt parallel zur Draufsicht. Es bildet sich nur die Spur e_2 in der Vorderansicht ab, die gleichzeitig auch Höhenlinie ist, Bild 238.5.
2. Die Ebene liegt parallel zur Vorderansicht. Es bildet sich nur die Spur e_1 in der Draufsicht ab, Bild 238.6.
3. Die Ebene steht senkrecht zur Draufsicht und Vorderansicht. Die Spuren bilden eine Gerade, die senkrecht auf der Projektionsachse x_{12} steht, Bild 239.1.

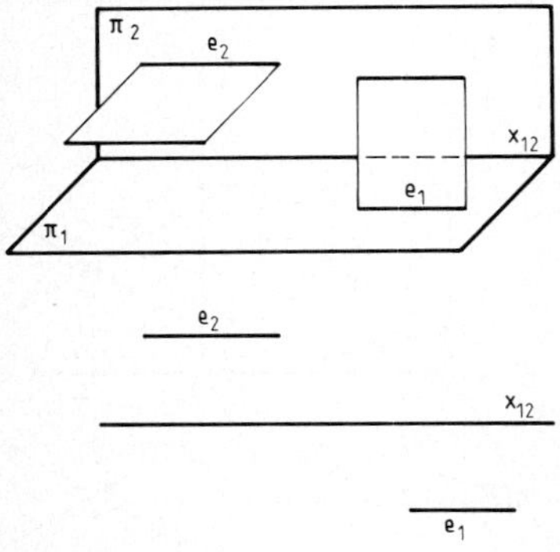

238.5 u. 6 Projektionen von Ebenen

4. Die Ebene steht senkrecht zur Vorderansicht und bildet mit der Draufsicht einen Winkel, Bild 239.2.
5. Die Projektionsebene liegt parallel zur Projektionsachse x_{12} und ist zur Draufsicht und zur Vorderansicht geneigt. Die Spuren e_1 und e_2 verlaufen parallel zur Projektionsachse x_{12}, Bild 239.3.
6. Die Ebene liegt schief zu den Projektionsebenen und zur Projektionsachse. Die Spuren e_1 und e_2 schneiden sich auf der Projektionsachse x_{12}, Bild 239.4.
7. Die Ebene geht durch die Projektionsachse x_{12}. Hier fallen die Spuren e_1 und e_2 mit der Projektionsachse x_{12} zusammen.

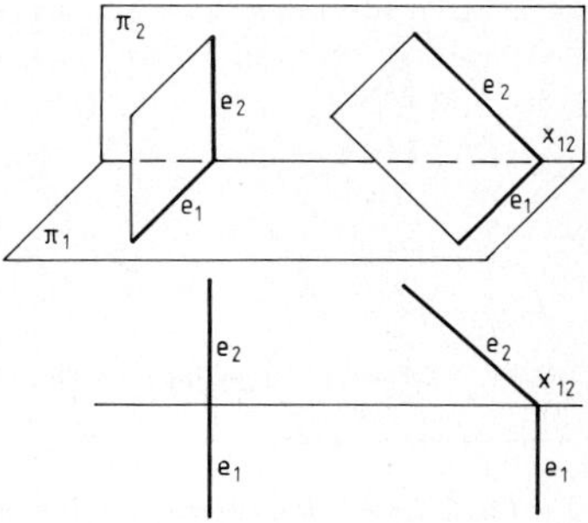

239.1 u. 2 Projektionen von Ebenen

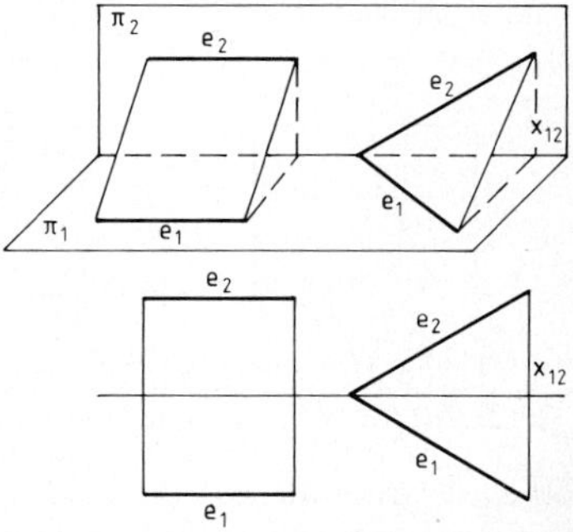

239.3 u. 4 Projektionen von Ebenen

Punkt in der Ebene

Ein Raumpunkt P liegt dann in einer durch ihre Spuren e_1 und e_2 gegebenen Ebene ε, wenn seine Projektionen P′ und P″ auch auf den Projektionen h′ und h″, der durch den Raumpunkt P verlaufenden Höhenlinie h liegen. Die Höhenlinie h und ihre Projektion h′ verlaufen parallel zur Spur e_1 in der Draufsicht, Bild 239.5 u. 6.

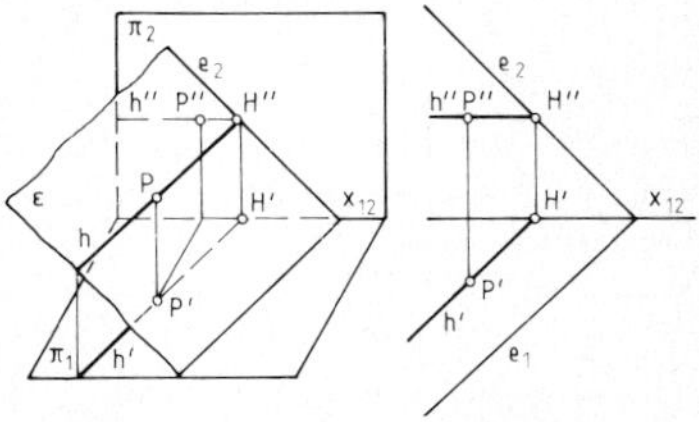

239.5 u. 6 Punkt P liegt auf Höhenlinie h

Ein Raumpunkt P liegt in einer durch ihre Spuren e_1 und e_2 gegebenen Ebene ε, wenn seine Projektionen P′ und P″ auch auf den Projektionen f′ und f″ der durch den Raumpunkt P verlaufenden Frontlinie f liegen. Die Frontlinie f und ihre Projektion f″ verlaufen parallel zur Spur e_2 in der Vorderansicht, Bild 239.7 u. 8.

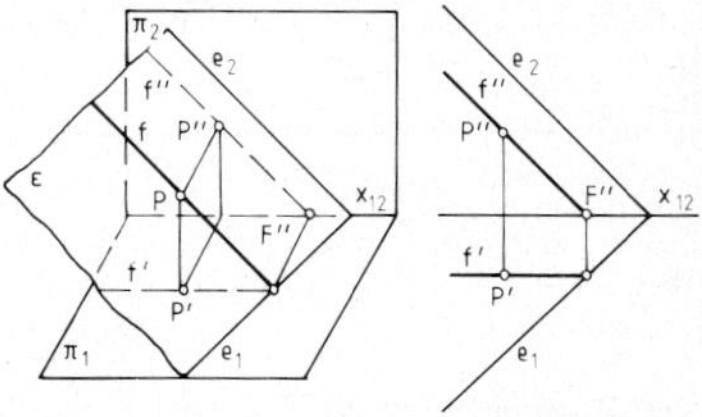

239.7 u. 8 Punkt P liegt auf Frontlinie

Mit Hilfe der Hauptlinien (Höhen- und Frontlinien) kann überprüft werden, ob ein gegebener Raumpunkt in einer durch seine Spuren festgelegten Ebene liegt.

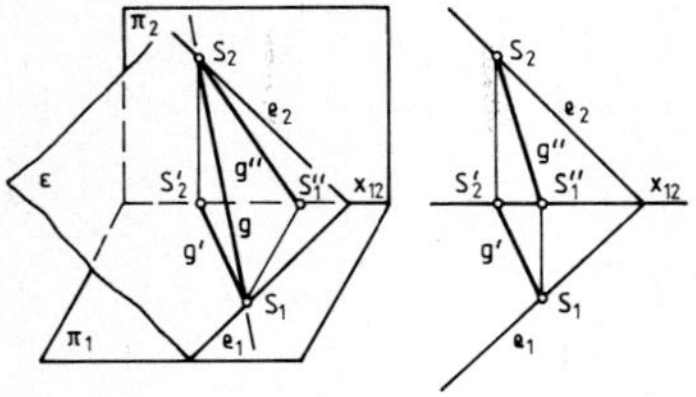

240.1 u. 2 Gerade g liegt in einer Ebene ε

Gerade in der Ebene

Eine Gerade g liegt in einer durch ihre Spuren e_1 und e_2 gegebenen Ebene ε, wenn die Spurpunkte S_1 und S_2 der Geraden g auf den Spuren der Ebene e_1 und e_2 liegen. Hierbei muß S_1 auf e_1 und S_2 auf e_2 liegen, Bild 240.1 u.2.

Stützdreieck einer Ebene

Das rechtwinklige Dreieck PP'F' mit der Frontlinie PF' als Hypotenuse und mit den Katheten PP' und P'F' wird Stützdreieck der Ebene ε genannt, weil es die räumliche Lage der Ebene gegenüber der Projektionsebene der Draufsicht festhält, Bild 240.3 u. 4.

Der Winkel $\alpha = \sphericalangle$ PF'P' ist der Neigungswinkel der Ebene ε gegenüber der Projektionsebene der Draufsicht. Er wird durch Umklappen des Stützdreiecks in die Ebene der Draufsicht gefunden. Die Strecke F'[P] ist die wahre Größe der Frontlinie F'P.

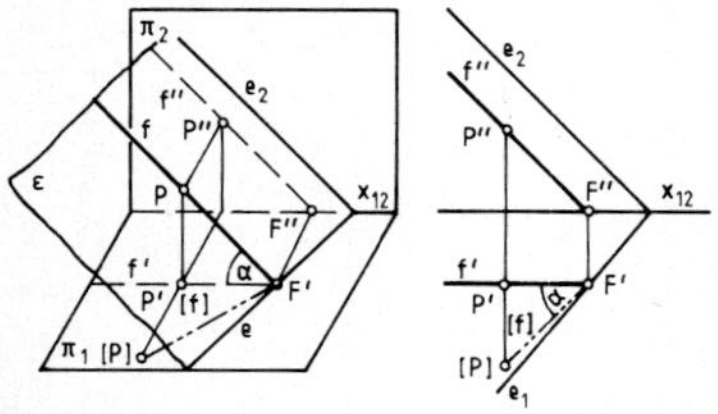

240.3 u. 4 Stützdreieck einer Ebene

Ermitteln der Spuren einer Ebene

Eine begrenzte Ebene sei als Dreieckfläche durch die Projektionen ihrer Eckpunkte A, B und C in beiden Ansichten gegeben, Bild 240.5.

Es werden in beiden Ansichten die Dreieckseiten über die Eckpunkte verlängert und zum Schnitt mit der Projektionsachse x_{12} gebracht und in diesen Punkten die Senkrechten errichtet. Die Schnittpunkte dieser Senkrechten mit den Verlängerungen der Dreieckseiten in der jeweils anderen Ansicht ergeben die Spurpunkte der entsprechenden Dreieckseiten auf den gesuchten Spuren e_1 und e_2 der Ebene.

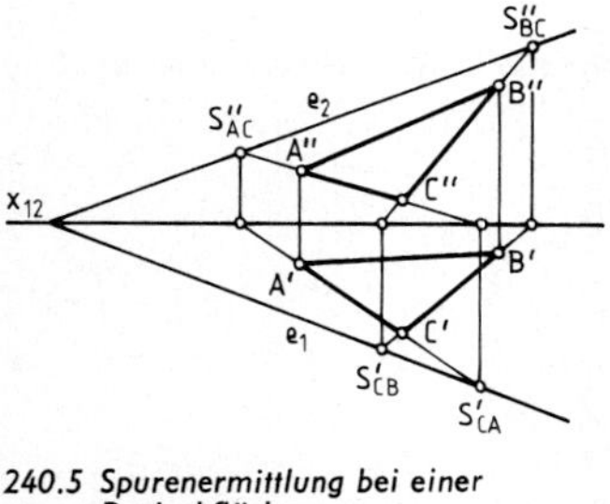

240.5 Spurenermittlung bei einer Dreieckfläche

Bestimmen der wahren Größe einer Fläche durch Drehen um eine Hauptlinie (Höhen- oder Frontlinie)

Das Bestimmen der wahren Längen von Strecken ist auf den Seiten 196...198 behandelt.

Die wahre Größe einer Dreieckfläche erhält man durch Drehen des Dreiecks, z. B. um eine Höhenlinie h_A, die durch den Punkt A geht, parallel zur Draufsicht, Bild 241.1. Hierbei wandern die Eckpunkte B und C auf Kreisen, die sich in der Draufsicht als Senkrechte zur Höhenlinie h_A' abbilden.

Der Punkt [C'] ergibt sich durch Umklappen des Stützdreiecks für Punkt C in die Draufsicht.

Der Schnittpunkt der Verlängerung von [C'] D' mit der Senkrechten durch B' auf h_A' ergibt [B'].

Die Konstruktion kann auch mit einer Frontlinie durchgeführt werden, wobei die Dreieckfläche parallel zur Vorderansicht gedreht wird.

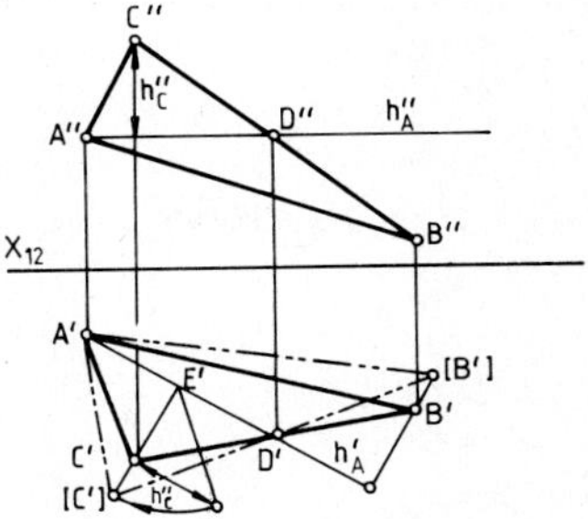

241.1 Wahre Größe durch Drehen um eine Höhenlinie

Ermitteln der wahren Größe einer Dreieckfläche durch Drehen um eine Spur

Die Spur der Ebene kann als Höhenlinie mit der Höhe h = 0 aufgefaßt werden. Daher entspricht die Konstruktion der wahren Größe der Dreieckfläche in Bild 241.2 der in Bild 241.1. Der Punkt [B'] wird mit Hilfe des Stützdreiecks B' B_1D_0 bestimmt. Er liegt auf der Senkrechten zur Spur e_1 durch B' und auf dem Kreis um D_0 mit dem Radius B_1D_0. [A'] und [C'] liegen auf den Senkrechten zur Spur e_1, die durch A' und C' gehen, Die Lage von [A'] und [C'] auf den Senkrechten ist aus der Vorderansicht zu entnehmen.

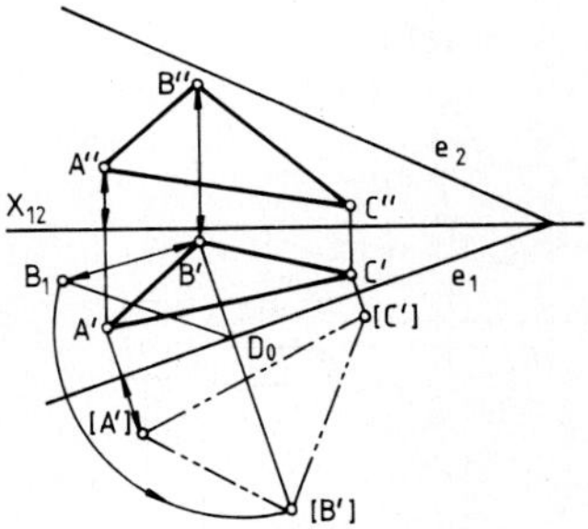

241.2 Wahre Größe durch Drehen um eine Spur

Durchstoßpunkt von Gerade und Ebene

Der Durchstoßpunkt D der Geraden g mit einer durch ihre Spuren e_1 und e_2 gegebenen Ebene soll bestimmt werden, Bild 242.1. Dazu wird durch die Gerade g eine Hilfsebene gelegt, die z. B. senkrecht zur Draufsicht steht. Dort fällt die Spur der Hilfsebene mit g' zusammen. Die Hilfsebene schneidet die Ebene der Vorderansicht in der Spur $E''F''$. Diese schneidet g'' in der Projektion des Durchstoßpunktes D''. D' liegt auf der Senkrechten bzw. Ordnungslinie durch D''.

Die Konstruktion des Durchstoßpunktes einer Geraden g mit einer durch ihre Eckpunkte gegebenen Dreiecksfläche, Bild 242.2, beschreibt S. 200.

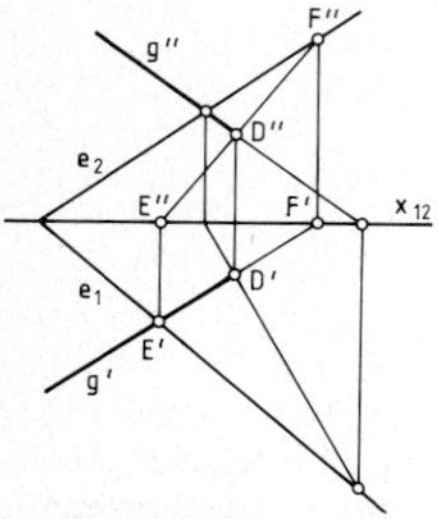

242.1

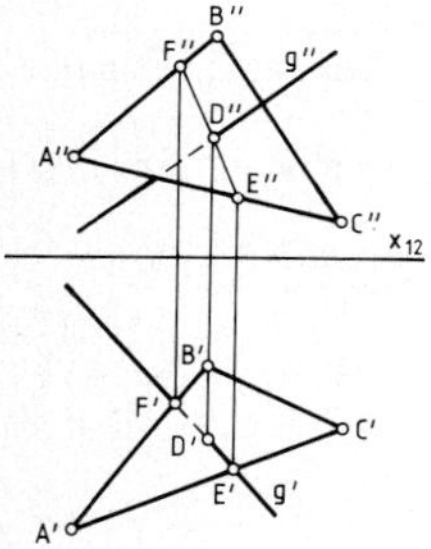

242.2

Schnittgerade zweier Ebenen

Zwei Ebenen, die nicht zueinander parallel sind, schneiden sich in einer Geraden. Die beiden Ebenen sind durch ihre Spuren e_1 und e_3 in der Draufsicht und e_2 und e_4 in der Vorderansicht gegeben, Bild 242.3. Die Spurpunkte D_1 und D_2 der Schnittgeraden s der beiden Ebenen sind die Schnittpunkte der Spuren e_1 und e_3 in der Draufsicht sowie von e_2 und e_4 in der Vorderansicht.

Die Konstruktion der Schnittgeraden zweier ebener Dreieckflächen, Bild 242.4, beschreibt S. 204.

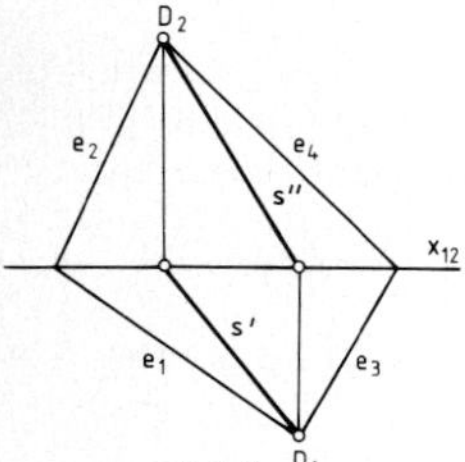

242.3

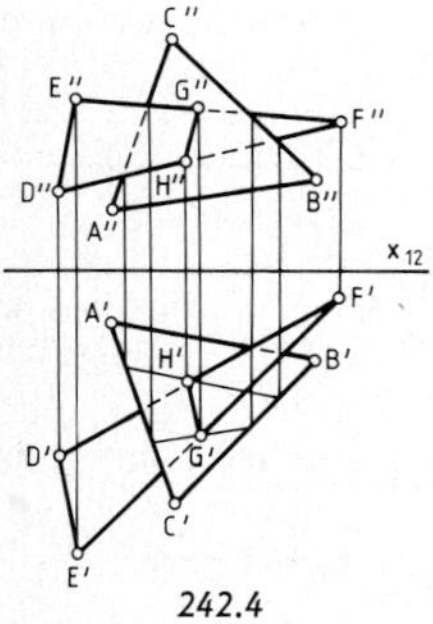

242.4

7.5.4 Schiefe Schnitte an Grundkörpern

Steht eine Schnittebene, die einen Körper schneidet, und durch ihre Spuren e_1 und e_2 gegeben ist, nicht mehr senkrecht auf der Projektionsebene der Draufsicht und auch nicht mehr senkrecht auf der Projektionsebene der Vorderansicht, so liegt ein schiefer Schnitt vor.

Die Projektion der Schnitt- bzw. Deckfläche erscheint in der Vorderansicht nicht mehr als Strecke wie in 244.1, sondern als Vieleck mit der gleichen Eckenzahl wie die Deckfläche in 244.2.

Die Konstruktion der Deckfläche löst man mit Hilfsebenen, die entweder parallel zur Projektionsebene der Draufsicht verlaufen und die Deckfläche des Körpers in Höhenlinien schneiden, oder parallel zur Projektionsebene der Vorderansicht verlaufen und die Deckfläche des Körpers in Frontlinien schneiden.

Die Höhenlinien h und ihre Projektionen h′ verlaufen parallel zur Spur e_1 in der Draufsicht, s. 239.5 u. 6.

Die Frontlinien f und ihre Projektionen f″ verlaufen parallel zur Spur e_2 in der Vorderansicht, s. 239.7 u. 8.

Schiefer Schnitt an einem geraden Dreikantprisma Bild 244.2

Die schief im Raum liegende Schnittebene, die das Dreikantprisma in Bild 244.2 schneidet, ist durch ihre Spuren e_1 und e_2 gegeben. Die Eckpunkte der Schnitt- bzw. Deckfläche A″B″C″ in der Vorderansicht sollen mit Hilfe der Höhenlinien bestimmt werden.

Bei der Konstruktion mit Hilfe der Höhenlinien zieht man in der Draufsicht zur Spur e_1 Parallelen durch A′, B′ und C′. Die zugehörigen Projektionen der Höhenlinien h_A'', h_B'' und h_C'' schneiden die Kanten des Prismas in den Punkten A″, B″ und C″.

Die wahre Größe der Schnitt- bzw. Deckfläche wird über eine neue Seitenansicht konstruiert. Diese wird so gelegt, daß die neue Projektionsebene senkrecht auf der Draufsicht und senkrecht auf der Schnittebene steht. Ihre Projektionsachse x_{13} steht daher senkrecht auf e_1. Die Schnitt- bzw. Deckfläche erscheint in der neuen Projektionsebene als Strecke. Ihre wahre Größe erhält man durch Umklappen der Schnittfläche um e_1.

Die Höhen für die Mantelabwicklung können aus der Vorderansicht entnommen werden.

Schiefer Schnitt an einer geraden Pyramide Bild 245.2

Für die Konstruktion der Deckfläche einer schiefgeschnittenen geraden Pyramide wird eine neue Projektionsebene x_{13} gewählt, die senkrecht auf der Draufsicht und senkrecht auf e_1 steht. Diese Projektionsebene wird um x_{13} in die Zeichenebene geklappt, so daß die Schnittebene dort als Normalschnitt erscheint.

Die Eckpunkte der Deckfläche werden aus der neuen Projektionsebene in die Draufsicht übertragen und von dort mittels Frontlinien f′, die in der Draufsicht parallel zur Projektionsachse x_{12} und f″, die in der Vorderansicht parallel zur Spur e_2 verlaufen, in die Vorderansicht übertragen.

Die Abwicklung der schiefgeschnittenen geraden Pyramide wird mit Hilfe der neuen Projektionsebene mit der Projektionsachse x_{13} genauso konstruiert wie die Abwicklung der geraden Pyramide mit Normalschnitt in 245.1.

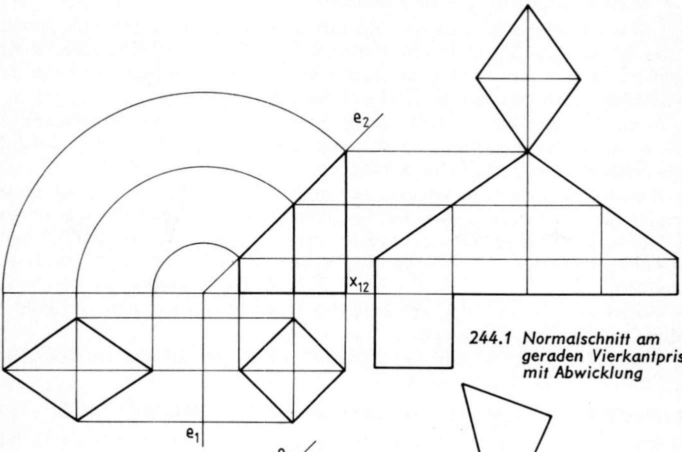

244.1 Normalschnitt am geraden Vierkantprisma mit Abwicklung

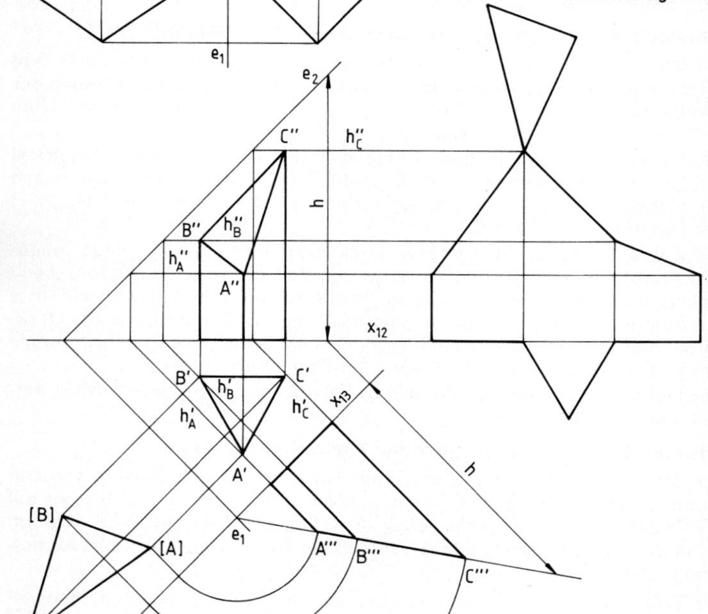

244.2 Schiefer Schnitt am geraden Dreikantprisma, konstruiert mit Hilfe der Höhenlinien und Abwicklung

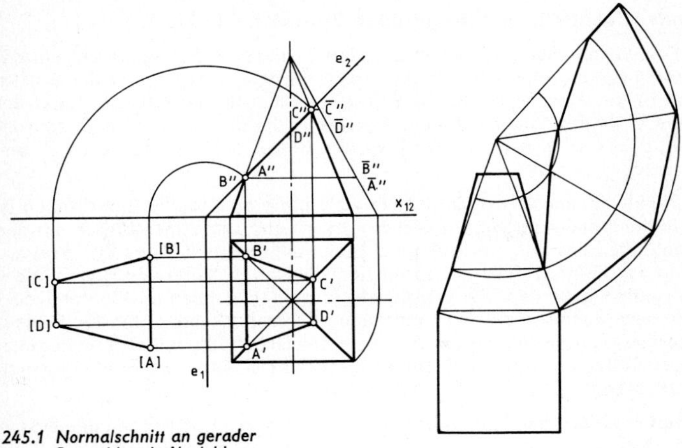

245.1 Normalschnitt an gerader Pyramide mit Abwicklung

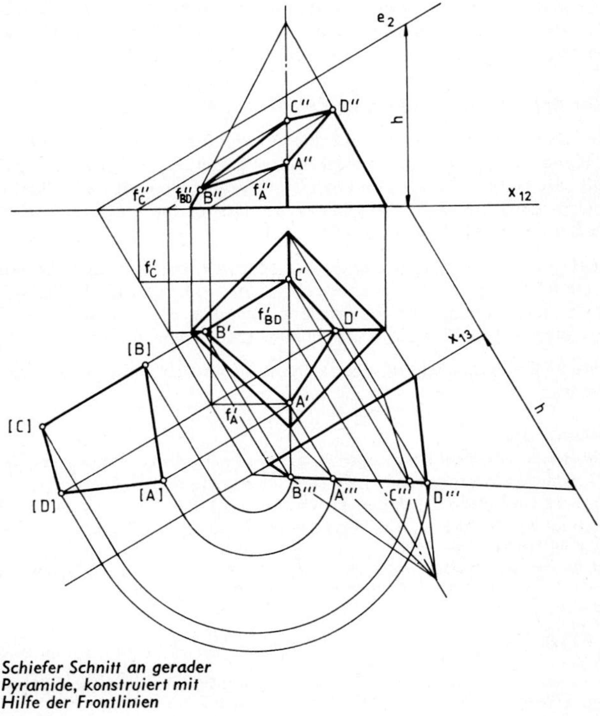

245.2 Schiefer Schnitt an gerader Pyramide, konstruiert mit Hilfe der Frontlinien

7

Schiefer Schnitt an einem geraden Zylinder Bild 247.2

Steht die Schnittebene bei einem geraden Zylinder weder senkrecht auf der Draufsicht noch senkrecht auf der Vorderansicht, so erscheint die Schnittfläche in der Vorderansicht als Ellipse. Der tiefste und höchste Punkt der Ellipse A″ und B″ liegt auf einer Frontlinie, die durch den Mittelpunkt der Ellipse geht und in der Draufsicht senkrecht auf e_1 steht und durch A′ und B′ verläuft.

Die Punkte C′ und D′ liegen auf der Achse, die als Frontlinie anzusehen ist und in der Vorderansicht parallel zu e_2 verläuft. Ihre Schnittpunkte mit den Außenkanten des Zylindermantels ergeben die Punkte C″ und D″. Weitere Punkte der Ellipse in der Vorderansicht werden mit Hilfe der Höhenlinienkonstruktion gefunden. Für die Konstruktion der wahren Größe der Deckfläche bzw. Schnittfläche wird eine neue Projektionsebene mit der Projektionsachse x_{13} gewählt, die senkrecht auf der Draufsicht und senkrecht auf e_1 steht, so daß dort die Schnittfläche als Strecke erscheint und hier ein Normalschnitt vorliegt.

Die wahre Größe der Schnittfläche erhält man durch Umklappen der Draufsicht um e_1.

Die Konstruktion der Abwicklung des schiefgeschnittenen Zylinders erfolgt mit Hilfe der neuen Projektionsebene mit der Projektionsachse x_{13}, weil dort ein Normalschnitt vorliegt, der dem in 247.1 entspricht.

Schiefer Schnitt an einem geraden Kegel Bild 248.2

7

Für die Konstruktion der Schnittellipse an einem schiefgeschnittenen geraden Kegel wird eine neue Projektionsebene mit der Projektionsachse x_{13} gewählt, die senkrecht auf der Draufsicht und senkrecht auf e_1 steht. Diese Projektionsebene wird um x_{13} in die Zeichenebene geklappt, so daß die Schnittebene dort als Normalschnitt erscheint.

Von dort werden die Schnittpunkte der Mantellinien mit der Schnittgeraden in die Draufsicht projiziert und ergeben dort die Punkte der Schnittellipse. Mit Hilfe der Höhenlinienkonstruktion werden die zugehörigen Schnittpunkte auf die Mantellinien in die Vorderansicht übertragen.

Die wahre Größe der Schnittfläche erhält man durch Umklappen der Draufsicht um e_1.

Erfolgskontrolle:

1. Was sind Hauptlinien (Höhen- oder Frontlinien) und wie verlaufen diese? (S. 237)
2. Was verstehen Sie unter den Spuren einer Ebene? (S. 238)
3. Wann wird eine Ebene als Höhenlinie und wann als Frontlinie abgebildet? (S. 237)
4. Wann liegt ein Punkt bzw. eine Raumgerade in einer durch ihre Spuren e_1 und e_2 gegebenen Ebene ε? (S. 240)
5. Konstruieren Sie je einen schiefen Schnitt mit Abwicklung an folgenden geraden Körpern auf DIN-A3-Blatt in doppelter Größe wie in diesem Buch:
   Dreikantprisma,
   Pyramide,
   Zylinder und
   Kegel.

   Vergleichen und überprüfen Sie danach ihre Konstruktionen mit den entsprechenden Konstruktionen auf den Seiten 244, 245, 247 und 248.

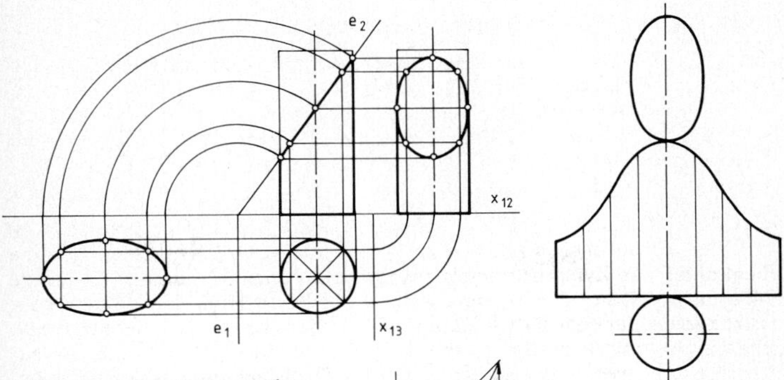

247.1 *Normalschnitt am geraden Zylinder mit Abwicklung*

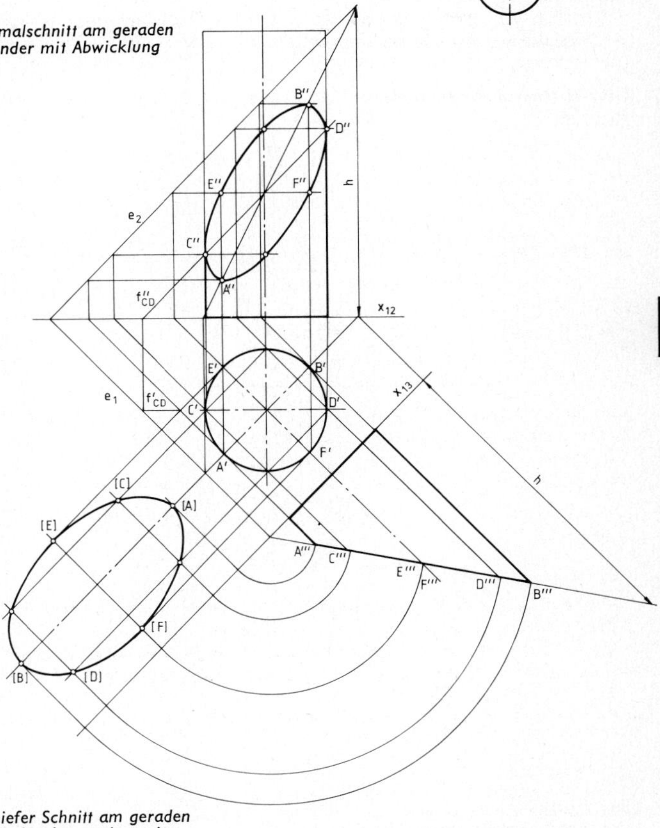

247.2 *Schiefer Schnitt am geraden Zylinder, konstruiert mit Hilfe der Höhenlinien*

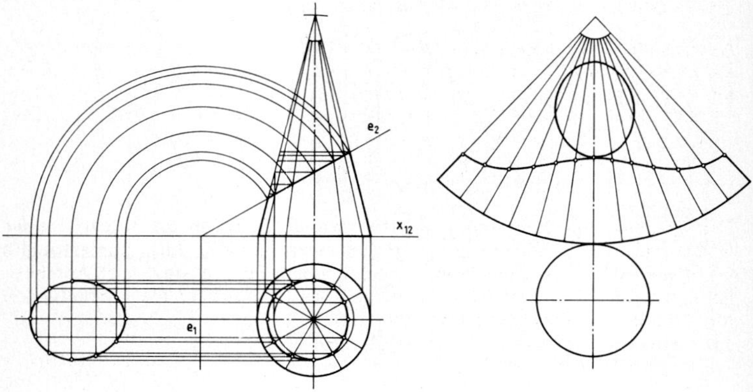

248.1 Normalschnitt am geraden Kegel

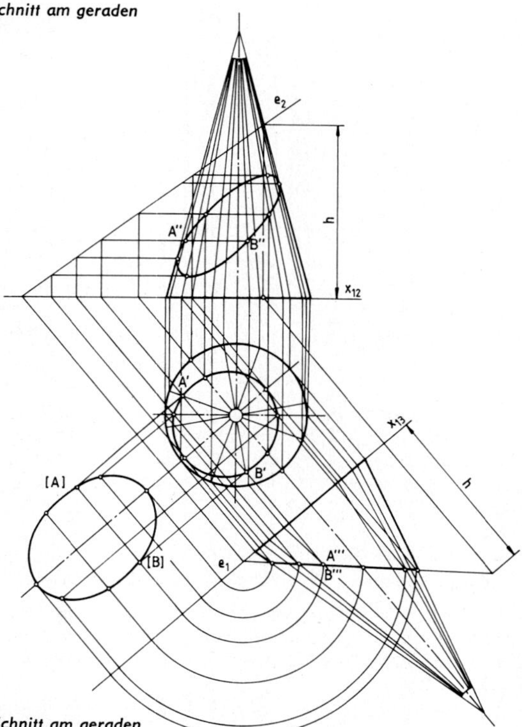

248.2 Schiefer Schnitt am geraden Kegel, konstruiert mit Hilfe der Höhenlinien

7.6 Axonometrische Projektion nach DIN 5

Axonometrische Projektionen sind parallelperspektivische Darstellungen. Da der Fluchtpunkt der Körperkanten ins Unendliche gerückt ist, werden parallele Körperkanten auch als Parallelen gezeichnet. Zu den axonometrischen Projektionen zählen die dimetrische und die isometrische Darstellung. Sie geben von Körpern anschauliche Bilder wieder.

7.6.1 Isometrische Projektion nach DIN 5 Teil 1

Die isometrische Darstellung findet Anwendung, wenn an einem Körper Wesentliches in drei Ansichten gezeigt werden soll. Alle Abmessungen werden dabei im gleichen = iso Maßstab gezeichnet. Wegen ihrer Anschaulichkeit wird die isometrische Projektion immer häufiger im Rohrleitungs-, Maschinen- und Anlagenbau angewendet.

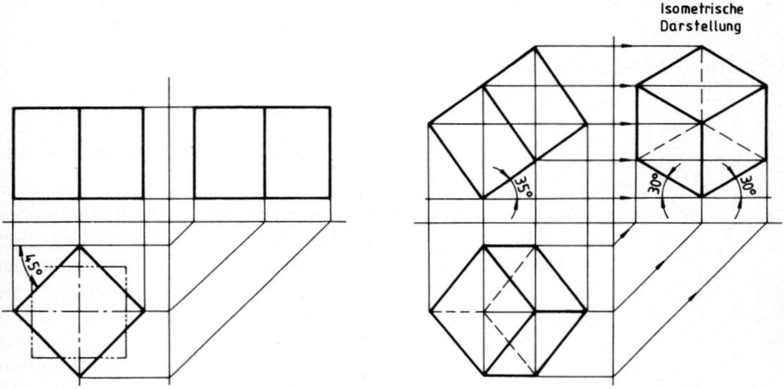

Körper aus der Grundstellung um 45° gedreht *gedrehter Körper um 35° 16′ gekippt*

249.1 Entstehung der isometrischen Darstellung eines Würfels

Hilfsmittel für das Zeichnen in isometrischer Projektion sind die Zeichenmaschine und das isometrische Liniennetz. Für die Anfertigung von Zeichnungen im Rohrleitungsbau werden auch computergesteuerte Plotter eingesetzt. Für Rohrleitungen und Armaturen sind Sinnbilder nach DIN 2429 anzuwenden, S. 357...359.

250.1 zeigt die isometrische Darstellung eines Würfels mit Kreisen in drei Ansichten ohne Liniennetz, die als Ellipsen abgebildet werden.

Die Ellipse E_1 in der Deckfläche eines Würfels liegt waagerecht. Die großen Ellipsenachsen in den Seitenflächen bilden mit der Senkrechten einen Winkel von 30°. Ist a die Kantenlänge des Würfels, dann beträgt die

große Ellipsenachse $D \approx 1{,}22 \cdot a$
kleine Ellipsenachse $d \approx D : 1{,}7$

z. B. $a = 50$ mm
$D \approx 61$ mm
$d \approx 35{,}5$ mm

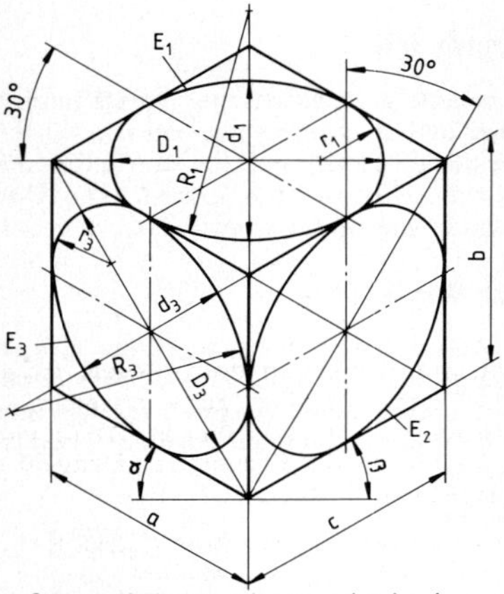

Seitenverhältnis a : b : c = 1 : 1 : 1.
$\alpha = 30°$
$\beta = 30°$

Die angenäherte Ellipsenkonstruktion erfolgt durch Krümmungskreise. Ihre Mittelpunkte liegen auf den Ellipsenachsen bzw. ihren Verlängerungen.

Krümmungs-R $\approx 1{,}06 \cdot a$
Kreisradien r $\approx 0{,}3 \cdot a$

z. B. R $\approx$ 53 mm
r $\approx$ 15 mm

Die einzuzeichnenden Viertelkreisbogen werden von den Mittellinien der Körperflächen begrenzt.

250.1 Isometrische Darstellung eines Würfels mit Kreisen

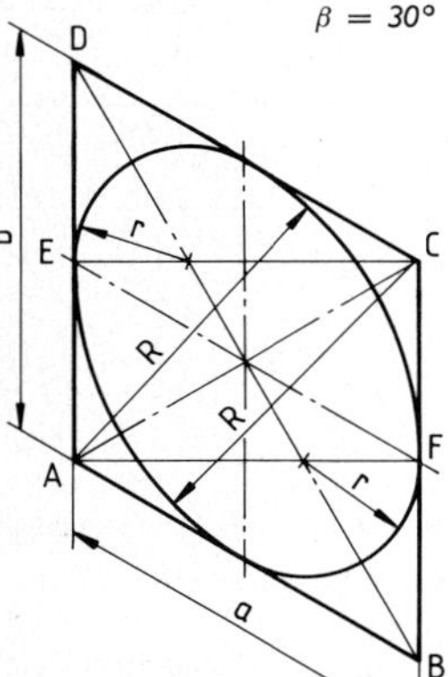

250.2

Vereinfachte Ellipsenkonstruktion

Die vereinfachte Konstruktion der Ellipse durch 4 Kreisbogen erspart die Berechnung der Krümmungsradien. In dem Rhombus werden die beiden stumpfen Ecken A und C mit den Mitten E und F der beiden gegenüberliegenden Rhombusseiten verbunden. Die Schnittpunkte der Verbindungslinien mit der großen Ellipsenachse ergeben die Mittelpunkte der kleinen Krümmungskreise. Die Mittelpunkte der beiden großen Krümmungskreise sind die stumpfen Rhombusecken, 250.2.

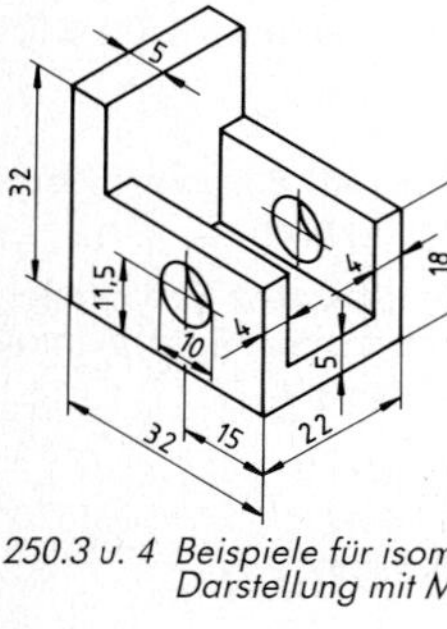

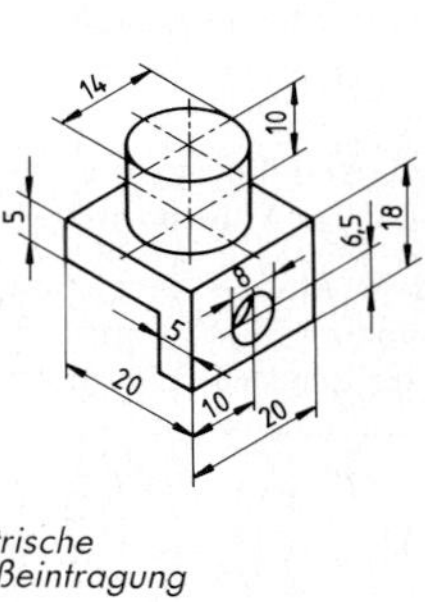

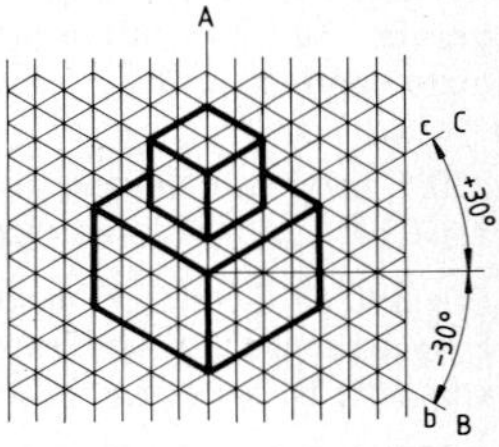

250.3 u. 4 Beispiele für isometrische Darstellung mit Maßeintragung

250.5 Isometrisches Liniennetz

Darstellen im Koordinatensystem

Zur Vereinheitlichung ist es zweckmäßig, die Hauptrichtungen der Koordinaten festzulegen. Die positive Richtung der Z-Achse entspricht der Richtung, in der sich eine Rechtsschraube drehen würde, wenn man sie mit der positiven X-Achse zur positiven Y-Achse dreht, 251.1. Alle Koordinatenwerte in Pfeilrichtung vom Ursprung gesehen sind positiv und in entgegengesetzter Richtung negativ. Die Richtungen der Koordinaten X, Y, Z werden als Hauptrichtungen und die von ihnen eingeschlossenen Flächen als Hauptebenen bezeichnet.

Um Linienzüge in isometrischer Projektion eindeutig darzustellen, ist es erforderlich, die Hauptebenen durch eine Schraffur zu kennzeichnen, 251.2. Dabei sind die Ebenen der Vorderansicht (Koordinaten Y Z) und Seitenansicht (Koordinaten X Z) senkrecht und die Ebenen der Draufsicht (Koordinaten X Y) unter —30° zu schraffieren.

Eine Koordinatenbemaßung ist zweckmäßig für die Errechnung gestreckter Längen, für Biege- und Verdrehwinkel mit Hilfe der Datenverarbeitung. Die Koordinatenbemaßung eines Rohrstranges zeigt 251.3. Die zugehörigen Koordinatenwerte enthält Tabelle 1. Diese können positive und negative Werte haben.

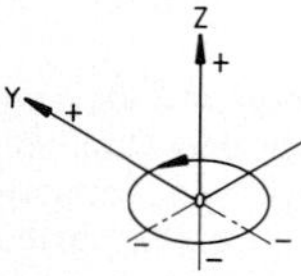

251.1 Hauptrichtungen der Koordinaten

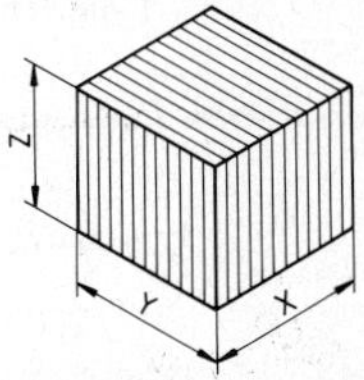

251.2 Schraffur der Hauptebenen

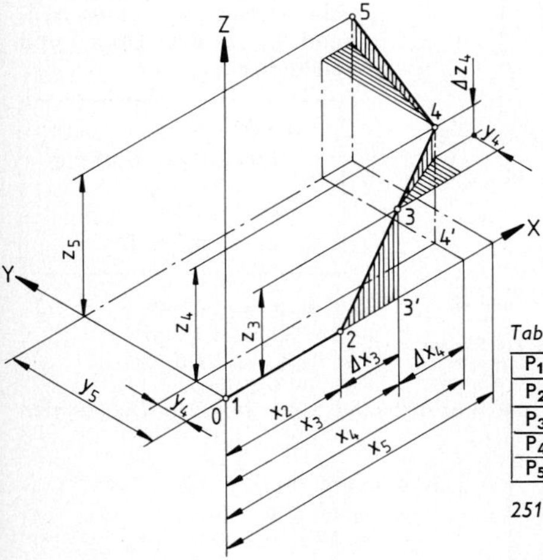

Tabelle 1

P_1	$x_1 = 0$	$y_1 = 0$	$z_1 = 0$
P_2	$x_2 = +50$	$y_2 = 0$	$z_2 = 0$
P_3	$x_3 = +75$	$y_3 = 0$	$z_3 = +34$
P_4	$x_4 = +104$	$y_4 = +12$	$z_4 = +45$
P_5	$x_5 = +118$	$y_5 = +62$	$z_5 = +54$

251.3 Gebogenes Rohr in isometrischer Projektion im Koordinatensystem, Beispiel Seite 359

7.6.2 Dimetrische Projektion nach DIN 5 Teil 2

Man wählt die dimetrische Projektion, wenn vorwiegend in der Vorderansicht Wesentliches gezeigt werden soll. Bei dieser Darstellung finden zwei = di verschiedene Maßstäbe Anwendung.

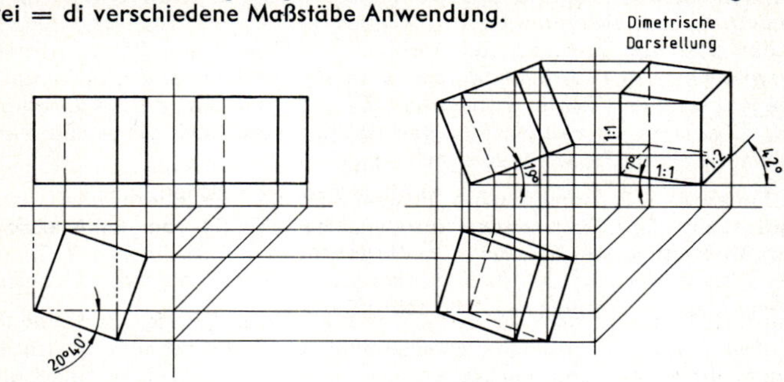

Körper aus der Grundstellung um 20° 40′ gedreht — *gedrehter Körper um 19° 26′ gekippt*

252.1 Entstehung der dimetrischen Projektion eines Würfels

Angenäherte Ellipsenkonstruktionen

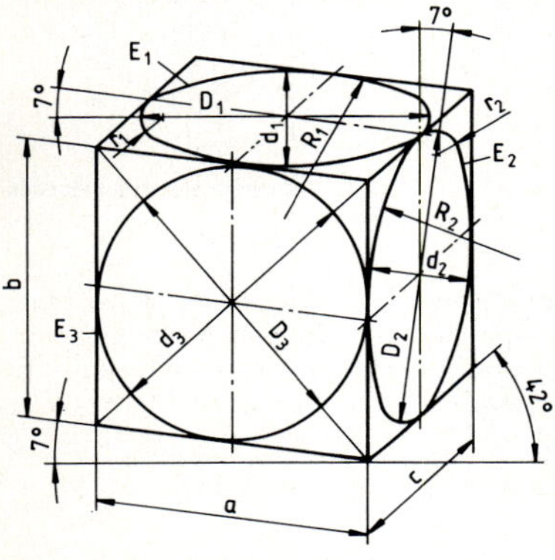

Seitenverhältnis a : b : c = 1 : 1 : ½
Neigungswinkel zur Waagerechten 7° und 42°

252.2 Dimetrische Darstellung eines Würfels mit Kreisen

Die großen und kleinen Achsen der in den Flächen eines dimetrisch dargestellten Würfels einbeschriebenen Ellipsen stehen aufeinander senkrecht. Ist a die Kantenlänge des Würfels, so gilt für die Achsen der Ellipsen E_1 und E_2 in den Deck- und Seitenflächen:

Große Achse

$$D_1 = D_2 \approx 1{,}06 \cdot a$$

Kleine Achse

$$d_1 = d_2 \approx D : 3$$

z. B. $a = 50$ mm
$D_1 \approx 53$ mm
$d_1 \approx 17{,}6$ mm

Die Achsen der Ellipse E_3 in der Vorderfläche fallen mit den Diagonalen dieser Fläche zusammen.

$$D_3 \approx 1{,}06 \cdot a$$
$$d_3 \approx 0{,}9 \cdot D_3$$

z. B. $a = 50$ mm
$D_3 \approx 53$ mm
$d_3 \approx 47{,}7$ mm

Die Ellipsen E_1 und E_2 werden annähernd genau durch Krümmungskreise konstruiert. Ihre Radien betragen:

Krümmungs-R $\approx 1{,}6 \cdot a$ Kreisradien r $\approx 0{,}06 \cdot a$	z. B. $a = 50$ mm $R \approx 80$ mm $r \approx 3$ mm

Der Mittelpunkt des großen Krümmungskreises liegt auf der Verlängerung der kleinen Ellipsenachse d und der des kleinen Krümmungskreises auf der großen Ellipsenachse D. Den großen und kleinen Krümmungskreisbogen verbindet man mit dem Kurvenlineal oder von Hand. Die Ellipsen berühren die Körperkanten in den Mittellinien der Flächen.

Da die Ellipse E_3 in der Vorderfläche nur geringfügig von der Kreisform abweicht, wird sie meistens als Kreis gezeichnet.

Vereinfachte Konstruktion der Ellipse in einer Würfelvorderfläche

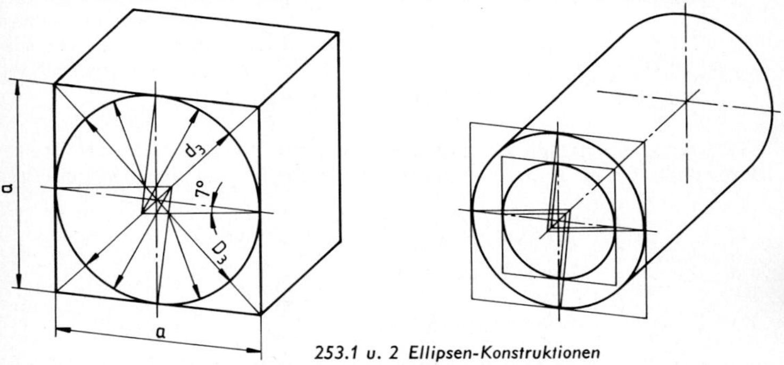

253.1 u. 2 Ellipsen-Konstruktionen

An die Mittellinien des Rhombus legt man Winkel von 7°. Deren freie Schenkel schneiden die Ellipsenachsen in den Mittelpunkten der Krümmungskreise. Die angenäherte Ellipse setzt sich aus vier Kreisbogen zusammen, die die Rhombusseiten in den Schnittpunkten der Mittellinien berühren, 253.1.

Beispiele für dimetrische Darstellung mit Maßeintragung

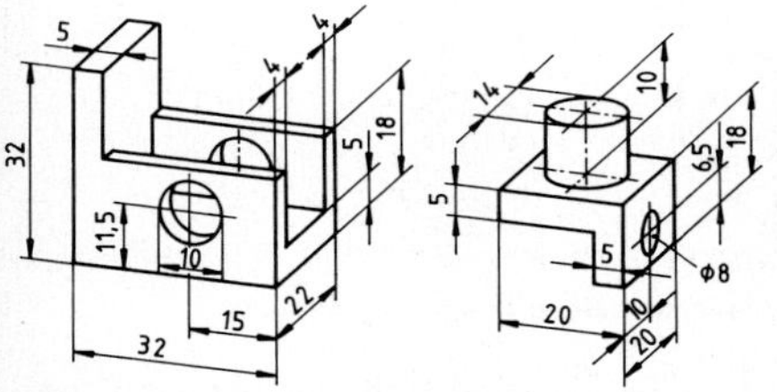

253.3 u. 4 Beispiele für dimetrische Darstellung mit Maßeintragung

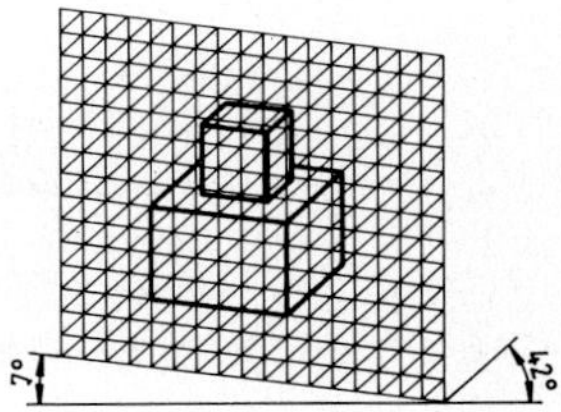

253.5 Schrägbildpapier

Kavalierperspektive

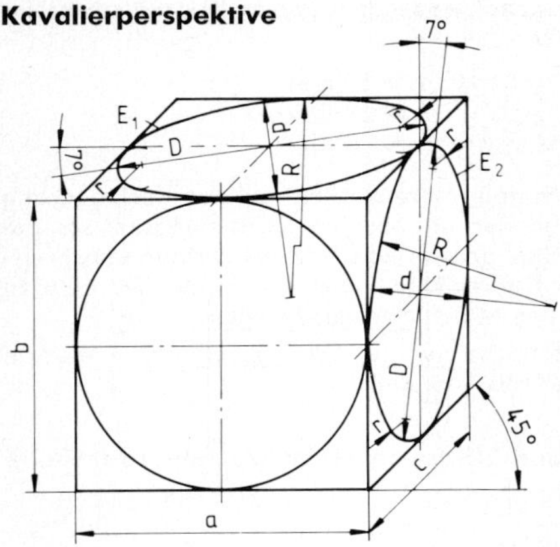

254.1 Seitenverhältnis a:b:c = 1:1: ½
Neigungswinkel zur Waagerechten 45°

Ein Bild in Kavalierperspektive entsteht durch schiefe Parallelprojektion eines Körpers auf eine senkrechte Bildebene. Sie wird hauptsächlich wegen ihrer Einfachheit und Anschaulichkeit in der Architektur zum schnellen Entwerfen von Raumbildern verwendet. Alle in Flächen parallel zur Bildebene liegenden Kanten bleiben ungekürzt, während in die Tiefe verlaufende Kanten unter 45° im allgemeinen um die Hälfte verkürzt gezeichnet werden.

Nur Kreise in Flächen parallel zur Bildebene werden auch als Kreise dargestellt. In allen anderen Flächen werden Kreise als Ellipsen abgebildet.

große Ellipsenachsen	$D \approx 1{,}07 \cdot c$
kleine Ellipsenachse	$d \approx D : 3{,}2$
Krümmungskreisradien	$R \approx 1{,}5 \cdot c$
	$r \approx R : 20$

7

Die große Achse der Ellipse E_1 ist um 7° zur Waagerechten und die der Ellipse E_2 um 7° zur Senkrechten geneigt.

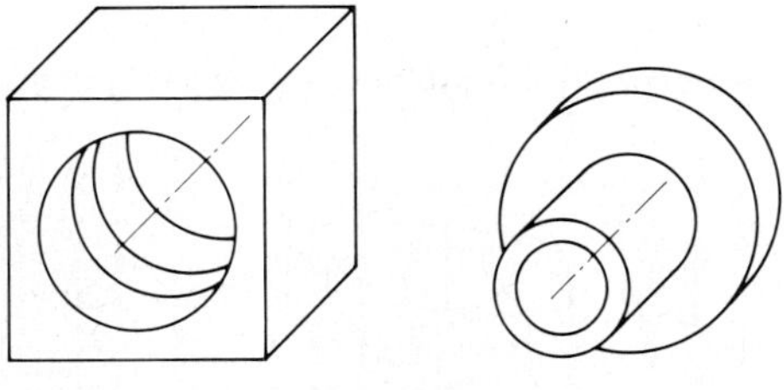

254.2 u. 3 Werkstücke in Kavalierperspektive dargestellt.

Die in DIN 5 T10 für Anwendung in der Technik beschriebene Kavalierperspektive weist im Unterschied zu Bild 254.1 ein Seitenverhältnis a:b:c = 1 : 1 : 1 und einen Neigungswinkel von 45° auf.

Zeichnen einer Konsole in dimetrischer Darstellung nach gegebener technischer Zeichnung in Zeichenschritten

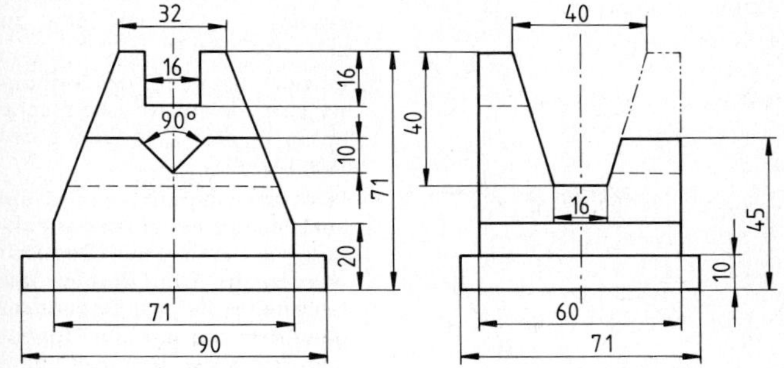

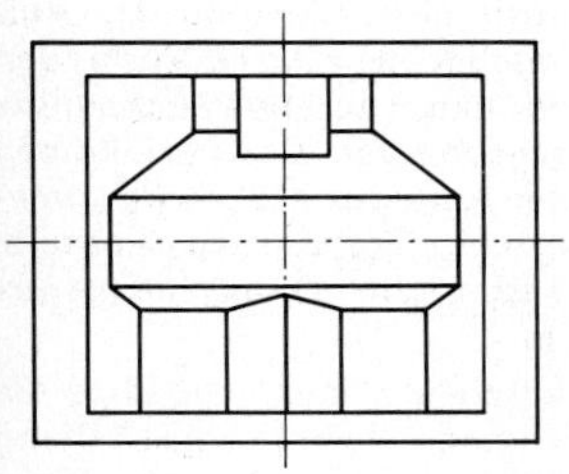

1

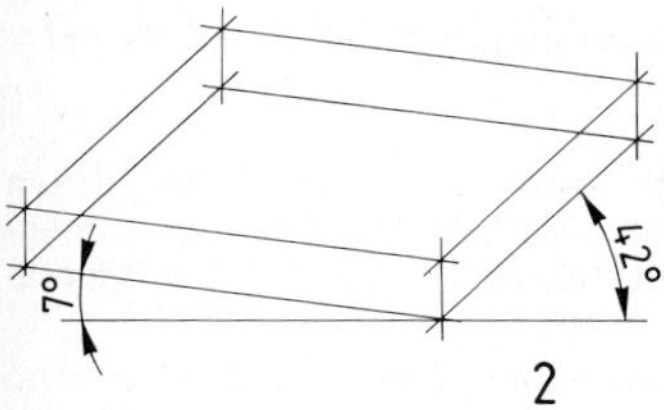

2

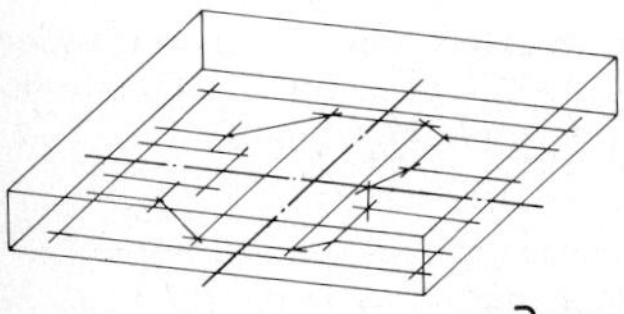

3

A Aufgabe:

1. Zu der gegebenen V und S mit Maßen im M 1:1 ist die D zu ergänzen.
2. Anhand der technischen Zeichnung ist im M 1:1 auf A3-Blatt (Transparent) die dimetrische Darstellung zu zeichnen, wobei die S von links als Hauptansicht zu wählen ist, ohne die verdeckten Körperkanten und Maße einzutragen. Der Entwurf ist in Tusche auszuziehen, die kennzeichnende Hilfskonstruktion muß stehen bleiben.

B Arbeitsfolge:

Erfassen der Aufgabe. Lesen der technischen Zeichnung. Ergänzen der D und Erkennen der Teilformelemente. Die schrägen Kanten am Aufbaukörper bilden sich in der D verkürzt ab. Durch Projizieren aus V und S ergibt sich die D. Diese dient als Hilfskonstruktion beim Erstellen der Dimetrie.

C Zeichenschritte:

1. Ergänzen der D.
2. Entwerfen der Grundplatte □ 71 × 10 × 90 an der Waagerechten unter ∢ 7° und 42°,

7

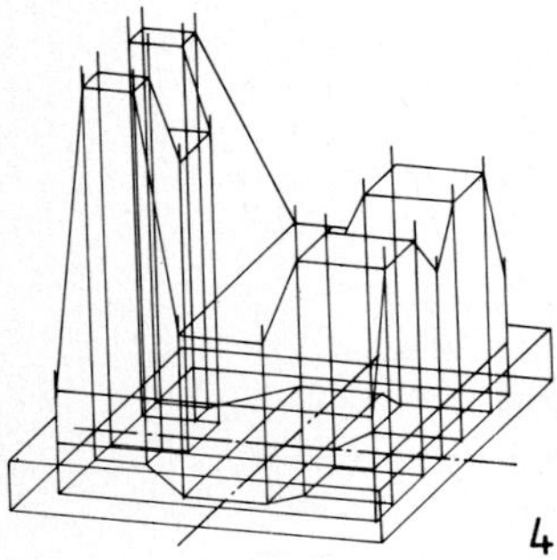

4

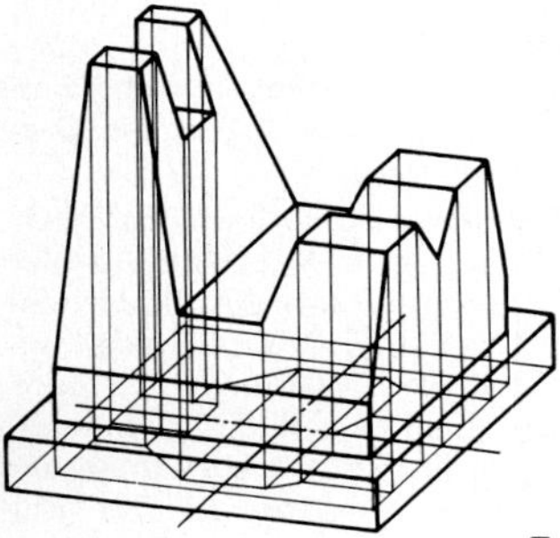

5

dabei die vorderen Kanten 71 und 10 mm in M 1 : 1, die nach hinten führenden nur zur Hälfte = 45 mm lang zu zeichnen sind.

3. Einzeichnen der D des Aufbaukörpers als dimetrische Fläche mittig in die Grundfläche der Grundplatte.
4. In deren Eckpunkten sind die Senkrechten der Hilfskonstruktion zu errichten. Dadurch werden die Umrißkanten des Unterteiles des Auflagebockes gefunden und mit den Höhen- und Breitenmaßen aus V und S auch die Eckpunkte der Auflageflächen. Durch Verbinden der entsprechenden Eckpunkte ergeben sich die Umrißkanten des Auflageteiles = die dimetrische Gestalt der Konsole. Testen des Dimetrie-Entwurfes.
5. Ausziehen der Dimetrie in Tusche unter Beibehaltung der kennzeichnenden Hilfskonstruktion.

Übungsaufgaben siehe „Praxis des Technischen Zeichnens“.

7

7.5 Graphische Darstellung in Koordinatensystemen nach DIN 461

Zweck und Geltungsbereich

Diese Norm enthält Festlegungen zur einheitlichen, unmißverständlichen und übersichtlichen graphischen Darstellung funktioneller Zusammenhänge zwischen kontinuierlichen Veränderlichen, z. B. für Veröffentlichungen aus der Technik.

Je nachdem, ob aus der graphischen Darstellung Zahlenwerte abgelesen werden sollen oder nicht, unterscheidet man quantitative und qualitative Darstellungen.

Graphische Darstellungen in Koordinatensystemen werden im folgenden auch kurz Diagramme genannt. Diese Norm gilt auch für die Funktionsskalen, Netztafeln, Fluchtlinientafeln und andere Nomogramme.

Koordinatenachsen

Im ebenen rechtwinkligen kartesischen Koordinatensystem, 257.1 u. 2., werden zunehmende Werte der Veränderlichen vom Schnittpunkt der beiden Achsen aus vorzugsweise nach rechts und nach oben, abnehmende nach links und nach unten eingetragen. Je eine Pfeilspitze am Ende der Abszissenachse (waagerechten Achse) und der Ordinatenachse (senkrechten Achse) zeigt an, in welcher Richtung die Koordinate wächst. Die (schräg zu schreibenden) Formelzeichen der Größen stehen in diesem Fall unter der waagerechten Pfeilspitze und links neben der senkrechten Pfeilspitze. Die Pfeile dürfen auch, soweit Platz vorhanden ist, parallel zu den Achsen angebracht werden. Formelzeichen oder Benennungen stehen dabei an der Wurzel der Pfeile.

Das Formelzeichen für die in Ordinatenrichtung aufgetragene Größe soll ohne Drehen des Bildes lesbar sein.

Im Polarkoordinatensystem, 257.3 u. 4, wird meist die waagerechte Achse dem Winkel Null zugeordnet. Positive Winkel werden entgegen dem Uhrzeigersinn, negative Winkel im Uhrzeigersinn angetragen. Der Durchlaufsinn des Radius ist meist der vom Nullpunkt (Pol) nach außen.

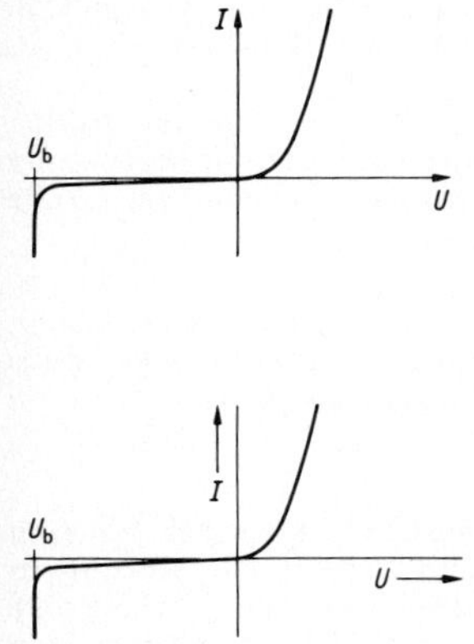

257.1 u. 2 Kartesisches Koordinatensystem

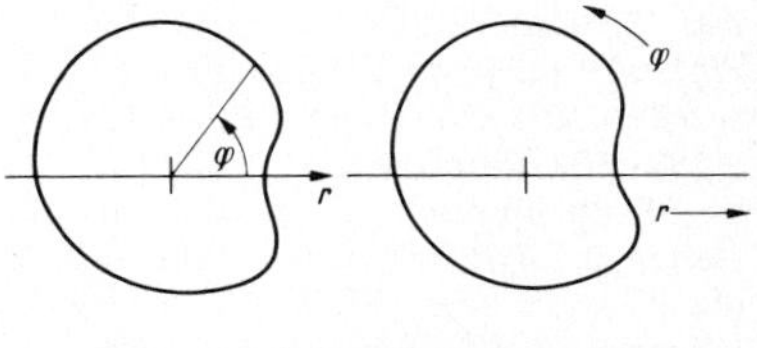

257.3 u. 4 Polarkoordinatensystem

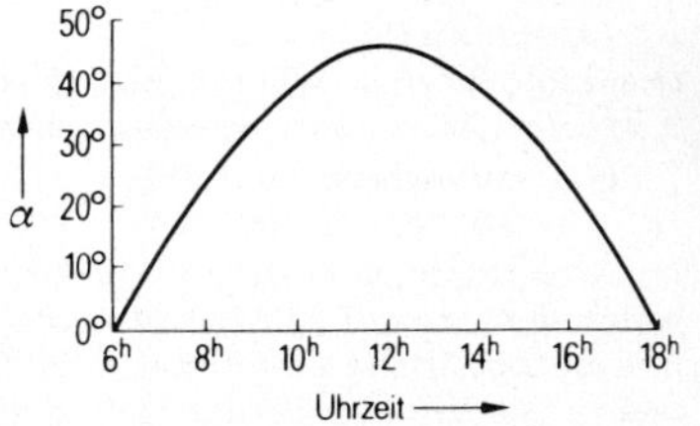

257.5 Zahlenwerte der Skale mit hochgestellten Einheitenzeichen

Qualitative Darstellung

Bei qualitativer Darstellung — in Form eines Übersichtsdiagramms — kommt es lediglich auf den charakteristischen Verlauf der voneinander abhängigen Größen an, deren Zusammenhang in Kurvenform dargestellt ist.

Entsprechend dem Sinn der qualitativen Darstellung hat das Koordinatensystem keine Teilung. Es dürfen jedoch Koordinaten markanter Punkte angegeben werden, z. B. ausgezeichnete Größen durch Formelzeichen, Kennzeichnung durch Kreise oder Beziffern.

Bei der qualitativen Darstellung werden stets auf beiden Achsen lineare Teilungen vorausgesetzt. An jeder Achse kann die Veränderliche auch als Funktion einer anderen Veränderlichen angeschrieben werden.

Quantitative Darstellung

a) Diagrammfläche

Bei dieser Darstellung sollen an den Kurven die zu den Größen gehörigen Zahlenwerte abgelesen werden. Daher muß man auf der Abszissen- und auf der Ordinatenachse je eine bezifferte Teilung (Skale) auftragen. Es ist häufig zweckmäßig, diese Teilungen zu einem Koordinatennetz zu ergänzen.

b) Skale

Die Teilung der Abszissen- und der Ordinatenachse wird mit Zahlenwerten beziffert, die ohne Drehen des Bildes lesbar sein sollen. Bei positiven Zahlenwerten ist im allgemeinen ein Pluszeichen (+) nicht erforderlich. Dagegen sind sämtliche negativen Zahlenwerte mit einem Minuszeichen (—) zu versehen. Abszissen- und Ordinatenachsen werden durch je eine Null bezeichnet, auch wenn beide Nullpunkte zusammenfallen. Nicht alle Teilstriche müssen beziffert sein, jedenfalls aber die ersten und die letzten.

Die zu den Zahlenwerten gehörenden, senkrecht zu schreibenden Einheitenzeichen stehen am rechten Ende der Abszissenachse und am oberen Ende der Ordinatenachse zwischen den letzten beiden Zahlen der Skalen. Bei Platzmangel kann die vorletzte oder auch die drittletzte Zahl weggelassen werden. Die Einheit darf keinesfalls in Klammern gesetzt werden.

c) Größenangaben

Bei Diagrammen mit Koordinatennetz oder mit Teilungen der Achsen stehen die Formelzeichen außerhalb der Diagrammfläche. Sie werden an die Wurzel eines Pfeils — der anzeigt, in welcher Richtung die Größe wächst — neben die Skale gesetzt.

Zeichnerische Hinweise

a) Linienbreite

7

Die Linienbreiten werden aus DIN 15 Teil 1, Reihe 1 (0,18; 0,25; 0,35; 0,5; 0,7; 1,4; ... mm) gewählt, und zwar etwa im Verhältnis:

Netz zu Achsen zu Kurven
1 zu 2 zu 4

In Arbeitsdiagrammen soll die Kurvenlinienbreite wegen der höheren Ablesegenauigkeit so klein wie möglich gewählt werden. Für Schraffuren und Bezugsstriche und ähnliche Hilfslinien empfiehlt sich die gleiche Breite wie für Netzlinien. Ferner gelten die Angaben von DIN 474, Zeichnungen für Druckzwecke.

b) Beschriftung

Innerhalb der Diagrammfläche ist mit Rücksicht auf eine übersichtliche, klare Darstellung jede nicht zum Verständnis notwendige Beschriftung zu vermeiden. Bei der Beschriftung der Achsen sollte man vorzugsweise die Formelzeichen der Größen benutzen. Dies hat den Vorteil, daß die Diagramme beim Einfügen in fremdsprachige Texte ohne Änderung benutzt werden können.

Es werden Schriften nach DIN 6776 und DIN 30640 angewendet. Für Indizes und Exponenten wird gegenüber ihrem Trägerbuchstaben die nächstkleinere Schriftgröße benutzt. Bei gedruckten Diagrammen werden die Schriftgrößen nach DIN 474 gewählt.

Die Anwendung von senkrechter und schräger Schrift richtet sich auch bei der Bildbeschriftung nach DIN 1338. Mit Ausnahme der in dieser Norm erwähnten Fälle für kursive Schreibweise ist senkrechte Schrift anzuwenden.

8 Normung

8.1 Sinn und Zweck der Normung

Die Normung stellt durch Vereinheitlichung eine zweckdienliche Ordnung von Erzeugnissen und Verfahren her. Sie legt die Form, Größe und Ausführung gleichartiger Erzeugnisse fest, so daß genormte Teile ausgetauscht werden können. Die Austauschbarkeit ermöglicht größere Stückzahlen und führt zur wirtschaftlichen Fertigung. Durch Anwenden der Normung bei der Konstruktion, z. B. durch Verwenden von Normteilen —, und bei der Fertigung, z. B. durch den Einsatz genormter Vorrichtungen, werden die Herstellungskosten gesenkt.

Die Normung von Einzelteilen, Baueinheiten bzw. Gruppen, ganzer Erzeugnisse und von Betriebsmitteln ermöglicht die Serien- und Massenfertigung und die damit verbundene Automatisierung.

Genormte Meßverfahren, z. B. bei der Härteprüfung, besitzen den Vorteil der Vergleichbarkeit der Meßergebnisse.

Normen sind Regeln der Technik. Sie sind bewährte Lösungen für häufig wiederkehrende Aufgaben. Ihre Anwendung führt in allen Bereichen der Technik zu sinnvollen Vereinheitlichungen und bringt daher erhebliche Kosteneinsparungen.

Wer sich nach Normen richtet, verhält sich technisch stets ordnungsgemäß.

Name DIN

Der Name DIN wurde früher von „Deutsche Industrie-Norm" abgeleitet. Inzwischen ist er in den Sprachgebrauch eingegangen und kennzeichnet heute die Gemeinschaftsarbeit des Deutschen Instituts für Normung e. V. DIN bedeutet jetzt Deutsches Institut für Normung e. V.

Das Deutsche Institut für Normung e.V. ist Träger der Normung in der Bundesrepublik Deutschland. Es ist auch Mitglied des Internationalen Normenausschusses ISO. Innerhalb des DIN gibt es für die verschiedenen Fachgebiete entsprechende Fachnormenausschüsse (FNA).

Name ISO

8

Der Name ISO des Internationalen Normenausschusses ist von International Organization for Standardization abgeleitet worden. In der ISO sind die Normungsinstitute der verschiedenen Mitgliedsländer vertreten. Die ISO erarbeitet ISO-Normen (ISO-Standards), früher ISO-Empfehlungen, die von den Mitgliedsländern übernommen werden sollen, z. B. in der Bundesrepublik Deutschland als DIN-ISO-Normen.

Der Zweck der ISO ist die Förderung der Normung in der Welt, um den Austausch von Gütern und Dienstleistungen zu unterstützen und die gegenseitige Zusammenarbeit in verschiedenen Bereichen zu entwickeln.

Entstehung der DIN-Normen

In den Fachnormenausschüssen des DIN sind Fachleute aus der Industrie, der Wissenschaft und den Behörden vertreten, die aus den Erfahrungen oder aus den zur Verfügung gestellten Werknormen Normenentwürfe erarbeiten. Diese Entwürfe werden nach eingehender Kontrolle durch die Normenprüfstelle des DIN in den „DIN-Mitteilungen + elektronorm" angezeigt und damit der Öffentlichkeit zur Stellungnahme vorgelegt. Nach Ablauf der Einspruchsfrist legt der betreffende Fachnormenausschuß unter Berücksichtigung der Einsprüche und Verbesserungsvorschläge die endgültige Fassung des Normblattes fest und erklärt sie zur DIN-Norm. Weiteres siehe DIN 820, Normungsarbeit T 1 . . . T 29.

DIN-Normen enthalten die vom Deutschen Institut für Normung erarbeiteten Fassungen der Normen. Diese werden auf besonderen Blättern, den Normblättern, herausgegeben. Kopf- und Fußleiste einer DIN-Norm s. 260.1.

Vornormen werden nur dann herausgegeben, wenn noch hinreichende, praktische Erfahrungen fehlen. Nach Vornormen soll bereits gearbeitet werden.

DIN-ISO-Normen sind ISO-Normen, die von der Internationalen Normenorganisation ISO erarbeitet und übersetzt als deutsche Fassung herausgegeben werden.

DIN-IEC-Normen sind IEC-Normen der Internationalen Elektrotechnischen Kommission IEC, die als deutsche Übersetzung erscheinen.

DIN-EN-Normen sind vom DIN übernommene Europäische Normen (EN), die vom CEN (Comite Europeen de Coordination des Normes) herausgegeben werden, um die nationalen Normen auf dem Gebiete der Technik in Einklang zu bringen.

EURONORMEN werden von der Europäischen Gemeinschaft für Kohle und Stahl zur Erleichterung des Warenverkehrs in der EG herausgegeben, deren Inhalt in den entsprechenden DIN-Normen berücksichtigt ist.

DK 744.43 DEUTSCHE NORMEN **April 1977**

	Maßeintragung in Zeichnungen Arten	DIN 406 Teil 1
Dimensioning in drawings; kinds		
Normenausschuß Zeichnungswesen (NZ) im DIN Deutsches Institut für Normung e.V.		

Alleinverkauf der Normen durch Beuth Verlag GmbH, Berlin 30 und Köln 1
04.77
DIN 406 Teil 1 Apr 1977 Preisgr. 4

260.1

8

Inhalt der DIN-Normen

Dienstleistungsnormen
Gebrauchstauglichkeitsnormen
Liefernormen
Maßnormen
Planungsnormen
Prüfnormen
Qualitätsnormen
Sicherheitsnormen
Stoffnormen
Verfahrensnormen
Verständigungsnormen

Einführung der DIN-Normen

Die DIN-Normen gelten als verpflichtende Empfehlungen und sind daher nach Möglichkeit überall anzuwenden.

Änderung der DIN-Normen

DIN-Normen werden nur geändert, um sie dem neuesten Stand der Technik anzupassen. Die Änderungen stehen in den regelmäßig erscheinenden DIN-Mitteilungen + elektronorm. Bei geringfügigen Änderungen erhält das alte Ausgabedatum ein Diagonalkreuz. In den vorhandenen Normblättern sind

Beiblätter enthalten nur Informationen zu Normen, jedoch keine zusätzlichen genormten Festlegungen.

die Verbesserungen einzutragen. Wesentliche Änderungen erfordern ein neues Normblatt. Alsdann wird das alte für ungültig erklärt. Von Zeit zu Zeit müssen die Normblätter auf ihre Gültigkeit überprüft werden. Das kann auch mit Hilfe des jährlich erscheinenden DIN-Katalogs geschehen.

DIN-Katalog

Der DIN-Katalog enthält im Sachteil 1 die nach Sachgruppen und der Dezimalklassifikation geordneten technischen Regeln wie Normen, Normenentwürfe und Vorschriften wie Gesetze und Verordnungen mit technischen Festlegungen. Der Teil 2 weist ein Nummern- und Schlagwortregister auf.

Auf jedem Normblatt ist die DK-Zahl der zugehörigen Gruppe oben links über der Kopfleiste zu finden. Die Normblattnummer steht dagegen unter dem DIN-Zeichen rechts im Titelbild.

Dezimalklassifikation

Die Dezimalklassifikation, abgekürzt DK, gliedert und unterteilt alle Wissensgebiete mit Hilfe der Ziffern des dekadischen Zahlensystems von 0...9 bis in die Einzelheiten, so daß jeder Gedanke und jeder Gegenstand einen festen Platz haben. Die erste Ziffer einer DK-Zahl weist auf die Hauptgruppe hin, z. B. 6: Angewandte Wissenschaften, Medizin, Technik. Die folgenden Ziffern hinter der ersten einer DK-Zahl geben die Hauptabteilungen an. Diese sind je nach Bedarf weiter gestuft. Zwischen je drei Ziffern einer DK-Zahl wird wegen der besseren Übersichtlichkeit ein Punkt gesetzt, z. B. 622.331.

Zum schnellen Auffinden der Normblätter ist die Hauptabteilung Allgemeiner Maschinenbau, Elektrotechnik weiter unterteilt:

621 Allgemeiner Maschinenbau. Elektrotechnik
621.1 Dampfmaschinen. Dampfkessel. Kondensation
621.2 Wasserkraftmaschinen. Wasserräder
621.3 Elektrotechnik. Rundfunktechnik
621.4 Heißluftmaschinen. Brennkraftmaschinen. Dieselmaschinen
621.5 Verdichter. Luftmotoren. Kältetechnik
621.6 Gebläse. Pumpen. Rohrleitungen. Armaturen
621.7 Werkstätten. Gießerei. Schmieden. Härten. Schweißen usw.
621.8 Kraftübertragung. Getriebe. Hebezeuge. Befestigungsmittel. Schmierung
621.9 Werkzeuge. Werkzeugmaschinen

Siebenstellige Beispiele: Ventile: 621.646.2 Löten: 621.791.3

Wird durch zwei Begriffe ein neuer Begriff geschaffen, der nicht durch eine DK-Zahl allein ausgedrückt werden kann, so benutzt man mehrere DK-Zahlen. Diese werden dann durch Zeichen miteinander verbunden, z. B. zwei Begriffe stehen miteinander in Beziehung:

621.113: 621.882.2 Schrauben für den Kraftfahrzeugbau

Normung innerhalb eines Werkes

Die Normung innerhalb eines Werkes wird von der Normenstelle aus durchgeführt. Sie bestellt die Normen und überwacht ihre Gültigkeit an Hand der DIN-Mitteilungen + elektronorm. Die Normenstelle arbeitet mit dem DIN zusammen, bereitet die Normen für den Betrieb auf, leitet die Schaffung von Werknormen für die Konstruktion und Fertigung und prüft die Zeichnungen auf Norm.

8.2 Normzahlen und Normzahlreihen nach DIN 323 Teil 1, Grundreihen

Hauptwerte							
Grundreihen							
R 5	R 10	R 20	R 40	R 5	R 10	R 20	R 40
1,00	1,00	1,00	1,00		3,15	3,15	3,15
			1,06				3,35
		1,12	1,12			3,55	3,55
			1,18				3,75
	1,25	1,25	1,25	4,00	4,00	4,00	4,00
			1,32				4,25
		1,40	1,40			4,50	4,50
			1,50				4,75
1,60	1,60	1,60	1,60		5,00	5,00	5,00
			1,70				5,30
		1,80	1,80			5,60	5,60
			1,90				6,00
	2,00	2,00	2,00	6,30	6,30	6,30	6,30
			2,12				6,70
		2,24	2,24			7,10	7,10
			2,36				7,50
2,50	2,50	2,50	2,50		8,00	8,00	8,00
			2,65				8,50
		2,80	2,80			9,00	9,00
			3,00				9,50
				10,00	10,00	10,00	10,00

Zweck

Die Normzahlen NZ dienen einer weitgehenden Ordnung und Vereinfachung im technischen und wirtschaftlichen Schaffen. Ihre Anwendung bringt erhebliche wirtschaftliche Vorteile.

Man wendet sie an zur Bemessung von Größen aller Art, die durch Zahlen ausgedrückt werden können, z. B. Hauptabmessungen von Gegenständen, Kräfte, Drücke, Inhalte, Drehzahlen, Leistungen, Fördermengen, Übersetzungen usw., mit dem Ziel, daß an verschiedenen Stellen die gleichen Größen bevorzugt werden. Auch Einzelgrößen sind nach NZ festzulegen, da meist später eine Stufung erforderlich wird. Besonders geeignet sind die NZ für die Stufung von Größen nach Normzahlreihen. Bei Größenreihen von Konstruktionen wählt man für die Kenngrößen, z. B. bei zylindrischen Behältern für Durchmesser und Höhe, Normzahlreihen, so daß sich für die übrigen Kenngrößen bei multiplikativen Zusammenhängen wieder Normzahlen ergeben. Die Reihen mit den gröbsten Stufensprüngen sind zu bevorzugen. Siehe DIN 323 Teil 2.

Aufbau

Die Grundreihen der Normzahlen entstehen, indem die Zwischenbereiche der Zehnerstufen (Zehnerpotenzen) 1, 10, 100 usw. in eine den Reihen entsprechende Anzahl geometrisch gleicher Stufen aufgeteilt werden. Teilt man die Zehnerpotenzen in 10 geometrisch gleiche Stufen, so erhält man die Grundreihe R10. Bei feineren Stufungen wird je ein Glied dazwischen geschoben, so daß sich 20 Glieder je Zehnerstufe ergeben (R20). Bei weiterem Einschieben eines Gliedes ergibt sich die Reihe R40.
Die Grundreihen R5, R10, R20 und R40 sind als Hauptwerte in DIN 323 Teil 1 aufgeführt.

Die theoretischen Werte der Normzahlen sind unendliche Dezimalbrüche, die für die praktische Verwendung ausscheiden.

Rundwerte sollen nur dann angewendet werden, wenn die Hauptwerte in der Praxis Schwierigkeiten bereiten oder wenn handelsübliche Größen übernommen werden sollen, s. S. 103.

Die Normzahlreihen sind geometrische Reihen, bei denen jedes Glied aus dem vorhergehenden durch Multiplizieren mit einem bestimmten Faktor, dem Stufensprung, hervorgeht. Dieser beträgt: 1,6 für R5, 1,25 für R10, 1,12 für R20 und 1,06 für R40. Die Hauptwerte sind Glieder dieser Grundreihen.

Abgeleitete Reihen entstehen aus den Grundreihen, indem man nur jedes 2., 3., 4., usw. Glied entnimmt. Beim Entnehmen z. B. jedes 3. Gliedes der Reihe R10 lautet die abgeleitete Reihe R10/3: 1, 2, 4, 8, 16, . . .

Normzahlreihen können begrenzt werden, z. B. eine begrenzte Reihe mit 6 Gliedern R 10/3 (1. . .32) : 1, 2, 4, 8, 16, 32.

Nur bestimmte Abmessungen sind arithmetisch gestuft, z. B. Blechdicken Schraubenlängen und Werkzeugmaschinenvorschübe.

Stufungsbeispiel von Abmessungen und Inhalt bei zylindrischen Behältern nach Normzahlen

Größe Nr.	1	2	3	4	. . .
Durchmesser d (R 10) mm	100	125	160	200	. . .
Höhe h (R 10) mm	125	160	200	250	. . .
Inhalt V (R 10/3) Liter	1	2	4	8	. . .

8.3 Allgemeine Baustähle nach DIN 17100

Allgemeine Baustähle sind unlegierte Stähle, die in Form von warm- oder kaltumgeformten Halbzeugen im Stahl-, Maschinen- und Apparatebau verwendet werden. Für die Wahl der Stahlsorte sind die Zugfestigkeit und die Streckgrenze bei Raumtemperatur maßgebend.

Da bei der Stahlherstellung nur noch hochwertige Qualitäten erzeugt werden, das Thomasverfahren wird nicht mehr angewendet, entfallen alle Sorten der Gütegruppe 1 sowie die Festigkeitsklasse St 34. Die Sorten St 42 und St 46 sind durch die Qualität St 44 ersetzt worden.

Gewährleistete Werte für mechanische und technologische Eigenschaften der Stahlsorten nach DIN 17100

Stahlsorte Kurzname	Werkstoffnummer	Zugfestigkeit R_m für Erzeugnisdicken in mm[1]) in N/mm² < 3	≧ 3 ≦ 100	Obere Streckgrenze für Erzeugnisdicken in mm[1]) in N/mm² min. ≦ 16	> 16 ≦ 40	> 40 ≦ 63	> 63 ≦ 80	> 80 ≦ 100
St33	1.0035	310 bis 540	290	185	175[1])	—	—	—
St37-2 USt37-2	1.0037 1.0036	360 bis 510	340 bis 470	235	225	215	205	195
RSt37-2 St37-3	1.0038 1.0116			235	225	215	215	215
St44-2 St44-3	1.0044 1.0144	430 bis 580	410 bis 540	275	265	255	245	235
St52-3	1.0570	510 bis 680	490 bis 630	355	345	335	325	315
St50-2	1.0050	490 bis 660	470 bis 610	295	285	275	265	255
St60-2	1.0060	590 bis 770	570 bis 710	335	325	315	305	295
St70-2	1.0070	690 bis 900	670 bis 830	365	355	345	335	325

Stahlsorte Kurzname	Probenlage	Bruchdehnung für Erzeugnisdicken in mm [1]) in % ≧0,5 <1	≧1 <1,5	≧1,5 <2	≧2 <2,5	≧2,5 <3	≧ 3 ≦40	>40 ≦63	> 63 ≦100	Kerbschlagarbeit ISO-Spitzkerbproben (längs) Behandlungszustand	Prüftemperatur in °C	für Erzeugnisdicken in mm [1]) in J min. ≧10 ≦16	>16 ≦63	> 63 ≦100
St33	längs quer	10 8	11 9	12 10	13 11	14 12	18 16	—	—	U, N	—	—	—	—
St37-2 USt37-2 RSt37-2	längs quer	17 15	18 16	19 17	20 18	21 19	26 24	25 23	24 22	U, N U, N U, N	+20 +20 +20	27 27 27	— — 27	— — —
St37-3										U N	± 0 —20	27 27	27 27	23 23
St44-2	längs	14	15	16	17	18	22	21	20	U, N	+20	27	27	—
St44-3	quer	12	13	14	15	16	20	19	18	U N	± 0 —20	27 27	27 27	23 23
St52-3	längs quer	14 12	15 13	16 14	17 15	18 16	22 20	21 19	20 18	U N	± 0 —20	27 27	27 27	23 23
St50-2	längs quer	12 10	13 11	14 12	15 13	16 14	20 18	19 17	18 16	U, N	—	—	—	—
St60-2	längs quer	8 6	9 7	10 8	11 9	12 10	16 14	15 13	14 12	U, N	—	—	—	—
St70-2	längs quer	4 3	5 4	6 5	7 6	8 7	11 10	10 9	9 8	U, N	—	—	—	—

1) Werte für Erzeugnisdicken > 100 mm nach Vereinbarung

Normenhinweis:

DIN 1623 T1 Kaltgewalztes Band und Blech (< 3 mm Dicke) aus weichen unlegierten Stählen: St12, St13 u. St14

DIN 1623 T2 Kaltgewalztes Band und Blech (< 3 mm Dicke) aus allgemeinen Baustählen nach DIN 17100

8

Bedeutung der Kennbuchstaben nach DIN 17006[1])			
1	2	3	10
Gußzeichen	Erschmelzungsart	Besondere Eigenschaften	Behandlungszustand
G- = Gegossen (allg.) GG- = Grauguß GH- = Hartguß GS- = Stahlguß GT- = Temperguß (allg.) GTS- = Temperguß, schw. GTW- = Temperguß, weiß Angehängte Zeichen: K = Kokillenguß Z = Schleuderguß (Beispiel: GGK-) GGG- = Gußeisen mit Kugelgraphit	B = Bessemerstahl E = Elektrostahl (allg). F = Flammofen J = Elektrostahl (Indukt.) LE = Elektrostahl (Lichtb.) M = SM-Stahl PP = Puddelstahl SS = Schweißstahl T = Thomasstahl Tl = Tiegelstahl W = Windfrischstahl Angehängte Zeichen: B = Basisch Y = Sauer	A = Alterungsbeständig G = Größerer P- oder S-Gehalt K = Kleiner P- oder S-Gehalt L = Laugenrißbeständig P = Preßschweißbar Q = Kaltstauchbar S = Schmelzschweißbar Z = Ziehbar U = Unberuhigt vergossen, Gütegrad -1 R = Beruhigt vergossen, -2 RR = Besonders beruhigt vergossen, -3	A = Angelassen B = Beste Bearbeitbark. E = Einsatzgehärtet G = Weichgeglüht H = Gehärtet HF = Oberfläch. Flammengehärtet HJ = Oberfläch. Induktionsgehärtet K = Kaltverformt N = Normalgeglüht NT = Nitriert S = Spannung freigeglüht U = Unbehandelt V = Vergütet

Schlüsselliste

Man berechnet den mittleren Prozentsatz der Legierungszusätze niedrig legierter Stähle, indem man die betreffende Legierungskennzahl durch die zugehörige Schlüsselzahl teilt.

Legierungszusätze	Schlüsselzahl
Chrom (Cr), Kobalt (Co), Mangan (Mn), Nickel (Ni), Silizium (Si), Wolfram (W)	4
Aluminium (Al), Beryllium (Be), Blei (Pb), Bor (B), Kupfer (Cu), Molybdän (Mo), Niob (Nb), Tantal (Ta), Titan (Ti), Vanadium (V), Zirkon (Zr)	10
Phosphor (P), Schwefel (S), Stickstoff (N), Cer (Ce), Kohlenstoff (C)	100

Beispiele

Kurzzeichen	1	2	3	4	5 . . . 8	9	10	11	12	13	Erklärung
St 37-2					St 37-2						Baustahl mit 340 . . . 470 N/mm² Zugfestigkeit
GG-20	GG-				20						Grauguß mit 200 N/mm² Zugfestigkeit

Vergleich der Stahlsorten nach DIN 17100 mit der EURONORM 25

St 33	Fe 310-0	—	Fe 430-A	St 52-3U	Fe 510-C
USt 37-2	Fe 360-BFU	St 44-2	Fe 430-B	St 52-3N	Fe 510-D
RSt 37-2	Fe 360-BFN	St 44-3U	Fe 430-C	St 50-2	Fe 490-2
St 37-3U	Fe 360-C	St 44-3N	Fe 430-D	St 60-2	Fe 590-2
St 37-3N	Fe 360-D	—	Fe 510-B	St 70-2	Fe 690-2

[1]) Ein dem Kurznamen vorangestelltes X gibt an, daß außer dem C-Gehalt alle Legierungsbestandteile in vollen Prozenten angegeben sind.

Unlegierte Baustähle mit nachfolgender Wärmebehandlung (Auswahl)						
Werkstoff	Kurzzeichen	C in % ≈	Zug-festigkeit R_m [1]) N/mm²	Bruch-dehnung min. %	Sonstige Eigenschaften	Verwendung
Vergütungs-stahl DIN 17200	C22; Ck22	0,22	500...650	22	hohe Festigkeit und Zähigkeit	hochbean-spruchte Teile mit großer Zähigkeit
	C35; Ck35	0,35	600...750	19		
	C45; Ck45	0,45	650...800	16		
	C60; Ck60	0,60	800...950	14		
Einsatzstahl DIN 17210	C10; Ck10	0,10	500...650	16	verschleißfest, zäher Kern	Werkstücke mit harter Ober-fläche und zähem Kern
	C15; Ck15	0,15	600...800	14		
Automaten-stahl DIN 1651	9S20K	0,13	500...750	16	kalt verformt (gezogen)	wie oben
	10S20K	0,07	470...720	12		
Gezogener Stahl DIN 1652	St37-2KG	0,2	360...440	10	kalt verformt (gezogen) und geglüht bzw. vergütet	wie oben
	C35KV	0,35	590...710	18		

Niedrig legierte Stähle (Auswahl)

Diese Stähle enthalten nicht mehr als insgesamt 5% an Legierungsmitteln.

Werk-stoff	Kurzzeichen nach DIN 17006	Werk-stoff-Nr.	C in % ≈	Zug-festigkeit- R_m [1]) N/mm²	Bruch-dehnung min. %	Sonstige Eigen-schaften	Verwendung
Vergü-tungs-stahl (Edel-stahl) DIN 17200	32Cr2	1.7020	0,32	600... 750	14	hohe Festigkeit, große Zähigkeit	hochbean-spruchte Bau-teile: Wellen, Achsen, Trieb-werksteile
	38Cr2	1.7003	0,38	700... 850	12		
	34Cr4	1.7033	0,34	800... 950	12		
	42CrMo4	1.7225	0,42	1000...1200	11		
	36CrNiMo4	1.6511	0,36	1000...1200	11		
	30CrMoV9	1.6582	0,30	1200...1450	9		
	30CrNiMo8	1.6590	0,30	1250...1450	9		
Einsatz-stahl (Edel-stahl) DIN 17210	17Cr3	1.7016	0,17	750...1050	11	harte, ver-schleiß-feste Ober-fläche, wei-cher und zäher Kern	Zahn-, Kegel-räder, Zapfen, Bolzen, Wellen
	16MnCr5	1.7131	0,16	800...1100	10		
	20MnCr5	1.7147	0,20	1000...1300	8		Getrieberäder (nur aus Zyan-bad geh.)
	15CrNi6	1.5919	0,15	900...1200	7		
Feder-stahl DIN 17221 (ver-gütet)	51Si7	1.0903	0,5	1320...1570	6	Wasserh.	Fahrzeug-federn mittlerer Beanspruchung
	60SiCr5	1.0961	0,6	1320...1570	6	Ölhärter	
	55Cr3	1.7176	0,55	1370...1620	6		hochbean-spruchte Autofedern
	50CrV4	1.8159	0,5	1370...1670	6		

[1]) zumeist für Proben ∅ 16...40 mm.

Stahlguß für allgemeine Verwendungszwecke nach DIN 1681

Stahlgußsorte Kurzname	Werkstoff-Nr.	Zugfestigkeit R_m N/mm² min	Streckgrenze $R_{p\,0,2}$ N/mm² min	Bruchdehnung ($L_0 = 5d_0$) % min	Brucheinschnürung % min	Kerbschlagarbeit (ISO-V-Probe) Mittelwert J min ≦30 mm	> 30 mm	Hinweise
GS-38	1.0416	380	200	25	40	35	35	Die Stahlgußsorten GS-38, GS-45 und GS-52 sind gut schweißbar. Bei den Stahlgußsorten GS-45 und GS-52 kann ein Vorwärmen erforderlich sein. Die Stahlgußsorte GS-60 läßt sich nur unter Einhaltung besonderer Maßnahmen schweißen.
GS-45	1.0443	450	230	22	31	27	27	
GS-52	1.0551	520	260	18	25	27	22	
GS-60	1.0553	600	300	15	21	27	20	

Der Zusatz .3 zu den Kurznamen der Stahlgußsorten ist entfallen.

Normenhinweis:
DIN 1690 Allgemeine Lieferbedingungen für Gußstücke aus Stahl.
DIN 17182 Stahlgußsorten mit verbesserter Schweißeignung und Zähigkeit für allgemeine Verwendungszwecke.

Gewährleistete Eigenschaften (Mindestwerte) bei Raumtemperatur

Gußeisen mit Lamellengraphit nach DIN 1691

Kurzzeichen	Zugfestigkeit R_m N/mm²	Biegefestigkeit N/mm²	Brinellhärte HB 30	Hinweise
GG-10	100	—	—	Die technologischen Angaben beziehen sich auf Normalproben (= 30 mm ∅). Mit steigender Abkühlungsgeschwindigkeit, vor allem mit abnehmender Wanddicke, entsteht ein zunehmend perlitisches Grundgefüge höherer Festigkeit
GG-15	150	250	170	
GG-20	200	290	200	
GG-25	250	340	220	
GG-30	300	390	240	
GG-35	350	490	260	

Gußeisen mit Kugelgraphit nach DIN 1693

Kurzzeichen	Werkstoffnummer	Zugfestigkeit R_m N/mm² min	Dehngrenze $R_{p0,2}$ N/mm² min	Bruchdehnung A_5 % min	Gefüge
GGG-40	0.7040	400	250	15	vorwiegend ferritisch
GGG-50	0.7050	500	320	7	ferritisch/perlitisch
GGG-60	0.7060	600	380	3	perlitisch/ferritisch
GGG-70	0.7070	700	440	2	vorwiegend perlitisch
GGG-80	0.7080	800	500	2	perlitisch

Entkohlend geglühter Temperguß (GTW) nach DIN 1692

	Zugfestigkeit [1] N/mm² min	0,2-Grenze N/mm² min	Bruchdehnung % min	Brinellhärte HB max	Kennzeichnende Gefügebestandteile
GTW-35-04	350	—	4	230	siehe Bild Keilprobe in DIN 1692
GTW-40-05	400	220	5	220	
GTW-45-07	450	260	7	220	
GTW-S 38-12	380	200	12	200	

Nicht entkohlend geglühter Temperguß (GTS) nach DIN 1692

GTS-35-10	350	—	10	bis 150	Ferrit + Temperkohle
GTS-45-06	450	270	6	150...200	Perlit + Ferrit + Tpk.
GTS-55-04	550	340	4	180...230	Perlit + Tpk. + Ferrit
GTS-65-02	650	430	2	210...260	Perlit + Temperkohle
GTS-70-02	700	530	2	240...290	Entkohlung b. t < 8 mm

[1]) Durchmesser der Zugproben 12 mm

8

Kupfer-Zink-Legierungen nach DIN 17660 (Auswahl)			
Kurzzeichen neu	Kurzzeichen früher	Zusammensetzung in %	Verwendung
Cu Zn 30	Ms 70	Cu = 69—71, Zn Rest	sehr gut tiefziehfähig, Hülsen, Instrumente
Cu Zn 33	Ms 67	Cu = 66—68, Zn Rest	sehr gut kaltumformbar, Drahtgeflecht, Rohrniete
Cu Zn 37	Ms 63	Cu = 62—64, Zn Rest	gut kaltumformbar, Tief ziehen, Drücken
Cu Zn 40	Ms 60	Cu = 59,5—61,5, Zn Rest	gut warm- u. kaltumformbar, Beschlag- u. Schloßteile
Cu Zn 39 Pb 2	Ms 58	Cu = 58,5—59,8 Pb = 1,5— 2,5, Zn Rest	gut warmumformbar, Formdrehteile aller Art

Kupfer-Blei-Zinn-Gußlegierungen nach DIN 1716 (Auswahl)

Kurzzeichen	Werkstoffnummer	Zusammensetzung in %	0,2 Grenze $R_{p0,2}$ N/mm² min	Zugf. R_m N/mm² min	Bruchdehn. A_5 % min	HB 10 min	Die () Kurzzeichen galten bisher / Verwendung
G-CuPb5Sn (G-SnPbBz5)	2.1170.01	Cu 84,0...87,0 Pb 4,0... 6,0 Sn 9,0...11,0	130	240	15	70	Kalanderwalzen, Pleuellager; korrosions- u. säurebest. Armaturen
G-CuPb10Sn (G-SnPbBz10)	2.1176.01	Cu 78,0...82,0 Pb 8,0...11,0 Sn 9,0...11,0	80	180	8	65	Hochbeanspr. Kalanderw. u. Fahrzeuglager; Lager f. Warmwalzwerke als Verbundgußwerkst. geeignet
G-CuPb15Sn (G-SnPbBz15)	2.1182.01	Cu 75,0...79,0 Pb 13,0...17,0 Sn 7,0... 9,0	90	180	8	60	Gleitlager mit hohen Flächendrücken und stark. Kantenpressungen

Blei-Zinn-Gußlegierungen nach DIN ISO 4381 (Auswahl) [1]

Kurzzeichen	Werkst.-Nr.	Zusammensetzung in %	Verwendung
Pb Sb 15 Sn 10	2.3391	Pb 71,0...77,0, Sb 14,0...16,0 Sn 9,0...11,0, Cu 0,7 As 0,6	Gleitbeanspr. bei mittlerer Belastung im hydrodynam. Bereich, mittl. Schlagbeanspr.
Pb Sb 14 Sn 9 Cu As	2.3392	Pb 70,0...78,0, Sb 13,0...15,0 Sn 8,0...10,0, Cu 0,7... 1,5 As 0,3... 1,0	gute Gleitbeanspr., Einsatz im Mischreibungsgebiet, mittlere Schlagbeanspr.
Sn Sb 8 Cu 4	2.3791	Sn 88,0...90,0, Sb 7,0... 8,0 Cu 3,0... 4,0, Cd — Pb 0,35, As 0,1	gute Gleiteigenschaften, mittlere Belastung, hohe Gleitgeschw. im hydrodynam. Ber.
Sn Sb 8 Cu 4 Cd	2.3792	Sn 88,0...90,0, Sb 7,0... 8,0 Cu 5,0... 7,0, Cd 0,8... 1,2 As 0,5	gute Gleiteigenschaften, hohe Gleitgeschw. im hydrodynam. Bereich, hohe Schlagbeanspr.

[1]) Norm-Bezeichnung eines Lagermetalls z. B.: Lagermetall ISO 4381 — Pb Sb 15 Sn 10

8

Aluminiumlegierungen nach DIN 1725 Teil 1 u. 2 (Auswahl)

Aluminiumlegierungen werden durch Zulegieren von Cu, Fe, Mg, Mn, Si und Zn hergestellt. Man unterscheidet kalt- (ka) und warmaushärtende (wa) sowie nicht aushärtbare Legierungen.

Aluminium-Knetlegierungen nach DIN 1725 Teil 1 (als Halbzeug beziehbar)

Kurzzeichen		Zugfestigkeit R_m N/mm²	0,2-Grenze $R_{p\,0,2}$ N/mm²	Bruchdehnung A_5 %	Brinellhärte HB ca.	Eigenschaften
AlRMg0,5		140...180	110	8	43	glänzbar, fließpreßbar, schweißbar
Al99,9MgSi	F24	235...240	185...195	14	70... 75	glänzbar, aushärtbar
AlMg3	F18	180	80	14	45	aushärtbar, schmiedbar,
	F29	290	250	3	85	schweißbar
AlMgSi1	F21	205	110	14	65	aushärtbar, schmiedbar,
	F28	275	200...220	6...12	75... 85	schweißbar
AlZn4,5Mg1	F35	350	270...290	7...10	90...105	aushärtbar, schmiedbar, schweißbar
AlCuMg2	F44	440	290...315	10...13	110...120	aushärtbar, schmiedbar, schweißbar

Aluminium-Gußlegierungen nach DIN 1725 Teil 2 (Sand-, Kokillen- u. Druckgußteile)

Kurzzeichen[1])	Zugfestigkeit R_m N/mm²	0,2-Grenze $R_{p\,0,2}$ N/mm²	Bruchdehnung A5 %	Dichte kg/dm³	Eigenschaften
G-AlSi12	160...210	70...100	5...10	2,65	Legierungen für allgemeine Verwendung; sehr gute Gießbarkeit, Zerspanbarkeit und Schweißbarkeit
G-AlSi8Cu3	160...200	100...150	1... 3	2,75	
G-AlSi6Cu4	160...200	100...150	1... 3	2,75	
G-AlSi5Mg ka	180...250	150...180	2... 5	2,7	Legierungen für besondere Verwendung, z. B. Korrosionsbeständigkeit; gute Gießbarkeit, sehr gute Zerspanbarkeit, gute bis ausreichende Schweißbarkeit
G-AlMg3Si	140...190	80...100	3... 8	2,7	
GD-AlMg9	200...300	140...220	1... 5	2,6	
G-AlSi9Mg wa	250...300	200...270	2... 5	2,65	Legierungen mit hohen Festigkeitseigenschaften; ausgezeichnete Gießbarkeit, Zerspanbarkeit u. Schweißbarkeit
G-AlSi7Mg wa	230...310	190...240	2... 5	2,7	

Magnesium-Gußlegierungen nach DIN 1729 Teil 2 (Sand-, Kokillen- u. Druckgußteile)

Kurzzeichen[1])	Zugfestigkeit R_m N/mm²	0,2-Grenze $R_{p\,0,2}$ N/mm²	Bruchdehnung A_5 %	Brinellhärte HB ca.	Gießverfahren und Lieferzustand
G-MgAl6	180...240	80...110	8...12	50...65	Sandguß, Gußzustand
GD-MgAl6Zn1	200...240	130...160	3... 6	55...70	Druckguß, Gußzustand
GD-MgAl4Si1	200...250	120...150	3... 6	60...90	Druckguß, Gußzustand

[1]) G = Sand- oder Kokillenguß, GD = Druckguß

8

8.4 Werkstoffbezeichnung mit Norm-Nr. für Angabe in Stück- und Bestell-Listen

Stahlprofile für Stahlsorten nach DIN 17100, DIN 17200 und 17210

Warmgewalzter Bandstahl, Dicke < 3mm	DIN 1016	
Warmgewalzter Flachstahl für allgemeine Verwendung	DIN 1017	
Warmgewalzter Vierkantstahl	DIN 1014	
Warmgewalzter Sechskantstahl	DIN 1015	
Warmgewalzter Rundstahl	DIN 1013	
Warmgewalzter Rundstahl für Schrauben und Niete	DIN 59130	
Warmgewalzter Halbrundstahl und Flachhalbrundstahl	DIN 1018	
Warmgewalzter Breitflachstahl	DIN 59200	
Warmgewalzter gleichschenkliger scharfkantiger Winkelstahl	DIN 1022	
Warmgewalzter scharfkantiger T-Stahl mit parallelen Flansch- und Stegseiten (TPS-Stahl)	DIN 59051	
Warmgewalzter rundkantiger T-Stahl	DIN 1024	
Warmgewalzte schmale I-Träger, I-Reihe	DIN 1025	T1
Warmgewalzte breite I-Träger, IPB-Reihe und IB-Reihe	DIN 1025	T2
Breite I-Träger, IPBL-, IPBv-, IPE-Reihe auf T3, 4, 5	DIN 1025	
Warmgewalzter rundkantiger U-Stahl	DIN 1026	
Warmgewalzter rundkantiger Z-Stahl	DIN 1027	
Warmgewalzter gleichschenkliger rundkantiger Winkelstahl	DIN 1028	
Warmgewalzter ungleichschenkliger rundkantiger Winkelstahl	DIN 1029	
Federstahl, warmgewalzt, für geschichtete Blattfedern	DIN 4620	

Stahlprofile – gezogen

Blanke Stahlwellen, ISO-Toleranzfeld h 9	DIN 669
Blanker Rundstahl, ISO-Toleranzfeld h 11	DIN 668
Polierter Rundstahl, ISO-Toleranzfeld h 9	DIN 175
Blanker Rundstahl, ISO-Toleranzfeld h 8	DIN 670
Blanker Rundstahl, ISO-Toleranzfeld h 9	DIN 671
Blanker scharfkantiger Flachstahl	DIN 174
Blanker Sechskantstahl	DIN 176
Blanker Vierkantstahl	DIN 178
Keilstahl, gezogen	DIN 6880

8

Bleche und Drähte aus Stahl

Warmgewalztes Blech unter 3 mm Dicke (Feinblech)	DIN 1016	
Kaltgewalztes Blech unter 3 mm Dicke (Feinblech)	DIN 1541	
Warmgewalztes Blech von 3 bis 150 mm Dicke (Mittel- und Grobblech)	DIN 1543	
Wellblech, Pfannenblech, verzinkt	DIN 59231	
Stahldraht, kalt gezogen	DIN 177	
Stahldrähte für Stahlseile	DIN 2078	
Runder Federstahldraht, patentiertgezogen, A, B, C u. II	DIN 17223	T1
Runder Federstahldraht, vergütet, FD u. VD	DIN 17223	T2

Rohre

Übersicht über Normen für Stahlrohre	DIN 2410	T1
Nahtlose Rohre aus unlegierten Stählen	DIN 1629	
Nahtlose Präzisionsstahlrohre, kalt gezogen oder gewalzt	DIN 2391	
Geschweißte Stahlrohre, Abmessungen und Gewichte	DIN 2458	
Gescheißte Präzisionsstahlrohre, kalt gezogen mit besonderer Maßgenauigkeit	DIN 2393	
Geschweißte Präzisionsstahlrohre, einmal kaltgezogen oder -gewalzt	DIN 2394	
Stahlrohre, mittelschwere Gewinderohre	DIN 2440	
Stahlrohre, schwere Gewinderohre	DIN 2441	

Abkürzungen von Benennungen für Halbzeug nach DIN 1353 Teil 2

Die Abkürzungen nach dieser Norm dürfen anstelle vollständiger Benennungen eines genormten oder nicht genormten Gegenstandes in Zeichnungen, Stücklisten, Plänen usw. angewendet werden, die durch Maßangaben noch erweitert werden können, z. B. Bl 8 = Blech von 8 mm Dicke. Es können auch Bildzeichen mit Maßangaben verwendet werden, z. B.: ▭ 40 × 10 × 200, d. h. ein Flachstahl mit der Breite 40, der Höhe 10 und der Länge 200.

Bedeutung	Abkürzung übliche	Abkürzung Groß-Schreibweise	Abkürzung Klein-Schreibweise	Bildzeichen
Band	Bd	BD	bd	
Blech	Bl	BL	bl	
Buckelblech	BuckBl	BUCKBL	buckbl	
Riffelblech	RiffBl	RIFFBL	riffbl	
Tonnenblech	TonnBl	TONNBL	tonnbl	
Tränenblech	TraeBl	TRAEBL	traebl	
Waffelblech	WaffBl	WAFFBL	waffbl	
Warzenblech	WarzBl	WARZBL	warzbl	
Wellblech	WellBl	WELLBL	wellbl	∿∿
Draht	Dr	DR	dr	
Flachseil	Fls	FLS	fls	
Folie	Fol	FOL	fol	
Platte	Pl	PL	pl	
Profile (Querschnittsformen):				
Achtkant	8kt	8KT	8kt	
Breitflach	BrFl	BRFL	brfl	▭
C	C	C	c	
Doppel-T, schmalflanschig, mit geneigten inneren Flanschflächen	I	I	i	
—, breitflanschig, mit geneigten inneren Flanschflächen	IB	IB	ib	
—, —, mit parallelen Flanschflächen	IPB[1])	IPB	ipb	
—, —, —, leichte Ausführung	IPBl[1])	IPBL	ipbl	
—, —, —, verstärkte Ausführung	IPBv[1])	IPBV	ipbv	
—, mittelbreit, mit parallelen Flanschflächen	IPE	IPE	ipe	
Dreikant	3kt	3KT	3kt	△
Flach	Fl	FL	fl	▭
Flachhalbrund	FlHrd	FLHRD	flhrd	⌓
Gruben-Doppel-T	GI	GI	gi	
Halbrund	Hrd	HRD	hrd	◓
Rund	Rd	RD	rd	⌀
Schiene	S	S	s	⊥
Sechskant	6kt	6KT	6kt	⬡
T	T	T	t	
—, breitfüßig, rundkantig	TB	TB	tb	
—, mit parallelen Flansch- und Stegseiten, scharfkantig	TPS	TPS	tps	
U	U	U	u	
Vierkant (Quadrat)	4kt	4KT	4kt	□
Winkel, rundkantig	L	L	l	
—, scharfkantig	LS	LS	ls	
Wulstflach	WulstFl	WULSTFL	wulstfl	—•
Wulstwinkel	WulstL	WULSTL	wulstl	∟•
Z	Z	Z	z	
Rohr	Ro	RO	ro	
Flach-Rohr	FlRo	FLRO	flro	
Schlauch	Shl	SHL	shl	
Streifen	Str	STR	str	
Tafel	Tfl	TFL	tfl	

[1]) Nach Euronorm 53—62: IPB = HE...B IPBl = HE...A IPBv = HE...M

8

8.5 Anschlußmaße

Gewindearten (Auswahl)

Die Form der Außen- und Innengewinde richtet sich nach dem Verwendungszweck als Befestigungs- oder Bewegungsgewinde.

Spitzgewinde dient vorwiegend für Befestigungen.

Metrisches ISO-Gewinde *272.1 Theoretisches Profil*

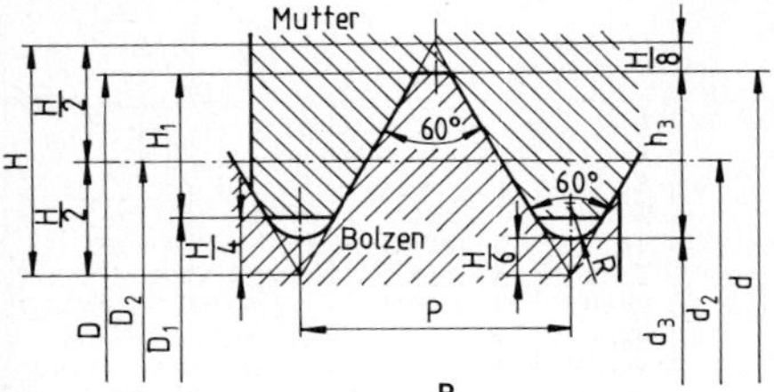

Regelgewinde nach DIN 13 T1
- $d = D$ = Gewinde-Nenn-ϕ
- P = Steigung
- H = Höhe des Profildreiecks $= 0{,}86603\ P$
- H_1 = Flankenüberdeckung $= 0{,}54127\ P$
- $d_2 = D_2$ = Flanken-ϕ $= d - 0{,}64953\ P$
- D_1 = Kern-ϕ der Mutter $= d - 2H_1$
- d_3 = Kern-ϕ des Bolzens $= d - 1{,}22687\ P$
- h_3 = Gewindetiefe am Bolzen $= 0{,}61343\ P$
- $R = \frac{H}{6} = 0{,}14434\ P$

Steigungswinkel: $\tan \beta = \frac{P}{d_2 \cdot \pi}$

Kernquerschnitt: $A_{d3} = \frac{d_3^2\, \pi}{4}$

Spannungsquerschnitt $A_s = \frac{\pi}{4} \left(\frac{d_2 + d_3}{2}\right)^2$

Gewinde Nenn-Ø d=D Reihe 1	Steigung P	Flanken-Ø $d_2=D_2$	Kern-Ø d_3	Kern-Ø D_1	Gewindetiefe h_3	Gewindetiefe H_1	Rundung R	Spannungsquerschnitt A_S mm²
3	0,5	2,675	2,387	2,459	0,307	0,271	0,072	5,03
4	0,7	3,545	3,141	3,242	0,429	0,379	0,101	8,78
5	0,8	4,48	4,019	4,134	0,491	0,433	0,115	14,2
6	1	5,35	4,773	4,917	0,613	0,541	0,144	20,1
8	1,25	7,188	6,466	6,647	0,767	0,677	0,18	36,6
10	1,5	9,026	8,16	8,376	0,92	0,812	0,217	58,0
12	1,75	10,863	9,853	10,106	1,074	0,947	0,253	84,3
16	2	14,701	13,546	13,835	1,227	1,083	0,289	157
20	2,5	18,376	16,933	17,294	1,534	1,353	0,361	245
24	3	22,051	20,319	20,752	1,84	1,624	0,433	353
30	3,5	27,727	25,706	26,211	2,147	1,894	0,505	561
36	4	33,402	31,093	31,670	2,454	2,165	0,577	817
42	4,5	39,077	36,479	37,129	2,76	2,436	0,65	1120
48	5	44,752	41,866	42,587	3,067	2,706	0,722	1470
56	5,5	52,428	49,252	50,046	3,374	2,977	0,794	2030
64	6	60,103	56,639	57,505	3,681	3,248	0,866	2680

Die **Metrischen ISO-Feingewinde** sind in DIN 13 T2...11 nach Steigungen geordnet festgelegt. Vorzugsweise ist stets das Regelgewinde anzuwenden. Kommen Feingewinde in Betracht, so sind nach DIN 13 T12 die Nenn-ϕ der Reihe 1 denen der Reihe 2 vorzuziehen.

Auswahl der ISO-Feingewinde nach DIN 13 T12, Reihen 1 . . . 3[1])

Nenn-ϕ d Reihe	1	8	10	12		16		20		24		30
	2				14		18		22		27	
Steigung P Reihe	fein	1	1,25	1,25	1,5	1,5	1,5	1,5	1,5	2	2	2
	extra fein		0,75	1	1	1	1	1	1	1,5	1,5	1,5

Nenn-ϕ d Reihe	1		36		42		48		56		64	
	2	33		39		45		52		60		68
Steigung P Reihe	fein	2	3	3	3	3	3	3	4	4	4	4
	extra fein	1,5	1,5	1,5	1,5	1,5	1,5	2	2	2	2	2

[1]) ISO 261; Reihe 3 wurde nicht berücksichtigt.

Whitworth-Rohrgewinde nach DIN ISO 228 T1

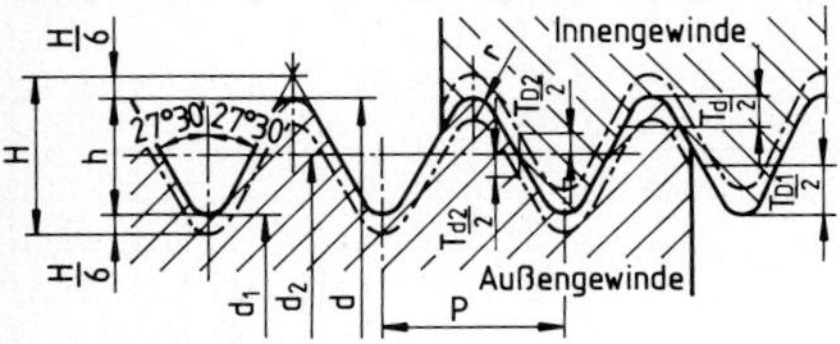

Whitworth-Rohrgewinde mit zylindrischem Innen- und Außengewinde für nicht selbst dichtende Gewindeverbindungen ersetzt DIN 259[1])

$P = \frac{25{,}4}{z}$

$r = 0{,}137329\ P$
$H = 0{,}960491\ P$
$h = 0{,}640327\ P$

Gewindemaße (Auswahl)

	Außen-Ø $d = D$	Flanken-Ø $d_2 = D_2$	Kern-Ø $d_i = D_1$	Steigung P	Gangzahl auf 25,4 z	Gewindtiefe h
G1/16	7,723	7,142	6,561	0,907	28	0,581
G1/8	9,728	9,147	8,566	0,907	28	0,581
G1/4	13,157	12,301	11,445	1,337	19	0,856
G3/8	16,662	15,806	14,950			
G1/2	20,955	19,793	18,631	1,814	14	1,162
(G5/8)	22,911	21,749	20,587			
G3/4	26,441	25,279	24,117			
(G7/8)	30,201	29,039	27,877			
G1	33,249	31,770	30,291	2,309	11	1,479
(G1/8)	37,897	36,418	34,939			
G1 1/4	41,910	40,431	38,952			
(G1 3/8)	44,323	42,844	41,365			
G1 1/2	47,803	46,324	44,845			
(G1 3/4)	53,746	52,267	50,788			
G2	59,614	58,135	56,656			

Bewegungsgewinde sind Trapez- und Sägengewinde

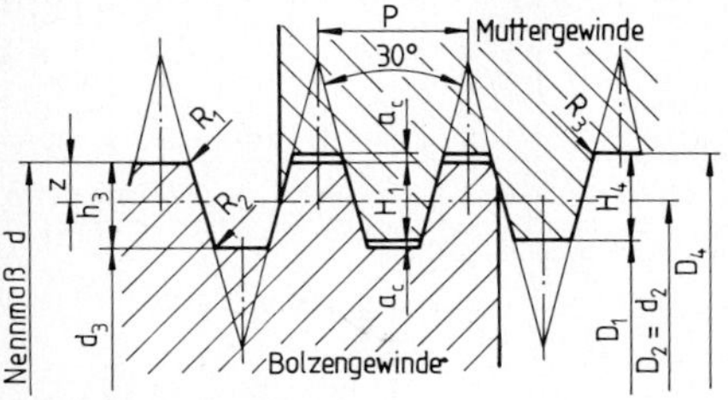

Metrisches ISO-Trapezgewinde DIN 103 (Nennprofil) wird in Bewegungsspindeln geschnitten zur Übertragung von Kräften in beiden Achsrichtungen, z. B. bei Leitspindeln.

$D_1 = d - 2H_1 = d - P,\ H_1 = 0{,}5\ P$
$H_4 = H_1 + a_c = 0{,}5\ P + a_c$
$h_3 = H_1 + a_c = 0{,}5\ P + a_c$
$z = 0{,}25\ P = H_1/2$
$D_4 = d + 2a_c,\ \ d_3 = d - 2h_3$
$d_2 = D_2 = d - 2z = d - 0{,}5\ P$

Nennmaße für Trapezgewinde (Auswahl)

Nenn-Ø d	Steigung P	Flanken-Ø $d_2 = D_2$	Außen-Ø D_4	Kern-Ø d_3	D_1	Nenn-Ø d	Steigung P	Flanken-Ø $d_2 = D_2$	Außen-Ø D_4	Kern-Ø d_3	D_1
8	1,5	7,250	8,300	6,200	6,500	40	7	36,500	41,000	32,000	33,000
10	2	9,000	10,500	7,500	8,000	44	7	40,500	45,000	36,000	37,000
12	3	10,500	12,500	8,500	9,000	48	8	44,000	49,000	39,000	40,000
16	4	14,000	16,500	11,500	12,000	52	8	48,000	53,000	43,000	44,000
20	4	18,000	20,500	15,500	16,000	60	9	55,500	61,000	50,000	51,000
24	5	21,500	24,500	18,500	19,000	70	10	65,000	71,000	59,000	60,000
28	5	25,500	28,500	22,500	23,000	80	10	75,000	81,000	69,000	70,000
32	6	29,000	33,000	25,000	26,000	90	12	84,000	91,000	77,000	78,000
36	6	33,000	37,000	29,000	30,000	100	12	94,000	101,000	87,000	88,000

1) DIN 2999 T1 Whitworth-Rohrgewinde mit zylindrischem Innengewinde und kegeligem Außengewinde für druckdichte Gewindeverbindungen.

Maße für die Gewindeprofile nach DIN 103

P	1,5	2	3	4	5	6	7	8	9	10
a_c	0,15	0,25	0,25	0,25	0,25	0,5	0,5	0,5	0,5	0,5
$h_3 = H_4$	0,9	1,25	1,75	2,25	2,75	3,5	4	4,5	5	5,5
H_1	0,75	1	1,5	2	2,5	3	3,5	4	4,5	5
R_1 max	0,075	0,125	0,125	0,125	0,125	0,25	0,25	0,25	0,25	0,25
R_2 max	0,15	0,25	0,25	0,25	0,25	0,5	0,5	0,5	0,5	0,5

Sägengewinde findet Anwendung zur Übertragung von Kräften durch Bewegungsspindel in nur einer Achsrichtung, z. B. bei Schlagspindelpressen.

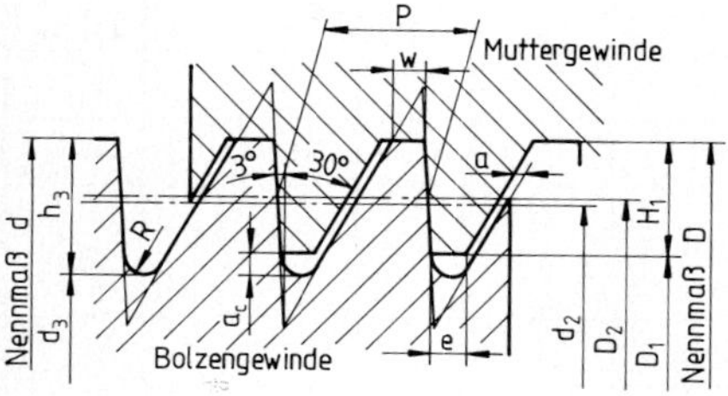

Metrisches Sägengewinde
DIN 513 (Nennprofil)

$H_1 = 0{,}75\ P$
$h_3 = H_1 + a_c = 0{,}86777\ P$
$a = 0{,}1 \cdot \sqrt{P}$ (Axialspiel)
$a_c = 0{,}11777\ P$
$w = 0{,}26384\ P$
$e = 0{,}26384\ P - 0{,}1\ \sqrt{P} = w - a$
$R = 0{,}12427\ P$
$D_1 = d - 2H_1 = d - 1{,}5 \cdot P$
$d_3 = d - 2h_3$
$d_2 = D_2 = d - 0{,}75\ P$
$D_2 = d - 0{,}75 \cdot P + 3{,}1758 \cdot a$

Sägengewinde, theoretische Werte (Auswahl)

P	h_3	H_1	w	a_c	R	P	h_3	H_1	w	a_c	R
2	1,736	1,5	0,528	0,236	0,249	9	7,810	6,75	2,375	1,060	1,118
3	2,603	2,25	0,792	0,353	0,373	10	8,678	7,5	2,638	1,178	1,243
4	3,471	3	1,055	0,471	0,497	12	10,413	9	3,166	1,413	1,491
5	4,339	3,75	1,319	0,589	0,621	14	12,149	10,5	3,694	1,649	1,740
6	5,207	4,5	1,583	0,707	0,746	16	13,884	12	4,221	1,884	1,988
7	6,074	5,25	1,847	0,824	0,870	18	15,620	13,5	4,749	2,120	2,237
8	6,942	6	2,111	0,942	0,994	20	17,355	15	5,277	2,355	2,485

Rundgewinde ist für wechselseitige stoßartige Beanspruchungen, wobei die Gewinde durch Schmutz starkem Verschleiß unterliegen, z. B. Eisenbahnkupplungen. Sie lassen sich auch in Blech pressen, z. B. Edison-Gewinde an Glühlampenfassungen.

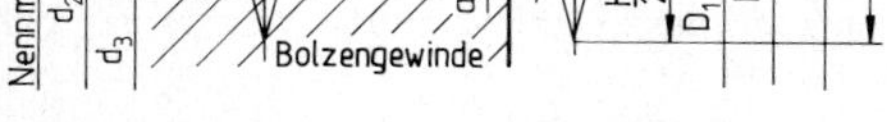

Rundgewinde DIN 405

$z = 0{,}25\ P = \frac{h_3}{2}$

$D_4 = d + 2a_c = d + 0{,}1\ P$
$D_1 = D_4 - 2\ H_4 = D_4 - P = d - 0{,}9\ P$
$d_3 = d - 2\ h_3 = d - P$
$d_2 = D_2 = d - 2z = d - 0{,}5\ P$
a_c = Spiel = $0{,}05\ P$
$R_1 = 0{,}23851\ P$
$R_2 = 0{,}25597\ P$
$R_3 = 0{,}22105\ P$

Zuordnung der Steigungen zu den Durchmessern

d	z	P	$h_3 = H_4$	H_5	R_1	R_2	R_3
8 bis 12	10	2,540	1,270	0,212	0,606	0,650	0,561
14 bis 38	8	3,175	1,588	0,265	0,757	0,813	0,702
40 bis 100	6	4,233	2,117	0,353	1,010	1,084	0,936
105 bis 200	4	6,350	3,175	0,530	1,515	1,625	1,404

z bedeutet Gangzahl auf 1 Zoll.

Toleranzen für Gewinde nach DIN 13 Teile 14 und 15[1])

DIN 13 T14 legt ein Toleranzsystem für Gewinde nach DIN 13 T1. . .11 mit einem Grundprofil nach DIN 13 T19 fest, wobei Teil 15 die Abmaße und Toleranzen angibt.

Gewindetoleranzfelder für normale Einschraublängen (N) 0,55...1,5 d

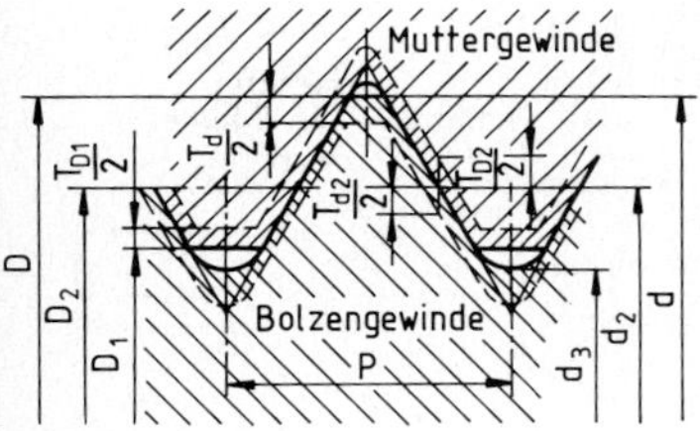

275.1 Gewindetoleranzen

Toleranzklasse	Toleranzfelder für Oberflächenzustand: Oberfläche	Bolzengewinde	Muttergewinde
f	blank oder dünn phosphatiert	4h	4H 5H
m	blank, phosphatiert oder mit dünner Schutzschicht	6g	6H
g	blank (mit großem Spiel) oder mit dicker galvanischer Schutzschicht	8g	7H

Beim Toleranzsystem für Gewinde wird die Ziffer zur Kennzeichnung der Breite des Toleranzfeldes vor dem Buchstaben zur Kennzeichnung der Lage des Toleranzfeldes zur Nullinie angegeben.

Den bei handelsüblichen Befestigungsmitteln gebräuchlichen Toleranzklassen fein (f), mittel (m) und grob (g) sind unter Berücksichtigung der drei Einschraubgruppen normal (N), kurz (S) und lang (L) empfohlene Gewindetoleranzfelder zugeordnet, s. Tabelle.

Die Bezeichnung eines Gewindes besteht aus dem Gewindemaß mit Kennbuchstaben und dem Kurzzeichen der Toleranzfelder beim Muttergewinde für Flanken- D_2 und Kerndurchmesser D_1 und beim Bolzengewinde für Flanken- d_2 und Außendurchmesser d, 275.2 u. 4.

Sind die Toleranzfelder für Flanken- und Kerndurchmesser bzw. für Flanken- und Außendurchmesser gleich, was im allgemeinen der Fall ist, dann werden die Kurzzeichen nicht wiederholt, 275.3.

Für Gewinde ohne Toleranzangabe gilt die Toleranzklasse mittel mit 6H für das Muttergewinde und 6g für das Bolzengewinde.

Eine Passung zwischen Gewindeteilen wird durch das Toleranzfeld des Muttergewindes und das Toleranzfeld des Bolzengewindes angegeben, die durch einen Schrägstrich getrennt sind, 275.5.

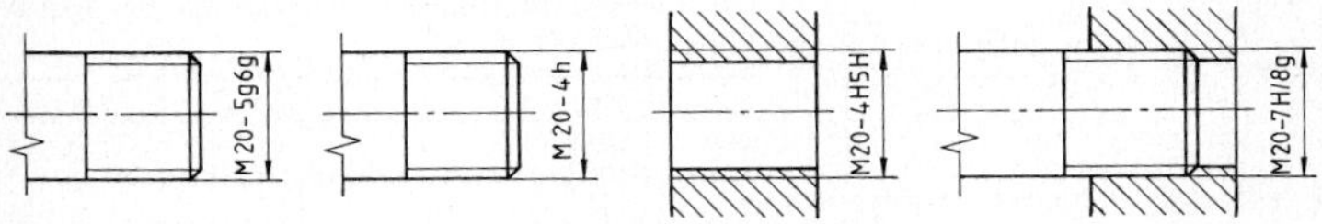

275.2. . .5 Eintragen von Gewindetoleranzen

[1]) ISO 965

8

Gewindeenden und Schraubenüberstände nach DIN 78 für Metrisches ISO-Gewinde nach DIN 13 für verschiedene Verwendungszwecke

Die Bezeichnung der verschiedenen Schraubenenden und deren Maße sind für Metrisches ISO-Gewinde genormt. Die Schraubenenden werden wie der Kegelansatz in die Gewindelänge mit einbezogen. Sie sind bei Metrischem ISO-Gewinde für Gewinde-ϕ d = 1...52 mm genormt.

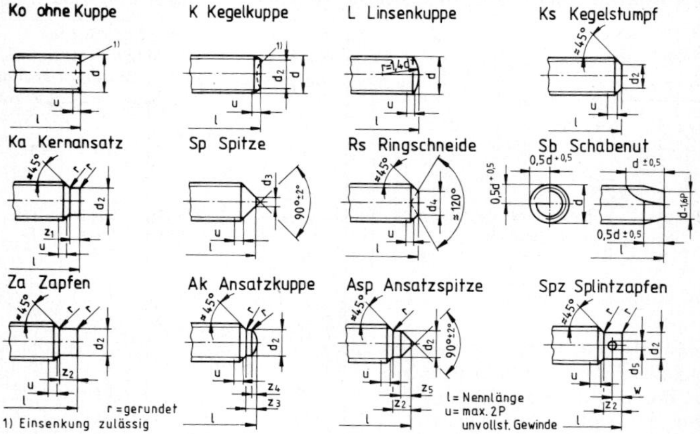

Gewinde-durch-messer d	Gewinde-steigung P	d_1 H13	d_2 h13	d_3 h16	d_4 h14	z_1 +IT14	z_2 +IT14	z_3 +IT14	z_4 ≈	z_5 ≈	w min.	Splint nach DIN 94
3,5	0,6	0,8	2,2	–	1,7	0,88	1,75	0,88	0,45	0,9	1,2	0,8 × 6
4	0,7	0,8	2,5	–	2	1	2	1	0,5	1	1,5	0,8 × 6
4,5	0,75	0,8	3	–	2,2	1,12	2,25	1,12	0,55	1,25	1,8	0,8 × 6
5	0,8	1	3,5	–	2,5	1,25	2,5	1,25	0,6	1,5	2	1 × 8
6	1	1	4	1,5	3	1,5	3	1,5	0,7	1,75	2,5	1 × 8
7	1	1,2	5	2	4	1,75	3,5	1,75	0,8	2,25	2,5	1,2 × 10
8	1,25	1,6	5,5	2	5	2	4	2	1	2,5	3	1,6 × 12
10	1,5	2	7	2,5	6	2,5	5	2,5	1	3	3,5	2 × 14
12	1,75	2,5	8,5	3	8	3	6	3	1,25	3,5	4	2,5 × 16
14	2	3,2	10	4	9	3,5	7	3,5	1,5	4	4,5	3,2 × 20
16	2	3,2	12	4	10	4	8	4	1,75	4,5	5	3,2 × 20
18	2,5	4	13	5	12	4,5	9	4,5	2	4,5	6	4 × 22
20	2,5	4	15	5	14	5	10	5	2	5	7	4 × 25
22	2,5	4	17	6	16	5,5	11	5,5	2,5	6	8	4 × 25
24	3	5	18	6	16	6	12	6	2,5	6	9	5 × 28

Norm-Bezeichnung eines Gewindeendes mit Kegelkuppe (K):
Gewindeende DIN 78-K

ISO 4753

Nach DIN 78 gilt für Schraubenüberstände:

bei Sechskantschrauben verschraubt mit Sechskant- und Kronenmuttern
Schraubenüberstand v = Mutternhöhe + 2P

bei Stiftschrauben verschraubt mit Sechskant- und Kronenmuttern
Schraubenüberstand v ≈ Mutternhöhe + 3P

Die Nennlänge der Schraube errechnet sich aus Nennlänge l = Klemmlänge l_k + Schraubenüberstand v

Gewindeausläufe und Gewindefreistiche nach DIN 76 Teil 1 für Metrische ISO-Gewinde nach DIN 13

1. Außengewinde (Bolzengewinde)

1.1 Gewindeausläufe

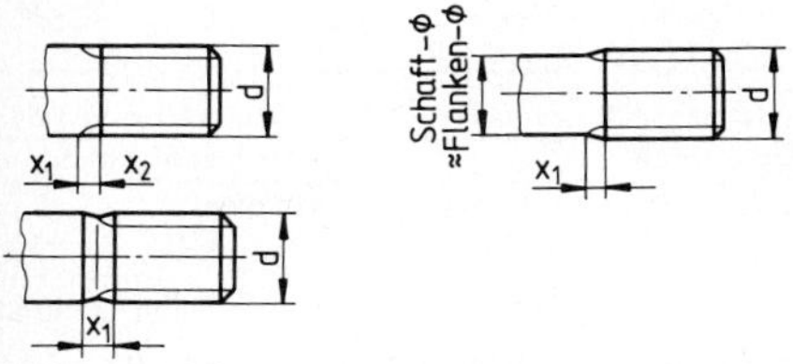

1.2 Abstand des letzten vollen Gewindeganges von der Anlagefläche

(bei Teilen mit Gewinde annähernd bis Kopf)

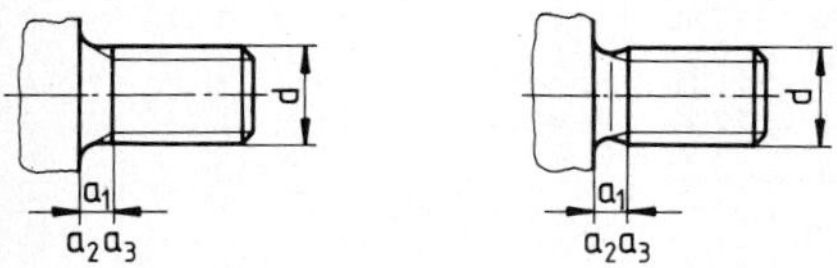

1.3 Gewindefreistich

Form A Regelfall
Form B kurz

Gewindeauslauf x_1 und Abstand a_1 gelten immer, wenn keine anderen Angaben gemacht sind.

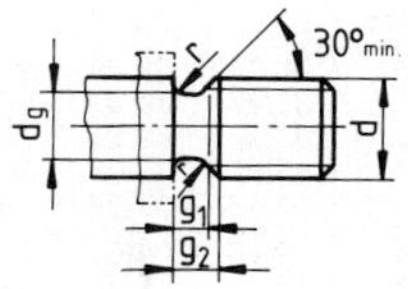

2. Innengewinde (Muttergewinde) Gewindegrundlöcher

2.1. mit Gewindeauslauf

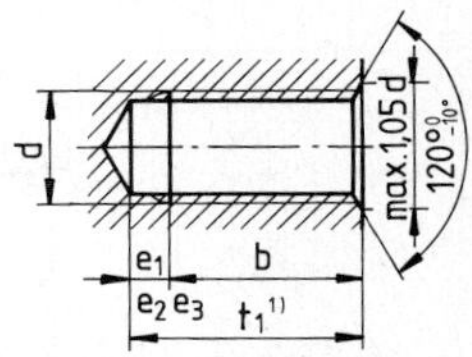

2.2 mit Gewindefreistich Form C (Regel) u. D

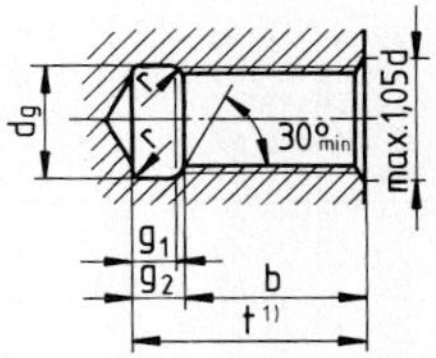

b = nutzb. Gewindelänge
e_1 = Regelfall
e_2 = kurz, e_3 lang

1) Zulässige Abweichungen für das errechnete Maß t: $^{+0,5\,P}_{0}$

Maße in mm

Gewinde d: Steigung P	Gewinde d: Regelgewinde	Gewindeauslauf x_1 Regel	Abstand a_1 Regel	Außengewindefreistich d_g h13	g_1 min. A Regel	g_2 max. A Regel	r ≈	Grundlochüberhang e_1 Regel	Innengewindefreistich d_g H13	g_1 min. C Regel	g_2 max. C Regel	r ≈
0,5	**3**	1,25	1,5	d—0,8	1,1	1,75	0,2	2,8	d+0,3	2	2,7	0,2
0,6	**3,5**	1,5	1,8	d—1	1,2	2,1	0,4	3,4	d+0,3	2,4	3,3	0,4
0,7	**4**	1,75	2,1	d—1,1	1,5	2,45	0,4	3,8	d+0,3	2,8	3,8	0,4
0,75	**4,5**	1,9	2,25	d—1,2	1,6	2,6	0,4	4	d+0,3	3	4	0,4
0,8	**5**	2	2,4	d—1,3	1,7	2,8	0,4	4,2	d+0,3	3,2	4,2	0,4
1	**6;7**	2,5	3	d—1,6	2,1	3,5	0,6	5,1	d+0,5	4	5,2	0,6
1,25	**8**	3,2	3,75	d—2	2,7	4,4	0,6	6,2	d+0,5	5	6,7	0,6
1,5	**10**	3,8	4,5	d—2,3	3,2	5,2	0,8	7,3	d+0,5	6	7,8	0,8
1,75	**12**	4,3	5,5	d—2,6	3,9	6,1	1,0	8,3	d+0,5	7	9,1	1,0
2	**14;16**	5	6	d—3	4,5	7	1	9,3	d+0,5	8	10,3	1
2,5	**18;20;22**	6,3	7,5	d—3,6	5,6	8,7	1,2	11,2	d+0,5	10	13	1,2
3	**24;27**	7,5	9	d—4,4	6,7	10,5	1,6	13,1	d+0,5	12	15,2	1,6

ISO 3508; Norm-Bezeichnung für Gewindefreistich Form B: Gewindefreistich DIN 76-B

Schlüsselweiten nach DIN 475 Teil 1 und 2

für Schrauben, Armaturen, Fittings und Schraubenschlüssel.

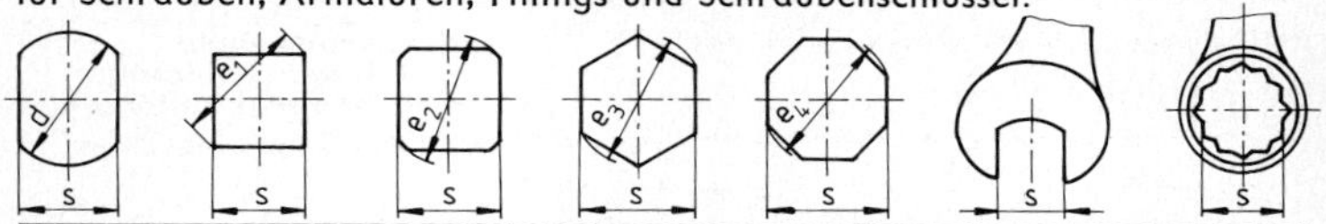

Nennmaß SW (max)	SW min Reihe 1	Eckenmaß 2kant d	4kant e_1	4kant e_2 min	6kant e_3 min Reihe 1	6kant e_3 min Reihe 2	8kant e_4 min	Schraubenschlüssel Schlüsselweite s min	max Reihe 1	max Reihe 2
12	11,73	14	17,0	16	13,25	13,07		12,04	12,24	12,30
13	12,73	15	18,4	17	14,38	14,20		13,04	13,24	13,30
14	13,73	16	19,8	18	15,51	15,33		14,05	14,27	14,35
15	14,73	17	21,2	20	16,64	16,46		15,05	15,27	15,35
16	15,73	18	22,6	21	17,77	17,59		16,05	16,27	16,35
17	16,73	19	24	22	18,90	18,72		17,05	17,30	17,40
18	17,73	21	25,4	23,5	20,03	19,85		18,05	18,30	18,40
19	18,67	22	26,9	25	21,10	20,88		19,06	19,36	19,46
20	19,67	23	28,3	26	22,23	21,65		20,06	20,36	20,46
21	20,67	24	29,7	27	23,36	22,78	22,7	21,06	21,36	21,46
22	21,67	25	31,1	28	24,49	23,91	23,8	22,06	22,36	22,46
23	22,67	26	32,5	30,5	25,62	25,04	24,9	23,06	23,36	23,46
24	23,67	28	33,9	32	26,75	26,17	26	24,06	24,36	24,46
25	24,67	29	35,5	33,5	27,88	27,30	27	25,06	25,36	25,46
26	25,67	31	36,8	34,5	29,01	28,43	28,1	26,08	26,48	26,58
27	26,67	32	38,2	36	30,14	29,56	29,1	27,08	27,48	27,58
28	27,67	33	39,6	37,5	31,27	30,69	30,2	28,08	28,48	28,58
30	29,67	35	42,4	40	33,53	32,95	32,5	30,08	30,48	30,58
32	31,61	38	45,3	42	35,72	35,03	34,6	32,08	32,48	32,58
34	33,38	40	48	46	37,72	37,29	36,7	34,10	34,60	34,70
36	35,38	42	50,9	48	39,98	39,55	39	36,10	36,60	36,70
41	40,38	48	58	54	45,63	45,20	44,4	41,10	41,60	41,70
46	45,38	52	65,1	60	51,28	50,85	49,8	46,10	46,60	46,70
50	49,38	58	70,7	65	55,80	55,37	54,1	50,10	50,60	50,70
55	54,26	65	77,8	72	61,31	60,79	59,5	55,12	55,72	55,92

Norm-Bezeichnung für Schlüsselweite SW 17, Reihe 1: DIN 475 — SW 17 — 1.

Werkzeug-Vierkante u. Schaftdurchmesser nach ISO, DIN 10 für rotierende Werkzeuge

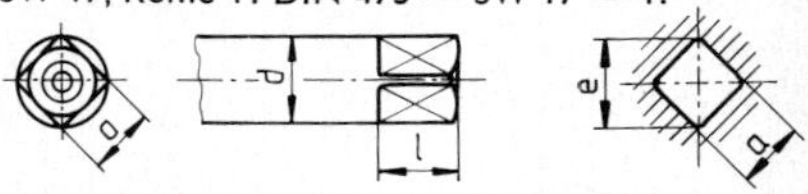

Maße in mm

Durchmesser d über ... bis	Vierkant Nennmaß a	Vierkant Länge l	Durchmesser d über ... bis	Vierkant Nennmaß a	Vierkant Länge l
3,75 ... 4,25	3,15	6	11,8 ... 13,2	10	13
4,25 ... 4,75	3,55	6	13,2 ... 15	11,2	14
4,75 ... 5,3	4	7	15 ... 17	12,5	16
5,3 ... 6	4,5	7	17 ... 19	14	18
6 ... 6,7	5	8	19 ... 21,2	16	20
6,7 ... 7,5	5,6	8	21,2 ... 23,6	18	22
7,5 ... 8,5	6,3	9	23,6 ... 26,5	20	24
8,5 ... 9,5	7,1	10	26,5 ... 30	22,4	26
9,5 ... 10,6	8	11	30 ... 33,5	25	28
10,6 ... 11,8	9	12	33,5 ... 37,5	28	31

Norm-Bezeichnung für Werkzeug-Vierkant mit a = 6,3 mm: ISO-Vierkant DIN 10 — 6,3
Vierkante und Vierkantlöcher für Spindeln und Bedienteile s. DIN 79

Schraubensenkungen nach DIN 74 Teile 1 und 2
Durchgangslöcher nach DIN ISO 273
Bohrerdurchmesser für Gewindekernlöcher nach DIN 336

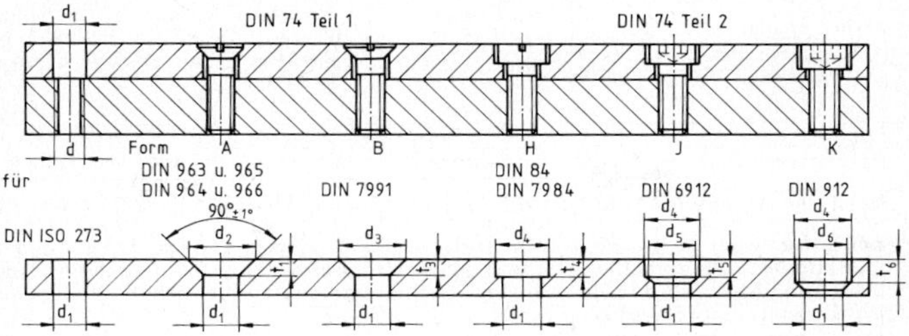

Gewinde nach DIN 13 Reihe 1	Kernloch ϕ d für Stahl	Durchgangslöcher d_1 DIN ISO 273			Senkungen für Senkschr. DIN 74 T1 Ausführung mittel (m)				Zylinderschrauben DIN 74 T2				
		fein f H 12	mittel m H 13	grob g H 14	Form A d_2 H13	$t_1 \approx$	Form B d_3	$t_3 \approx$	d_4 H13	d_5	Form H t_4	Form J t_5	Form K t_6
M 3	2,5	3,2	3,4	3,6	6,5	1,6	6,6	1,6	6		2,4		3,4
M 3,5	2,9	3,7	3,9	4,2	7,6	1,9			6,5		2,9		—
M 4	3,3	4,3	4,5	4,8	8,6	2,1	9	2,3	8		3,2	3,4	4,6
M 5	4,2	5,3	5,5	5,8	10,4	2,5	11	2,8	10		4	4,2	5,7
M 6	5	6,4	6,6	7	12,4	2,9	13	3,2	11		4,7	4,8	6,8
M 8	6,8	8,4	9	10	16,4	3,7	17,2	4,1	15		6	6	9
M 10	8,5	10,5	11	12	20,4	4,7	21,5	5,3	18		7	7,5	11
M 12	10,2	13	13,5	14,5	23,9	5,2	25,5	6	20	16	8	8,5	13
M 14	12	15	15,5	16,5	26,9	5,7	28,5	6,5	24	18	9	9,5	15
M 16	14	17	17,5	18,5	31,9	7,2	31,5	7	26	20	10,5	11,5	17,5
M 18	15,5	19	20	21	36,4	8,2	35	7,5	30	22	11,5	12,5	19,5
M 20	17,5	21	22	24	40,4	9,2	38	8	33	24	12,5	13,5	21,5
M 22	19,5	23	24	26			38	12,5	36	26	13,5	14,5	23,5
M 24	21	25	26	28			41	13,5	40	28	14,5	15,5	25,5

8

Maßeintragungsbeispiele für Schraubensenkungen nach DIN 74 Teile 1 und 2

Senkungen können entweder durch Kurzbezeichnungen oder durch Maße angegeben werden.

Bei Maßeintragung — **Bei Kurzbezeichnungen**

Senkdurchmesser angegeben

oder Senktiefe angegeben

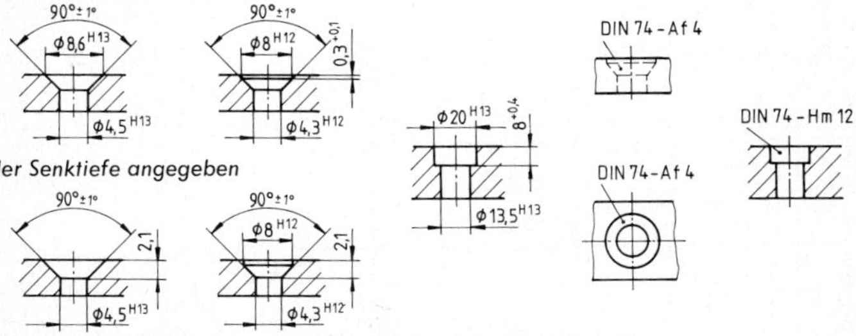

Senkung DIN 74 — Am 4 DIN 74 — Af 4 DIN 74 — Hm 12

Bezeichnung z. B.: Senkung DIN 74 — Hm 12 bedeutet:
Senkung nach DIN 74 T2, Form H, Durchgangsloch mittel (m) für M 12.

Achshöhen für Maschinen sind nach DIN 747 (Reihe 1...4) zu wählen.

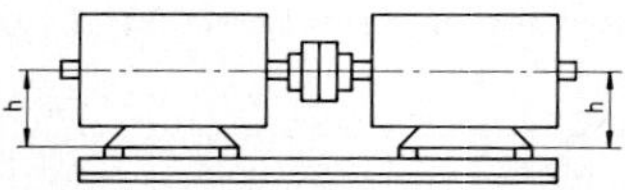

Die Achshöhe ist der Abstand der Wellenmitte von der Fußauflagefläche der Maschine. Unterlegbleche zählen nicht zur Achshöhe. Zu bevorzugen sind insbesondere die Werte der Reihe 1, dann die der Reihe 2.

Reihe	Achshöhe h in mm															
1 (R 5)	25		40		63		100		160		250		400		630		1000	
2 (R 10)	25	32	40	50	63	80	100	125	160	200	250	315	400	500	630	800	1000	1250

Zylindrische und kegelige Wellenenden sind in ihren Abmessungen genormt. Sie übertragen Drehmomente durch Kupplungen, Zahnräder, Riemenscheiben usw. DIN 748 enthält die mit dem jeweiligen Durchmesser der zylindrischen Wellenenden übertragbaren Drehmomente.

Zylindrische Wellenenden nach DIN 748

Ohne Wellenbund

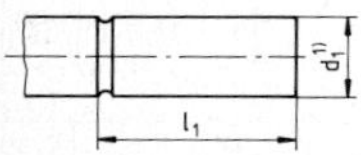

Mit Wellenbund

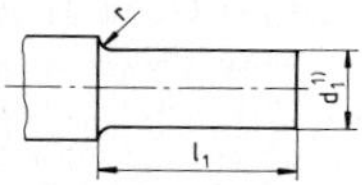

Kegelige Wellenenden mit Außengewinde nach DIN 1448

Paßfeder parallel zur Achse bis $d_1 = 220$ mm

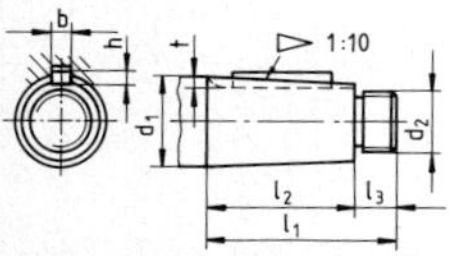

Kegelige Wellenenden mit Innengewinde nach DIN 1449

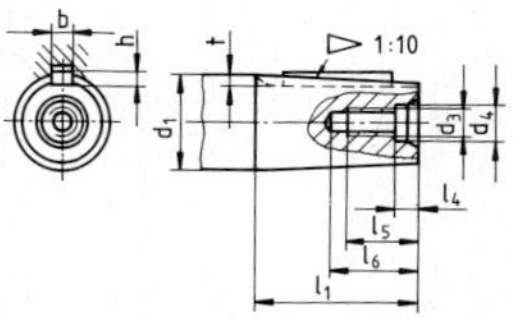

8

Abmessungen der Wellenenden nach DIN 748, DIN 1448 und DIN 1449 (Auswahl)

d_1 [1)]	l_1 lang	l_1 kurz	l_2 lang	l_2 kurz	l_3	l_4	l_5	l_6 min	r max	t lang	t kurz	b × h	d_2	d_3	d_4
12	30	18	18	—	12	3,2	10	14	0,6	1,7	—	2x2	M 8x1	M 4	4,3
14										2,3	—	3x3			
16	40	28	28	16						2,5	2,2		M 10x1,25		
19						4	12,5	17		3,2	2,9			M 5	5,3
20	50	36	36	22	14	5	16	21		3,4	3,1	4x4	M 12x1,25	M 6	6,4
22															
24										3,9	3,6				
25	60	42	42	24	18	6	19	25	1	4,1	3,6	5x5	M 16x1,5	M 8	8,4
28															
30	80	58	58	36	22	7,5	22	30		4,5	3,9		M 20x1,5	M 10	10,5
32										5	4,4	6x6			
35															
38															
40	110	82	82	54	28	9,5	28	37,5		7,1	6,4	10x8	M 24x2	M 12	13
42															
45						12	36	45				12x8	M 30x2	M 16	17
48															
50									1,6				M 36x3		

[1)] Toleranzfeld k6 für d_1 bis 50 mm und m6 für d_1 = 55...630 mm.
Norm-Bezeichnung für zyl. Wellenende nach DIN 748 z. B.: Wellenende DIN 748 - 50×110

9 Normteile

Normteile werden in der Regel in Zeichnungen nicht bemaßt, sondern nur in Stücklisten mit der genauen Norm-Bezeichnung aufgeführt, da sie meistens kostengünstiger fertig bezogen werden.

Bei der Bezeichnung genormter Gegenstände und Anschlußmaße folgt nach DIN 820 T 27 der Benennung die Norm-Nummer und nach einem Mittenstrich der Merkmaleblock. Dieser kann bestehen aus Kennbuchstaben für Form und Art, Zählnummer, Kennwerte, z. B. Maße, Werkstoffangaben und Ausführungsangaben, z. B. Oberflächenbehandlungen.

Beispiel für die Norm-Bezeichnung eines Fertigteils, z. B. Sechskantschraube nach DIN 931 mit Gewinde M8, Länge L = 50 mm und der Festigkeitsklasse 8.8: Sechskantschraube DIN 931 — M8 × 50 — 8.8

Beispiel für die Norm-Bezeichnung eines Halbzeugs, z. B. Rundstahl nach DIN 1013 mit ∅ 20 mm aus einem Stahl mit dem Kurznamen Ck 35:
Rund DIN 1013 — Ck 35 — 20 oder Rd DIN 1013 — Ck 35 — 20

9.1 Schrauben und Muttern

Die Produktklassen kennzeichnen nach DIN 267 T1 u. 2 die Ausführungen wie Gewinde- und Maßtoleranzen sowie Oberflächen von Schrauben und Muttern: Produktklasse A bisher Ausführung m (mittel), B bisher mg (mittelgrob) und C bisher g (grob). Diese Produktklassen entsprechen DIN ISO 4759 T1 und damit der internationalen Normung.

Die Festigkeitsklassen für Schrauben werden nach DIN ISO 898 T1 durch zwei Zahlen festgelegt, die durch einen Punkt getrennt sind. Die erste Zahl gibt $^1/_{100}$ der Nennzugfestigkeit in N/mm² und die zweite das 10fache des Verhältnisses der Nennstreckgrenze R_{el} ($R_{p\,0,2}$) zur Nennzugfestigkeit R_m (Streckgrenzenverhältnis) an.

Beispiel: 8.8 bedeutet: $8 : R_m = 8 \cdot 100 = 800$ N/mm²
$8 : R_{p\,0,2}/R_m = {}^{640}/_{800} = {}^{8}/_{10}$

Die Multiplikation beider Zahlen ergibt $^1/_{10}$ der Nennstreckgrenze. Das Streckgrenzenverhältnis kennzeichnet die Zähigkeit einer Schraube.

Bezeichnungssystem der Festigkeitsklassen für Schrauben

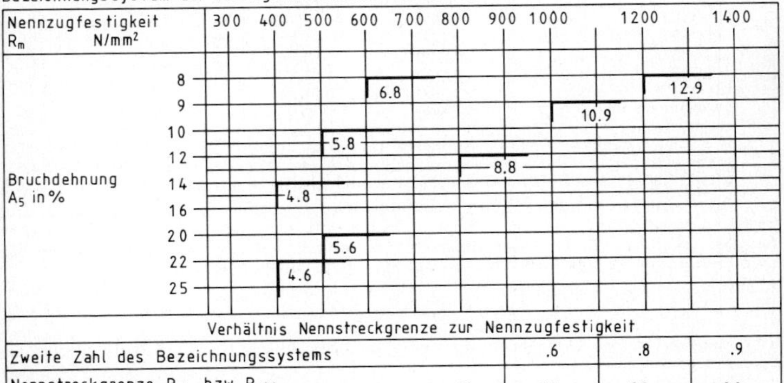

Verhältnis Nennstreckgrenze zur Nennzugfestigkeit				
Zweite Zahl des Bezeichnungssystems		.6	.8	.9
$\frac{\text{Nennstreckgrenze } R_{eL} \text{ bzw. } R_{p0,2}}{\text{Nennzugfestigkeit } R_m} \cdot 100$	%	60	80	90

Alle eingetragenen Festigkeitsklassen gelten nicht für alle Arten genormter Schrauben.

Der Geltungsbereich der Festigkeitsklassen für Schrauben ist nach DIN ISO 898 T1 für die Gewinde-$\phi \leqq 39$ mm und den Temperaturbereich von — 50 °C bis + 300 °C festgelegt.

Um die Mindestabstreiffestigkeit einer Mutter auf einer Schraube zu gewährleisten, sind die nachstehenden Festigkeitsklassen für Muttern und die zugehörigen Festigkeitsklassen der Schrauben festgelegt. Diese Angaben gelten für Mutternhöhen $h = 0{,}8 \cdot d$ und Regelgewinde.

Festigkeitsklassen für Muttern und zugehörige Schrauben

Kennzahl der Festigkeitsklasse der Mutter	4	5	6	8	10	12
Prüfspannung Spmin N/mm²	400	500	600	800	1000	1200
Brinellhärte HB max	302				353	
Festigkeitsklasse der zugehörigen Schraube	bis 4.8	bis 5.8	6.6 u. 6.8	8.8	10.9	12.9

Normenhinweis: DIN ISO 898 T1, 2 u. 5 sowie DIN 267 T1...24

Tabelle zur überschlägigen Dimensionierung von Schraubenverbindungen nach Schraubenwähler der Fa. Bauer u. Schaurte, Neuss

Betriebskraft pro Schraube							
statisch in Achsrichtung F_B (N)	dynamisch in Achsrichtung F_B (N)	statisch und/oder dynam. senkrecht zur Achsrichtung Q (N)	Vorspannkraft[1]) F_V (N)	Nenndurchmesser[1]) (mm) für Festigkeitsklasse			
				6.8	**8.8**	**10.9**	**12.9**
1600	1000	320	2500	4	4	—	—
2500	1600	500	4000	5	5	4	4
4000	2500	800	6300	6	6	5	5
6300	4000	1250	10000	7[2])	7[2])	6	5
10000	6300	2000	16000	9[2])	8	7[2])	7[2])
16000	10000	3150	25000	12	10	9[2])	8
25000	16000	5000	40000	14	14	12	10
40000	25000	8000	63000	18	16	14	12
63000	40000	12500	100000	22	20	16	16
100000	63000	20000	160000	27	24	20	20
160000	100000	31500	250000	—	30	27	24
250000	160000	50000	400000	—	—	30	30

[1]) Die angegebenen Nenndurchmesser und Vorspannkräfte gelten für Schaftschrauben; bei Dehnschrauben ist wegen des verringerten Taillenquerschnittes diejenige Abmessung zu wählen, die der nächsthöheren Laststufe entspricht

[2]) Abmessungen M7 und M9 nur in Sonderfällen verwenden

Beispiel: Welchen Gewindedurchmesser muß eine Schaftschraube haben, wenn sie eine axiale schwellende Betriebskraft von $F_B = 40000$ N aufnehmen soll?

Aus obenstehender Tabelle erhält man folgende Abmessungen:

6.8 : M22; 8.8 : M20; 10.9 : M16; 12.9 : M16;

Eine genaue Schraubenberechnung unter Berücksichtigung aller Randbedingungen ergibt folgende Abmessungen:

6.8 : M18; 8.8 : M16; 10.9 : M14; 12.9 : M12.

Mit der überschlägigen Dimensionierung nach obenstehender Tabelle liegt man stets auf der sicheren Seite.

Sechskant-, Zylinderschrauben und Sechskantmuttern

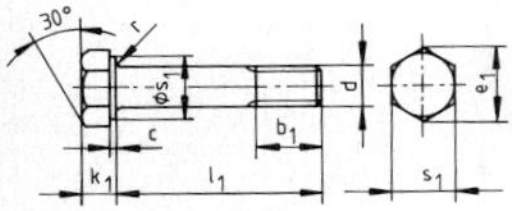

Sechskantschrauben DIN 931[1]) Produktklassen A u. B

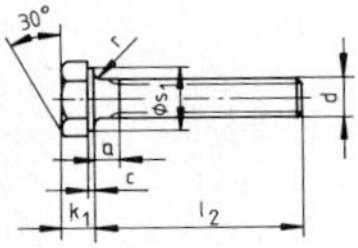

Sechskantschrauben DIN 933 [2]) Produktklassen A u. B

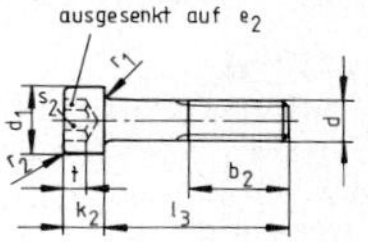

Zylinderschrauben mit Innensechskant DIN 912

d	a	b_1	b_2	d_1	e_1	e_2	k_1	k_2	s_1	s_2	t min	l_1 von	l_1 bis	l_2 von	l_2 bis	l_3 von	l_3 bis
M 4	2,1	14	20	7	7,74	3,6	2,8	4	7	3	2	22	70	5	70	6	40
M 5	2,4	16 22	22	8,5	8,87	4,7	3,5	5	8	4	2,5	30	80	6	80	8	50
M 6	3	18 24	24	10	11,05	5,9	4	6	10	5	3	30	90	6	80	10	60
M 8	3,8	22 28	28	13	14,38	7	5,3	8	13	6	4	35	110	8	110	12	80
M 10	4,5	26 32	32	16	18,90	9,4	6,4	10	17	8	5	40	150	8	150	16	100
M 12	5,3	30 36	36	18	21,10	11,7	7,5	12	19	10	6	45	180	10	150	20	120
M 16	6	38 44	44	24	26,75	16,3	10	16	24	14	8	55	200	12	150	25	160
M 20	7,5	46 52	52	30	33,53	19,8	12,5	20	30	17	10	65	220	16	200	30	200
M 24	9	54 60	60	36	39,98	22,1	15	24	36	19	12	75	220	16	200	40	200

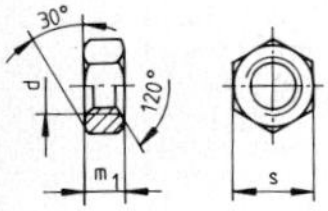

Sechskantmuttern DIN 934 Produktklassen A u. B [3])

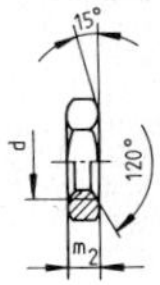

Flache Sechskantmuttern DIN 439 A u. B

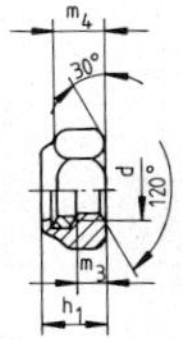

Sechskantmuttern selbstsichernd DIN 985

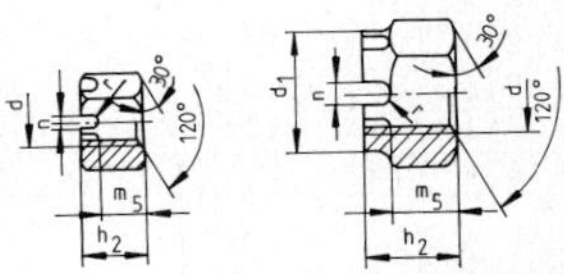

für s=7...17 für s=19...145 Kronenmuttern DIN 935 Produktklassen A u. B

d	d_1	e	h_1	h_2	m_1	m_2	m_3	m_4	m_5	n	s	Splint DIN 94
M 4		8,1	5	5	3,2	2,2	2,9	3,2	3,2	1,2	7	1 × 10
M 5		10,4	5	6	4	2,7	3,2	3,5	4	1,4	8	1,2 × 12
M 6		11,5	6	7,5	5	3,2	4	4,5	5	2	10	1,6 × 14
M 8		16,2	8	9,5	6,5	4	5,5	6	6,5	2,5	13	2 × 16
M 10		19,6	10	12	8	5	6,5	7	8	2,8	17	2,5 × 20
M 12	17	21,9	12	15	10	6	8	9	10	3,5	19	3,2 × 22
M 16	22	27,7	16	19	13	8	10,5	11	13	4,5	24	4 × 28
M 20	28	34,6	20	22	16	10	14	15	16	4,5	30	4 × 36
M 24	34	41,6	24	27	19	12	15	16	19	5,5	36	5 × 40

Für Neukonstruktionen: [1]) DIN ISO 4014, [2]) DIN ISO 4017, [3]) DIN ISO 4032

Zylinder-, Senk-, Vierkantschrauben und Gewindestifte

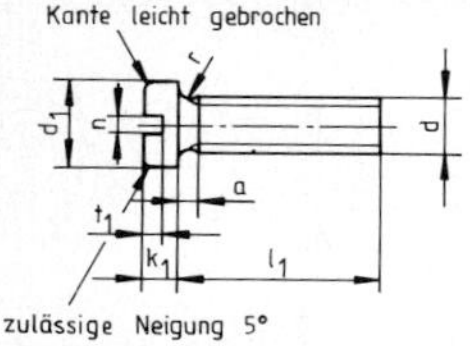

Zylinderschrauben m. Schl. DIN 84 Form A

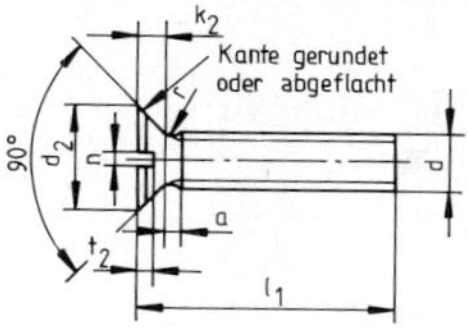

$c \approx 0{,}3$

Senkschrauben DIN 963

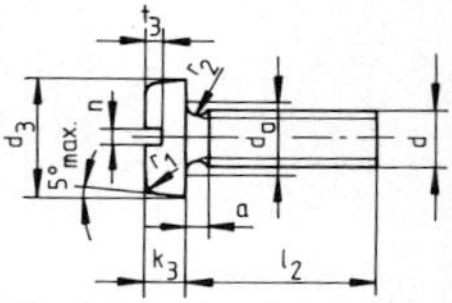

Flachkopfschraube DIN 85

d	a	d_1	d_2	d_3	k_1	k_2	k_3	n	r_1	r_2	t_1	t_2	t_3	l_1	l_2
M 3	1	5,5	5,6	6	2	1,65	1,8	0,8	1,2	6	1,1	0,85	0,95	4...40	3...30
M 4	1,4	7	7,5	8	2,6	2,2	2,4	1	1,6	8	1,5	1,1	1,3	4...50	5...40
M 5	1,6	8,5	9,2	10	3,3	2,5	3	1,2	2	10	1,8	1,3	1,5	6...50	6...50
M 6	2	10	11	12	3,9	3	3,6	1,6	2,4	12	2,2	1,6	1,9	8...50	8...50
M 8	2,5	13	14,5	16	5	4	4,8	2	3,2	15	2,6	2,1	2,4	10...55	10...55
M 10	3	16	18	20	6	5	6	2,5	4	20	3	2,6	3	12...60	12...60

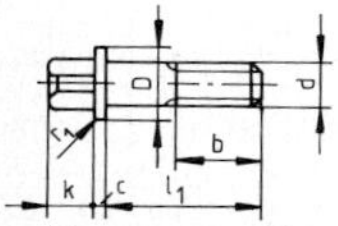

Vierkantschrauben mit Bund DIN 478

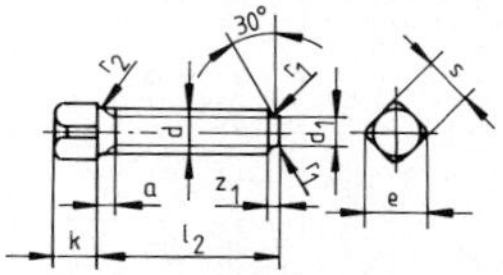

Vierkantschrauben mit Kernansatz DIN 479

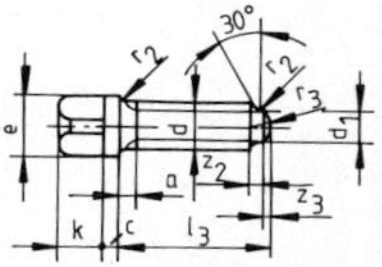

Vierkantschrauben mit Bund und Kuppe DIN 480

d	a	b	c	d_1	d_2	e	k	s	z_1	z_2	z_3	l_1		l_2		l_3	
												von	bis	von	bis	von	bis
M 5	2	16	2	9,5	3,5	6,5	5	5	1,2			10	30	8	40		
M 6	2,5	18	2	10,5	4	8	6	6	1,5			10	40	8	45		
M 8	3	22	2	13,5	5,5	10	8	8	1,8	2,5	1	16	45	10	55	16	40
M 10	3,5	26	3	16,5	7	13	10	10	2	3	1	20	60	16	60	20	60
M 12	4	30	3	20,5	8,5	17	12	13	2,5	3,5	1,25	25	90	20	90	25	60
M 16	4	38	4	25	12	22	16	17	3	4,5	1,75	30	140	40	120	40	80

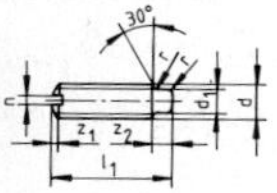

Gewindestifte mit Zapfen DIN 417¹)

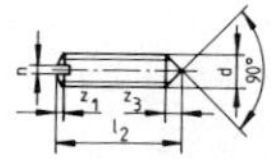

Gewindestifte mit Spitze DIN 553

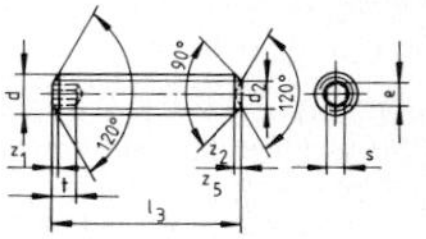

Gewindestifte mit Innensechskant DIN 916

d	d_1	d_2	e	n	s	t	z_1	z_2	z_3	z_4	z_5	l_1		l_2		l_3	
												von	bis	von	bis	von	bis
M 3	2	1,4	1,8	0,4	1,5	2	0,8	2,5	1,5	0,25	0,8	5	12	4	12	4	20
M 4	2,5	2	2,3	0,6	2	2,5	1	3	2	0,35	1	6	16	6	16	6	20
M 5	3,5	2,5	2,9	0,8	2,5	3	1,2	3	2,5	0,4	1,2	8	18	8	20	6	25
M 6	4	3	3,5	1	3	3,5	1,5	3,5	2,5	0,5	1,5	8	22	8	22	8	35
M 8	5,5	5	4,7	1,2	4	5	1,8	5	3	0,6	1,5	10	28	10	28	10	40
M 10	7	6	5,8	1,6	5	6	2,2	5,5	4	0,8	2	12	35	12	35	12	40
M 12		8	7		6	8				1	2					16	40

¹) M 12 entfällt nach der neuen DIN 417

Scheiben und Sicherungen

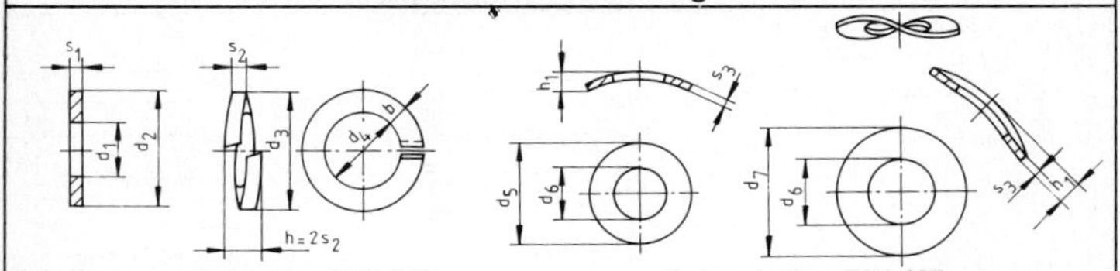

Scheiben DIN 125 für Sechskantschrauben und -muttern Form A u. B

Federringe DIN 127 Form B Bezeichnung, z. B. Federring DIN 127 – B 8

Federscheiben DIN 137

Form A gewölbt für Zylinder, Halbrundschrauben und -muttern M 4 ... M 10

Form B gewellt für Sechskantschrauben und -muttern M 4 ... M 24

d	b	d_1	d_2	d_3	d_4	d_5	d_6	d_7	h_1	h_2	s_1	s_2	s_3
M 4	1,5	4,3	9	7,6	4,1	8	4,3	9	1,6	2	0,8	0,9	0,5
M 5	1,8	5,3	10	9,2	5,1	10	5,3	11	1,8	2,2	1	1,2	0,5
M 6	2,5	6,4	12,5	11,8	6,1	11	6,4	12	2,2	2,6	1,6	1,6	0,5
M 8	3	8,4	17	14,8	8,1	15	8,4	15	3,4	3	1,6	2	0,8
M 10	3,5	10,5	21	18,1	10,2	18	10,5	21	4	4,2	2	2,2	1
M 12	4	13	24	21,1	12,2		13	24		5	2,5	2,5	1,2
M 16	5	17	30	27,4	16,2		17	30		6,3	3	3,5	1,6
M 20	6	21	37	33,6	20,2		21	36		7,4	3	4	1,6
M 24	7	25	44	40	24,5		25	44		8,2	4	5	1,8

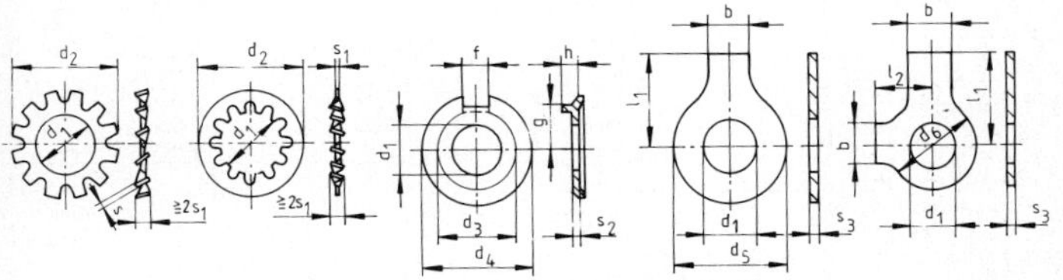

Federnde Zahnscheiben DIN 6797 A außengezahnt J innengezahnt

Sicherungsbleche mit Nase DIN 432

Sicherungsbleche mit Lappen DIN 93

Sicherungsbleche mit zwei Lappen DIN 463

d	b	d_1	d_2	d_3	d_4	d_5	d_6	f	g	h	l_1	l_2	s_1	s_2	s_3
M 4	5	4,3	8	10	14	14	9	2,5	5,5	2	14	6,5	0,5	0,5	0,38
M 5	6	5,3	10	12	17	17	11	3,5	7	2,5	16	8	0,6	1	0,5
M 6	7	6,4	11	14	19	19	12	3,5	7,5	3	18	9	0,7	1	0,5
M 8	8	8,4	15	16	22	22	17	3,5	8,5	4	20	11	0,8	1,6	0,75
M 10	10	10,5	18	20	26	26	21	4,5	10	4	22	13	0,9	1,6	0,75
M 12	12	13	20,5	24	30	32	24	4,5	12	4,5	28	15	1	1,6	1
M 16	15	17	26	30	36	40	30	5,5	15	4,5	32	18	1,2	1,6	1
M 20	18	21	33	36	42	45	36	6,5	18	4,5	36	21	1,4	1,6	1
M 24	20	25	38	43	50	50	44	7,5	21	6,5	42	25	1,5	1,6	1

Darstellung von Schraubensicherungen s. S. 287

Beispiele für Schrauben und Muttern mit Norm-Bezeichnung

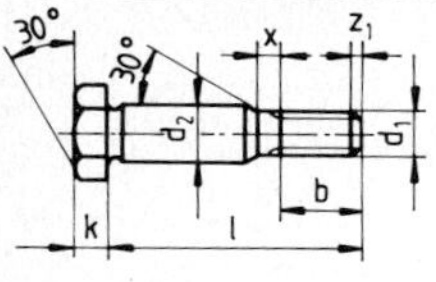

Paßschraube
DIN 609 – M 12 × 60 – 5.6

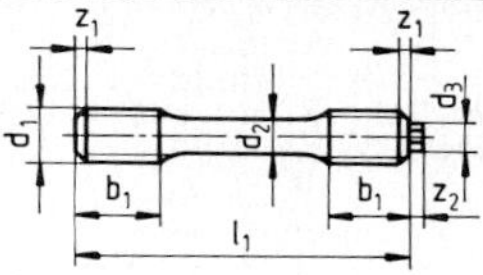

Schraubenbolzen
DIN 2510 – LM 16 × 100 – 24 Cr Mo 5

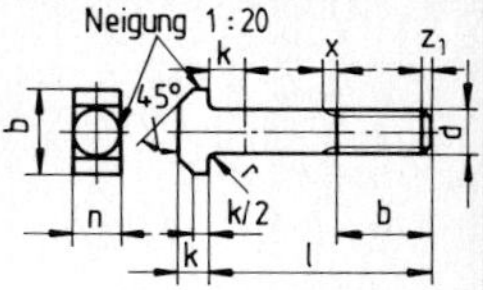

Hammerschraube
DIN 186 – AM 12 × 80 – 4.6

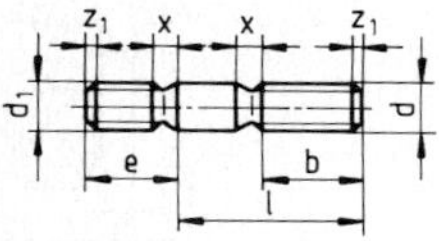

Stiftschraube
DIN 938 – M 12 × 80 – 8.8

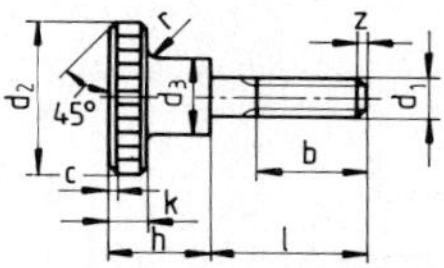

Rändelschraube
DIN 464 – M 8 × 25 – 5.8

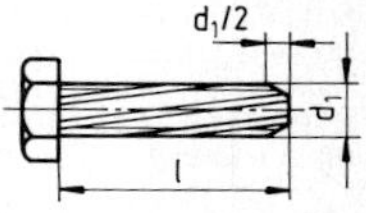

Schneidschraube
DIN 7513 – AM 6 × 20

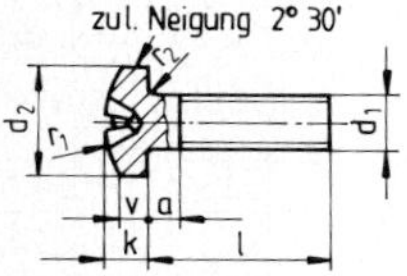

Linsenschraube
DIN 7985 – M 10 × 60 – 4.8

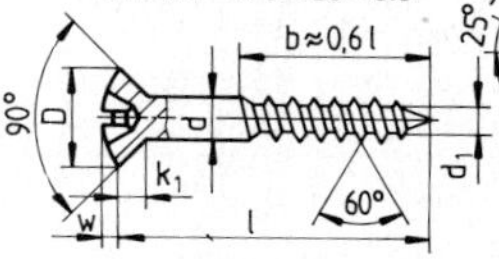

Holzschraube
DIN 7996 – 4 × 25 – St

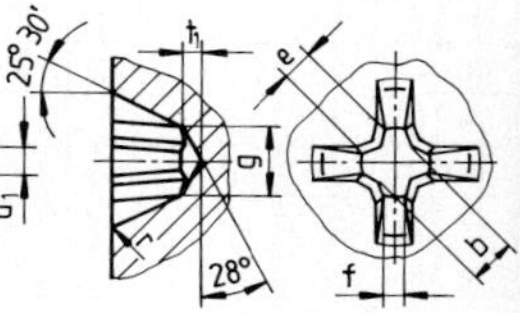

Kreuzschlitz
DIN 7962, Grundmaße

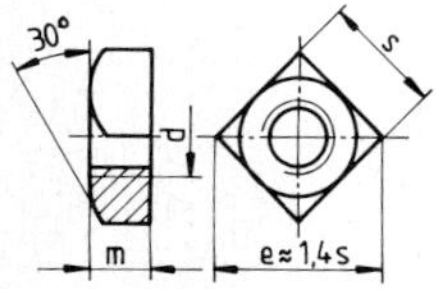

Vierkantmutter
DIN 557 – M 10

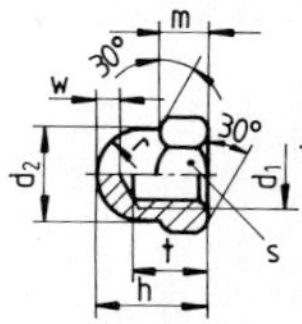

Hutmutter
DIN 1587 – 6

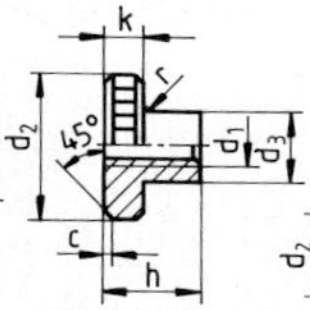

Rändelmutter
DIN 466 – 5

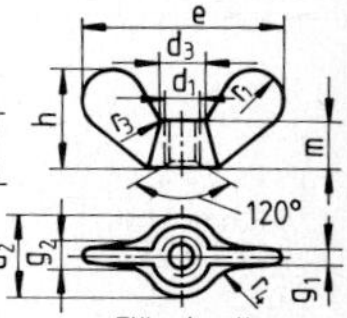

Flügelmutter
DIN 315 – M 6 – g – 5

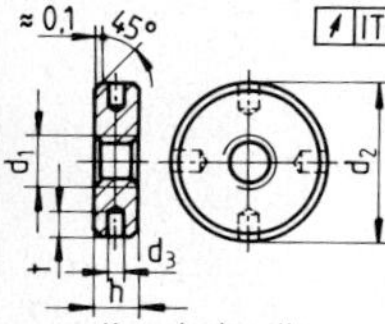

Kreuzlochmutter
DIN 548 – M 20 – 5

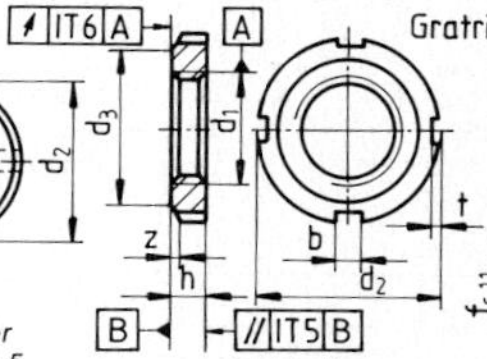

Nutmutter
DIN 1804 – M 10 × 1 – h

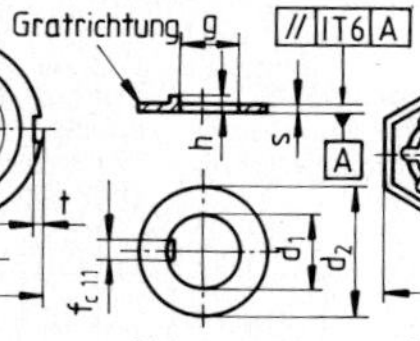

Sicherungsblech
DIN 462 – 22

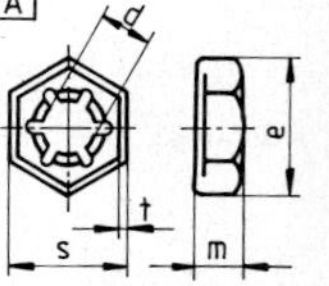

Sicherungsmutter
DIN 7967 – M 10

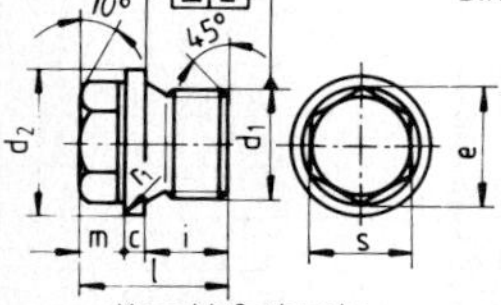

Verschlußschraube
DIN 910 – M 24 × 1,5 – St

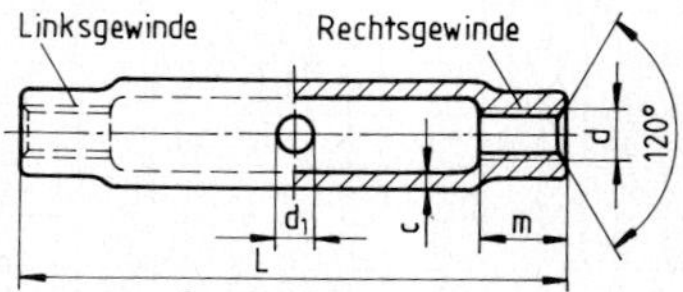

Spannschloßmutter
DIN 1478 – Sp M 12

Normenhinweis: DIN 918 Schrauben, Muttern und Zubehör; Benennungen

9

9.2 Schraubenverbindungen mit Schraubensicherungen

Schraubenverbindungen sind zu sichern, wenn sie sich durch Stöße und Erschütterungen losdrehen können. Die Sicherungen sind kraftschlüssig, z. B. durch Federringe, Federscheiben, selbstsichernde Muttern, oder formschlüssig, z. B. durch Splinte, Sicherungsbleche mit Nase. Eine wirksame Schraubenverbindung liegt erst dann vor, wenn neben der Mutter auch der Schraubenkopf gesichert ist. Ausgenommen hiervon ist Kronenmutter mit Splint.

Kraftschlüssige Sicherungen

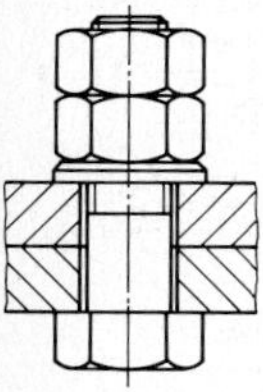

Sechskantschraube mit Doppelmutter

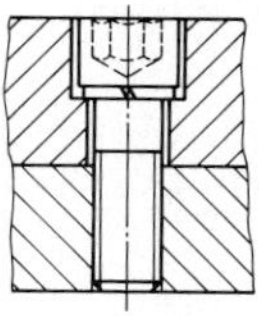

Zylinderschraube mit Innensechskant DIN 912 mit Federring DIN 7980

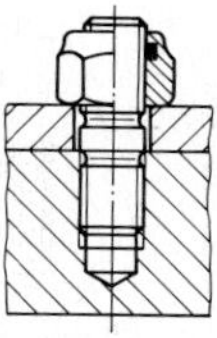

Stiftschraube DIN 833 mit Sicherungsmutter DIN 985

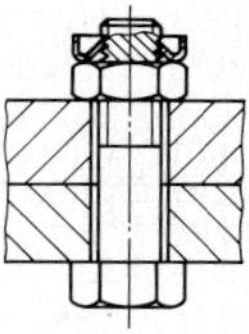

Sechskantschraube DIN 931 mit Sechkantmutter und Sicherungsmutter DIN 7967

Formschlüssige Sicherungen

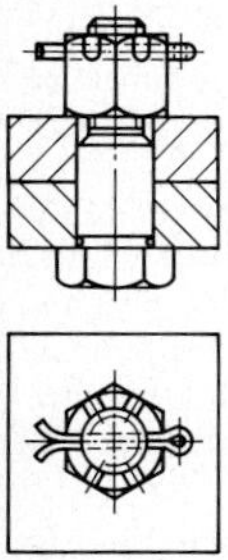

Sechskant-Paßschraube DIN 609 mit Kronenmutter DIN 935 und Splintsicherung

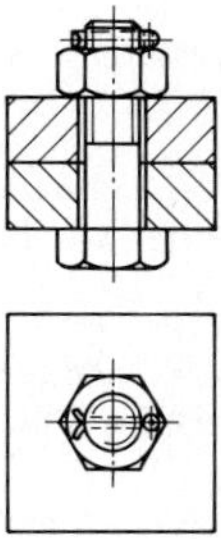

Sechskantschraube DIN 931 mit Splintsicherung

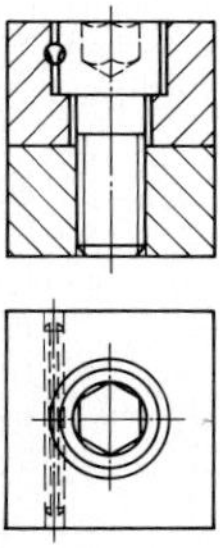

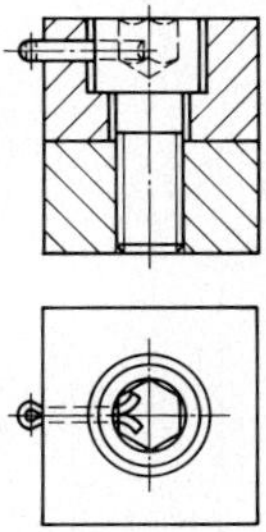

Zyl. Innensechskantschraube DIN 912
a) mit Kerbstiftsicherung DIN 1471
b) mit Splintsicherung DIN 94

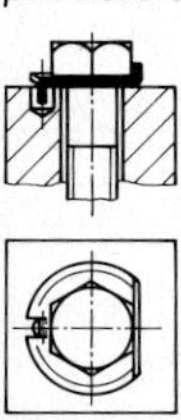

Schraubenkopfsicherung durch Sicherungsblech mit Nase DIN 432

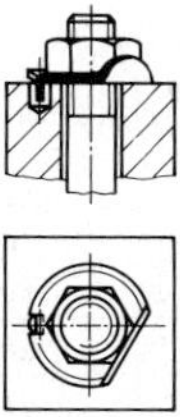

Muttersicherung durch Sicherungsblech mit Nase DIN 432

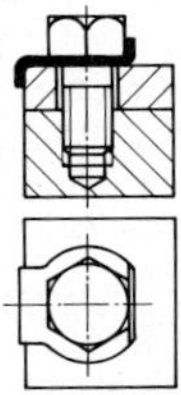

Schraubenkopfsicherung durch Sicherungsblech mit Lappen DIN 93

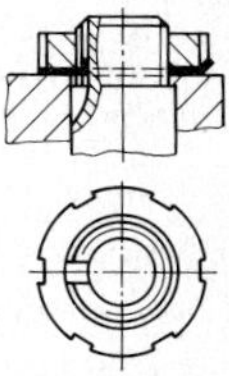

Nutmutter DIN 1804 mit Sicherungsblech mit Innennase DIN 462

Schraubenverbindungen können gegen Lockern auch durch Verkleben sowie durch Verriegelungszähne an den Kopfauflageflächen gesichert werden.

9.3 Niete und Nietverbindungen

Nietverbindungen sind unlösbare Verbindungen im Metallbau. Sie können nicht ohne Zerstören der Niete gelöst werden. Feste Nietverbindungen finden im Stahlbau, dichte im Kesselbau, feste und dichte im Behälterbau Anwendung. Nietverbindungen werden immer mehr durch Schweißverbindungen ersetzt. Ein geschlagener Niet besteht aus Setzkopf, Schaft und Schließkopf.

Erfahrungswerte für die Nietlänge L:

Halbrundniete DIN 124 ($d < 20$), $l \approx$ Klemmlänge $+ 1{,}5 \cdot d$
Halbrundniete DIN 124 ($d > 20$), $l \approx$ Klemmlänge $+ 1{,}7 \cdot d$
Senkniete DIN 302 $l \approx$ Klemmlänge $+ d$

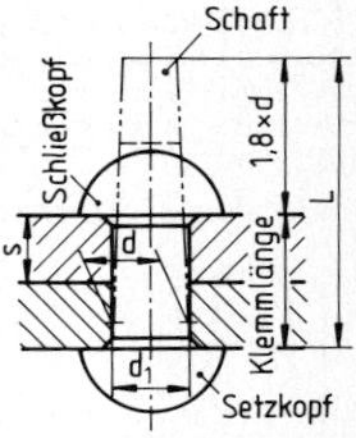

288.1 Nietverbindung

Nietverbindungsarten

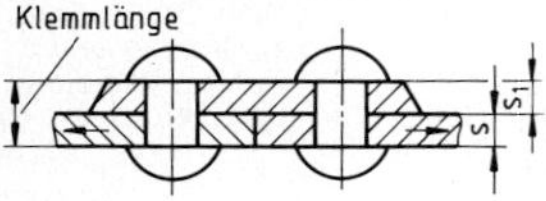

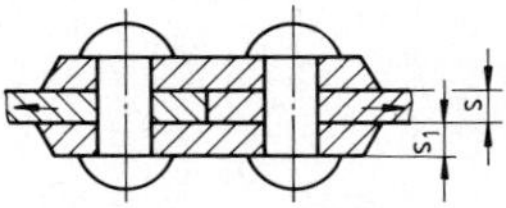

288.3 Einreihige Doppel-Laschennietung

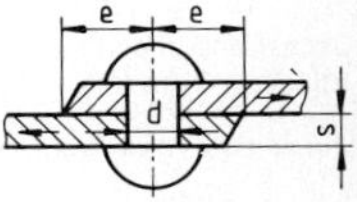

288.4 Einreihige Überlappungsnietung

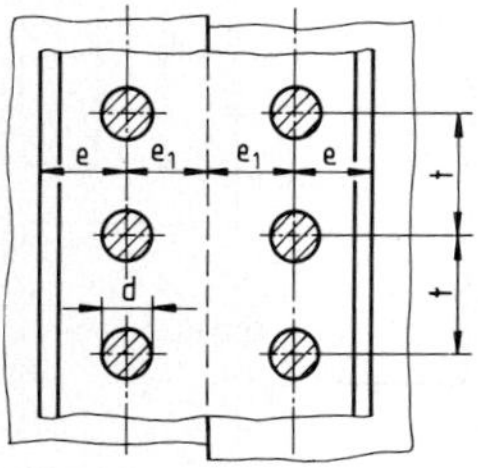

288.2 Einreihige Laschennietung

Bei der Überlappungsnietung werden überlappte Bleche, bei der einseitigen Laschennietung voreinanderstoßende Bleche mit einer Lasche und bei der Doppellaschennietung voreinanderstoßende Bleche mit einer oberen und einer unteren Lasche vernietet.

Nach der Anzahl der beanspruchten Querschnitte eines Nietes auf Abscheren unterscheidet man einschnittige, z. B. 288.2 und 288.4, und mehrschnittige Nietverbindungen, z. B. zweischnittig 288.3.

9

Erfahrungswerte für Nietabstände bei kraftbeanspruchten Nieten im Metallbau:

Nietteilung	$t = 3{,}0 \ldots 3{,}5\ d_1$
Endabstand in Kraftrichtung	$e_1 = 2{,}0 \ldots 2{,}5\ d_1$
Randabstand senkr. zur Kraftrichtg.	$e_2 = 1{,}5 \ldots 2{,}0\ d_1$
Nietreihenabstand	$e_3 = 3{,}0 \ldots 3{,}5\ d_1$

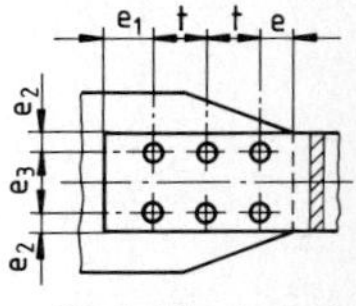

288.5 Nietabstände

Normenhinweis:

DIN 997 Anreißmaße (Wurzelmaße) für Form- und Stabstahl
DIN 998 Lochabstände in ungleichschenkligen Winkelstählen
DIN 999 Lochabstände in gleichschenkligen Winkelstählen

Niete von 1...9 mm ϕ vorwiegend für die Blechnietung. Die Nietlöcher werden 0,2...0,5 mm größer gebohrt als der Nietdurchmesser. Die Blechnietung erfolgt kalt.

Niete von 10...36 mm ϕ für den Stahlbau, z. B. DIN 124, werden warm genietet. Die entsprechenden Nietloch-ϕ sind 1 mm größer zu bohren.

Halbrundniete nach DIN 660 und Senkniete nach DIN 661

Halbrundniet DIN 660 — *Schließkopfform A B* — *Senkniet DIN 661* — *Schließkopfform A B*

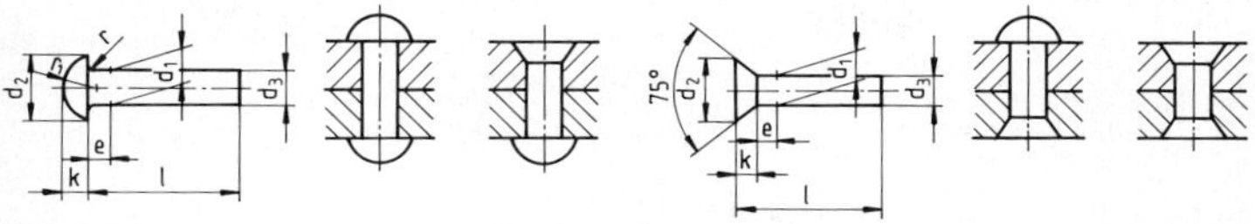

Rohniet-ϕ	d_1	1	1,2	1,6	2	2,5	3	4	5	6	8
Loch-ϕ	d	1,05	1,25	1,65	2,1	2,6	3,1	4,2	5,2	6,3	8,4
Halbrund-kopf	d_2 k $r_1 \approx$	1,8 0,6 1	2,1 0,7 1,2	2,8 1 1,6	3,5 1,2 1,9	4,4 1,5 2,4	5,2 1,8 2,8	7 2,4 3,8	8,8 3 4,6	10,5 3,6 5,7	14 4,8 7,5
Senkkopf	d_2 k	1,8 0,5	2,1 0,6	 0,8	3,5 1	4,4 1,2	5,2 1,4	7 2	8,8 2,5	10,5 3	14 4
DIN 660 *l*	von bis	2 6	2 8	2 12	2 20	3 25	3 30	4 40	5 40	6 40	8 40
DIN 661 *l*	von bis	2 5	2 6	2 8	3 10	4 12	5 16	6 20	8 25	10 30	12 40

Stufung der Länge *l*: 2 3 4 5 6 8 10 12 14 16 18 20 22 25 28 30 32 35 38 40

Norm-Bezeichnung, z. B. (d_1 = 4, l = 20 aus USt 36—2):
Niet DIN 660 — 4 × 20 — St

Linsenniete nach DIN 662 und Flachrundniete nach DIN 674

Linsenniet DIN 662 — *Flachrundniet DIN 674*

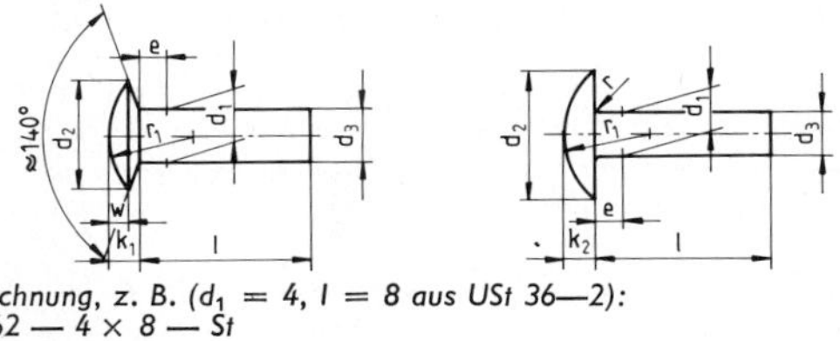

Norm-Bezeichnung, z. B. (d_1 = 4, l = 8 aus USt 36—2):
Niet DIN 662 — 4 × 8 — St

Rohrniete nach DIN 7340 werden aus Rohr gefertigt und z. B. bei Geräten der Fernmeldetechnik als feste Verbindungen angewendet.

Form A mit Flachkopf — *Form B mit angerolltem Rundkopf*

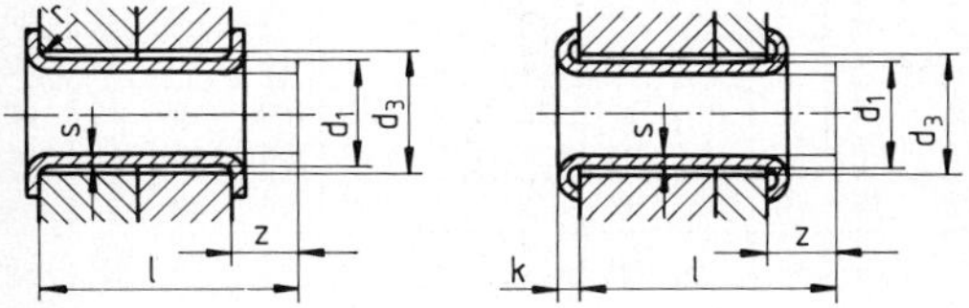

Beispiel: Rohrniet DIN 7340 — B 0,4 × 0,5 × 10 — Cu 99,5
d_1 = 4 mm,
Dicke s = 0,5 mm,
Länge l = 10 mm,
Werkstoff Cu 99,5 = Kupfer mit 99,5 %

9

9.4 Stifte und Stiftverbindungen

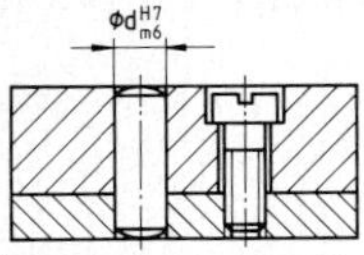

Befestigung durch Zylinderschraube und Zylinderstift

Stifte sichern als Verbindungselement eine bestimmte Lage aneinanderliegender Teile. Bei Schraubverbindungen nehmen sie zusätzlich die Scherkräfte auf, da Schrauben, ausgenommen Paßschrauben, nicht auf Abscherung beanspruchT werden sollen.

Zylinderstifte nach DIN 7

Sie werden verwendet für nicht oder nur selten zu lösende Verbindungen.

Paßstift
Toleranzfeld m 6
ϕ 1 bis 50 mm

Verbindungs- und Befestigungsstift
h 8
ϕ 0,8 bis 50 mm

Nietstift
h 11
ϕ 0,8 bis 50 mm

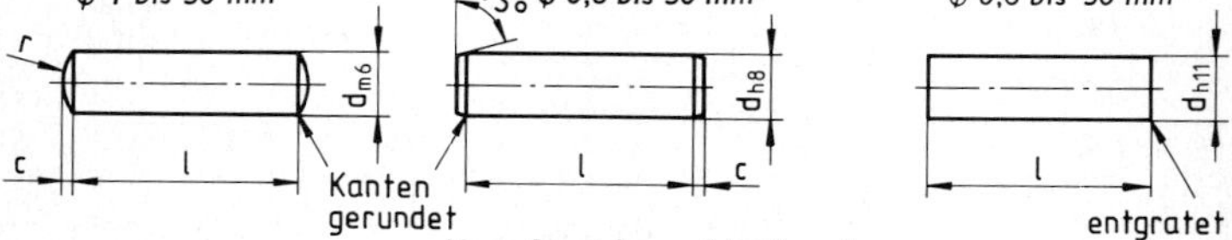

Norm-Bezeichnung (d × l), z. B.:

Zylinderstift DIN 7 — 5 m 6 × 20 — St

Zylinderstift DIN 7 — 5 h 8 × 20 — St

Zylinderstift DIN 7 — 5 h 11 × 20 — St

ϕ d		1,2	1,5	2	2,5	3	4	5	6	8	10	12	13	14	16	20
l	von	3	3	4	4	4	5	5	6	8	10	10	12	14	16	20
	bis	14	16	20	24	32	40	50	60	80	100	120	140	160	180	200
Stufung der *l* Länge		2	3	4	5	6	8	10	12	14	16	18	20	24	28	32
		36	40	45	50	55	60	70	80	90	100	120	140	160	180	200

Kegelstifte nach DIN 1 und DIN 258

Die zugehörigen Bohrungen werden mit Kegelreibahlen nach DIN 9 aufgerieben.

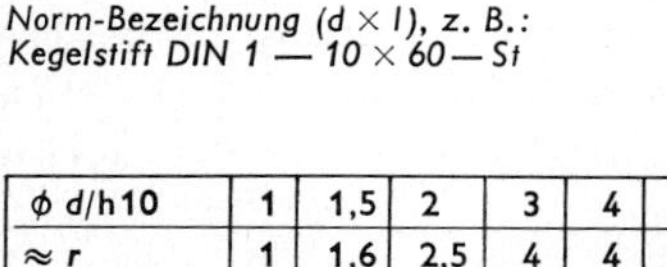

Norm-Bezeichnung (d × l), z. B.:
Kegelstift DIN 1 — 10 × 60 — St

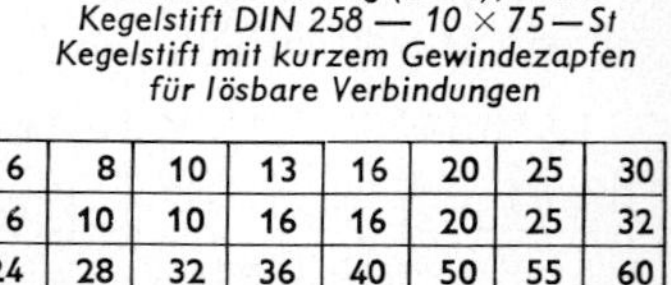

Norm-Bezeichnung (d × l), z. B.:
Kegelstift DIN 258 — 10 × 75 — St
Kegelstift mit kurzem Gewindezapfen für lösbare Verbindungen

ϕ d/h10		1	1,5	2	3	4	5	6	8	10	13	16	20	25	30
≈ r		1	1,6	2,5	4	4	6	6	10	10	16	16	20	25	32
l	von	8	10	12	14	16	20	24	28	32	36	40	50	55	60
	bis	18	26	36	50	60	70	100	120	140	165	230	230	260	260
Stufung der *l* Länge		8	10	12	14	16	18	20	22	24	26	28	30	32	36
		40	45	50	55	60	70	80	90	100	110	120	130	140	150

Kerbstifte bis ⌀ 25 mm haben am Umfang drei eingedrückte Kerben. Man verwendet sie für feste Verbindungen. Die zugehörigen Bohrungen werden mit dem Spiralbohrer gefertigt.

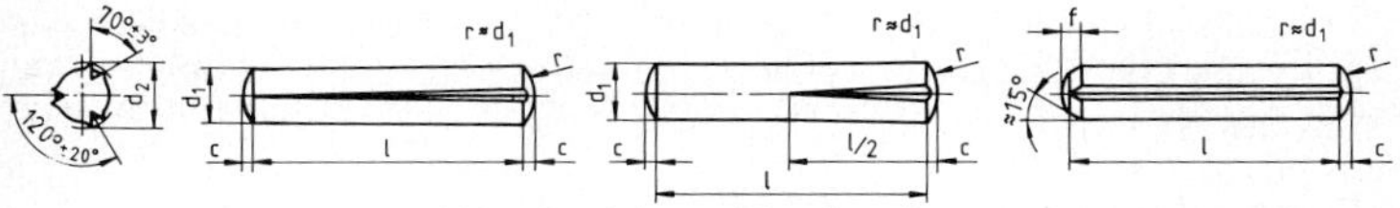

Norm-Bezeichnung (d × l), z. B.:

Kerbstift DIN 1471 — 5 × 30 — St

Kerbstift DIN 1472 — 5 × 30 — St

Kerbstift DIN 1473 — 5 × 30 — St

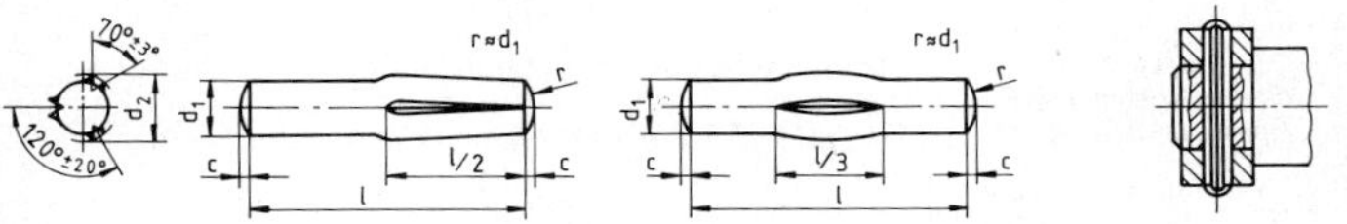

Norm-Bezeichnung (d × l), z. B.:

Kerbstift DIN 1474 — 5 × 30 — St

Kerbstift DIN 1475 — 5 × 30 — St

⌀ d_1			2	2,5	3	4	5	6	8	10	12
DIN 1471 u. 1473	*l*	von	5 (4)	6	6	8 (6)	8	10	12	16	16
		bis	30	30	40	60	60	80	100	120	120
DIN 1472	*l*	von	6	6	6	10	10	10	12	16	20
		bis	30	30	40	60	60	80	100	160	180
DIN 1474	*l*	von	6	8	8	10	10	12	16	20	30
		bis	30	30	40	60	60	80	100	160	180
DIN 1475	*l*	von	12	12	12	20	20	25	25	35	40
		bis	30	30	40	60	60	80	100	160	180

Kerbnägel DIN 1476 und DIN 1477 stellen Verbindungen her, die weder gelöst noch belastet werden dürfen, z. B. bei der Befestigung von Schildern. Die Bohrungen besitzen das Toleranzfeld H9 für d bis 3 mm, H11 für d über 3 mm.

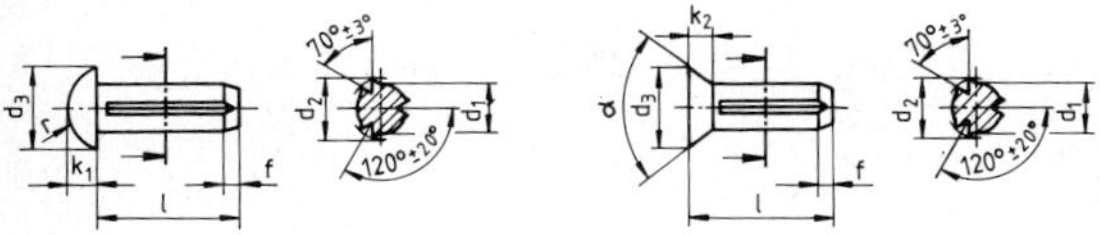

Norm-Bezeichnung (d × l), z. B.:

Kerbnagel DIN 1476 — 5 × 20 — St

Kerbnagel DIN 1477 — 5 × 20 — St

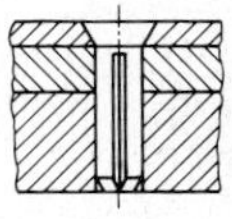

Anwendungsbeispiel

	⌀ d_1	2	3	4	5	6	8
	d_3	3,5	5,2	7	8,8	10,5	14
	k_1	1,2	1,8	2,4	3	3,6	4,8
	k_2	1	1,4	2	2,5	3	3,9
DIN 1476 *l*	von	3	4	6	8	8	10
	bis	10	16	20	25	35	30
DIN 1477 *l*	von	4	5	7	8	8	10
	bis	10	18	20	25	35	40

9

Spannstifte (Spannhülsen), schwer DIN 1481 und leicht DIN 7346, können zusammen mit Sechskantschrauben zur Sicherung der Lage gefügter Teile zueinander verwendet werden.

Die Aufnahmebohrungen haben den gleichen Nenndurchmesser der Spannstifte und das Toleranzfeld H12, so daß sie nur durch Bohren hergestellt werden.

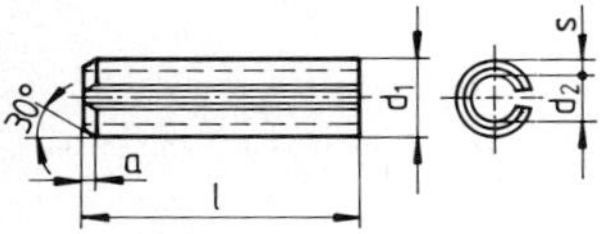

Norm-Bezeichnung (d × l), z. B.:
Spannstift DIN 1481 — 10 × 40 — St

Anwendungsbeispiele

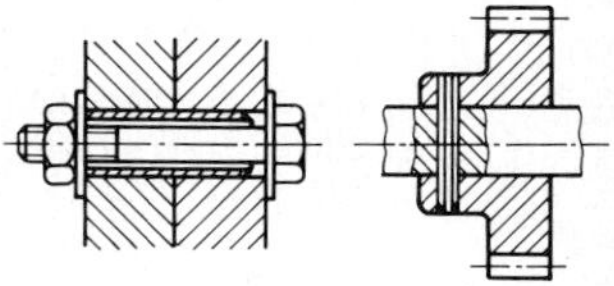

Nenn-ϕ		2	2,5	3	3,5	4	4,5	5	6	8	10	12
	s	0,4	0,5	0,6	0,75	0,8	1		1,25	1,5	2	2,5
DIN	a	0,35	0,45	0,5	0,6	0,7	0,8	1,6			2	
1481	d_1	2,3	2,8	3,3	3,8	4,4	4,8	5,4	6,4	8,5	10,5	12,5
	$d_2\approx$	1,5	1,8	2,1	2,3	2,8	2,9	3,4	3,9	5,5	6,5	7,5
für Schrauben									M 3	M 4	M 5	M 6
	s	0,2	0,25	0,3	0,35	0,5	0,5	0,5	0,75	0,75	1	
DIN	a	0,2	0,25	0,25	0,3	0,5	0,5	0,5	0,7	1,5	2	
7346	d_1	2,3	2,8	3,3	3,8	4,4	4,8	5,4	6,4	8,5	10,5	12,5
	$d_2\approx$	1,9	2,3	2,7	3,1	3,4	3,8	4,4	4,9	7	8,5	10,5
für Schrauben							M 3		M 4	M 6		
l [1]	von	4		4		4		5	10	10	10	10
	bis	30		40		50		80	100	120	160	180

[1]) Für DIN 1481 und DIN 7346

Nietstifte, DIN 7341, werden bei festen Verbindungen angewendet, die keiner besonderen Beanspruchung unterliegen. Der Außendurchmesser d_1 hat das Toleranzfeld h9 oder h11.

Norm-Bezeichnung für Form A (d × l), z. B.:
Nietstift DIN 7341 — A 5 × 10 — St

Form A

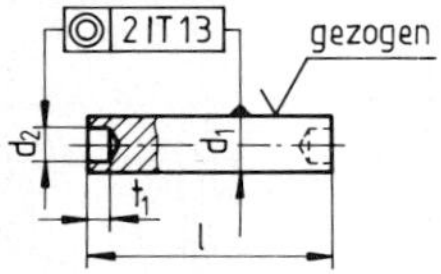

Form B gezogen

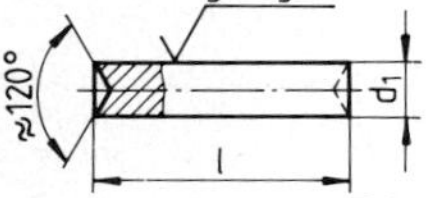

Anwendungsbeispiele der Form A

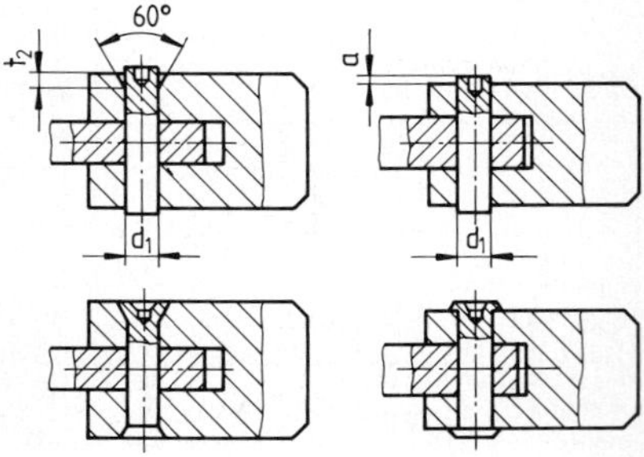

9.5 Bolzen und Bolzenverbindungen

Bolzen verbinden zwei oder mehr Teile formschlüssig, wobei meist ein Teil beweglich bleibt, z. B. der Gelenkbolzen bei Laschenverbindungen und Gliederketten. Für Neukonstruktionen sollen nur noch Bolzen nach DIN 1443 und DIN 1444 verwendet werden.

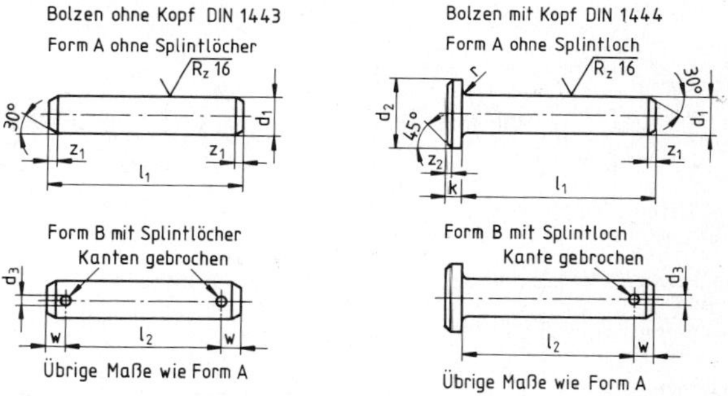

Norm-Bezeichnung eines Bolzens DIN 1443 Form A, d_1 = 10 h 11, l_1 = 50 aus St:
Bolzen DIN 1443 — A 10 h 11 × 50 — St
eines Bolzens DIN 1443 Form B, d_1 = 10 h 11, $l_1 = l_1$ = 100, l_2 = 88 (Splintlochabstand) aus St:
Bolzen DIN 1443 — B 10 h 11 × 100 × 88 — St

d_1[1]		4	5	6	8	10	12	14	16	18	20
d_2	h 14	6	8	10	14	18	20	22	25	28	30
d_3	H 13	1	1,2	1,6	2	3,2	3,2	4	4	5	5
k	js 14	1	1,6	2	3	4	4	4	4,5	5	5
r		0,6	0,6	0,6	0,6	0,6	0,6	0,6	0,6	1	1
w		2,2	2,9	3,2	3,5	4,5	5,5	6	6	7	8
z_1	max.	1	2	2	2	2	3	3	3	3	4
z_2	≈	0,5	1	1	1	1	1,6	1,6	1,6	1,6	2
l_1	von	8	10	12	16	20	25	30	35	40	40
js 15	bis	40	50	60	80	100	100	100	100	100	100
Scheibe[2]	d_4	8	10	12	16	20	25	28	28	30	32
DIN 1440	s	0,8	0,8	1,6	2	2,5	3	3	3	4	4
Splint DIN 94		1×6	1,2×8	1,6×10	2×12	3,5×15	3,2×20	4×25	4×25	5×30	5×30

Stufung der Länge l_1: 8 10 12 14 16 (18) 20 (22) 25 (28) 30 35 40
45 50 55 60 65 70 75 80 85 90 (95) 100

Anwendungsbeispiele:

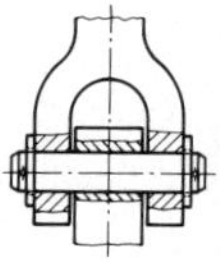
1

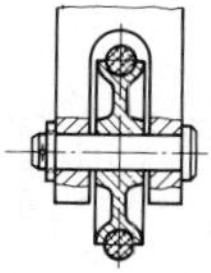
2

[1]) Empfohlene Toleranzfelder: a 11 c 11 f 8 oder h 11;

[2]) d_1 (H 11) Scheibe = d_1 Bolzen. Länge der Bolzen mit Splintlöcher sind aus der Klemmlänge (Werkstück) plus Spiel (Erfahrungswert) plus $d_3/2$ (halber Splintloch-ϕ) bzw. plus Scheibendicke s (2s) zu ermitteln. Hierbei ist falls nötig auf die nächste Bolzenlänge aufzurunden.

9.6 Sicherungen für Achsen und Wellen

Stellringe nach DIN 705

Form A bis $d_1 = 70$ mit 1 Gewindestift
über $d_1 = 70$ mit 2 Gewindestiften

Form B nur bis $d_1 = 150$

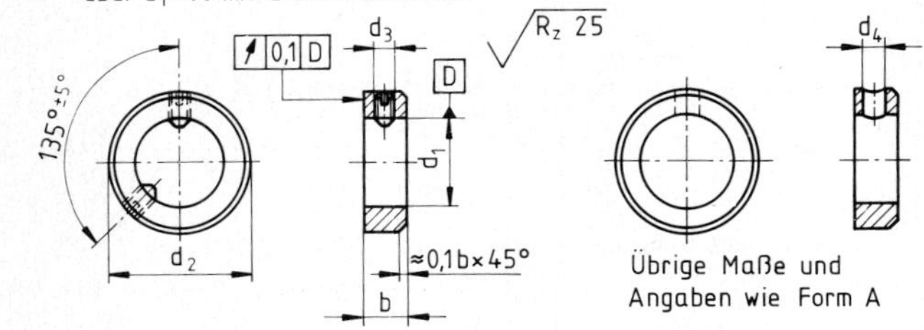

Norm-Bezeichnung, z. B. für d_1 = 16 mm: Stellring DIN 705—16

Sprengringe nach DIN 9045

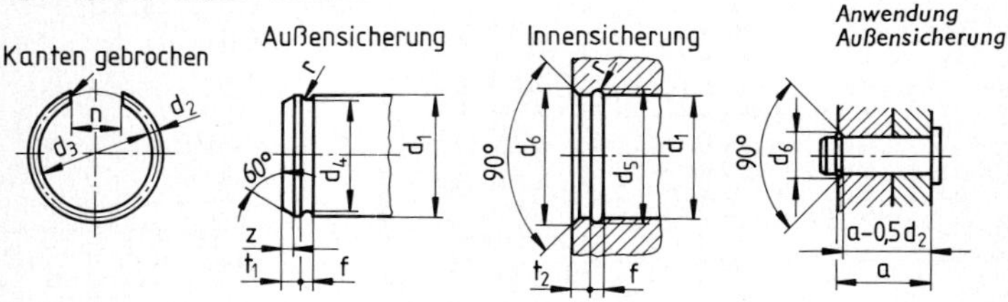

Norm-Bezeichnung, z. B. für d_1 = 24 mm: Sprengring DIN 9045—24

Sicherungsscheiben nach DIN 6799

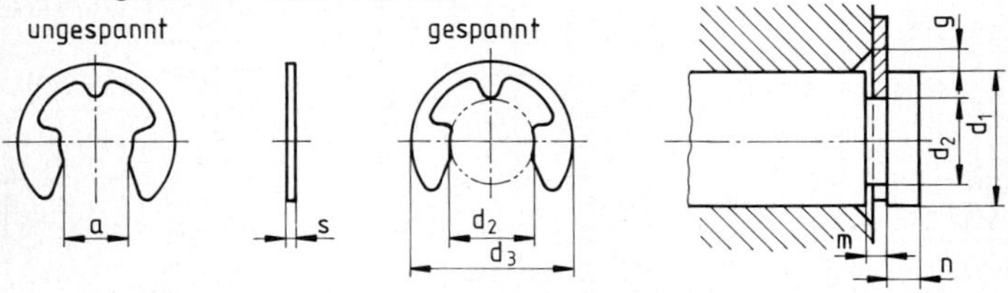

Norm-Bezeichnung, z. B. für d_2 = 10 mm: Sicherungsscheibe DIN 6799—10

d_2[1]	zul. Abw.	d_1 von	d_1 bis	d_3 max	s	zul. Abw.	a	zul. Abw.	m	zul. Abw.	n	g
4	0	5	7	9,3	0,7		3,34		0,74		1,2	1
5	—0,06	6	8	11,3	0,7	±0,02	4,11	±0,048	0,74	+0,05	1,2	1
6		7	9	12,3	0,7		5,26		0,74	0	1,2	1,1
7		8	11	14,3	0,9		5,84		0,94		1,5	1,3
8	0	9	12	16,3	1		6,52		1,05		1,8	1,5
9	—0,075	10	14	18,8	1,1	±0,03	7,63	±0,058	1,15	+0,08	2	1,6
10		11	15	20,4	1,2		8,32		1,25	0	2	1,8
12	0 —0,09	13	18	23,4	1,3		10,45		1,35		2,5	1,9

[1] Nennmaß

Sicherungsringe für Wellen nach DIN 471 und für Bohrungen nach DIN 472

Sie sichern Teile gegen Längsverschieben, wobei auch Längskräfte aufgenommen werden können.

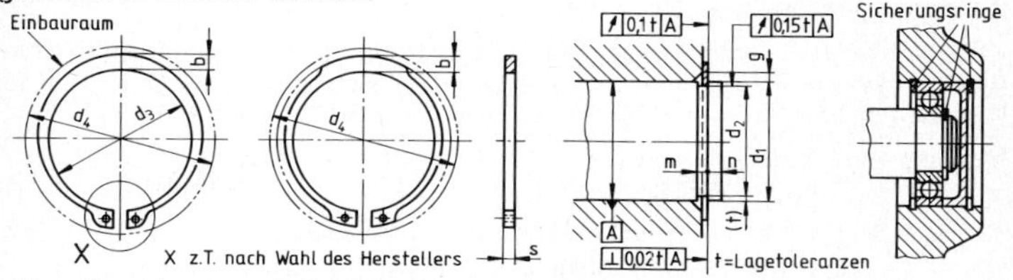

Norm-Bezeichnung, z. B. für $d_1 = 30$, $s = 1{,}5$ mm: Sicherungsring DIN 471 — 30 × 1,5

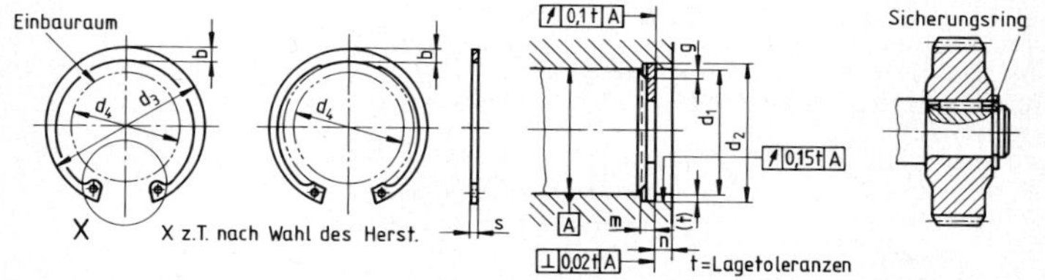

Norm-Bezeichnung, z. B. für $d_1 = 20$, $s = 1$ mm: Sicherungsring DIN 472 — 20 × 1

Abmessungen der Sicherungsringe, Regelausführung (Auswahl)

Wellen- u. Bohrungs-ϕ d_1	für Wellen DIN 471							für Bohrungen DIN 472						
	s h11	a≈	b≈	d_2	d_4 gespannt	m +0,1	n ≧	s h11	a≈	b≈	d_2	d_4 gespannt	m +0,1	n ≧
10	1	3,3	1,8	9,6	17	1,1	0,6	1	3,2	1,4	10,4	3,3	1,1	0,6
12		3,3	1,8	11,5	19		0,75		3,4	1,7	12,5	4,9		0,75
14		3,5	2,1	13,4	21,4		0,9		3,7	1,9	14,6	6,2		0,9
16		3,7	2,2	15,2	23,8		1,2		3,8	2	16,8	8		1,2
18	1,2	3,9	2,4	17	26,2	1,3	1,5		4,1	2,2	19	9,4		1,5
20		4	2,6	19	28,4				4,2	2,3	21	11,2		
22		4,2	2,8	21	30,8				4,2	2,5	23	13,2		
24		4,4	3	22,9	33,2		1,7	1,2	4,4	2,6	25,2	14,8	1,3	1,8
25		4,4	3	23,9	34,2				4,5	2,7	26,2	15,5		
26		4,5	3,1	24,9	35,5				4,7	2,8	27,2	16,1		
28	1,5	4,7	3,2	26,6	37,9	1,6	2,1		4,8	2,9	29,4	17,9		2,1
30		5	3,5	28,6	40,5				4,8	3	31,4	19,9		
32		5,2	3,6	30,3	43		2,6		5,4	3,2	33,7	20,6		2,6
34		5,4	3,8	32,3	45,4			1,5	5,4	3,3	35,7	22,6	1,6	
36	1,75	5,6	4	34	47,8	1,85	3		5,4	3,5	38	24,6		3
38		5,8	4,2	36	50,2				5,5	3,7	40	26,4		
40		6	4,4	37,5	52,6		3,8	1,75	5,8	3,9	42,5	27,8	1,85	3,8
42		6,5	4,5	39,5	55,7				5,9	4,1	44,5	29,6		
45		6,7	4,7	42,5	59,1				6,2	4,3	47,5	30,2		
48		6,9	5	45,5	62,5				6,4	4,5	50,5	34,5		
50	2	6,9	5,1	47	64,5	2,15	4,5	2	6,5	4,6	53	36,3	2,15	4,5

a = radiale Breite des Auges in Einzelheit X

9

9.7 Keile und Keilverbindungen

Bei Keilverbindungen unterscheidet man im Hinblick auf die Eintreibrichtung zur Achse Längs- und Querkeile und nach der Verwendung Befestigungs-, Spann- und Stellkeile.

Keile erzeugen durch ihren Anzug, auch Neigung genannt, feste aber wieder lösbare Spannungsverbindungen. Die geringe Neigung 1 : 100 der Keilflächen bewirkt die Selbsthemmung der eingetriebenen Keile.

Keilneigung: Stellkeile 1 : 5 bis 1 : 15, keine Selbsthemmung,
öfter zu lösenden Keile 1 : 20,
selten zu lösende Keile 1 : 30 oder 1 : 40,
Dauerverbindungen 1 : 100.

Für Keile verwendet man blanken Keilstahl, und zwar für h $\leqq$ 25 mm St 50—2 K und für h $>$ 25 mm St 60—2 K nach DIN 6880.

Längskeile finden Anwendung zur Befestigung umlaufender Teile auf Wellen, z. B. Riemenscheiben, Kupplungen usw.

Keile nach DIN 6886

für Wellen-ϕ d von 6 . . . 500 mm

A rundstirnig (Einlegekeil) *B geradstirnig (Treibkeil)*

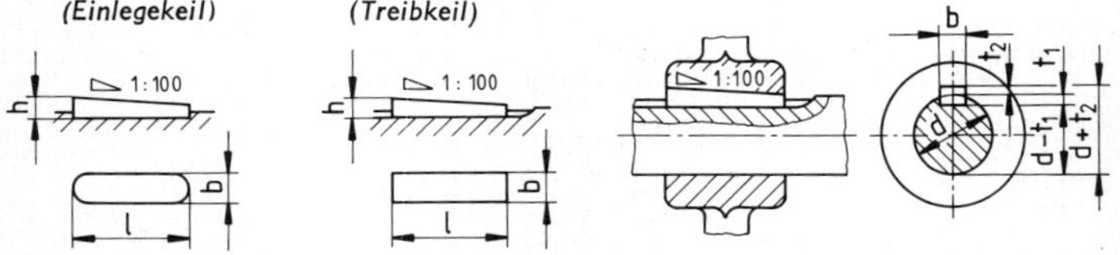

Norm-Bezeichnung eines Keiles der Form A (b × h × l), z. B.: Keil DIN 6886 — A 20 × 12 × 125

Kantenbrechung (allseitig) nach Wahl des Herstellers
Schrägung *Rundung* *Rundung des Nutgrundes für Welle und Nabe*

Das Toleranzfeld für die Breite der Wellen- und Nabennut ist D 11 der Keile nach DIN 6886, für alle anderen Keile ist es D 10.

Hohlkeile nach DIN 6881

für Wellen-ϕ d von 22 . . . 150 mm

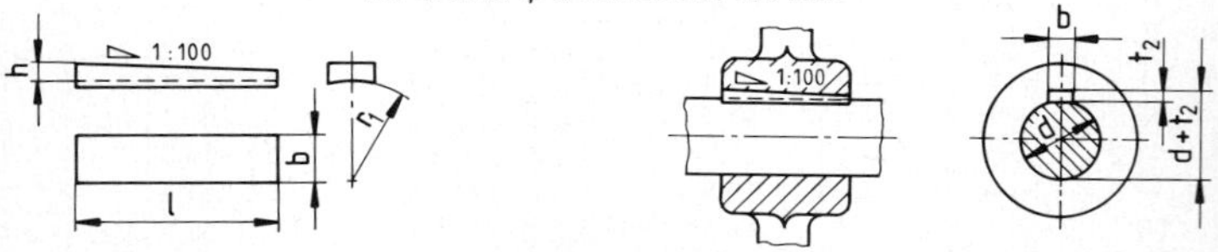

Norm-Bezeichnung (b × h × l), z. B.: Hohlkeil DIN 6881 — 8 × 3,5 × 40

Flachkeile nach DIN 6883

für Wellen-ϕ d von 22...230 mm

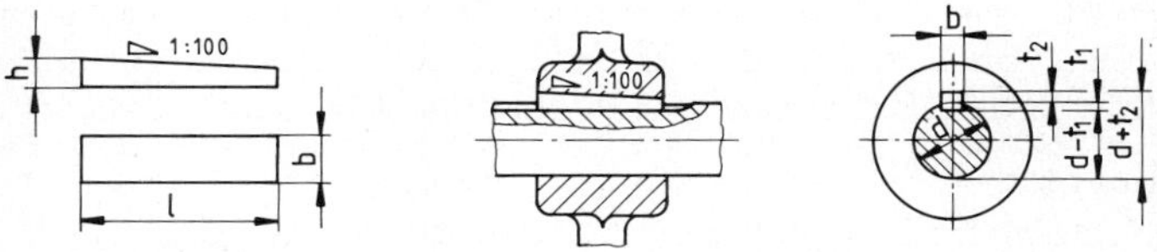

Norm-Bezeichnung (b × h × l), z. B.: Flachkeil DIN 6883 — 12 × 6 × 70

Nasenflachkeile nach DIN 6884

für Wellen-ϕ d von 22...230 mm

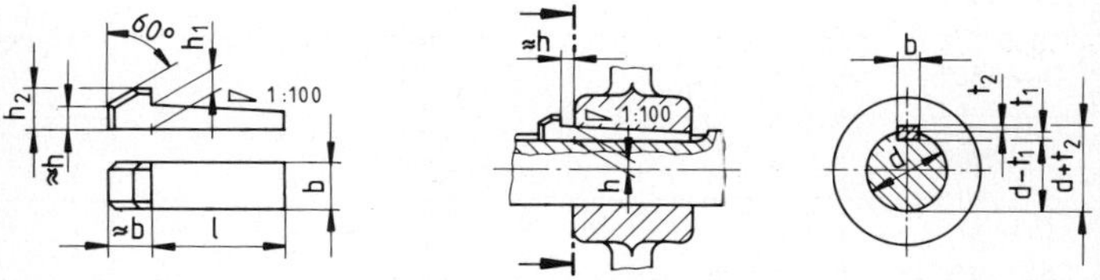

Norm-Bezeichnung (b × h × l), z. B.: Nasenflachkeil DIN 6884 — 10 × 6 × 50

Nasenkeile nach DIN 6887

für Wellen-ϕ d von 10...500 mm

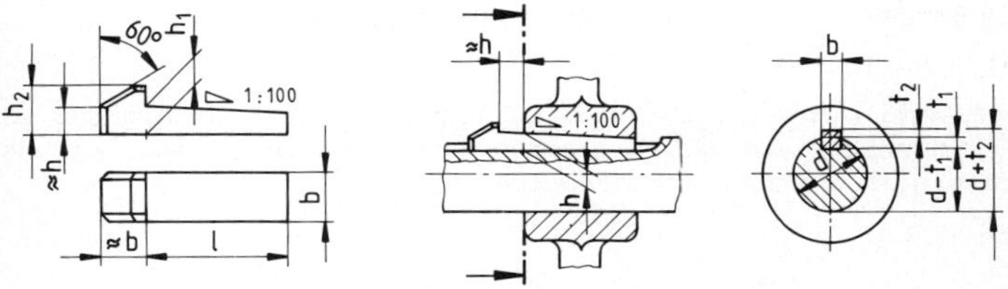

Norm-Bezeichnung, z. B.: Nasenkeil DIN 6887 — 8 × 7 × 63

Nasenhohlkeile nach DIN 6889

für Wellen-ϕ von 22...150 mm

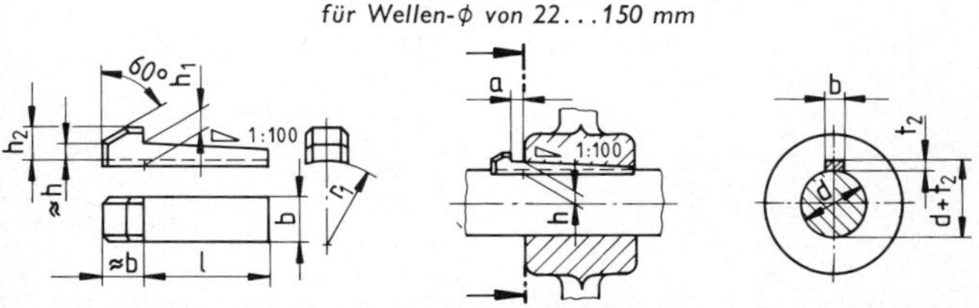

Norm-Bezeichnung, z. B.: Nasenhohlkeil DIN 6889 — 20 × 6 × 140

Abmessungen der Längskeile, Hohlkeile, Flachkeile, Nasenflachkeile, Nasenkeile und Nasenhohlkeile (Auswahl)											
Wellen-⌀ über	10	12	17	22	30	38	44	50	58	65	75
d bis	12	17	22	30	38	44	50	58	65	75	85
Breite b bzw. b_1	4	5	6	8	10	12	14	16	18	20	22
Höhe h DIN 6881, 6889				3,5	4	4	4,5	5	5	6	7
Höhe h DIN 6883, 6884				5	6	6	6	7	7	8	9
Höhe h DIN 6886, 6887	4	5	6	7	8	8	9	10	11	12	14
t_1 DIN 6881, 6883				1,3	1,8	1,8	1,4	1,9	1,9	1,9	1,8
t_2 6884, 6889				3,2	3,7	3,7	4	4,5	4,5	5,5	6,5
t_1 DIN 6886, 6887	2,5	3	3,5	4	5	5	5,5	6	7	7,5	9
t_2 6886, 6887	1,2	1,7	2,2	2,4	2,4	2,4	2,9	3,4	3,4	3,9	4,4
h_1 DIN 6884				5,2	6,2	6,2	6,2	7,2	7,2	8,2	9,2
h_2 DIN 6884				9	10	10	11	13	14	16	18
h_1 DIN 6887	4,1	5,1	6,1	7,2	8,2	8,2	9,2	10,2	11,2	12,2	14,2
h_2 DIN 6887	7	8	10	11	12	12	14	16	18	20	22
h_1 DIN 6889				3,7	4,2	4,2	4,7	5,2	5,2	6,2	7,2
h_2 DIN 6889				7,5	8	8	9	11	11	14	15
$r_1 = r_2$	0,2	0,2	0,4	0,4	0,4	0,5	0,5	0,5	0,5	0,6	0,6
r				15	19	22	25	29	33	38	43
l DIN 6883 von				20	25	32	36	45	50	63	70
l DIN 6883 bis				70	90	125	140	180	200	220	250
l DIN 6881, 6884 bis 6887 und 6889 von	10	12	16	20	25	32	40	45	50	56	63
l DIN 6881, 6884 bis 6887 und 6889 bis	45	56	70	90	110	140	160	180	200	220	250

Das Bemaßen von Keilnuten in Naben und Wellen zeigt S. 111.

Querkeile verbinden gewöhnlich Stangen zur axialen Übertragung von Zug- und Druckkräften. Sie erhalten meist einseitigen, selten doppelten Anzug. Querkeile sind noch nicht genormt.

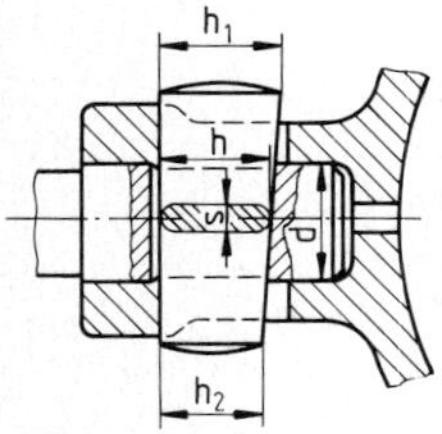

298.1 Querkeilverbindung

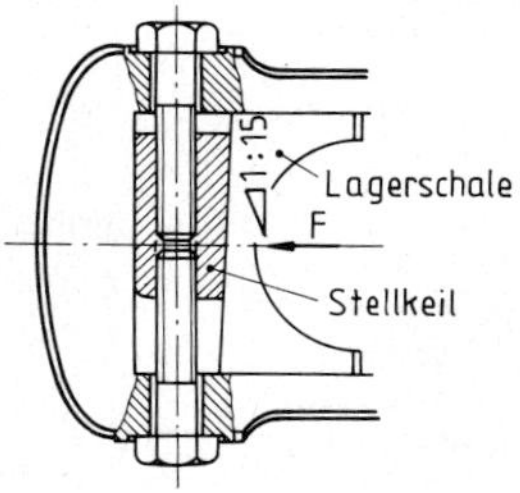

298.2 Stellkeilverbindung

Stellkeile werden zum Spannen und Nachstellen benutzt, wobei das Anstellen durch eine Schraube und das Lösen durch eine Gegenschraube erfolgt.

9.8 Paßfedern

Paßfedern bilden formschlüssige Mitnehmerverbindungen ohne Anzug für Riemenscheiben, Zahnräder, Kupplungen usw. mit Wellen bei vorwiegend einseitigen Drehmomenten. Sie übertragen die Umfangskräfte nur mit den Seitenflächen. Bei Gleitsitzen können Welle und Nabe gegeneinander verschoben werden.

Paßfedern und Nuten, hohe Form, nach DIN 6885 Teil 1 für Wellen-⌀ von 6...500 mm.

Sie sind rund- oder geradstirnig, je nachdem ob die Nut mit einem Schaft- oder Scheibenfräser gefertigt worden ist. Der Werkstoff ist St 50–2 K für $h \leqq 25$ mm und St 60–2 K für $h > 25$ mm.

Für Werkzeugmaschinen gilt DIN 6885 T2 mit den Formen A, C und E. Paßfedern mit niedriger Form enthält DIN 6885 T3.

A rundstirnig ohne Halteschraube

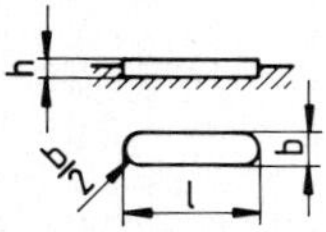

B geradstirnig ohne Halteschraube

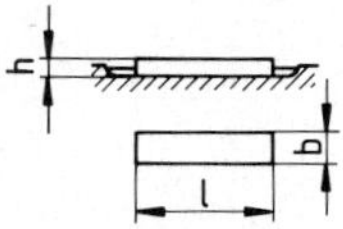

C rundstirnig für Halteschrauben

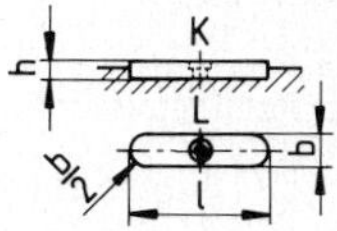

D geradstirnig für Halteschraube

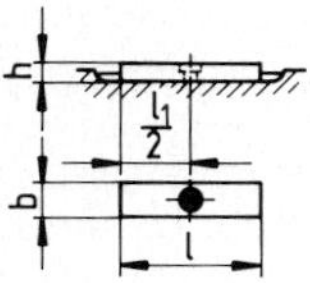

E rundstirnig für 2 Halteschrauben und 1 oder 2 Abdrückschrauben

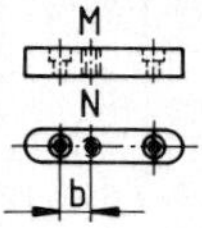

F geradstirnig für 2 Halteschrauben und 1 oder 2 Abdrückschrauben

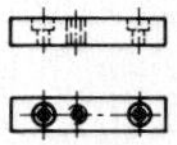

Toleranzfelder für Breite der Wellennut:

P9 bzw. P8 fester Sitz
N9 bzw. N8 leichter Sitz
H8 Gleitsitz

Bohrung für Halteschraube

K – L
Senkung nach DIN 74 Teil 2

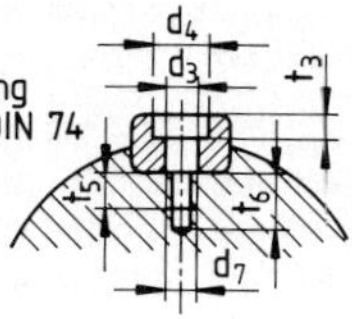

Bohrung für Abdrückschraube

M – N

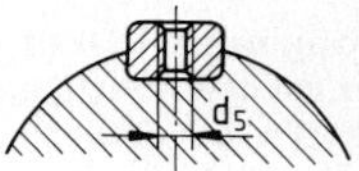

Nabennut:

P9 bzw. P8 fester Sitz
JS9 bzw. JS8 leichter Sitz
D10 Gleitsitz

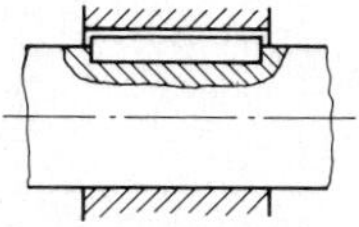

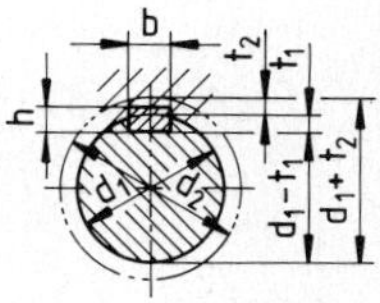

Kantenbrechung (allseitig) Schrägung

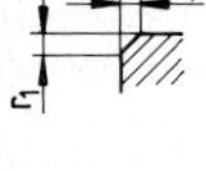

nach Wahl des Herstellers Rundung

Rundung des Nutgrundes für Welle und Nabe

Nutformen für Wellen

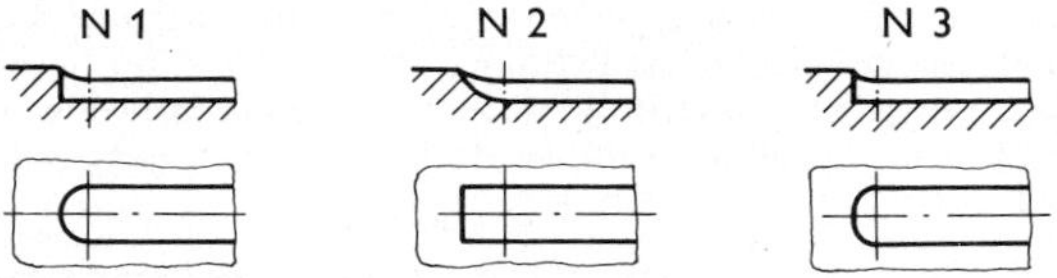

Abmessungen der Paßfedern nach DIN 6885 Teil 1 (Auswahl)												
für Wellen-ϕ d_1 über	10	12	17	22	30	38	44	50	58	65	75	85
bis	12	17	22	30	38	44	50	58	65	75	85	95
Paßfeder-querschnitt b	4	5	6	8	10	12	14	16	18	20	22	25
h	4	5	6	7	8	8	9	10	11	12	14	14
Wellennut-tiefe t_1	2,5	3	3,5	4	5	5	5,5	6	7	7,5	9	9
Nabennuttiefe, mit Übermaß t_2	1,2	1,7	2,2	2,4	2,4	2,4	2,9	3,4	3,4	3,9	4,4	4,4
mit Rückenspiel t_2	1,8	2,3	2,8	3,3	3,3	3,3	3,8	4,3	4,4	4,9	5,4	5,4
Schrägung od. Rundung r_1 max.	0,25	0,4	0,4	0,4	0,6	0,6	0,6	0,6	0,6	0,8	0,8	0,8
r_2 max.	0,16	0,25	0,25	0,25	0,4	0,4	0,4	0,4	0,4	0,6	0,6	0,6
Bohrungen: d_4				3,4	3,4	4,5	5,5	5,5	6,6	6,6	6,6	9
d. Paßfeder d_3				6	6	8	10	10	11	11	11	15
d. Halte- d_5/d_7				M 3	M 3	M 4	M 5	M 5	M 6	M 6	M 6	M 8
schrauben t_3				2,4	2,4	3,2	4,1	4,1	4,8	4,8	4,8	6
der Welle t_5				4	5	6	6	6	7	6	8	9
t_6				7	8	10	10	10	12	11	13	15
Stufung der Paßfederlängen:	6 8 10 12 14 16 18 20 22 25 28 32 36 40 45 50 56 63 70 80 90 100 110 125 140 160 180 200 220 250 280 320 360 400											

Jedem Wellendurchmesserbereich ist ein entsprechender Bereich für die Länge der Paßfeder zugeordnet.

Norm-Bezeichnung einer Paßfeder der Form A (b × h × l),
z. B.: Paßfeder DIN 6885 — A 12 × 8 × 40.

Tangentkeile und -nuten, DIN 268 für stoßartigen Wechseldruck und 271 für nicht stoßartigen Wechseldruck, dienen zur Befestigung von Schwungrädern auf Wellen. Sie werden paarweise um 120° versetzt eingebaut. Tangentkeile ermöglichen eine spielfreie Übertragung großer Kräfte in beiden Richtungen.

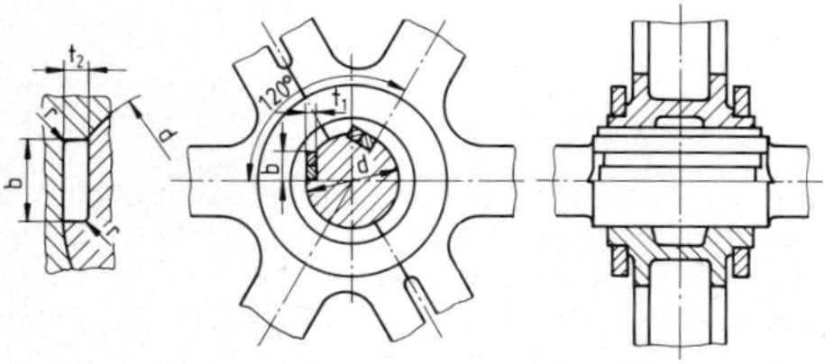

297.1 Tangentkeilverbindung

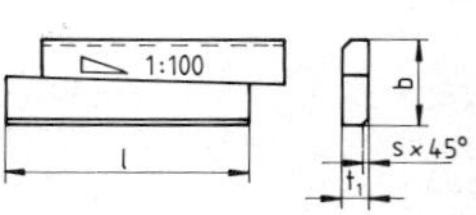

297.2 Tangentkeil DIN 268/271

Norm-Bezeichnung: Tangentkeil DIN 268 — 72 × 24 × 250

Scheibenfedern nach DIN 6888

für Wellen-ϕ d_1 von 3...38 mm. Werkstoff St 60; Halbrundstahl nach DIN 6882.

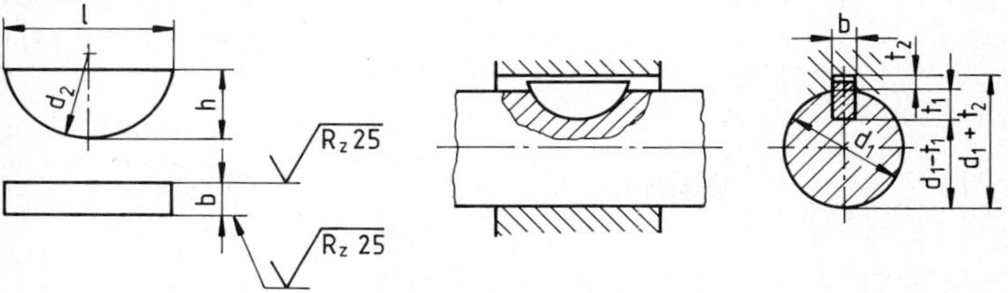

Norm-Bezeichnung (b × h), z. B.: Scheibenfeder DIN 6888 — 4 × 5

Kantenbrechung (allseitig) nach Wahl des Herstellers

Rundung des Nutgrundes für Welle und Nabe

Schrägung *Rundung*

Nabennut-Breite b: fester Sitz P9, leichter Sitz J9

Wellennut-Breite b: fester Sitz P9, leichter Sitz N9

Abmessungen der Scheibenfedern nach DIN 6888 (Auswahl)

Zuordnung für Wellendurchmesser d_1 I	über		8			10			12			17		
	bis		10			12			17			22		
II	über		12			17			22			30		
	bis		17			22			30			38		
Feder-abmessungen	b h9		3			4			5			6		
	h h12	3,7	5	6,5	5	6,5	7,5	6,5	7,5	9	7,5	9	(10)	11
	d_2	10	13	16	13	16	19	16	19	22	19	22	25	28
	$r_1 = r_2$		0,2			0,2			0,2			0,4		
	l	9,66	12,65	15,72	12,65	15,72	18,57	15,72	18,57	21,63	18,57	21,63	24,49	27,35
Wellennut t_1	Reihe A	2,5	3,8	5,3	3,5	5,0	6,0	4,5	5,5	7,0	5,1	6,6	7,6	8,6
	Reihe B	2,8	4,1	5,6	4,1	5,6	6,6	5,4	6,4	7,9	6,0	7,5	8,5	9,5
Nabennut t_2	Reihe A		1,4			1,7			2,2			2,6		
	Reihe B		1,1			1,1			1,3			1,7		

Die Reihe A für hohe Nabennut ist zu bevorzugen. Sie gleicht DIN 6885 T 1 (t_2 mit Rückenspiel). Die Reihe B (niedrigere Nabennut) ist für Werkzeugmaschinen, sie gleicht DIN 6685 T 2. Die Zuordnung I wird gewählt, wenn das gesamte Drehmoment durch die Scheibenfeder ähnlich wie bei einer Paßfeder übertragen wird. Die Zuordnung II gilt dort, wo die Scheibenfeder nur zur Feststellung der Lage des Antriebselementes dient und das Drehmoment durch Querkeil oder Kegel übertragen wird.

9

Keilwellenverbindungen mit geraden Flanken nach DIN ISO 14

Keilwellenverbindungen werden als feste oder längsbewegliche Verbindungen von Welle und Nabe zur Übertragung von Drehmomenten eingesetzt. Sie besitzen gerade Flanken und sind innenzentriert. Diese Norm legt die Maße für eine leichte und mittlere Reihe fest. Anwendung finden Keilwellenverbindungen z. B. bei Schieberädern in Schaltgetrieben.

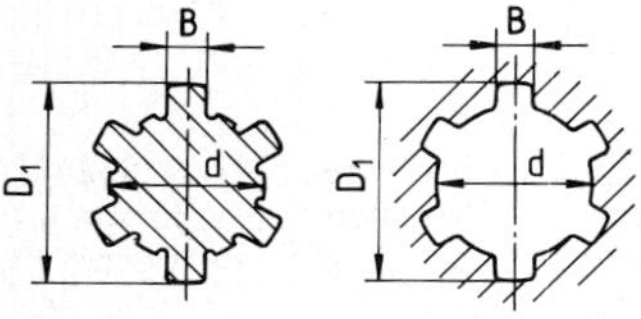

302.1 u. 2

Toleranzfelder für Paßflächen d (Auswahl)

Gleitsitz	H7/f7
Übergangssitz	H7/g7
Festsitz	H7/h7

Weitere Toleranzen s. DIN ISO 14.

Nennmaße in mm (Auswahl)

Anzahl der Keile n		6								8						
	d	11	13	16	18	21	23	26	28	32	36	42	46	52	56	62
leichte	D_1						26	30	32	36	40	46	50	58	62	68
Reihe	B						6	6	7	6	7	8	9	10	10	12
mittlere	D_1	14	16	20	22	25	28	32	34	38	42	48	54	60	65	72
Reihe	B	3	3,5	4	5	5	6	6	7	6	7	8	9	10	10	12

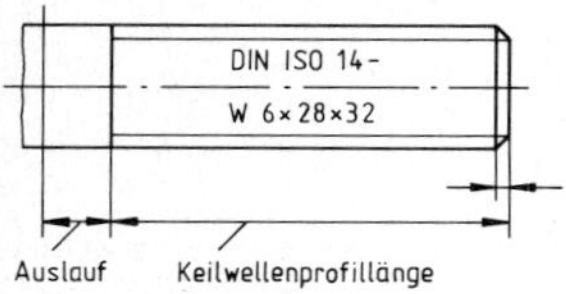

302.3

Eine vereinfachte Zeichnungsangabe enthält die Norm-Nummer, das Kurzzeichen W (Welle) oder N (Nabe), die Anzahl der Keile n, den Innendurchmesser d und den Außendurchmesser D sowie gegebenenfalls Oberflächenangaben, 302.3.
Ein weiteres Zeichnungsbeispiel mit ausführlicher Bemaßung zeigt 304.2.

Kerbverzahnungen für Wellenverbindungen nach DIN 5481

Kerbverzahnungen und Wellenverbindungen mit Evolventenzahnflanken dienen als verschiebbare oder feste Verbindungen von Welle und Nabe zum Zentrieren und zur Drehmomentenübertragung, z. B. zwischen Achsschenkeln und Drehstabfedern am PKW. Sie haben gegenüber den Keilwellenverbindungen mit geraden Flanken eine geringere Kerbwirkung durch größere Mitnehmerzahl und kleinere Profilhöhe.

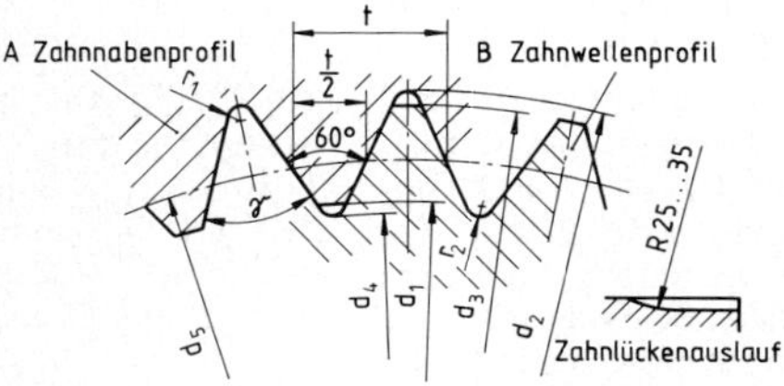

302.4

Norm-Bezeichnung z. B. für Nenn-∅ $d_1 \times d_3$:

Kerbverzahnung DIN 5481 — 10 × 12

Nenn-∅	d_1[1] A 11	d_2[2]	d_3[1] a 11	d_4[2]	d_5	$r_1 \approx$	t[2] Teilung für d_5	z Zähnezahl
10 × 12	10,1	12	12	10,2	11	0,1	1,152	30
12 × 14	12	14,18	14,2	12,06	13	0,1	1,317	31
15 × 17	14,9	17,28	17,2	14,91	16	0,15	1,571	32
17 × 20	17,3	20	20	17,37	18,5	0,15	1,761	33
21 × 24	20,8	23,76	23,9	20,76	22	0,15	2,033	34
26 × 30	26,5	30,06	30	26,40	28	0,25	2,513	35
30 × 34	30,5	34,17	34	30,38	32	0,3	2,792	36
36 × 40	36	40,16	39,9	35,95	38	0,5	3,226	37

[1]) Nennmaß [2]) errechnet

Zahnwellenverbindungen mit Evolventenflanken nach DIN 5480 T1
Die Evolventenzähne werden nach den Gesetzmäßigkeiten der Verzahnung berechnet. Entsprechend wird die Verzahnung durch das Bezugsprofil, den Bezugsdurchmesser und die Zähnezahl bzw. den Modul bestimmt. Der Eingriffswinkel beträgt im allgemeinen 30° (37,5° oder 45°). Zahnwellenverbindungen können durchmesserzentriert (Außen-∅ oder Innen-∅) oder flankenzentriert sein.

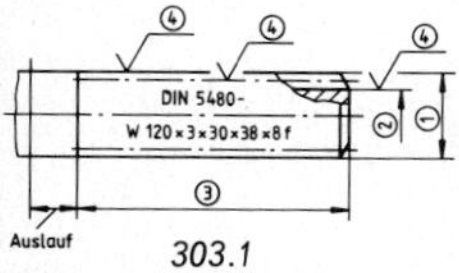

303.1

Die vereinfachte Zeichnungsangabe enthält: Norm-Nummer, Kennbuchstabe W (Welle) oder N (Nabe), Bezugsdurchmesser, Modul, Eingriffswinkel, Zähnezahl und Toleranzfeld für die Flankenpassung sowie Kopfkreis-∅ ①, Fußkreis-∅ ②, Verzahnungsbreite ③ sowie Oberflächenangaben ④.

Polygonprofile haben die Form von Unrunden, wodurch ein kontinuierliches Anwachsen der Mitnehmerwirkung und dadurch eine geringe Kerbwirkung erzielt wird.
Polygonprofile P3G nach DIN 32711 für Festsitze und Schiebesitze mit H7 / k6, g6.

d_1	d_2	d_3	e_1
18	19,12	16,88	0,56
20	21,26	18,74	0,63
22	23,4	20,6	0,7
25	26,6	23,4	0,8
28	29,8	26,2	0,9
30	32	28	1
32	34,24	29,76	1,12
35	38,5	33,5	1,25
40	42,8	37,2	1,4
45	48,2	41,8	1,6
50	53,6	46,4	1,8

A: Polygonwellenprofil
B: Polygonnabenprofil

Norm-Bezeichnung z. B. für Polygonwellenprofil A P3G mit der Nenngröße 30 und Toleranzfeld k6 für d_1:

Profil DIN 32711 –
A P3G 30 – k6

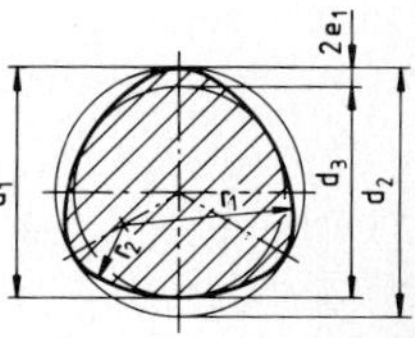

303.2

Polygonprofil P4C nach DIN 32712 für Schiebesitze und Festsitze mit H7 / g6, k6

d_1	d_2	e_1	r
18	15	2,0	39,5
20	17	3,0	56,5
22	18	3,0	57
25	21	5,0	90,5
28	24	5,0	92
30	25	5,0	92,5
32	27	5,0	93,5
35	30	5,0	95
40	35	6,0	113,5
45	40	6,0	116
50	43	6,0	117,5

Maße nur für Wellenprofile

A: Polygonwellenprofil
B: Polygonnabenprofil

Norm-Bezeichnung z. B. für Polygonwellenprofil A P4C mit der Nenngröße 30 und Toleranzfeld g6 für d_1:

Profil DIN 32712 –
A P4C 30 – g6

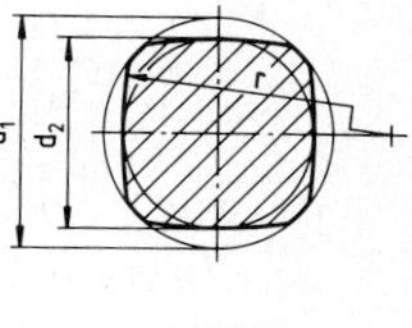

303.3

Ringfederspannverbindungen[1]) bilden durch axiales Verspannen zwischen Welle und Nabe reibschlüssige Verbindungen ohne die Welle zu schwächen.

d	D	L	l	d	D	L	l
10	13	4,5	3,7	30	35	6,3	5,3
12	15	4,5	3,7	32	36	6,3	5,3
14	18	6,3	5,3	35	40	7	6
15	19	6,3	5,3	36	42	7	6
16	20	6,3	5,3	38	44	7	6
18	22	6,3	5,3	40	45	8	6,6
20	25	6,3	5,3	42	48	8	6,6
22	26	6,3	5,3	45	52	10	8,6
25	30	6,3	5,3	48	55	10	8,6
28	32	6,3	5,3	50	57	10	8,6

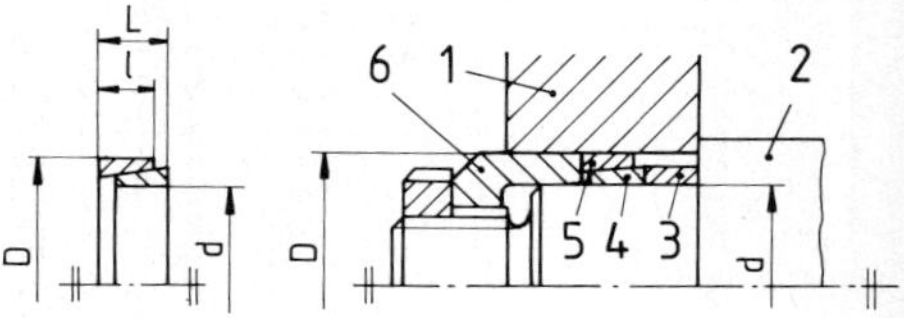

1 Nabe 3 Anschlußring 5 Außenring
2 Welle 4 Innenring 6 Druckring *304.1*

[1]) Werknorm der Fa. Ringfeder GmbH, Krefeld-Uerdingen

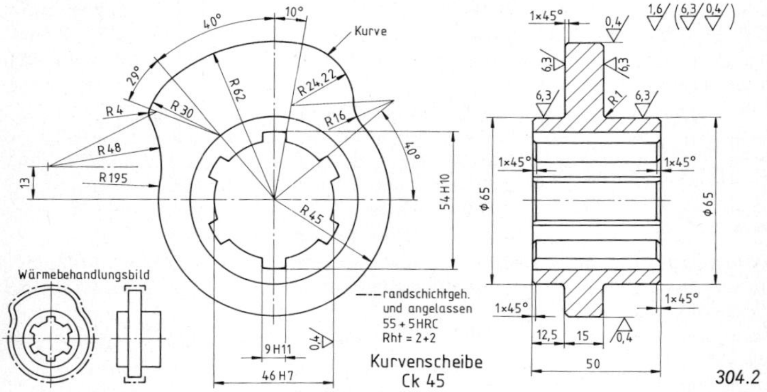

304.2

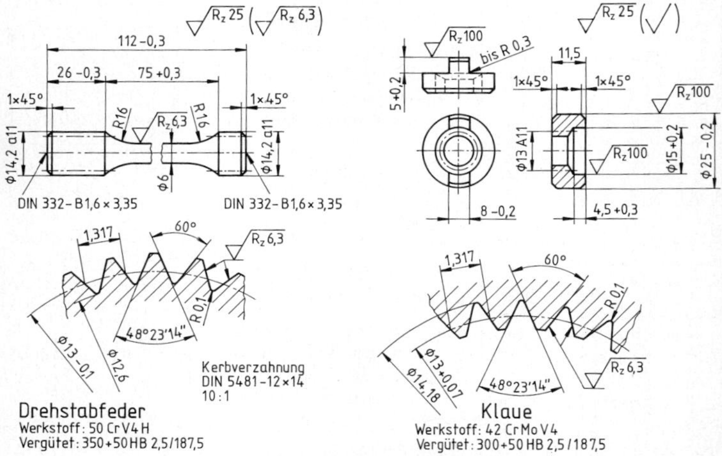

304.3 u. 4 Drehstabfeder und Klaue

9.10 Benennung der Wälzlager

Das Lager dient zur Übertragung von:	Radialkräften	Radialkräften und einseitig wirkenden Axialkräften	
Benennung	Nadellager	Schulterkugellager	Kegelrollenlager
Bildbeispiel	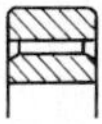		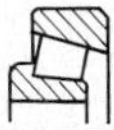
DIN-Nr.	DIN 617	DIN 615	DIN 720
Zylinderrollenlager einreihig	zweireihig	Schrägkugellager einreihig	zweireihig
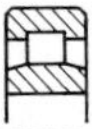	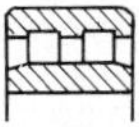		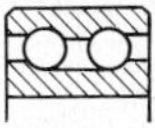
DIN 5412	DIN 5412	DIN 628	DIN 628
Radialkräften und zweiseitig wirkenden Axialkräften		einseitig wirkenden Axialkräften	zweiseitig wirkenden Axialkräften
Rillenkugellager	Tonnenlager	Axial-Rillenkugellager	
	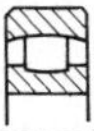		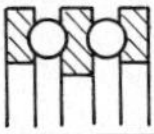
DIN 625	DIN 635	DIN 711	DIN 715
Pendelkugellager	Pendelrollenlager	Axial-Pendelrollenlager	Axial-Rillenkugell. mit kugligen Gehäusechei.
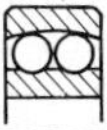		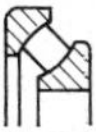	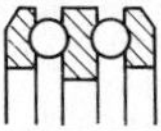
DIN 630	DIN 635	DIN 728	DIN 715

DIN 623 T1 legt die Regeln für die normgerechte Bezeichnung von Wälzlagern fest.

1 2 Die Normbezeichnung besteht aus der Benennung für die Wälzlagerbauart mit Angabe der DIN-Nr. (Feld 1) und einem nachfolgenden Kurzzeichen (Merkmaleblock, Feld 2), das sich aus drei Zeichengruppen zusammensetzen kann;

2.1 Vorsetzzeichen (K, L, R) kennzeichnen Einzelteile von Wälzlagern und Werkstoffvarianten (S: rostfreier Stahl),

2.2 Basiszeichen bezeichnen Art und Größe des Lagers durch je ein Zeichen für die Lagerreihe und Lagerbohrung,

2.3 Nachsetzzeichen dienen zur Bezeichnung der inneren Konstruktion, äußeren Form, Käfigausführung, Genauigkeit, Lagerluft, Wärmebehandlung.

Beispiel für Normbezeichnung: Zylinderrollenlager DIN 5412 – NU 2210; hierbei bedeutet das Basiszeichen NU 2210: Lagerart NU, Maßreihe 22, Bohrungskennzahl 10 für ∅ 50 mm.

Abmessungen von Wälzlagern nach DIN (Auswahl)

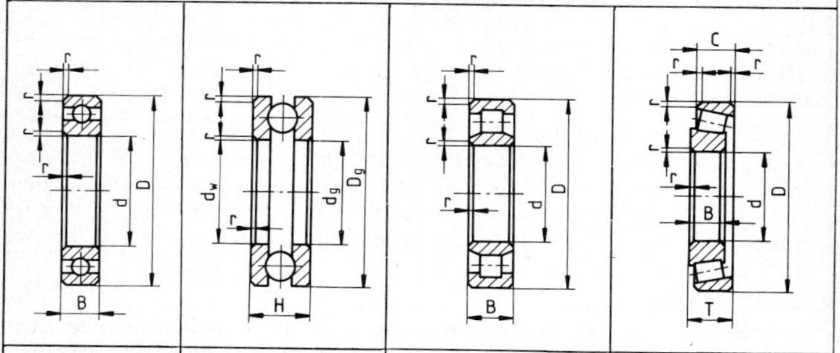

Rillenkugellager DIN 625	*Axialrillenkugellager DIN 711 T1 einseitig wirkend*	*Zylinderrollenlager DIN 5412*	*Kegelrollenlager DIN 720*

Rillenkugellager DIN 625 T1
Lagerreihe 62, Maßreihe 02

Kurzzeichen	d	D	B	r
6204	20	47	14	1,5
6205	25	52	15	1,5
6206	30	62	16	1,5
6207	35	72	17	2
6208	40	80	18	2
6209	45	85	19	2
6210	50	90	20	2
6211	55	100	21	2,5
6212	60	110	22	2,5
6213	65	120	23	2,5
6214	70	125	24	2,5
6215	75	130	25	3
6216	80	140	26	3

Axialrillenkugellager DIN 711 T1
Lagerreihe 512, Maßreihe 12

Kurzzeichen	d_w	d_g	D_g	H	r
51204	20	22	40	14	1
51205	25	27	47	15	1
51206	30	32	52	16	1
51207	35	37	62	18	1,5
51208	40	42	68	19	1,5
51209	45	47	73	20	1,5
51210	50	52	78	22	1,5
51211	55	57	90	25	1,5
51212	60	62	95	26	1,5
51213	65	67	100	27	1,5
51214	70	72	105	27	1,5
51215	75	77	110	27	1,5
51216	80	82	115	28	1,5

Zylinderrollenlager DIN 5412
Lagerreihe NU 2, Maßreihe 02

Kurzzeichen	d	D	B	r
NU 204	20	47	14	1,5
NU 205	25	52	15	1,5
NU 206	30	62	16	1,5
NU 207	35	72	17	2
NU 208	40	80	18	2
NU 209	45	85	19	2
NU 210	50	90	20	2
NU 211	55	100	21	2,5
NU 212	60	110	22	2,5
NU 213	65	120	23	2,5
NU 214	70	125	24	2,5
NU 215	75	130	25	2,5
NU 216	80	140	26	3

Kegelrollenlager DIN 720
Lagerreihe 302, Maßreihe 02

Kurzzeichen	d	D	B	C	T	r	r_1
30204	20	47	14	12	15,25	1,5	0,5
30205	25	52	15	13	16,25	1,5	0,5
30206	30	62	16	14	17,75	1,5	0,5
30207	35	72	17	15	18,25	2	0,8
30208	40	80	18	16	19,75	2	0,8
30209	45	85	19	16	20,75	2	0,8
30210	50	90	20	17	21,75	2	0,8
30211	55	100	21	18	22,75	2,5	0,8
30212	60	110	22	19	23,75	2,5	0,8
30213	65	120	23	20	24,75	2,5	0,8
30214	70	125	24	21	26,25	2,5	0,8
30215	75	130	25	22	27,25	2,5	0,8
30216	80	140	26	22	28,25	3	1

Die ausgewählten Rillenkugellager und Zylinderrollenlager gleicher Maßreihe sind gegeneinander austauschbar. Anschlußmaße für Wälzlager s. DIN 5418.

9

Lagerung von Wellen mit Wälzlagern

Die Lagerung von Wellen erfolgt meist in zwei Lagerstellen. Hierbei muß beachtet werden, daß Bautoleranzen und Längenänderungen im Betrieb (Wärmedehnung) sich auswirken können, ohne daß zusätzliche Kräfte (Verspannkräfte) auf die Lager wirken. Es gibt grundsätzlich zwei Möglichkeiten der Lagerung:

1. **Fest- und Loslagerung**

   Hierbei übernimmt eine Lagerstelle neben ihrem Radiallastanteil auch alle auftretenden Axialkräfte in beiden Richtungen (Festlager). Die andere Lagerstelle überträgt nur ihren Radiallastanteil, da sie in der Axialrichtung nicht festgelegt ist und somit auch keine Kräfte übernehmen kann (Loslager).

2. **Stütz-Traglagerung**

   Hierbei übernehmen beide Lager neben ihren Radiallastanteilen auch Axialkräfte, und zwar das eine Lager Axialkräfte in der einen Richtung, das andere Lager solche in der Gegenrichtung. Dies erfordert ein gewisses Axialspiel innerhalb der Lagerung, damit durch Toleranzen der Teile und Wärmedehnungen keine Verspannung auftreten kann.

Je nach der Kraftrichtung, ob Umfangslast für Innen- oder Außenring vorliegt, ist der Lagereinbau entsprechend zu gestalten.

Dabei gilt die Regel:

Ringe mit Umfangslast erfordern Festsitze, Ringe mit Punktlast können Schiebesitze erhalten, s. S. 172.

Hiermit ergeben sich die im Bild 307.1 gezeigten 4 Kombinationen. Die Lagerungen sind symbolisch mit Rillenkugellagern dargestellt, die auch bestimmte Axialkräfte übernehmen können. Die gleiche Anordnung gilt auch für Pendelkugellager und Pendelrollenlager usw.

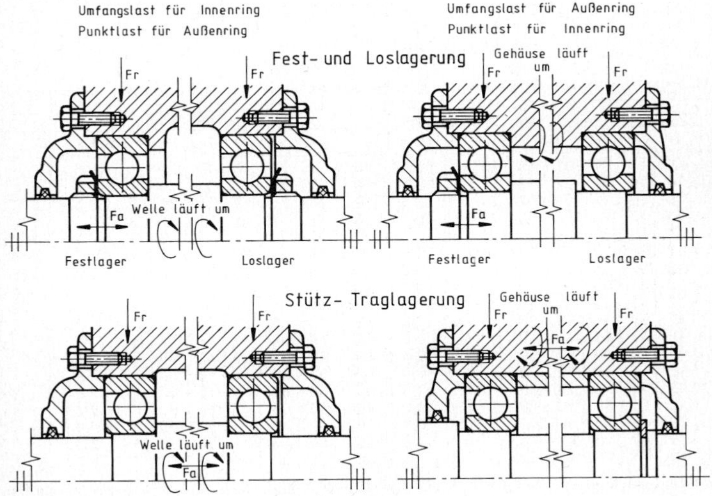

307.1 Lagerungen von Wellen mit Spielandeutung

9

9.11 Buchsen für Gleitlager nach DIN 1850 (Auswahl)

Formen und Abmessungen der Gleitlagerbuchsen sind in DIN 1850 Teil 1 bis 6 festgelegt. Ausführungsformen mit Schmierlöchern und Schmiernuten nach DIN 1591 zeigt DIN 1850 Teil 2.

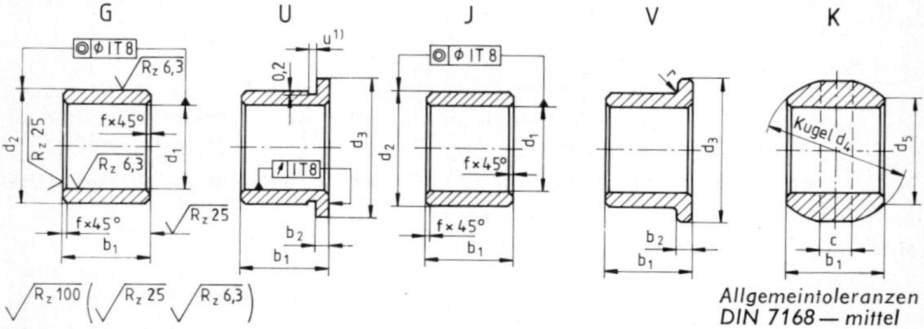

Allgemeintoleranzen DIN 7168 — mittel

Der Innendurchmesser d_1 der Buchse erhält vor dem Einpressen ein Übermaß, so daß nach dem Einbau das verlangte Bohrungsmaß ohne Nacharbeit erreicht wird. Das Spiel ist in die Welle zu legen.

Der Werkstoff bestimmt die Form der Buchse			Kupferlegierungen	Sintermetall	Kunstkohle
Form			G und U	J, L und K[1])	M und N
DIN 1850 Teil Nr.			1	3	4
Empfohlenes ISO Toleranzfeld für	d_1	vor dem Einpressen	E 6	Form J u. V G 7 Form K H 6	F 7
		nach dem Einpressen	H 8	H 7	H 7
	d_2		≦ 120 s 6 > 120 r 6	r 6	s 6
	Aufnahmebohrung		H 7	Form J u. V H 7 Form K H 10	H 7

Abmessungen der Buchsen für Gleitlager nach DIN 1850 Teil 1 (Auswahl)

Form G								Form U								
d_1	d_2			b_1			f	d_1	d_2	d_3	b_1			b_2	f	u
15	17	19	21	10	15	20	0,5	**15**	21	27	10	15	20	3	0,5	1
16	18	20	22	12	15	20	0,5	**16**	22	28	12	15	20	3	0,5	1,5
18	20	22	24	12	20	30	0,5	**18**	24	30	12	20	30	3	0,5	1,5
20	23	24	26	15	20	30	0,5	**20**	26	32	15	20	30	3	0,5	1,5
22	25	26	28	15	20	30	0,5	**22**	28	34	15	20	30	3	0,5	1,5
25	28	30	32	20	30	40	0,5	**25**	32	38	20	30	40	4	0,5	1,5
28	32	34	36	20	30	40	0,5	**28**	36	42	20	30	40	4	0,5	1,5
30	34	36	38	20	30	40	0,5	**30**	38	44	20	30	40	4	0,5	2
32	36	38	40	20	30	40	0,8	**32**	40	46	20	30	40	4	0,8	2
35	39	41	45	30	40	50	0,8	**35**	45	50	30	40	50	5	0,8	2
38	42	45	48	30	40	50	0,8	**38**	48	54	30	40	50	5	0,8	2
40	44	48	50	30	40	60	0,8	**40**	50	58	30	40	60	5	0,8	2
42	46	50	52	30	40	60	0,8	**42**	52	60	30	40	60	5	0,8	2
45	50	53	55	30	40	60	0,8	**45**	55	63	30	40	60	5	0,8	2
48	53	56	58	40	50	60	0,8	**48**	58	66	40	50	60	5	0,8	2
50	55	58	60	40	50	60	0,8	**50**	60	68	40	50	60	5	0,8	2
55	60	63	65	40	50	70	0,8	**55**	65	73	40	50	70	5	0,8	2
60	65	70	75	40	60	80	0,8	**60**	75	83	40	60	80	7,5	0,8	2

Norm-Bezeichnung, z. B. Buchse DIN 1850 — G 20 × 24 × 20 Y — CuSn 8 bedeutet: Buchse nach DIN 1850 Form G, d_1 = 20, d_2 = 24, b_1 = 20, f = 15° (Y) aus CuSn 8.

9.12 Genormte Lager

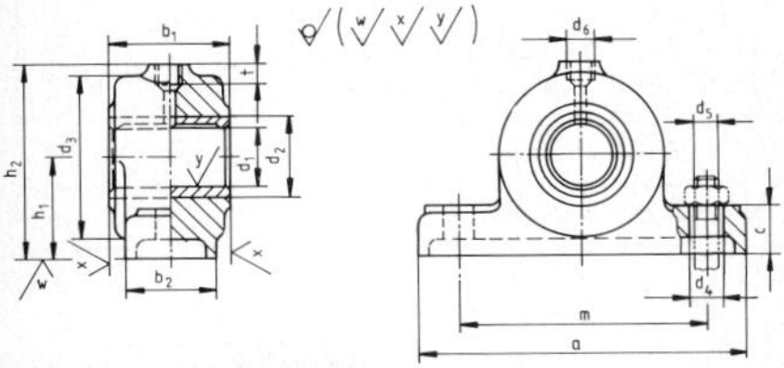

309.1 Augenlager DIN 504
Form A mit Buchse für $d_1 = 25...150$
Form B ohne Buchse für $d_1 = 25...80$; $t = 10$
Norm-Bezeichnung, z. B. für Form B, $d_1 = 40$:
Augenlager DIN 504 – B 40

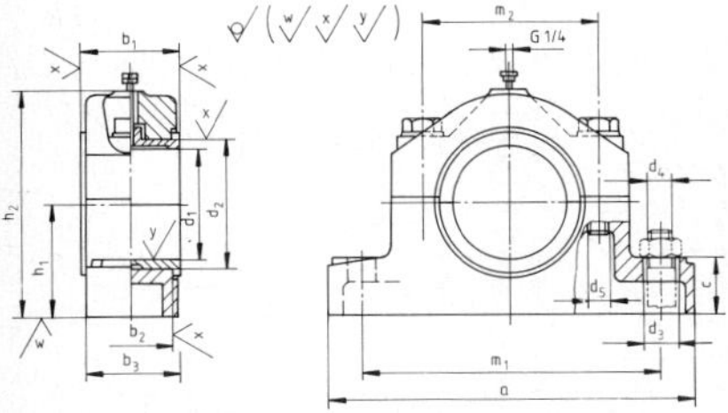

309.2 Deckellager DIN 505 für $d_1 = 25...150$
Norm-Bezeichnung eines vollständigen Deckellagers, z. B. mit $d_1 = 60$:
Deckellager DIN 505 – L 60

Die wichtigsten genormten Gleitlager sind Augen-, Deckel- und Flanschlager und werden mit Staufferfett geschmiert. Sie finden Anwendung in Hebe- und Förderananlagen sowie in Landmaschinen. Beim Augenlager nach DIN 504 erfolgt die Wahl der Form des Schmierloches nach DIN 1591 durch den Hersteller.

Stehlager mit Ringschmierung nach DIN 118 besitzen einen Ölvorratsraum, in den der Schmierring eintaucht und das Öl zu den Gleitlagern fördert.

w = R_z 160
x = R_z 40
y = R_z 16

Allgemeintoleranzen an
bearbeiteten Flächen
DIN 7168 — m
unbearbeiteten Flächen
DIN 1686 T 1 — GTB 18
Werkstoff: Lagerkörper GG — 20

Normenhinweis:

DIN 118 Stehlager mit Ringschmierung
DIN 119 Hängelager, G mit Gleitlager- und W mit Wälzlagereinsatz
DIN 502 Flanschlager
DIN 736 Stehlager für Wälzlager

Abmessungen der Augenlager nach DIN 504 (Auswahl)

d_1 D 10 A	d_1 D 10 B	a	b_1	b_2	c	d_2 D 7	d_3	d_4	d_5	d_6 *)	h_1	h_2	m
25 30	35 40	160	60	45	25	35 40	80	15	M 12	G¼	50	95	120
35 40	45 50	190	70	50	30	45 50	90	19	M 16		60	110	140
45 50	55 60	220	80	55	35	55 60	100	24	M 20		70	125	160
55 60	65 70	240	90	60	35	65 70	120	24	M 20		80	145	180

Abmessungen der Deckellager nach DIN 505 (Auswahl)

d_1 D10	a	b_1 0 –0,3	b_2 0 –0,1	b_3	c	d_2 K7	d_3	d_4	d_5	h_1 ±0,2	h_2 max.	m_1 GTB16	m_2
25 30	165	45	35	40	22	35 40	15	M 12	M 10	40	85	125	65
35 40	180	50	40	45	25	45 50				50	100	140	75
45 50	210	55	45	50	30	55 60	19	M 16	M 12	60	120	160	90
55 60	225	60	50	55	35	65 70				70	140	175	100

*) bisher R¼

9.13 Dichtungen nach DIN 3750

Aufgabe, Arten, Benennung, Anwendung, Darstellung

Dichtungen haben die Aufgabe, ruhende oder bewegliche Trennflächen in Maschinen, Apparaten, Rohrleitungen, Armaturen usw. abzudichten. Sie werden gegliedert in: Berührungsdichtungen an ruhenden und an gleitenden Flächen, berührungsfreie Dichtungen sowie Bälge und Membranen.

1. Berührungsdichtungen an ruhenden Flächen

Flachdichtungen

Profildichtungen

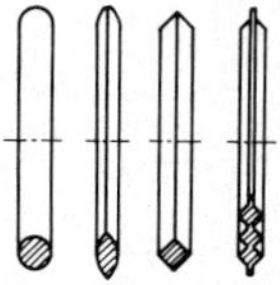

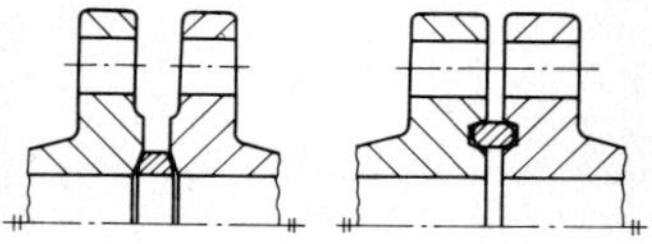

2. Berührungsdichtungen an gleitenden Flächen

Packungen

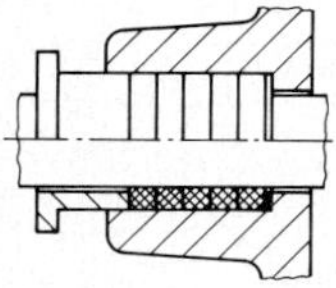

Metall-Weichstoff-Packungen

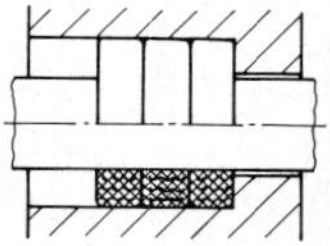

Weichmetall-Packungen

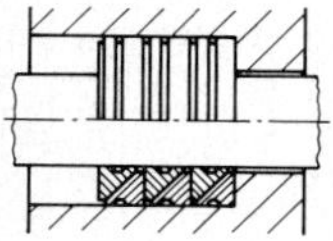

Knetpackungen

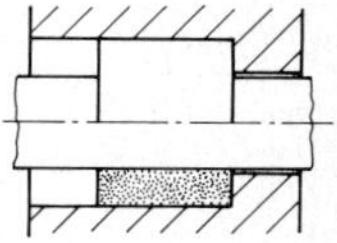

Manschetten

Manschetten

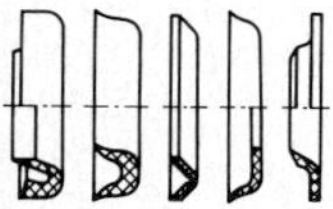

Wellendichtringe

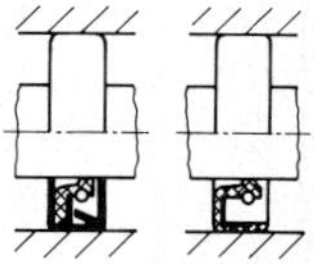

Runddichtringe (O-Ringe)

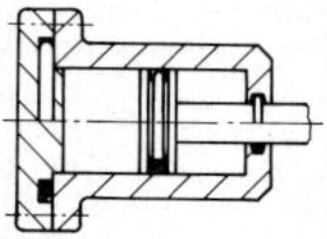

Gleitflächendichtungen

Kolbenringe

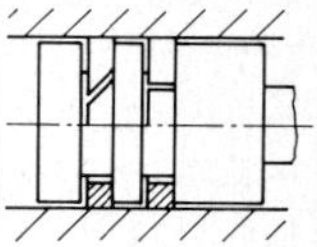

3. Berührungsfreie Dichtungen

Spaltdichtungen

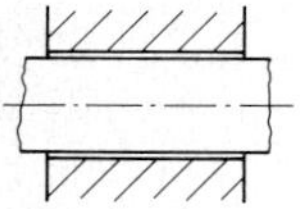

Labyrinthspaltdichtungen

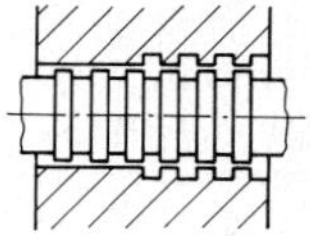

Labyrinthdichtungen

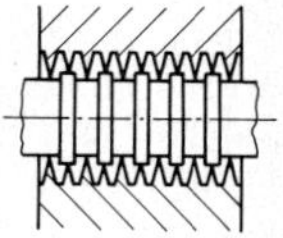

4. Bälge und Membranen

Bälge

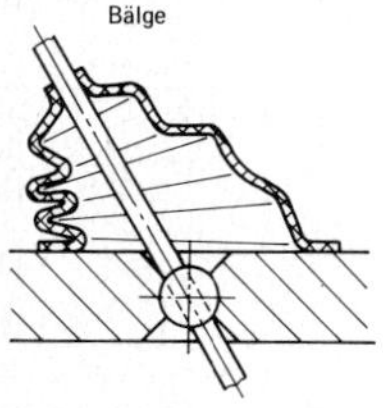

Membranen

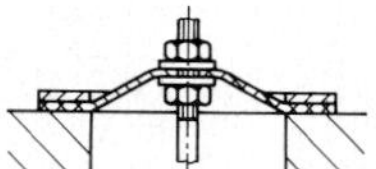

Radial-Wellendichtringe nach DIN 3760 dienen zum Abdichten von drehenden Wellen und von Räumen mit geringem Druckunterschied.

Form A

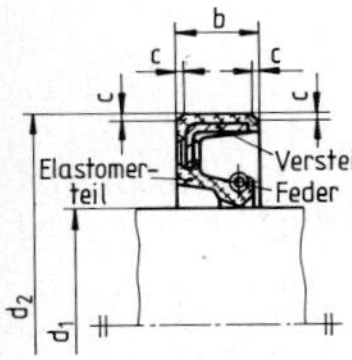

Form AS mit Schutzlippe übrige Maße und Angaben wie Form A

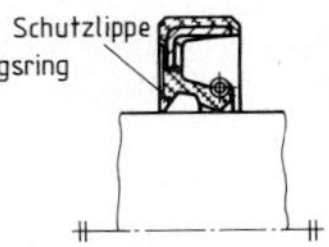

311.1 u. 2 Formen A und AS

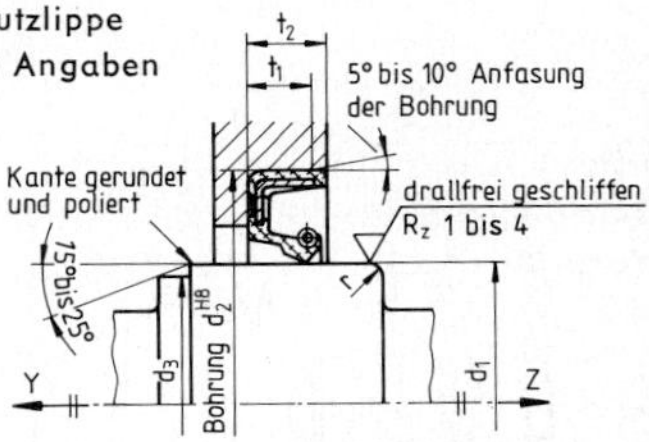

311.3 Einbauhinweise

Norm-Bezeichnung eines Wellendichtrings (WDR) Form A für Wellendurchmesser d_1 = 25 mm, von Außendurchmesser d_2 = 40 mm und Breite b = 7 mm, Elastomerteil aus Nitril-Butadien-Kautschuk (NB):

Wellendichtring DIN 3760 — A 25 × 40 × 7 — NB
oder WDR DIN 3760 — A 25 × 40 × 7 — NB

Runddichtringe nach DIN 3770¹) dienen zum Abdichten, ruhender Teile, beweglicher Teile bei hin- und hergehender Bewegung (Hydraulik und Pneumatik) und sich zueinander drehender Teile, die keinem Dauerbetrieb unterliegen (Armaturenspindeln).

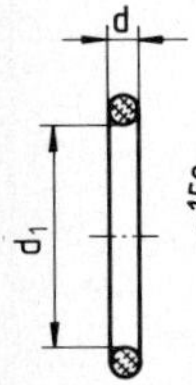

Einbaufall: F G H Druck von außen J innen

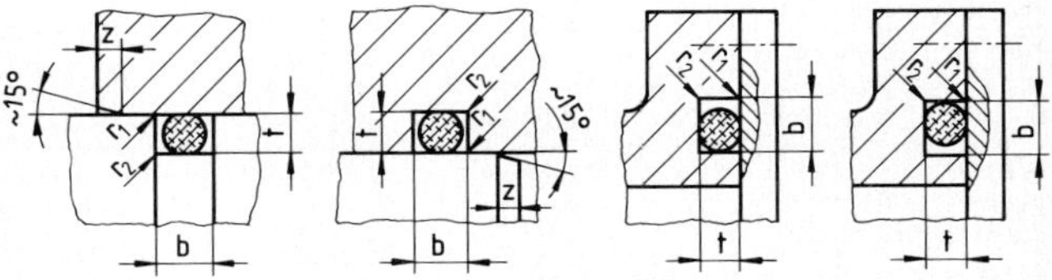

311.4

311.5 . . . 8 Profil der Ringnuten

Norm-Bezeichnung eines Runddichtringes (RDR) von Innendurchmesser d_1 = 56 mm, Ringdicke d_2 = 5 mm, Sortenmerkmal B, aus Nitril-Butadien-Kautschuk (NB) mit Shore-A-Härte 70:

Runddichtring DIN 3770 – 56 × 5B – NB 70
oder RDR DIN 3770 – 56 × 5B – NB 70

Filzringe und **Filzstreifen nach DIN 5419** dichten Wälzlager in Gehäusen gegen Fettaustritt und Eindringen von Schmutz ab.

Abmessungen der Filzringe DIN 5419

d_1	d_2	b	f	d_1	d_2	b	f
20	30	4	3	40	52		
25	37			42	54	5	4
28	40			45	57		
30	42	5	4	48	64		
32	44			50	66	6,5	5
36	48			55	71		
38	50						

$d_3 = d_1$, $d_4 = d_1 + 1$, $d_5\ (H_{12}) = d_2 + 1$ mm für den angegebenen Bereich

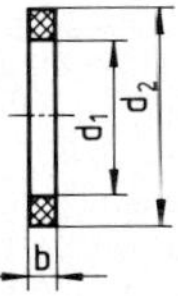

Filzring

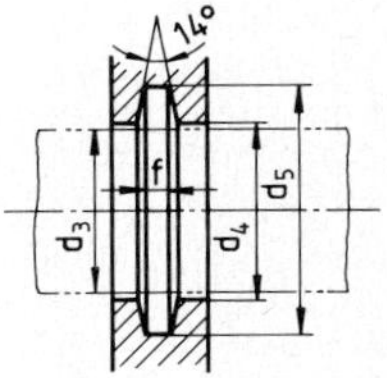

Ringnut 311.9 u. 10

Norm-Bezeichnung eines Filzringes, z. B. d_1 = 40, Filzhärte M 5: Filzring DIN 5419 — 40 — M 5.

¹) sowie O-Ringe nach DIN 3771

9

9.14 Kupplungen übertragen Drehmomente

Sie dienen als Wellenverbindungen (starr oder ausgleichend) oder als Wellenschalter (Reibkupplung). Die Kupplungen können wie folgt unterteilt werden:

Kupplungen				
nicht schaltbar (formschlüssig)		schaltbar (kraftschlüssig)		
starre Kupplg.	Ausgleichskupplg.	fremdbetätigt	selbstbetätigt	Anlaufkupplg.

Scheibenkupplungen nach DIN 116 sind starre Kupplungen.

Form A **Form B** **Form C**[1]) (für d_1 bis 160 mm)

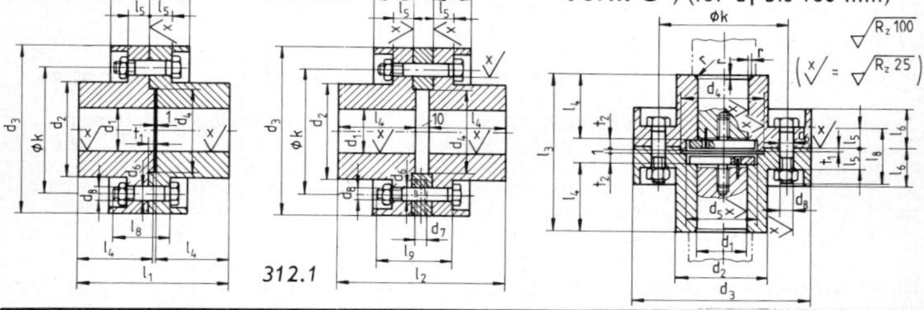

312.1

d_1 [1]) N7	d_2	d_3	d_4 H7/h8	d_5	d_6 H7	k	l_1	l_2	l_3	l_4	l_5	l_6	r	t_2	Sechskant-Paßschrauben DIN 609 d_8 M	für Form A u. C l_8	B l_9	Anzahl	übertragbares Drehmoment Nm	Drehzahl min^{-1} max.
25	58	125	50	45	11	90	101	110	117	50	16	31	1,6	8	10	45	60	3	46,2	2120
30													2						87,5	
35	72	140	65	55		100	121	130	141	60				10					150	2000
40																			236	
45	95	160	75	65		125	141	150	169	70	18	34		14		50	65		355	1900
50													3						515	
55	110	180	90	75	13	140	171	180	203	85		37		16	12		70	4	730	1800
60																			975	
70	130	200	100	85		160	201	210	233	100	23	41	4	16		60	80	6	1700	1700
80	145	224	115	95		180	221	230	261	110				20					2650	1600

[1]) $d_1 = 25 \ldots 250$

Norm-Bezeichnung einer Scheibenkupplung der Form A mit $d_1 = 140$: Scheibenkupplung DIN 116 — A 140.

9

Wellengelenke nach DIN 808 dienen zum Ausgleich von Winkel- und Parallelverlagerungen von Wellen.

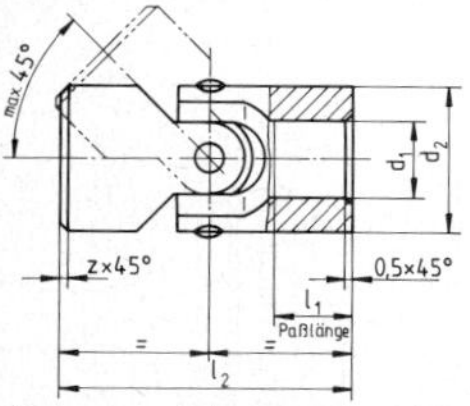

Form E Einfach-Wellengelenk $d_1 = 6 \ldots 50$

Form D Doppel-Wellengelenk $d_1 = 10 \ldots 50$

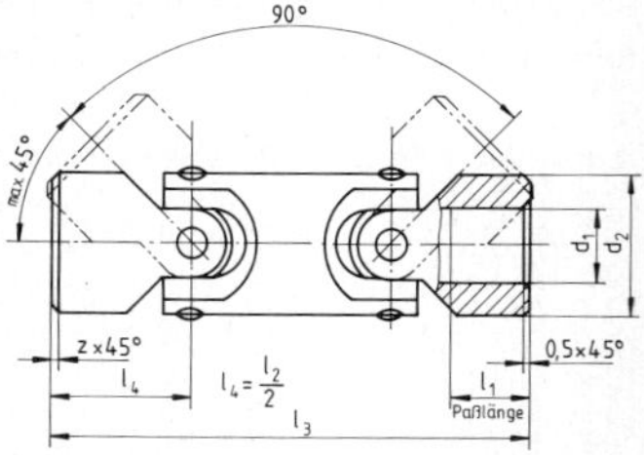

312.2 u. 3

Norm-Bezeichnung eines Einfach-Wellengelenkes (E) von $d_1 = 20$ mm und $d_2 = 40$ mm mit Gleitlager (G). Wellengelenk DIN 808 — E 20 × 40 — G.

Norm-Bezeichnung eines Doppel-Wellengelenkes (D) von $d_1 = 20$ mm und $d_2 = 40$ mm mit Nadellager (W). Wellengelenk DIN 808 — D 20 × 40 — W.

Die Wellengelenke brauchen der bildlichen Darstellung nicht zu entsprechen; nur die angegebenen Maße sind einzuhalten.

9.15 Keilriemen und Keilriemenscheiben

Beim Keilriementrieb wird die Umfangskraft durch Reibungsschluß infolge Flächenpressung an den Flanken übertragen. Die Schmalkeilriemen nach DIN 7753 werden wegen der kleineren Scheibendurchmesser, -breiten und Achsabstände sowie der höheren Drehzahlen immer häufiger angewandt.

Riemenprofil ISO-Kurzzeichen	obere Riemenbreite b_0	wirksame Riemenbreite $b_w = b_r$	Riemenhöhe h	Abstand h_w ≈	wirksamer Scheibendurchmesser $d_w = d_r \geq$
SPZ	9,7	8,5	8	2	63
SPA	12,7	11	10	2,8	90
SPB	16,3	14	13	3,5	140
SPC	22	19	18	4,8	224

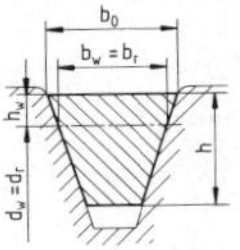

Schmalkeilriemenprofil

Schmalkeilriemenscheiben nach DIN 2211 Teil 1 für Schmalkeilriemen nach DIN 7753 T1 und 3 sind auch für Keilriemen nach DIN 2215 und DIN 2216 geeignet.

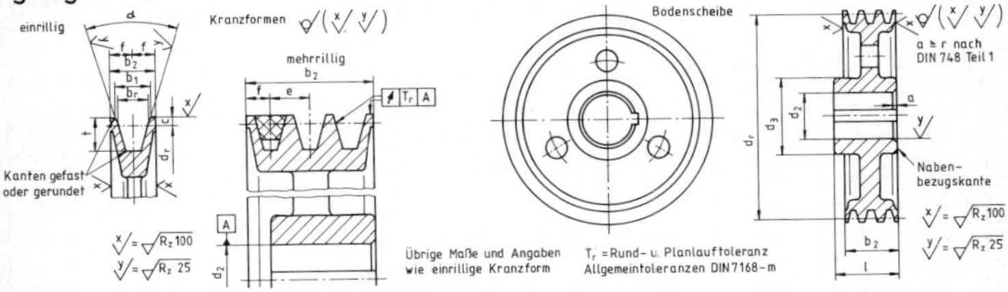

Schmalkeilriemen-profile nach	DIN 7753 T1	ISO-Kurz-zeichen	SPZ	SPA	SPB	SPC
Keilriemen-	DIN 2215	Nennbreite	10	13	17	22
profile nach	DIN 2216	Nennbreite	10	13	17	22
Richtbreite		b_r	8,5	11	14	19
		b_1 ≈	9,7	12,7	16,3	22
		c	2	2,8	3,5	4,8
Nabendurchmesser		d_3	≈ (1,8...1,6) · d_2			
Rillenabstand		e	12±0,3	15±0,3	19±0,4	25,5±0,5
		f	8±0,6	10±0,6	12,5±0,8	17±1
Rillentiefe		t	$11^{+0,6}_{0}$	$14^{+0,6}_{0}$	$18^{+0,6}_{0}$	$24^{+0,6}_{0}$
α 34°	für Richtdurchmesser d_r		≦ 80	≦118	≦190	≦315
α 38°	für Richtdurchmesser d_r		> 80	>118	>190	>315
Zulässige Abweichung für α = 34° und 38°			±1°	±1°	±1°	±30'
Kranzbreite $b_2 = (z - 1)\,e + 2\,f$	für Rillenzahl z	1	16	20	25	34
		2	28	35	44	59,5
		3	40	50	63	85
		4	52	65	82	110,5
		5	64	80	101	136
		6	76	95	120	161,5
		7	88	110	139	187
		8	100	125	158	212,5
		9	112	140	177	238
		10	124	155	196	263,5
		11	136	170	215	289
		12	148	185	234	314,5

Richtdurchmesser $d_r \leqq 2000$ mm sind nach Tabelle 2 in DIN 2211 T1 zu wählen.

Norm-Bezeichnung einer Schmalkeilriemenscheibe von Profil SPC, einteilig (1 T), mit Richtdurchmesser $d_r = 500$ mm, Rillenanzahl $z = 8$, Nabenbohrung $d_2 = 90$ mm mit Paßfedernut (PN) nach DIN 6885 T1: Scheibe DIN 2211 — SPC — 1 T 500 × 8 × 90 PN

Normenhinweis: DIN 2215 Endlose Keilriemen
DIN 2216 Endliche Keilriemen
DIN 2217 T1 Keilriemenscheiben
DIN 2218 Keilriemen, Berechnung

9.16 Bohrbuchsen nach DIN 172 und 179 (Auswahl)

Sie dienen als genaue Führung von Spiralbohrern in Bohrvorrichtungen und auch als Grundbuchsen für Steckbohrbuchsen nach DIN 173.

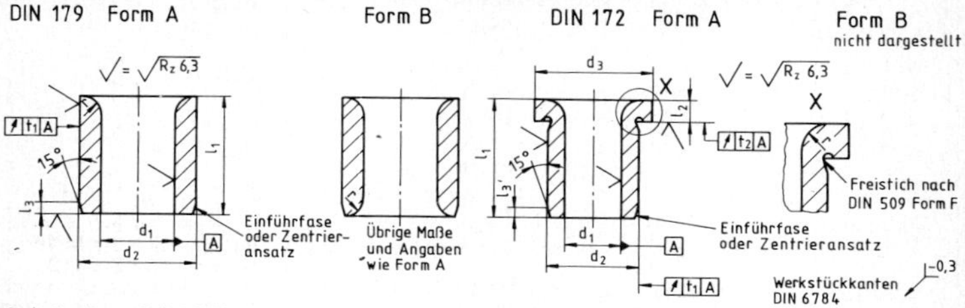

Bohrbuchsen DIN 179
A Bohrung an einem Ende gerundet
B Bohrung an beiden Enden gerundet

Bundbohrbuchsen DIN 172
A Bohrung an einem Ende gerundet
B Bohrung an beiden Enden gerundet

Norm-Bezeichnung einer Bohrbuchse Form A von d_1 = 12 mm und l = 16 mm:
Bohrbuchse DIN 179 — A 12 × 16

d_1 F7 über	d_1 F7 bis	d_2 n 6	d_3	l_1 kurz	l_1 mittel	l_2	l_3	r	t_1	t_2
4	5	8	11	8	12	2,5	1	1	0,01	0,03
5	6	10	13	10	16	3	1,25	1,5	0,02	0,03
6	8	12	15	10	16					
8	10	15	18	12	20		1,5	2		
10	12	18	22	12	20	4				
12	15	22	26	16	28					
15	18	26	30	16	28		2,5			
18	22	30	34	20	36	5		3		
22	26	35	39	20	36					
26	30	42	46	20	45				0,04	0,05
30	35	48	52	25	45					
35	42	55	59	25	56		3	3,5		

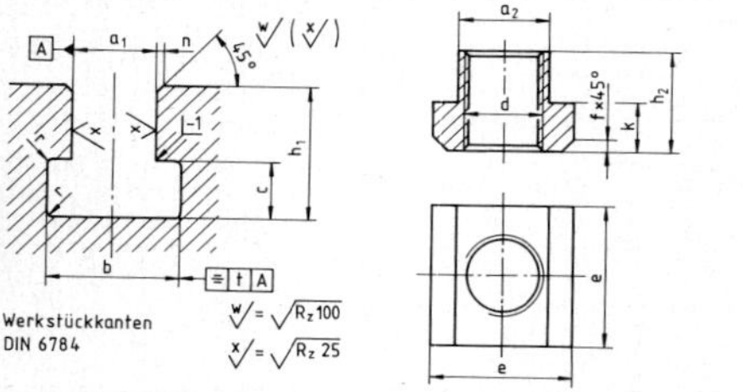

T-Nuten und T-Nutenmuttern

T-Nutenabmessungen sind nach DIN 650, T-Nutenmuttern nach DIN 508 und T-Nutenschrauben nach DIN 787 genormt.

Norm-Bezeichnung einer T-Nut mit Breite a = 8 mm und Toleranzfeld H 8:
T-Nut DIN 650 — 18 H 8

a_1 H8	a_2	b	c	d	e	f	h_1	h_2	k	n	t
8	8 $-0,3$	14,5 $^{+1,5}_{0}$	7	M 6	13	1,6	15	10	6	1	0,5
10	10 $-0,5$	16 $^{+2}_{0}$	7 $^{+1}_{0}$	M 8	15 $^{0}_{-0,5}$		17	12	6		
12	12 $^{-0,3}_{-0,6}$	19	8	M10	18	2,5	20	14	7		
14	14	23	9 $^{+2}_{0}$	M12	22		23	16	8		
18	18	30	12	M16	28		30	20	10	1,6	
22	22	37 $^{+3}_{0}$	16	M20	35		38	28	14		
28	28	46 $^{+4}_{0}$	20	M24	44 $^{0}_{-1}$	4	48	36	18	2,5	
36	36 $-0,4$	56	25 $^{+3}_{0}$	M30	54	6	61	44	22		1
42	42 $-0,7$	68	32	M36	65		74	52	26		

9.17 DIN 6324 gibt eine Übersicht über die genormten Bedienteile

Bezeichnungsbeispiele	Bild	Hauptabmessungen
Kugelknopf DIN 319 — F 25 — Fs/Ms	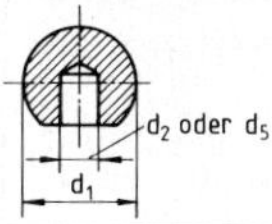	d_1 = 6 bis 50 d_2 = M 2,3 bis M 12 d_3 = 4,5 bis 13
Ballengriff DIN 39 — D 32 — St	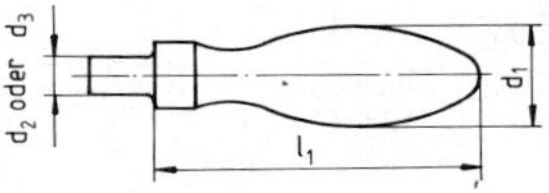	d_1 = 10 bis 36 d_2 = 4 bis 16 d_3 = M 4 bis M 16 l_1 = 32 bis 112
Ballengriff DIN 98 — D 32 — St	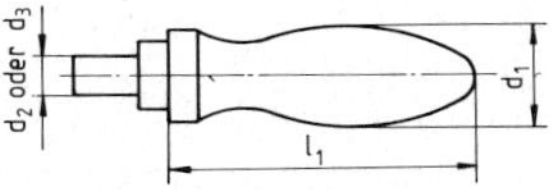	d_1 = 16 bis 36 d_2 = 7 bis 16 d_3 = M 6 bis M 16 l_1 = 49 bis 106
Kegelgriff DIN 99 — K 80	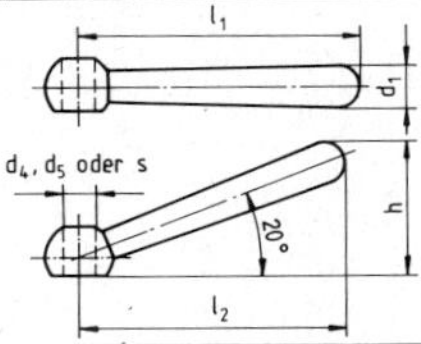	d_1 = 6 bis 32 d_4 = 5 bis 24 d_5 = M 5 bis M 24 s = 5,5 bis 19 l_1 = 40 bis 200 l_2 = 38 bis 190 h = 19 bis 97
Kugelgriff DIN 6337 — B 100	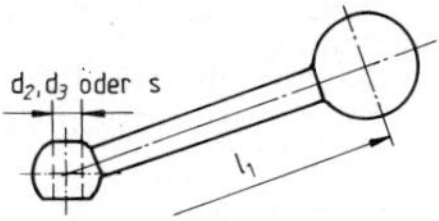	d_2 = 6 bis 24 d_3 = M 6 bis M 24 l_1 = 63 bis 250 s = 4,5 bis 19
Handkurbel DIN 469 — F 100 × 14 — GT	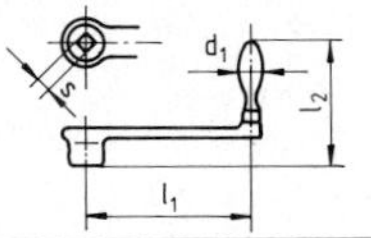	d_1 = 16 bis 36 l_1 = 40 bis 315 s = 9 bis 27 l_2 = 78 bis 184
Handrad DIN 950 — D 4 — 250 × 22 — GG	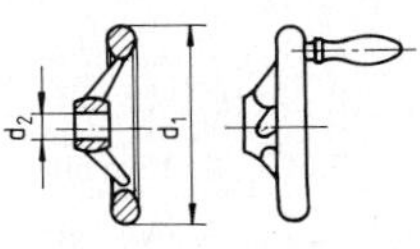	d_1 = 80 bis 800 d_2 = 10 bis 50
Sterngriff DIN 6336 — B 50 — GG	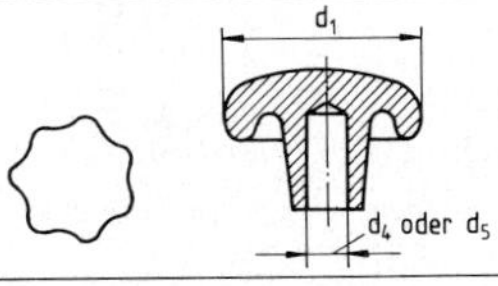	d_1 = 32 bis 80 d_4 = 6 bis 16 d_5 = M 6 bis M 16

9

10 Fertigungsgerechtes Gestalten und Bemaßen

10.1 Einteilung der Fertigungsverfahren nach DIN 8580

Alle Fertigungsverfahren können in 6 Hauptgruppen eingeteilt werden und zwar unter den Gesichtspunkten den Zusammenhalt der Teilchen eines festen Körpers (Werkstücks):

schaffen:	Hauptgruppe 1	vermindern:	Hauptgruppe 3
beibehalten:	Hauptgruppe 2	vermehren:	Hauptgruppen 4 ... 6

1. Urformen	2. Umformen	3. Trennen	4. Fügen	5. Beschichten	6. Stoffeigenschaft ändern
1.1. aus dem gas- oder dampfförmigen Zustand	2.1. Druckumformen, z. B. Fließpressen	3.1. Zerteilen, z. B. Abschneiden	4.1. durch Zusammenlegen, z. B. Einlegen, Einhängen	5.1. aus dem gas- oder dampfförmigen Zustand, z. B. Aufdampfen	6.1. Stoffteilchen umlagern, z. B. Härten, Anlassen, örtl. Umformen, z. B. Festwalzen, sonstige Verfahren, z. B. Magnetisieren
1.2. aus dem flüssigen, breiigen oder pastenförmigen Zustand, z. B. Gießen	2.2. Zugdruckumformen, z. B. Tiefziehen von zylindrischen Teilen	3.2. Spanen mit geometrisch bestimmter Schneidenform, z. B. Drehen, mit geometrisch unbestimmter Schneidenform, z. B. Schleifen	4.2. durch Füllen, z. B. Tränken	5.2. aus dem flüssigen oder pastenförmigen Zustand, z. B. Auftragschweißen, Anstreichen	6.2. Stoffteilchen aussondern, z. B. Entkohlen
1.3. durch elektrolytische Abscheidung, z. B. Galvanoplastik	2.3. Zugumformen, z. B. Streckziehen	3.3. Abtragen, z. B. Elektro-Erodieren	4.3. durch An- und Einpressen, z. B. Keilen	5.3. aus dem ionisierten Zustand, z. B. Galvanisieren	6.3. Stoffteilchen einbringen, z. B. Zementieren (Aufkohlen), Nitrieren
1.4. aus dem festen (körnigen oder pulverigen) Zustand, z. B. Pressen und Sintern	2.4. Biegeumformen, z. B. Abkanten	3.4. Zerlegen, z. B. Abschrauben, Auspressen	4.4. durch Urformen, z. B. Umgießen, Umpressen	5.4. aus dem festen (körnigen oder pulverigen) Zustand, z. B. Pulveraufspritzen	
	2.5. Schubumformen, z. B. Verwinden	3.5. Reinigen, z. B. Waschen, Entzundern	4.5. durch Umformen, z. B. Falzen, Vernieten		
		3.6. Evakuieren, z. B. einer Elektronenröhre	4.6. durch Stoffverbinden, z. B. Schweißen		
			4.7. durch andere Haftverfahren, z. B. Binden, Nähen		

Kombinationen zwischen Hauptgruppen oder innerhalb einer Hauptgruppe sind möglich.

10.2 Gestalten und Bemaßen von Gußstücken

Gußstücke können nach folgenden Urformverfahren hergestellt werden:

Handformguß	für Einzelfertigung mit Hilfe von Modellen, Kernkästen sowie Dreh- und Ziehschablonen;
Maschinenformguß	für die Serienfertigung mit Hilfe von Modellen und Kernkästen aus metallischen Werkstoffen;
Maskenformguß	mit Modellen aus Metall und einmalig zu verwendenden Masken aus kunstharzgebundenem Sand;
Feinguß	mit einmalig verwendbaren Modellen aus thermoplastischen Werkstoffen, die ausgeschmolzen werden;
Vollformguß	mit einmalig verwendbaren Kunststoffschaummodellen, die in der Form verbleiben und beim Gießen vergasen und verbrennen;
Druckguß	für die Massenfertigung von Teilen hoher Genauigkeit und Oberflächengüte aus Zn-, Al-, Mg-, Cu-, Sn- und Pb-Legierungen.

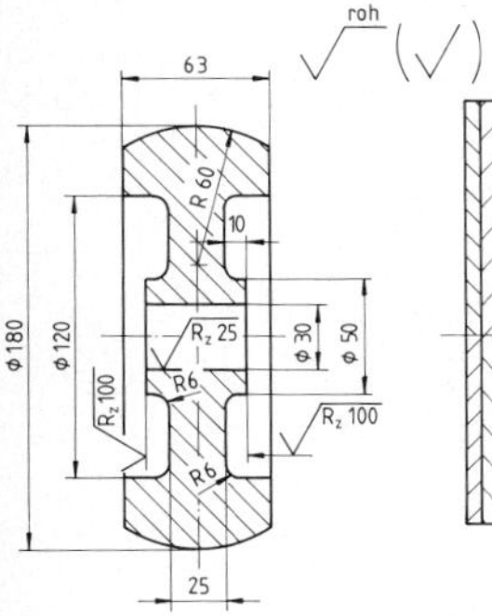

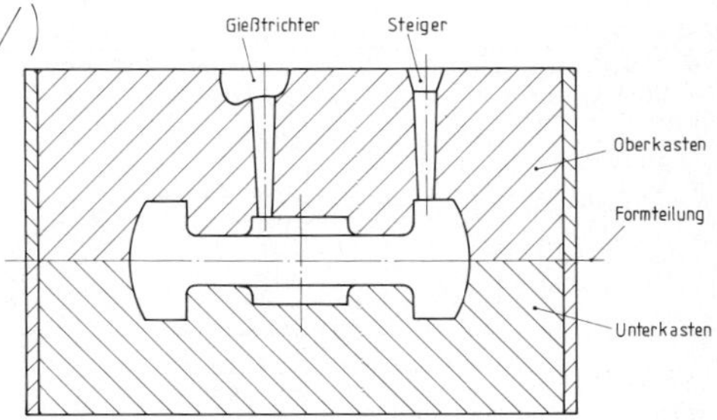

317.1 Rolle Gußstück Rolle, hergestellt durch Handformguß *317.2 Gießform für Rolle*

Rohteilzeichnungen enthalten im Gegensatz zu Fertigteilzeichnungen nur die erforderlichen Maße für das Gußstück. Sie können auch als Modellzeichnungen verwendet werden. In Fertigteilzeichnungen können Bearbeitungszugaben durch außenliegende schmale Strich-Zweipunktlinien oder durch besonders breite Vollinien angedeutet werden.

Neben dem werkstoff-, bearbeitungs- und beanspruchungsgerechten Gestalten ist bei der Einzelfertigung von Gußstücken noch zu achten auf:

1. Anstreben einer einzigen Formteilung im Hinblick auf die Arbeitszeitersparnis und auf die Genauigkeit, Bild 317.2.
2. Einfache Formgebung möglichst ohne Hohlräume, um Kerne zu vermeiden, andernfalls ist eine gute Kernlagerung vorzusehen.
3. Aushebeschrägen mit Neigungen 1 : 20 bis 1 : 50 und Rundungen an den Streifenkanten.
4. Vermeiden von Lunkerbildungen und Gußspannungen durch Werkstoffanhäufungen und schroffe Querschnittsübergänge.
5. Berücksichtigen der zulässigen Maßabweichungen bei Gußstücken sowie der notwendigen Bearbeitungszugaben.

Druckgießen in Warm- und Kaltkammer-Druckgießmaschinen

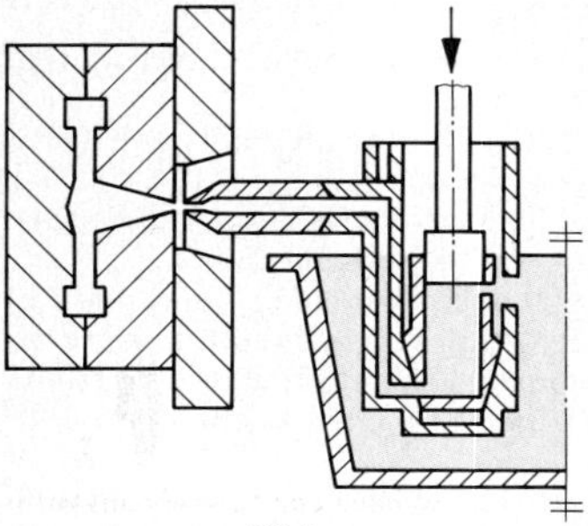

318.1

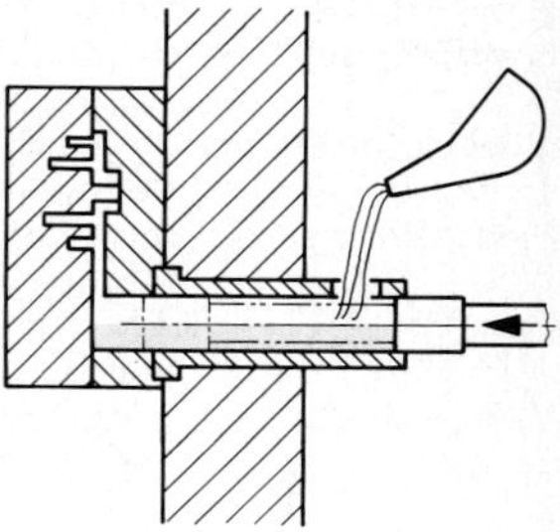

318.2

Warmkammer-Druckgießmaschinen **318.1** werden eingesetzt für das Druckgießen niedrigschmelzender Metalle und Legierungen wie Zink, Zinn, Blei und Magnesium und Kaltkammer-Druckgießmaschinen mit waagerechter **318.2** und senkrechter Druckkammer für das Druckgießen aller druckgießfähigen Metalle und Legierungen.

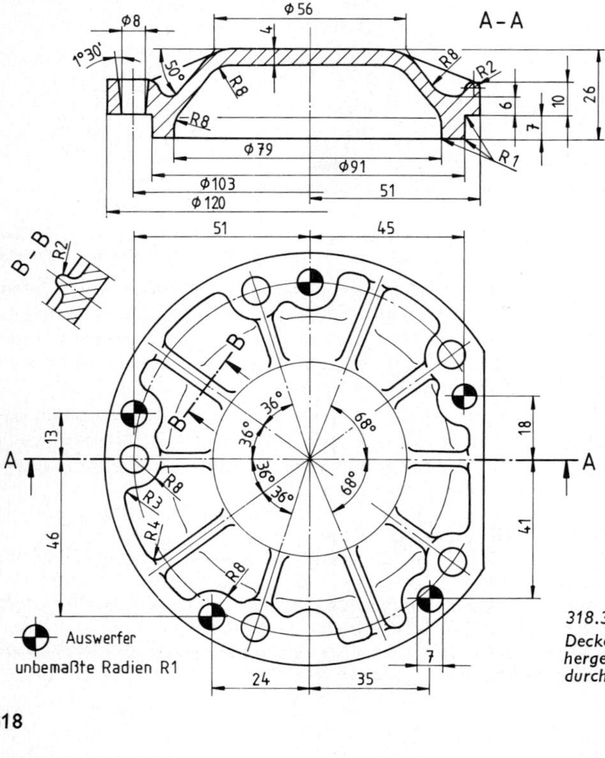

318.3
Deckel GD-AlSi 12 hergestellt durch Druckguß

Werkstoffgerechtes Gestalten durch Berücksichtigen der Eigenschaften und Abkühlungsvorgänge der Gußwerkstoffe, z. B. sind bei Stahlguß die Wanddicken wegen der hohen Volumenkontraktion beim Erstarren besonders sorgfältig auszulegen.

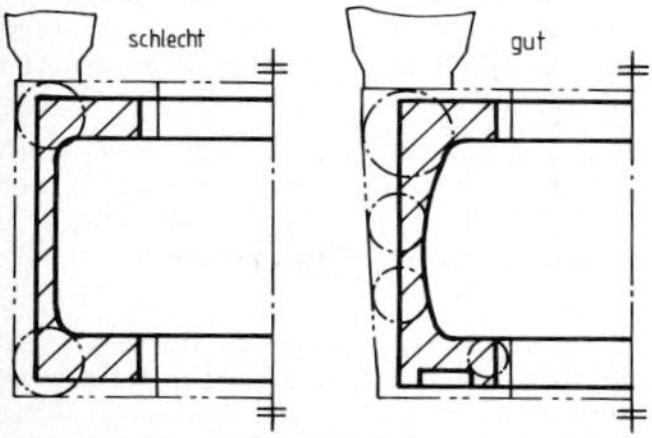

1

Bei richtiger Wanddickengestaltung müssen die Kontrollkreise zum Speiser hin größer werden.

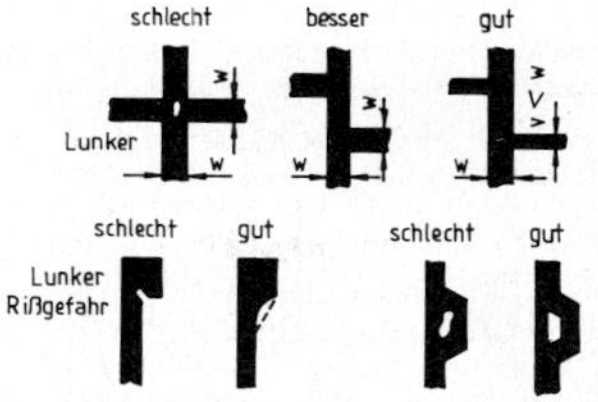

2

Richtiges Gestalten von Knotenpunkten und Wandverdickungen vermeidet Lunker und Rißgefahr.

Fertigungsgerechtes Gestalten durch Berücksichtigen der späteren spanenden Bearbeitung

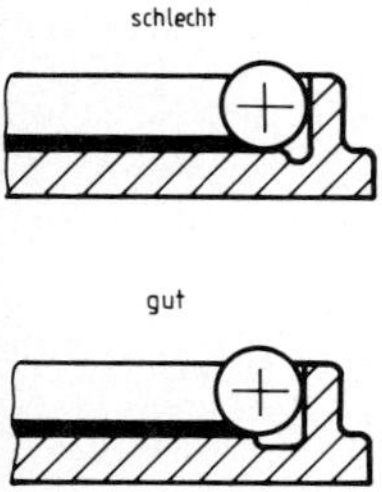

3

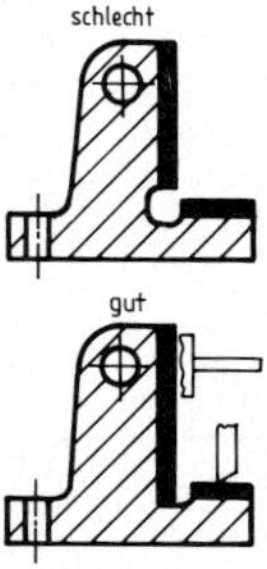

4

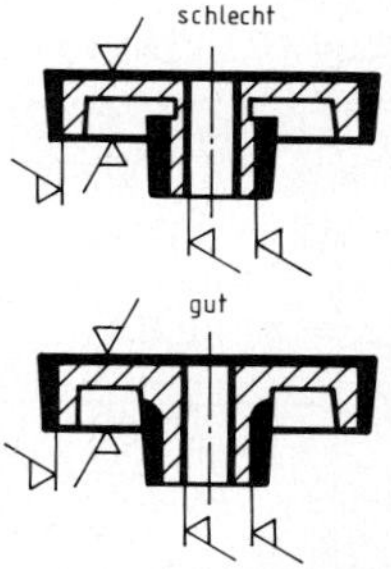

5

Stets genügenden Auslauf für die Bearbeitungswerkzeuge vorsehen.

Durch Fortfall der Hinterschneidung wird ein Kern eingespart.

Beanspruchungsgerechtes Gestalten durch Kenntnis der auftretenden Beanspruchung und Ausnutzung der Eigenschaften der Werkstoffe

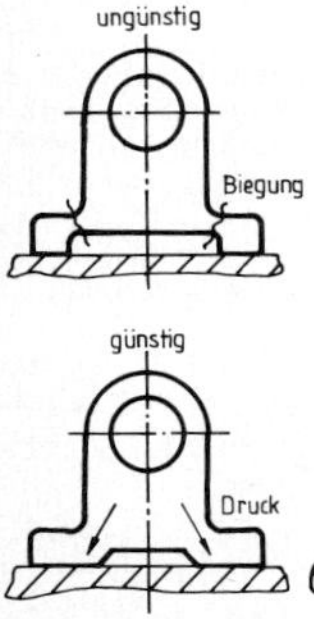

6

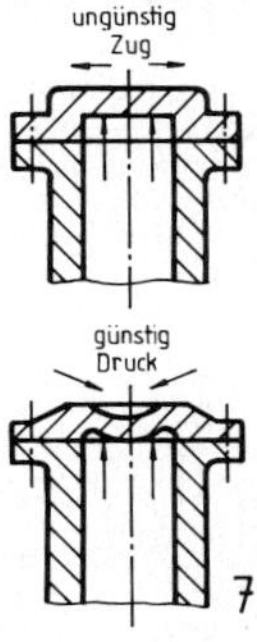

7

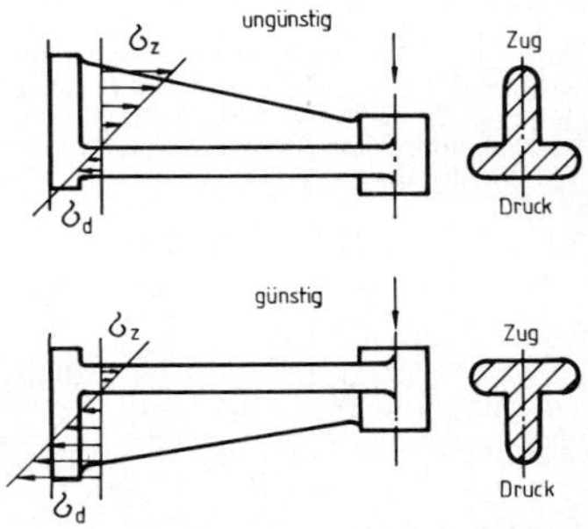

8

Umgewandelt wurden Biege- in Druck- und Zug- in Druckspannungen.

Beanspruchungsgerechter T-Querschnitt hat geringere Zugspannungen.

10

10.3 Gestalten und Bemaßen von Gesenkschmiedestücken

Gesenkschmieden ist ein Warmumformen oberhalb der Rekristallisationstemperatur – für Stahl üblicherweise zwischen 1050 °C und 1200 °C. Hierbei findet ein Druckumformen mit gegeneinander bewegten Formwerkzeugen (Gesenken) statt, die das Werkstück ganz oder zu einem wesentlichen Teil umschließen. Die Gravur (Hohlform) der Gesenke ist das negative Abbild der Werkstückform, Gesenkschmiedestücke werden in Hämmern und Pressen hergestellt. Während des Schmiedens bildet sich an den Gesenkschmiedestücken eine Gratnaht.

Vor der Gestaltung von Gesenkschmiedestücken sollte bei Wirtschaftlichkeitsbetrachtungen darauf geachtet werden, daß die Summe der Kosten des Schmiedens und der nachträglichen Bearbeitung ein Minimum ergibt. Deshalb kann je nach der Stückzahl ein unterschiedlicher Annäherungsgrad des Schmiedestücks an das Fertigteil in Betracht kommen.

Wegen der Formenvielfalt der Gesenkschmiedestücke können Hinweise für ein konstruktives Überarbeiten der Werkstücke nach schmiedetechnischen Gesichtspunkten nur allgemein gegeben werden. Gestaltungsregeln sind in DIN 7522 und DIN 7523 enthalten. Beispiele von Gesenkschmiedestücken zeigt DIN 7526.

Für das Gestalten von Gesenkschmiedestücken gibt es vier Hauptgesichtspunkte:

1. Fließgerechtes Gestalten

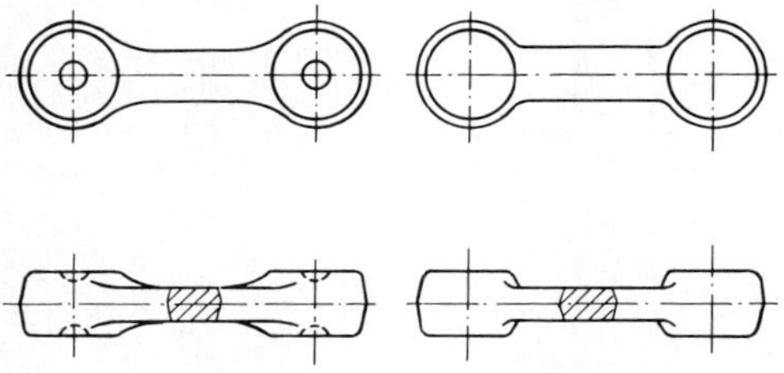

günstig: fließende Übergänge, gerundete Kanten

ungünstig: scharfe Übergänge, scharfe Kanten

320.1 Rundungen und Übergänge

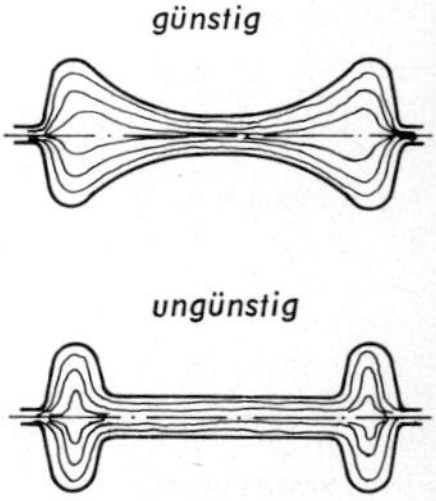

320.2 Gestaltung T-förmiger Querschnitte

Der Werkstoff setzt dem Umformen in den Schmiedegesenken Widerstand entgegen, der dann besonders steigt, wenn der Werkstoff scharfe Kanten umfließen oder tiefe, enge Gravurteile ausfüllen muß.

Bei fließgerechten Konstruktionen vermeidet man schroffe Richtungswechsel oder entschärft sie durch ausreichende Übergangsradien und führt Querschnittsübergänge weich aus Bilder 320.1 und 320.2. Rippen und Stege sollen möglichst niedrig und gedrungen, Böden und Wände so dick wie möglich ausgeführt werden. Empfohlene Wanddicken verschiedener Querschnittsformen enthält DIN 7523 T2.

10

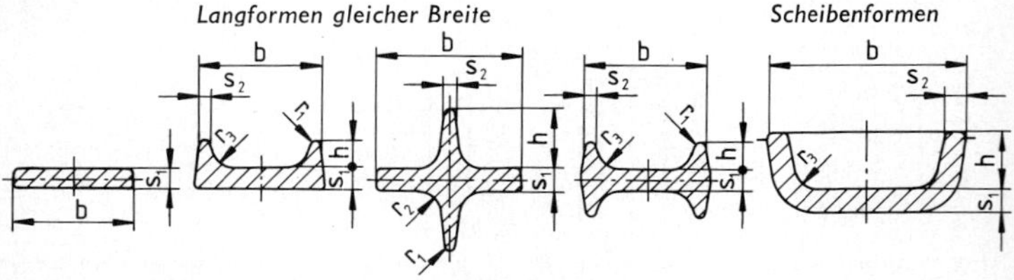

320.3 Mindestwanddicken der Querschnittformen siehe DIN 7523 T 2

2. Werkzeuggerechtes Gestalten

Gesenkschmiedestücke weisen im allgemeinen Seitenschrägen für Innen- und Außenflächen auf, damit sie besser aus dem Gesenk entfernt werden können. In der Praxis hat sich eine Neigung der äußeren Seitenflächen von 1:10 (6°) und der inneren von 1: 6 (9°) als zweckmäßig erwiesen, siehe DIN 7523 T 3.

Lage und Verlauf der Gratnaht beeinflussen die Form des Werkstückes, seine Maßgenauigkeit sowie die Höhe der Werkzeugkosten. Anzustreben ist die Gratnaht in halber Höhe des Schmiedestückes, da dies häufig eine symmetrische Form mit geringem Werkstoffaufwand für die Seitenschrägen und damit für das Stückgewicht ergibt, Bild 321.1.

Die Gratnahtfläche sollte nach Möglichkeit eben sein im Hinblick auf die Werkzeugkosten und die günstigere Maßkontrolle, Bild 321.2. Ferner ist eine symmetrische Gestaltung der Schmiedestücke anzustreben.

3. Maßgerechtes Gestalten

Beim Festlegen der Maße und Toleranzen von Gesenkschmiedestücken muß berücksichtigt werden, daß Schwinden und Werkzeugverschleiß Maßschwankungen verursachen. Daher sind die Toleranzen so groß wie möglich zu wählen. Erforderliche engere Toleranzen sollten nur an den wirklich notwendigen Stellen vorgeschrieben werden. Sie verteuern die Fertigung, können aber dann vorteilhaft sein, wenn mit ihrer Hilfe entsprechende Bearbeitungskosten eingespart werden. Bei Gesenkschmiedestücken aus Stahl unterscheidet man nach DIN 7526 hinsichtlich der Toleranz für Längen-, Breiten- und Höhenmaße, Versatz, Außermittigkeit und Gratansatz die Schmiedegüte F (ausreichende Toleranzen) und die Schmiedegüte E (enge Toleranzen), die vom Gewicht, der Feingliedrigkeit und der Stoffschwierigkeit der Schmiedestücke abhängen.

4. Bearbeitungsgerechtes Gestalten

Gesenkstücke eignen sich vorzüglich für eine spanende Bearbeitung. Die Bearbeitungszugaben sind nach DIN 7523 T 3 zu wählen. Sie hängen ab von der Größe der zu bearbeitenden Fläche, der Hauptabmessung und der Formenklasse des Werkstückes.

Die sichere Aufnahme und das zuverlässige Spannen der Teile in der Bearbeitungsvorrichtung ist im voraus zu planen, z. B.: Gratflächen sind für das Spannen unzweckmäßig, weil sie selten zentrisch zum Schmiedestück liegen. Günstiger ist das Spannen auf Ansätzen, Bild 321.3. Mit Hilfe von angeschmiedeten Nocken können Zentrierbohrungen auf schrägen Flächen vermieden werden, Bild 321.4. Durch Anbringen von Taschen rechtwinklig zur Drehachse oder entsprechenden Ansätzen braucht nicht auf schrägen Flächen gebohrt zu werden, Bild 321.5.

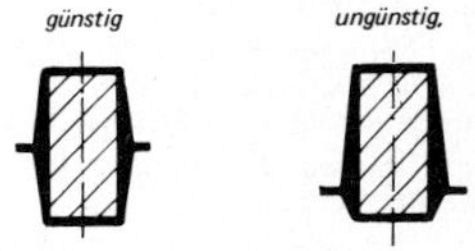

1 Abzuspanende Werkstoffmenge bei verschiedener Lage der Gratnaht.

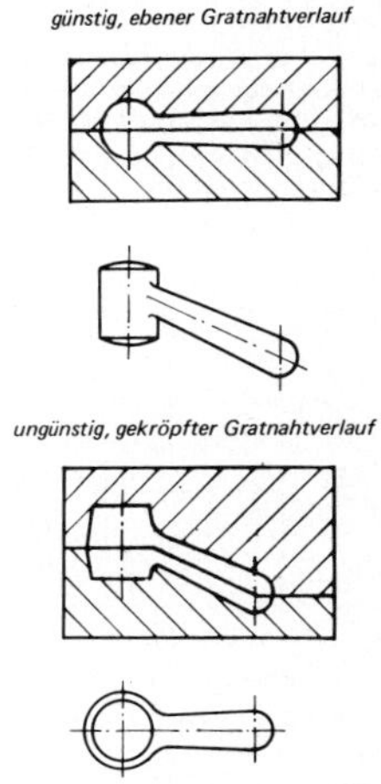

2 Gesenke mit ebener und mit gekröpfter Gratnaht.

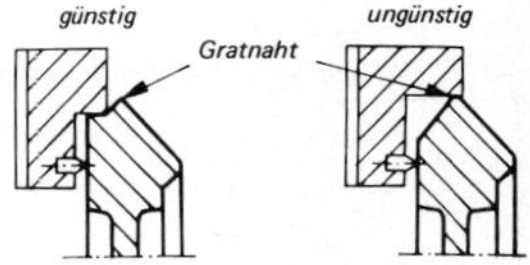

3 Spannen dünner Schmiedestücke.

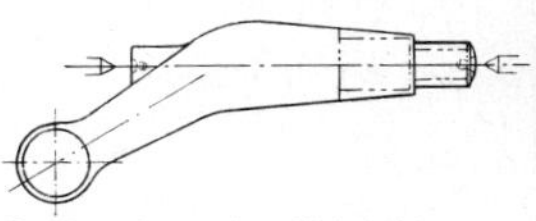

4 Zentriernocken an einem Winkelhebel.

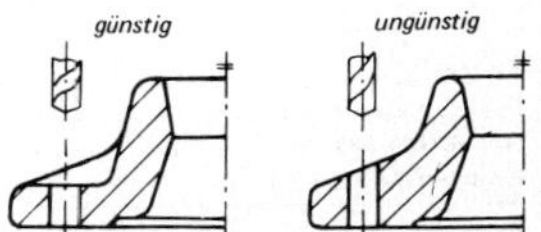

5 Hilfsmittel für Bohrungen in schrägen Flächen.

10

Die Schmiedestückzeichnung wird nach DIN 7523 T1 im allgemeinen an Hand der Fertigteilzeichnung angefertigt, wobei zweckmäßigerweise ein Schmiedefachmann zu Rate gezogen werden sollte.

Das Schmiedestück ist möglichst so zu zeichnen, wie es im Gesenk liegt. Die Gratnaht wird durch eine Linie in Strichdicke der Körperkanten nach DIN 15 eingezeichnet. Der Grat selbst wird nicht dargestellt, während die Gratdicke angegeben werden kann.

Die Umrisse des Fertigteiles werden strichpunktiert eingezeichnet ohne Maße und Oberflächenzeichen.

Die Schmiedestückzeichnung enthält alle zum Herstellen sowie zur Kontrolle notwendigen Maße, wobei die Seitenschräge nicht in das Nennmaß einbezogen wird, außer sie ist konstruktiv bedingt. Die Maße für die größte Länge, Breite, Höhe und Dicke des Schmiedestückes sind stets einzutragen, da sie im Regelfall zum Bestimmen der Toleranzen benötigt werden.

Ferner sind noch Angaben notwendig über die Bezugs- und Spannflächen für die nachfolgende Bearbeitung, Werkstoff und Art der Wärmebehandlung, Oberflächenzustand, Beschriftung des Schmiedestückes usw.

Die Benennung des Schmiedestückes ist möglichst gleichlautend wie die des Fertigteiles mit dem in Klammern hinzugefügten Zusatz (Rohteil).

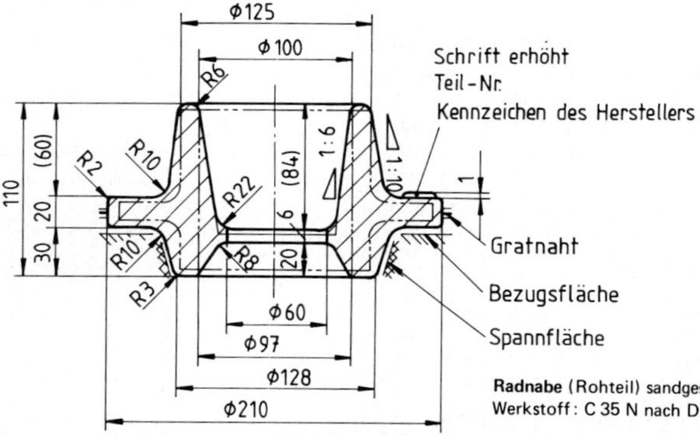

Radnabe (Rohteil) sandgestrahlt
Werkstoff: C 35 N nach DIN 17200

Toleranzen und zulässige Abweichungen nach DIN 7526

Schmiedestückgewicht	Hüllkörpergewicht	Feingliedrigkeit	Stoffschwierigkeit	Schmiedegüte
10,3 kg	29,9 kg	Gruppe S 2	Gruppe M 1	F

Maßarten	Toleranzen und zul. Abw.
Längenmaße¹)	/
Breitenmaße¹), Durchmesser	+2,4 −1,2
Höhenmaße	+1,9 −0,9
Dickenmaße, Durchmesser	+2,1 −1,1
Versatz²)	1,2
Gratansatz (+), Anschnittiefe (−)²)	1,4
Durchbiegung und Verwerfung²)	/

Maßarten		Toleranzen und zul. Abw.
Abgratnasen	Höhe	2,5
	Breite	1,2
Klemmgrat	Höhe	/
	Breite	/
Sondertoleranzen		/

Hohlkehlen und Kantenrundungen nach Tabelle 6

Tiefe von Oberflächenfehlern nach Abschnitt 3.2.4.3 und 9.2.4.5

¹) für Innenmaße Zahlenwerte für Plus- und Minusabweichungen miteinander vertauschen
²) zusätzlich zu anderen Toleranzen

10.4 Schnitt-, Biege- und Ziehteile

Das Schneiden mit Schneidwerkzeugen ist ein Trennen (Zerteilen) von Werkstoff. Das Biegen mit Stempel und Gegenstempel und das Tiefziehen mit Stempel, Niederhalter und Ziehring sind Umformverfahren.

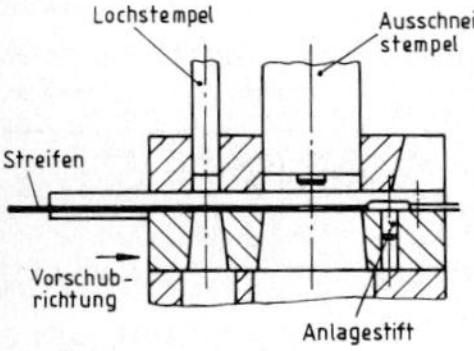

323.1 Folgeschneiden

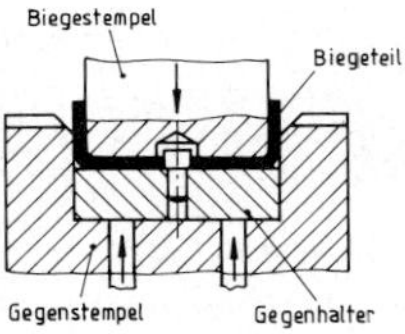

323.2 U-Biegen

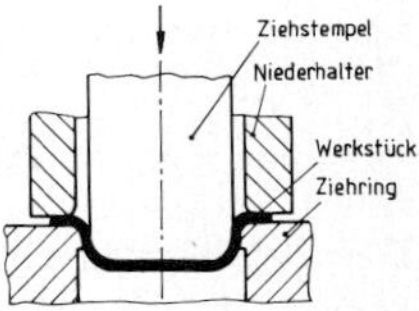

323.3 Tiefziehen

Die durch spanlose Formgebung hergestellten Schnitt-, Biege- und Ziehteile werden im allgemeinen in ihrem Fertigzustand, und zwar in der Gebrauchslage, dargestellt. Ist diese Lage für die Darstellung infolge auftretender Verzerrungen durch eine schiefe Lage ungeeignet, so ist das Teil in eine günstigere Lage zu drehen.

Die Maßeintragung hat neben den Funktionsmaßen im wesentlichen Fertigungsmaße aufzuweisen, die auf die Herstellung der Schneid-, Biege- und Ziehwerkzeuge Rücksicht nehmen.

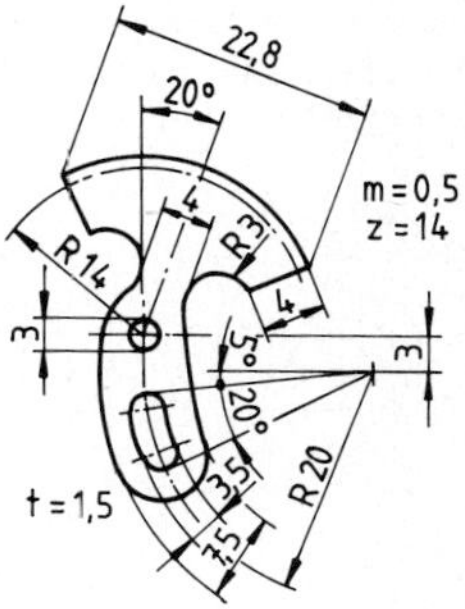

323.4 Zahnsegment CuZn 37

Biegeteile werden im allgemeinen ausgeschnitten und anschließend gebogen. Daher ist es zweckmäßig, sich das Zuschnitteil mit den Formmaßen und den Biegekanten vorzustellen, siehe 323.5. Bei der Bemaßung des Biegeteiles wird dann von Bezugsflächen und Bezugslinien ausgegangen, wobei auftretende Funktionsmaße, z. B. ϕ 6 H7 und 10+0,2 in 323.5 zu berücksichtigen sind.

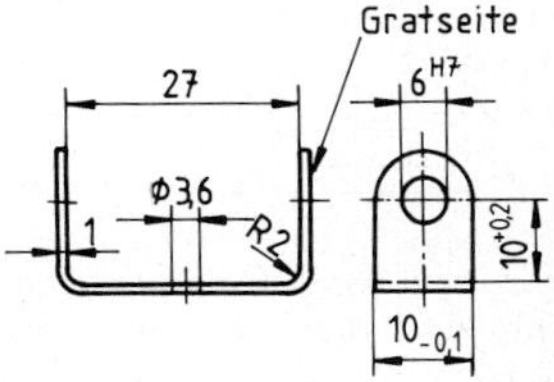

323.5 Halterung St 37—2

Beim Ziehteil 323.6 ist der Ziehstempeldurchmesser 25, der Stempelradius 5, der Ziehringradius 5 und der Hub während des Ziehvorganges 20 neben der Blechdicke 1 anzugeben.

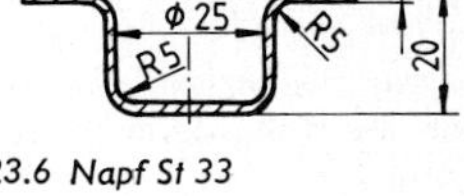

323.6 Napf St 33

Normenhinweis:
DIN 6930 Stanzteile aus Stahl, Allgemeintoleranzen

10.5 Gebogene Werkstücke, gestreckte Längen und Abwicklungen

Nach DIN 6935 lassen sich Flachstähle und Bleche bis etwa 12 mm Dicke kaltabkanten und kaltbiegen. Um einheitliche Rundungen an den Abkantschienen zu erreichen, sind nur Biegehalbmesser nach DIN 250 zu verwenden. Es soll möglichst nur quer zur Walzrichtung abgekantet werden.

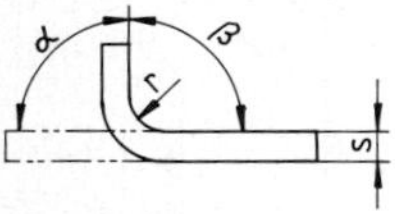

r = *Biegehalbmesser*
α = *Biegewinkel*
β = *Öffnungswinkel*

Biegehalbmesser DIN 250

r	**1**	1,2	**1,6**	2	**2,5**	3	**4**	5
in	**6**	8	**10**	12	**16**	**20**	**25**	28
mm	**32**	36	**40**	45	**50**	**63**	**80**	**100**

Der kleinste zulässige Biegehalbmesser r_{min} ist abhängig von der Blechdicke s, der Zugfestigkeit des Werkstoffes und dem Abkanten quer oder längs zur Walzrichtung. $r_{min} = 1 \ldots 3 \times s$.

Die gestreckte Länge $l = a + b + v$ errechnet man mit Hilfe des Ausgleichswertes v, der je nach Größe des Öffnungswinkels β von 0...65° negativ oder positiv und über 65° nur negativ sein kann, nach folgenden Beziehungen:

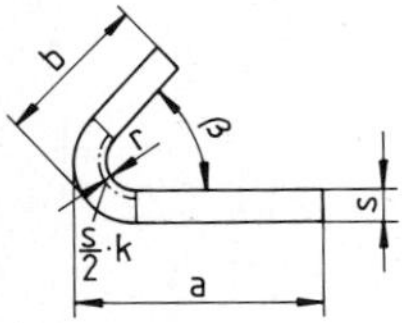

β = 0° bis 90°:

$$v = \pi \cdot \left(\frac{180° - \beta}{180°}\right) \cdot \left(r + \frac{s}{2} \cdot k\right) - 2\,(r + s)$$

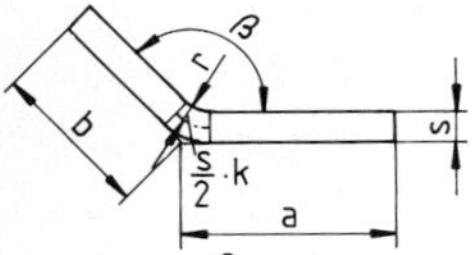

β = > 90° bis 165°:

$$v = \pi \cdot \left(\frac{180° - \beta}{180°}\right) \cdot \left(r + \frac{s}{2} \cdot k\right) - 2\,(r + s) \cdot \tan \frac{180° - \beta}{2}$$

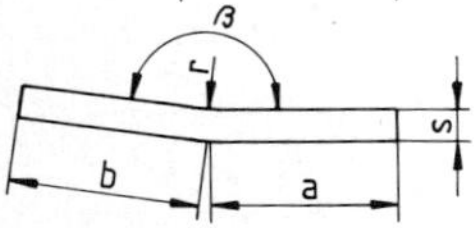

β = > 165° bis 180°, hierbei ist

$v = 0$ und kann vernachlässigt werden.

Der in den Formeln angegebene Korrekturfaktor k ist abhängig vom Verhältnis r : s und gibt die Abweichung der Lage der neutralen Faser von s/2 an.

Innerer Biegehalbmesser *r* in Abhängigkeit von Blechdicke *s*	Verhältnis *r*:*s*	über 0,65 bis 1	über 1 bis 1,5	über 1,5 bis 2,4	über 2,4 bis 3,8	über 3,8
Korrekturfaktor *k*		0,6	0,7	0,8	0,9	1

Der Ausgleichswert v kann auch einem Diagramm in DIN 6935 T 1 entnommen werden. Beim maschinellen Abkanten ist die kleinste Schenkellänge $b \approx 4 \times r$.

An gebogenen Teilen sind der Biege-Innenhalbmesser, die einzelnen Schenkellängen, der Öffnungswinkel und der Querschnitt anzugeben.

Wird neben der Teilzeichnung eine Abwicklung dargestellt, so legt diese Form und Abmessung der Blechzuschnitte fest und erleichtert die Berechnung und Herstellung der Schneid- und Biegewerkzeuge. Die Biegelinie als schmale Vollinie kennzeichnet die Mitte der Biegerundung. Ihre Lage ist durch die anliegende Schenkellänge und die Hälfte des v-Wertes bestimmt.

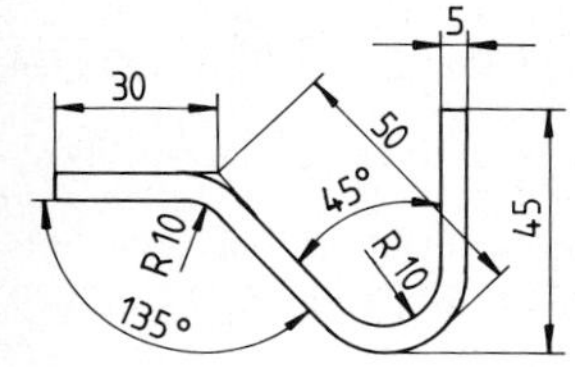

325.1 *Haken*

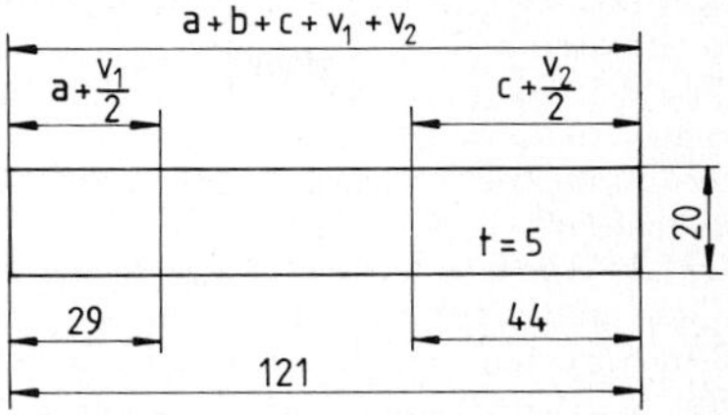

325.2 *Abwicklung (Zuschnitt)*

Gestreckte Längen sind stets auf volle Millimeter aufzurunden.

Abwicklung:

Summe der Schenkellänge 30 + 50 + 45		= 125
für $\beta = 135°$, $r = 10$, $s = 5$ ergibt sich	$v = -3{,}0$	
für $\beta = 45°$, $r = 10$, $s = 5$ ergibt sich	$v = -1{,}7$	$\approx -4{,}7$
gestreckte Länge		= 120,3
		≈ 121

Lage der Biegelinien:

für Schenkellänge = 30, ergibt sich $30 - \frac{3}{2} = 30 - 1{,}5 = 28{,}5 \approx 29$

für Schenkellänge = 45, ergibt sich $45 - \frac{1{,}7}{2} = 45 - 0{,}85 = 44{,}15 \approx 44$

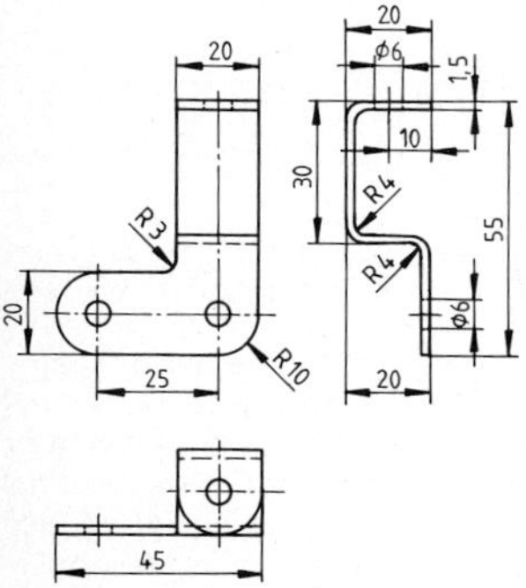

325.3 *Halter Q St 37—2*

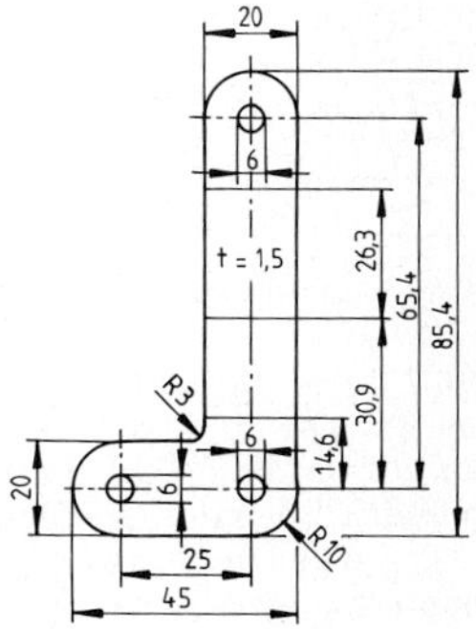

325.4 *Abwicklung (Zuschnitt)*

Vereinfacht können die gestreckten Längen der Zuschnitte über die mittlere Faser berechnet werden.

10.6 Bemaßungsrichtlinien für die Werkstückbearbeitung auf numerisch gesteuerten Werkzeugmaschinen

Numerisch, d. h. durch Zahlen gesteuerte Werkzeugmaschinen dienen zur Automatisierung der Einzel- und Serienfertigung, um das Anreißen der Werkstücke und teure Vorrichtungen zu ersparen.

Bei der NC-Steuerung (NC = Numerical Control) werden die notwendigen Informationen über Maße, Drehzahlen, Vorschübe usw. in verschlüsselter Form durch Zahlen auf Steuerlochstreifen eingegeben, nach denen die Werkzeugmaschinen die Bewegungen und Schaltungen selbsttätig ausführen.

CNC-Steuerungen (CNC = Computerized Numerical Control) arbeiten ohne Steuerlochstreifen, wobei die Daten an der Werkzeugmaschine von Hand eingegeben werden, und ein eingebauter Prozeßrechner die Steuerung durchführt.

DNC-Steuerungen (DNC = Direct Numerical Control) arbeiten ebenfalls ohne Steuerlochstreifen, wobei mehrere Werkzeugmaschinen von einem Zentralrechner direkt gesteuert werden.

Bei den numerischen Werkzeugmaschinensteuerungen unterscheidet man drei Arten:

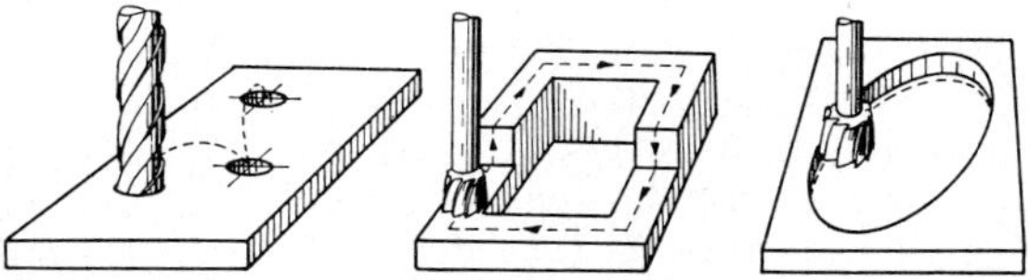

326.1 Punktsteuerung, z. B. bei Bohr- und Punktschweißmaschinen — Streckensteuerung, z. B. bei Fräs- und Drehmaschinen — Bahnsteuerung, z. B. bei Fräs- und Drehmaschinen

Bei Bearbeitung auf numerisch gesteuerten Werkzeugmaschinen erleichtert die Koordinatenbemaßung oft die Programmierung des Lochstreifens bzw. die Maßeingabe, da hierbei keine Maße umzurechnen sind.

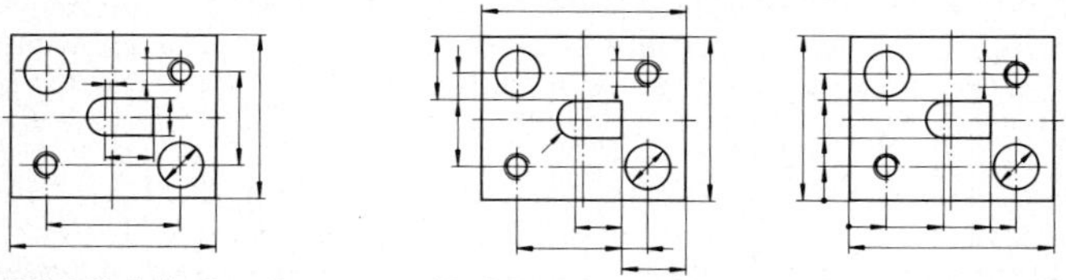

326.2 Einfache Bemaßung — 326.3 Bemaßung nach Funktionsebenen — 326.4 Koordinatenbemaßung für die Fertigung

10

Bild 326.2 zeigt die einfache Bemaßung des Niederhalters eines Schneidwerkzeuges. Die in Bild 326.3 dargestellte funktionsbezogene Bemaßung für die herkömmliche Fertigung geht von zwei wichtigen Bezugsebenen des Schneidstempels aus, die für das genaue Einpassen in die Führung wichtig sind. Die Koordinatenbemaßung in Bild 326.4 für die Fertigung auf einer numerisch gesteuerten Koordinatenbohrmaschine mit einem absoluten Wegmeßsystem geht von zwei und bei abgesetzten Bohrungen von drei Bezugsebenen als Koordinatenachsen aus, Bild 328.1.

Bei der Werkstückkonstruktion ist anzustreben, daß eine Fertigbearbeitung ohne Umspannen erfolgen kann.

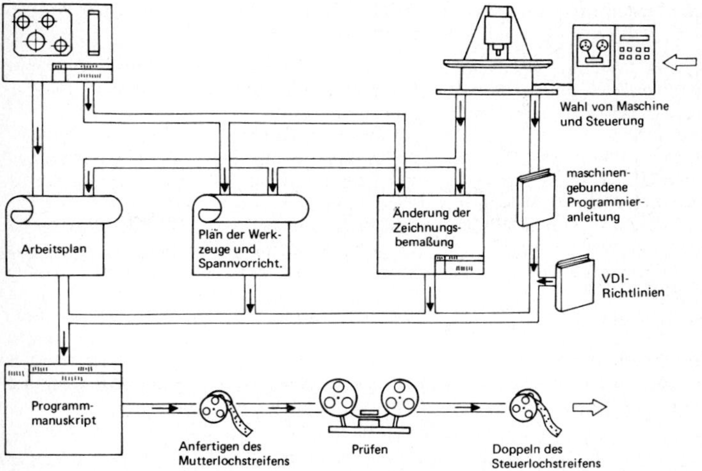

327.1 Informationsfluß bei manueller Programmierung für eine NC-Steuerung

Bild 327.1 zeigt den Informations- und Arbeitsfluß bei der manuellen Programmierung. Ausgehend von der technischen Zeichnung ist zunächst die für die Fertigung vorgesehene Werkzeugmaschine festzulegen, im Beispiel eine Koordinatenbohrmaschine mit Revolverkopf.

Unter Berücksichtigung der technischen Zeichnung und der Werkzeugmaschine wird ein Arbeitsplan erstellt und in ihm die Bearbeitungsfolge festgelegt. Neben dem Arbeitsplan ist ein Werkzeugplan aufzustellen. Aus diesem sind die Anordnung der Werkzeuge im Magazin, ihre evtl. Kodierung und ihre Voreinstellmaße zu entnehmen.

Gleichzeitig mit dem Aufstellen des Arbeits- und Werkzeugplanes ist die zweckmäßigste Aufspannung festzulegen und die Lage des Nullpunktes in die Zeichnung einzutragen. In vielen Fällen ist auch eine für die Programmierung zweckmäßigere Bemaßung und gegebenenfalls eine Maßumrechnung erforderlich.

Danach beginnt das eigentliche Programmieren, das Schreiben des Programm-Manuskriptes. Die dazu notwendigen Angaben werden der Programmieranleitung für die jeweilige Werkzeugmaschine entnommen. Neben den geometrischen Angaben aus der technischen Zeichnung ist auch die Festlegung der technologischen Werte, wie z. B. von Vorschüben und Schnittgeschwindigkeiten, erforderlich. Diese Angaben werden z. B. aus Tabellen entnommen und entsprechend der maschinengebundenen Programmieranleitung verschlüsselt.

Die Werte des Programm-Manuskriptes werden abgelocht und der so erhaltene Lochstreifen noch einmal geprüft. Bevor der Lochstreifen in den Betrieb gegeben wird, wird er meist gedoppelt. Dann geht ein Exemplar zur betreffenden Werkzeugmaschine u. das andere ins Archiv der Arbeitsvorbereitung.

Das maschinelle Programmieren erfolgt mit Hilfe von NC-Sprachen wie APT, EXAPT oder COMPACT II. Die Kopplung von CAD mit den NC-Sprachen wird als CAM bezeichnet, S. 391.

Programmierbeispiel Lochplatte

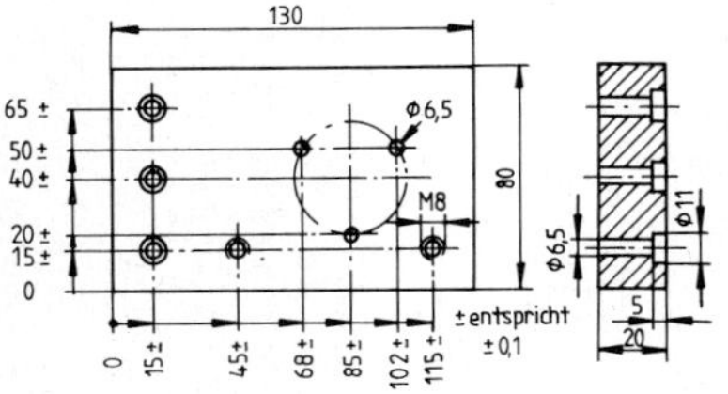

328.1 Lochplatte mit Koordinatenbemaßung

In dem Programmierbeispiel Lochplatte sollen die einzelnen Arbeitsschritte kurz erläutert werden.

Die Bearbeitung der Lochplatte 328.1 auf einer numerisch gesteuerten Koordinatenbohrmaschine mit Revolverkopf erfordert eine Punktsteuerung.

Bei zwei der Bearbeitungsstellen ist Gewinde zu schneiden, drei Bohrungen sind einfache Durchgangsbohrungen und drei Bohrungen sind zylindrisch anzusenken. Bei der Konstruktion wurde bereits so weit auf die Fertigung Rücksicht genommen, daß alle Bohrungen und auch der Kerndurchmesser des Gewindes mit dem gleichen Bohrer gebohrt werden können.

Für die Bearbeitung sind fünf verschiedene Werkzeuge notwendig. Die Maschine ist mit einer automatischen Werkzeugwechselvorrichtung, einem Revolverkopf ausgerüstet.

Der Arbeitsplan ist wie folgt aufgebaut:

Alle Bohrungen werden zunächst zentriert und anschließend mit einem 6,5-mm-Bohrer vorgebohrt. Danach erfolgt das zylindrische Senken der Bohrungen Nr. 1, 2 und 3. Anschließend werden die drei Bohrungen auf dem Teilkreis sowie die Bohrungen Nr. 4 und 5 mit einer 60°-Fase angesenkt. Als letztes folgt das Gewindeschneiden an den Bearbeitungsstellen 4 und 5. Im Werkzeugplan wird die Position des Werkzeuges im Revolver und damit die Kodierung der einzelnen Werkzeuge angegeben.

Aus den für die Maschine zur Verfügung stehenden Spannmitteln werden diejenigen ausgesucht, die eine leichte Aufspannung des Werkstückes ermöglichen. Hat die Werkzeugmaschine eine ausreichende Möglichkeit der Nullpunktkorrektur, so können die Maße des Werkstück-Koordinatensystems direkt übernommen werden. Hat der Konstrukteur die Teilkreisbohrungen noch nicht im kartesischen Koordinatensystem ausgerechnet und eingetragen, so muß dies der Programmierer nachholen.

Nach dem Arbeitsplan, dem Werkzeugplan und der Zeichnung erfolgt unter Beachtung der maschinenabhängigen Programmieranleitung und Verschlüsselungsvorschrift das Ausfüllen des Programmformulars. In dieses werden die einzelnen Arbeitsschritte in Form von Sätzen eingetragen, Seite 330.

Normenhinweis: DIN 406 Teil 3 Bemaßung durch Koordinaten.
DIN 406 Teil 4 Bemaßung für das maschinelle Programmieren.

Arbeitsschritte bei manueller Programmierung am Beispiel Lochplatte:

Problem

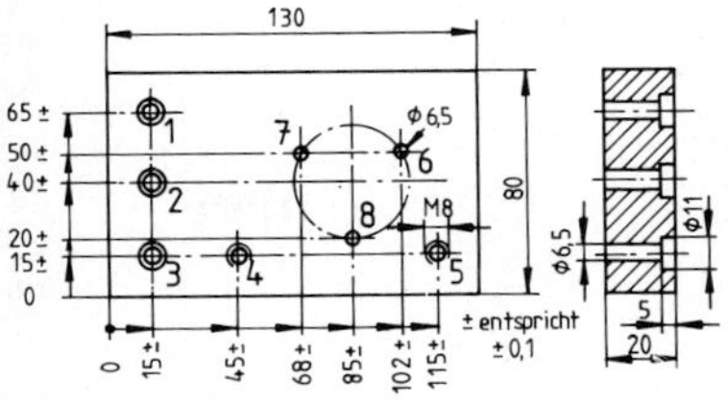

Werkzeugmaschine

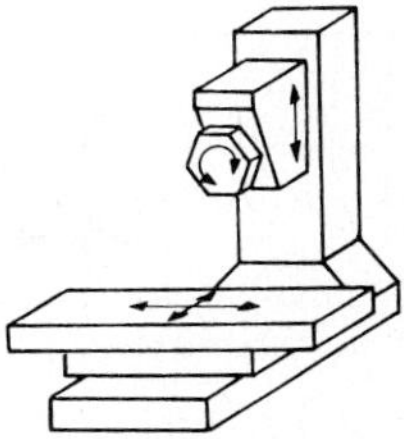

Arbeitsplan

1 Zentrieren aller Bearbeitungsstellen
2 Bohren aller Bohrungen ϕ 6,5 mm
3 Senken der Bohrungen 1, 2, 3
4 Ansenken der Bohrungen 4, 5
5 Ansenken der Bohrungen 6, 7, 8
6 Gewindeschneiden in Bearbeitungsstelle 4, 5

Werkzeugplan

Werkzeugbezeichnung	Kodierung
Zentrierbohrer	1
Spiralbohrer ϕ 6,5 mm	2
Spiralsenker ϕ 11 mm	3
Spitzsenker 60°	4
Maschinengewindeb. M8	5

Spannmöglichkeit

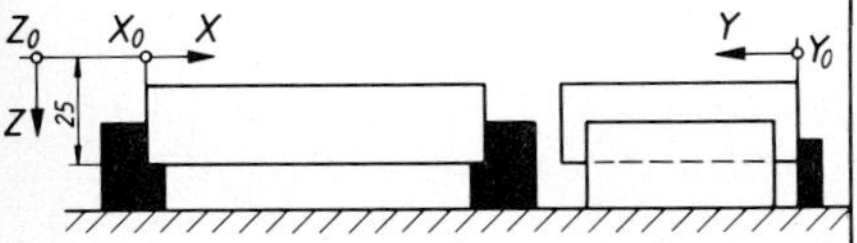

Bemaßung zur Programmierung

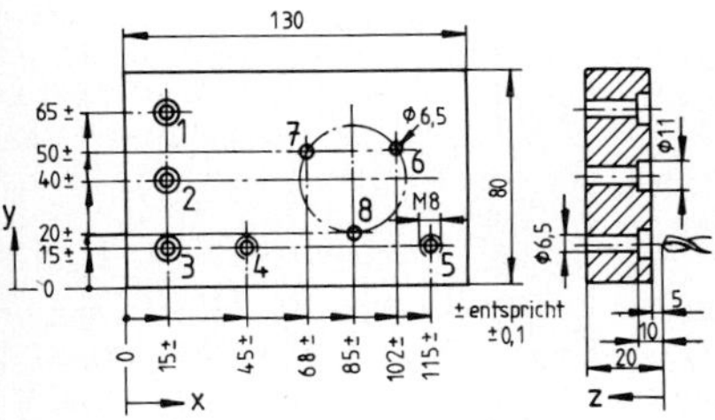

Auszug aus der maschinengebundenen Programmieranleitung

Wegbedingung

- S1 Stop, Maschinenhalt
- S2 Folgepunkt im Eilgang anf.
- S3 Folgepunkt mit Arbeitsvorschub anfahren.
- S4 Folgepunkt im Arbeitsvorschub (Spindel Linkslauf) anfahren.

Koordinatenangaben

- X in mm
- Y in mm
- Z in 1/10 mm

Hilfsfunktionen

- d3 Kühlmittel ein
- d4 Kühlmittel aus

Magazinnr.	Werkzeug	Spindeldrehzahl min^{-1}	Kode	Vorschub mm/U	Kode
1	Zentr. bohr.	1100	7	0,05	1
2	Sp. bohr. 6,5	1100	7	0,2	5
3	Sp. senk. 11	600	5	0,25	6
4	Sp. senk. 60	600	5	0,2	5
5	M. gew. M 8	300	2	1,25	10

10

Satz-Nr. 0	Wegbedingung s	x	y	z	Kreisbez. Angabe f	Vorschub h	Drehzahl a	Werkzeug n	Hilfsfkt. d	Bemerkung
1	2			4,0			7	1	3	Progr.-Anfang
2		15	65							Pkt. 1 Zentrieren
3	3			8,0		1				
4	2			4,0						
5			40							Pkt. 2
6	3			8,0						
7	2			4,0						
8			15							Pkt. 3
9	3			8,0						
10	2			4,0						
11		45								Pkt. 4
12	3			8,0						
13	2			4,0						
14		115								Pkt. 5
15	3			8,0						
16	2			4,0						
17		102	50							Pkt. 6
18	3			8,0						
19	2			4,0						
20		68								Pkt. 7
21	3			8,0						
22	2			4,0						
23		85	20							Pkt. 8
24	3			8,0						
25	2			0,0						Zentrieren
26	3			28,0		5		2		Pkt. 8 Bohren
27	2			4,0						
28		68	50							Pkt. 7
29	3			28,0						
30	2			4,0						
31		102								Pkt. 6
32	3			28,0						
33	2			4,0						
34		115	15							Pkt. 5
35	3			28,0						
36	2			4,0						
37		45								Pkt. 4
38	3			28,0						
39	2			4,0						
40		15								Pkt. 3
41	3			28,0						
42	2			4,0						
43			40							Pkt. 2
44	3			28,0						
45	2			4,0						
46			65							Pkt. 1
47	3			28,0						
48	2			0,0						Bohren
49	3			10,0		6	5	3		Pkt. 1 Senken
50	2			4,0						
51			40							Pkt. 2
52	3			10,0						
53	2			4,0						
54			15							Pkt. 3
55	3			10,0						
56	2			0,0						Senken
57		45				5		4		Pkt. 4 Ansenken
58	3			8,0						
59	2			4,0						
60		115								Pkt. 5
61	3			8,0						
62	2			4,0						
63		102	50							Pkt. 6
64	3			8,0						
65	2			4,0						
66		68								Pkt. 7
67	3			8,0						
68	2			4,0						
69		85	20							Pkt. 8
70	3			8,0						
71	2			0,0						Ansenken
72		115	15			10	2	5		Pkt. 5 Gewindeschnei-
73	3			27,0						den
74	4			4,0						
75		45								Pkt. 4
76	3			27,0						
77	4			0,0						Gewindeschnei-den
78	1	0	0			0	0		4	STOP, ALLE FUNKTIONEN AUS.
79										
80										

10.7 Schweißgerechtes Bemaßen und Gestalten

Das Schweißen gehört nach DIN 8580, Einteilung der Fertigungsverfahren, im wesentlichen zur Hauptgruppe 4.6.: Fügen durch Stoffverbinden.

Das Schweißen ist das Vereinigen von Werkstoffen in der Schweißzone unter Anwendung von Wärme und/oder Kraft ohne oder mit Schweißzusatz.

10.7.1 Einteilung der Schweißverfahren nach DIN 1910

Die Schweißverfahren werden nach der Art des Grundwerkstoffes, dem Zweck des Schweißens, dem Ablauf des Schweißens und der Art der Fertigung eingeteilt:

1. Einteilung nach der Art des Grundwerkstoffes:
   Schweißen von Matallen s. DIN 1910 Teil 2, 4 und 5,
   Schweißen von Kunststoffen s. DIN 1910 Teil 3,
   Schweißen von anderen Werkstoffen oder Werkstoffkombinationen,
2. Einteilung nach dem Zweck des Schweißens:
   Verbindungsschweißen,
   Auftragschweißen,
3. Einteilung nach dem Ablauf des Schweißens:
   Preßschweißen,
   Schmelzschweißen,
4. Einteilung nach der Art der Fertigung:
   Handschweißen (manuelles Schweißen), Kurzzeichen m,
   teilmechanisches Schweißen, Kurzzeichen t,
   vollmechanisches Schweißen, Kurzzeichen v,
   automatisches Schweißen, Kurzzeichen a.

Die Verfahrensbenennungen und -kurzzeichen nach DIN 1910 können auch mit den Benennungen der Schweißzusatzformen nach DIN 8571 kombiniert werden, z. B.
manuelles Gasschweißen, Kurzzeichen mG,
automatisches Widerstandspunktschweißen, Kurzzeichen aRP.

10.7.2 Zeichnerische Darstellung Schweißen und Löten nach DIN 1912 Teil 5[1)]

DIN 1912 T5 enthält Regeln, die bei der symbolischen Darstellung von Schweiß- und Lötnähten anzuwenden sind, um eine übersichtliche Darstellung von Nähten in Zeichnungen zu erreichen.
Ist die eindeutige Darstellung durch Symbole und Kurzzeichen nicht möglich, dann sind die Nähte gesondert zu zeichnen und vollständig zu bemaßen.

10

Die bisher an die Projektionsmethoden 1 (E) und 3 (A) gebundenen Darstellungsarten von Nähten wurden nach ISO 2553 vereinheitlicht. Die Lage einseitiger Nähte am Stoß ist in Abhängigkeit von der Stellung des Nahtsymbols zur Bezugs-Vollinie durch Ergänzen einer Bezugs-Strichlinie jetzt eindeutig geregelt, s. S. 338.

1) DIN 1912 Teil 6 ist durch Teil 5 ersetzt worden.

Begriffe und Benennungen für Schweißstöße und -nähte nach DIN 1912 Teil 1

Zu schweißende Teile werden am Schweißstoß durch Schweißnähte zu einem Schweißteil vereinigt. Eine Schweißgruppe entsteht durch Schweißen von Schweißteilen.

Der Schweißstoß ist der Bereich, in dem die Teile miteinander durch Schweißen vereinigt werden. Die Stoßart wird durch die konstruktive Anordnung der Teile zueinander bestimmt, während die Stoßform durch die Vorbereitung der Teile festgelegt wird.

Die Schweißnaht vereinigt die Teile am Stoß.

Die Nahtart wird bestimmt z. B. durch:

Art des Schweißstoßes,
Art und Umfang einer Vorbereitung, z. B. Fugenform,
den Werkstoff,
das Schweißverfahren.

Stoßarten

 1. Stumpfstoß	 2. Parallelstoß	 3. Überlappstoß
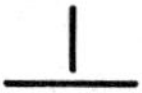 4. T-Stoß	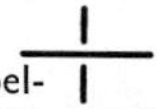 5. Doppel-T-Stoß (Kreuzstoß)	 6. Schrägstoß
 7. Eckstoß	 8. Mehrfachstoß	 9. Kreuzungsstoß

Nahtarten (Beispiele)

 Wulstnaht  Gratnaht	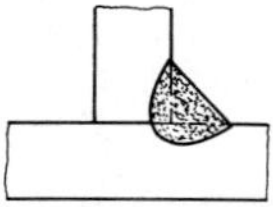 Kehlnaht	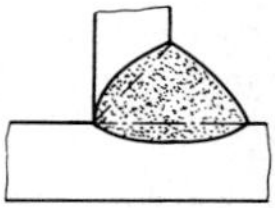 HV-Naht mit Kehlnaht
 Foliennaht		
 Bördelnaht	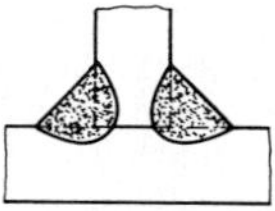 Doppelkehlnaht	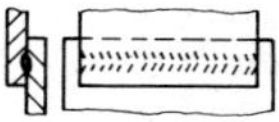 Liniennaht am Überlappstoß
 I-Naht		
 V-Naht	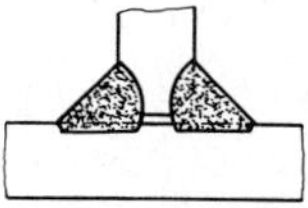 Doppel-HY-Naht	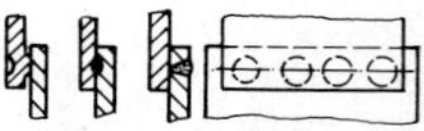 Buckelnaht (Vorbereitg.), Punktnaht am Überlappst.

10

Zeichnerische Darstellung Schweißen und Löten

Symbole kennzeichnen die Form, Vorbereitung und Ausführung der Naht, sollen aber nicht das anzuwendende Verfahren festlegen.

Grundsymbole der Nahtarten

Benennung	Symbol	Erläuterung	Benennung	Symbol	Erläuterung
Bördelnaht 1	╯╰		Lochnaht 11	⊓	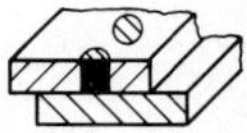
I-Naht 2	||		Punktnaht 12	○	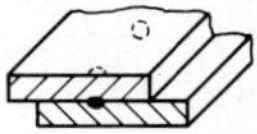
V-Naht 3	V		Liniennaht 13	⊖	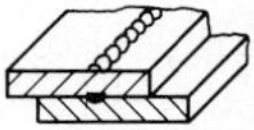
HV-Naht 4	|/	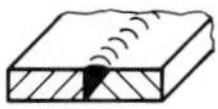	Steilflankennaht 14	_/	
Y-Naht 5	Y	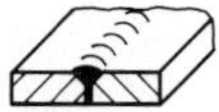	Halb-Steilflankennaht 15	|_/	
HY-Naht 6	Ƴ	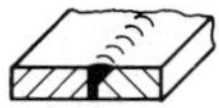	Stirnflachnaht 16	|||	
U-Naht 7	⋎		Flächennaht 17	=	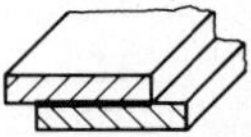
HU-Naht (Jot-Naht) 8	Ƿ		Schrägnaht 18	//	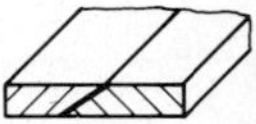
Gegennaht (Gegenlage) 9	◡	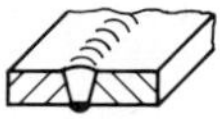	Falznaht 19	⊆	
Kehlnaht 10	◺	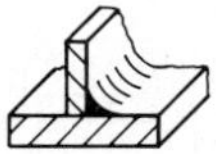	Auftragnaht 20	⌒⌒	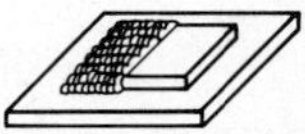

Zeichnerische Darstellung Schweißen und Löten

334.1 u. 2

Soll nur dargestellt werden, daß die Naht geschweißt wird ohne Angabe der Nahtart, so ist das nebenstehende Symbol 334.1 zu verwenden.
Wird die Naht gelötet, so ist die Kennzahl 9 nach DIN ISO 4063 in der Gabel anzugeben, 334.2.

Beispiel zusammengesetzter Symbole der Nahtarten

Benennung	D(oppel-) V-Naht (X-Naht)	D(oppel-) HV-Naht (K-Naht)	D(oppel-) Y-Naht	D(oppel-) U-Naht
Symbol				
Darstellung				
Benennung	D(oppel-) HU-Naht (Doppel-Jot-Naht)	D(oppel-) HY-Naht (K-Stegnaht)	V-Naht mit Gegenlage	Doppel-Kehlnaht
Symbol				
Darstellung				

Zusatz- und Ergänzungssymbole
Grundsymbole können durch ein Symbol für die Form der Oberfläche oder für die Ausführung der Naht ergänzt werden.

Form Ausführung	flach (eben)	gewölbt (konvex)	hohl (konkav)	Wurzel ausgearbeitet Gegen-Lage ausgeführt	Naht eingeebnet durch zusätzl. Bearbeitung	Nahtübergänge kerbfrei ggf. bearbeitet
Symbol						

Anwendungsbeispiele für Zusatzsymbole

Benennung	Flache V-Naht	Gewölbte V-Naht	Hohle Kehlnaht	Flache Y-Naht mit Gegennaht	Flache V-Naht eingeebnet	Kehlnaht mit kerbfreiem Nahtübergang
Symbol						
Darstellung				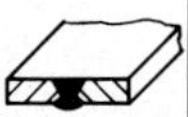	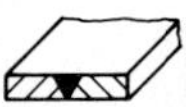	

Zeichnerische Darstellung Schweißen und Löten

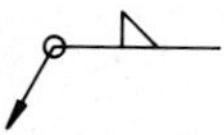

335.1 ringsum verlaufende Naht

Ergänzungssymbole

Ergänzungssymbole geben Hinweise auf den Verlauf der Nähte, z. B. ringsum verlaufende Nähte und auf Baustellennähte, 335.1. . .3.

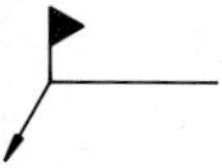

335.2 Baustellennaht

Lage der Symbole in Zeichnungen

Die symbolische Darstellungsart für Nähte enthält neben dem Symbol noch

- eine Pfeillinie, die mit einer Pfeilspitze auf den Stoß weist (unter 60°),
- eine Bezugslinie, bestehend aus zwei parallelen Linien, einer Vollinie und einer Strichlinie, 335.4 u. 5. Letztere kann über oder unter der Vollinie stehen, entfällt aber bei symmetrischen Nähten,
- eine bestimmte Anzahl von Maßen und Angaben, s. S. 339 u. 340.

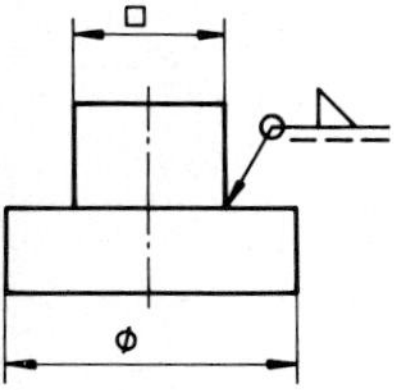

335.3 Teil mit ringsum verlaufender Kehlnaht

Pfeillinie und Bezugslinie bilden das Bezugszeichen, 335.4. Die Bezugslinie wird an ihrem Ende durch eine Gabel ergänzt auch für Angaben z. B. über Verfahren, Bewertungsgruppe, Position, Zusatzwerkstoffe und Hilfsstoffe, s. S. 341.

Die Linienbreite der Pfeillinie, Bezugslinie, des Symbols und der Beschriftung sollen der Linienbreite für die Maßeintragung nach ISO 128 entsprechen, d. h. gleich sein.

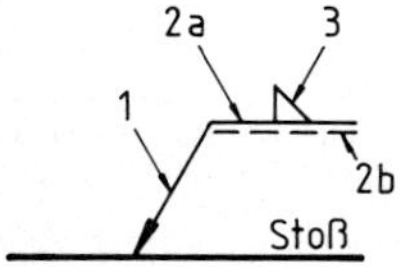

1 Pfeillinie
2a Bezugslinie (Vollinie)
2b Bezugslinie (Strichlinie)
3 Symbol

335.4 Darstellungsart

Beziehung zwischen Pfeillinie und Stoß

Die Pfeilseite ist die Seite des Stoßes, auf die die Pfeillinie hinweist. Die andere Seite des Stoßes ist die Gegenseite.
Die Pfeillinie soll möglichst auf die obere Werkstückfläche weisen. Die Begriffe Pfeilseite des Stoßes und Gegenseite des Stoßes erläutern die Bilder 336.1. . .6.

Richtung der Pfeillinie

Die Richtung der Pfeillinie zur Naht hat im allgemeinen, d. h. bei symmetrischen Nähten keine besondere Bedeutung, 336.7 und 8. Bei unsymmetrischen Nähten der Ausführung 4, 6 und 8, S. 333, muß die Pfeillinie zu dem Teil zeigen, an dem die Nahtvorbereitung vorgenommen wird, 336.9. Um das bearbeitete Teil noch eindeutiger zu kennzeichnen, kann die Pfeillinie auch abgewinkelt dargestellt werden.

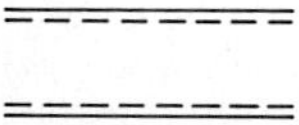

335.5 Bezugslinien

Zeichnerische Darstellung Schweißen und Löten

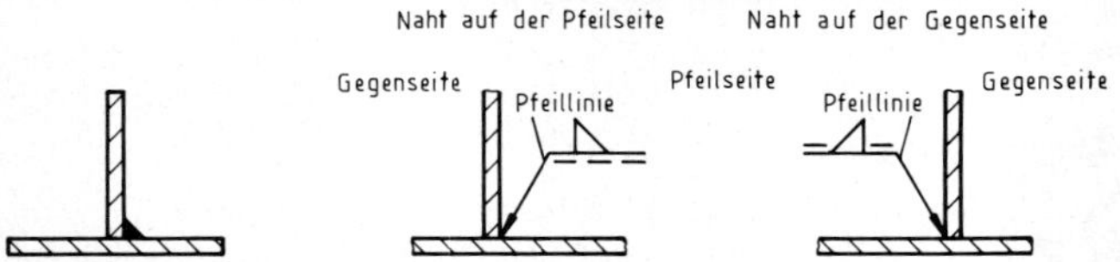

336.1...3 T-Stoß mit einer Kehlnaht

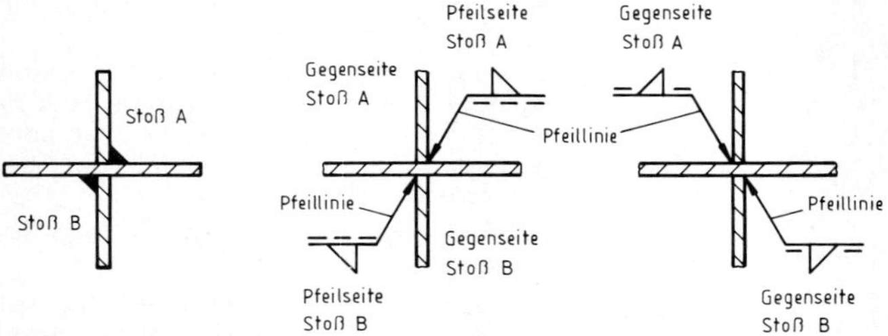

336.4...6 Doppel-T-Stoß mit zwei Kehlnähten

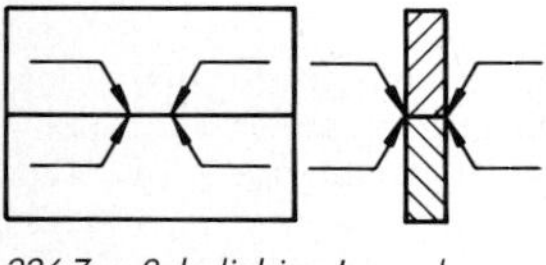

336.7 u. 8 beliebige Lage der Pfeillinie bei symmetrischen Nähten

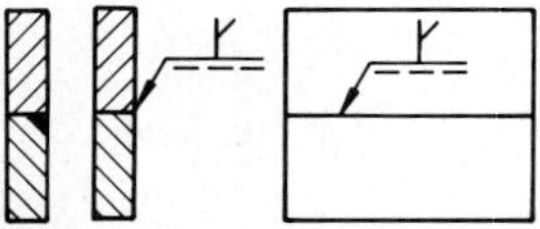

336.9...11 Lage der Pfeillinie bei unsymmetrischen Nähten

336.12 u. 13 für symmetrische Nähte

Lage der Bezugslinie

Die Bezugslinie ist möglichst parallel zur Unterkante der Zeichenunterlage, d. h. in Leserichtung der Zeichnung zu zeichnen, andernfalls ist sie senkrecht anzuordnen.

Lage des Symbols zur Bezugslinie

Das Symbol steht stets senkrecht zur Bezugslinie. Es darf entweder über oder unter der Bezugslinie gesetzt werden, wobei folgende Regel gilt:

wird das Symbol auf der Seite der Bezugs-Vollinie gesetzt, dann befindet sich die Naht auf der Pfeilseite des Stoßes,

wird das Symbol auf der Seite der Bezugs-Strichlinie gesetzt, dann befindet sich die Naht auf der Gegenseite des Stoßes.

Nach der Festlegung für die symbolische Darstellung der Nähte gibt es vier Möglichkeiten für dieselbe Naht, s. S. 338. Daher soll bei Anwendung dieser Norm im deutschsprachigen Raum

das Symbol stets an der Bezugs-Vollinie angeordnet werden,

das Symbol für die im Querschnitt oder in der Vorderansicht dargestellten Nähte so angeordnet werden, daß der Nahtquerschnitt mit der Stellung des Symbols übereinstimmt,

innerhalb einer Zeichnung stets die gleiche Darstellungsart benutzt werden.

Zeichnerische Darstellung Schweißen und Löten

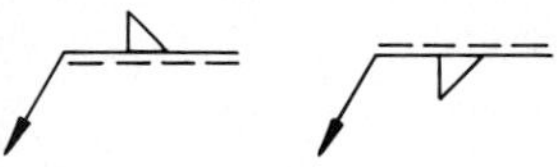

337.1 u. 2 Naht auf der Pfeilseite

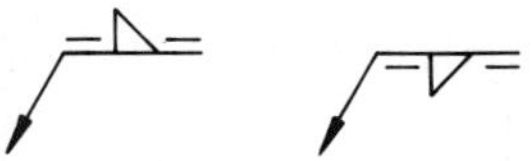

337.3 u. 4 Naht auf der Gegenseite

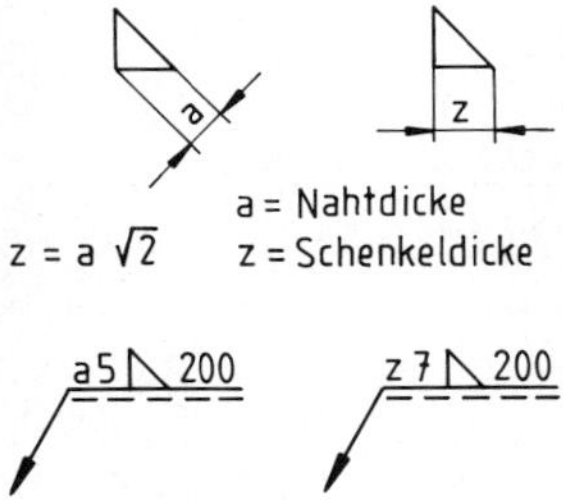

337.5. . .8 Eintragung bei Kehlnähten

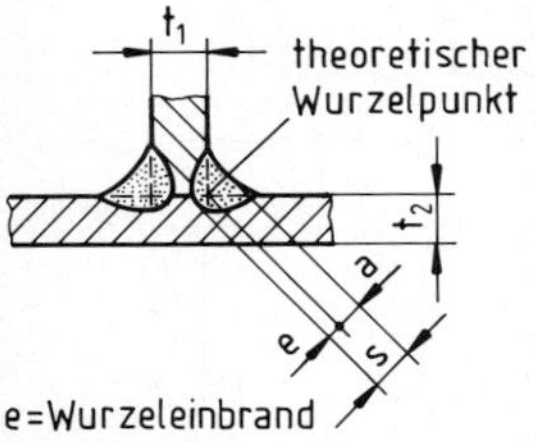

337.9 Kehlnaht mit tiefem Einbrand

Bemaßung der Nähte

Jedem Symbol können Maße zugeordnet werden. Die Hauptmaße für die Nahtdicke sind vor dem Symbol (auf der linken Seite) und die Längenmaße hinter dem Symbol (auf der rechten Seite) einzutragen, s. S. 339 u. 340.

Das Fehlen einer Angabe nach dem Symbol bedeutet, daß die Naht ununterbrochen über die gesamte Werkstücklänge verläuft.
Stumpfnähte gelten im allgemeinen als voll angeschlossen.

Bei Kehlnähten gibt es für die Angabe von Maßen zwei Eintragungsarten, und zwar die Kehlnahtdicke a oder die Schenkeldicke z, 337.5. . .8.
Daher ist der Buchstabe a oder z stets vor das entsprechende Maß zu setzen.

In deutschsprachigen Ländern ist es üblich, bei Kehlnähten die Kehlnahtdicke a anzugeben, während in den USA und anderen Ländern die Schenkeldicke z eingetragen wird.

Die Kehlnahtdicke a ist gleich der Höhe des im Nahtquerschnitt eingeschriebenen größten gleichschenkligen Dreiecks, wobei der Wurzeleinbrand nur in Sonderfällen anteilmäßig berücksichtigt wird, 337.9.

Um das Zeichnen von Hand und das rechnerunterstützte Zeichnen zu vereinfachen, werden in DIN 1912 T5 im Unterschied zu ISO 2553 für beidseitige Nähte die zusammengesetzten Grundsymbole nicht durch den Abstand der beiden Bezugslinien getrennt dargestellt. Es wurde festgelegt, die Symbole immer an der Bezugs-Vollinie anzuordnen.

Die Anordnung von Bezugs-Vollinie und Bezugs-Strichlinie sowie Nahtsymbol kennzeichnet jetzt eindeutig die Lage der Schweißnaht am Stoß und zwar einheitlich bei beiden Projektionsmethoden 1 (E) und 3 (A), s. S. 338.

Beispiele der symbolischen Darstellung von Kehlnähten

Räumliche Darstellung	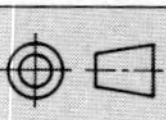 Erläuternde Darstellung 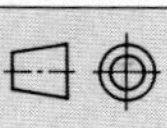	
	Symbolische Darstellung (wahlweise)	
	Ansicht	Schnitt
	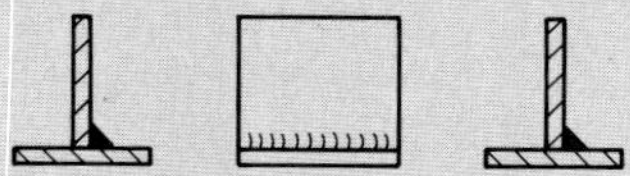	
	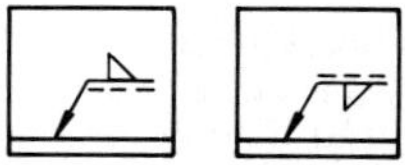	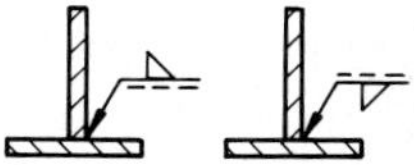
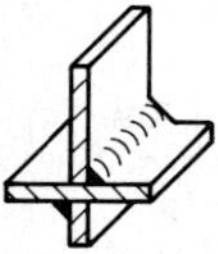	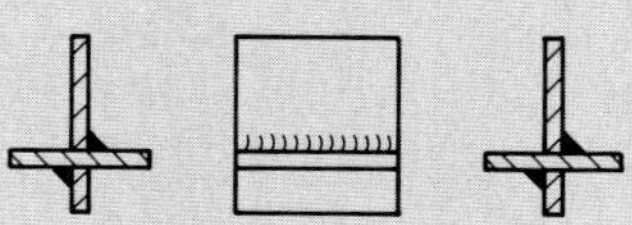	
	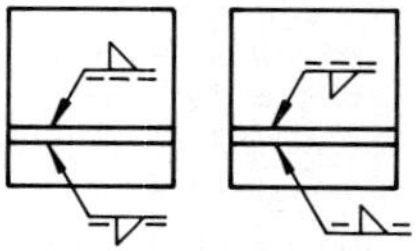	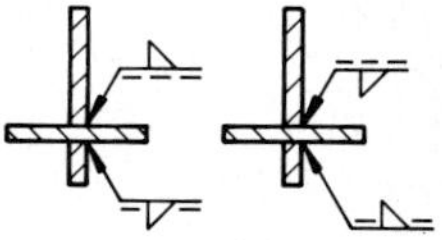
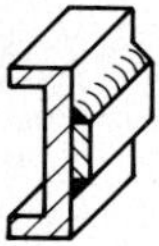	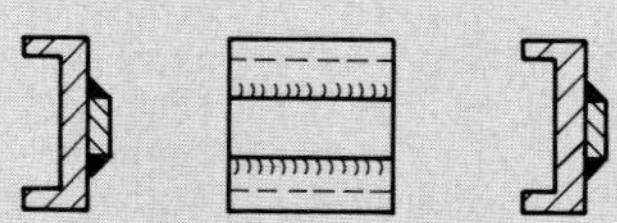	
	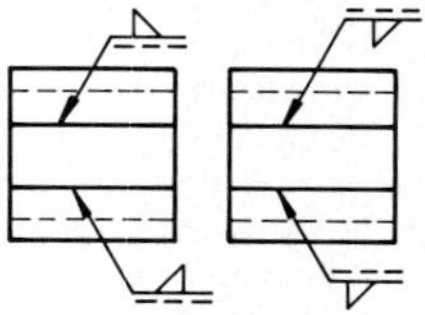	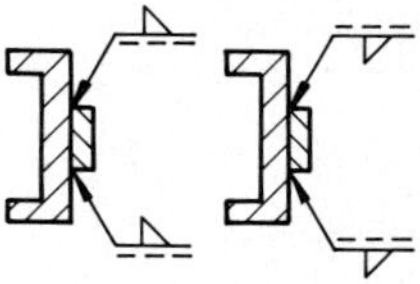

Anwendungsbeispiele für die symbolische Darstellung der Nahtarten zeigt DIN 1912 T5 Bbl 1

Zeichnerische Darstellung Schweißen und Löten

Nr.	Erklärungen		Eintragung Vorderansicht/Draufsicht
1	Stumpfnaht (V-Naht) 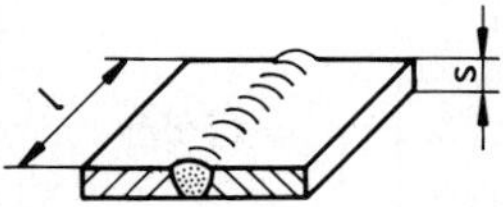	s: Mindestmaß von der Oberfläche des Teiles bis zur Unterseite der Durchschweißung	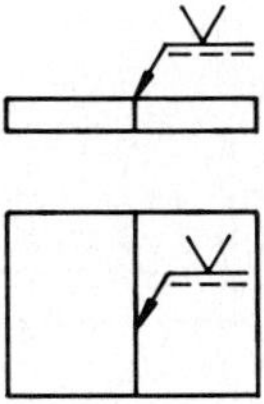
2	Stumpfnaht (I-Naht) 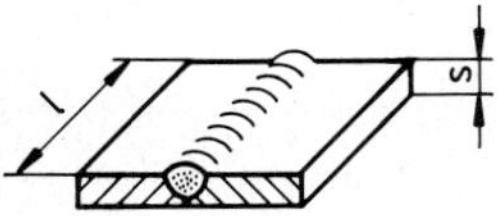	s: Mindestmaß von der Oberfläche des Teiles bis zur Unterseite der Durchschweißung	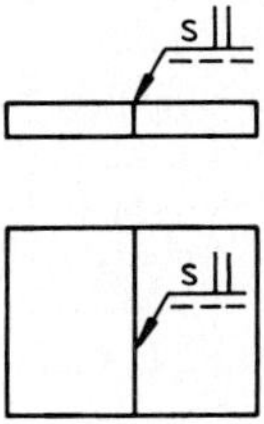
3	Bördelnaht 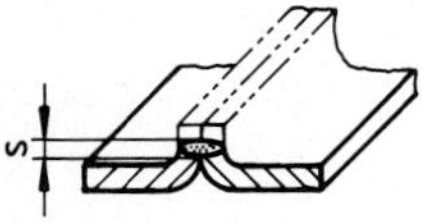	s: Mindestmaß von der Außenfläche der Schweißnaht zur Unterseite der Durchschweißung	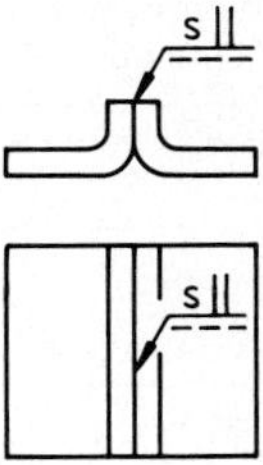
4	Durchgehende Kehlnaht 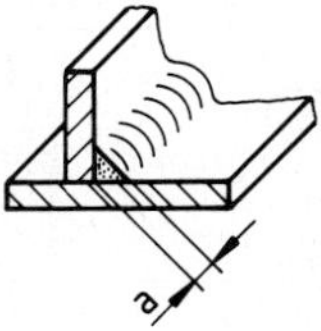	a: Höhe des größten gleichschenkligen Dreiecks, das in die Schnittdarstellung eingetragen werden kann	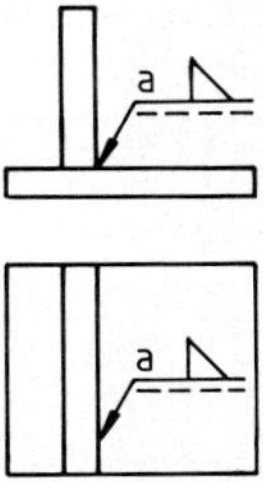

10

Zeichnerische Darstellung Schweißen und Löten

Nr.	Erklärungen		Eintragung Vorderansicht/Draufsicht
5	Unterbrochene Kehlnaht 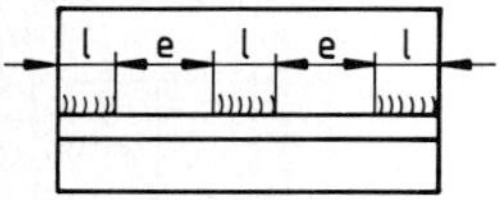	l: Einzelnahtlänge ohne Krater e: Nahtabstand n: Anzahl der Einzelnähte a: Höhe des größten gleichschenkligen Dreiecks	— 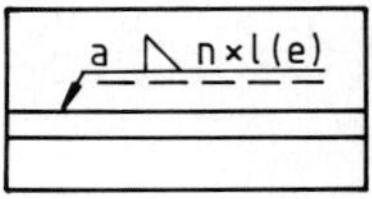
6	Versetzte, unterbrochene Kehlnaht 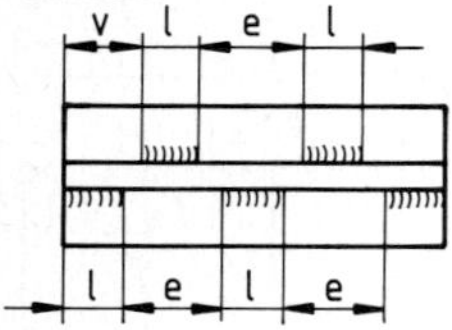	l:, e:, n:, a: } s. Nr. 5 v: Vormaß[1] [1] gehört zur Bemaßung des Teiles	— 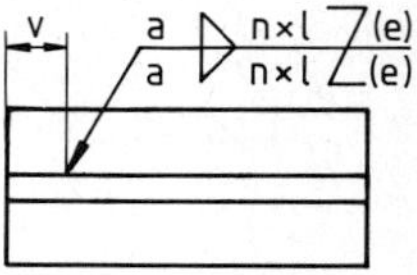
7	Widerstandsgeschweißte Punktnaht 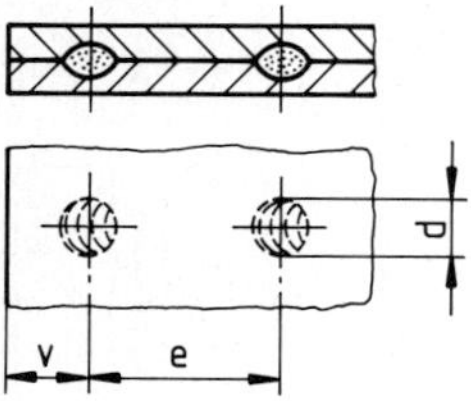	n:, e: } s. Nr. 5 d: Punktdurchmesser v: Vormaß[1] [1] gehört zur Bemaßung des Teiles	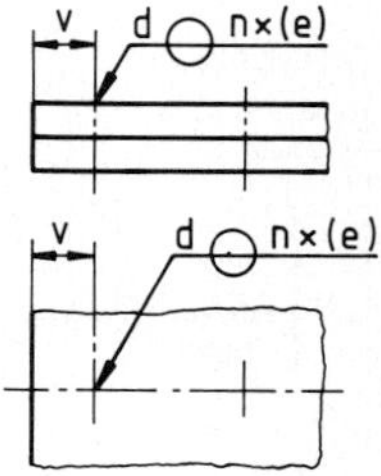
8	Widerstandsgeschweißte Liniennaht, unterbrochen 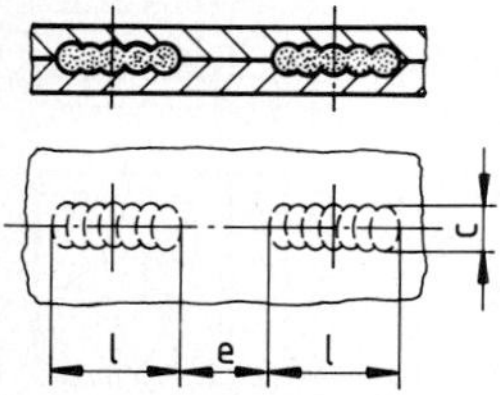	c: Breite der Liniennaht e: Nahtabstand l: Länge der Liniennaht	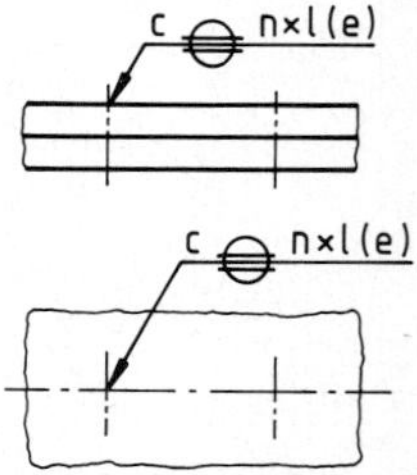

Zeichnerische Darstellung Schweißen und Löten

Für einfache Schweißverbindungen genügt meist eine Eintragung, die sich auf alle oder einen Teil der Nähte bezieht, z. B. für Kehlnähte:

Schweißnähte die nicht besonders gekennzeichnet sind a 4 ◺

Bei gering beanspruchten Kehlnähten wird die Nahtdicke im allgemeinen mit a = 0,7 x t ausgeführt, wobei t die geringste Blechdicke ist. Die Kehlnahtdicke sollte aber mindestens 3 mm betragen.

Sind für die Ausführung einer Naht nähere Angaben wie Nahtart und Bemaßung erforderlich, so werden diese mit dem Bezugszeichen in die Zeichnung eingetragen, wobei die Pfeillinie auf den Stoß weist.

Weitere Angaben können in der Gabel ergänzt werden, und zwar in folgender Reihenfolge:

Kennzahl des Verfahrens nach DIN ISO 4063, z. B. 111 für Lichtbogenschweißen, s. S. 343

Bewertungsgruppe, z. B. nach DIN 8563 Teil 3, s. S. 343

Schweißposition nach DIN 1912 Teil 2, s. S. 343

Schweißzusatzwerkstoffe, z. B. nach DIN 1732 Teil 1, DIN 1913, DIN 8556 Teil 1

Die einzelnen Angaben sind durch Schrägstriche voneinander zu trennen.

Sollen die zusätzlichen Angaben nicht in der Gabel sondern getrennt aufgeführt werden, dann ist in der geschlossenen Gabel eine Bezugsangabe einzutragen und diese z. B. in der Nähe des Schriftfeldes zu erläutern, 341.1.

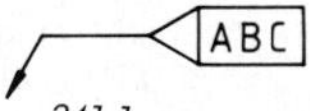

341.1

Erläuterung	Symbolische Darstellung

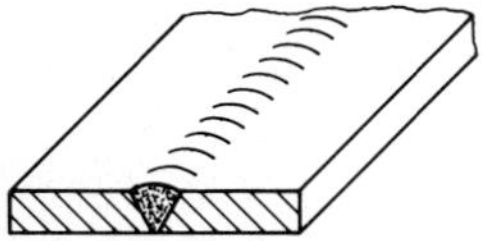

341.2 Durchgehende V-Naht

Vorderansicht

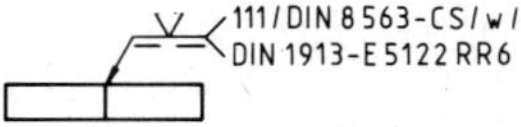

Draufsicht

oder

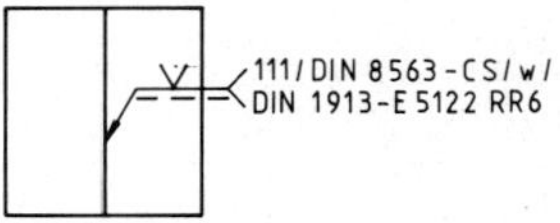

Durchgehende V-Naht, hergestellt durch Lichtbogenhandschweißen (Kennzahl 111 nach DIN ISO 4063), geforderte Bewertungsgruppe CS nach DIN 8563 Teil 3, Wannenposition w nach DIN 1912 Teil 2, verwendete Stabelektroden DIN 1913-E5122RR6

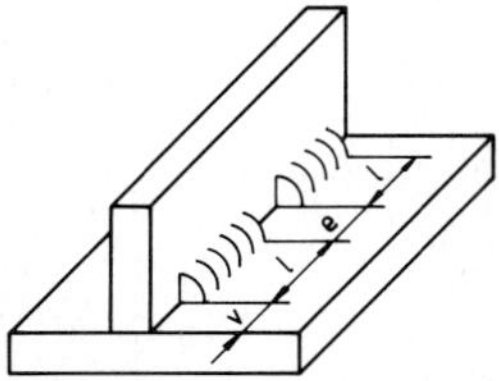

341.3 Unterbrochene Kehlnaht mit Vormaß

Vorderansicht

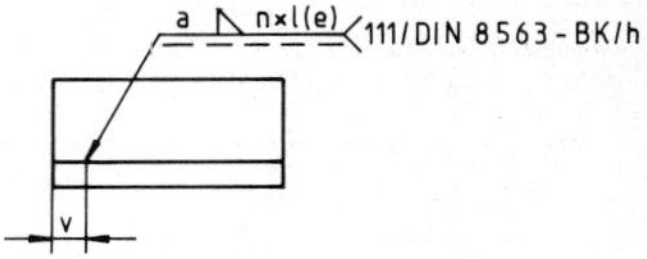

Draufsicht (nicht möglich)

Unterbrochene Kehlnaht mit Vormaß hergestellt mit Lichtbogenhandschweißen (Kennzahl 111 nach DIN ISO 4063), geforderte Bewertungsgruppe BK nach DIN 8563 Teil 3, Horizontalposition h nach DIN 1912 Teil 2

10

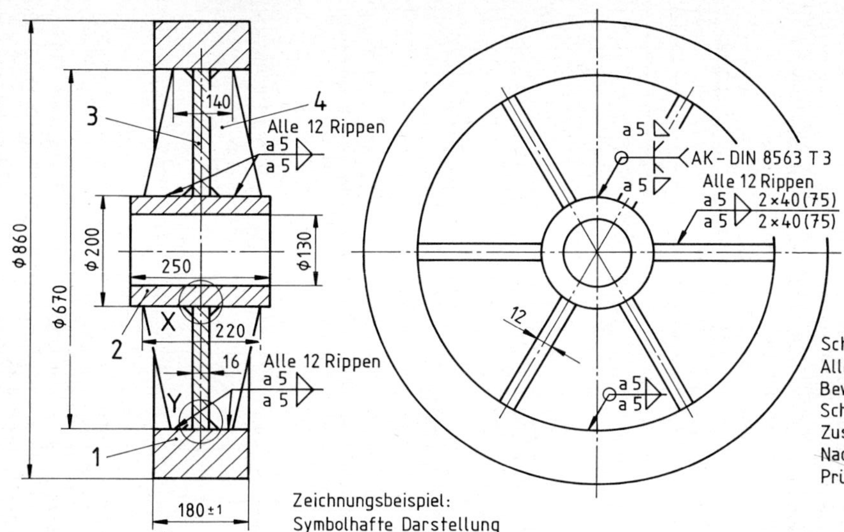

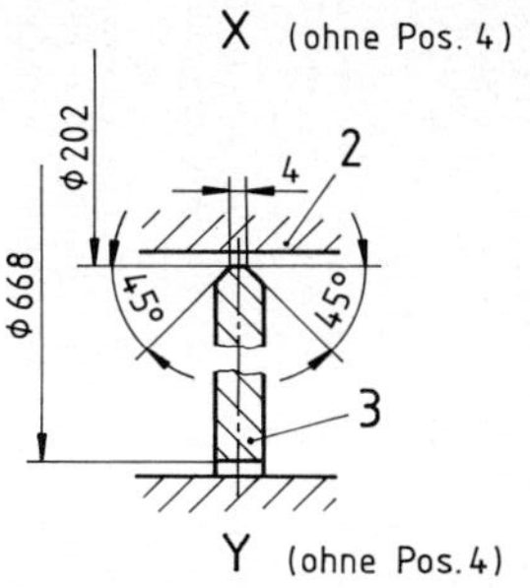

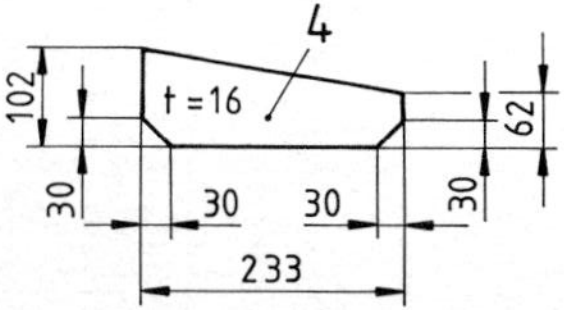

Schweißverfahren:	111
Alle Kehlnähte	
Bewertungsgruppe:	BK DIN 8563 T3
Schweißposition:	h_w
Zusatzwerkstoff:	EKb / Xs
Nachbehandlung:	spannungsfrei gegl.
Prüfung:	Doppel-HY Naht und Doppel-Kehlnaht 100% US-geprüft

Zeichnungsbeispiel:
Symbolhafte Darstellung der Schweißnähte eines Laufrades
Da die Angaben für die Schweißnähte z.B. Verfahren, Bewertungsgruppe, Schweißposition usw. fast gleich sind, werden diese vereinfacht über dem Schriftfeld angegeben

			Allgemeintoleranzen DIN 8570-B		Maßstab 1:10	(Gewicht)
					Werkstoff: St 44-2	
				Datum	Name	Laufrad (Rohteil)
			Bearb.			
			Gepr.			
			Norm			
			Gelsenberg AG Essen			3738.09.01	Blatt / Blätter
Zust.	Änderung	Datum	Nam.	Urspr.	Ers. für:	Ers. durch:

Kurzzeichen und Kennzahlen für Schweißverfahren aus DIN 1910 Teil 2

	Kurzzeichen	Kennzahl nach DIN ISO 4063
Lichtbogenschmelzschweißen	—	1
Metallichtbogenschweißen	—	11
Lichtbogenhandschweißen	E	111
Widerstandspreßschweißen	—	2
Gasschmelzschweißen	G	3
Preßschweißen	—	4
Unterpulverschweißen	UP	12
Schutzgasschweißen	SG	13
Elektronenstrahlschweißen	EB	76
Laserstrahlschweißen	LA	751

Schweißpositionen nach DIN 1912 Teil 2

Die Schweißposition wird durch die Lage der Schweißnaht im Raum und durch die Schweißrichtung bestimmt. Alle Schweißpositionen der Schweißnähte werden genau durch den Nahtneigungswinkel υ (Ny) und den Nahtdrehwinkel ϱ (Rho) festgelegt, die in DIN 1912 Teil 2 definiert sind. Die Hauptpositionen sind in Bild 343.1 und in nachfolgender Tabelle mit ihren Schweißpositionskurzzeichen beschrieben.

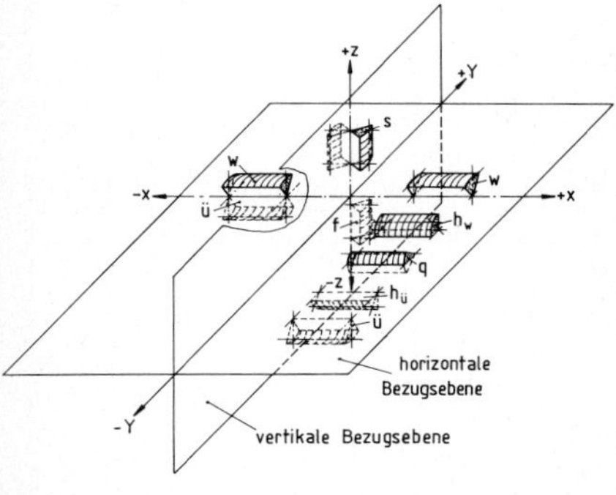

343.1 Hauptpositionen (Beispiele)

Tabelle 1

Benennung	Hauptpositionen Beschreibung		Kurzzeichen
Wannenposition	waagerechtes Schweißen, Nahtmittellinie senkrecht, Decklage oben		w
Horizontalposition	horizontales Schweißen	Decklage nach oben	h_w
		Decklage nach unten	$h_ü$
Steigposition	Schweißen von unten nach oben		s
Fallposition	Schweißen von oben nach unten		f
Querposition	waagerechtes Schweißen, Nahtmittellinie horizontal		q
Überkopfposition	waagerechtes Schweißen, Nahtmittellinie senkrecht, Decklage unten		ü

10

Sicherung der Güte von Schweißarbeiten durch Bewertungsgruppen nach DIN 8563 Teil 3

Die in Konstruktions- und Arbeitsunterlagen festgelegten Güteanforderungen an Nähten von Schweißverbindungen an Stahl müssen definiert und ihre Einhaltung an den Schweißverbindungen oder an Proben erbracht werden können.
Die Güteanforderungen beziehen sich auf die

1. Ausführung mit Angaben über den äußeren Befund (Nahtüberhöhung usw.) und über den inneren Befund (Gaseinschlüsse usw.).

2. Eigenschaften gekennzeichnet durch den Formänderungswiderstand (Zugfestigkeit, Streckgrenze usw.) und das Formänderungsvermögen (Bruchdehnung, Brucheinschnürung usw.).

Tabelle 1

Anforderungsklasse	Beanspruchung u. Anforderung	Empfohlene Bewertungsgruppe nach DIN 8563 T 3
1	höchste	AS und in Einzelfällen AK
2	hohe	BS und AK
3	mittlere	CS und BK
4	geringe	DS und CK

Die Güteanforderungen für die Ausführung nach Merkmalen für den äußeren und inneren Befund sind festgelegt, und zwar für Stumpfnähte in vier (A...D) und für Kehlnähte in drei (A...C) Bewertungsgruppen. Die zusätzlichen Buchstaben S und K sind Abkürzungen für Stumpf- und Kehlnähte. Hinweise auf die Bewertungsgruppen gibt nebenstehende Tabelle.

Schweißnahtvorbereitung nach DIN 8551 Teil 1 (Auswahl)
Fugenformen an Stahl für Gas-, Lichtbogenhand- und Schutzgasschweißen

Werkstückdicke s	Benennung	Symbol	Fugenform Schnitt	Maße Grad α	Maße Spalt b	Schweißverfahren
bis 4 bis 8	I-Naht	ǁ	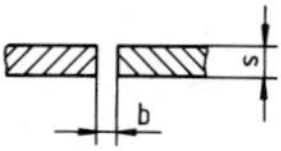	– – – 	≈ s 0 bis s $\approx \frac{s}{2}$ 0 bis $\frac{s}{2}$	G. E. WIG MIG, MAG E, WIG MIG, MAG
3 bis 10 3 bis 40	V-Naht	V	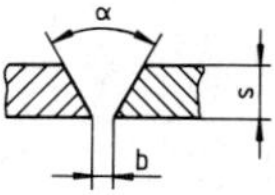	≈ 60 ≈ 60 40 bis 60	0 bis 3	G E, WIG MIG, MAG
über 10	Y-Naht	Y	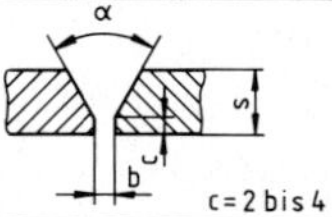	≈ 60 40 bis 60	0 bis 3	E, MIG, MAG
über 10	DY-Naht	Y mit Gegenlage	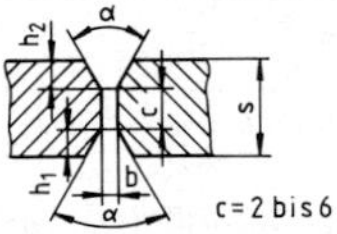	≈ 60 40 bis 60	0 bis 4	E, WIG MIG, MAG
über 10	DV-Naht	X	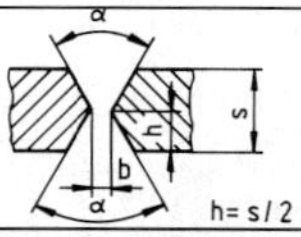	≈ 60 40 bis 60	0 bis 3	E, WIG MIG, MAG

E=Lichtbogenhandschweißen, G=Gasschweißen, MIG=Metall-Inertgas-Schweißen, MAG=Metall-Aktivgas-Schweißen, WIG=Wolfram-Inertgas-Schweißen

10

Schweißgerechtes Gestalten

	Ungünstig	Günstig	Erläuterungen
1			Stumpfnähte ermöglichen einen ungestörten Kraftfluß durch die Schweißnaht.
2	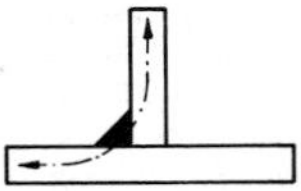	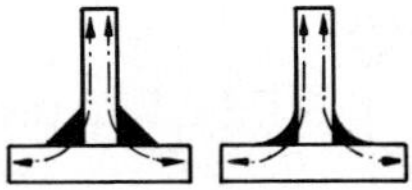	Kehlnähte sind möglichst doppelseitig auszuführen. Bei dynamischer Beanspruchung sind Hohlkehlnähte am günstigsten wegen geringerer Kerbwirkung.
3	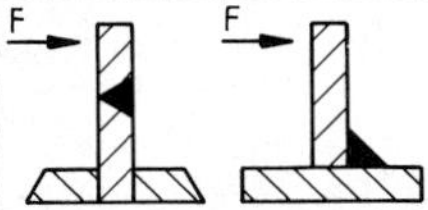	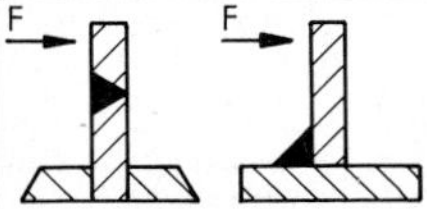	Nahtwurzeln sollen nicht in Zonen mit Zugspannungen liegen. Schlechter Wurzeleinbrand verursacht Kerbwirkung.
4	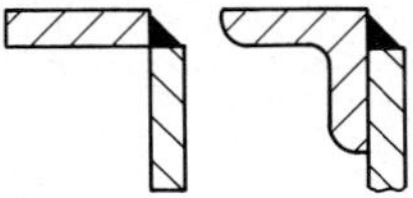	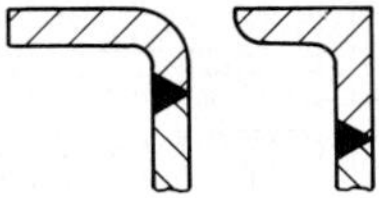	Kraftumlenkung in den Schweißnähten ist ungünstig, daher Bleche abkanten oder Profilstähle stumpf verschweißen.
5	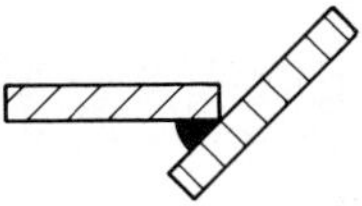	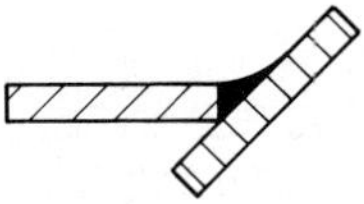	Die Nähte müssen beim Schweißen gut zugänglich sein.
6	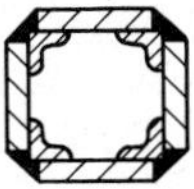	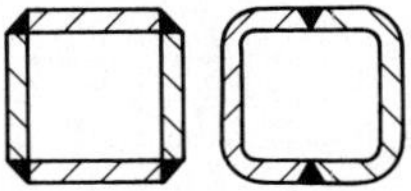	Die Nachahmung von Nietkonstruktionen erfordert zu viele Schweißnähte. Beim Kastenprofil werden dicke Bleche als Eckstöße und dünne Bleche abgekantet verschweißt.
7	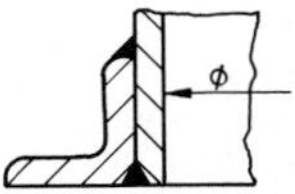	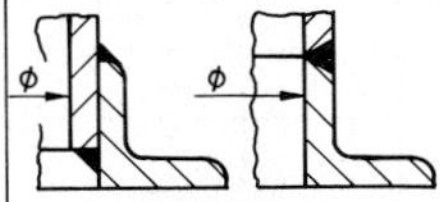	Der Anschluß durch Kehlnähte ist meist wirtschaftlicher, da die Kosten für die Nahtvorbereitung entfallen.
8	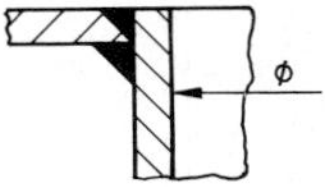	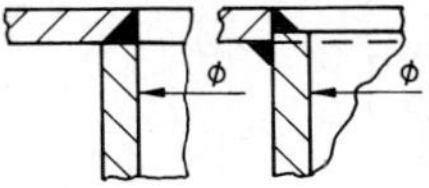	Die Funktionsfläche soll bei hoher Oberflächengüte oder geringer Maßtoleranz nicht durch eine Schweißnaht gestört werden.
9		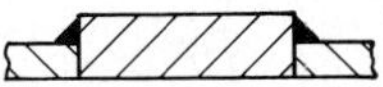	Das Einschweißen einer dickeren Platte ist vielfach zweckmäßiger, da sich eine dünne Platte wölbt.

Schweißgerechtes Gestalten

	Ungünstig	Günstig	Erläuterungen
10	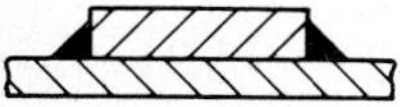	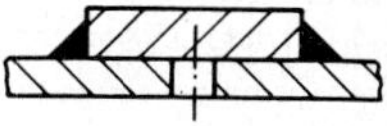	Beim Aufschweißen von Bearbeitungsflächen oder Verstärkungen sind Entlüftungsbohrungen oder unterbrochene Schweißnähte vorzusehen.
11			In Querschnittsübergängen sind Schweißnähte zu vermeiden.
12	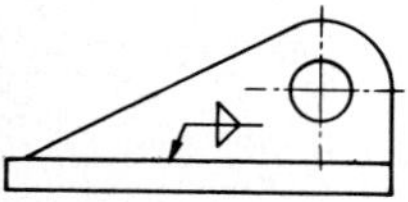	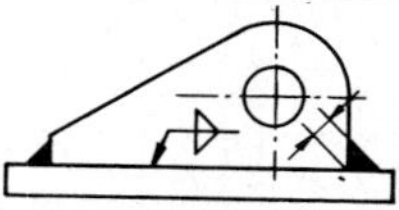	Um ein Abbrennen der Kanten zu vermeiden, sind Abflächungen und Überstände (mindestens 2 × Nahtdicke) vorzusehen.
13	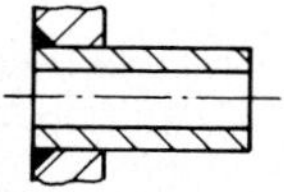	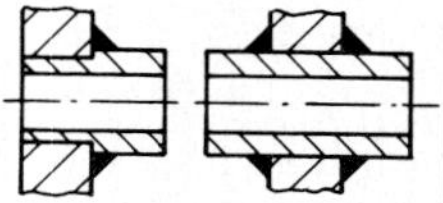	Naben müssen in Abhängigkeit ihrer Funktion eingeschweißt werden.
14	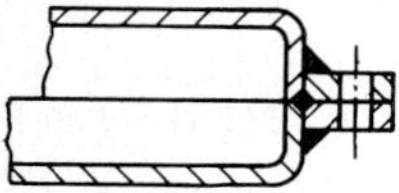	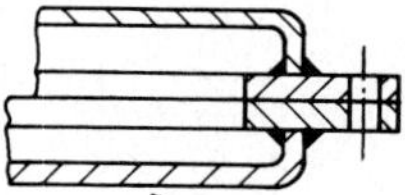	Schweißnähte sind möglichst nicht in bearbeitete Flächen zu legen.
15	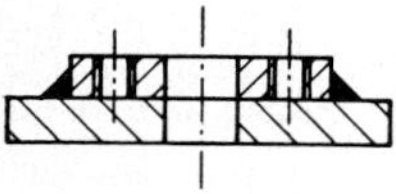	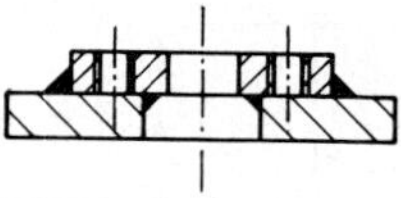	Dichtnähte sind nach innen zu legen.
16	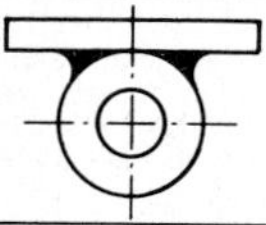	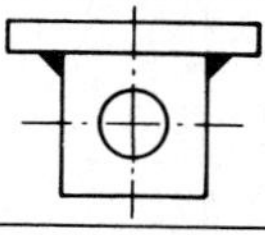	Es ist unzweckmäßig, Rundstäbe an gerade Flächen anzuschweißen, da der Öffnungswinkel zu klein ist.
17	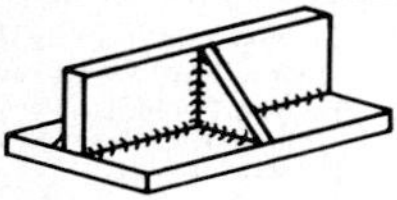	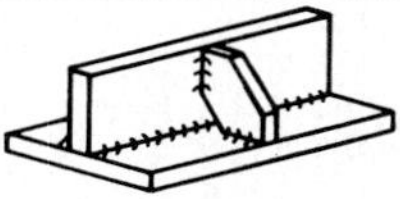	Nahtanhäufungen werden durch Aussparen der Rippen vermieden.
18	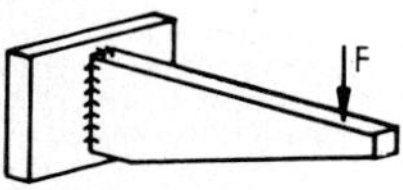	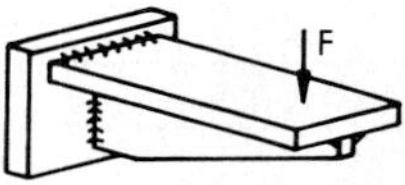	Das T-Profil der Konsole verringert die Spannungen in der Zugzone und damit die Einrißgefahr.

Allgemeintoleranzen für Schweißkonstruktionen nach DIN 8570 T1

Allgemeintoleranzen für Schweißkonstruktionen sind zugelassene Abweichungen für Nennmaße (Längenmaße und Winkel), die in Zeichnungen keine Toleranzangaben aufweisen. Die vier Toleranzklassen ermöglichen funktions- und fertigungsbedingte Unterschiede bei Schweißteilen, Schweißgruppen und Schweißkonstruktionen zu berücksichtigen.

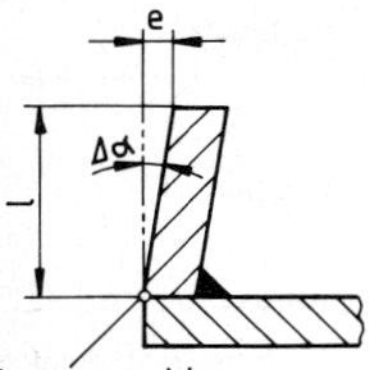

Bezugspunkt

Form- und Lagetoleranzen mit Ausnahme der Geradheits-, Ebenheits- und Parallelitätstoleranz dürfen innerhalb der für den jeweiligen Nennmaßbereich zugelassenen Abweichungen leigen. Ist dies nicht zulässig, so müssen die Form- und Lagetoleranzen entsprechend DIN ISO 1101 in der Zeichnung angegeben werden.

Zeichnungsangabe für Allgemeintoleranzen nach DIN 8570 T1 z. B.

Allgemeintoleranzen DIN 8570–B

Zugelassene Abweichungen für Längenmaße[1)]

Toleranzklasse	Nennmaßbereich						
	über 30 bis 120	über 120 bis 315	über 315 bis 1000	über 1000 bis 2000	über 2000 bis 4000	über 4000 bis 8000	über 8000 bis 12000
A	±1	±1	±2	±3	±4	±5	±6
B	±2	±2	±3	±4	±6	±8	±10
C	±3	±4	±6	±8	±11	±14	±18
D	±4	±7	±9	±12	±16	±21	±27

Für Maße bis 30 mm gilt eine zugelassene Abweichung von ±1 mm.

1) Nennmaßbereich von 30...20000 mm

Zugelassene Abweichungen für eingetragene Winkelmaße

Toleranzklasse	Nennmaßbereich (Länge des kürzeren Schenkels) – Zugelassene Abweichung in Grad und Minuten			Nennmaßbereich (Länge des kürzeren Schenkels) – Zugelassene Abweichung in mm/m		
	bis 315	über 315 bis 1000	über 1000	bis 315	über 315 bis 1000	über 1000
A	±20′	±15′	±10′	±6	±4,5	±3
B	±45′	±30′	±20′	±13	±9	±6
C	±1°	±45′	±30′	±18	±13	±9
D	±1°30	±1°15′	±1°	±26	±22	±18

Normenhinweis:

DIN	1707 T1	Weichlote, Zusammensetzung, Verwendung, Technische Lieferbedingungen
DIN	1732 T1	Schweißzusatzwerkstoffe für Aluminium, Zusammensetzung, Verwendung, Technische Lieferbedingungen
DIN	1913 T1	Stabelelektroden für das Verbindungsschweißen von Stahl
DIN	2310 T2 u. 3	Thermisches Schneiden, Ermitteln der Güte von Brennschnittflächen
DIN	8524	Fehler an Schweißverbindungen aus metallischen Werkstoffen
DIN	8528 T1	Schweißbarkeit metallischer Werkstoffe, Begriffe
DIN	8554	Gasschweißstäbe für Verbindungsschweißen von Stählen
DIN	8556 T1	Zusatzwerkstoffe für das Schweißen nichtrostender und hitzebeständiger Stähle, Bezeichnung, Technische Lieferbdingungen
DIN	15018 T1	Krane, Grundsätze für Stahltragwerke, Berechnung,
ISO	2553	Schweißnähte, Symbolische Darstellung in Zeichnungen

10.8 Technische Zeichnungen für den Metallbau nach DIN ISO 5261

Die Metallbaukonstruktionen bestehen im wesentlichen aus genormten Profilen, Blechen und Zusammenbauten, die miteinander verschraubt, genietet oder verschweißt sind. Die Maße der gewalzten Profile und Bleche sind den einschlägigen Euronormen bzw. DIN-Normen zu entnehmen.

Darstellen von Löchern, Schrauben und Nieten

Für die Darstellung der Löcher, Schrauben und Nieten in der Zeichenebene senkrecht zur Achse sind Symbole der Tabelle 1 in breiten Vollinien anzuwenden, wobei die Symbole für Löcher ohne Punkt und für Schrauben und Niete mit Punkt in der Mitte auszuführen sind.

Bei der Darstellung der Löcher, Schrauben und Niete in der Zeichenebene parallel zur Achse sind die Symbole nach der Tabelle 2 anzuwenden. Hierbei ist die horizontale Linie dieser Symbole mit schmaler Vollinie und die anderen Elemente mit breiter Vollinie zu zeichnen.

Zur Unterscheidung von Schrauben und Nieten ist in der Bezeichnung für Schrauben das Kurzzeichen der Gewindeart voranzustellen, z. B. Bezeichnung einer Schraube mit metrischem Gewinde M 12 × 50 und eines Nietes dagegen ϕ 12 × 50.

Normenhinweis:

DIN	1024	Stabstahl;	Warmgewalzter rundkantiger T-Stahl
DIN	1025 T1...5	Formstahl;	Warmgewalzte I-Träger
DIN	1026	Stabstahl;	Formstahl, warmgewalzter rundkantiger U-Stahl
DIN	1027	Stabstahl;	Warmgewalzter rundkantiger Z-Stahl
DIN	1028	Stabstahl;	Warmgewalzter, gleichschenkliger rundkantiger Winkelstahl
DIN	1029	Stabstahl;	Warmgewalzter, ungleichschenkliger rundkantiger Winkelstahl

Symbole für Löcher, Schrauben und Niete

Tabelle 1 Darstellung in der Zeichenebene senkrecht zur Achse

Loch	Symbol für ein Loch			
	nicht gesenkt	Senkung auf der Vorderseite	Senkung auf der Rückseite	Senkung auf beiden Seiten
in der Werkstatt gebohrt				
auf der Baustelle gebohrt				
Schraube oder Niet	**Symbol für eingebaute Schraube oder Niet**			**Symbol für Senkniet, Senkung auf beiden Seiten**
	nicht gesenkt	**Senkung auf der Vorderseite**	**Senkung auf der Rückseite**	
in der Werkstatt eingebaut				
auf der Baustelle eingebaut				
auf der Baustelle gebohrt und eingebaut				

Tabelle 2 Darstellung in der Zeichenebene parallel zur Achse

Loch	Symbol für ein Loch		
	nicht gesenkt	Senkung auf einer Seite	Senkung auf beiden Seiten
in der Werkstatt gebohrt		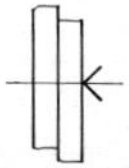	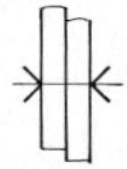
auf der Baustelle gebohrt	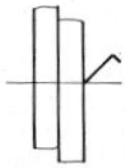	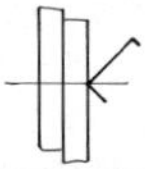	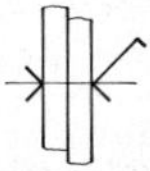

Schraube oder Niet	Symbol für eingebaute Schraube oder Niet		Symbol für Senkniet, Senkung auf beiden Seiten	Symbol für Schraube mit Lageangabe der Mutter
	nicht gesenkt	Senkung auf einer Seite		
in der Werkstatt eingebaut	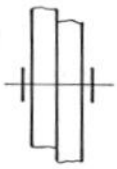	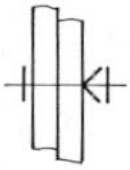	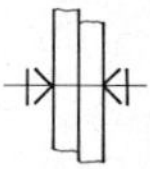	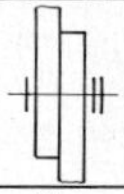
auf der Baustelle eingebaut	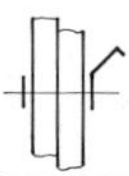	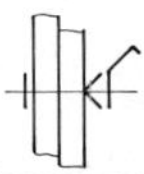	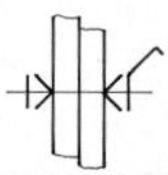	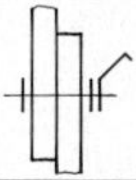
auf der Baustelle gebohrt und eingebaut	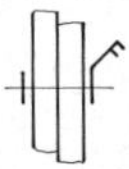	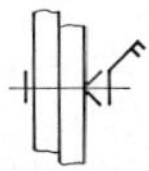	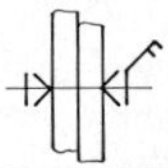	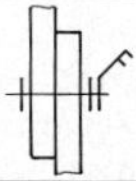

Bemaßen und Bezeichnen

Als Maßlinienbegrenzung findet eine kurze schmale Linie unter 45° zur Maßlinie Anwendung. Maßhilfslinien sind von den Symbolen für Löcher, Schrauben und Niete zu trennen, 350.1 u. 2, abweichend von der Maßeintragung nach DIN 406 T2.

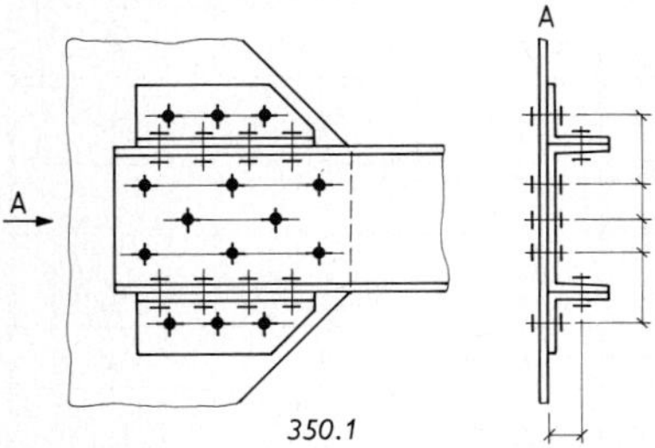

350.1

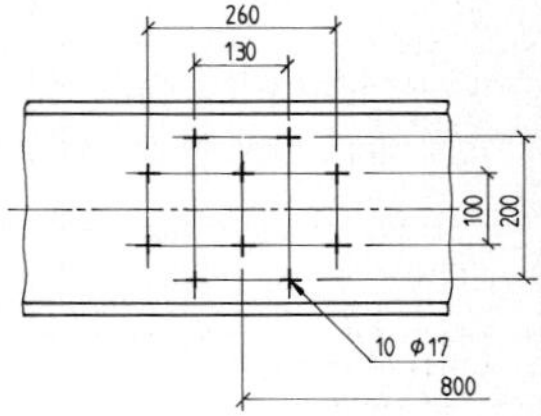

350.2

Die Bezeichnung der Schrauben und Niete soll mit ihren ISO- oder DIN-Bezeichnungen übereinstimmen. Die Bezeichnung von Löchern, Schrauben und Niete, die auf eine Gruppe gleicher Verbindungselemente bezogen ist, soll nur an einem äußeren Element angebracht werden. Hierbei ist die Anzahl der Löcher, Schrauben und Niete, die die Gruppe bilden, einzutragen, 350.3.

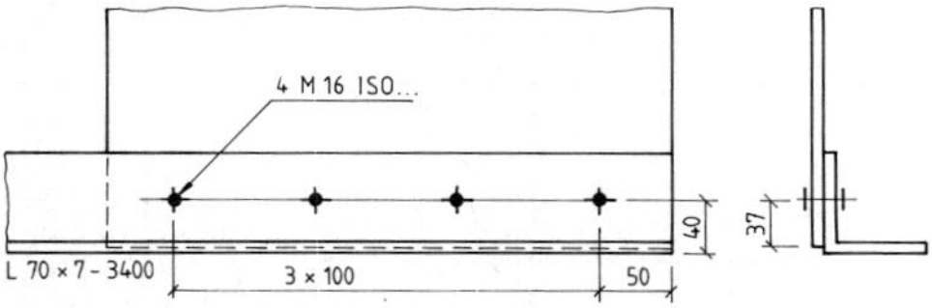

350.3

Schrägen an Profilen sind durch Längenmaße anzugeben, 350.5. Bei Abwicklungslängen von gebogenen Teilen soll der Krümmungsradius, auf den sich die Maße beziehen, in Klammern gesetzt werden, z. B. die neutrale Faser, 350.4.

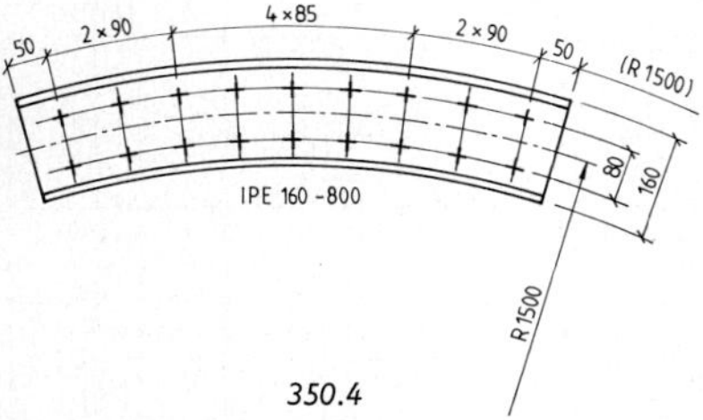

350.4

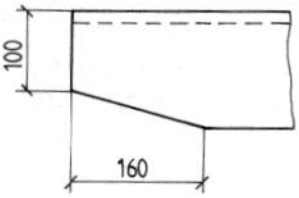

350.5

Darstellungen von Stäben und Profilen sollen immer ihre ISO- oder DIN-Bezeichnung enthalten, der durch einen kurzen waagerechten Strich die abgetrennte Schnittlänge folgen kann, 352.1.

Tabelle 3 Profilsymbole mit Maßbuchstaben

Benennung	Bezeichnung: Symbole	Bezeichnung: Maßbuchstaben	Bedeutung der Maßbuchstaben
Runder Querschnitt	⌀	d	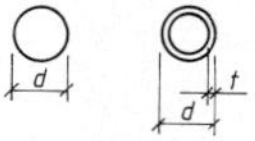
Rohr		d x t	
Quadratischer Querschnitt	□	b	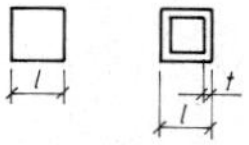
Rohr mit quadratischem Querschnitt		b x t	
Flach	▭	b x h	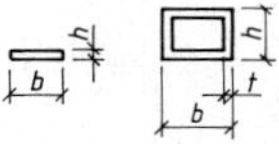
Rohr mit rechteckigem Querschnitt		b x h x t	
Sechseckiger Querschnitt	⬡	s	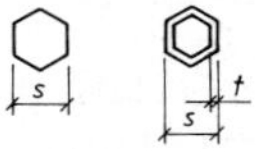
Rohr mit sechseckigem Querschnitt		s x t	
Dreieckiger Querschnitt	△	b	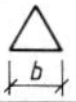
Halbkreis-Querschnitt	◠	b x h	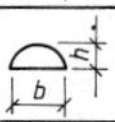
Winkel	L	Wenn es keine ISO-Normen oder andere Normen gibt, werden die Maße der Profile mit ihren wichtigsten Merkmalen hinter dem entsprechenden Symbol angegeben. (Beispiel: L 80 x 60 x 7 — 600)	
T-Profil	T		
I-Profil	I		
U-Profil	[		
Z-Profil	Z		
Schiene			
Wulstwinkel			
Wulstflach			

Bleche werden mit der Dicke und den nachgestellten Maßen des umgebenden Rechtecks bezeichnet, 352.1.

Für die Bemaßung eines Knotenblechs wird das Bezugssystem durch mindestens zwei im bestimmten Winkel sich schneidende Schwerpunktlinien festgelegt, deren Schnittpunkt als Bezugspunkt bezeichnet wird. Die Bemaßung eines Knotenblechs soll die Lage der Löcher in bezug auf die Schwerpunktlinien, die Gesamtmaße und den Mindestabstand zwischen den Rändern des Knotenbleches und den Lochmitten enthalten, 352.2.

Die Neigung der Achsen von Profilen und Konstruktionsformen soll auf den beiden Seiten eines rechtwinkligen Dreiecks angegeben werden, vorzugsweise mit den Werten der tatsächlichen Abstände der Bezugspunkte oder mit in Klammern gesetzten auf 100 bezogenen Werten, 352.2.

Metallbau-Konstruktionen können schematisch dargestellt werden, wobei die Schwerpunktlinien der Teile mit breiten Vollinien gezeichnet werden. Hierbei sind die Abstände zwischen den Schnittpunkten der Schwerpunktlinien direkt an den gezeichneten Teilen anzugeben, 352.3.

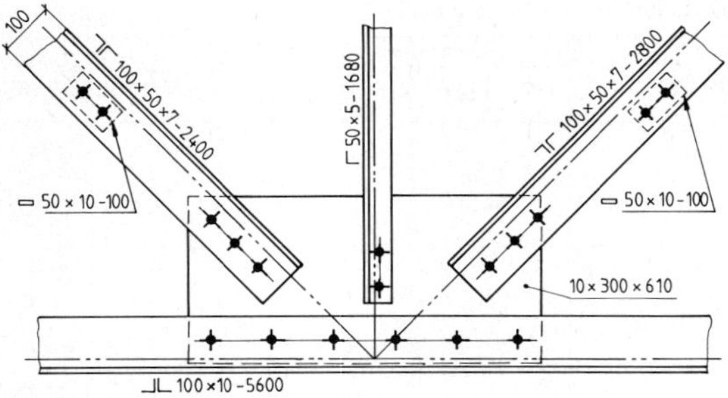

352.1 Bezeichnung von Profilen und Blechen

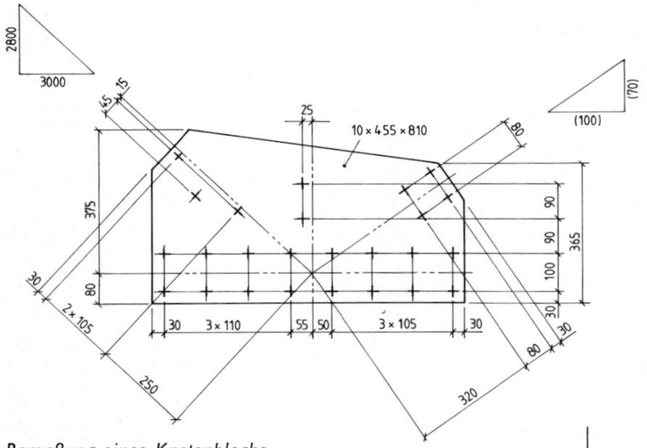

352.2 Bemaßung eines Knotenblechs

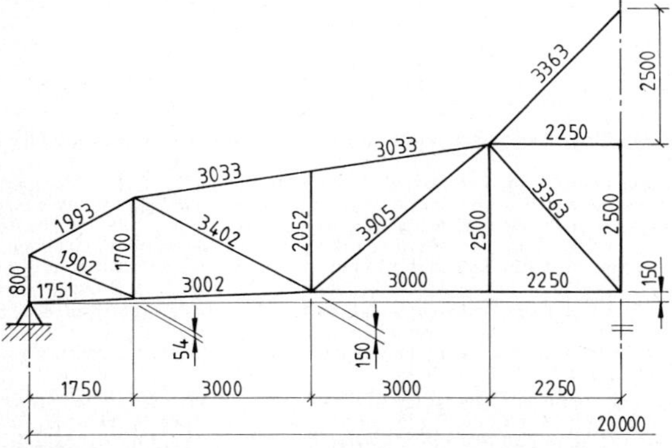

352.3 Schematische Darstellung einer Metallbaukonstruktion, Systemlinien

10.9 Rohrleitungsbau

Aus Rohrplänen ist der Verlauf von Flüssigkeits-, Dampf- und Gasleitungen sowie die Anordnung der verschiedenen Durchfluß- und Absperrorgane, der Meß- und Regelgeräte zu erkennen.

Die Nennweite (DN) ist eine Kenngröße, die bei Rohrleitungssystemen als kennzeichnendes Merkmal zueinander gehörender Teile, z. B. Rohre, Rohrverbindungen, Formstücke und Armaturen, benutzt wird. Sie hat keine Maßeinheit, entspricht jedoch annähernd den lichten Durchmessern der Rohrleitungsteile: Beispiel: **„DN 80“ = Nennweite 80.**
(DN: Diameter Nominal)

Nennweiten nach DIN 2402 in mm

1	1,2	1,5	2	2,5	3		4	5	6	8
10	12	15 16	20	25	32		40	50	65	80
100	125	150 (175)	200	250	300	350	400 (450)	500	600 700	800 900
1000	1200 1400	1600 1800	2000 2200 2400	2600 2800	3000 3200	3400 3600 3800	4000			

Drücke nach DIN 2401 Teil 1

Diese Norm über Drücke in Rohrleitungen und Armaturen gilt für die Stufung und Ordnung der Normen über Rohrleitungen und Rohrleitungsteile, die durch Innendruck beansprucht werden.

Druckstufen der Nenndrücke

	1	10	100	1000
		(12,5)	(125)	
	1,6	16	160	1600
		(20)	(200)	
	2,5	25	250	2500
		(32)	315	
	4	40	400	4000
(0,5)		(50)	(500)	
	6	63[1])	630	6300
	(8)	(80)	(800)	

[1]) früher 64

Der Nenndruck (PN) ist das Kennzeichen für eine Druckstufe, in der Teile gleichartiger Ausführung und gleicher Anschlußmaße zusammengefaßt sind. Die Druckstufen sind nach Normzahlen gestuft. Der Zahlenwert eines Nenndruckes ist gleich dem des maximal anwendbaren Druckes in bar (1 bar = 10 N/cm²) bei der Bezugstemperatur 20 °C.

Nicht eingeklammerte Nenndrücke sind zu bevorzugen.

(PN: Pressure Nominal)

In DIN 2401 T 1 sind noch die Begriffe maximal anwendbarer Druck (PMA), maximaler Betriebsüberdruck (PMS), Arbeitsdruck (PA) und Prüfdruck aufgeführt.

In DIN 2403 ist die Kennzeichnung von Rohrleitungen nach dem Durchflußstoff und der -richtung festgelegt. Der Durchflußstoff wird durch farbige rechteckige Schilder und die Durchflußrichtung durch eine Spitze (Pfeil) angegeben.

Nahtlose Stahlrohre nach DIN 2448 (Auswahl)

Maße und längenbezogene Massen (Gewichte)

Rohr-Außendurchmesser mm Reihe 1	2	3	Normal-Wanddicke mm	Längenbezogene Massen (Gewichte) in kg/m für Normalwanddicken
10,2			1,6	**0,339**
13,5			1,8	0,519
	16		1,8	0,630
17,2			1,8	0,684
	19		2	0,838
	20		2	0,888
21,3			2	**0,952**
	25		2	1,13
		25,4	2	1,15
26,9			2,3	1,4
		30	2,6	1,76
	31,8		2,6	1,87
33,7			2,6	1,99
	38		2,6	2,27
42,4			2,6	**2,55**
		44,5	2,6	2,69
48,3			2,6	2,93
	51		2,6	3,10
		54	2,6	3,30
	57		2,9	3,87
60,3			2,9	**4,11**
	63,5		2,9	4,33
	70		2,9	4,80
		73	2,9	5,01
76,1			2,9	5,24
		82,5	3,2	6,26
88,9			3,2	**6,76**
	101,6		3,6	8,70
		108	3,6	9,27
114,3			3,6	**9,83**
	127		4	12,1
	133		4	12,7
139,7			4	**13,4**
		152,4	4,5	16,4
		159	4,5	17,1
168,3			4,5	**18,2**
		177,8	5	21,3
		193,7	5,6	26,0

Norm-Bezeichnung eines nahtlosen Stahlrohres aus St 35 von 60,3 mm Rohr-Außendurchmesser und 2,9 mm Wanddicke: Rohr DIN 2448 — St 35 — 60,3 × 2,9.

Es sollen stets Rohre mit Außendurchmessern der Reihe 1 mit Vorzugswanddicken, gekennzeichnet durch fettgedruckte längenbezogene Massen (Gewichte), bevorzugt werden, siehe DIN ISO 4200.

Flansche und Flanschverbindungen

Rohre werden häufig durch Flansche lösbar verbunden. Nach der Größe der Nennweite, des Nenndruckes, der Temperatur des Durchflußproduktes und dem Betriebszweck sind verschiedene Flanscharten genormt. DIN 2500 bringt eine Übersicht über folgende genormte Flanscharten: Gewindeflansche, Löt- und Schweißflansche, Blindflansche, Gußeisenflansche, Stahlgußflansche, Vorschweißflansche und lose Flansche.

Nach DIN 2501 T1 sind für Flansche die Anschlußmaße, die Anordnung der Schraubenlöcher und die Formen der Dichtflächen festgelegt.

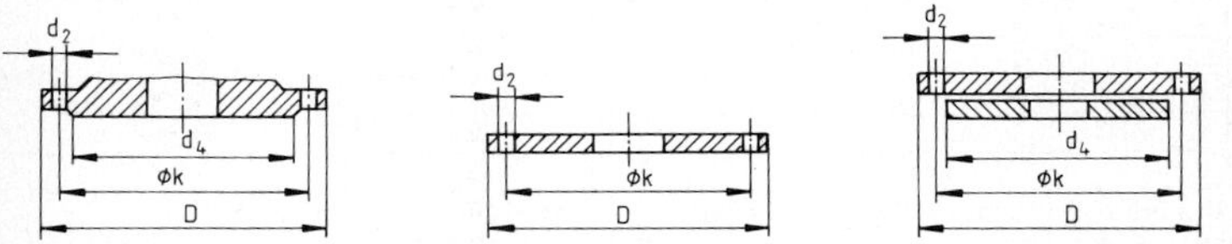

feste Flansche mit kegeligem Ansatz mit Dichtleiste — *feste glatte Flansche ohne Dichtleiste* — *lose Flansche mit glattem Bund oder Vorschweißbund*

355.1 Anschlußmaße

Anschlußmaße für Nenndrücke 10, 16[1]), 25 u. 40

Nennweite DN	D	d_4	k	Schrauben Anzahl	Schrauben Gewinde	d_2
6	75	32	50	4	M10	11
8	80	38	55	4	M10	11
10	90	40	60	4	M12	14
15	95	45	65	4	M12	14
20	105	58	75	4	M12	14
25	115	68	85	4	M12	14
32	140	78	100	4	M16	18
40	150	88	110	4	M16	18
50	165	102	125	4	M16	18
65	185	122	145	8	M16	18
80	200	138	160	8	M16	18
100	235	162	190	8	M20	22
125	270	188	220	8	M24	26
150	300	218	250	8	M24	26
(175)	350	260	295	12	M27	30

[1]) Abweichungen der Anschlußmaße für Nennweiten 65...175

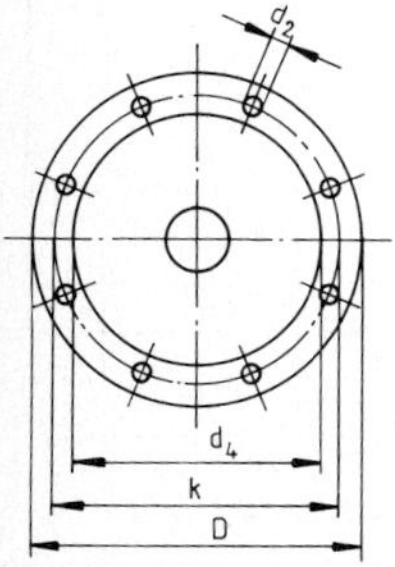

355.2 Anordnung der Schraubenlöcher

Bezeichnung eines Flanschanschlusses in Zeichnungen und Fertigungsunterlagen, z. B. für Nennweite 100 und Nenndruck 10: Flanschanschluß DIN 2501 — 100 DN 10.

Rundflansche haben eine durch 4 teilbare Anzahl von Schraubenlöchern. Die Schraubenlöcher sind bei Rohrleitungen und Armaturen so anzuordnen, daß sie symmetrisch zu den beiden Hauptachsen liegen und daß in diese keine Löcher fallen, 355.2.

Bei im Schnitt dargestellten Flanschen legt man die Schraubenlöcher mit in die Schnittfläche, klappt dann den Lochkreis um 90° in die Zeichenebene und zeichnet die Löcher als schmale Vollinien ein, 356.2 u. 3.

Vorschweißflansche sind nach DIN 2627...2637 genormt.

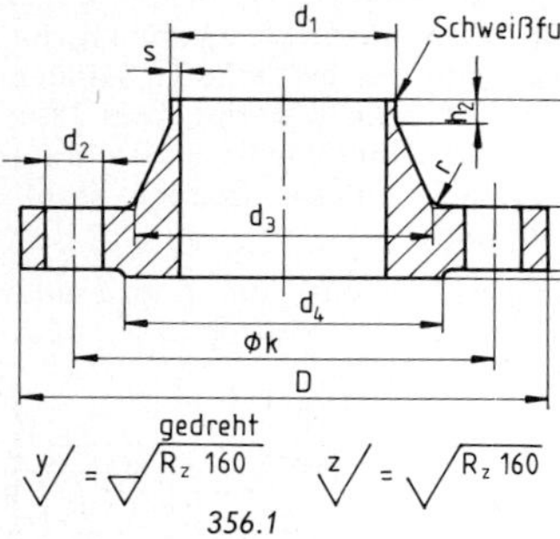

356.1

Richtlinien für das Schmelzschweißen von Stumpfstößen an Stahlrohren und die Fugenformen enthält DIN 2559.

Form der Schweißfuge:
Regelausführung
s ≦ 16 Fugenform DIN 2559 - 22
s > 16 Fugenform DIN 2559 - 3

Vorschweißflansch DIN 2633 — 100/108 — RSt 37-2 bedeutet:
Vorschweißflansch-Nennweite = 100 für Rohraußen-ϕ: d_1 = 108 mm aus RSt 37-2

Vorschweißflansche PN 10 DIN 2632 u. PN 16 DIN 2633 (Auswahl)

Rohr		Flansch				Ansatz				Dichtleiste		Schrauben			
DN	d_1	D	b	k	h_1	d_3	s	r	≈ h_2	d_4	f	Anzahl	Gewinde		d_2
15	20 / 21,3	95	14	65	35	30 / 32	2	4	6	45	2				
20	25 / 26,9	105	16	75	38	38 / 40	2,3	4	6	58	2		M12	1/2″	14
25	30 / 33,7	115	16	85	38	42 / 45	2,6	4	6	68	2	4			
32	38 / 42,4	140	16	100	40	52 / 56	2,6	6	6	78	2				
40	44,5 / 48,3	150	16	110	42	60 / 64	2,6	6	7	88	3				
50	57 / 60,3	165	18	125	45	72 / 75	2,9	6	8	102	3		M16	5/8″	18
65	76,1	185	18	145	45	90	2,9	6	10	122	3				
80	88,9	200	20	160	50	105	3,2	8	10	138	3	4/8			
100	108 / 114,3	220	20	180	52	125 / 131	3,6	8	12	158	3	8			

Beispiele für Vorschweiß-Flanschverbindungen

mit Flachdichtung nach DIN 2690

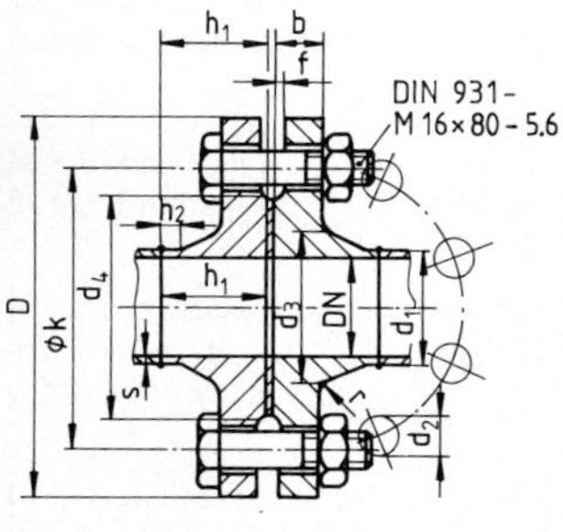

356.2 Vorschweißflansche DIN 2633 — 80/88,9 — RSt 37-2

mit Linsendichtung nach DIN 2696

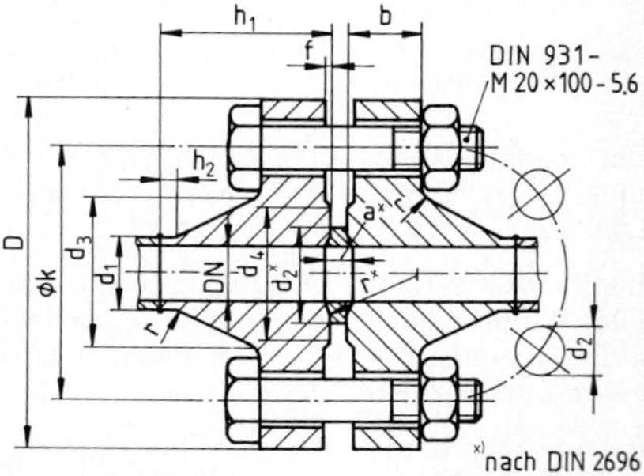

356.3 Vorschweißflansche DIN 2629 — L 25/30 — RSt 44-2

10

Graphische Symbole für Rohrleitungen nach DIN 2429 T2 (Auswahl)

Diese Norm legt die Form und Bedeutung graphischer Symbole zur funktionellen Darstellung von Rohrleitungsteilen fest. Die Gestaltungsregeln entsprechen DIN 32830 T 10.

Leitungen und Verbindungen

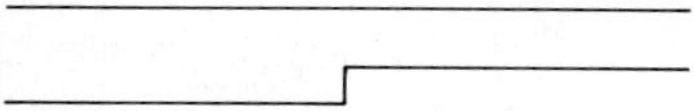	Rohr allgemein
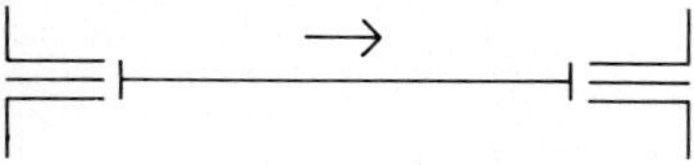	Zusammenfassung mehrerer Rohre (Fließlinien) mit Fließrichtung
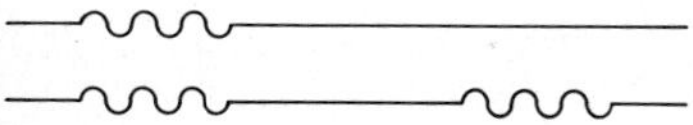	Schlauch[1])
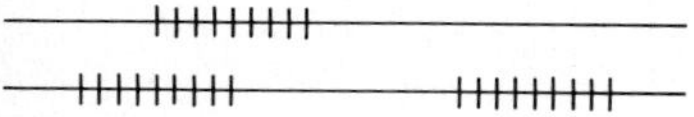	Rippenrohr[1])
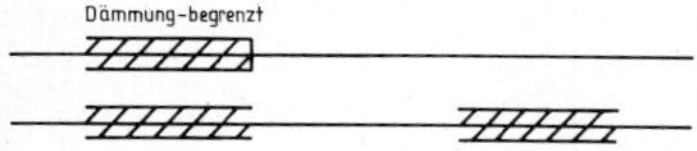	Rohr gedämmt[1])

[1]) Das Symbol darf mehrfach aneinandergereiht werden. Es genügt, dieses Symbol am Anfang und Ende der Rohrleitung anzugeben.

	Überschneidung von Rohren ohne Verbindung		Absperrarmatur: ohne Angabe der Verbindungsart
	geschweißte, gelötete oder geklebte Verbindung		geflanscht
			geschweißt
	geflanschter Kondensatableiter		geschraubt
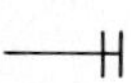	Blindflansch		eingesteckt
			eingesteckt und geschweißt
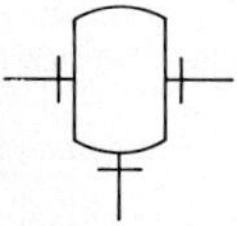	geflanschter Apparat	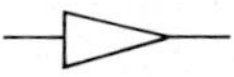	Reduzierung allgemein oder konzentrisch

10

Graphische Symbole für Rohrleitungen nach DIN 2429 T2 (Auswahl)

Armaturen und sonstige Rohrleitungsteile

	Absperrarmatur allgemein		Druckminderventil
	Absperrschieber		Rückschlagventil
	Absperrventil	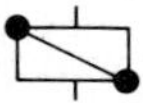	Be- und Entlüftungsarmatur
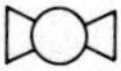	Absperrhahn	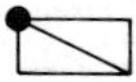	Rückschlagklappe
	Absperrarmatur in Eckform, allgemein		Schauglas allgemein
	Dreiwegearmatur allgemein	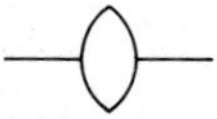	Kompensator allgemein
	Vierwegearmatur allgemein		Wellrohrkompensator
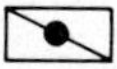	Absperrklappe	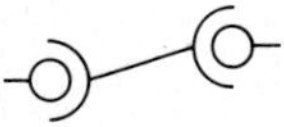	Kugelgelenke z. B. in Tankrohrleitung
 	Absperrarmatur manuell betätigt Absperrarmatur motorisch betätigt		Drosselscheibe geflanscht
	Absperrventil mit stetigem Stellverhalten (Regelventil)	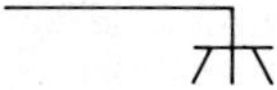	Brause
		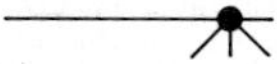	Sprinklerdüse

Normenhinweise:

DIN 2425 Richtlinien für Pläne der Wasserversorgung im Brandschutz

DIN 6654 Rohrpost, Sinnbilder

DIN 43609 Elektrische Schaltanlagen; Graphische Symbole für Druckluftschaltpläne

DIN 1986 Teil 1 Entwässerungsanlagen für Gebäude und Grundstücke; Technische Bestimmungen für den Bau

DIN 1986 Teil 2 Entwässerungsanlagen für Gebäude und Grundstücke; Bestimmungen für die Ermittlung der lichten Weiten der Rohrleitungen

DIN 1988 Trinkwasser-Leitungsanlagen in Grundstücken; Technische Bestimmungen für Bau und Betrieb

DIN 2403 Kennzeichnung von Rohrleitungen nach dem Durchflußstoff

DIN ISO 6412 T1 u. 2(E) Vereinfachte Darstellung von Rohrleitungen.

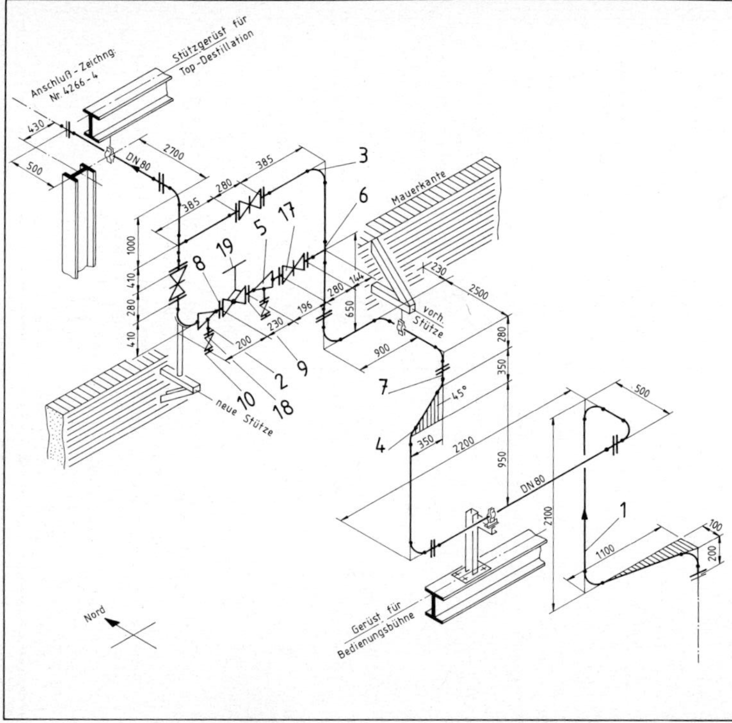

Zugeh. Schema: No 5154-8
Temp.: 50°C
Die erforderlichen Paßlängen
sind bauseitig vorzusehen!

Pos.	Men.	Einh.	Benennung	Sachnummer / Norm-Kurzbezeichnung
19	1	Stck	Regelventil DN 50	
18	2	Stck	Durchgangs-Absperrventil DN 25	
17	3	Stck	Keil-Rundschieber DN 80	
16	4	Stck	Dichtung	DIN 2690 - 25 PN 40
15	2	Stck	Dichtung	DIN 2690 - 50 PN 40
14	13	Stck	Dichtung	DIN 2690 - 80 PN 40
13	16	Stck	Sechskantschraube	DIN 601-M12×55Mu-4.6
12	8	Stck	Sechskantschraube	DIN 601-M16×60Mu-4.6
11	104	Stck	Sechskantschraube	DIN 601-M16×70Mu-4.6
10	2	Stck	Flansch	DIN 2527-C25 DN 40-USt 37-2
9	2	Stck	Flansch	DIN 2635-C25×33,7-C22
8	2	Stck	Flansch	DIN 2635-C50×60,3-C22
7	18	Stck	Flansch	DIN 2635-C80×88,9-C22
6	2	Stck	Einschweiß-T	DIN 2615-88,9×88,9×5,6-St35-2
5	2	Stck	Reduzierstück	DIN 2616-K88,9×60,3×5,6-St35-2
4	2	Stck	Bogen	DIN 2605-45-88,9×5,6-St 35-2
3	11	Stck	Bogen	DIN 2605-90-88,9×5,6-St 35-2
2		Stck	Rohr	DIN 2448-St35-33,7×4,5
1		Stck	Rohr	DIN 2448-St35-88,9×5,6

Änderung / Datum	Bearb. / Gepr. / Norm — Datum / Name	Rohrleitung DN 80 der Vacuum-Destillation mit Regelstation	
	Gelsenberg VEBA AG (Ers. f.:)	4265.02.01	Blatt / Bl.

11.1 Fluidtechnische Systeme und Geräte, Schaltzeichen nach DIN ISO 1219

Schaltzeichen	Erklärung
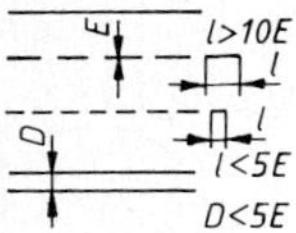	E = Linienbreite D = Linienabstand L = Linienlänge Arbeitsleitung Steuerleitung Leckleitung Welle, Hebel
	Umrahmen von Baugruppen
	Biegsame Leitung
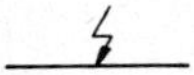	Elektr. Leitung
	Kreise in versch. Größe: Pumpe, Meßgerät usw.
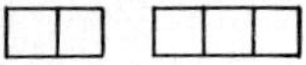	Ventile
	Filter, Öler
	Umrahmung einer Baugruppe
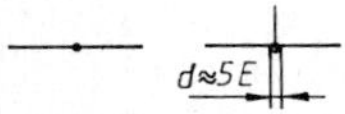	Leitungsverbindung
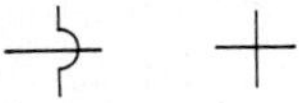	Leitungskreuzung
	Entlüftungsstelle Wellen in 1 Richtung
	Feder
	Drossel
	Blende
	Dreieck: für Richtung des Stromes und Art des Druckmediums
	Pfeil: Stromrichtung
	Drehbarkeit
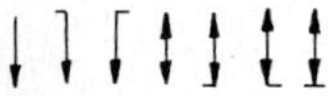	Durchflußweg und Richtung durch Ventile
	Stufenlose Verstellbarkeit

Schaltzeichen	Erklärung
	Pumpen u. Kompressoren:
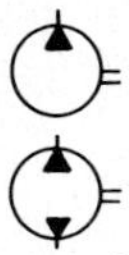	Hydropumpe mit konstantem Verdrängungsvolumen für 1 Stromrichtung 2 Stromrichtungen
	Hydropumpe mit verstellbarem Verdrängungsvolumen für 1 Stromrichtung 2 Stromrichtungen
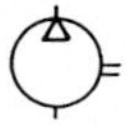	Kompressor mit konstantem Verdrängungsvolumen
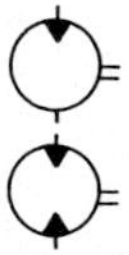	Hydromotor mit konstantem Verdrängungsvolumen für 1 Stromrichtung 2 Stromrichtungen
	Hydromotor mit verstellbarem Verdrängungsvolumen
	Pneum. Motor mit verstellbarem Verdrängungsvolumen
	Hydro-Schwenkmotor für 2 Stromrichtungen
	Pneumatik-Schwenkmotor für 2 Stromrichtungen
	als Pumpe oder Motor in zwei Stromrichtungen
	Kompaktgetriebe Pumpe und Motor mit verstellbarem Verdrängungsvolumen
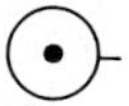	Druckquelle, allgemein
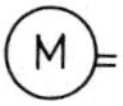	Elektromotor
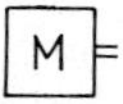	Wärmekraftmaschine

Die Sinnbilder für Ölhydraulik und Pneumatik unterscheiden sich nur durch die Zeichen in der Leitung und durch die Art der Auslässe.

Fluidtechnische Systeme und Geräte, Schaltzeichen nach DIN ISO 1219

Schaltzeichen	Erklärung	Schaltzeichen	Erklärung
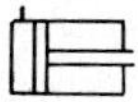	Einfachwirkende Zylinder Rückhub durch äußere Kraft	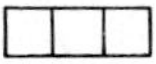	Wegeventile haben so viele verschiedene Stellungen wie Quadrate vorhanden sind.
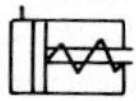	Einfachwirkende Zylinder Rückhub durch Feder		Durchflußwege 1 Durchflußweg
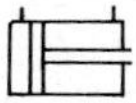	Doppeltwirkende Zylinder mit einfacher Kolbenstange		2 Anschlüsse gesperrt
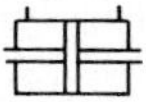	mit zweiseitiger Kolbenstange	 	2 Durchflußwege
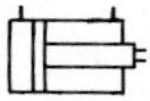	Differentialzylinder		
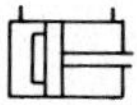	Doppeltwirkende Zylinder mit: einfacher nicht verstellbarer Dämpfung		2 Durchflußwege 1 Anschluß gesperrt
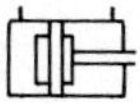	doppelter nicht verstellbarer Dämpfung		2 Durchflußwege miteinander verbunden
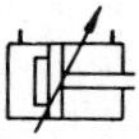	einfacher einstellbarer Dämpfung		1 Durchflußweg 2 Anschlüsse gesperrt
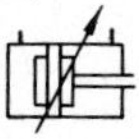	doppelter verstellbarer Dämpfung	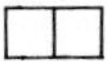	Nicht drosselnde Wegeventile: Schaltungszustände je durch ein Quadrat dargestellt
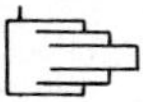	Teleskopzylinder einfachwirkend	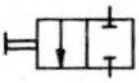	2/2 Wegeventil: mit Handbetätigung
		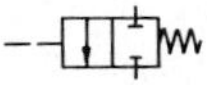	durch Druck betätigt gegen eine Rückholfeder
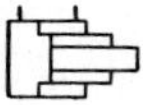	doppeltwirkend		3/2 Wegeventil: durch Druck betätigt in beiden Richtungen
		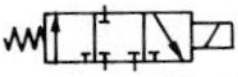	3/3 Wegeventil[1]) betätigt durch Elektromagneten mit Rückholfeder
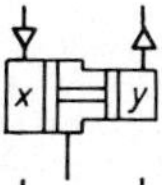	Druckübersetzer für: gleiches Druckmittel z. B. Luft-Luft	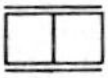	Drosselnde Wegeventile mit Parallellinien über den Kästchen
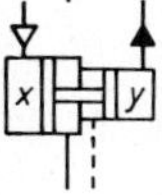	unterschiedliche Druckmittel z. B. Luft-Flüssigkeit	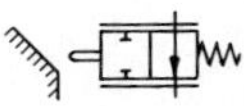	Fühlerventil mit Stift wirkend gegen eine Feder
		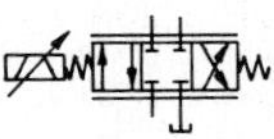	Elektrohydraulische Servoventile: einstufig mit direkter Wirkungsweise
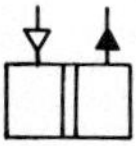	Druckmittelwandler z. B. Luft-Flüssigkeit	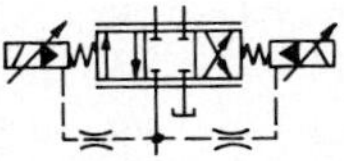	zweistufig mit hydraulischer Rückführung

[1]) 3/3 bedeutet: 3 Anschlüsse/3 Schaltstellungen: hier 1 Sperrstellung und 2 Durchflußstellungen

Fluidtechnische Systeme und Geräte, Schaltzeichen nach DIN ISO 1219

Schaltzeichen	Erklärung	Schaltzeichen	Erklärung
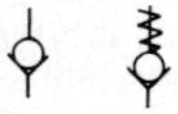	Rückschlagventile ohne und mit Feder		Auslaß ohne Rohranrohranschluß
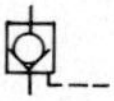	Entsperrbare Rückschlagventile durch Vorsteuerung		mit Gewinde für Rohranschluß
			Druckanschlußstellen verschlossen
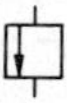 oder 	Druckventile mit: gedross. Durchfluß u. geschl. Ruhest.		mit Anschlußleitung
		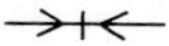	Schnellkupplung ohne mech. öff. Rückschlagventil
 oder 	1 gedross. Durchfluß u. offener Ruhest.	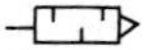	Schalldämpfer
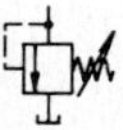 	Druckbegrenzungsventile: Einlaßdruck gegen Gegenkraft gesteuert	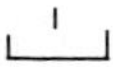 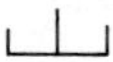	Behälter mit Leitung über Flüssigkeitsspiegel unter Flüssigkeitsspiegel
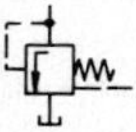 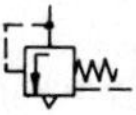	Einlaßdruck durch Vorsteuerung begrenzt		Energiesammler: Hydrospeicher
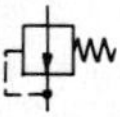	Druckreduzierventile: ohne Entlastungsöffnung		Pneumatikspeicher
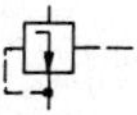	ohne Entlastungsöffnung mit Fernbedienung		
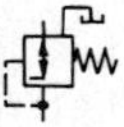 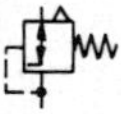	mit Entlastungsöffnung	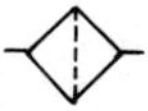	Filter
	Drosselventile: vereinfachtes Symbol	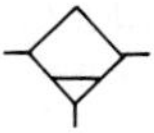	Wasserabscheider
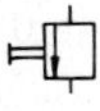	handbetätigt	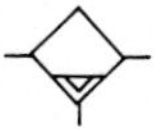	Wasserabscheider mit automat. Entleerung
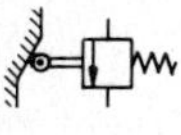	mechanisch betätigt gegen Rückholfeder	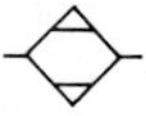	Lufttrockner
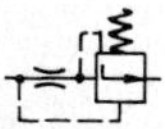	Stromregelventile: mit konstantem Ausgangsstrom	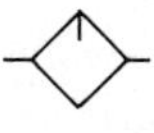	Öler
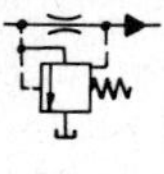	mit konstantem Ausgangsstrom und Entlastungsöffnung zum Behälter	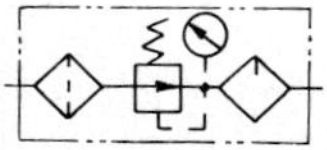	Wartungseinheit: Filter, Druckregelventil, Öler, Manometer
	Absperrventil		vereinfacht

Fluidtechnische Systeme und Geräte, Schaltzeichen nach DIN ISO 1219

Schaltzeichen	Erklärung
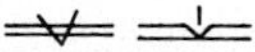	Sprungwerk, Raste
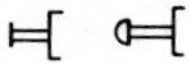	Muskelkraftbetätigung allgem., Druckknopf
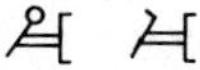	Hebel, Pedal
	Mechan. Betätigung Taster, Feder
	Tastrolle Tastrolle mit Leerrücklauf
	Elektrische Betätigung durch Elektromagnet rechts, links
	gegensinnig wirkend
	gleichsinnig wirkend
	verstellbare Wirkung
	durch E-Motor
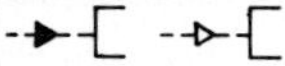	durch Druckanstieg
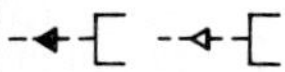	durch Druckabfall
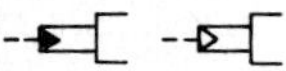	Betätigung durch: Druckbeaufschlagung
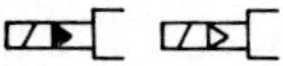	Elektromagnet und Vorsteuerwegeventil
	Druckmessung: Manometer
	Temperaturmessung: Thermometer
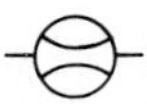	Strommessung: Strommesser
	Volumenmesser
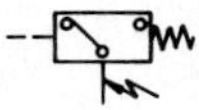	Druckschalter (elektrisch)

Schaltplan mit Erklärung

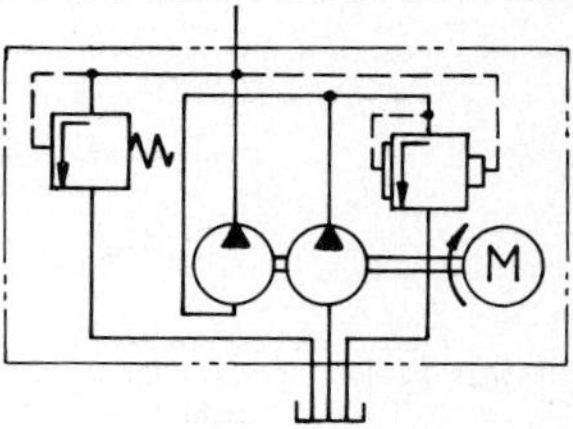

Eine Zweistufenpumpe wird durch einen Elektromotor angetrieben. In der zweiten Stufe befindet sich ein Druckbegrenzungsventil, und ein Verhältnisdruckbegrenzungsventil hält den Druck in der ersten Stufe aufrecht, z. B. auf der halben Höhe des Druckes der zweiten Stufe.

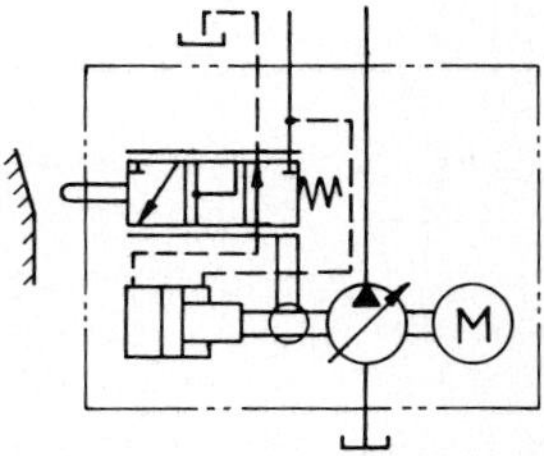

Die Verstellpumpe einer Nachformeinrichtung, angetrieben durch einen Elektromotor, wird verstellt durch einen Servomotor mit Differentialzylinder über einen Fühlerstift mit zwei drosselnden Kanälen und mechanischer Rückführung.

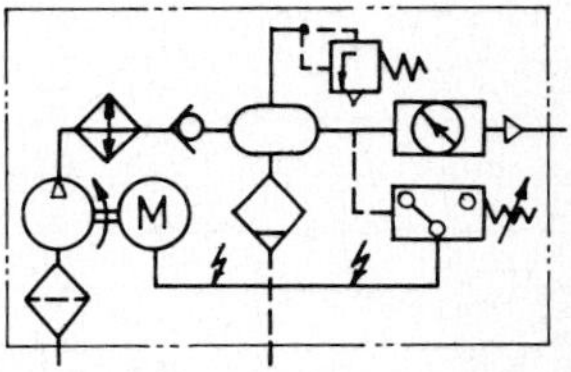

Der Einstufenkompressor, angetrieben durch einen Elektromotor, wird automatisch ein- und ausgeschaltet je nach Druckabfall oder Druckanstieg im Druckbehälter.

11

11.2 Graphische Symbole für Wärmekraftanlagen nach DIN 2481 (Auswahl)*

Darstellung der Stoffe

Benennung	Darstellung
Dampf	
Ölhaltiger Dampf	
Kreislaufwasser	[1]
Ölhaltiges Wasser	[1]
Rohwasser	[1]
Schlammwasser, Schmutzwasser	[1]
Lösungen, Chemikalien	[1]
Öl	
Flüssigmetall	
Luft	
Brennbare Gase	
Nicht brennbare Gase	
Feste Brennstoffe	[1]
Brennbare Abfälle	[1]
Sonstige Stoffe	[1]
Weitere Kennzeichnung	[1]
Weitere Kennzeichnung	[1]

Leitungen

Benennung	Darstellung
Rohrleitung allgemein Fließlinie allgemein	[2]
Wirklinie Steuerleitung Signalleitung	[3]
Angabe der Durchflußrichtung	(Bewegung in Pfeilrichtung DIN 30600 Bz-Nr 28)
Rohrleitung mit Heizung oder Kühlung allgemein	
Rohrleitung mit Dampf beheizt	
Rohrleitung elektrisch beheizt	
Wärmedämmung (Isolierung)	ID 100
Überschneidung von Rohrleitungen oder Fließlinien (Kreuzung ohne Verbindungsstelle).	
Verbindung von Rohrleitungen (Kreuzung mit Verbindungsstelle)	
Abzweigstelle	

Die graphischen Symbole nach DIN 2481 basieren auf Bildzeichen, die in den Folgeteilen von DIN 30600 genormt sind.

[1] Es genügt, wenn Kreise, Striche und Punkte nur streckenweise angebracht sind.
[2] Linienbreite für Hauptstoffe 1 mm, für untergeordnete Stoffe 0,5 mm.
[3] Linienbreite 0,25 mm.

*) ISO 1219

11

Graphische Symbole für Wärmekraftanlagen nach DIN 2481

Benennung	Bz-Nr	Graphisches Symbol[1])	Benennung	Bz-Nr	Graphisches Symbol [1])
Absperrarmatur, allgemein	584		Oberflächen Wärmeaustauscher, allgemein, ohne Kreuzung der Stoffflüsse	619 Form A	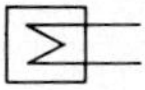
Absperrventil, Durchgangsventil	588		Wasservorwärmer, abgasbeheizt		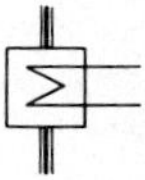
Rückschlag-durchgangsventil	604		Wasserdampf-kondensator, allgemein	002258	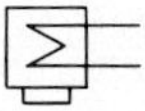
Absperrschieber	586		Kondensator mit Luftkühlung		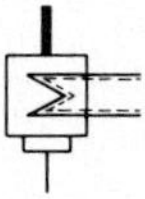
Kondensatableiter	629	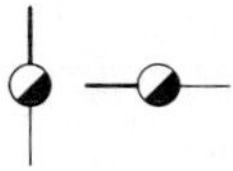	Wasserdampf-erzeuger mit Überhitzer Wasserdampfkessel mit Überhitzer	623	
Oberflächen-Wärmeaustauscher, allgemein, mit Kreuzung der Stoffflüsse	618 Form A		Wasserdampf-erzeuger mit Überhitzer, gasgefeuert		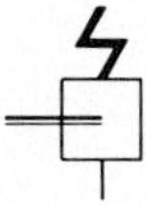
Heizkessel für Warmwasser-bereitung, ölgefeuert		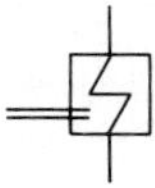	Wasserdampf-erzeuger mit Überhitzer, ölgefeuert		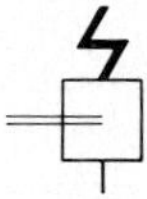
Warmwasser-bereiter, elektrisch beheizt		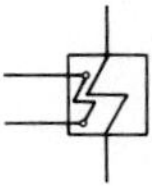	Wasserdampf-erzeuger mit Überhitzer, kohlenstaub-gefeuert		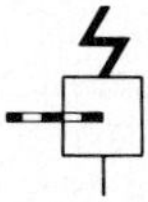
Speisewasser-vorwärmer, beheizt durch strömenden Dampf		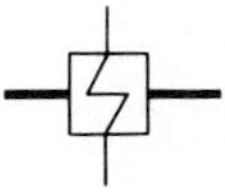	Behälter mit Rieselentgasung	002255	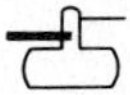

[1]) ohne Rastermaße

Graphische Symbole für Wärmekraftanlagen nach DIN 2481					
Benennung	Bz-Nr	Graphisches Symbol [1]	Benennung	Bz-Nr	Graphisches Symbol [1]
Antriebsmaschine mit Expansion des Arbeitsstoffes	623	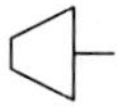	Stromerzeuger umlaufend, allgemein	636	
Dampfturbine		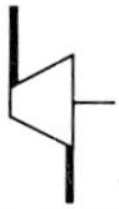	Wechselstrom-Generator, allgemein		
Dampfturbine mit Anzapfung (ungeregelt)		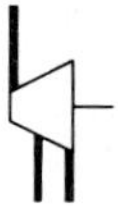	Gleichstrom-Generator, allgemein		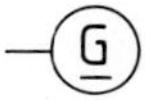
Antriebsmaschine mit Hubkolben	633	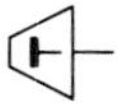	Angetriebene mechanische Arbeitsmaschine	002251	
Kolbendampf-maschine		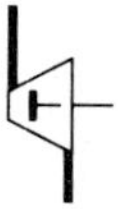	Flüssigkeitspumpe, allgemein	695	
Dieselmotor, Ottomotor		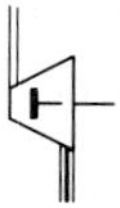	Kreiselpumpe	708	
Elektromotor, allgemein	635		Hubkolbenpumpe	697	
Wechselstrom-Motor, allgemein		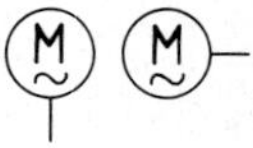	Verdichter, allgemein; Vakuumpumpe, allgemein	715	
Gleichstrom-Motor, allgemein		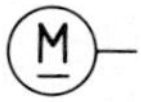	Hubkolben-verdichter, Hubkolben-vakuumpumpe	716	

[1]) ohne Rastermaße

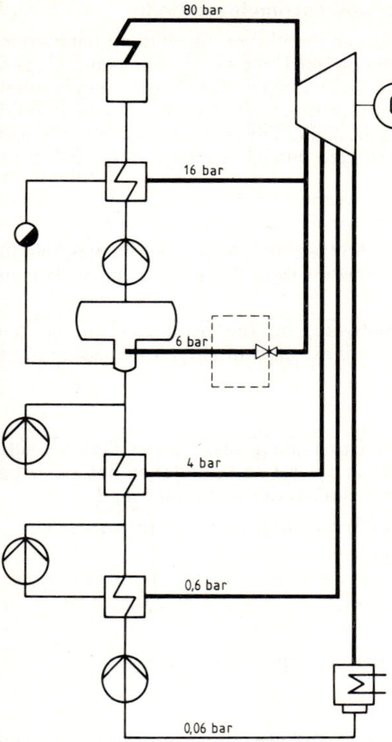

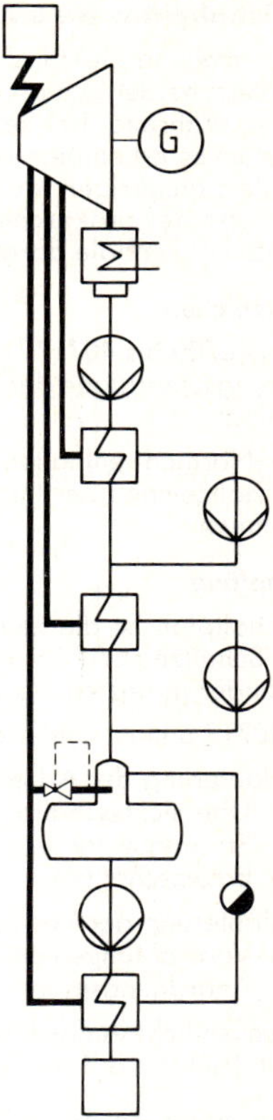

367.1 u. 2 Wärmegrundschaltplan für eine Kondensationsturbine mit drei Anzapfungen

Beide Schaltpläne zeigen die gleiche Anlage, und zwar in Kreislauf- (367.1) und Fließdarstellung (367.2). Das Speisewasser wird in drei Oberflächen-Wärmetauschern und einem Mischvorwärmer, der mit einem Warmwasserspeicher zusammengebaut ist und Dampf über ein Druckminderventil, vorgewärmt. Bei der vierten Vorwärmstufe (16 bar) wird das Kondensat aus dem Oberflächenwärmeaustauscher in die nächst niedere Stufe durch Drosselung zurückgeführt. Die Anzapfungen dienen der Speisewasservorwärmung, die eine erhebliche Verbesserung des Prozeßwirkungsgrades bewirkt. Die erforderlichen Pumpen sind eingezeichnet.

Aufgabe: *Erklären Sie die einzelnen Symbole in dem Wärmegrundschaltplan mit Hilfe der Seiten 364...366.*

11

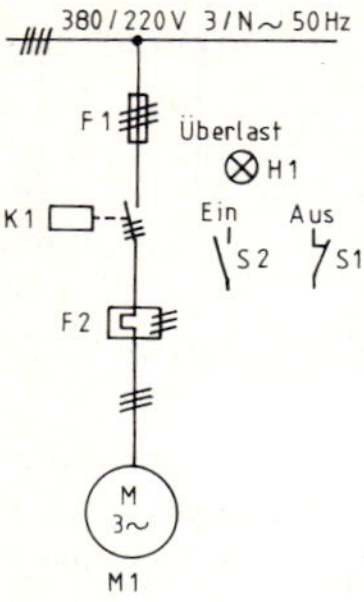

370.1

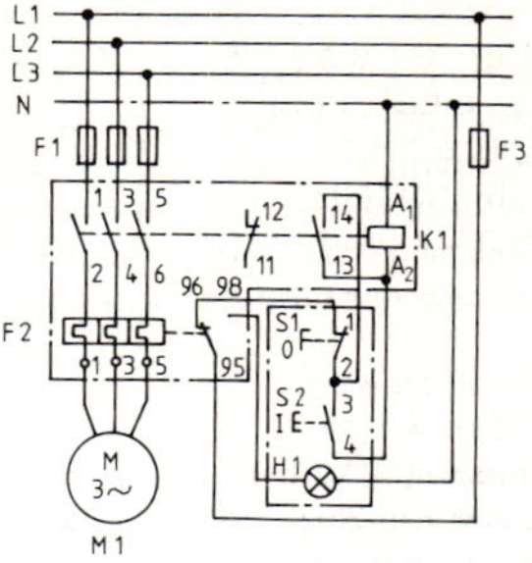

370.2

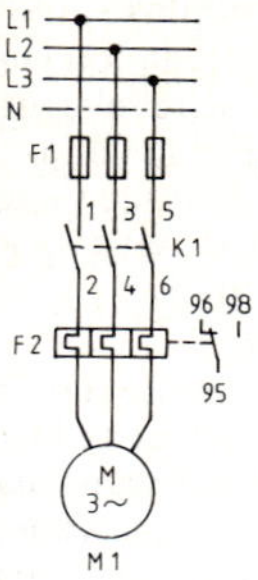

370.3

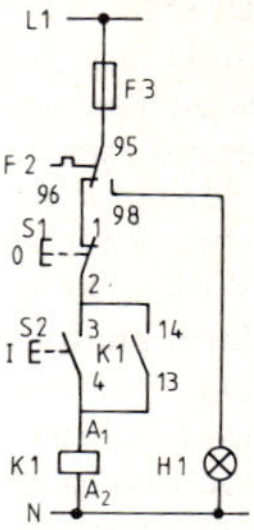

370.4

Geräteliste:

S1	Druckknopftaster „Aus"	F2	thermisches Überstromrelais (mit Sperre)
S2	Druckknopftaster „Ein"	F3	Steuerkreissicherung
K1	Schütz	H1	Meldeleuchte „Überlast"
F1	Hauptsicherungen	M1	Motor

Motorsteuerung mit Drucktasterbetätigung und Überlaststöranzeige durch Leuchtmelder

370.1 Übersichtsschaltplan
370.2 Stromlaufplan
370.3 Stromlaufplan vom Hauptstromkreis
370.4 Stromlaufplan vom Hilfs- oder Steuerstromkreis

DIN 40719 T1 legt die Einteilung von Schaltungsunterlagen und die entsprechenden Begriffe, wie sie in der Elektrotechnik üblich sind, fest.

DIN 40719 T2 enthält Regeln für die Bildung und Anwendung von Kennzeichnungen für elektrische Betriebsmittel in Schaltungsunterlagen und an den Betriebsmitteln.

Kennbuchstaben für die Kennzeichnung der Art eines Betriebsmittels nach DIN 40719 Teil 2

Kennbuchstabe	Art des Betriebsmittels, Beispiele
A	Baugruppen, Teilbaugruppen, z. B. Verstärker, Magnetverstärker
B	Umsetzer von nicht elektrischen auf elektrische Größen und umgekehrt, z. B. Meßumformer, thermoelektrische Fühler
C	Kondensatoren
D	Verzögerungseinrichtungen, Speichereinrichtungen, z. B. Verzögerungsleitungen, Verknüpfungsglieder
E	Verschiedenes, z. B. Beleuchtungseinrichtungen, Heizeinrichtungen
F	Schutzeinrichtungen, z. B. Sicherungen, Schutzrelais
G	Generatoren, z. B. rotierende Generatoren
H	Meldeeinrichtungen, z. B. optische und akustische Meldegeräte
J	— — —
K	Relais, Schütze, z. B. Leistungsschütze, Hilfsschütze
L	Induktivitäten, z. B. Drosselspulen
M	Motoren
N	— — —

Kennbuchstabe	Art des Betriebsmittels, Beispiele
P	Meßgeräte, z. B. anzeigende, schreibende und zählende Meßeinrichtungen
Q	Starkstrom-Schaltgeräte, z. B. Leistungsschalter, Schutzschalter
R	Widerstände, z. B. einstellbare Widerstände
S	Schalter, Wähler, z. B. Taster, Endschalter
T	Transformatoren, z. B. Spannungswandler, Stromwandler
U	Modulatoren, Umsetzer, z. B. Frequenzwandler, Demodulator
V	Röhren, Halbleiter, z. B. Elektronenröhren, Transistoren
W	Übertragungswege, Hohlleiter, z. B. Schaltdrähte, Kabel
X	Klemmen, Stecker, Steckdosen, z. B. Trennstecker und -steckdosen
Y	Elektrisch betätigte mechanische Einrichtungen, z. B. Bremsen, Kupplungen
Z	Abschluß, Ausgleichseinrichtungen, z. B. Kabelnachbildungen

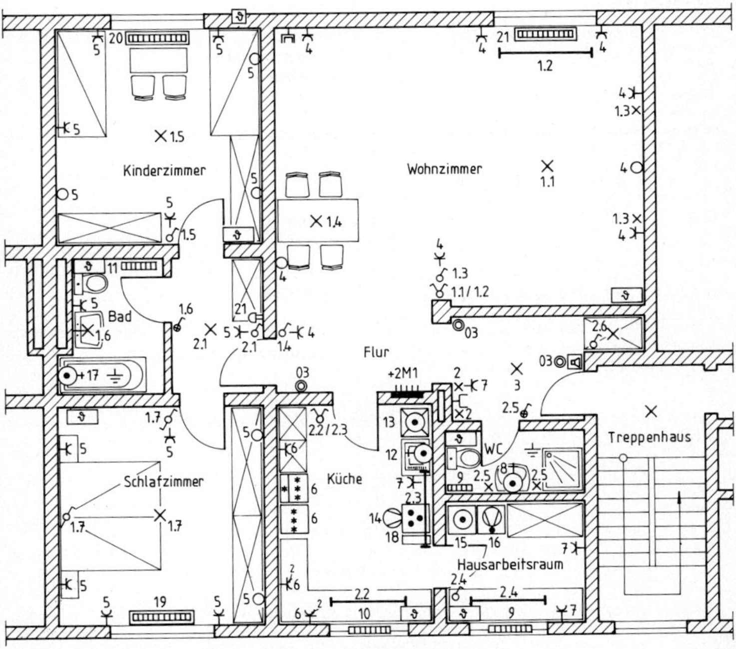

Verlegeart: unter Putz mit Abzweigdosen

Montagehöhe der Inst.-Geräte über OKFFB:
Installationsschalter: 1,10 m

Schutzkontakt-Steckdosen:
Küche, Hausarbeitsraum 1,10 m
sonstige Räume 0,30 m

Schutzmaßnahme:
Nullung nach VDE 0100 § 10
Fehlerstrom-Schutzschaltung nach VDE 0100 § 13

371.1 Elektro-Installationsplan einer Wohnung nach DIN 40719 T5

Der Elektro-Installationsplan, z. B. 371.1, zeigt die Leitungsverlegung einer Licht- und Kraftanlage in einer Wohnung. Er wird im allgemeinen lagerichtig in eine Bauzeichnung eingetragen und enthält alle Angaben für die Leitungsverlegung; Beispiele zeigt DIN 40719 T5.

Der Übersichtsschaltplan 372.1 zeigt die Energieverteilung einer Wohnung vorwiegend mit Schaltzeichen nach DIN 40717 (ersetzt durch DIN 40900).

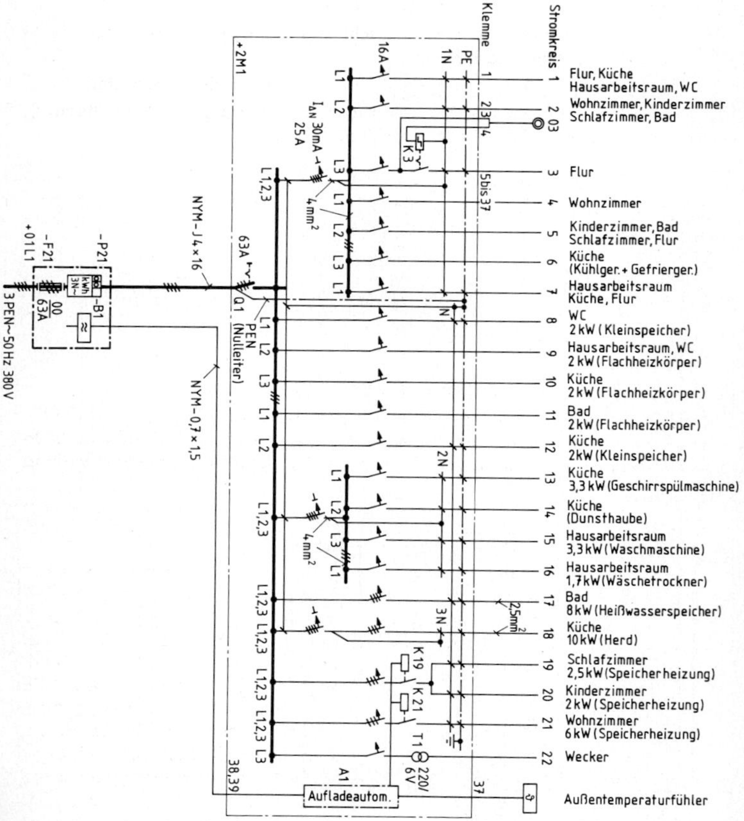

Alle Kabel und Leitungen Cu

Alle nicht bezeichneten Leitungen sind 1,5 mm²

Schutzmaßnahmen siehe DIN 40719 Teil 5

372.1 Übersichtsschaltplan einer Wohnung nach DIN 40719 T5

Gestaltungsregeln für graphische Symbole

Form, Ausführung und Größe graphischer Symbole sollen nach einheitlichen Regeln unter Beachtung von DIN 6774 festgelegt werden. Entsprechende allgemeine Regeln enthält DIN ISO 3461.

Graphische Symbole werden angewendet:

- in technischen Zeichnungen zur Darstellung, z. B. von Fertigungsangaben wie Oberflächenangaben, von funktionellen Zusammenhängen bei Schaltplänen der Elektrotechnik,
- an Gegenständen zur Kennzeichnung oder als Hinweis für Betätigen, Benutzen und Handhaben,
- zur Information der Öffentlichkeit, z. B. in Beförderungsmitteln.

Bei Schriftzeichen in graphischen Symbolen ist bevorzugt die Schriftform B, senkrecht, nach DIN 6776 T1 anzuwenden, 373.1...4.

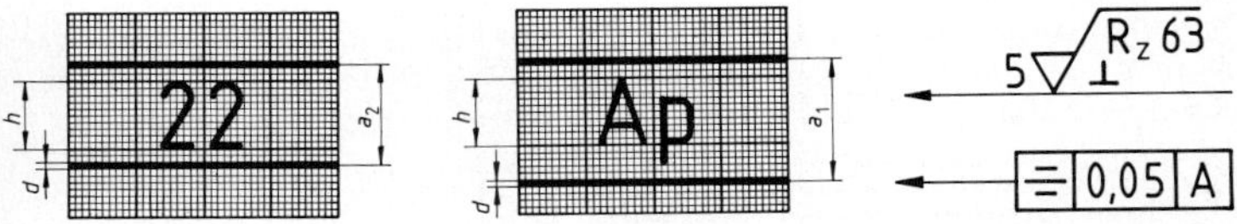

373.1...4

Raster für das Gestalten graphischer Symbole

Das Bezugsmaß für die Nenngröße h eines Symbols ist die in der Zeichnung gewählte Höhe der Großbuchstaben nach DIN 6776 Teil 1, Schriftform B. Es werden folgende Maße für die Nenngröße h mit der Stufung $\sqrt{2}$ festgelegt:

Nenngröße h	1,8	2,5	3,5	5	7	10
Linienbreite $d = {}^1/_{10} \cdot h$	0,18	0,25	0,35	0,5	0,7	1,0

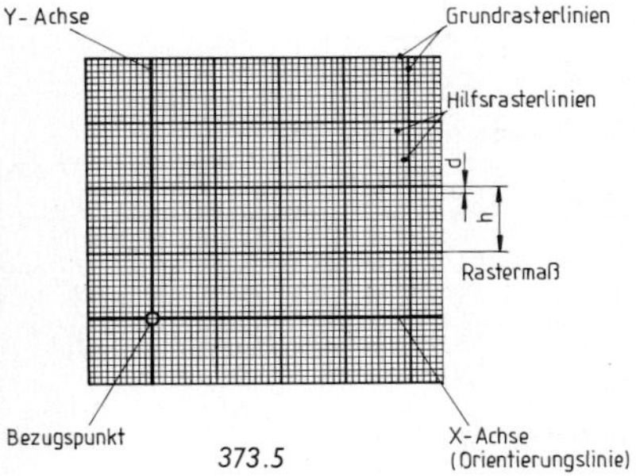

373.5

Jedes graphische Symbol für technische Zeichnungen ist in seinem Raster einer x-Achse und einer y-Achse zugeordnet, deren Nullpunkt der Bezugspunkt ist. Jedes graphische Symbol und jedes Symbolelement soll über einen Bezugspunkt ansprechbar (speicherbar) sein und damit unterschiedliche Plazierungen innerhalb eines Symbolsystems ermöglichen, 373.5. Gestaltungsbeispiel zeigt 374.1...3.

11

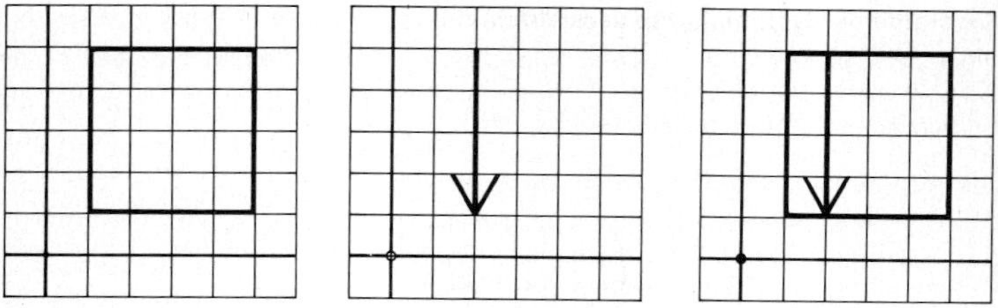

374.1 . . . 3 Gestalten von Symbolen mit Hilfe von Symbolelementen

Graphische Symbole für Form- und Lagetoleranzen nach DIN ISO 7083

Diese Norm legt die Größenverhältnisse und Maße von graphischen Symbolen fest, die beim Eintragen von Form- und Lagetoleranzen angewendet werden. Die Maße sind auf die in DIN 6776 T1 festgelegten Schriftgrößen bezogen, s. Tabelle.

Die Rahmenbreite ergibt sich aus der Breite der drei Kästen, wobei der erste Kasten der Rahmenhöhe H entspricht und die beiden folgenden Kästen von der Länge der Eintragung abhängen, 374.4.

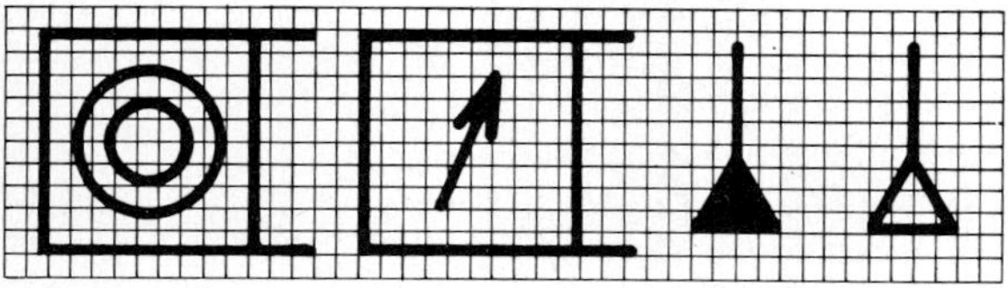

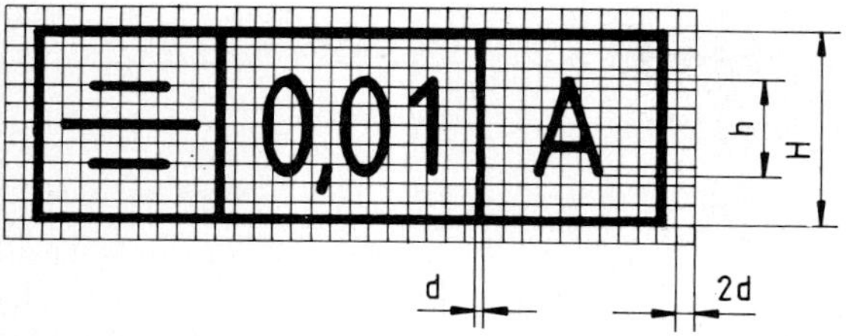

374.4 u. 5

Tabelle für Schriftform B nach DIN 6776, Maße in mm

Symbolelement	Empfohlene Maße				
Höhe des Rahmens (H)	5	7	10	14	20
Schriftgröße (h)	2,5	3,5	5	7	10
Durchmesser (D) [1]	10	14	20	28	40
Linienbreite (d)	0,25	0,35	0,5	0,7	1

[1]) für Kennzeichnung der Bezugsstelle nach ISO 5459

11

Graphisches Symbol für die vereinfachte Darstellung von Zentrierbohrungen nach DIN 332 T10

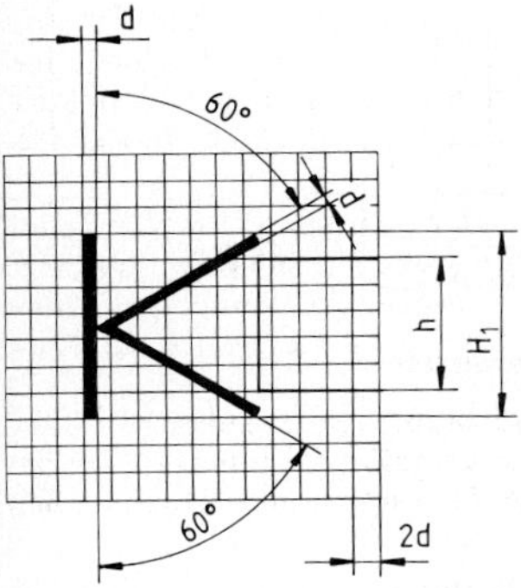

375.1 *Graphisches Symbol nach DIN 332 T10*

Das Symbol für die vereinfachte Darstellung von Zentrierbohrungen ist mit derselben Linienbreite d zu zeichnen wie die Schriftgröße h für die Maßeintragung d = 1/10 h. Die Schriftgröße für die Angabe der Normbezeichnung entspricht der für die Maßeintragung. Das Symbol ist entsprechend den Verhältnissen und Maßen nach Bild 375.1 zu zeichnen.

Schriftgröße h	3,5	5	7	10
Linienbreite d	0,35	0,5	0,7	1
Maß H_1	5	7	10	14

Verhältnisse und Maße für graphische Symbole nach DIN 6

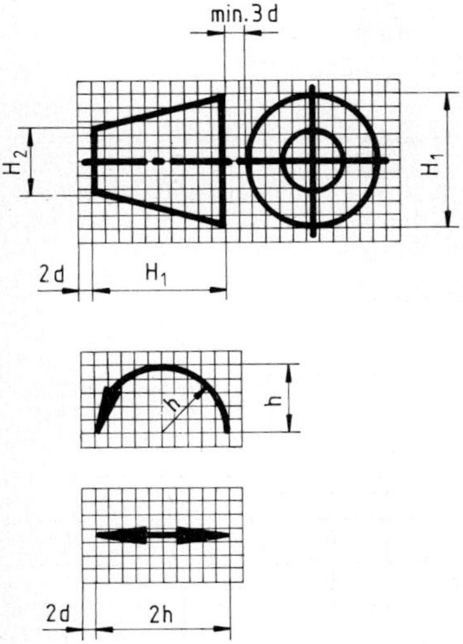

In DIN 6 sind Symbole vorgesehen zur Kennzeichnung der Projektionsmethode 375.2, für gedrehte Darstellungen 375.3 und für die Angabe der Walzrichtung bzw. Faserrichtung. Die Linienbreite der Symbole und Zusatzangaben entspricht ebenfalls der Linienbreite der Schriftgröße für die Maßeintragung. Die Symbole sind entsprechend den Verhältnissen und Maßen der Bilder 375.2. . .4 zu zeichnen.

Schriftgröße h	3,5	5	7	10
Linienbreite d	0,35	0,5	0,7	1
Maß H_1	7	10	14	20

375.2. . .4 *Graphische Symbole nach DIN 6*

11

12 Anhang

12.1 Zeichnungsvereinfachung nach DIN 30 Teil 6 und 7

Sammel-Zeichnungen nach DIN 30 Teil 6 werden angewendet für das Darstellen gleichartiger Gegenstände, Teile oder Gruppen verschiedener Ausführung nach DIN 199 bei Anwendung des Einzelblattsystems. In Sammel-Zeichnungen können unterschiedlich sein: Maße, Oberflächen, Werkstoffe und Halbzeuge sowie Fertigungsangaben.

Wegen der Übersichtlichkeit sollen in Sammel-Zeichnungen in der Regel nicht mehr als drei variable Maße angegeben werden. Bei mehr als drei variablen Maßen wird die Anwendung von Vordruck-Zeichnungen empfohlen. Unter einer Sachnummer darf jeweils nur eine bestimmte Ausführung eines Erzeugnisses festgelegt werden.

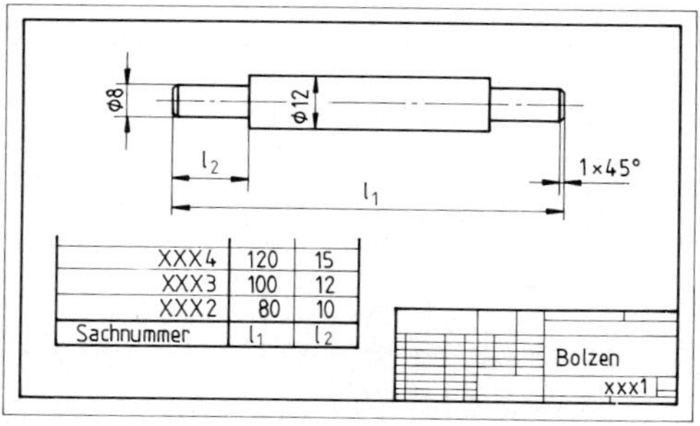

376.1 Sammel-Zeichnung für formgleiche Teile unterschiedlicher Größe

In eine Vordruck-Zeichnung nach DIN 30 Teil 7 werden nur die gleichbleibenden Angaben aufgenommen. Veränderliche Angaben werden zunächst nicht eingetragen. Im Anwendungsfall werden in eine von der Stammzeichnung erstellte Vervielfältigung die anwendungsabhängigen (veränderlichen) Angaben nachgetragen. Daher entsteht für jedes Teil eine eigene Zeichnung mit eigener Sachnummer.

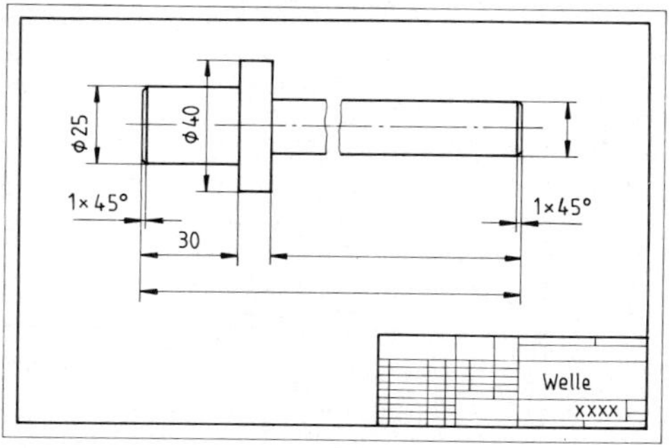

376.2 Vordruck-Zeichnung

Sammel-Zeichnungen nach DIN 30 Teil 7

Der Vorteil der Sammel-Zeichnungen liegt darin, daß die verschiedenen Ausführungen gleichartiger Teile oder Gruppen in einer Zeichnung übersichtlich zusammengestellt sind, z. B. in 381.1 die Ausführungen der Einzelheiten A und/oder B mit Hinweis auf die zugehörigen Ergänzungs-Zeichnungen.

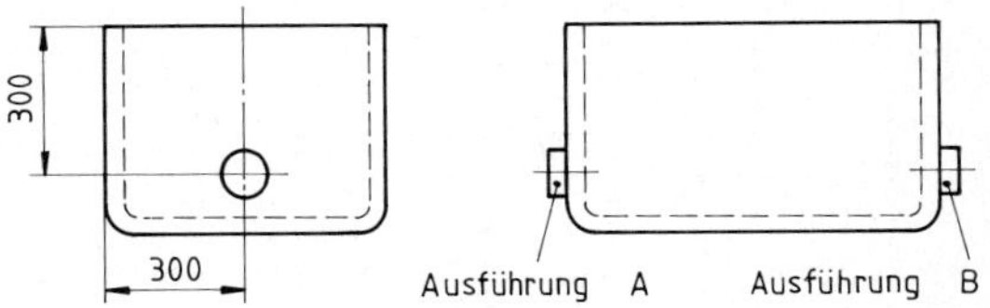

Sachnummer	Ausführung nach Ergänzungs - Zeichnung XXXZ	
	Einzelheit A	Einzelheit B
XXX 1	-	-
XXX 2	2	1
XXX 3	3	2
XXX 4	4	2
XXX 5	5	3

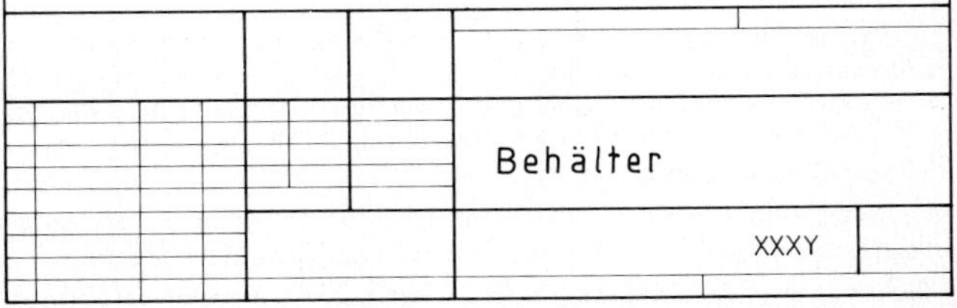

377.1 Sammel-Zeichnung

12.2 Rechnergestütztes Zeichnen und Konstruieren, CAD

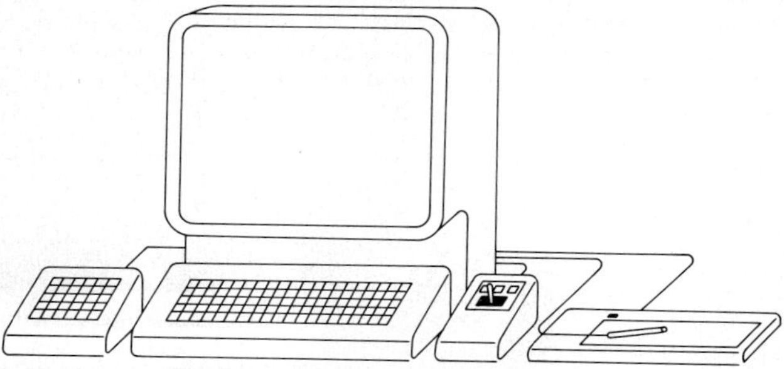

378.1 CAD-Arbeitsplatz mit graphischem Bildschirm und Geräten zur Befehls- und Dateneingabe

Das rechnergestützte Zeichnen und Konstruieren am graphischen Bildschirm wird als CAD (Computer Aided Design) bezeichnet.

Das CAD-System wird benutzt, um Teil- und Variantenkonstruktionen zu erstellen. Aus Einzelteilen können Zusammenbauzeichnungen oder isometrische Darstellungen als Explosionszeichnungen angefertigt werden. Ferner lassen sich u. a. Schaltpläne der Fluidtechnik und Elektrotechnik erstellen.

Die Anfertigung von Zeichnungen mit Hilfe des Rechners wird ermöglicht durch die graphische Darstellung vieler Funktionen auf dem Bildschirm wie z. B.

Zeichnen von Punkten, Strecken, Kreisen, Ellipsen, Interpolationskurven (Splines),
Transformationen wie Vergrößern, Verkleinern, Spiegeln, Rotieren, Verschieben, Skalieren,
Aufrufen und Benutzen von verschiedenen Schrifttypen, Normsymbolen, Normteilen, Schraffieren, Bemaßen, Löschen.

Die mit Hilfe des Rechners auf dem graphischen Bildschirm dargestellte Geometrie eines Werkstückes läßt sich in ein CAM-System (Computer Aided Manufacturing) weiterleiten für die Erstellung von Steuerinformationen für numerisch gesteuerte Werkzeugmaschinen.

Werden beide Systeme als CAD/CAM (Computer Aided Design/Computer Aided Manufacturing) eingesetzt, so können mehrere Anwendungsbereiche in Konstruktion, Arbeitsvorbereitung und Fertigung erfaßt werden, und zwar: Entwerfen, Berechnen und Zeichnen, Werkzeugkonstruktion und NC-Teileprogrammierung.

Diese Anwendungsbereiche haben Zugriff zur Datenbank des Rechners, in der die geometrischen Daten des Werkstückes gespeichert sind.

12

Das rechnergestützte Zeichnen und Konstruieren ermöglicht daher eine Verkürzung der Durchlaufzeiten von der Konstruktion bis zur Fertigstellung.

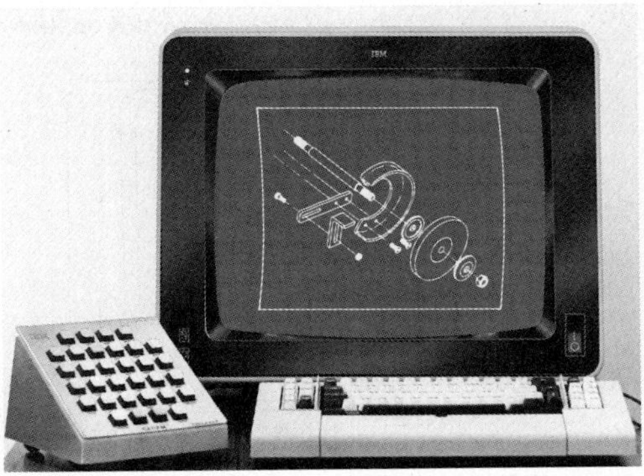

379.1 Schlüsselfertiges CAD-System mit graphischem Bildschirm und Eingabegeräten, IBM 3250 mit Anwendungsprogramm CADAM

Schlüsselfertige CAD-Systeme, z. B. 379.1 bestehen im allgemeinen aus dem graphischen Bildschirm und den Geräten für die Befehls- und Dateneingabe. Hierbei wird die Befehls- und Dateneingabe insbesondere bei sich wiederholenden Bildelementen wie Symbolen, Sinnbildern, Normteilen usw. durch Menüfelder erleichtert. Durch Antippen dieser Menüfelder wird ein Befehl oder eine festgelegte Befehlsfolge ausgelöst, deren Ausführung auf dem Bildschirm erscheint.

Bei einem schlüsselfertigen sog. geschlossenen CAD-System kann der Konstrukteur den graphischen Bildschirm zur Konstruktion eines Werkstückes ausgehend von einer Skizze wie ein Zeichenbrett benutzen. Wenn die Geometrie erstellt ist, kann er charakteristische Werte des Werkstückes wie Trägheitsmomente, Widerstandsmomente, Biegemomente und Biegespannungen ermitteln und evtl. die Werkstückform ändern, um zu einem optimalen Ergebnis zu gelangen. Diese Werkstückgeometrie wird in der Datenbank des Rechners abgespeichert.

In der nächsten Stufe ruft der technische Zeichner aus der Datenbank die Zeichnung ab, stellt sie auf dem Bildschirm dar und beginnt mit der Teilkonstruktion, indem er die Bemaßung und erforderliche Angaben hinzufügt. Er ruft dabei die in der Datenbank gespeicherten Zeichensymbole usw. ab und setzt diese an die entsprechende Stelle.

Die Ausgabe der Zeichnung kann anschließend über ein photoelektrisch arbeitendes Hardcopygerät, eine automatisch gesteuerte Zeichenmaschine (Plotter) oder als Mikrofilm erfolgen.

Danach schließt sich der Entwurf und die Konstruktion der erforderlichen Werkzeuge an, wobei die Zeichnung aus der zentralen Datenbank auf den Bildschirm geholt wird.

Anschließend benutzt der NC-Teileprogrammierer in der Arbeitsvorbereitung die in der Datenbank gespeicherte genaue Geometrie des Teiles, um das NC-Teileprogramm zu erstellen. Mit Hilfe eines NC-Processors werden die Steuerinformationen für die NC-Werkzeugmaschinen berechnet und z. B. als Lochstreifen ausgegeben. Danach kann das NC-Teileprogramm geprüft werden, indem die Werkzeugbahn auf dem Bildschirm dargestellt wird.

380.1 CAD-Systeme mit graphischem und alphanumerischem Bildschirm und Eingabegeräten, z. B. mit PROREN 1 von ISYKON-Softwaretechnik

CAD-Systeme mit einem graphischen und einem alphanumerischen Bildschirm sowie Geräten zur Befehls- und Dateneingabe, z. B. 380.1 sind für das kombinierte Konstruieren, Berechnen und Textzuordnen besonders geeignet.

Über die Eingabegeräte werden Mitteilungen an den angeschlossenen Rechner übergeben. Dieser reagiert über den alphanumerischen Bildschirm, der die Eingabedaten anzeigt. Die Ergebnisse dieser Eingaben werden dann auf dem graphischen Bildschirm dargestellt.

Diese CAD-Systeme sind meist offene Systeme d. h. erweiterungsfähige Systeme, die auf verschiedene Anwendungsfälle zugeschnitten werden können, z. B. Berechnen und Zeichnen von Standgetriebewellen oder Zeichnen von Schaltplänen der Fluidtechnik und Elektrotechnik.

Derartige Systeme besitzen eine anpassungsfähige graphische Kommandosprache. Mit den Grundfunktionen lassen sich viele Aufgabenstellungen direkt lösen, da vielfach auf bereits vorhandene Hilfsfunktionen zurückgegriffen werden kann.

Die Zeichnungen werden auf Datenspeicher (Magnetplatten oder Magnetbänder) abgespeichert und lassen sich von dort wieder abrufen.

Ferner können Bibliotheken angelegt werden zum Abspeichern von Normen und Tabellenwerten, die beim Bemaßen von Teilen Verwendung finden.

Als Anwendungsbeispiele werden die Einzelteilzeichnungen Lagerbuchse S. 382 und Standgetriebewelle S. 383 sowie ein Schaltplan der Fluidtechnik S. 388 gezeigt.

Der Schaltplan wird mit Hilfe von Menüfeldern erstellt, die am Rande des Bildschirms eingeblendet werden. Die Symbole weisen Bezugspunkte auf, so daß sie mit einer sog. Fadenkreuzsteuerung an entsprechende Stellen des Bildschirms positioniert werden können.

Bei der Standgetriebewelle werden Durchmesser und Längenmaße auf Grund der zu übertragenden Leistung und Drehzahl über ein Rechenprogramm ermittelt. Die Welle ist aus einzelnen Formelementen zusammengesetzt und wird mit Hilfe entsprechender Makros von links nach rechts gezeichnet. Die Bemaßung erfolgt über ein Makro und Zusatzangaben über Menüfelder. Das Schriftfeld wird zuerst mit Hilfe eines Makros dargestellt.

Arbeitstechniken beim rechnergestützten Zeichnen und Konstruieren

Die Programmsprachen der interaktiven d. h. dialogorientierten graphischen Datenverarbeitung bestehen aus folgenden Elementen:

Befehlseingabe,	z. B. Erzeugen einer Strecke;
Dateneingabe,	z. B. Anfangs- und Endkoordinaten;
Positionieren,	z. B. Angabe eines Kreismittelpunktes mit der Fadenkreuzsteuerung;
Identifizieren,	z. B. Auswahl eines zu löschenden Elementes.

Ebenentechnik

Mit Hilfe der Ebenentechnik lassen sich Elemente einer Zeichnung auf verschiedene Bildebenen (layers) verteilen, z. B. Teilgeometrie, Bemaßung, Zusatzangaben, Schriftfeld.

Veranschaulicht man sich diese Zeichnungsebenen als Folien, so erhält man durch Aufeinanderlegen die fertige Zeichnung. Jede Zeichnungsebene ist identifizierbar und durch einen Befehl ein- und ausblendbar. Dieses Verfahren dient zur Erstellung von Gruppen- und Zusammenbauzeichnungen aus Teilzeichnungen.

Gruppentechnik

Gruppen sind gleichbleibende Teilzeichnungen, z. B. Normteile, die in einer Bibliothek abgespeichert und auch wieder abgerufen werden können. Sie lassen sich an beliebiger Stelle des Bildschirms in einem bestimmten Zeichnungsmaßstab anbringen. Sie können ferner gedreht und gespiegelt werden. Hierbei ist eine eindeutige Positionierung mit Hilfe eines Bezugspunktes (Referenzpunkt) Voraussetzung.

Menütechnik

Die Menütechnik ermöglicht die Auswahl von mehreren Verarbeitungsschritten, die dem Benutzer im Menüfeld zumeist symbolhaft dargestellt werden. Ein Verarbeitungsschritt kann dabei aus einer Folge von Kommandos oder Makros bestehen. Je nach CAD-System können Menüfelder auf einem Tablett oder auf dem graphischen Bildschirm angeboten werden, 388.1 u. 2. Durch Ansteuern eines Menüfeldes mit dem Fadenkreuz oder dem Lichtstift kann eine bestimmte Folge von Kommandos und Makros ausgeführt werden, die diesem Menüelement zugeordnet sind. Menüs werden in besonderen Dateien gespeichert und verwaltet.

Makro- und Variantentechnik

Durch die Makrotechnik werden festgelegte, nacheinander ablaufende Kommandofolgen auf eine Befehlseingabe reduziert. Bei der Variantentechnik wird für die Ausgangszeichnung eines Teiles ein Programm (Makro) erstellt, wobei variable Maße vorgesehen sind. Bei Aufruf dieses Programms (Makros) werden die variablen Parameter als feste Werte angegeben. Damit besteht die Möglichkeit, Zeichnungen von geometrisch ähnlichen Teilen (Teilefamilien) zu erstellen, 381.1...3. Siehe auch S. 384...387.

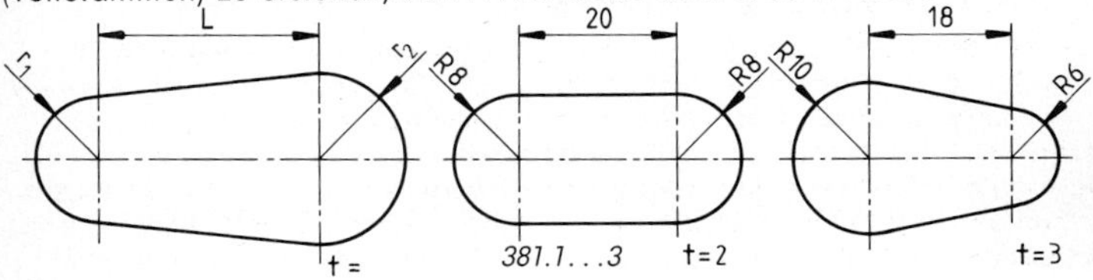

381.1...3

Interaktive Erstellung der Teilzeichnung Lagerbuchse

Am Beispiel Lagerbuchse wird eine systematische Vorgehensweise für die interaktive Erstellung einer Teilzeichnung aufgezeigt[1]).

1 Definieren der Zeichnung durch Angabe von Zeichnungsname, Format, Maßstab und Folienzahl

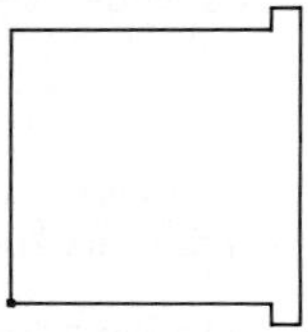

2 Nach Festlegen des Konturanfangspunktes die äußere Kontur als Polygonzug mit breiter Vollinie erstellen

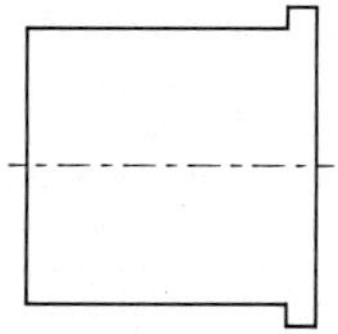

3 Nach Ändern der Linienart[2]) Mittellinie durch Festlegen des Anfangs- und Endpunktes zeichnen

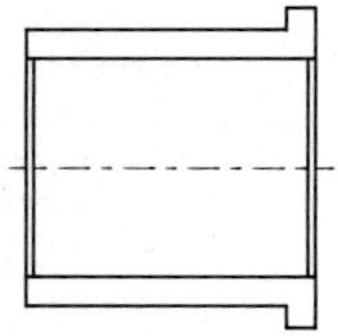

4 Nach Ändern der Linienart auf Vollinie Bohrungs- und Fasenkanten zeichnen

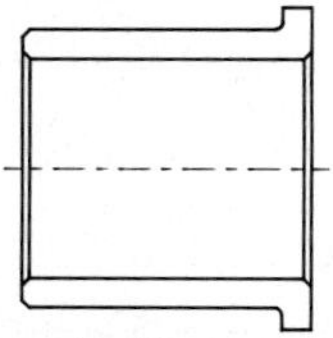

5 Ausrunden des Übergangs, sowie Anfasen der Innen- und Außenkanten

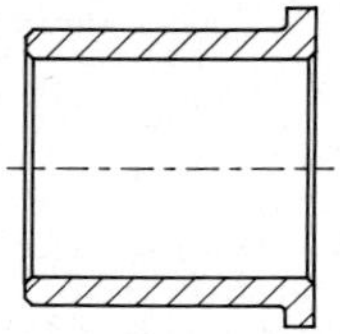

6 Nach Ändern der Linienart, Linienzug verketten und identifizieren der zu schraffierenden Flächen, Schraffieren der Schnittflächen durch Angabe von Schraffurrichtung und Schraffurabstand

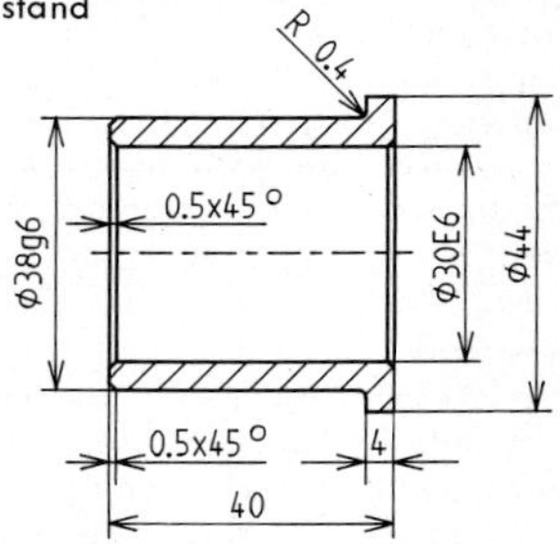

7 Nach Definieren der Bemaßungsparameter eintragen der Horizontal-, Vertikal- und Radienmaße

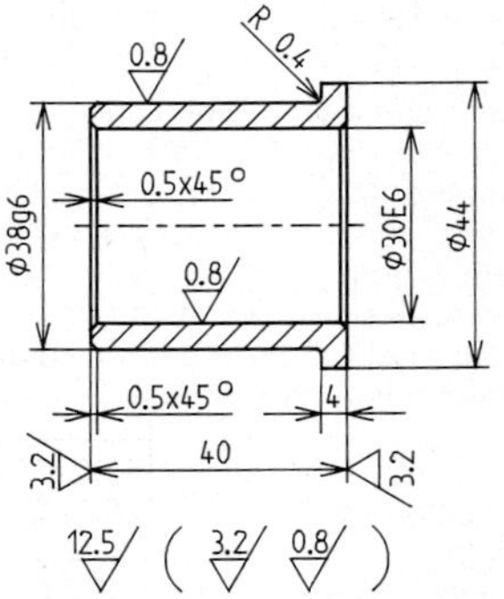

8 Eintragen der Oberflächenangaben mit Hilfe des Symbolkatalogs

[1]) Erstellt mit CAD-System PC-Draft

[2]) Auch als Linientyp bezeichnet

Zeichnen von Standgetriebewellen mit Hilfe von Makros und Menüfeldern

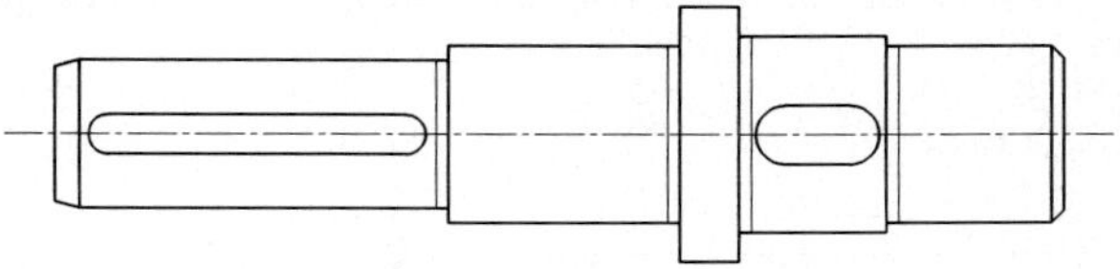

1. Erstellen des Schriftfeldes und Zeichnen der Teilgeometrie

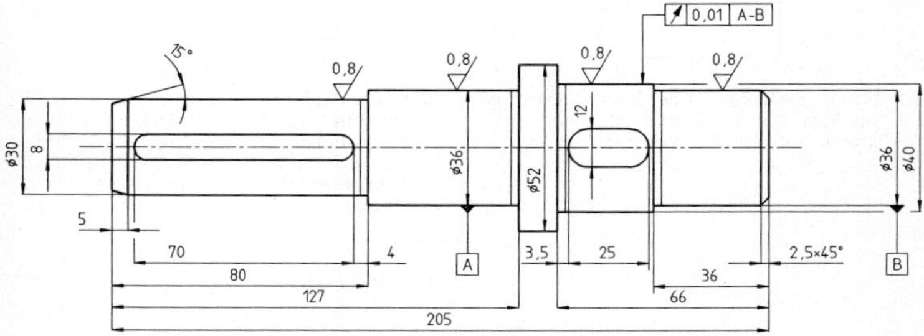

2. Bemaßung, Oberflächenangaben, Form- und Lagetoleranzen

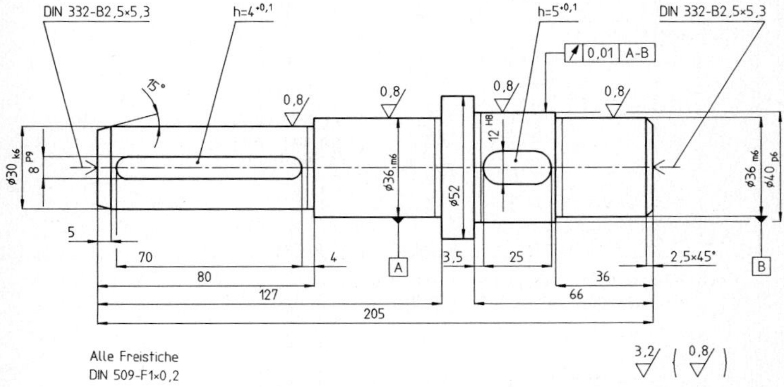

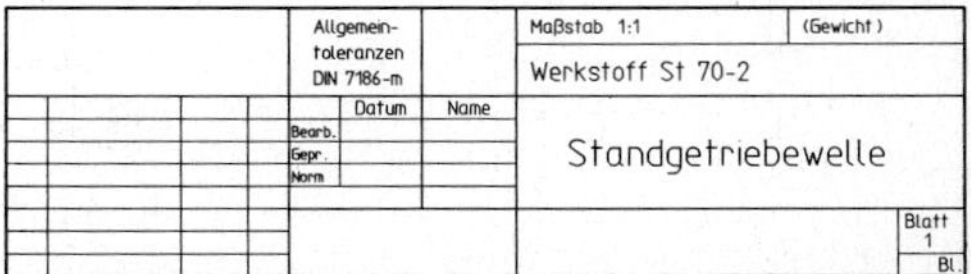

3. Zusatzangaben

Bei der Zeichnungserstellung durch CAD-Anwendung dürfen Maßhilfslinienüberstände entfallen.

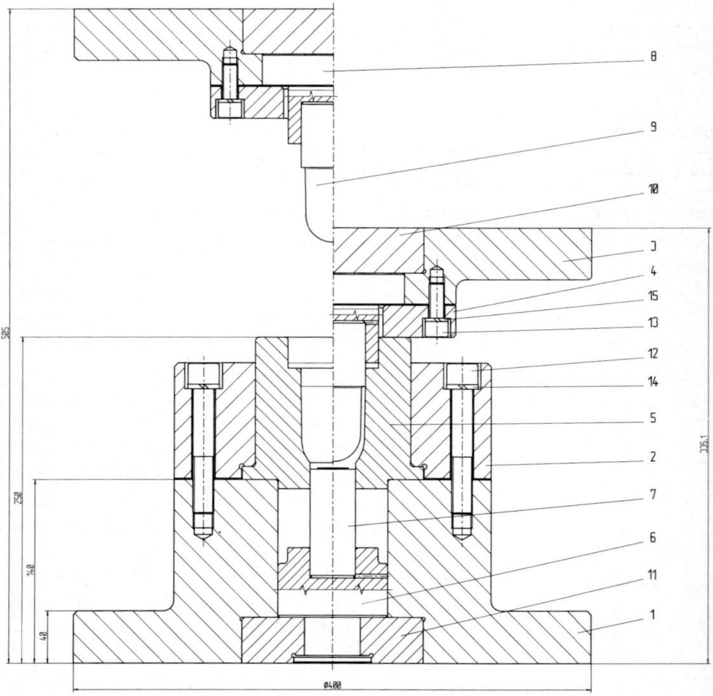

Fertigteil

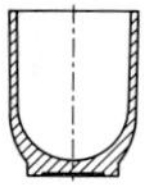

Rohling

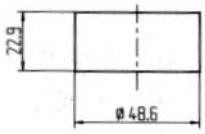

12

Variantenkonstruktion eines Fließpreßwerkzeuges

Die Variantenkonstruktion ermöglicht die Erstellung von ähnlichen Konstruktionen wie am Beispiel eines Fließpreßwerkzeuges für kleine Zinnbecher gezeigt.

In einem entsprechenden Variantenprogramm ist die variable Geometrie der Becherform beschrieben. Die Maße des Bechers, die in bestimmten Grenzen variiert werden können, werden zur Laufzeit des Programms über eine Maske im Dialog am Bildschirm erfragt und eingegeben. Mit Hilfe der eingegebenen Maße erstellt das Variantenprogramm die Zusammenstellungszeichnung mit Stückliste sowie die Einzelteilzeichnungen bzw. die Zeichnungen der Fügeteile.

Im Hinblick auf eine sinnvolle Standardisierung sind nur die formgebenden Teile wie Preßbuchse 5, Gegenstempel 6-7 und Druckstempel 8-9 variabel gehalten. Die übrigen Teile sind Wiederholteile und werden in anderen Fließpreßwerkzeugen gleichartig verwendet.

Die erzeugten Geometriedaten können auch für die NC-Drehbearbeitung der Werkzeugteile verwendet werden. Da es sich um Rotationsteile handelt, kommt man mit einer 2D-Datenstruktur aus.

Die Umsetzung der Geometriedaten in einen werkzeugmaschinenneutralen Datenbestand (CLDATA) erfordert zusätzliche Technologieinformationen. Mit einem Postprocessor wird dieser Datenbestand an die zu verwendende Werkzeugmaschine (Drehmaschine) angepaßt.

Die Feinbearbeitung der werkstückformenden Werkzeugflächen erfolgt durch anschließende manuelle Nachbearbeitung durch Polieren.

Durch Napf-Rückwärtsfließpressen im geschlossenen Werkzeug können Becher aus Zinnlegierungen mit hoher Oberflächengüte fertig gepreßt werden.

Pos.	Menge	Einheit	Benennung	Sachnummer / Norm-Kurzbezeichnung	Werkstoff
15	6	Stck	Federring	DIN 7980-12	
14	6	Stck	Federring	DIN 7980-16	
13	6	Stck	Zylinderschraube m.Innens.	DIN 912-M12x30	10.9
12	6	Stck	Zylinderschraube m.Innens.	DIN 912-M16x100	10.9
11	1	Stck	untere Druckplatte		X165CrMoV12
10	1	Stck	obere Druckplatte		X165CrMoV12
9	1	Stck	Druckstempel		S 6-5-3
8	1	Stck	Stempelaufnehmer		56NiCrMoV7
7	1	Stck	Gegenstempel		S 6-5-3
6	1	Stck	Führung		56NiCrMoV7
5	1	Stck	Preßbuchse		X165CrMoV12
4	1	Stck	Spannring		56NiCrMoV7
3	1	Stck	Oberteil		56NiCrMoV7
2	1	Stck	Futterring		56NiCrMoV7
1	1	Stck	Unterteil		56NiCrMoV7

Allgemeintoleranzen DIN 7168 - m		Maßstab 1:1	
	Datum	Name	
Bearb.			Fließpress - Werkzeug
Gepr.			
Norm			
FHD		1250.00	Blatt / Blätter
Zust. / Änderung / Datum / Name	Ursprung	Ersatz für:	Ersatz durch:

Variantenkonstruktion erstellt mit CAD-System PC-Draft

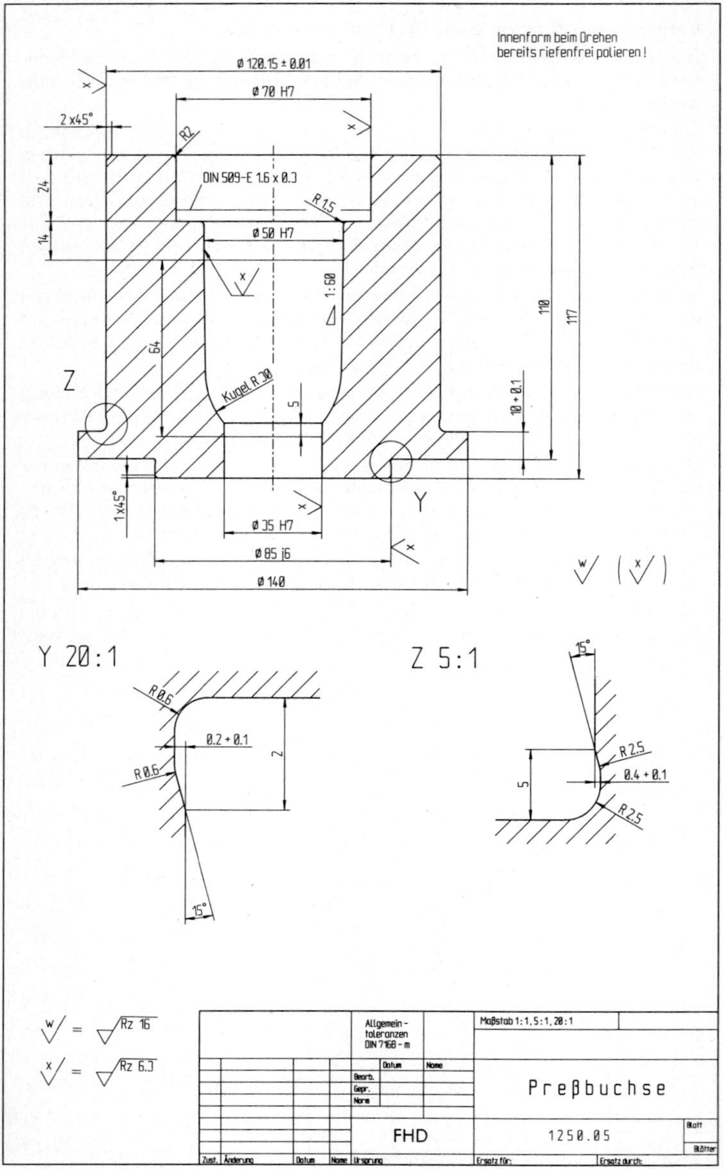

Innenform beim Drehen bereits riefenfrei polieren!
ø 120.15 ± 0.01
ø 70 H7
2 x45°
R2
DIN 509-E 1.6 x 0.3
R 1.5
ø 50 H7
24
14
64
1:60
Kugel R 30
Z
5
10 + 0.1
110
117
1x45°
Y
ø 35 H7
ø 85 j6
ø 140
Y 20:1
R 0.6
0.2 + 0.1
2
R 0.6
15°
Z 5:1
15°
R 2.5
0.4 + 0.1
5
R 2.5
w = Rz 16
x = Rz 6.3
Allgemeintoleranzen DIN 7168 - m
Maßstab 1:1, 5:1, 20:1
Datum
Name
Bearb.
Gepr.
Norm
Preßbuchse
FHD
1250.05
Blatt
Blätter
Zust.
Änderung
Datum
Name
Ursprung
Ersatz für:
Ersatz durch:

12

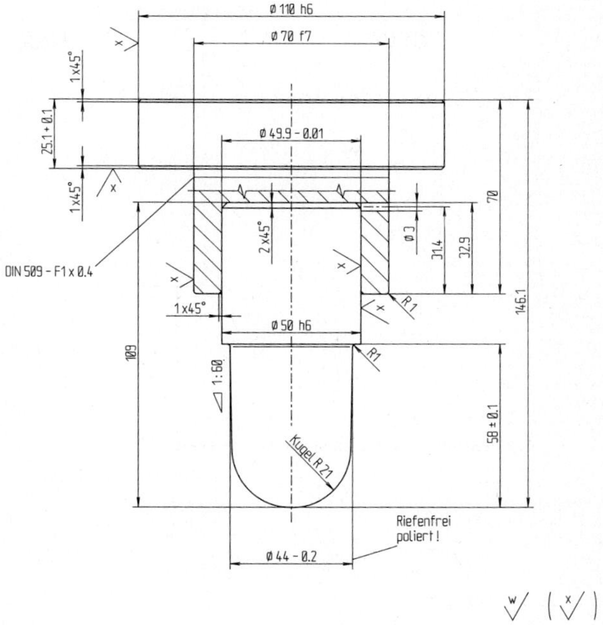

w = Rz 16

x = Rz 6.3

Allgemein-toleranzen DIN 7168 - m	Maßstab 1:1
Datum / Name — Bearb. / Gepr. / Norm	**Druckstempel** gefügt
FHD	1250.08 - 09
Zust. / Änderung / Datum / Name / Ursprung	Ersatz für: / Ersatz durch: / Blatt / Blätter

12

Erstellen eines Schaltplanes der Fluidtechnik mit Hilfe von Menüfeldern

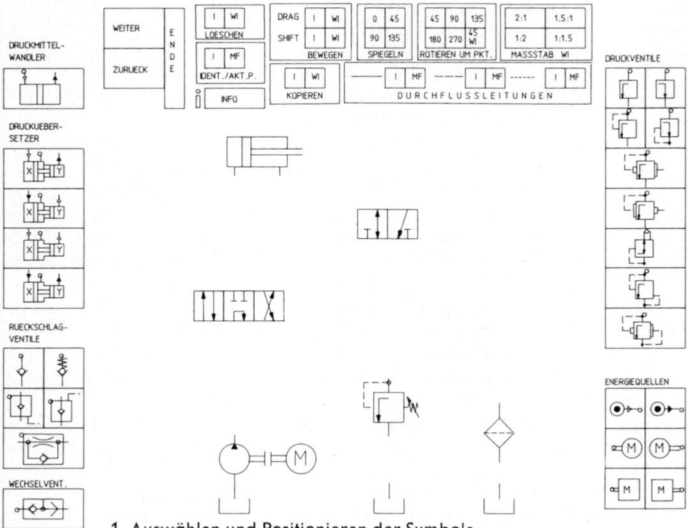

1. Auswählen und Positionieren der Symbole

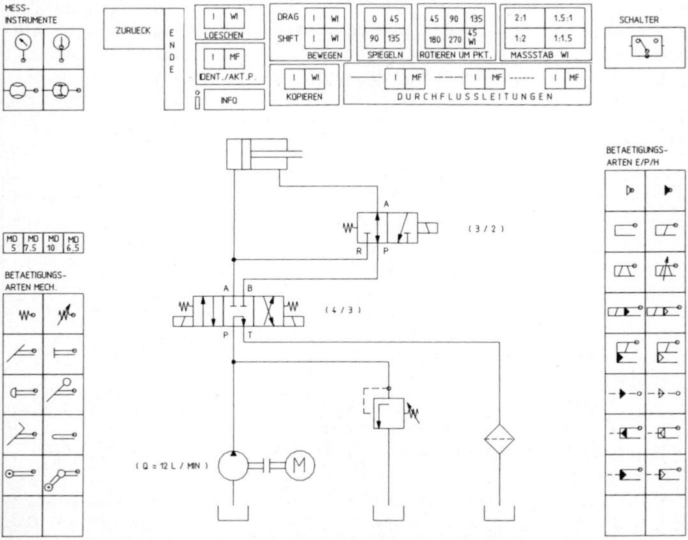

2. Eintragen der Betätigungselemente und Verbindungsleitungen

12

Kopplung eines CAD-Systems mit der NC-Teileprogrammierung, CAD/CAM

Beim rechnergestützten Zeichnen und Konstruieren beschreibt der Konstrukteur die geometrische Form eines Werkstückes mit der vom CAD-System vorgegebenen Eingabe im interaktiven Dialog auf dem Rechner. Dabei wird das Werkstück als rechnerinternes 2D oder räumliches 3D-Modell erfaßt und im Rechner abgespeichert. Dies geschieht mit Hilfe von Dateien und einem Datenverwaltungssystem.

Die in einem Rechner mit einem CAD-System erstellten und gespeicherten Werkstückdaten lassen sich durch Koppeln eines CAD-Systems mit einem NC-Teileprogrammiersystem wie EXAPT, APT oder COMPACT II für die Fertigung verwenden. Dazu ist eine Schnittstelle als Übergabestelle erforderlich, damit die gespeicherten Werkstückdaten aus der CAD-Datenbank zur Weiterverarbeitung in das NC-Teileprogramm übertragen werden können.

Beim EXAPT-Programmiersystem erfolgt die Daten- und Modellübergabe auf der Basis von IGES, einer standardisierten Schnittstelle, wobei die geometrischen und technologischen Daten miteinander verknüpft werden können. Aus den Daten des CAD-Systems wird eine neue Datenstruktur erzeugt, die das NC-Programmiersystem verarbeiten kann.

Die graphisch-interaktive Geometrieverarbeitung durch den NC-Teileprogrammierer ermöglicht es, CAD-Daten abzuändern und zu ergänzen, um sie den Fertigungsbedingungen anzupassen.

Der NC-Teileprogrammierer beschreibt im graphisch-interaktiven Dialog mit dem Rechner ausgehend von der gespeicherten Werkstückgeometrie die erforderlichen Werkzeugverfahranweisungen in Abhängigkeit der zu verwendenden Werkzeuge und unter Berücksichtigung der Schnittaufteilung. Dabei wird der jeweilige Werkzeugweg als Äquidistante zur Werkstückkonturlinie bestimmt. Somit wird dem CAD-Geometriemodell ein geometrisches NC-Werkzeugmodell zugeordnet. Zu bestimmten Werkzeugwegabschnitten werden fertigungstechnologische Angaben wie Werkzeuge, Drehzahlen und Vorschübe in einer Datei angelegt.

Das Kopplungsmodul CADCPL liefert ein komplettes NC-Teileprogramm einschließlich aller Arbeitsablaufdefinitionen.

Der modulare Aufbau des EXAPT-Programmiersystems erlaubt durch zusätzliche Technologiebausteine nach einer Grobplanung durch den NC-Teileprogrammierer eine automatisierte NC-Programmierung für die am häufigsten vorkommenden Bearbeitungen wie Drehen, Bohren, Fräsen, Brennschneiden, Drahterodieren usw. Hierbei werden die Werkzeugverfahrwege aus der CAD-Teilegeometrie automatisch berechnet und die Werkzeuge, Schnittaufteilungen, Vorschübe und Drehzahlen mit Hilfe entsprechender Dateien festgelegt und Kollisionsüberprüfungen der Werkzeuge teilautomatisch durchgeführt.

Nach der NC-Teileprogrammierung kann die Simulation der Werkzeugverfahrbewegung auch auf dem Bildschirm oder Plotter durchgeführt werden, um Werkzeugkollisionen mit dem Werkstück und den Spannmitteln auszuschließen.

Das EXAPT-Programmiersystem findet Anwendung bei der NC-Teileprogrammierung für NC-, CNC- und DNC-gesteuerte Werkzeugmaschinen und läßt sich durch seinen modularen Aufbau in CAD/CAM-Systeme integrieren.

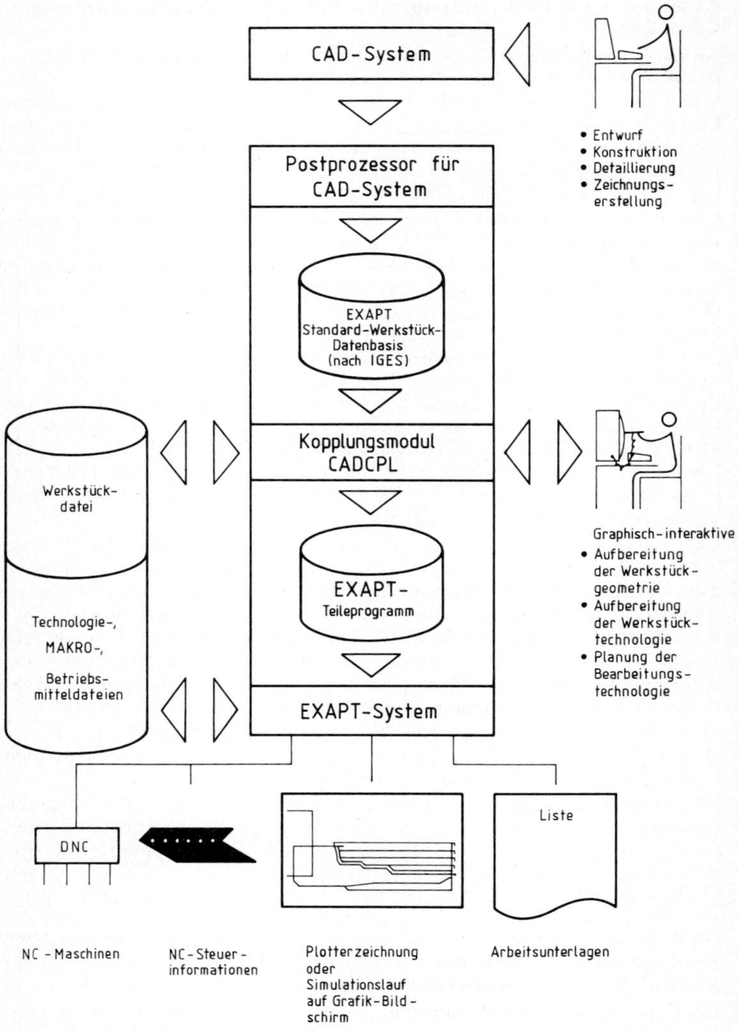

12

390.1 Kopplung des EXAPT-NC-Programmiersystems durch den Kopplungsbaustein EXAPT-CADCPL mit einem CAD-System für die NC-Teileprogrammierung

CIM-Bausteine für eine integrierte Auftragsabwicklung im Produktionsbereich

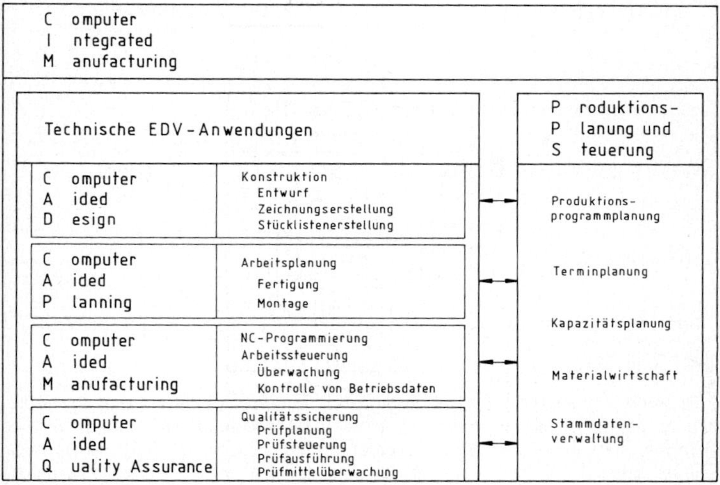

391.1 CIM-Bausteine

CIM umschreibt den integrierten Einsatz der elektronischen Datenverarbeitung (EDV) in allen Produktionsbereichen eines Unternehmens. Hierzu gehören alle Tätigkeiten von der Entwicklung über die Konstruktion, Fertigung bis hin zur Qualitätssicherung. Ferner werden auch die Aufgaben für die Auftragsabwicklung wie Planung, Steuerung der Fertigung, Angebotserarbeitung und Kostenkalkulation hinzugerechnet.

CAD bezieht sich im engeren Sinne auf die graphisch-interaktive Erzeugung und Manipulation von Objekten und ihrer Darstellung, z. B. von Werkstükken, Maschinen und Anlagen. Im weiteren Sinne bezeichnet man mit CAD z. B. auch rechnerunterstützte Konstruktionsoptimierungen und Simulationsverfahren.

CAP bezeichnet die EDV-Unterstützung bei der Arbeitsvorbereitung. Hierbei handelt es sich um Planungsaufgaben, die auf den Arbeitsergebnissen der Konstruktion aufbauen wie Arbeits-, Fertigungs- und Montageplanung.

CAM bezeichnet die EDV-Unterstützung zur Steuerung und Überwachung des Fertigungsprozesses. Dies bezieht sich auf die Steuerung von Werkzeugmaschinen, Handhabungsgeräten sowie Transport- und Lagerungssystemen.

CAQ bezeichnet die EDV-Unterstützung der Planung und Durchführung der Qualitätssicherung. Hierzu zählen die Erstellung von Prüfplänen, Prüfprogrammen sowie die Durchführung rechnerunterstützter Maß- und Prüfverfahren.

PPS bezeichnet den Einsatz rechnerunterstützter Systeme zur organisatorischen Planung, Steuerung und Überwachung der Produktionsabläufe von der Angebotserarbeitung bis zum Versand.

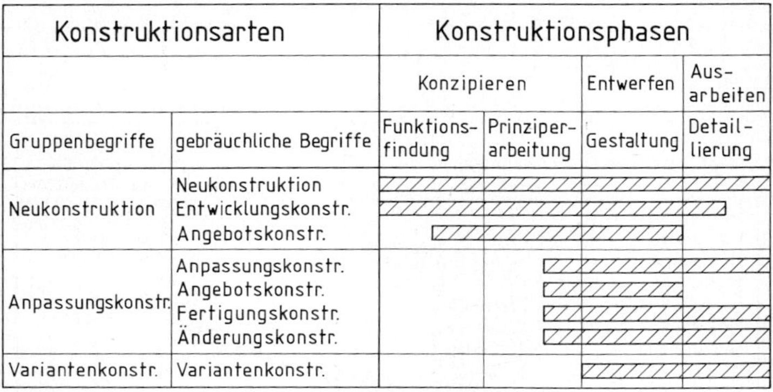

392.1 Konstruktionsarten und Konstruktionsphasen

Die kürzer werdende Beibehaltungszeit von Produkten in der Fertigung macht es notwendig, immer schneller neue Produkte auf den Markt zu bringen. Das erfordert eine Beschleunigung des Konstruktionsprozesses. Dieser Bereich hat sich aber oft als Engpaß bei einem Auftragsdurchlauf erwiesen. Eine Verbesserung läßt sich neben der Systematisierung des Konstruktionsprozesses vor allem durch den Einsatz von EDV-Anlagen im Konstruktionsprozeß erreichen.

Nach der VDI-Richtlinie 2210 wird der Konstruktionsprozeß wegen seiner Komplexität in verschiedene Konstruktionsphasen (Teilvorgänge) und Konstruktionsarten unterteilt, 392.1. In den ersten Phasen beim Funktionsfinden und Prinziperarbeiten für eine Konstruktionsaufgabe werden Optimierungsüberlegungen angestellt, die im wesentlichen geistig-schöpferischer Art sind. In den Phasen des Gestaltens und Detaillierens kann der Zeitaufwand für sich wiederholende Tätigkeiten durch Rechnereinsatz erheblich verringert werden.

Bei den Konstruktionsarten unterscheidet man im wesentlichen Neukonstruktionen, Anpassungskonstruktionen und Variantenkonstruktionen. Neukonstruktionen erstrecken sich über alle Konstruktionsphasen, wobei die ersten im Hinblick auf eine Optimierung wiederholt werden müssen. Bei Anpassungskonstruktionen liegt die Gesamtfunktion der Teile fest, wobei nur einige Teile unwesentlich verändert oder ergänzt werden müssen. Bei Variantenkonstruktionen liegt eine festgelegte Funktion vor, wobei nur die Gestalt und die Abmessungen einiger Teile verändert werden.

Eine Untersuchung hat ergeben, daß im Maschinenbau etwa 25% Neukonstruktionen, 55% Anpassungskonstruktionen und 20% Variantenkonstruktionen vorliegen. Durch Standardisierung kommt der Werkzeugmaschinenbau auf 50% Variantenkonstruktionen. Hierbei kommen die Vorteile von CAD besonders zum Tragen.

12.3 Numerisch gesteuerte Zeichenmaschine[1])

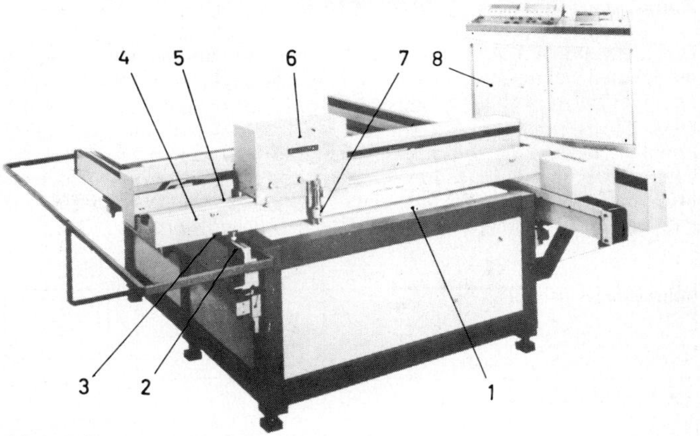

393.1 Numerisch gesteuerte Zeichenanlage Aristomat 8446

Die Vorteile der numerischen Steuerung bei der Automatisierung von Werkzeugmaschinen (NC-Maschinen) lassen sich auch in Verbindung mit geeigneten Zeichenmaschinen nutzen, um Zeichnungen maschinell herzustellen.

Durch numerisch gesteuerte Zeichenanlagen kann die Zeichenarbeit in der Industrie, im Vermessungswesen und in der Forschung erleichtert werden, z. B. durch:

1. Darstellen von Schnittflächen komplizierter Körper, z. B. Flugkörper oder Spantenrisse von Schiffskörpern.
2. Anfertigen von Einzelteilzeichnungen wie Stromlaufpläne, Blockschaltbilder, Bestückungspläne usw.
3. Herstellen von Karten und Plänen für das Vermessungswesen.
4. Prüfen der Programme für numerisch gesteuerte Werkzeugmaschinen durch Aufzeichnen der Bewegungsvorgänge.
5. Graphisches Darstellen der von Rechenanlagen ermittelten numerischen Ergebnisse.

Die Zeichenmaschine einer numerisch gesteuerten Zeichenanlage besteht aus dem Zeichentisch (1), an dem beidseitig Abszissenschienen (2) angebracht sind, auf denen die Abszissenwagen (3) fahren. Diese sind durch eine Brücke (4) fest miteinander verbunden und tragen die Ordinatenschiene (5). Auf dieser fährt der Ordinatenwagen (6), der zur Aufnahme auswechselbarer Zeichenwerkzeuge (7) eingerichtet ist.

Das Erstellen der erforderlichen Programme für die Steueranlage (8) geschieht zum großen Teil maschinell über Rechner. Eine manuelle Programmierung kann beim Anfertigen von Einzelteilzeichnungen wirtschaftlich sein.

[1]) Auch Plotter genannt, die als Trommel- oder Bettplotter Anwendung finden.

Testzeichnungen zur Beurteilung von numerisch gesteuerten Zeichenmaschinen nach DIN 32866

Die abgebildete Testzeichnung 394.1 dient zur Beurteilung von Qualitätsmerkmalen numerisch gesteuerter Zeichenmaschinen (Plotter) unabhängig vom Gerätetyp, wobei bestimmte Zeichenbedingungen vorgeschrieben sind.

Diese Testzeichnung ist in Zonen aufgeteilt, in denen bestimmte Prüfkriterien ermittelt werden. Sie soll in der Reihenfolge der Zonen, jeweils ausgehend von bestimmten Anfangspunkten aus, angefertigt werden. Die einzelnen Prüfkriterien können mit Hilfe einer Meßlupe ermittelt und gegebenenfalls mit der Testzeichnung nach DIN 32866 verglichen werden.

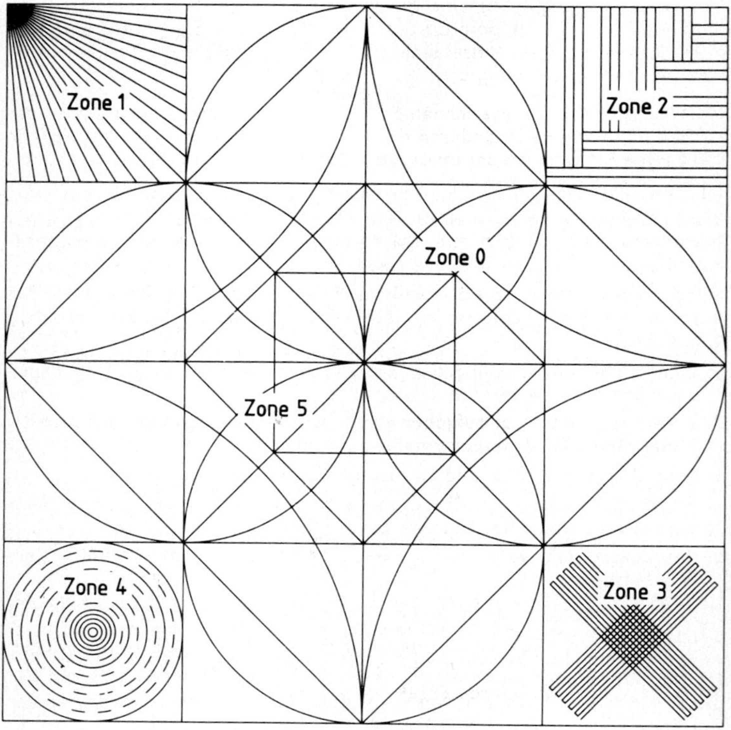

394.1 Testzeichnung

12

12.4 Testaufgaben zum Selbsttesten und Vorbereiten auf Zwischen- und Abschlußprüfungen

Die den Lehr- und Lernstoffen zumeist folgenden Aufforderungen zum Üben und Selbsttesten (Erfolgskontrollen) sowie die Tests: Räumliches Vorstellen und Zeichnungslesen S. 396. . .399 dienen dem Feststellen des jeweiligen Lern- und Übungsfortschritts. Erst nach dem Lösen der Tests vergleichen Sie Ihre Resultate mit den entsprechenden Ergebnissen auf S. 419.

Die Auswahlaufgaben auf den S. 400, 401 und 406 sollen die Art, den Umfang der zu lösenden programmierten Prüfungsaufgaben früherer Abschlußprüfungen erkennen lassen und die eigene Prüfungsreife feststellen helfen.

Überprüfen Sie auch Ihre Zeichenfertigkeit durch Zeichnen nach Zeichenschritten der in Raumbildern dargestellten Werkstücke S. 402, 403 und 409. Hierbei wandeln Sie das dreidimensionale Raumbild in eine zweidimensionale technische Zeichnung um.

In den Tests Ergänzungszeichnen S. 410 und 411 ist aus zwei Ansichten die dritte zu erkennen und dadurch der Beweis zu erbringen, daß der Körper räumlich erfaßt ist. Hierbei sollen Sie sich den Körper aus den flächenhaften Ansichten räumlich vorstellen.

Beim fertigungsgerechten Herauszeichnen der Einzelteile aus Gruppenzeichnungen, z. B. S. 417, sind die Einzelteile nach Funktion, Körperform mit Maßen und Passungen zu erkennen. Hierbei müssen die Gesamtfunktion der Baugruppe und die Einzelfunktionen der Bauteile durchdacht werden.

Bei den Tests Schnitte, Durchdringungen und Abwicklungen S. 412, 413 sowie 414, 415 und 416 sind die günstigsten Hilfsverfahren zum Lösen der Aufgaben zu ermitteln und anzuwenden.

Bei Fehllösungen der Testaufgaben erarbeiten Sie erneut den entsprechenden Lehrstoff, z. B. anhand der Informationen und verbessern dann Ihre Lösungen.

Es ist auch ratsam, nach einigen Wochen erneut eine Leistungskontrolle mit den gleichen oder auch ähnlichen selbstgestellten Testaufgaben durchzuführen und dann die Ergebnisse bezüglich Richtigkeit und Zeit mit den ersten zu vergleichen.

Die Inhalte und Erklärungen der behandelten Zeichenregeln, Normen, zahlreichen Kurzzeichen, Musterzeichnungen und Konstruktionen der Darstellenden Geometrie sowie Richtlinien für das fertigungsgerechte Gestalten bieten vielfache Möglichkeiten für das Erstellen von Prüfungs- bzw. Erfolgskontrollaufgaben und deren Ergebnisüberprüfung.

Die Voraussetzung für das richtige Lösen unter Einhaltung vorgegebener Zeit der in Datenbanken erstellten programmierten Prüfungsaufgaben ist ein vorhergehendes systematisches Erarbeiten, Lernen, Üben, Anwenden und Selbsttesten der einzelnen Lehr-, Lern- und Übungsstoffe, wie sie dieses Buch in kompakter Weise umfassend und übersichtlich als Informationsspeicher, Helfer und Ratgeber darbietet.

Test: Räumliches Vorstellen und Zeichnungslesen

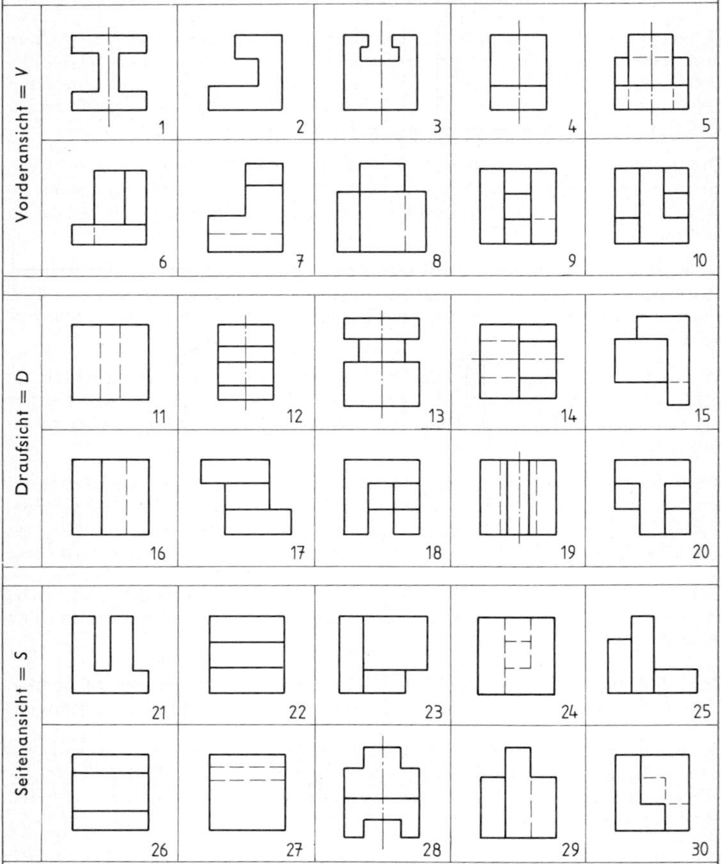

V	1	2	3	4	5	6	7	8	9	10
D										
S										

1. Zuordnungsaufgaben:

   Ordnen Sie der *V* die zugehörige *D* und *S* zu. Dabei stellen Sie sich den Körper vor. Danach tragen Sie in die Tabelle die entsprechende Nummer der *D* und *S* von links ein.

2. Zeichnen Sie von einigen Teilen je die zugehörige *V*, *D* und *S* als technische Zeichnung.

3. Skizzieren Sie einige Beispiele in perspektivischer Darstellung.

Test: Räumliches Vorstellen und Zeichnungslesen

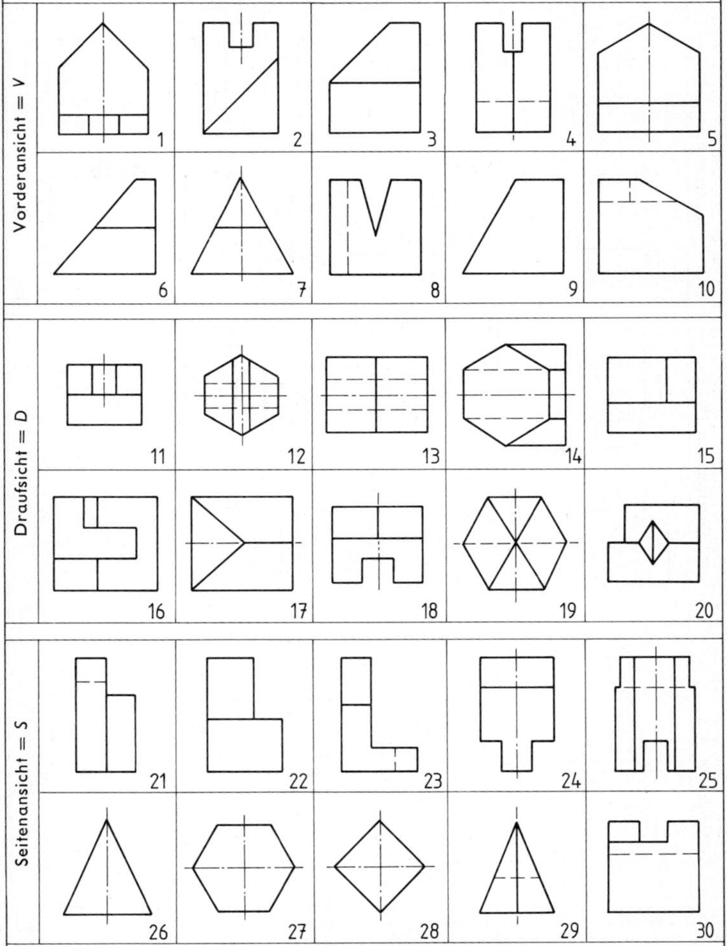

V	1	2	3	4	5	6	7	8	9	10
D										
S										

1. Zuordnungsaufgaben:
   Ordnen Sie der *V* die zugehörige *D* und *S* zu. Dabei stellen Sie sich den Körper vor. Danach tragen Sie in die Tabelle die entsprechende Nummer der *D* und *S* ein.
2. Zeichnen Sie von einigen Teilen je die zugehörige *V*, *D* und *S* als technische Zeichnung.
3. Skizzieren Sie diese Beispiele in perspektivischer Darstellung.

Test: Räumliches Vorstellen und Zeichnungslesen

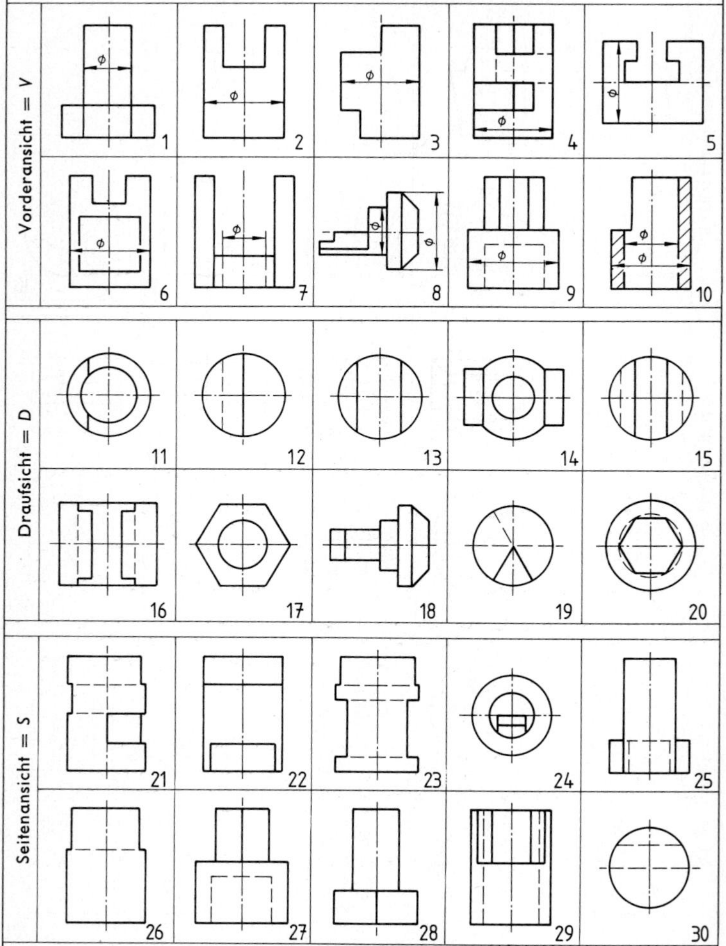

V	1	2	3	4	5	6	7	8	9	10
D										
S										

1. **Zuordnungsaufgaben:**

   Ordnen Sie der *V* die zugehörige *D* und *S* zu. Dabei stellen Sie sich den Körper vor. Danach tragen Sie in die Tabelle die entsprechende Nummer der *D* und *S* von links ein.

2. Zeichnen Sie von einigen Teilen je die zugehörige *V*, *D* und *S* als technische Zeichnung.

3. Skizzieren Sie einige Beispiele in perspektivischer Darstellung.

Test: Räumliches Vorstellen und Zeichnungslesen

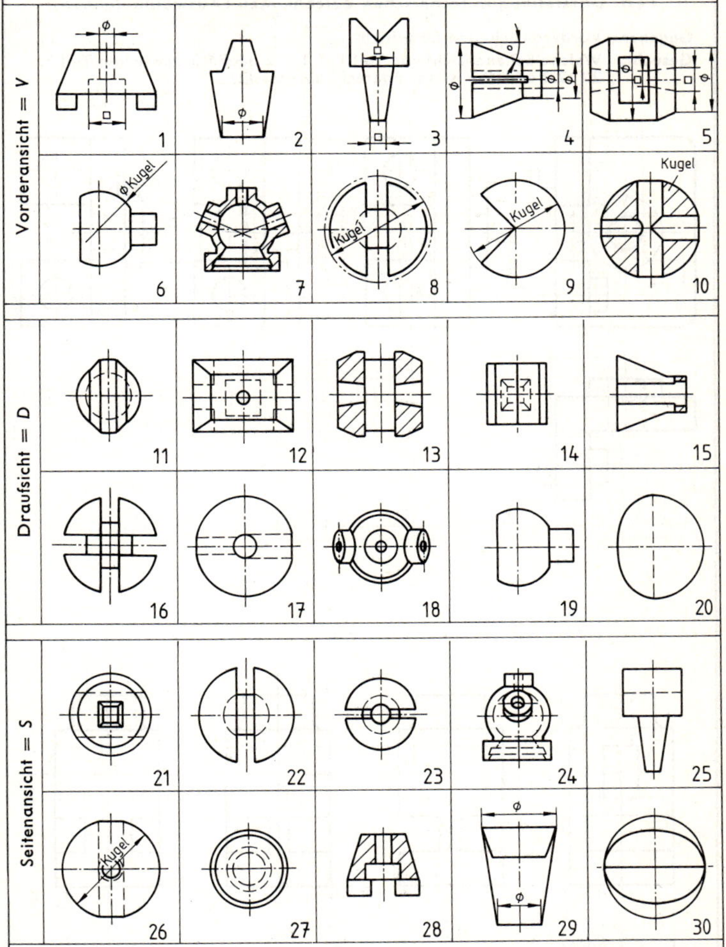

V	1	2	3	4	5	6	7	8	9	10
D										
S										

1. Zuordnungsaufgaben:
   Ordnen Sie der *V* die zugehörige *D* und *S* zu. Dabei stellen Sie sich den Körper vor. Danach tragen Sie in die Tabelle die entsprechende Nummer der *D* und *S* von links ein.
2. Zeichnen Sie von einigen Teilen je die zugehörige *V*, *D* und *S* als technische Zeichnung.
3. Skizzieren Sie einige Beispiele in perspektivischer Darstellung.

Test: Zeichnen von Werkstücken nach Raumbildern

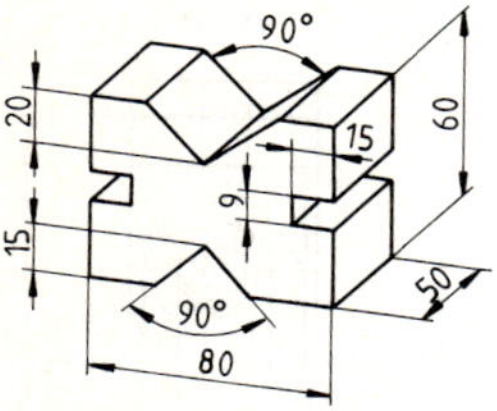

1 Bohrprisma St 50-2

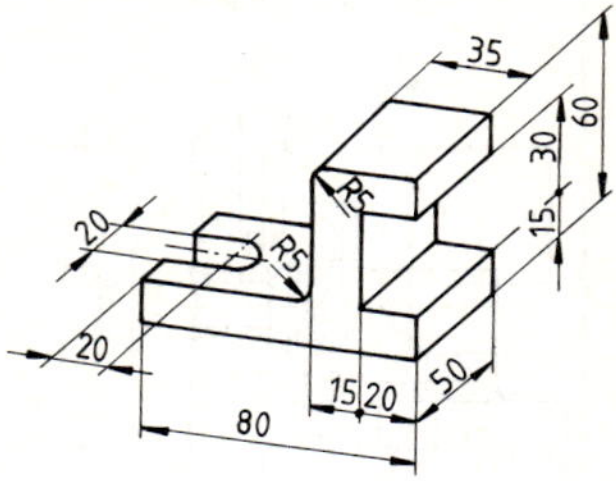

2 Halter St 50-2

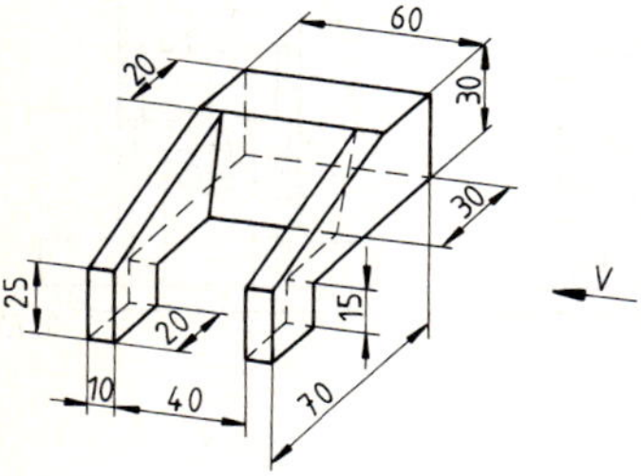

3 Spannbrücke St 44-2

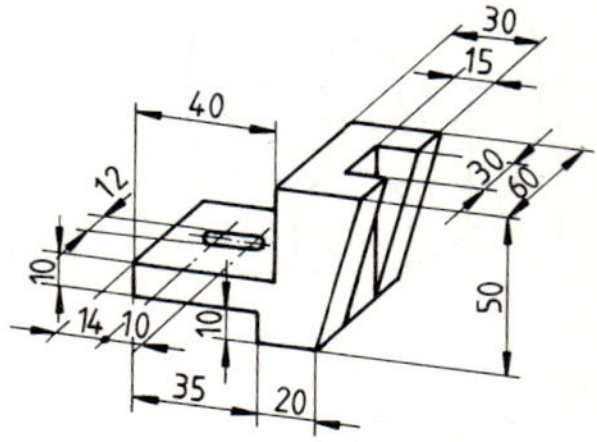

4 Spannstück St 50-2

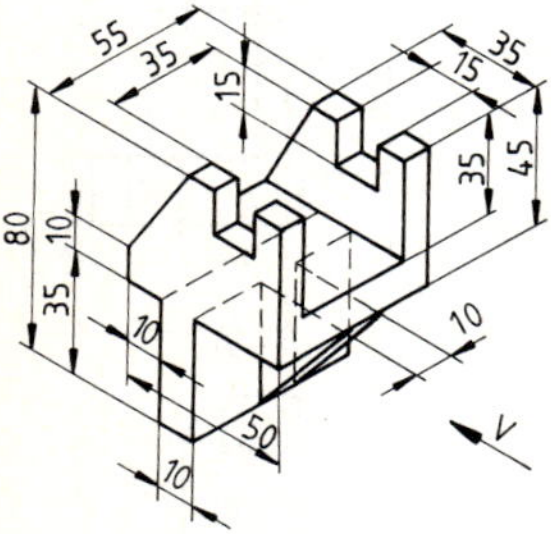

5 Auflagebock GG-20

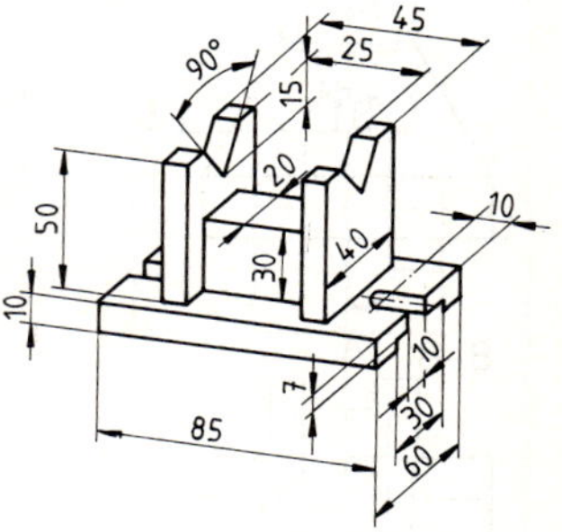

6 Auflagebock St 44-2

12

Aufgabe:

Zeichnen Sie obige Werkstücke im M 1 : 1 in der *V*, *D* und *S* nach Zeichenschritten je auf einem A4-Blatt mit allen Maßen. Zeichnen Sie auch das genormte Grundschriftfeld nach DIN 6771 Teil 1 (s. S. 147) und füllen es aus.

Test: Zeichnen von Werkstücken nach Raumbildern

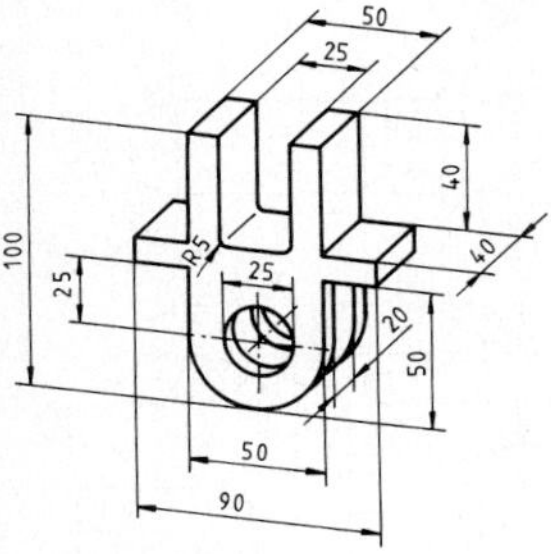

1 Lager GG-20

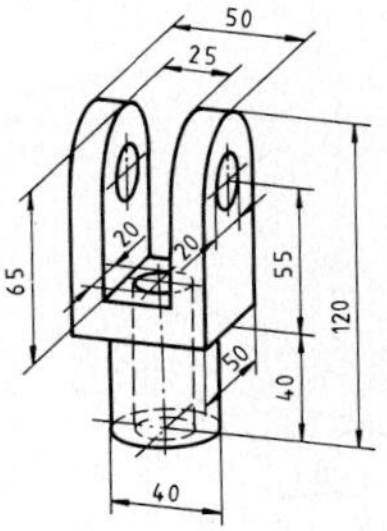

2 Gabel St 50-2

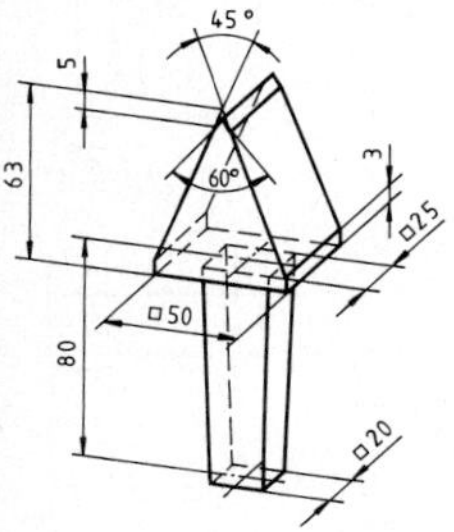

3 Abschroter C 70 W 2

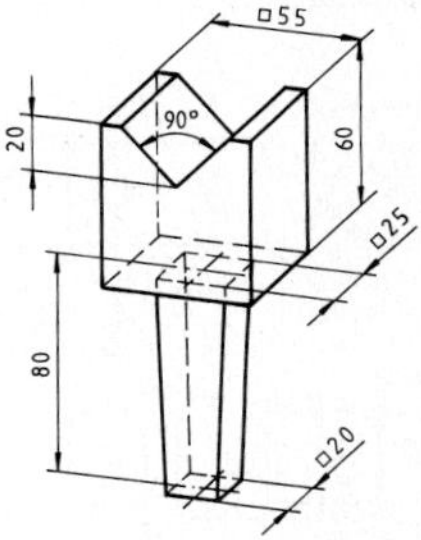

4 Vierkantgesenk C 70 W 2

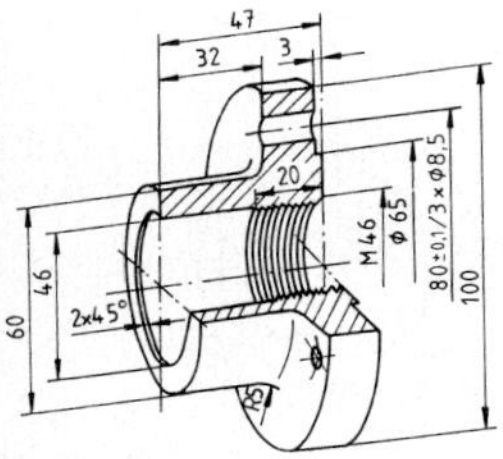

3 Löcher um 120° versetzt

5 Gewindeflansch GS-52

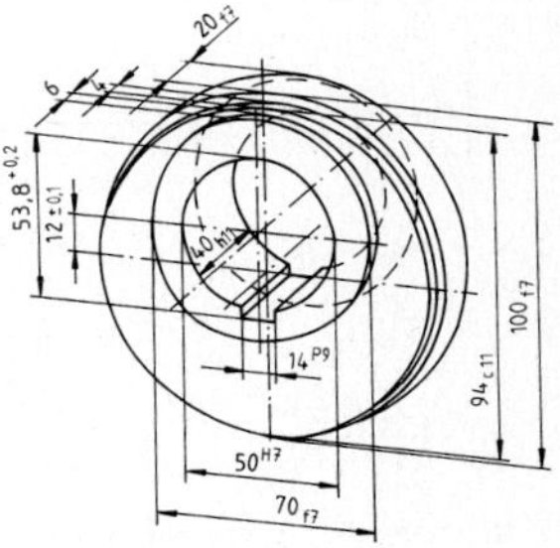

6 Exzenter St 50-2

Aufgabe:

Zeichnen Sie obige Werkstücke im M 1 : 1 je auf ein A4-Blatt in Zeichenschritten mit allen Maßen, und zwar

1. die Teile 1...4 in der *V*, *D* und *S*,
2. das Teil 5 in *V* im Halbschnitt (unter der Mittellinie)
3. das Teil 6 in *V* und *S* im Vollschnitt.

Zeichnen Sie auch das genormte Grundschriftfeld nach DIN 6771 Teil 1 (s. S. 147) und füllen es aus.

Test: Normenkenntnisse über Darstellung und Bemaßung

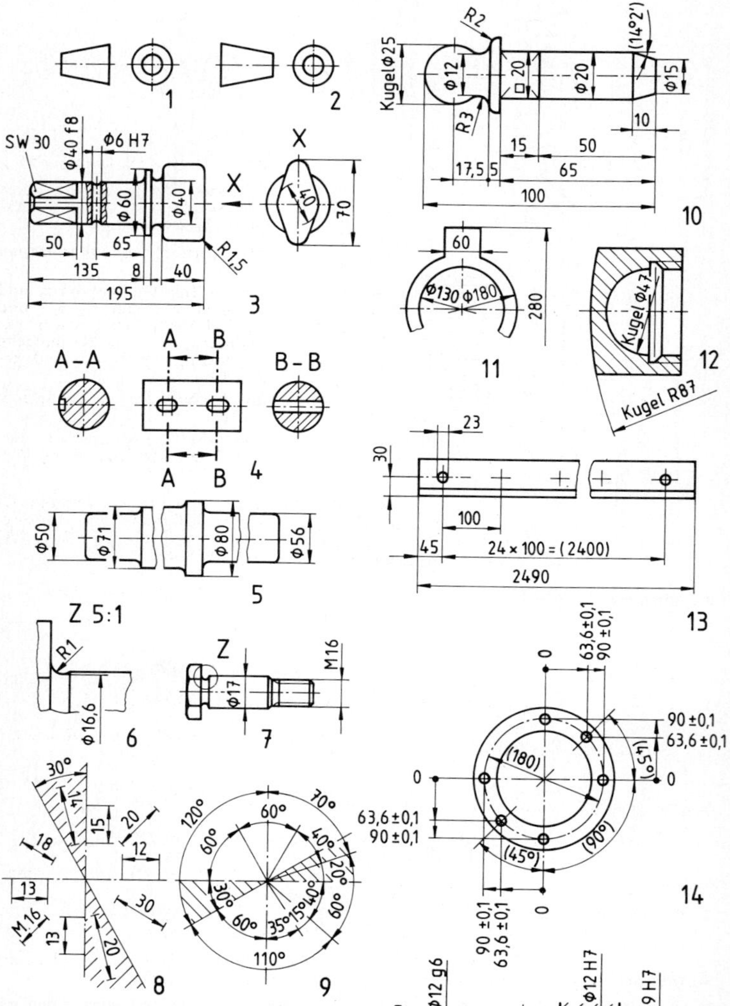

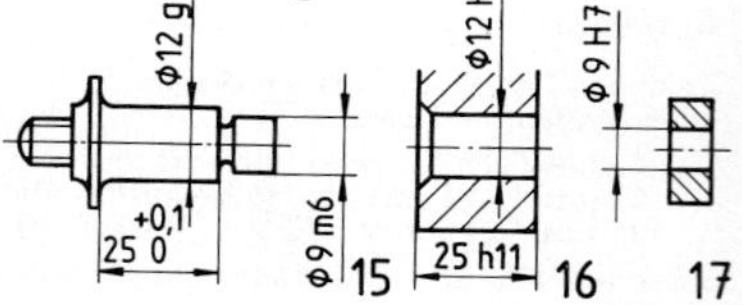

Aufgabe: Erklären und begründen Sie die in den Zeichnungen 1...17 angewandten Normen der Darstellung und Bemaßung (in Stichworten). Überprüfen Sie dann Ihre Antworten anhand der Abschnitte 2, 3 und 4 im „Technischen Zeichnen".

12

Test: Darstellen und Bemaßen von Zahnrädern, Kegel und Gewinde

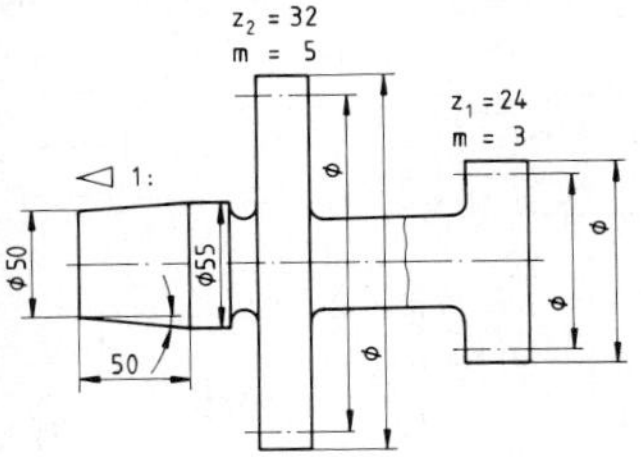

Aufgabe:

1.1. Berechnen Sie den d- und d_a-Durchmesser sowie die Kegelverjüngung 1 : x und den Einstellwinkel $\alpha/2$ und tragen diese Maße und Angaben und auch die Gewindemaße in die Zeichnung Zahnradwelle (M 1 : 2) ein.

1.2. Ergänzen Sie im Teilschnitt ein Innengewinde M 12 mit wirksamer Gewindelänge 16 mm.

1.3. Als Oberflächenangaben tragen Sie ein:

für die Zahnflanken von z_1 und z_2 feingeschlichtet R_z 6,3 und randschichtgehärtet sowie geschliffen, für die Kegelfläche feingeschlichtet R_z 6,3 und geschliffen,

alle übrigen Flächen geschruppt R_z 100.

Die Oberflächenangaben nach DIN ISO 1302 entsprechen DIN 3141 – Reihe 2.

1.4. Wählen Sie für die Angabe der Kegelverjüngung das entsprechende Symbol nach DIN ISO 3040, s. S. 123.

Lösung

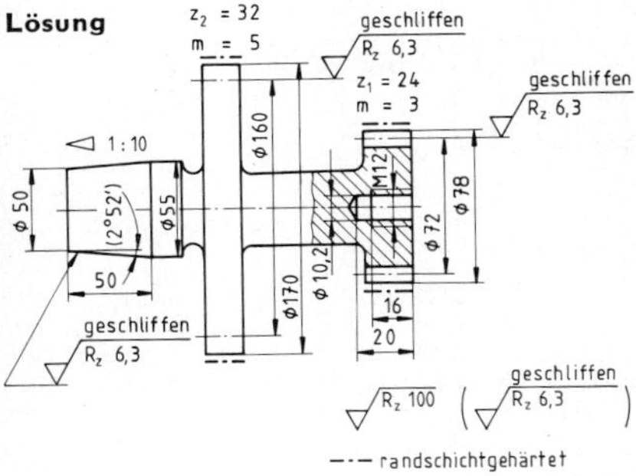

Berechnungen:

Kegel 1 : x $= (D - d) : l$
$= (55 - 50) : 50$
$= 5 : 50$
$= 1 : 10$

Neigung 1 : 2x $= \frac{D - d}{2} : l$
$= \frac{55 - 50}{2} : 50$
$= \frac{5}{2} : 50$
$= 1 : 20$

Einstellw. $\tan \frac{\alpha}{2} = \frac{D - d}{2\,l}$
$= \frac{55 - 50}{2 \times 50}$
$= \frac{5}{100} = 0{,}05$

$\frac{\alpha}{2} = 2° \, 52'$

Information aus TZ:

Berechnung der Stirnräder 5.1

Fertigungszeichnungen von Zahnrädern 5.2

Kegel, Verjüngung, Neigung 4.5 u. S. 110.

Gewindedarstellung 3.2

Eintragen der Wortangaben für Oberflächen 3.5.4

Härteangaben S. 3.7

Weitere Übungsaufgaben in „Praxis des Technischen Zeichnens"

Test: Oberflächenkennzeichnung, Freistiche, Maßtoleranzen, Paßmaße

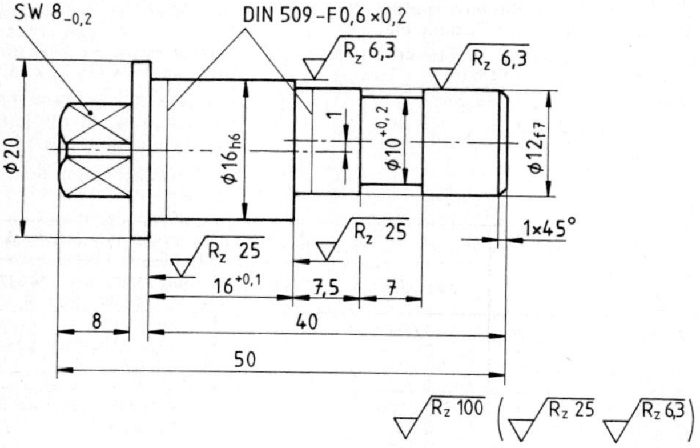

Exzenterbolzen Ck 45

1. Welcher Oberflächenreihe nach DIN 3141 entsprechen die angegebenen gemittelten Rauhtiefen der Oberflächenangaben nach DIN ISO 1302? (s. S. 79)
   - 1.1. Reihe 1
   - 1.2. Reihe 2
   - 1.3. Reihe 3
   - 1.4. Reihe 4

2. Welcher der aufgeführten Freistiche ist normgerecht und bei nur einer zu schleifenden Werkstückfläche anzuwenden?
   - 2.1. DIN 509 — A2 × 0,2
   - 2.2. DIN 509 — B2 × 0,2
   - 2.3. DIN 509 — E0,6 × 0,2
   - 2.4. DIN 509 — F0,6 × 0,2

3. Welches ist die richtige Maßtoleranz in mm des Paßmaßes 16h6?
   - 3.1. 0,02 mm
   - 3.2. 0,11 mm
   - 3.3. 0,011 mm
   - 3.4. 0,04 mm

4. Welches von den durch Kontrolle an 5 Werkstücken ermittelten Istmaßen in mm ist beim Paßmaß 12f7 $\binom{-0,016}{-0,036}$ das günstigste?
   - 4.1. 11,984 mm
   - 4.2. 11,964 mm
   - 4.3. 11,979 mm
   - 4.4. 11,974 mm
   - 4.5. 11,800 mm

Test: Berechnen von Maß- und Paßtoleranzen gegebener Paßmaße und Darstellen der Maß- und Paßtoleranzfelder.

Aufgabe:

1. Bestimmen Sie für die Paßmaße 30 H7/f7, 30 H7/h6, 36 H7/k6 und 36 H7/r6 die Grenzabmaße A_o und A_u, die Maßtoleranzen T, die Höchst- P_o und Mindestpassungen P_u, die Art der Paßtoleranzfelder sowie die Paßtoleranzen P_T. Tragen Sie die errechneten Werte in eine Tabelle ein.
2. Zeichnen Sie ein Schaubild (Einheit µm) in übersichtlicher Anordnung (4 Spalten) mit selbstgewähltem Maßstab:
   2.1 die Maßtoleranzfelder und
   2.2 die Paßtoleranzfelder.

Lösung:

Paßmaße			1	2	3	4
			30 H7/f7	30 H7/h6	36 H7/k6	36 H7/r6
Bohrg.	Grenzabmaße	A_o	+0,021	+0,021	+0,025	+0,025
		A_u	0	0	0	0
	Maßtoleranz	T	0,021	0,021	0,025	0,025
Welle	Grenzabmaße	A_o	−0,020	0	+0,018	+0,050
		A_u	−0,041	−0,013	+0,002	+0,034
	Maßtoleranz	T	0,021	0,013	0,016	0,016
	Höchstpassung	P_o	+0,062	+0,034	+0,023	−0,009
	Mindestpassung	P_u	+0,020	0	−0,018	−0,050
	Art des Paßtoleranzfeldes		Spieltoleranzfeld	Spieltoleranzfeld	Übergangstoleranzfeld	Übermaßtoleranzfeld
	Paßtoleranz	P_T	0,042	0,034	0,041	0,041

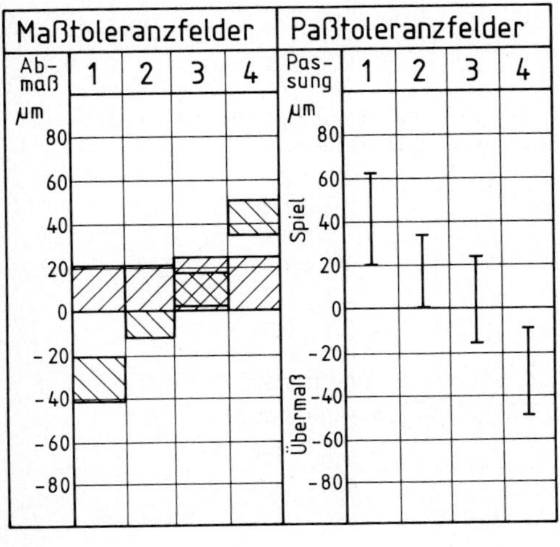

Information aus TZ:

ISO-Toleranzsystem	6.3.1
Bilden von Paßtoleranzfeldern	6.3.2
Paßsysteme der Einheitsbohrung u. Einheitswelle	6.3.3
Passungsauswahl	6.3.4
Prüfen der Paßmaße	6.3.6
Übung zum Erkennen einer Passung	6.3.7

Test: Fachzeichnen nach dimetrischer Darstellung „Steuerteil“ aus Ck 45

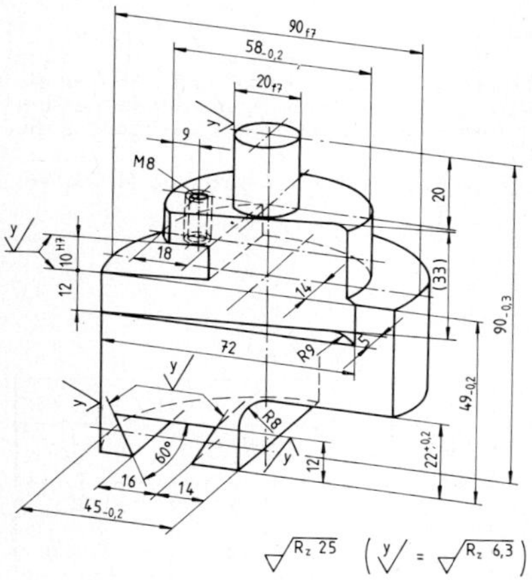

Aufgabe:
Das Steuerteil aus Ck 45 ist im M 1 : 1 in *V*, *D* und *S* normgerecht zu zeichnen und zu bemaßen. Als Oberflächenangaben sind einzutragen: die Flächen zu den Paßmaßen ⌀ 20f7 und ⌀ 90f7 sowie die Schwalbenführung 60° sind feingeschlichtet R_z 6,3, alle übrigen Flächen geschlichtet R_z 25.
In der Lösung sind die entsprechenden Oberflächenangaben nach DIN ISO 1302 vereinfacht einzutragen.

Lösungsfolge:
1. Nach Erfassen der einzelnen Werkstückformen den Platzbedarf und die Blattaufteilung festlegen.
2. Mittellinien für *V*, *D* und *S* zeichnen.
3. Entwerfen der *D*, *V* und *S* durch Projizieren.
4. Testen des Entwurfs, danach ausziehen.
5. Maßlinien, Maße und Oberflächenangaben eintragen.
6. Prüfen der Fertigzeichnung.

Lösung

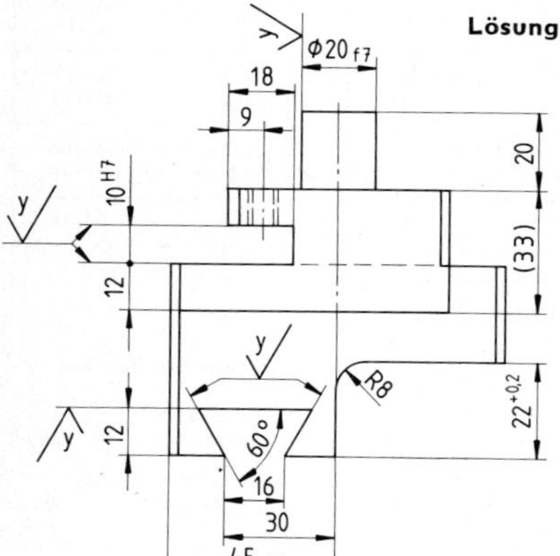

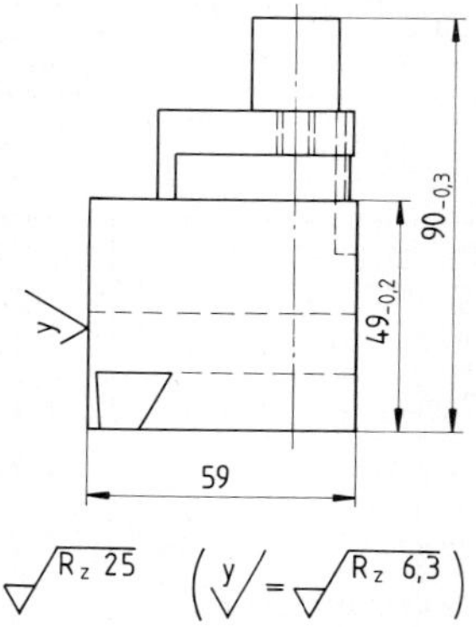

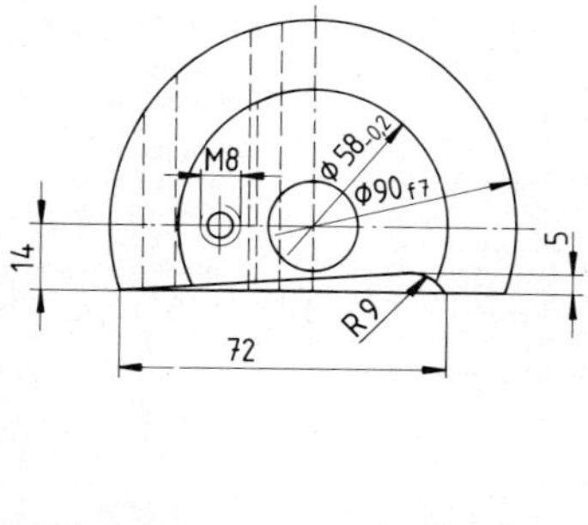

Information aus TZ:
1. Normung in der Fertigungszeichnung 3.9
2. Kurvenscheibe 9.10
3. Oberflächenangaben nach DIN ISO 1302, 3.5.3
4. Schriftfelder und Stücklisten 5.3

Weitere Übungsaufgaben in „Praxis des Technischen Zeichnens“

12

Test: Zeichnen von Werkstücken nach Raumbildern

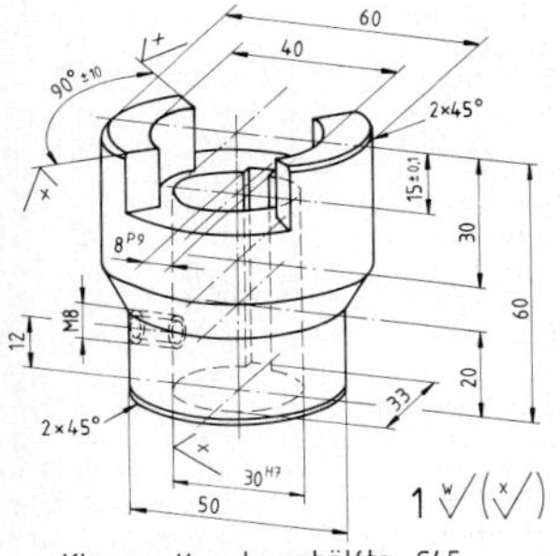

Klauen-Kupplungshälfte C45

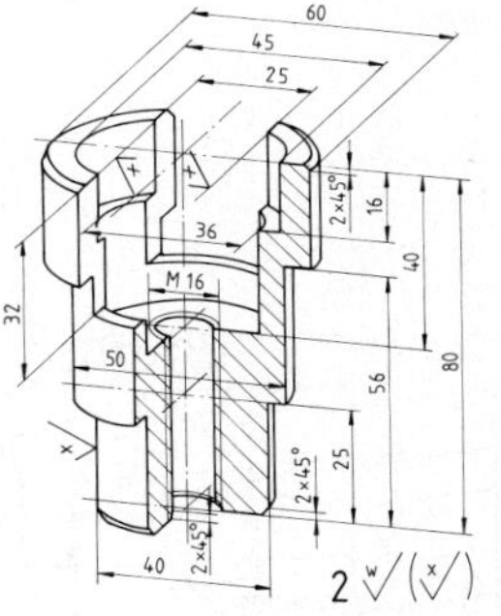

Steuerungsbuchse C45

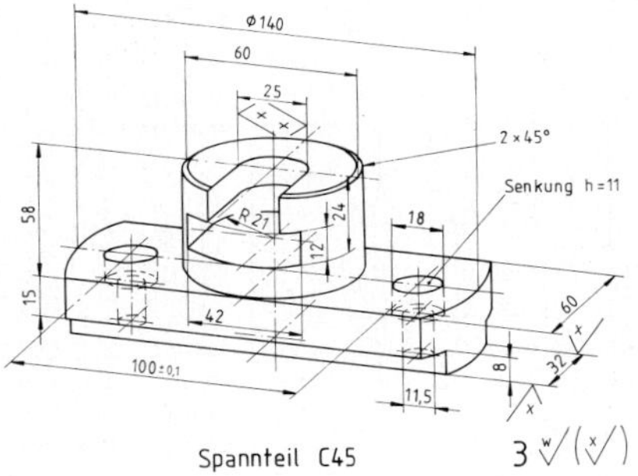

Spannteil C45

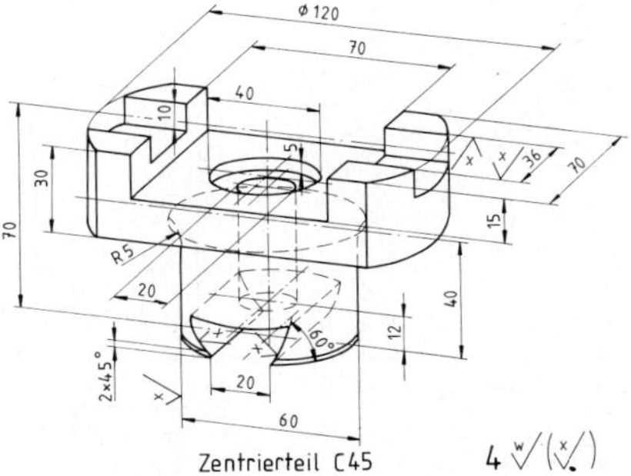

Zentrierteil C45

w/ = $\sqrt{R_z\ 100}$

x/ = $\sqrt{R_z\ 25}$

Aufgabe:
Zeichnen Sie obige Werkstücke im M 1:1 in der *V*, *D* und *S* nach Zeichenschritten je auf ein A4-Blatt mit allen Maßen und mit den Oberflächenangaben nach DIN ISO 1302. Zeichnen Sie auch das genormte Grundschriftfeld nach DIN 6771 T1 (s. S. 147) und füllen es aus.

12

Test: Ergänzungszeichnen: Spann-Unterteil, Werkstoff St 50-2

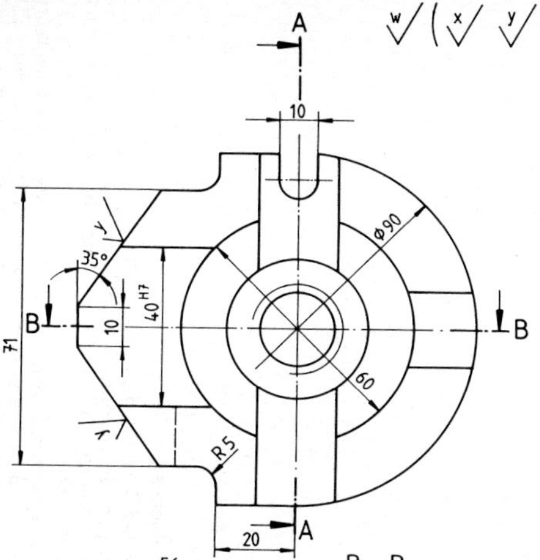

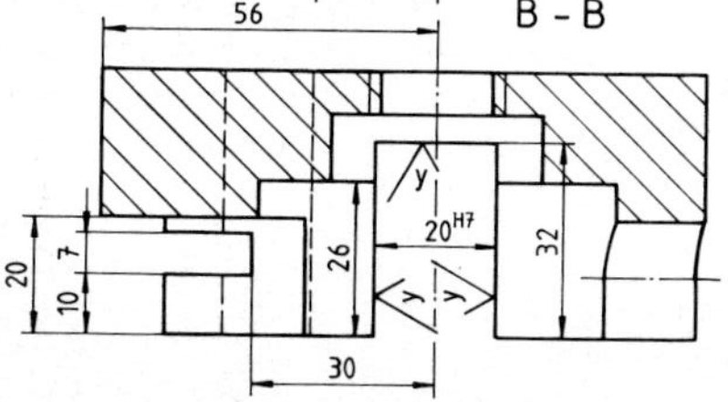

Lösung

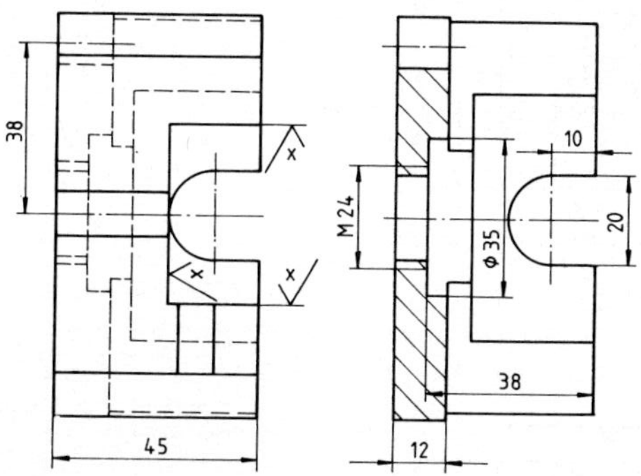

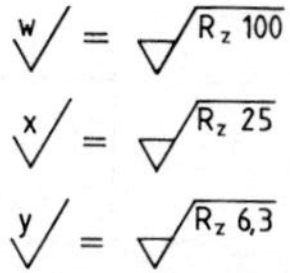

Aufgabe: Zu ergänzen sind:

1. Schnitt A-A und Schnitt B-B,
2. die fertigungsbezogene Bemaßung,
3. die Oberflächenangaben nach DIN ISO 1302 und ISO-Toleranzkurzzeichen.

Die Rechteckausfräsung in der *V* links, ist allseitig geschlichtet R_z 25 und die durchgehende Nut in der *V* Mitte, allseitig feingeschlichtet R_z 6,3. Die Maße beider Ausfräsungen haben die ISO-Toleranz H7. Die übrigen Flächen in der *V* links sind geschlichtet, alle übrigen Flächen geschruppt R_z 100. Die Oberflächenangaben sind nach DIN ISO 1302 vereinfacht einzutragen.

Information aus TZ:

Lesen, Vorstellen und Verstehen der Teilzeichnung „Stopfbuchse" 3.8., desgl. Pumpendeckel, Zahnradgehäuse, Grundplatte. 12.5.4.
Weitere Übungsaufgaben in „Praxis des Technischen Zeichnens"

Test: Ergänzungszeichnen

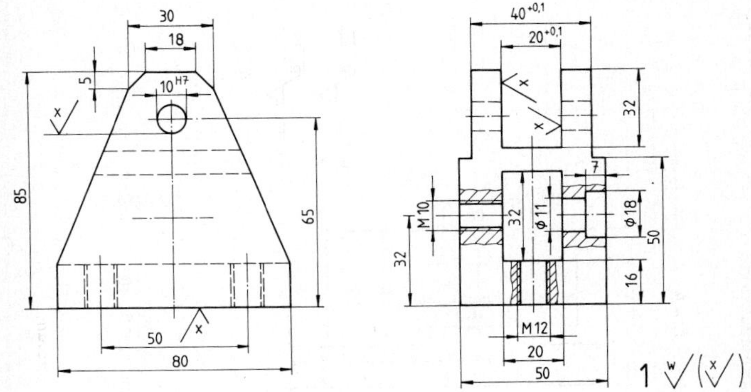

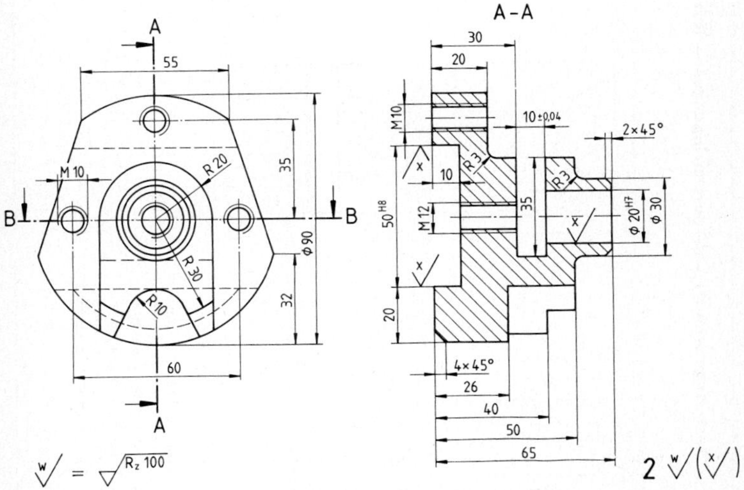

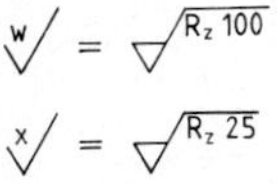

Oberflächenangaben nach DIN ISO 1302 entsprechen DIN 3141 — Reihe 2

Aufgabe: Zeichnen Sie je auf einem A4-Blatt im M 1 : 1

von Teil 1:
1. die *V* und *D*, ferner die *S* im Vollschnitt,
2. Eintragen der fertigungsbezogenen Bemaßung, der ISO-Toleranzkurzzeichen und der Oberflächenangaben nach DIN ISO 1302.

von Teil 2:
1. die *V*, ferner die *S* als Schnitt A-A und die *D* als Schnitt B-B
2. Eintragen der fertigungsbezogenen Bemaßung, der ISO-Toleranzkurzzeichen und der Oberflächenangaben nach DIN ISO 1302.

Test: Kegelschnitte und -durchdringungen — Kurvenkonstruktion

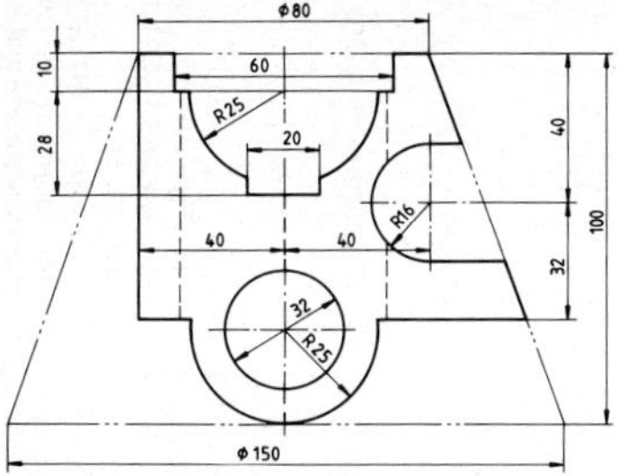

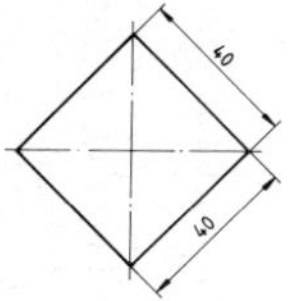

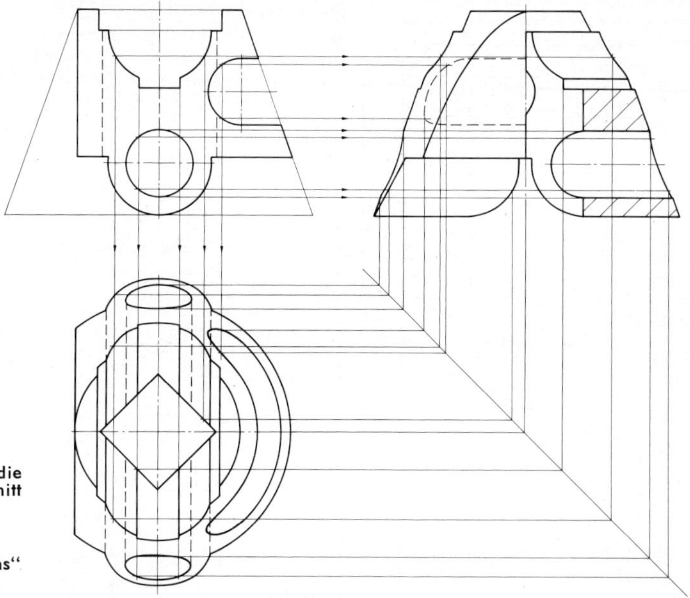

Aufgabe:

Zeichnen Sie das Vorrichtungsteil im M 1 : 1 auf die Blattgröße A3 in der *V* und *D*, die *S* im Halbschnitt mit allen Kurven (Konstruktion erkennen lassen).

A Information aus „TZ“ Lösungsbeispiele für Kegelschnitte und Durchdringungen 7.3 u. 7.4

B Weitere Übungsaufgaben in „Praxis des Technischen Zeichnens“

Test: Schnitte und Durchdringungen — Kurvenkonstruktionen

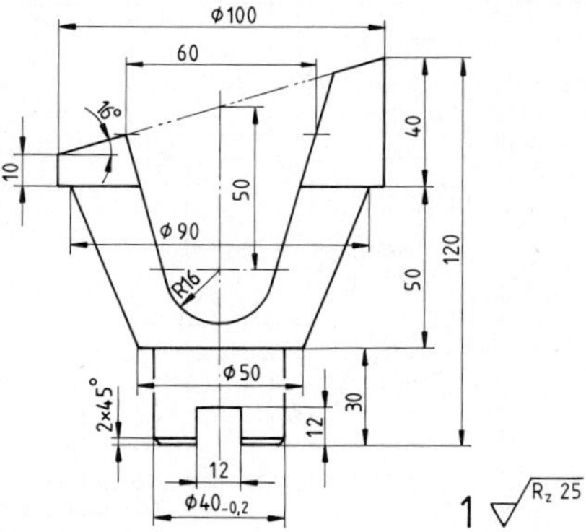

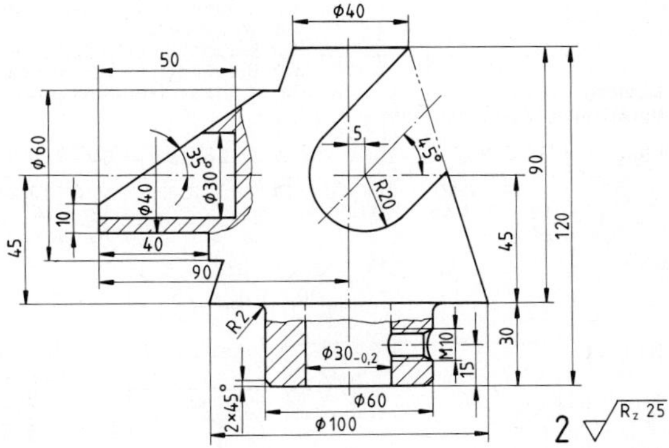

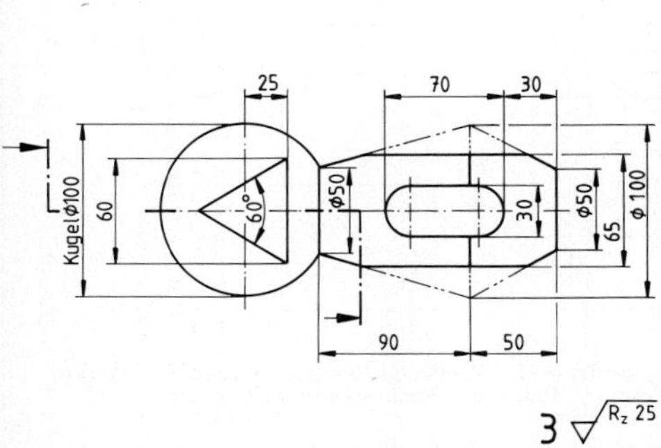

Aufgaben:

1. Zeichnen Sie im M 1 : 1 jeweils auf Blattgröße A3 die Teile 1 und 2 in den drei Ansichten und konstruieren Sie die Kurven.
2. Zeichnen Sie im M 1 : 1 auf Blattgröße A3 von Teil 3 die *V*, die *S* im Schnitt, und konstruieren Sie die *D*.

   Die Kurvenkonstruktionen sind durch Hilfslinien und Schnittpunkte deutlich zu kennzeichnen.

Test: Zeichnen eines Zuschnittes nach technischer Zeichnung

Werkstück

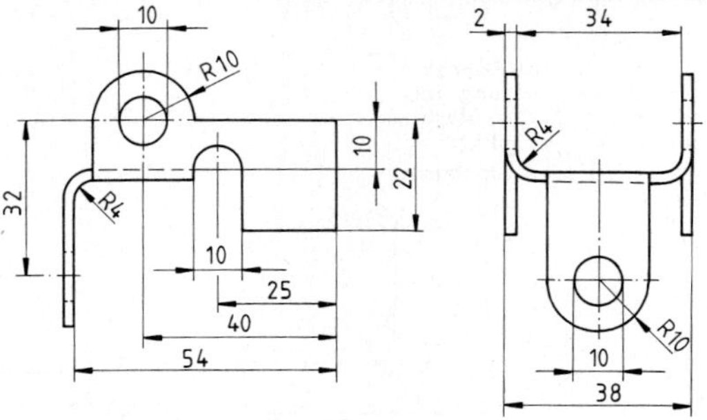

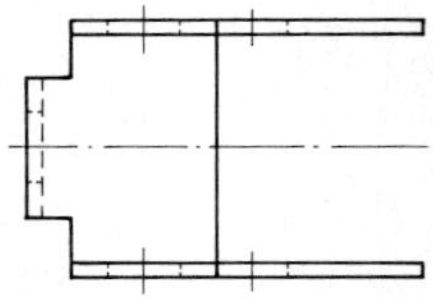

Aufgabe:
Zeichnen Sie den Zuschnitt des Werkstückes im M 1 : 1 mit fertigungsgerechter Bemaßung.
Die gestreckten Längen sind vereinfacht über die mittlere Faser des Bleches zu berechnen.
Kennzeichnen Sie Beginn und Ende der Biegungen durch schmale Volllinien, die zu bemaßen sind.

Lösung:
Berechnung des Zuschnittes

$$\text{Länge } l = 54 - 4 + \frac{(8+2)\cdot\pi}{4\cdot 4} + 32 - (10 + 2 + 4) + 10 = 50 + 8 + 16 + 10 = 84 \text{ mm}$$

$$\text{Breite } b = 34 - 2\cdot 8 + \frac{2\cdot 5\cdot\pi}{4} + 2\cdot 10 + 2\cdot 10 = 18 + 16 + 40 = 74 \text{ mm}$$

Zuschnitt

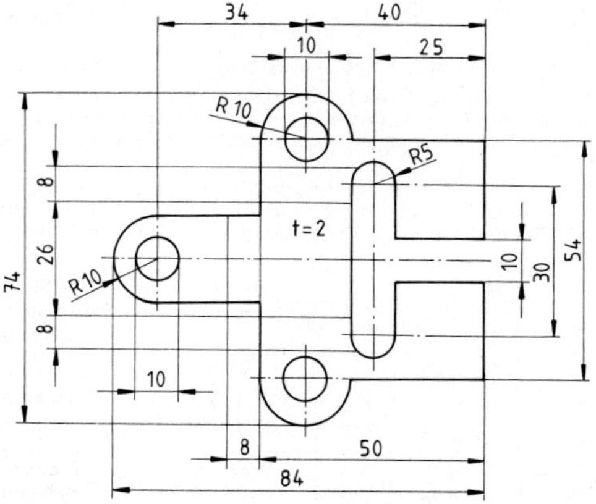

Information in TZ:
Gebogene Werkstücke, gestreckte Längen und Abwicklungen, 10.5.
Weitere Übungsaufgaben in „Praxis des Technischen Zeichnens".

12

Test: Abwicklung eines Rohrabzweiges

Aufgabe:

Von Teil B und C des Rohrabzweiges ist die Abwicklung im M 1 : 1 zu zeichnen. Die Blechdicke bleibt unberücksichtigt.

Die Konstruktion ist deutlich zu kennzeichnen.

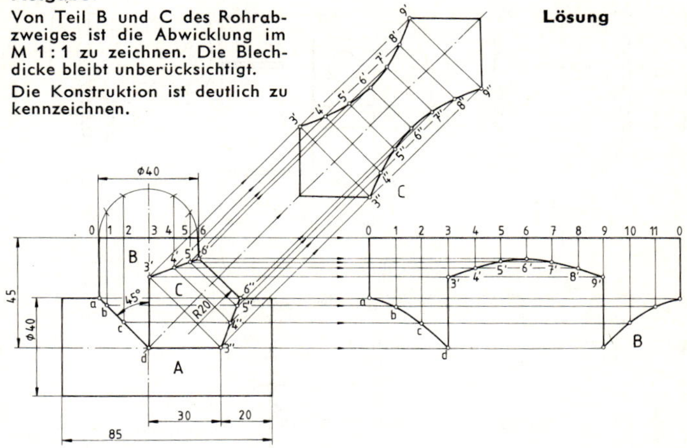

Zeichenschritte: Teil B

1. Eingeklappter Halbkreis am Abzweigrohr ϕ 40 in 6 gleiche Teile teilen.
2. Rohrumfang auf gerade Strecke von 0 ab die Teilung 0—1 des Umfangs 12 × auftragen.
3. In jedem Teilungspunkt 0, 1 . . . 0 je eine Senkrechte errichten.
4. Durch die Teilungspunkte des Halbkreises ϕ 40 senkrechte Projektionslinien ziehen, die auf der Gehrungsschrägen von 45° die Teilungspunkte 0′, 1′, 2′ und 3′ und auf der oberen Zwickelgeraden die Teilungspunkte 3′, 4′, 5′ und 6′ ergeben.
5. Durch die waagerechten Projektionslinien je von den beiden Schrägen 0′ . . . 3′ und 3′ . . . 6′ hin zu den senkrechten Linien erhält man die Kurvenpunkte des Ausschnittes. Ihre Verbindung ergibt die Abwicklung des Rohrabzweiges.

   Teil C
   Die Abwicklung des Zwickels erfolgt in ähnlicher Weise wie bei Teil B. Sie ist aus der Lösung zu ersehen.

Information aus TZ:

Schnitte und Abwicklungen
Rohrecke 90°, 4teiliger Rohrbogen, Übergangskörper, Hosenrohr, 7.3.1.
Durchdringungen und Abwicklungen von Zylindern, Kegeln und Kugeln, 7.4.

Weitere Übungsaufgaben in „Praxis des Technischen Zeichnens“

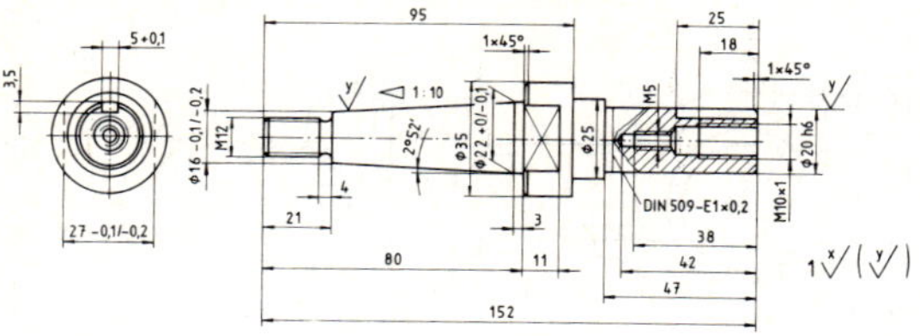

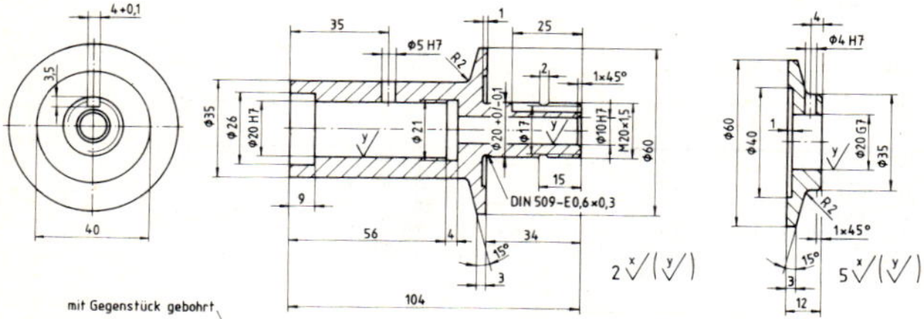

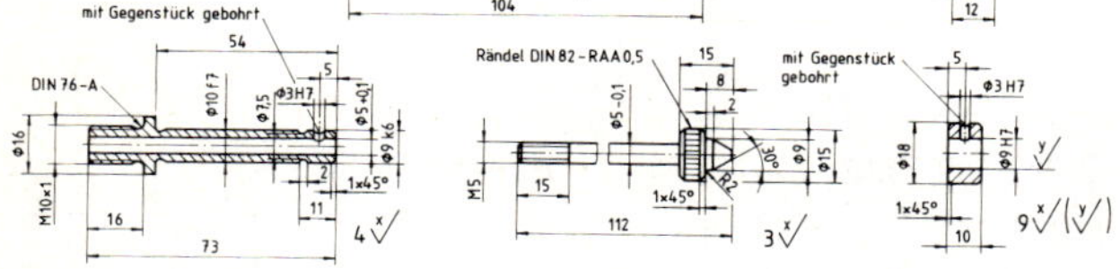

Lösung

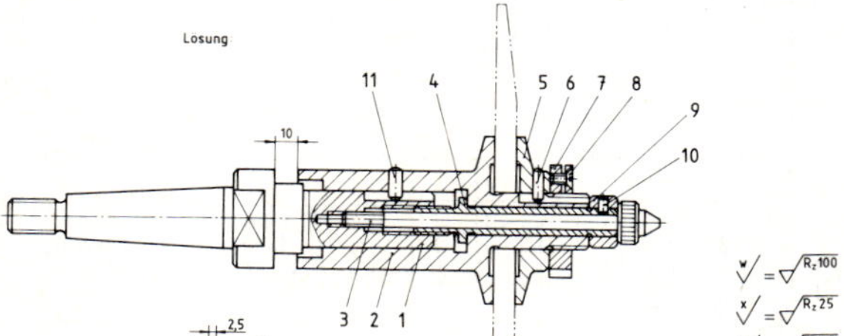

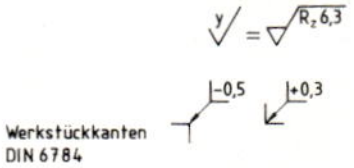

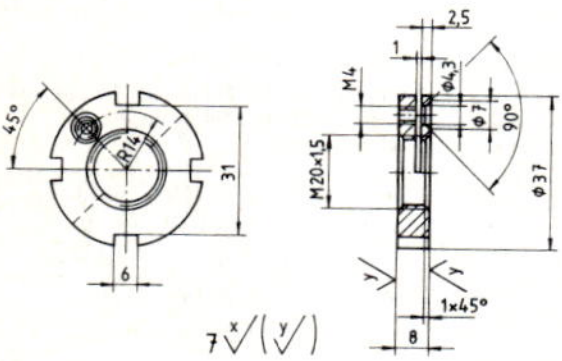

Aufgabe: Anhand der Einzelteilzeichnungen und der in der Stückliste angegebenen Normteile ist vom verstellbaren Einsatzdorn nach Erkennen der Funktionen axiale Verstellung von 10 mm und Feststellung der Schleifscheibe auf dem Einsatzdorn eine Gesamtzeichnung im Schnitt anzufertigen, wobei eine Schleifscheibe ∅ 150 x 8 anzudeuten ist.

11	1	Stck	Zylinderstift	DIN 7-5m6×12	St50-2K
10	1	Stck	Zylinderstift	DIN 7-3m6×6	St50-2K
9	1	Stck	Ring		St50-2
8	1	Stck	Senkschraube	DIN 963 M4×8	8.8
7	1	Stck	Nutmutter		Ck45
6	1	Stck	Zylinderstift	DIN 7-4m6×12	St50-2K
5	1	Stck	Flansch		St50-2
4	1	Stck	Führungsachse		St50-2
3	1	Stck	Bolzen		St50-2
2	1	Stck	Flansch		St50-2
1	1	Stck	Einsatzkegel		Ck15
Pos.	Men.	Einh.	Benennung	Norm-Kurzbezeichn.	Werkstoff
Verstellbarer Einsatzdorn für Werkzeugschleifmaschinen					

12

Ergebnisse der Tests für Zwischen- und Abschlußprüfungen

Zuordungsaufgaben

1. Seite 396

V	1	2	3	4	5	6	7	8	9	10
D	11	16	19	12	13	15	14	17	18	20
S	26	22	27	21	25	23	28	29	24	30

2. Seite 397

V	1	2	3	4	5	6	7	8	9	10
D	18	11	15	12	13	14	19	20	17	16
S	23	21	22	25	24	27	28	29	26	30

3. Seite 398

V	1	2	3	4	5	6	7	8	9	10
D	17	13	12	19	16	15	14	18	20	11
S	28	26	22	21	30	23	25	24	27	29

4. Seite 399

V	1	2	3	4	5	6	7	8	9	10
D	12	11	14	15	13	19	18	16	20	17
S	28	29	25	23	21	27	24	22	30	26

5. Seite 400	Ansicht 1.3 und 2.2			
6. Seite 401	Schnitt 1.4 und 2.4			
7. Seite 406	1.2	2.3	3.3	4.4

12

12.5 Gesamt-, Gruppen- und Teilzeichnungen

12.5.1 Zeichnungs- und Stücklistensatz

Ein Zeichnungs- und Stücklistensatz umfaßt alle zur Herstellung eines Erzeugnisses notwendigen Zeichnungen und Stücklisten. Den Aufbau eines konventionellen fertigungsorientierten Zeichnungs- und Stücklistensatzes zeigt 420.1. Dieser ist nach dem Zusammenbaufluß der Baugruppen bei der Montage des Erzeugnisses aufgebaut.

Stücklisten sind für jede Gesamt- und Gruppenzeichnung aufzustellen und können fest oder lose sein. Aus den Konstruktionsstücklisten entstehen die für die Abwicklung eines Auftrages bestimmten Fertigungsstücklisten.

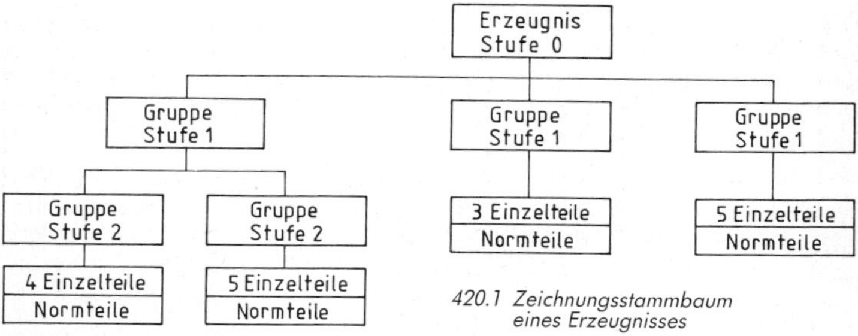

420.1 Zeichnungsstammbaum eines Erzeugnisses

Der modernen industriellen Fertigung liegt der innerbetriebliche Informationsfluß mit Hilfe der elektronischen Datenverarbeitung zugrunde. Für jedes Erzeugnis wird eine technische Produktdokumentation angefertigt. Diese umfaßt alle Informationen, die für die Beschreibung (Zeichnung) Herstellung (NC-Programme), Installation, Wartung und Gebrauch benötigt werden.

Technische Zeichnungen und Stücklisten sind für die Produktdokumentation von grundlegender Bedeutung. Sie enthalten geometrische (Maßangaben), technologische (Werkstoffangaben) und organisatorische Informationen (teilebezogene Angaben). Der Aufbau eines Zeichnungs- und Stücklistensatzes soll dem Anwendungszweck und der Erzeugnisstruktur entsprechen.

Im allgemeinen empfiehlt sich die Anwendung der Baukastenstückliste. Hierbei werden in der übergeordneten Stückliste nur die Hauptgruppen und in den Hauptgruppenstücklisten nur die Baugruppen angegeben. Wegen ihres modularen Aufbaus liegen Baukastenstücklisten allen EDV-Stücklistenverwaltungssystemen zugrunde. Aus Baukastenstücklisten können leicht andere Stücklistenformen abgeleitet und aufgestellt werden, z. B. Strukturstücklisten, Mengenübersichtsstücklisten usw.

Normenhinweis:

DIN 4000	Sachmerkmalleiste
DIN 6763	Nummerung, Grundbegriffe
DIN 6789 T1...3	Dokumentationssystematik

12.5.2 Sachnummernsystem

Man ist bestrebt, die in den einzelnen Bereichen eines Unternehmens verwendeten verschiedenen Nummernsysteme, z. B. für die Zeichnungsverwaltung, Arbeitsplanverwaltung, Lager- und Ersatzteilwesen den modernen Erfordernissen insbesondere im Hinblick auf den Einsatz der elektronischen Datenverarbeitung (EDV) anzupassen. Die Tendenz geht dahin, die in einem integrierten Produktionsablauf notwendigen Unterlagen wie Zeichnungen, Stücklisten, Arbeitspläne, Material- und Lohnkarten mit Hilfe der EDV zu erstellen. Dazu benötigt man in dem jeweiligen Unternehmen ein Sachnummernsystem, das allen Anforderungen gerecht wird.

Das in der Praxis angewandte zweckmäßige Sachnummernsystem stellt ein Parallelnummernsystem dar, das aus einem identifizierenden und klassifizierenden Teil besteht.

Die Identifizierungsnummer dient der eindeutigen und unverwechselbaren Kennzeichnung eines Gegenstandes. Sie besteht aus einer systemfreien Zählnummer und einer angehängten Vergabebereichsnummer, die die einzelnen Werke eines Konzerns oder einzelne Konstruktionsabteilungen eines Unternehmens kennzeichnen.

Die Klassifizierungsnummer ist eine aussagefähige Nummer und hat zwei Aufgaben:

1. die nähere verwendungsunabhängige Beschreibung eines Werkstückes, wie Form, Funktion, Abmessungen, Gewicht, Werkstoff usw.
2. die Zusammenführung gleicher und ähnlicher Werkstücke durch die gleiche oder ähnliche Klassifizierungsnummer durch Anwenden von Klassifizierungssystemen, Sachmerkmalleisten, Formenschlüssel usw.

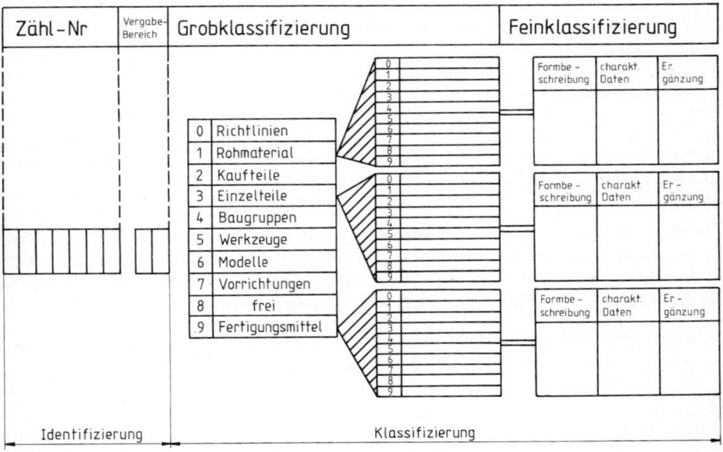

421.1 Aufbau eines Sachnummernsystems mit Parallelverschlüsselung

12

12.5.3 Gesamtbehandlung der Baugruppe: „Zahnradpumpe für hydromatische Vorschubpumpe"

1. **Aufgabe:** Die Zahnradpumpe liefert einen Volumenstrom von 15 l/min bei einem Öldruck von 50 bar und einer Drehzahl von 1500 min^{-1} für eine angebaute Vorschubpumpe. Diese gestattet, den hydraulischen Vorschub einer Werkzeugmaschine den zu bearbeitenden Werkstoffen stufenlos anzupassen.

2. **Aufbau:** Aus Stückliste, Gruppen- und Teilzeichnungen erkennen Sie als Einzelteile:

   Das plattenförmige Zahnradgehäuse 2 zur Aufnahme der Zahnräder 4 und 5, die Grundplatte 3 und den Pumpendeckel 1, die den Pumpenraum abschließen. In den Außenplatten 1 und 3 sind die Wälzlager 15 und 16 für die Antriebswelle 6 eingebaut. Das Zahnrad 4 läuft über Nadellager lose auf der Achse 7. Der Bolzen 8 verhindert ein Verschieben der drei Platten gegeneinander. Vier Zylinderschrauben 9 pressen die Gehäuseteile zusammen und zwei weitere befestigen sie an der Vorschubpumpe. Auf dem linken Ende der Antriebswelle befindet sich eine elastische Kupplung zum Übertragen des Drehmomentes vom Antriebsmotor.

3. **Funktion:** In einem plattenförmigen Gehäuse mit Deckel und Grundplatte kämmen zwei achsparallele Zahnräder ineinander. Das Öl wird auf der Saugseite durch die frei werdenden Zahnlücken angesaugt, dann in den Zahnlücken am Umfang außen herum zur Druckseite befördert. Der Zahneingriff verdrängt nun das Öl in die Druckleitung. Austretendes Quetschöl wird durch Kanäle und Rohrleitungen zum Druckraum geleitet.

   Das Fördervolumen und der Öldruck sind abhängig vom seitlichen Laufspiel zwischen Zahnrädern und Deckeln sowie von der Vergrößerung der Gehäusebohrung für die Zahnräder durch Verschleiß. Die Öldruckbelastung auf die Pumpenräder verursacht eine erhebliche Beanspruchung der Lagerstellen, so daß Wälzlager gewählt wurden.

4. **Fertigung:** Teil 1, 2 und 3 werden vorgegossen, gedreht, gefräst, gebohrt und geschliffen. Zu achten ist dabei auf die Parallelität der Seitenflächen, die fluchtenden Bohrungen in den drei Platten und das erforderliche Laufspiel zwischen den Zahnrädern und Deckeln von 0,02...0,06 mm sowie auf die einzuhaltenden Passungen und Oberflächenrauheiten.

   Stellen Sie die für die Teile 4...8 erforderlichen Fertigungsstufen auf.

   Erklären Sie die Prüfung des seitlichen Laufspiels der Zahnräder und den Zusammenbau der Zahnradpumpe.

5. **Werkstoffwahl:** Für Zahnradgehäuse, Grundplatte und Deckel ist der öldichte, lunkerfreie und verschleißfeste Sondergrauguß GGH gewählt worden. Zahnräder und Zahnradachse bestehen aus dem Werkstoff 16 MnCr 5, der durch Einsatzhärten auf eine Härte von 60 + 4 HRC gebracht wird im Hinblick auf die auftretende Beanspruchung. Für den Bolzen wurde C 45 gewählt.

6. **Lesen der Teilzeichnungen:** 1...3, 6...10 nach dem Lehrbeispiel „Stopfbuchse" Seite 99:

   Erklären Sie von den Einzelteilen jeweils:
   6.1. die zeichnerische Darstellung,
   6.2. die Werkstückformen und Maße,
   6.3. die Passungen und
   6.4. die Oberflächenrauheiten im Hinblick auf die Funktion.

1	2	3	4	5	6	7	8
Pos.	Menge	Einh.	Benennung	Sachnummer/Norm-Kurzbezeichnung	Werkstoff	Gewicht kg/Einheit	Bemerkung
1	1	Stck	Pumpendeckel	4004.01	GGH ∅125×32		Sondergrauguß öldicht
2	1	Stck	Zahnradgehäuse	4004.02	GGH ∅125×32		Sondergrauguß öldicht
3	1	Stck	Grundplatte	4004.03	GGH ∅125×32		Sondergrauguß öldicht
4	1	Stck	Pumpenzahnrad	4004.04	16 Mn Cr 5		
5	1	Stck	Pumpenzahnrad	4004.05	16 Mn Cr 5		
6	1	Stck	Antriebswelle	4004.06	50 CrV 4		
7	1	Stck	Achse	4004.07	16 Mn Cr 5		
8	1	Stck	Bolzen	4004.08	C 45		
9	4	Stck	Zylinderschraube	DIN 912 – M 10×60	8.8		
10	2	Stck	Zylinderschraube	DIN 912 – M 12×90	8.8		
11	2	Stck	Gewindestift	DIN 914 – M8×15	8.8		
12	1	Stck	Sicherungsring	DIN 471 – 24×1,2			
13	2	Stck	Paßfeder	DIN 6885–8×7×20	St 60 – 2K		
14	1	Stck	Paßfeder	DIN 6885–8×7×32	St 60 – 2K		
15	2	Stck	Rillenkugellager	DIN 625 – 25×52×15			
16	38	Stck	Lagernadel	DIN 5402 – 2,5×9,8			

	Datum	Name	
Bearb.			Zahnradpumpe für hydromatische Vorschubpumpe
Gepr.			
Norm			
Gebr. Heller GmbH Nürtingen/Württ.			4004.00 / Blatt 1 / 1 Bl.

Zust.	Änderung	Datum	Name	Urspr.	Ers. für	Ersetzt durch

Beispiel einer losen Stückliste DIN 6771 – B 2

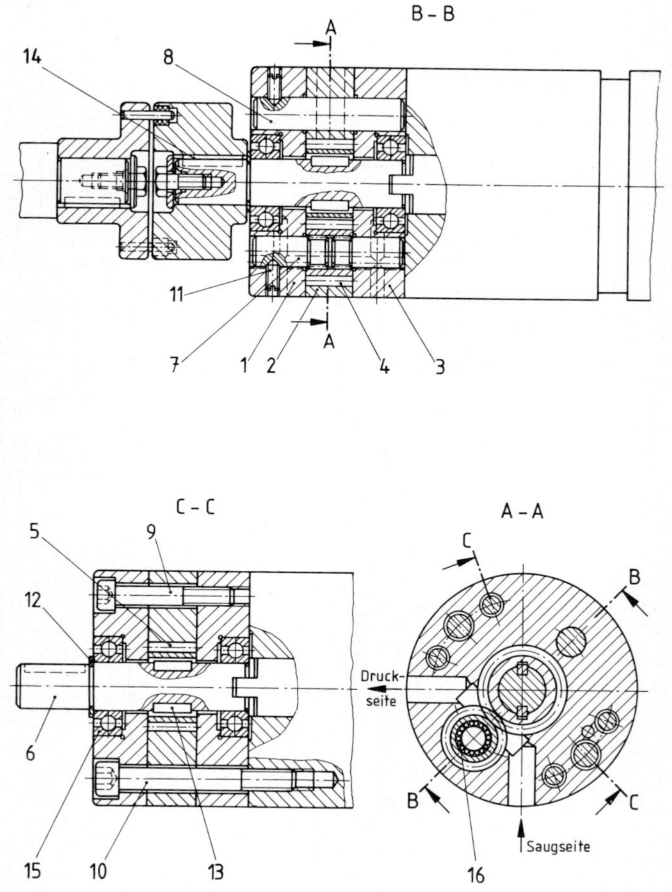

	Maßstab 1:1	(Gewicht)	
Datum Name			
Gepr.	Zahnradpumpe für hydromatische Vorschubpumpe		
Bearb.			
Norm			
Gebr. Heller GmbH	4004.00		Blatt / Bl.
Zust. Änderung Datum Name Ursprung	Ers. für:	Ers. durch	

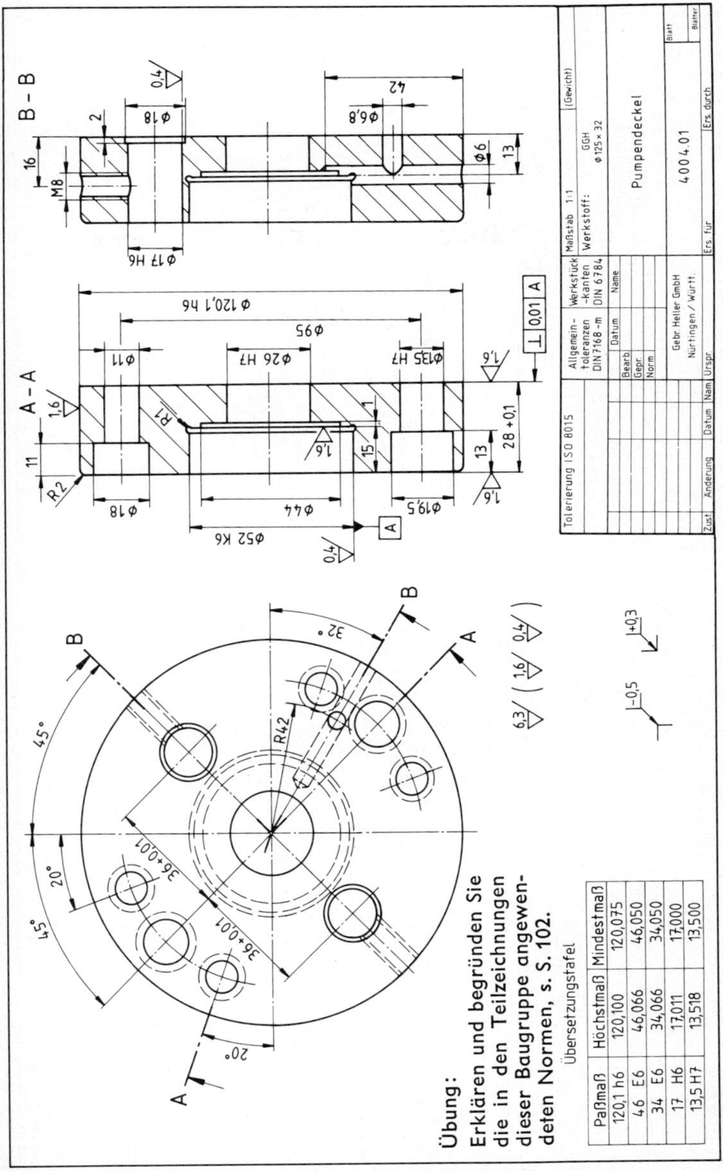

Übung:

Erklären und begründen Sie die in den Teilzeichnungen dieser Baugruppe angewendeten Normen, s. S. 102.

Übersetzungstafel

Paßmaß	Höchstmaß	Mindestmaß
120,1 h6	120,100	120,075
46 E6	46,066	46,050
34 E6	34,066	34,050
17 H6	17,011	17,000
13,5 H7	13,518	13,500

Teilzeichnung; die Oberflächenangaben nach DIN ISO 1302 entsprechen DIN 3141-Reihe 3

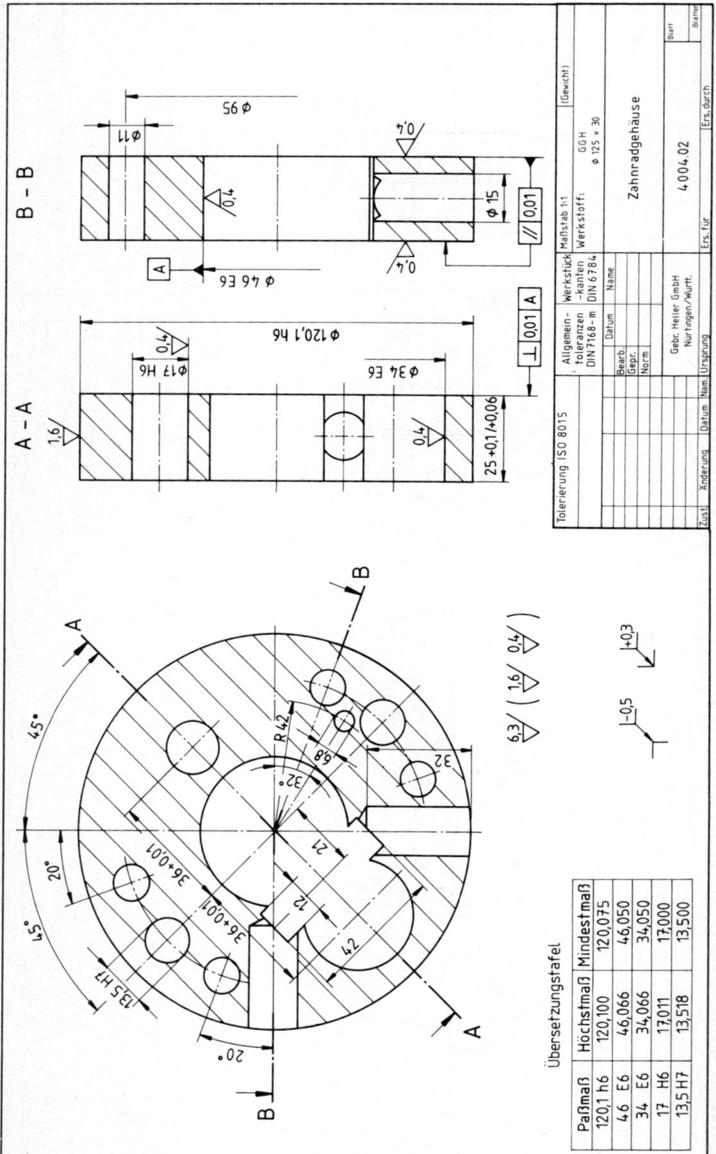

Übersetzungstafel

Paßmaß	Höchstmaß	Mindestmaß
120,1 h6	120,100	120,075
46 E6	46,066	46,050
34 E6	34,066	34,050
17 H6	17,011	17,000
13,5 H7	13,518	13,500

Teilzeichnung

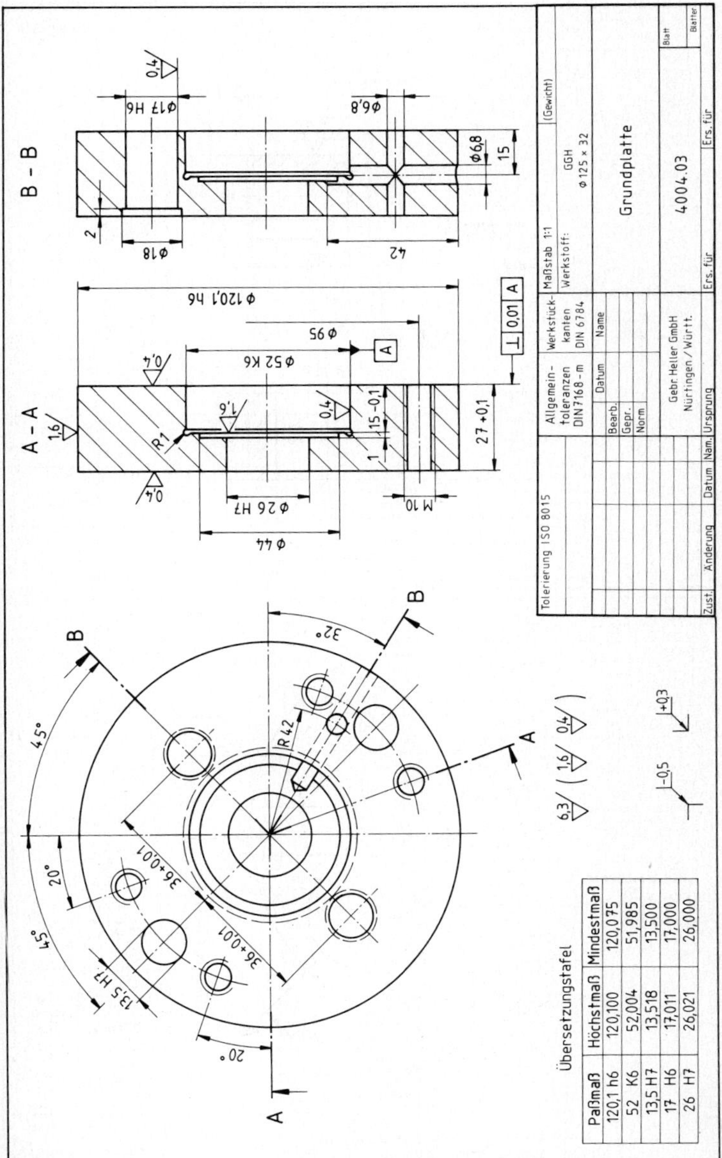

Paßmaß	Höchstmaß	Mindestmaß
120,1 h6	120,100	120,075
52 K6	52,004	51,985
13,5 H7	13,518	13,500
17 H6	17,011	17,000
26 H7	26,021	26,000

Teilzeichnung

Stirnrad		außenverz. ~~innenverz.~~
Modul	m_n	2
Zähnezahl	z	21
Bezugsprofil		DIN 867
Schrägungswinkel	β	0°
Flankenrichtung		–
Profilverschiebungsf.	x	0
Verzahnungsqualität		6e24
Toleranzfeld		DIN 3967
Achsabstand im Gehäuse mit Abmaßen		36 ± 0,02
Gegenrad	Sachnummer	40.04.5
	Zähnezahl	15

einsatzgehärtet
und angelassen
60 + 4 HRC
Eht = 0,8 + 0,4

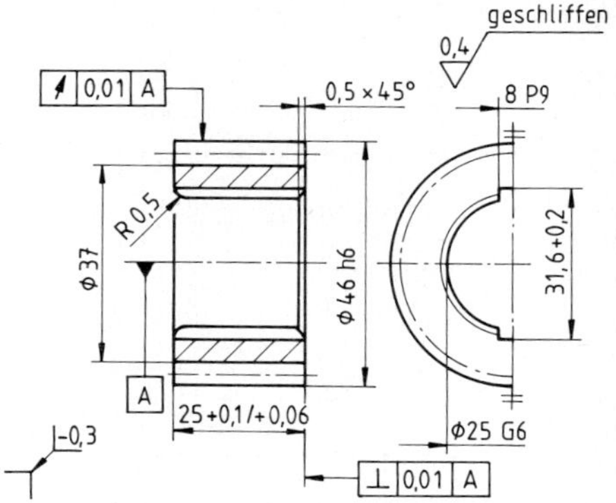

Tolerierung ISO 8015	Allgemeintoleranzen DIN 7168-m	Werkstückkanten DIN 6784	Maßstab 1:1	(Gewicht)
			Werkstoff : Rd DIN 1013-16MnCr5-48×30	
		Datum / Name	Pumpenzahnrad	
	Bearb. / Gepr. / Norm			
	Gebr. Heller GmbH Nürtingen/Württ.		40.04.04	Blatt / Blätter
Zust. / Änderung / Datum / Nam.	Urspr.		Ers. für:	Ers. durch:

Stirnrad		außenverz. ~~innenverz.~~
Modul	m_n	2
Zähnezahl	z	15
Bezugsprofil		DIN 867
Schrägungswinkel	β	0°
Flankenrichtung		–
Profilverschiebungsf.	x	0
Verzahnungsqualität		6e24
Toleranzfeld		DIN 3967
Achsabstand im Gehäuse mit Abmaßen		36 ± 0,02
Gegenrad	Sachnummer	40.04.04
	Zähnezahl	21

einsatzgehärtet
und angelassen
60 + 4 HRC
Eht = 0,8 + 0,4

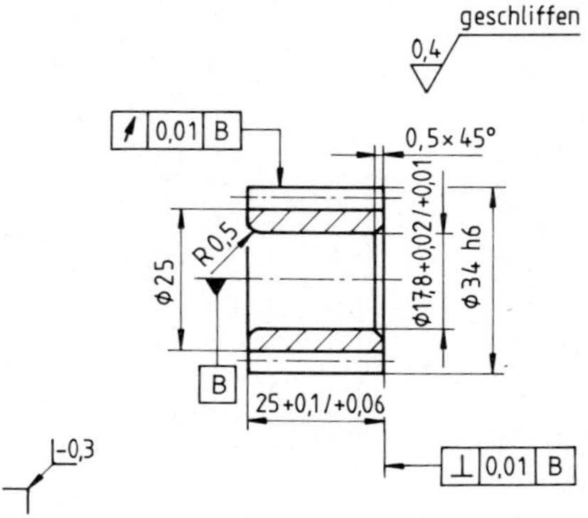

Tolerierung ISO 8015	Allgemeintoleranzen DIN 7168-m	Werkstückkanten DIN 6784	Maßstab 1:1	(Gewicht)
			Werkstoff : Rd DIN 1013-16MnCr5-36×30	
		Datum / Name	Pumpenzahnrad	
	Bearb. / Gepr. / Norm			
	Gebr. Heller GmbH Nürtingen/Württ.		40.04.05	Blatt / Blätter
Zust. / Änderung / Datum / Nam.	Urspr.		Ers. für:	Ers. durch:

12

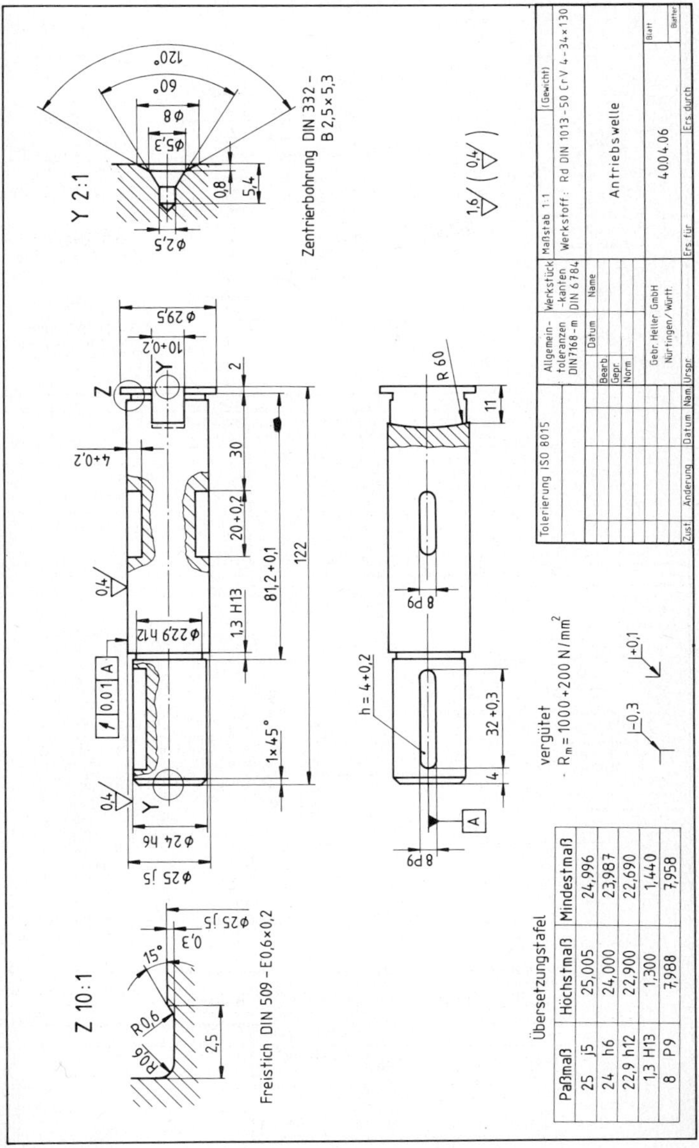

Übersetzungstafel

Paßmaß	Höchstmaß	Mindestmaß
25 j5	25,005	24,996
24 h6	24,000	23,987
22,9 h12	22,900	22,690
1,3 H13	1,300	1,440
8 P9	7,988	7,958

Teilzeichnung

12

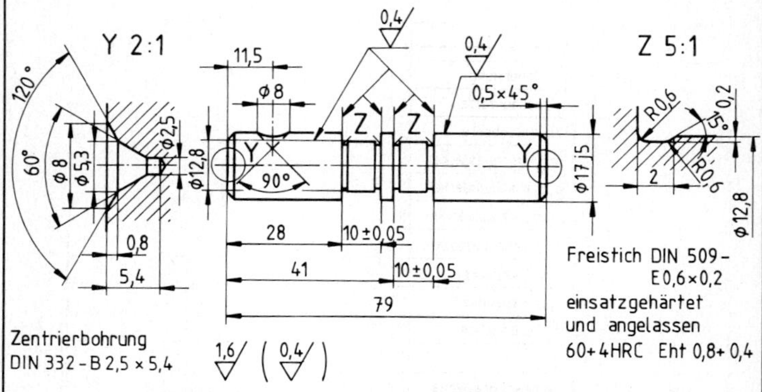

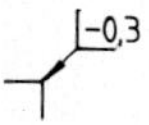

Tolerierung ISO 8015 | Allgemeintoleranzen DIN 7168-m | Werkstückkanten DIN 6784 | Maßstab 1:1 | (Gewicht)

Werkstoff: Rd DIN 1013-16MnCr5-20×85

Datum | Name | Bearb. | Gepr. | Norm

Achse

Gebr. Heller GmbH Nürtingen/Württ.

4004.07 | Blatt 9 | Blätter

Zust. | Änderung | Datum | Nam. | Ursprung | Ers. für | Ers. durch

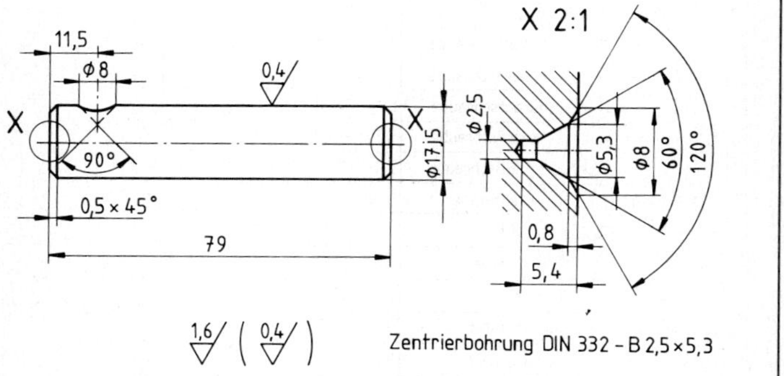

Tolerierung ISO 8015 | Allgemeintoleranzen DIN 7168-m | Werkstückkanten DIN 6784 | Maßstab 1:1 | (Gewicht)

Werkstoff: Rd DIN 1013-C45-20×85

Datum | Name | Bearb. | Gepr. | Norm

Bolzen

Gebr. Heller GmbH Nürtingen/Württ.

4004.08 | Blatt 10 | Blätter

Zust. | Änderung | Datum | Nam. | Urspr. | Ers. für | Ers. durch

12

b/2 71 × b b/2

b b/2 b/2 a 2a

1	2	3	4	5	6
Pos.	Menge	Einh.	Benennung	Sachnummer/Norm-Kurzbezeichn.	Werkstoff
1	1	Stck	Gehäuseunterteil	9250.01	GG-20
2	1	Stck	Gehäuseoberteil	9250.02	GG-20
3	1	Stck	Lagerabschlußdeckel	9250.03	GG-20
4	1	Stck	Lagerabschlußdeckel	9250.04	GG-20
5	1	Stck	Lagerabschlußdeckel	9250.05	GG-20
6	1	Stck	Lagerabschlußdeckel	9250.06	GG-20
7	1	Stck	Schaulochdeckel	9250.07	GG-20
8	1	Stck	Abstandbuchse	9250.08	GG-20
9	1	Stck	Abstandbuchse	9250.09	GG-20
10	1	Stck	Welle	9250.10	St 50-2
11	1	Stck	Schrägstirnradwelle	9250.11	
12	1	Stck	Schrägstirnrad	9250.12	C45
13	2	Stck	Ölabstreifer	9250.13	St 37-2
14	2	Stck	Ölstaublech	9250.14	St 37-2
15	2	Stck	Ölstaublech	9250.15	St 37-2
16	2	Stck	Kegelrollenlager	DIN 720-30306	
17	2	Stck	Kegelrollenlager	DIN 720-30209	
18	1	Stck	Paßfeder	DIN 6885-8×7×50	St 60-2K
19	1	Stck	Paßfeder	DIN 6885-14×9×30	St 60-2K
20	1	Stck	Paßfeder	DIN 6885-12×8×100	St 60-2K
21	8	Stck	Sechskantschraube	DIN 931-M6×25	8.8
22	6	Stck	Sechskantschraube	DIN 931-M10×20	8.8
23	16	Stck	Sechskantschraube	DIN 933-M10×25	8.8
24	6	Stck	Sechskantschraube	DIN 931-M6×70	8.8
25	1	Stck	Verschlußschraube	DIN 910-R 3/8"	4.5
26	8	Stck	Sechskantmutter	DIN 934-M6	6
27	4	Stck	Kegelstift	DIN 1-6×24	
28	1	Stck	Dichtscheibe	9250.28	
29	1	Stck	Dichtring	DIN 7603-C17×32×2	
30	1	Stck	Atmungsfilter	9250.30	
31	1	Stck	Ölplatte Gr.3	9250.31	
32	8	Stck	Schutzstopfen	9250.32	
33	1	Stck	Firmenschild	9250.33	

	Datum	Name	Stirnradgetriebe SENW 100
Bearb.			
Gepr.			
Norm			
Flender Bocholt			9250.00 — Blatt / Bl.
Zust. Änderung Datum Name Urspr.			Ers. für / Ers. durch

Beispiel einer losen Stückliste DIN 6771-A2

12

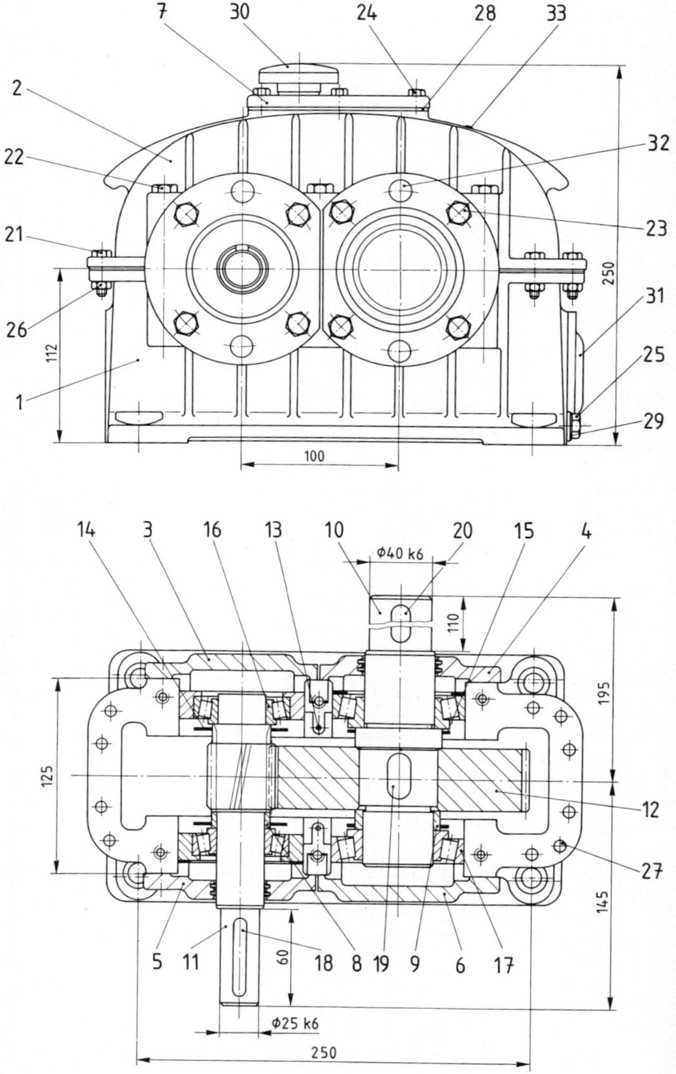
7
30
24
28
33
2
22
32
23
21
250
31
26
112
25
1
29
100
14
3
16
13
10
20
15
4
Φ40 k6
110
195
125
12
27
145
5
11
18
8
19
9
6
17
60
Φ25 k6
250

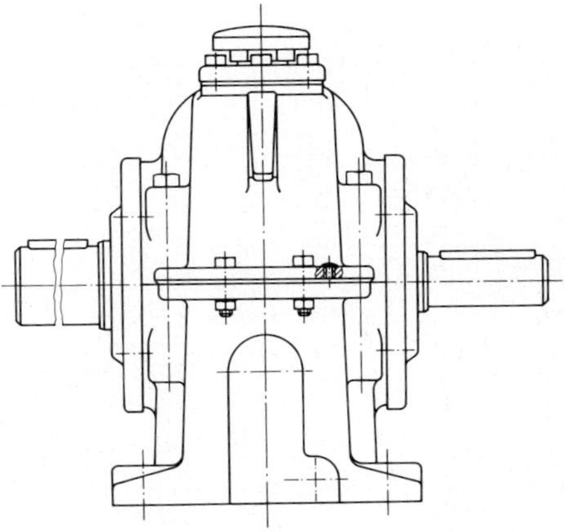

Stirnradgetriebe übertragen Leistungen von einem Antriebsmotor auf eine Arbeitsmaschine. Durch das Übersetzungsverhältnis $i = z_2 : z_1$, gegeben durch die Zähnezahlen, wird die Ausgangsdrehzahl $n_2 = n_1 : i$ und das Ausgangsdrehmoment $T_2 = T_1 \cdot i$ geändert.

Getriebe mit Schrägstirnrädern laufen ruhiger und geräuschärmer als Getriebe mit Geradstirnrädern, da mehr Zähne gleichzeitig im Eingriff sind (größerer Überdeckungsgrad). Daher sind sie für höhere Drehzahlen besser geeignet. Ferner sind Schrägstirnräder höher belastbar als Geradstirnräder mit gleichen Abmessungen. Schrägstirnräder ergeben aber zusätzliche Lagerbelastungen durch Axialkräfte aufgrund des Schrägungswinkels β.

Erarbeiten Sie systematisch diese Baugruppe an Hand der Beispiele dieses Buches, z. B. Lesen einer Gruppen- und Teilzeichnung Freistromventil und Stopfbuchse 3.6.3 und Zahnradpumpe 5.7 nach folgenden Gesichtspunkten:

1. Funktion und Aufbau des Schrägstirnradgetriebes,
2. Übersetzungsverhältnis i,
3. Bedeutung der Schrägverzahnung,
4. Wellenlagerungen durch Kegelrollenlager, X-Anordnung,
5. Gehäuseabdichtungen,
6. Schmierung,
7. Werkstoffwahl und Wärmebehandlung für Schrägstirnräder und Wellen im Hinblick auf die Beanspruchung,
8. verwendete Passungen und Oberflächengüten bei Schrägstirnrädern und Wellen,
9. die in den Teilzeichnungen Schrägstirnräder und Wellen berücksichtigten Normen.

	Allgemeintoleranzen DIN 7168 -m		Maßstab 1:1	(Gewicht)
		Datum / Name		
	Bearb.		Stirnradgetriebe SENW 100 i = 4	
	Gepr.			
	Norm			
	Flender Bocholt		92 50.00	Blatt / Blätter
Zust. / Änderung / Datum / Nam	Urspr.		Ers. für	Ers. durch

12

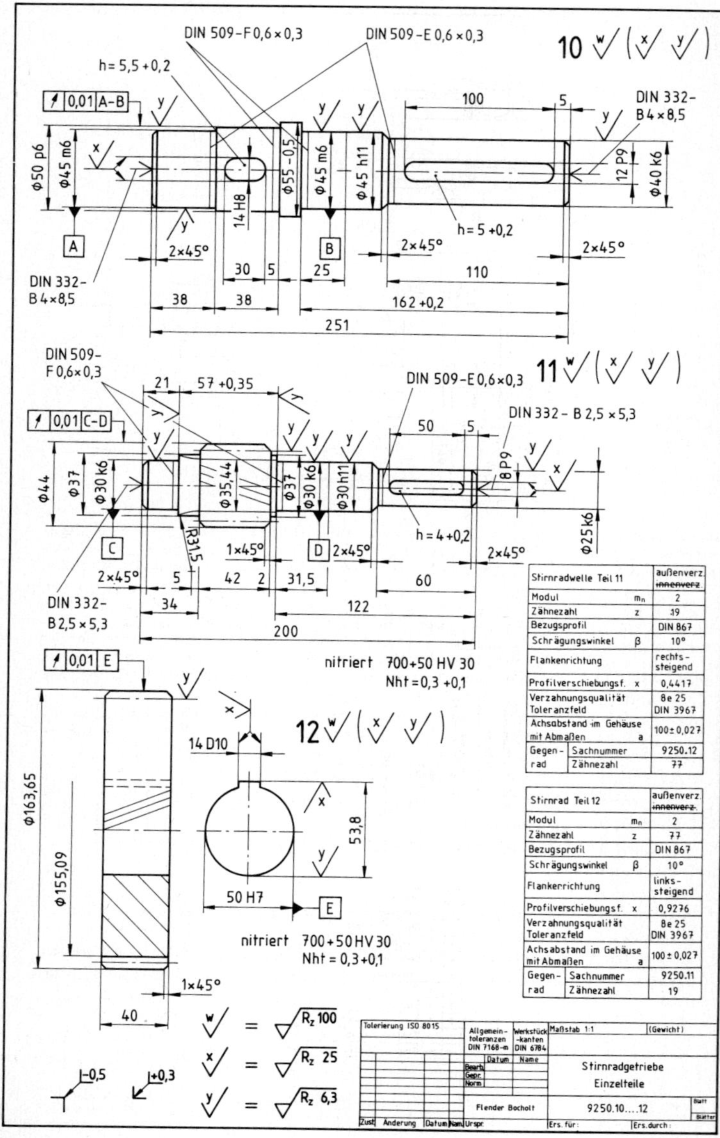

Stirnradwelle Teil 11		außenverz. ~~innenverz.~~
Modul	m_n	2
Zähnezahl	z	19
Bezugsprofil		DIN 867
Schrägungswinkel	β	10°
Flankenrichtung		rechts-steigend
Profilverschiebungsf.	x	0,4417
Verzahnungsqualität Toleranzfeld		8e 25 DIN 3967
Achsabstand im Gehäuse mit Abmaßen	a	100± 0,027
Gegen-rad Sachnummer		9250.12
Gegen-rad Zähnezahl		77

Stirnrad Teil 12		außenverz. ~~innenverz.~~
Modul	m_n	2
Zähnezahl	z	77
Bezugsprofil		DIN 867
Schrägungswinkel	β	10°
Flankenrichtung		links-steigend
Profilverschiebungsf.	x	0,9276
Verzahnungsqualität Toleranzfeld		8e 25 DIN 3967
Achsabstand im Gehäuse mit Abmaßen	a	100 ± 0,027
Gegen-rad Sachnummer		9250.11
Gegen-rad Zähnezahl		19

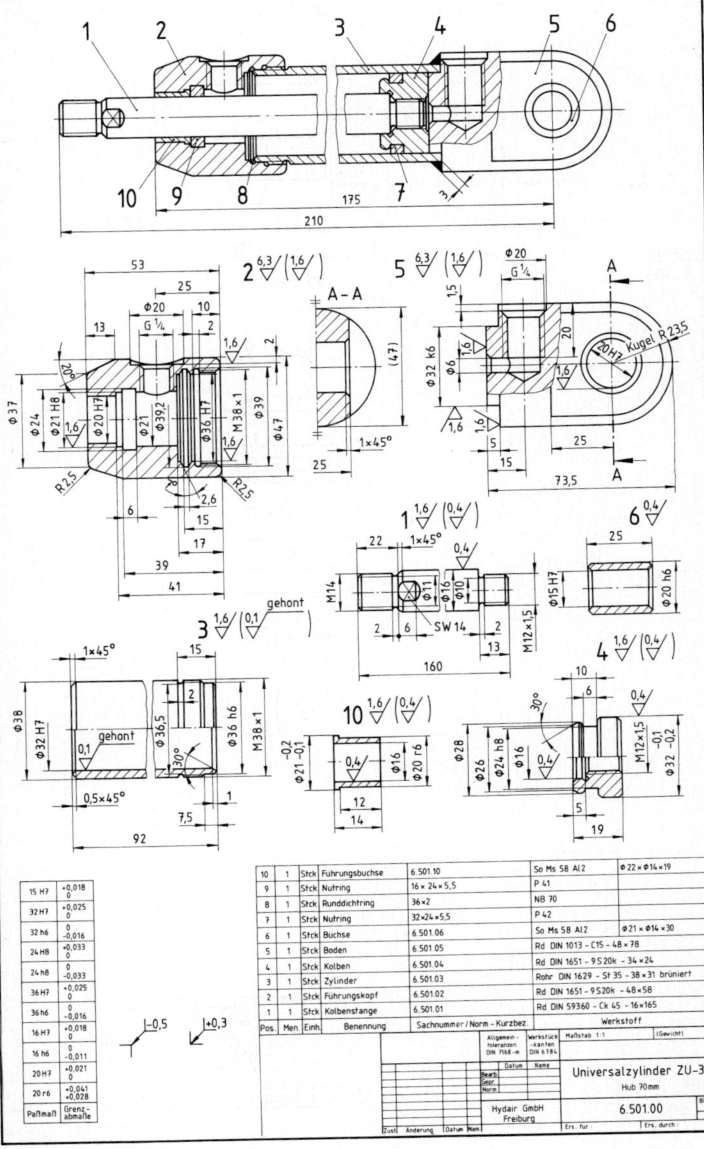

Paßmaß	Grenz-abmaße
15 H7	+0,018 / 0
32 H7	+0,025 / 0
32 h6	0 / −0,016
24 H8	+0,033 / 0
24 h8	0 / −0,033
36 H7	+0,025 / 0
36 h6	0 / −0,016
16 H7	+0,018 / 0
16 h6	0 / −0,011
20 H7	+0,021 / 0
20 r6	+0,041 / +0,028

−0,5   +0,3

Pos.	Men.	Einh.	Benennung	Sachnummer / Norm - Kurzbez.	Werkstoff	
10	1	Stck	Führungsbuchse	6.501.10	So Ms 58 Al2	Φ 22 × Φ14 × 19
9	1	Stck	Nutring	16 × 24 × 5,5	P 41	
8	1	Stck	Runddichtring	36 × 2	NB 70	
7	1	Stck	Nutring	32 × 24 × 5,5	P 42	
6	1	Stck	Büchse	6.501.06	So Ms 58 Al2	Φ 21 × Φ14 × 30
5	1	Stck	Boden	6.501.05	Rd DIN 1013 - C15 - 48 × 78	
4	1	Stck	Kolben	6.501.04	Rd DIN 1651 - 9S20k - 34 × 24	
3	1	Stck	Zylinder	6.501.03	Rohr DIN 1629 - St 35 - 38 × 31 brüniert	
2	1	Stck	Führungskopf	6.501.02	Rd DIN 1651 - 9S20k - 48 × 58	
1	1	Stck	Kolbenstange	6.501.01	Rd DIN 59360 - Ck 45 - 16 × 165	

Allgemein-toleranzen DIN 7168-m	Werkstück-kanten DIN 6784	Maßstab 1:1	(Gewicht)
Datum / Name: Bearb. / Gepr. / Norm		Universalzylinder ZU-32 Hub 70mm	
Zust. / Änderung / Datum / Nam.	Hydair GmbH Freiburg	6.501.00	Blatt / Bl.
		Ers. für:	Ers. durch:

12

Gruppenteilzeichnung

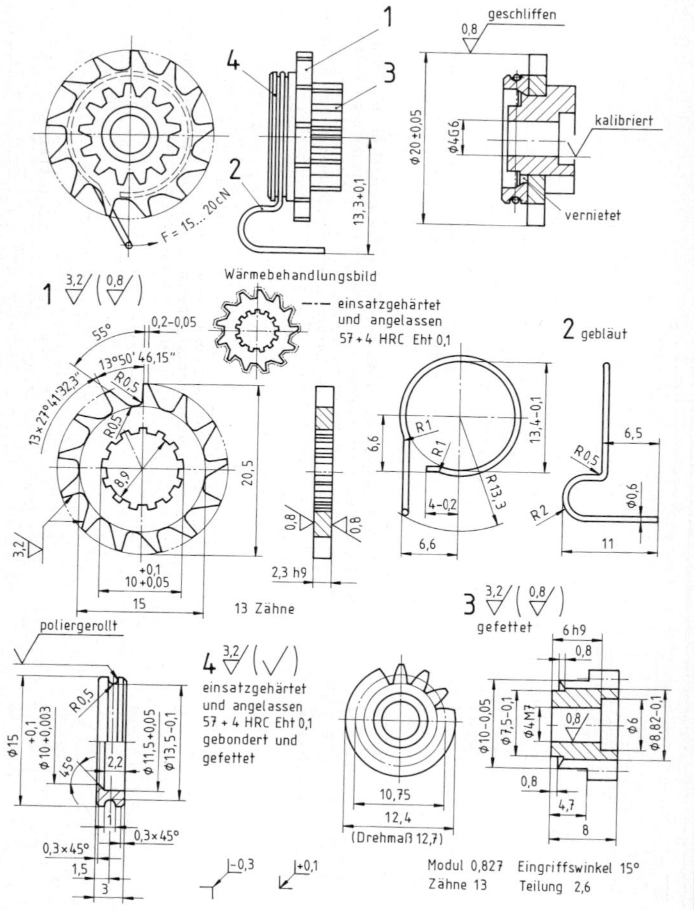

Pos.	Men.	Einh.	Benennung	Sachnummer/Norm-Kurzbez.	Werkstoff
4	1	Stck	Schleifring	6.1332.011	Rd DIN 671 - Ck 35 - 16
3	1	Stck	Ritzel	5.2008.011	Rd DIN 671 - Ck 35 - 14
2	1	Stck	Schleiffeder	5.2010.011	Draht DIN 17223 - A - 0,6 II × 60
1	1	Stck	Schaltrad	5.2007.011	Bd DIN 1544 - Ck 15 - 2,5 × 90

Allgemeintoleranzen DIN 7168 - m	Werkstückkanten DIN 6784	Maßstab 1:1 (Gewicht)
Bearb. / Gepr. / Norm	Datum / Name	Schreibmaschinen-Schaltrad
Olympia-Werke AG Wilhelmshaven		5.2006.012 Blatt Bl.
Zust. Änderung Datum Nam.		Ers. für: Ers. durch:

Paßmaß	Grenzabmaße
4 G6	+0,012 +0,004
6 h9	0 -0,030
4 M7	0 -0,012
2,3 h9	0 -0,025

12

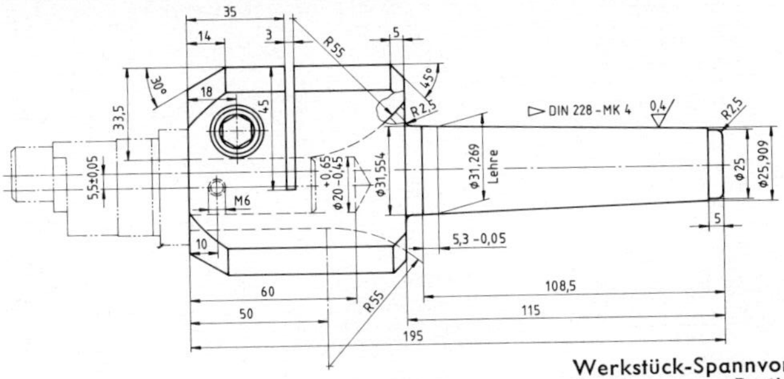

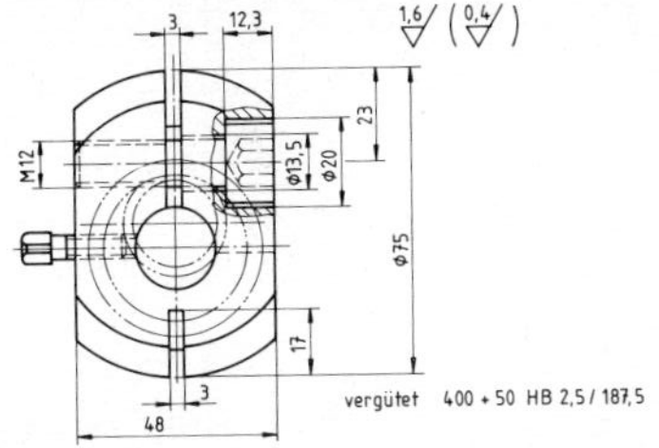

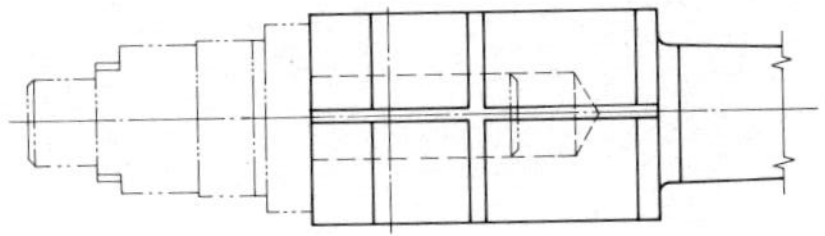

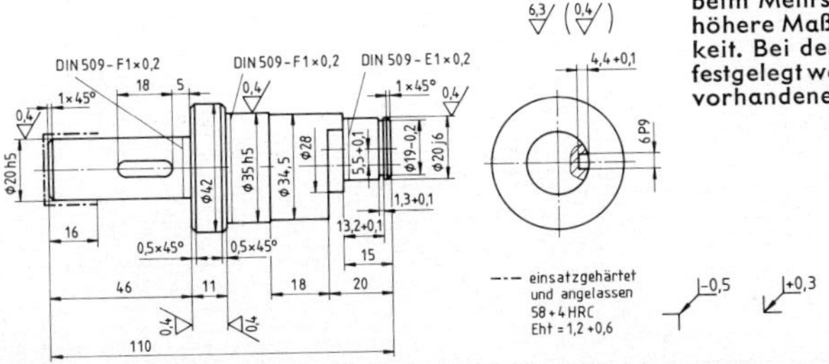

Werkstück-Spannvorrichtungen sind Betriebsmittel für die Fertigung. Sie dienen zum Bestimmen der Lage und zum Spannen des Werkstückes und in manchen Fällen auch zum Führen des Werkzeuges, z. B. eines Bohrers durch eine Bohrbuchse. Diese Vorrichtungen haben die Aufgabe, die Werkstücke schnell und fehlerfrei in eine arbeitsgerechte Lage zu bringen und dort zu spannen. Ihre Benennung erfolgt nach dem Fertigungsverfahren. Werkstück-Spannvorrichtungen verkürzen die Nebenzeiten durch Fortfall des Anreißens, Körnerns und Messens und beim Mehrstückspannen auch die Hauptzeiten. Sie gewährleisten eine höhere Maßgenauigkeit der Werkstücke und damit ihre Austauschbarkeit. Bei der Aufstellung des Fertigungsplanes für ein Werkstück muß festgelegt werden, ob eine allgemeine, z. B. Dreibackenfutter, eine bereits vorhandene oder eine Sonderspannvorrichtung benutzt werden muß.

Pos.	Men.	Einh.	Benennung	Sachnummer/Norm-Kurzbez.	Werkstoff
3	1	Stck	Vierkantschraube	DIN 479 - M6×20	8.8
2	1	Stck	Zylinderschraube	DIN 912 - M12×35	8.8
1	1	Stck	Spannhalter		Rd DIN 1013 - Ck 35 - 80 × 200

Arbeitsgang:
Drehen auf Schleifmaß Φ 20,3
und Fertigmaß Φ 20
schleifen Φ 20 j6

Allgemeintoleranzen DIN 7168-m	Werkstückkanten DIN 6784	Maßstab 1:1	(Gewicht)
Bearb. / Gepr. / Norm	Datum / Name	Dreh- und Schleifvorrichtg. für Exzenterwellen	
Alfred H. Schütte Werkzeugmaschinenfabrik		6806.101	Blatt / Bl.
Zust. / Änderung / Datum / Nam.		Ers. für:	Ers. durch:

Gruppenteilzeichnung

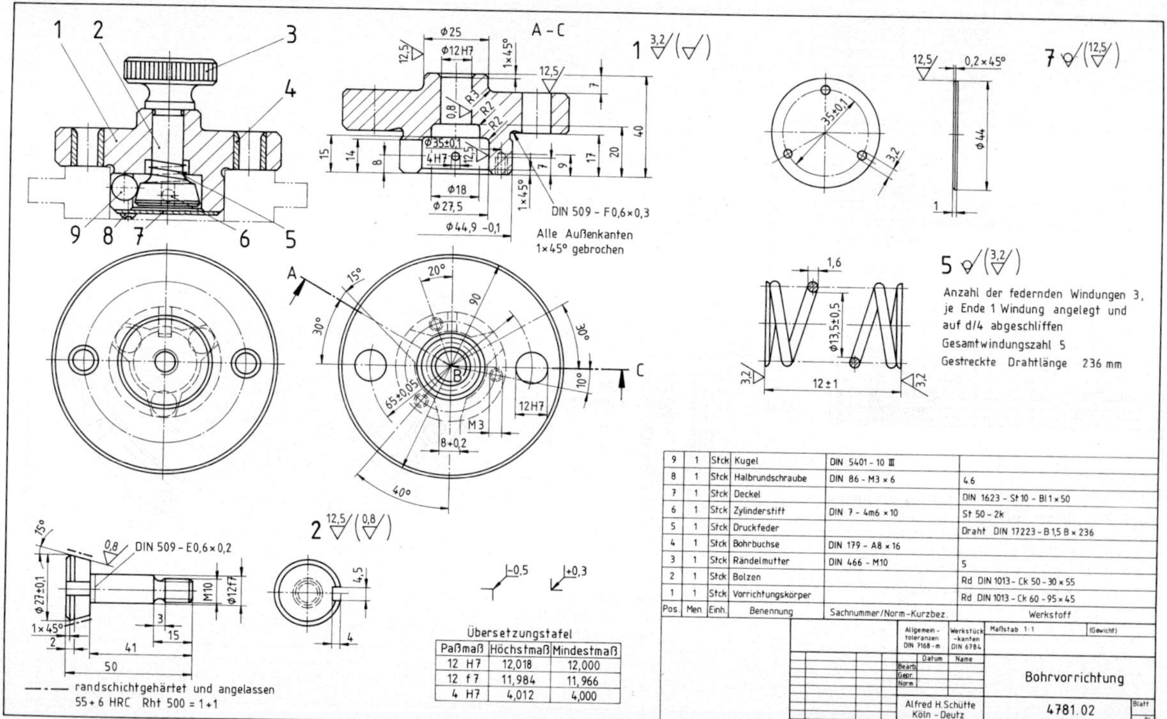

Übersetzungstafel

Paßmaß	Höchstmaß	Mindestmaß
12 H7	12,018	12,000
12 f7	11,984	11,966
4 H7	4,012	4,000

Pos.	Men.	Einh.	Benennung	Sachnummer/Norm-Kurzbez.	Werkstoff
9	1	Stck	Kugel	DIN 5401 - 10 III	
8	1	Stck	Halbrundschraube	DIN 86 - M3 × 6	4.6
7	1	Stck	Deckel		DIN 1623 - St 10 - Bl 1 × 50
6	1	Stck	Zylinderstift	DIN 7 - 4m6 × 10	St 50 - 2k
5	1	Stck	Druckfeder		Draht DIN 17223 - B 1,5 B × 236
4	1	Stck	Bohrbuchse	DIN 179 - A8 × 16	
3	1	Stck	Rändelmutter	DIN 466 - M10	5
2	1	Stck	Bolzen		Rd DIN 1013 - Ck 50 - 30 × 55
1	1	Stck	Vorrichtungskörper		Rd DIN 1013 - Ck 60 - 95 × 45

Allgemeintoleranzen DIN 7168 - m | Werkstückkanten DIN 6784 | Maßstab 1:1 | (Gewicht)

Bearb. | Gepr. | Norm | Datum | Name

Bohrvorrichtung

Alfred H. Schütte Köln - Deutz

4781.02

Zust. | Änderung | Datum | Nam. | Urspr. | Ers. für: | Ers. durch: | Blatt | Bl.

Gruppenteilzeichnung

Aufgabe und Funktion

Die Kraftfahrzeugkupplung hat die Aufgabe, beim Anfahren den Antrieb des Fahrzeuges gleichmäßig und ruckfrei an den Motor anzukuppeln und während der Fahrt den Kraftfluß zu unterbrechen, damit die Getriebegänge lastfrei geschaltet werden können. Die Membranfederkupplung besteht grundsätzlich aus der Kupplungsdruckplatte, der Kupplungsscheibe und dem Ausrücker. Die Kupplungsscheibe mit den Reibbelägen wird durch die unter Kraft der Membranfeder stehende Anpreßplatte gegen das Schwungrad gedrückt. Zur Unterbrechung des Kraftflusses muß die Anpreßplatte entgegen der Federkraft von der Kupplungsscheibe abgehoben werden. Dies geschieht über ein fußbetätigtes Ausrücksystem, das den auf der Getriebewelle sitzenden Ausrücker gegen die Membranfederzungen drückt. Dabei kippt der Außenrand der Membranfeder um zwei am Gehäuse befestigte Drahtringe und hebt damit die Anpressung der Kupplungsscheibe auf, so daß die Kupplung den Kraftfluß trennt.

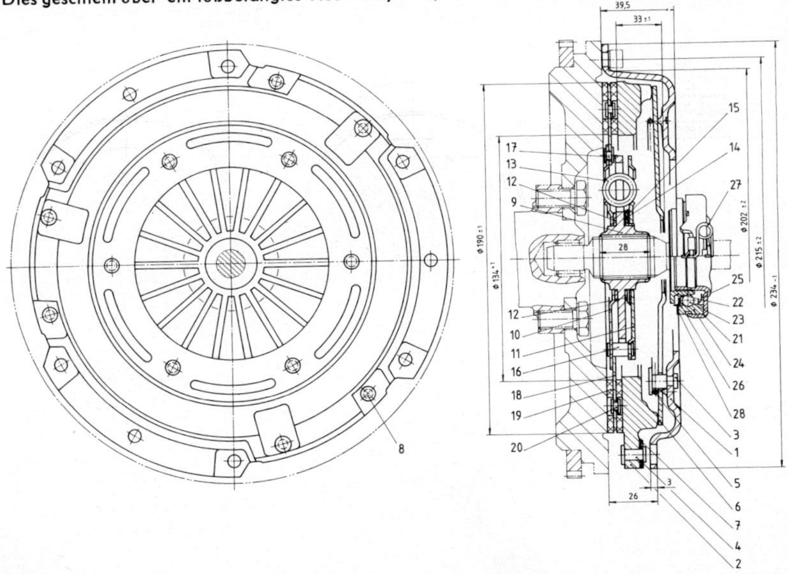

Pos.	Men.	Einh.	Benennung	Sachnummer / Norm - Kurzbez.	Werkstoff
28	1	Stck.	Dichtscheibe		
27	2	Stck.	Formfeder		
26	1	Stck.	Dichtscheibe		
25	1	Stck.	Dichtscheibe		
24	1	Stck.	Außenring		
23	1	Stck.	Kugelhalter m. Kugeln		
22	1	Stck.	Innenring		
21	1	Stck.	Gehäuse		
	1	Stck.	Ausrücker	KZ1-0	
20	16	Stck.	Belagniet	4 × 4,5	
19	2	Stck.	Kupplungsbelag		
18	8	Stck.	Belagfeder		
17	16	Stck.	Flachkopfniet	5 × 4	
16	4	Stck.	Abstandstück		
15	1	Stck.	Tellerfeder		
14	1	Stck.	Ring		
13	4	Stck.	Feder f. Torsionsd.		
12	2	Stck.	Reibring		
11	1	Stck.	Abdeckblech		
10	1	Stck.	Mitnehmerscheibe		
9	1	Stck.	Nabe		
	1	Stck.	Zsb. Kupplungsscheibe	190 TPB	
8	3	Stck.	Flachkopfniet	8 × 11	
7	6	Stck.	Blattfeder		
6	1	Stck.	Membranfeder		
5	1	Stck.	Drahtring		
4	3	Stck.	Niet	8 × 15,4	
3	6	Stck.	Distanzbolzen		
2	1	Stck.	Anpreßplatte		
1	1	Stck.	Gehäuse		
	1	Stck.	Zsb. Druckplatte	MF 190	

Allgemeintoleranzen DIN 7168-m | Maßstab 1:1 | (Gewicht)

Datum | Name | Bearb. | Gepr. | Norm.

Membranfederkupplung
Typ MF 190

Fichtel & Sachs AG
Schweinfurt

Blatt | Bl.

Zust. | Änderung | Dat. | Nam. | (Ers. für) | (Ers. durch)

Gruppenzeichnung

12

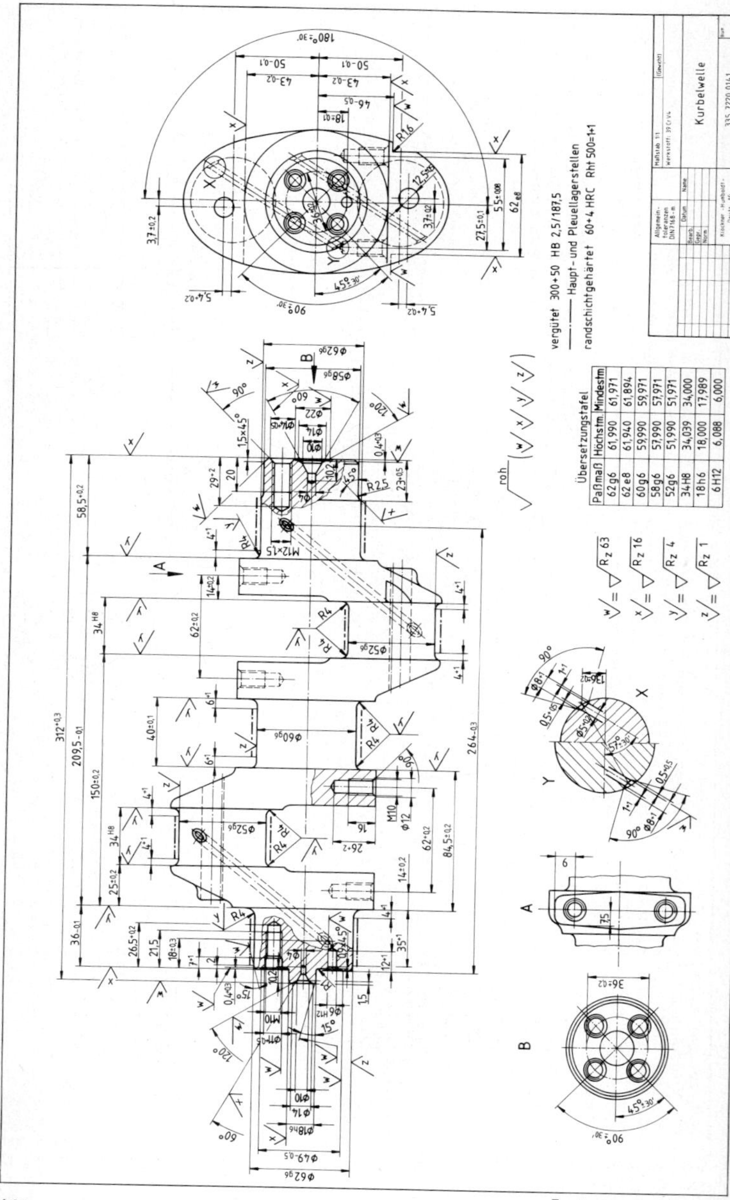

Übersetzungstafel

Paßmaß	Höchstm	Mindestm
62g6	61,990	61,971
62e8	61,940	61,894
60g6	59,990	59,971
58g6	57,990	57,971
52g6	51,990	51,971
34H8	34,039	34,000
18h6	18,000	17,989
6H12	6,088	6,000

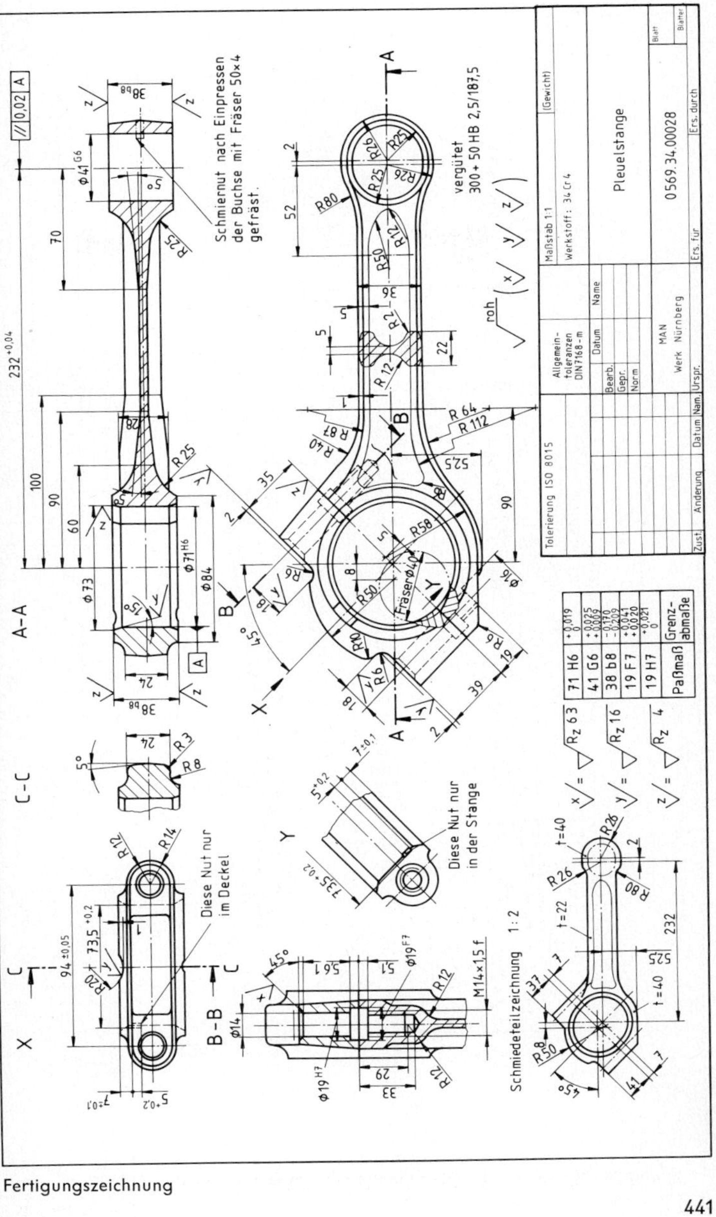

Fertigungszeichnung

12

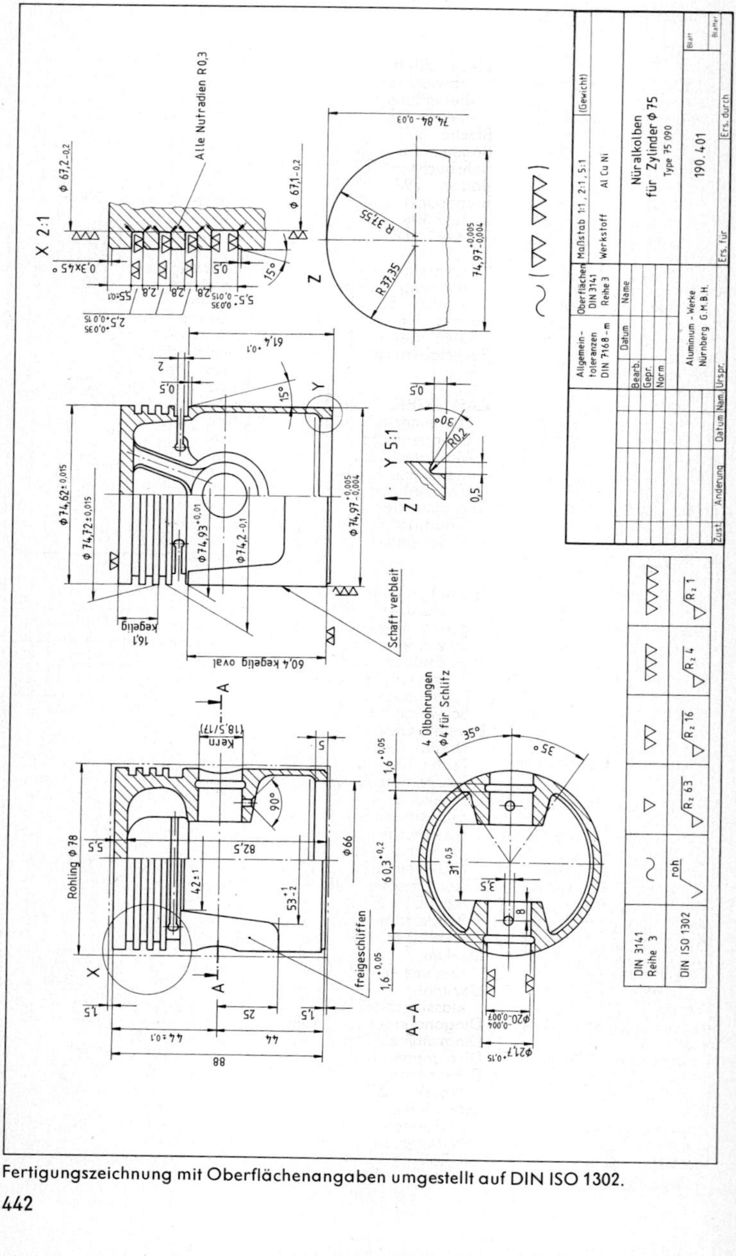

Fertigungszeichnung mit Oberflächenangaben umgestellt auf DIN ISO 1302.

12

12

12

Verzeichnis behandelter DIN-Normen

Verzeichnis behandelter DIN ISO-Normen

12

Bei Angabe mehrerer Normen gilt das Ausgabedatum für die erste Norm.
Abkürzungen: V = Vornorm — E = Entwurf — Bbl = Beiblatt
* bereits zurückgezogen

Verzeichnis von ISO-Normen, ISO-Norm-Entwürfen und ISO-Empfehlungen (Auswahl)

ISO-Nr.	Ausgabe-jahr	Titel	Zusammen-hang mit
ISO 128	1982	Technische Zeichnungen; Allgemeine Grundregeln für die Darstellung	DIN 6 DIN 15 T1 DIN 15 T2 DIN 406 T2 DIN 1356
ISO 129	1985	Technische Zeichnungen; Maßeintragung	DIN 406 T1 DIN 406 T2 DIN 406 T3
ISO 406	1982	Technische Zeichnungen; Eintragung von Toleranzen für Längen- und Winkelmaße	DIN 406 T2
ISO 1101	1983	Technische Zeichnungen; Geometrische Tolerierung, Form-, Richtungs-, Orts- und Lauftoleranzen, Allgemeines, Definitionen, Symbole, Zeichnungseintragung	DIN ISO 1101
ISO 1219	1978	Fluidtechnische Systeme und Geräte; Schaltzeichen	DIN ISO 1219
ISO 1302	1978	Technische Zeichnungen; Angabe der Oberflächenbeschaffenheit	DIN ISO 1302
ISO 1660	1987	Technische Zeichnungen; Eintragung von Maßen und Toleranzen für Profile	DIN ISO 1660
ISO 2162	1973	Technische Zeichnungen; Darstellung von Federn	DIN ISO 2162
ISO 2203	1973	Technische Zeichnungen; Darstellung von Zahnrädern	DIN ISO 2203
ISO 3040	1974	Technische Zeichnungen; Eintragung von Maßen und Toleranzen für Kegel	DIN ISO 3040
ISO 3098/1	1974	Technische Zeichnungen; Beschriftung-Teil 1: Schriftzeichen	DIN 6776 T1
ISO 3098/2	1985	Technische Zeichnungen; Beschriftung-Teil 2: Griechische Schriftzeichen	DIN ISO 3098 T2
ISO 3511/2	1984	Graphische Symbole für Messen, Steuern, Regel; Grundsymbole	DIN 19227 T1
ISO 4067/1	1984	Technische Zeichnungen; Installationen; Symbole für Rohrleitungsinstallationen	DIN 2429
ISO 5261	1981	Technische Zeichnungen für den Metallbau	DIN ISO 5261
ISO 5455	1979	Technische Zeichnungen; Maßstäbe	DIN ISO 5455
ISO 5459	1981	Technische Zeichnungen; Bezugssysteme für geometrische Toleranzen	DIN ISO 5459
ISO 6410	1981	Technische Zeichnungen; Darstellung von Gewinden	DIN ISO 6410
ISO 6411	1982	Technische Zeichnungen; Darstellung von Zentrierbohrungen	DIN 332 T10
ISO 8015	1985	Technische Zeichnungen; Tolerierungsgrundsatz	DIN ISO 8015

Es bedeuten:
ISO ISO-Norm
ISO/DIS ISO-Empfehlung (Draft International Standard)
ISO/R ISO-Empfehlung (Recommendation)

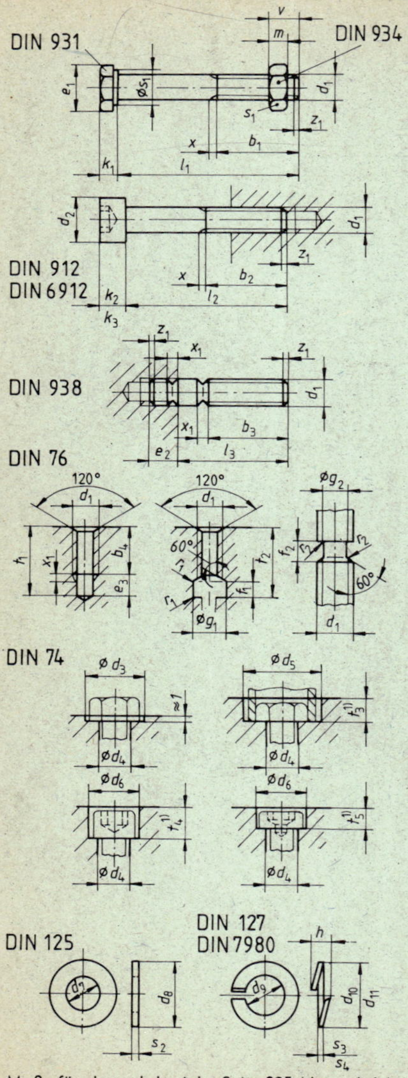

Maße für d_7 und d_8 siehe Seite 285 (d_1 und d_4)

Nutzbare Gewindetiefe $b_4 \approx 1\,d + 2\,P$ (für Stahl)

		Gewind
Metrisches ISO-Gewinde	DIN 13 Teil 1	Kern-Ø
		Flanken
		Steigung
		Kernque
		Spannur
Sechskantschraube	DIN 931	Schraub
		Gewinde-länge fü
		Kopfhöh
Sechskantmutter	DIN 934	Eckenm
		Schlüsse
		Muttern
		Schraub
Zylinderschraube mit Innensechskant	DIN 912 DIN 6912	Schraub-länge
		Gewind-länge fü
		Kopfhöh
		Kopfhöh
		Kopf-Ø
Stiftschraube	DIN 938	Schraub
		Gewind-länge fü
	für Stahl	Einschr
		Gewind
Gewinderille	DIN 76	Kernlo
		Rillen-Ø
		Rillenbr
		Abrund
		Rillen-Ø
		Rillenbr
		Abrund
Senkung für Sechskant- und Zylinderschraube	DIN 74	Durchg
		Senkun
		Senkun
		Senktie
		Senkun
		Senktie
		Senktie
Scheibe	DIN 125	Außen-
		Dicke
Federring für Sechskantschraube	DIN 127	Außen-
		Dicke
Federring für Zylinderschraube	DIN 7980	Außen-
		Dicke

[1]) Verwendet man Federringe, so ändert sich die Senktiefe t um die Dicke der Federringe

[2]) Stufu

[3]) Gilt